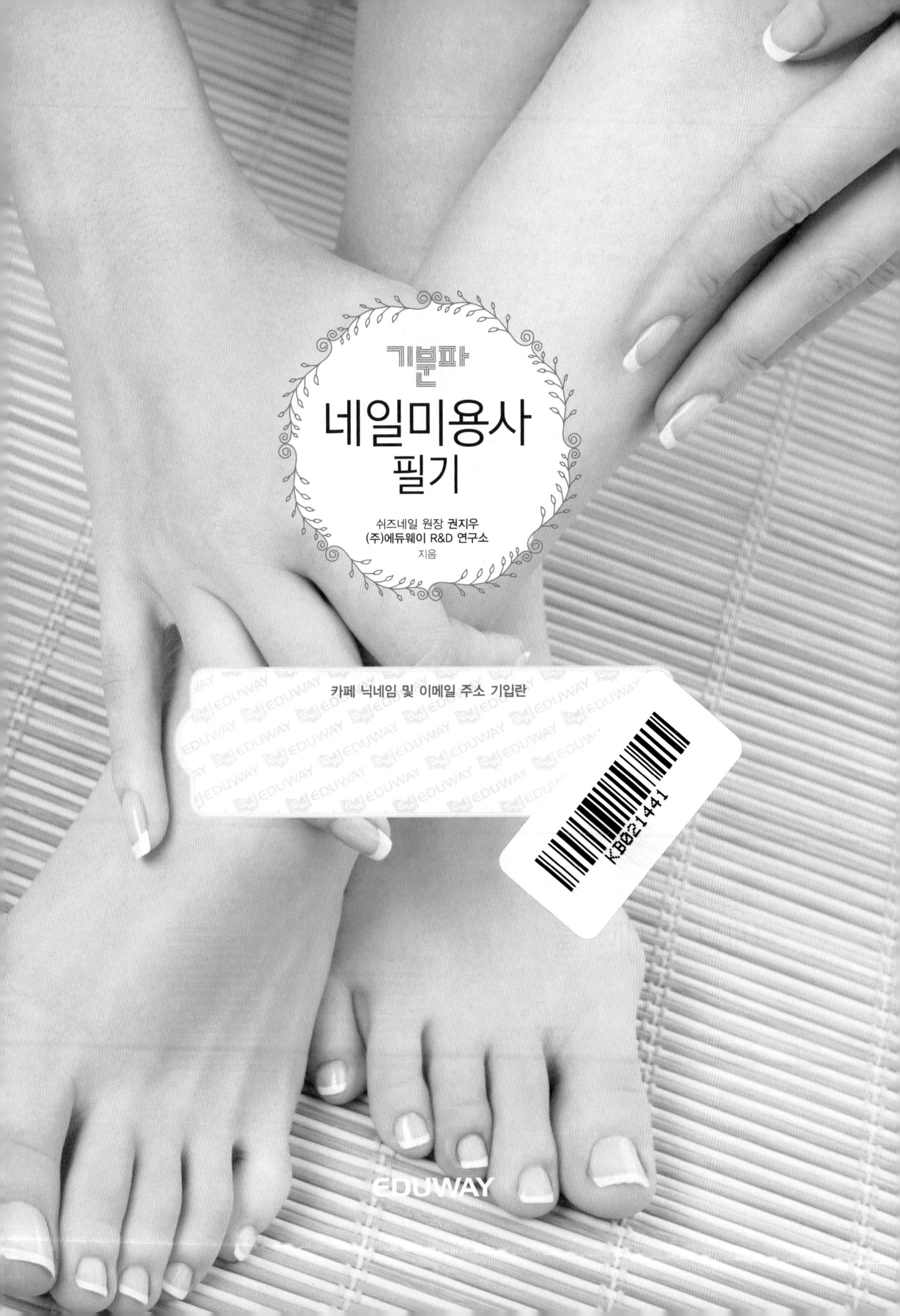
기분파
네일미용사
필기
쉬즈네일 원장 권지우
(주)에듀웨이 R&D 연구소
지음
카페 닉네임 및 이메일 주소 기입란
KB021441
EDUWAY

권지우

- 한국네일진흥원 살롱웍마스터 심사위원
- 한국네일협회 인증강사 자격증 취득
- 한국네일협회 기술강사 자격증
- 서해대학교 피부미용학과 겸임교수
- 건국대학원 뷰티아카데미 네일아트강의
- 삼육대학교 대학원 나노향장학석사과정
- 네일미용사 필기시험 문제집(에듀웨이 출판사) 집필
- 네일미용사 실기 교재(에듀웨이 출판사) 집필

(주)에듀웨이는 자격시험 전문출판사입니다.
에듀웨이는 독자 여러분의 자격시험 취득을 위한 교재 발간을 위해 노력하고 있습니다.

네일미용사 필기
예상 출제비율

11.7%
피부학

11.7%
화장품학

35.0%
공중위생관리학

41.6%
네일개론 및
네일미용기술

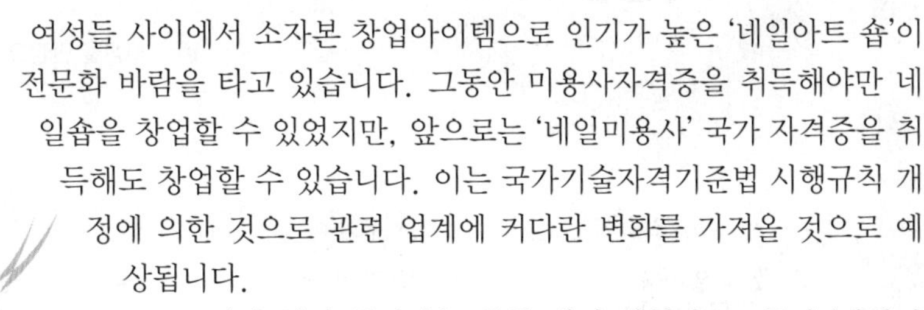

여성들 사이에서 소자본 창업아이템으로 인기가 높은 '네일아트 숍'이 전문화 바람을 타고 있습니다. 그동안 미용사자격증을 취득해야만 네일숍을 창업할 수 있었지만, 앞으로는 '네일미용사' 국가 자격증을 취득해도 창업할 수 있습니다. 이는 국가기술자격기준법 시행규칙 개정에 의한 것으로 관련 업계에 커다란 변화를 가져올 것으로 예상됩니다.

이에 현직 종사자는 물론 예비 네일리스트들이 '네일미용사' 필기시험을 대비하여 보다 쉽게 합격할 수 있도록 이 책을 집필하였습니다.

【이 책의 특징】

1. 이 책은 NCS(국가직무능력표준)에 기반하여 새롭게 개편된 출제기준에 맞춰 교과의 내용을 개편하였습니다.
2. 핵심이론은 쉽고 간결한 문제로 정리하였으며, 수험생에게 꼭 필요한 내용은 충실하게 수록하였습니다.
3. 최근 시행된 상시시험문제를 분석하여 출제빈도가 높은 문제를 엄선하여 실전모의고사를 수록하였습니다.
4. 최근 개정법령을 반영하였습니다.

이 책으로 공부하신 여러분 모두에게 합격의 영광이 있기를 기원하며 책을 출판하는데 도움을 주신 ㈜에듀웨이 출판사의 임직원 및 편집 담당자, 디자인 실장님에게 지면을 빌어 감사드립니다.

㈜에듀웨이 R&D연구소(미용부문) 드림

출제 기준표

Examination Question's Standard

- 시 행 처 | 한국산업인력공단
- 자격종목 | 미용사(네일)
- 직무내용 | 고객의 건강하고 아름다운 네일을 유지 · 보호하기 위해 네일 케어, 컬러링, 인조 네일, 네일아트 등의 서비스를 제공하는 직무
- 필기검정방법 | 객관식(전과목 혼합, 60문항)
- 필기과목명 | 네일 화장물 적용 및 네일미용 관리
- 시험시간 | 1시간
- 합격기준(필기) | 100점을 만점으로 하여 60점 이상

주요항목	세부항목	세세항목
1 네일미용 위생서비스	1. 네일미용의 이해	① 네일미용의 개념과 역사
	2. 네일숍 청결 작업	① 네일숍 시설 및 물품 청결 ② 네일숍 환경 위생 관리
	3. 네일숍 안전 관리	① 네일숍 안전수칙 ② 네일숍 시설 · 설비
	4. 미용기구 소독	① 네일미용 기기 소독 ② 네일미용 도구 소독
	5. 개인위생 관리	① 네일미용 작업자 위생 관리 ② 네일미용 고객 위생 관리 ③ 네일의 병변
	6. 고객응대 서비스	① 고객응대 및 상담
	7. 피부의 이해	① 피부와 피부 부속 기관 ② 피부유형분석 ③ 피부와 영양 ④ 피부와 광선 ⑤ 피부면역 ⑥ 피부노화 ⑦ 피부장애와 질환
	8. 화장품 분류	① 화장품 기초 ② 화장품 제조 ③ 화장품의 종류와 기능
	9. 손발의 구조와 기능	① 뼈(골)의 형태 및 발생 ② 손과 발의 뼈대(골격) ③ 손과 발의 근육 ④ 손과 발의 신경
2 네일 화장물 제거	1. 일반 네일 폴리시 제거	① 일반 네일 폴리시 성분 ② 일반 네일 폴리시 제거 작업
	2. 젤 네일 폴리시 제거	① 젤 네일 폴리시 성분 ② 젤 네일 폴리시 제거 작업
	3. 인조 네일 제거	① 인조 네일 제거방법 선택 및 제거 작업

주요항목	세부항목	세세항목
3 네일 기본관리	1. 프리에지 모양만들기	① 네일 파일 사용 ② 자연 네일 프리에지 모양
	2. 큐티클 부분 정리	① 자연 네일의 구조 ② 자연 네일의 특징 ③ 큐티클 부분 정리 작업 ④ 큐티클 부분 정리 도구
	3. 보습제 도포	① 네일미용 보습 제품 적용
	7. 피부노화	① 피부노화의 원인 ② 피부노화현상
4 네일 화장물 적용 전 처리	1. 일반 네일 폴리시 전 처리	① 네일 유분기 및 잔여물 제거 ② 일반 네일 폴리시 전 처리 작업
	2. 젤 네일 폴리시 전 처리	① 젤 네일 폴리시 전 처리 작업
	3. 인조 네일 전 처리	① 인조 네일 전 처리 작업
5 자연 네일 보강	1. 네일 랩 화장물 보강	① 네일 랩 화장물 보강 작업 및 도구
	2. 아크릴 화장물 보강	① 아크릴 화장물 보강 작업 및 도구
	3. 젤 화장물 보강	① 젤 화장물 보강 작업 및 도구
6 네일 컬러링	1. 풀 코트 컬러 도포	① 풀 코트 컬러링
	2. 프렌치 컬러 도포	① 프렌치 컬러링
	3. 딥 프렌치 컬러 도포	① 딥 프렌치 컬러링
	4. 그러데이션 컬러 도포	① 그러데이션 컬러링
7 네일 폴리시 아트	1. 일반 네일 폴리시 아트	① 기초 색채 배색 및 일반 네일 폴리시 아트 작업
	2. 젤 네일 폴리시 아트	① 기초 디자인 적용 및 젤 네일 폴리시 아트 작업
	3. 통 젤 네일 폴리시 아트	① 네일 폴리시 디자인 도구 및 통 젤 네일 폴리시 아트 작업
8 팁 위드 파우더	1. 네일 팁 선택	① 네일 상태에 따른 네일 팁 선택
	2. 풀 커버 팁 작업	① 풀 커버 팁 활용 및 도구
	3. 프렌치 팁 작업	① 프렌치 팁 활용 및 도구
	4. 내추럴 팁 작업	① 내추럴 팁 활용 및 도구
9 팁 위드 랩	1. 팁 위드 랩 네일 팁 적용	① 네일 팁 턱 제거 및 적용 작업
	2. 네일 랩 적용	① 네일 랩 오버레이 및 네일 랩 적용 작업
10 랩 네일	1. 네일 랩 재단	① 네일 랩 재료 및 작업
	2. 네일 랩 접착	① 네일 랩 접착제 및 접착 작업
	3. 네일 랩 연장	① 인조 네일 구조 및 네일 랩 연장 작업

주요항목	세부항목	세세항목
11 젤 네일	1. 젤 화장물 활용	① 젤 네일 기구 및 젤 화장물 사용 방법
	2. 젤 원톤 스컬프처	① 네일 폼 적용 및 젤 원톤 스컬프처 작업
	3. 젤 프렌치 스컬프처	① 젤 브러시 활용 및 젤 프렌치 스컬프처 작업
12 아크릴 네일	1. 아크릴 화장물 활용	① 아크릴 네일 도구 및 사용방법
	2. 아크릴 원톤 스컬프처	① 아크릴 브러시 활용 및 아크릴 원톤 스컬프처 작업
	3. 아크릴 프렌치 스컬프처	① 스마일 라인 조형 및 아크릴 프렌치 스컬프처 작업
13 인조 네일 보수	1. 팁 네일 보수	① 팁 네일 상태에 따른 화장물 제거 및 보수작업
	2. 랩 네일 보수	① 랩 네일 상태에 따른 화장물 제거 및 보수작업
	3. 아크릴 네일 보수	① 아크릴 네일 상태에 따른 화장물 제거 및 보수작업
	4. 젤 네일 보수	① 젤 네일 상태에 따른 화장물 제거 및 보수작업
14 네일 화장물 적용 마무리	1. 일반 네일 폴리시 마무리	① 일반 네일 폴리시 잔여물 정리 및 건조
	2. 젤 네일 폴리시 마무리	① 젤 네일 폴리시 잔여물 정리 및 경화
	3. 인조 네일 마무리	① 인조 네일 잔여물 정리 및 광택
15 공중위생관리학	1. 공중보건	① 공중보건 기초 ② 질병관리 ③ 가족 및 노인보건 ④ 환경보건 ⑤ 식품위생과 영양 ⑥ 보건행정
	2. 소독	① 소독의 정의 및 분류 ② 미생물 총론 ③ 병원성 미생물 ④ 소독방법 ⑤ 분야별 위생 · 소독
	3. 공중위생관리법규 (법, 시행령, 시행규칙)	① 목적 및 정의 ② 영업의 신고 및 폐업 ③ 영업자 준수사항 ④ 면허 ⑤ 업무 ⑥ 행정지도감독 ⑦ 업소 위생등급 ⑧ 위생교육 ⑨ 벌칙 ⑩ 시행령 및 시행규칙 관련사항

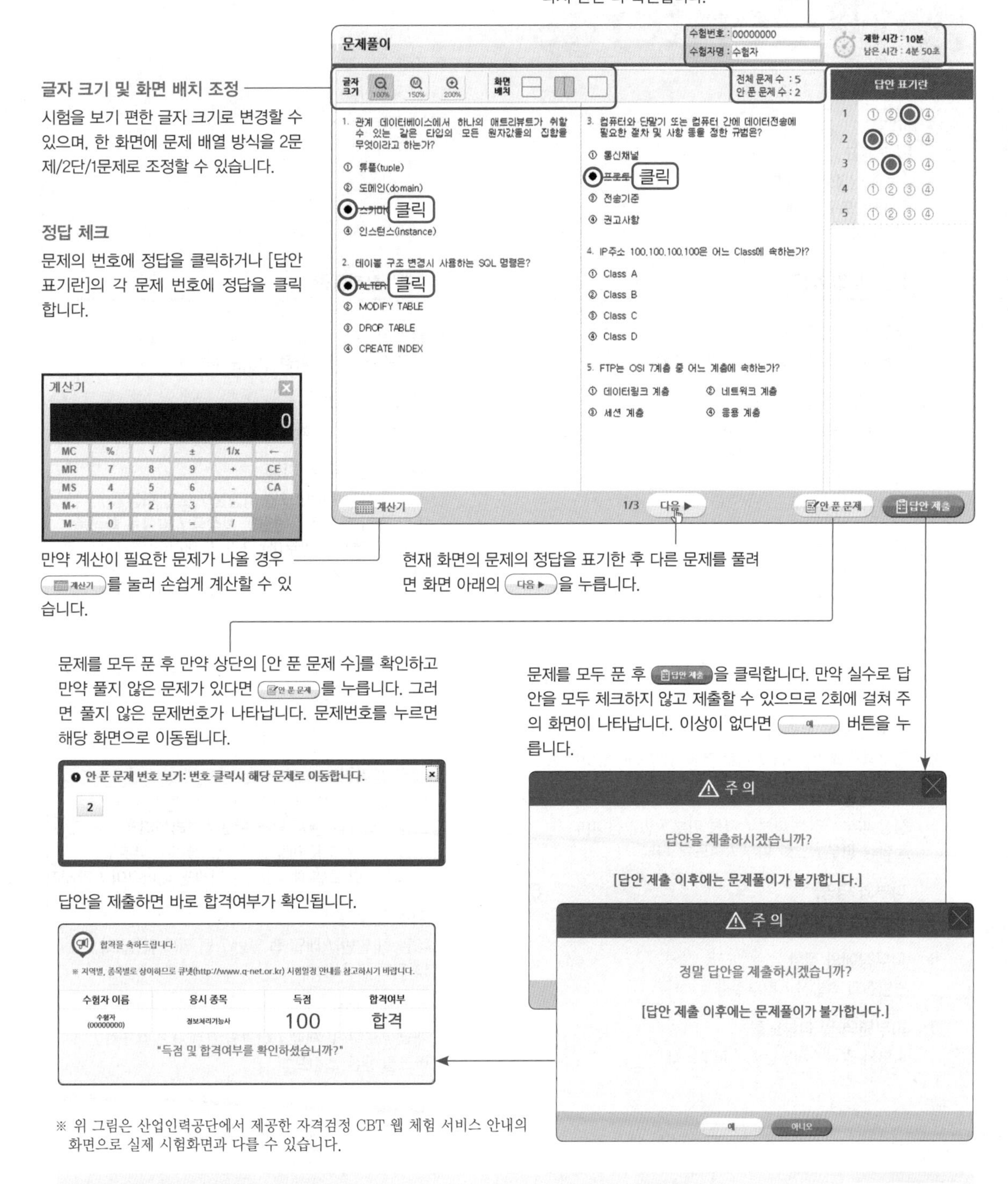

수시로 현재 [안 푼 문제 수]와 [남은 시간]를 확인하여 시간 분배합니다. 또한 답안 제출 전에 [수험번호], [수험자명], [안 푼 문제 수]를 다시 한번 더 확인합니다.

글자 크기 및 화면 배치 조정

시험을 보기 편한 글자 크기로 변경할 수 있으며, 한 화면에 문제 배열 방식을 2문제/2단/1문제로 조정할 수 있습니다.

정답 체크

문제의 번호에 정답을 클릭하거나 [답안 표기란]의 각 문제 번호에 정답을 클릭합니다.

만약 계산이 필요한 문제가 나올 경우 (계산기)를 눌러 손쉽게 계산할 수 있습니다.

현재 화면의 문제의 정답을 표기한 후 다른 문제를 풀려면 화면 아래의 (다음 ▶)을 누릅니다.

문제를 모두 푼 후 만약 상단의 [안 푼 문제 수]를 확인하고 만약 풀지 않은 문제가 있다면 (안 푼 문제)를 누릅니다. 그러면 풀지 않은 문제번호가 나타납니다. 문제번호를 누르면 해당 화면으로 이동됩니다.

문제를 모두 푼 후 (답안 제출)을 클릭합니다. 만약 실수로 답안을 모두 체크하지 않고 제출할 수 있으므로 2회에 걸쳐 주의 화면이 나타납니다. 이상이 없다면 (예) 버튼을 누릅니다.

답안을 제출하면 바로 합격여부가 확인됩니다.

※ 위 그림은 산업인력공단에서 제공한 자격검정 CBT 웹 체험 서비스 안내의 화면으로 실제 시험화면과 다를 수 있습니다.

자격검정 CBT 웹 체험 서비스 안내

스마트폰의 인터넷 어플에서 검색사이트(네이버, 다음 등)를 입력하고 검색창 옆에 (또는)을 클릭하고 QR 바코드 아이콘( )을 선택합니다. 그러면 QR코드 인식창이 나타나며, 스마트폰 화면 정중앙에 좌측의 QR 바코드를 맞추면 해당 페이지로 자동으로 이동합니다.

Contents

| 제5장 | 공중위생관리학

| 제6장 | CBT 시험대비 실전모의고사

| 제7장 | 3년간 공개기출문제

| 제8장 | 최신경향 핵심 빈출문제

한 눈에 살펴보는

필기응시절차

Accept Application - Objective Test Process

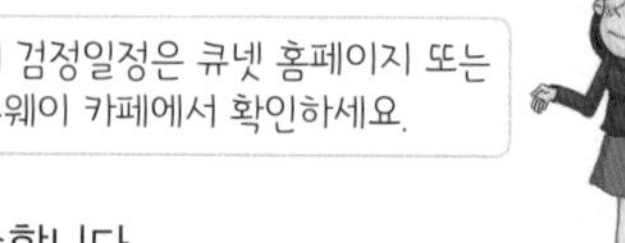

01 시험일정 확인

1 한국산업인력공 홈페이지(**q-net.or.kr**)에 접속합니다.

2 화면 상단의 로그인 버튼을 누릅니다. '로그인 대화상자가 나타나면 아이디/비밀번호를 입력합니다.

> ※회원가입 : 만약 q-net에 가입되지 않았으면 회원가입을 합니다.
> (이때 반명함판 크기의 사진(200kb 미만)을 반드시 등록합니다.)

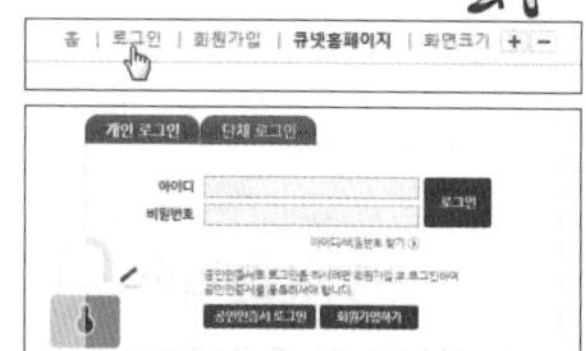

3 메인 화면에서 원서접수를 클릭하고, 좌측 원서 접수신청을 선택하면 최근 기간(약 1주일 단위)에 해당하는 시험일정을 확인할 수 있습니다.

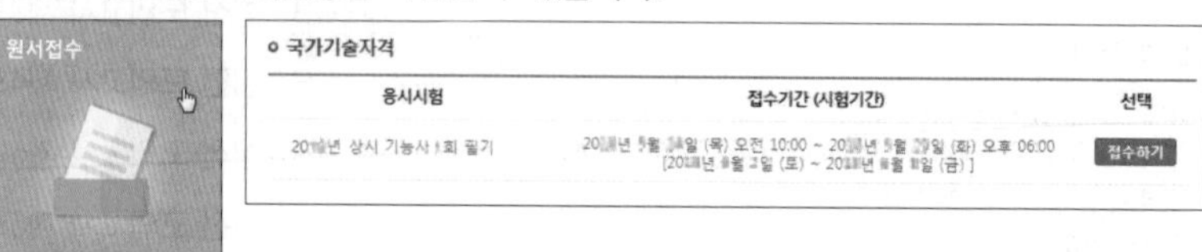

02 원서접수현황 살펴보기

4 좌측 메뉴에서 원서접수현황을 클릭합니다. 해당 응시시험의 [현황보기]를 클릭합니다.

5 그리고 자격선택, 지역, 시/군/구, 응시유형을 선택하고 조회버튼을 누르면 해당시험에 대한 시행장소 및 응시정원이 나옵니다.

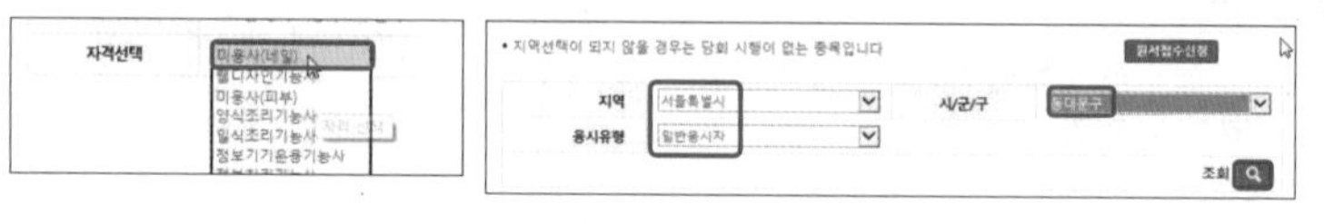

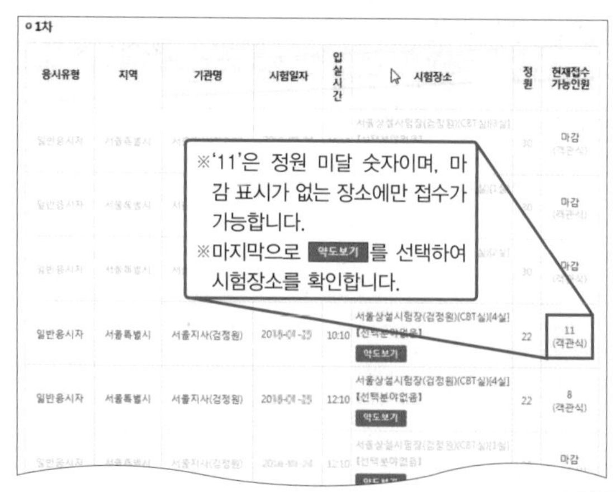

※만약 해당 시험의 원하는 장소, 일자, 시간에 응시정원이 초과될 경우 시험을 응시할 수 없으며 다른 장소, 다른 일시에 접수할 수 있습니다.

03 원서접수

6 시험장소 및 정원을 확인한 후 오른쪽 메뉴에서 '원서접수신청'을 선택합니다. 원서접수 신청 페이지가 나타나면 현재 접수할 수 있는 횟차가 나타나며, 접수하기 를 클릭합니다.

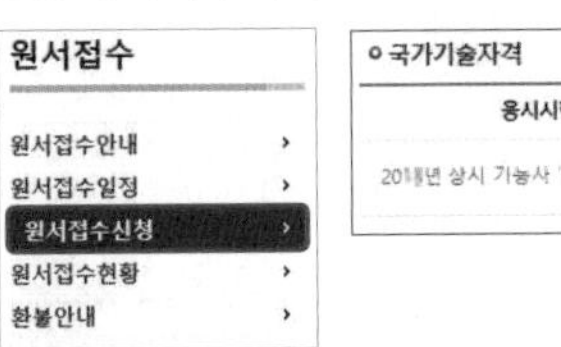

7 응시종목명을 선택합니다. 그리고 페이지 아래 수수료 환불 관련 사항에 체크 표시하고 다음(다음 버튼)을 누릅니다.

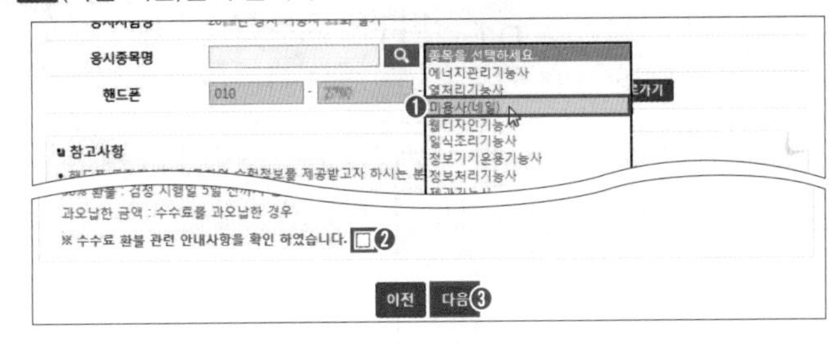

날짜, 시간, 시험장소 등 마지막 확인 필수!

8 자격 선택 후 종목선택 – 응시유형 – 추가입력 – 장소선택 – 결제 순서대로 사용자의 신청에 따라 해당되는 부분을 선택(또는 입력)합니다.

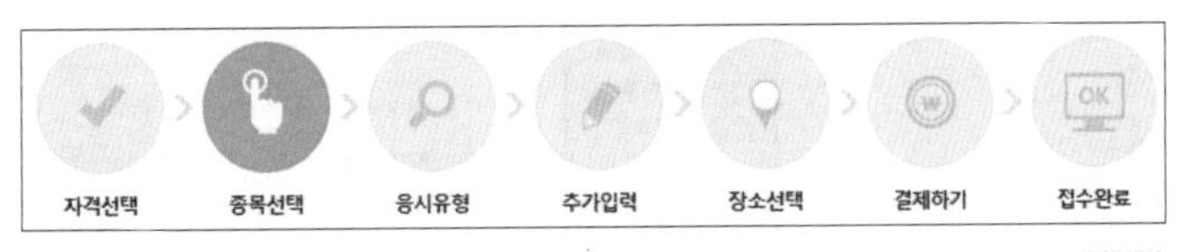

※응시료
• 필기 : 14,500원 • 실기 : 17,200원

04 필기시험 응시

필기시험 당일 유의사항

1 신분증은 **반드시 지참**해야 하며, 필기구도 지참합니다(선택).

2 대부분 시험장에 주차장 시설이 없으므로 가급적 대중교통을 이용합니다. (시험장이 초행길이면 시간을 넉넉히 가지고 출발하세요.)

3 고사장에 시험 20분 전부터 입실이 가능합니다(지각 시 시험응시 불가).

4 CBT 방식(컴퓨터 시험 – 마우스로 정답을 클릭)으로 시행합니다.

05 합격자 발표 및 실기시험 접수

• 합격자 발표 : 합격 여부는 필기시험 후 바로 알 수 있으며 큐넷 홈페이지의 '합격자발표 조회하기'에서 조회 가능
• 실기시험 접수 : 필기시험 합격자에 한하여 실기시험 접수기간에 Q–net 홈페이지에서 접수

※ 기타 사항은 한국산업인력공단 홈페이지(**q-net.or.kr**)를 방문하거나 또는 전화 **1644-8000**에 문의하시기 바랍니다.

이책의 구성과 특징

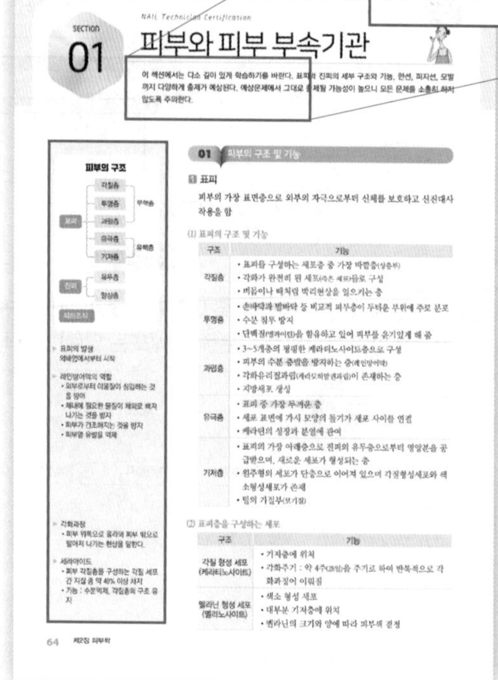

이 섹션에서는 다소 깊이 있게 학습하기를 바란다. 표피와 진피의 세부 구조와 기능, 한선, 피지선, 모발까지 다양하게 출제가 예상된다. 예상문제에서 그대로 출제될 가능성이 높으니 모든 문제를 소홀히 하지 않도록 주의한다.

NAIL Technician Certification

SECTION 01

피부와 피부 부속기관

이 섹션에서는 다소 깊이 있게 학습하기를 바란다. 표피와 진피의 세부 구조와 기능, 한선, 피지선, 모발까지 다양하게 출제가 예상된다. 예상문제에서 그대로 출제될 가능성이 높으니 모든 문제를 소홀히 하지 않도록 주의한다.

피부의 구조

- 표피: 각질층, 투명층, 과립층 (무핵층) / 유극층, 기저층 (유핵층)
- 진피: 유두층, 망상층
- 피하조직

▶ 표피의 발생
외배엽에서부터 시작

▶ 레인방어막의 역할
- 외부로부터 이물질이 침입하는 것을 방어
- 체내에 필요한 물질이 체외로 빠져나가는 것을 방지
- 피부가 건조해지는 것을 방지
- 피부염 유발을 억제

▶ 각화과정
- 피부 위쪽으로 올라와 피부 밖으로 떨어져 나가는 현상을 말한다.

▶ 세라마이드
- 피부 각질층을 구성하는 각질 세포 간 지질 중 약 40% 이상 차지
- 기능 : 수분억제, 각질층의 구조 유지

01 피부의 구조 및 기능

1 표피

피부의 가장 표면층으로 외부의 자극으로부터 신체를 보호하고 신진대사 작용을 함

(1) 표피의 구조 및 기능

구조	기능
각질층	• 표피를 구성하는 세포층 중 가장 바깥층(상층부) • 각화가 완전히 된 세포(죽은 세포)들로 구성 • 비듬이나 때처럼 박리현상을 일으키는 층
투명층	• 손바닥과 발바닥 등 비교적 피부층이 두터운 부위에 주로 분포 • 수분 침투 방지 • 단백질(엘라이딘)을 함유하고 있어 피부를 윤기있게 해 줌
과립층	• 3~5개층의 평평한 케라티노사이트층으로 구성 • 피부의 수분 증발을 방지하는 층(레인방어막) • 각화유리질과립(케라토히알린과립)이 존재하는 층 • 지방세포 생성
유극층	• 표피 중 가장 두꺼운 층 • 세포 표면에 가시 모양의 돌기가 세포 사이를 연결 • 케라틴의 성장과 분열에 관여
기저층	• 표피의 가장 아래층으로 진피의 유두층으로부터 영양분을 공급받으며, 새로운 세포가 형성되는 층 • 원주형의 세포가 단층으로 이어져 있으며 각질형성세포와 색소형성세포가 존재 • 털의 기질부(모기질)

(2) 표피층을 구성하는 세포

구조	기능
각질 형성 세포 (케라티노사이트)	• 기저층에 위치 • 각화주기 : 약 4주(28일)을 주기로 하여 반복적으로 각화과정이 이뤄짐
멜라닌 형성 세포 (멜라노사이트)	• 색소 형성 세포 • 대부분 기저층에 위치 • 멜라닌의 크기와 양에 따라 피부색 결정

64 제2장 피부학

출제포인트
각 섹션별로 기출문제를 분석 · 흐름을 파악하여 학습 방향을 제시하고, 중점적으로 학습해야 할 내용을 기술하여 수험생들이 학습의 강약을 조절할 수 있도록 하였습니다.

Check! Terms!
이론 요약 옆에 별도의 단을 마련하여 수험준비에 유용한 부분, 시험에 언급된 관련 내용, 그리고 내용 중 어려운 전문용어 등을 설명하였습니다.

NCS 학습모듈 반영
새롭게 변경된 출제기준에 맞추어
NCS 학습모듈을 반영한
이론 정리!

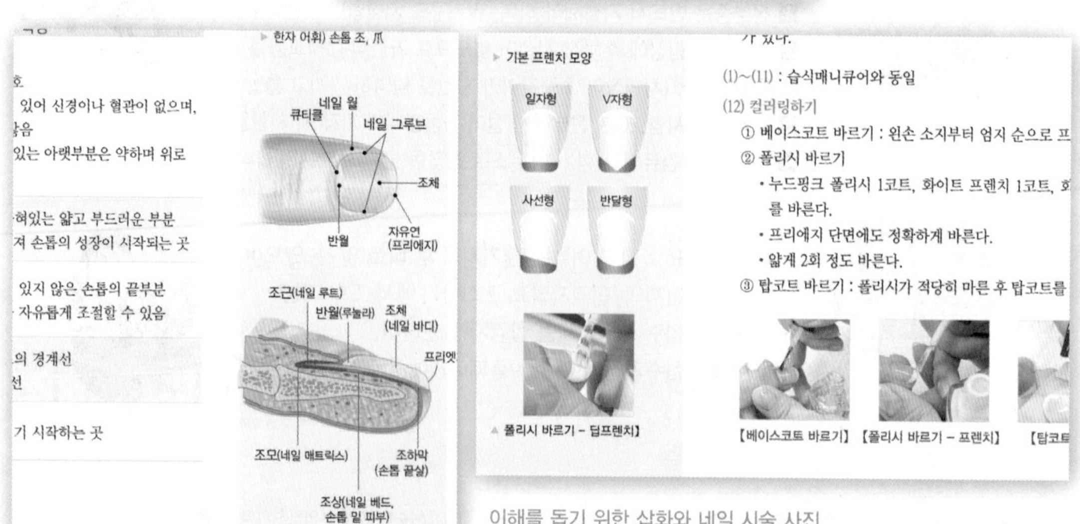

호
있어 신경이나 혈관이 없으며,
좋음
있는 아랫부분은 약하며 위로

혀있는 얇고 부드러운 부분
져 손톱의 성장이 시작되는 곳

있지 않은 손톱의 끝부분
자유롭게 조절할 수 있음

의 경계선
선

기 시작하는 곳

▶ 한자 어휘) 손톱 조, 爪

▶ 기본 프렌치 모양

▲ 폴리시 바르기 – 딥프렌치】

가 있다.

(1)~(11) : 습식매니큐어와 동일

(12) 컬러링하기

① 베이스코트 바르기 : 왼손 소지부터 엄지 순으로 프

② 폴리시 바르기

• 누드핑크 폴리시 1코트, 화이트 프렌치 1코트, 화
를 바른다.

• 프리에지 단면에도 정확하게 바른다.

• 얇게 2회 정도 바른다.

③ 탑코트 바르기 : 폴리시가 적당히 마른 후 탑코트를

【베이스코트 바르기】 【폴리시 바르기 – 프렌치】 【탑코트

이해를 돕기 위한 삽화와 네일 시술 사진
이론 이해를 돕기 위한 필수 이미지및 네일 시술 사진을 삽입하였습니다.

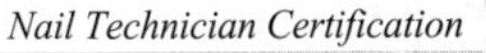

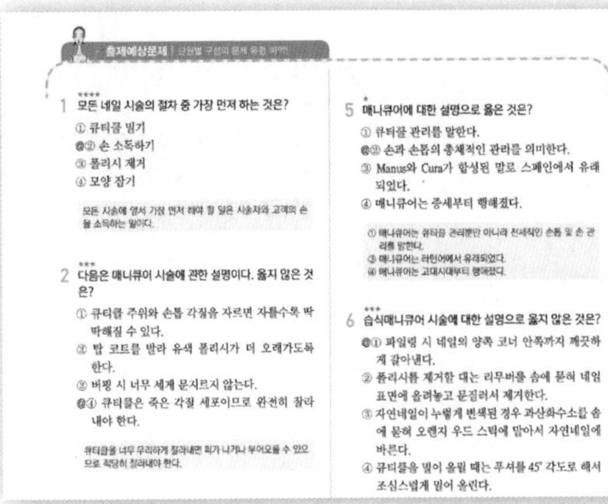

출제예상문제 | 단원별 구성의 문제 유형 파악!

★★★★
1 모든 네일 시술의 절차 중 가장 먼저 하는 것은?
① 큐티클 밀기
@② 손 소독하기
③ 폴리시 제거
④ 모양 잡기

모든 시술에 앞서 가장 먼저 해야 할 일은 시술자와 고객의 손을 소독하는 일이다.

★★★
2 다음은 매니큐어 시술에 관한 설명이다. 옳지 않은 것은?
① 큐티클 주위와 손톱 각질을 자르면 자를수록 딱딱해질 수 있다.
② 탑 코트를 발라 유색 폴리시가 더 오래가도록 한다.
③ 버핑 시 너무 세게 문지르지 않는다.
@④ 큐티클은 죽은 각질 세포이므로 완전히 잘라내야 한다.

큐티클을 너무 무리하게 잘라내면 피가 나거나 부어오를 수 있으므로 적당히 잘라내야 한다.

★
5 매니큐어에 대한 설명으로 옳은 것은?
① 큐티클 관리를 말한다.
@② 손과 손톱의 총체적인 관리를 의미한다.
③ Manus와 Cura가 합성된 말로 스페인에서 유래되었다.
④ 매니큐어는 중세부터 행해졌다.

① 매니큐어는 큐티클 관리뿐만 아니라 전체적인 손톱 및 손 관리를 말한다.
③ 매니큐어는 라틴어에서 유래되었다.
④ 매니큐어는 고대시대부터 행해졌다.

★★★
6 습식매니큐어 시술에 대한 설명으로 옳지 않은 것은?
@① 파일링 시 네일의 양쪽 코너 안쪽까지 깨끗하게 갈아낸다.
② 폴리시를 제거할 때는 리무버를 솜에 묻혀 네일 표면에 올려놓고 문질러서 제거한다.
③ 자연네일이 누렇게 변색된 경우 과산화수소를 솜에 묻혀 오렌지 우드 스틱에 말아서 자연네일에 바른다.
④ 큐티클을 밀어 올릴 때는 푸셔를 45° 각도로 해서 조심스럽게 밀어 올린다.

출제예상문제

각 섹션 바로 뒤에 기존 관련자격시험과 연계된 출제예상문제를 정리하여 예상가능한 출제동향을 파악할 수 있도록 하였습니다. 또한 문제 상단에 별표(★)의 갯수를 표시하여 해당 문제의 출제빈도 또는 중요성을 나타냈습니다.

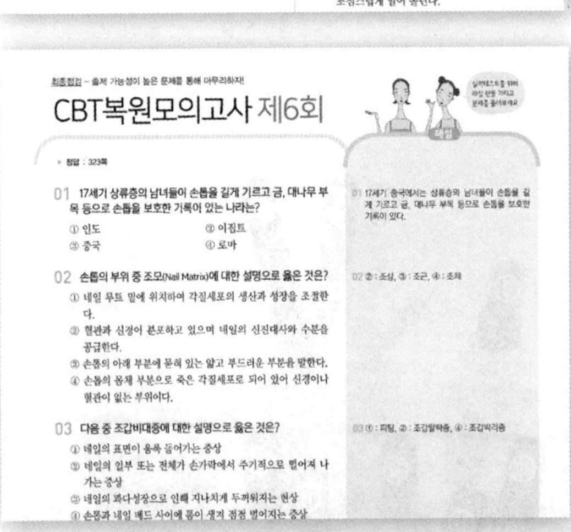

최종점검 – 출제 가능성이 높은 문제를 통해 마무리하자!

CBT복원모의고사 제6회

▸ 정답 : 323쪽

01 17세기 상류층의 남녀들이 손톱을 길게 기르고 금, 대나무 부목 등으로 손톱을 보호한 기록이 있는 나라는?
① 인도　② 이집트
③ 중국　④ 로마

02 손톱의 부위 중 조모(Nail Matrix)에 대한 설명으로 옳은 것은?
① 네일 루트 밑에 위치하여 각질세포의 생산과 성장을 조절한다.
② 혈관과 신경이 분포하고 있으며 네일의 신진대사와 수분을 공급한다.
③ 손톱의 아래 부분에 묻혀 있는 얇고 부드러운 부분을 말한다.
④ 손톱의 몸체 부분으로 죽은 각질세포로 되어 있어 신경이나 혈관이 없는 부위이다.

03 다음 중 조갑비대증에 대한 설명으로 옳은 것은?
① 네일의 표면이 움푹 들어가는 증상
② 네일의 일부 또는 전체가 손가락에서 주기적으로 벗어져 나가는 증상
③ 네일의 과다성장으로 인해 지나치게 두꺼워지는 현상
④ 손톱과 네일 베드 사이에 틈이 생겨 점점 벌어지는 증상

해설

01 17세기 중국에서는 상류층의 남녀들이 손톱을 길게 기르고 금, 대나무 부목 등으로 손톱을 보호한 기록이 있다.

02 ② : 조상, ③ : 조근, ④ : 조체

03 ① : 피팅, ② : 조갑탈락증, ④ : 조갑박리증

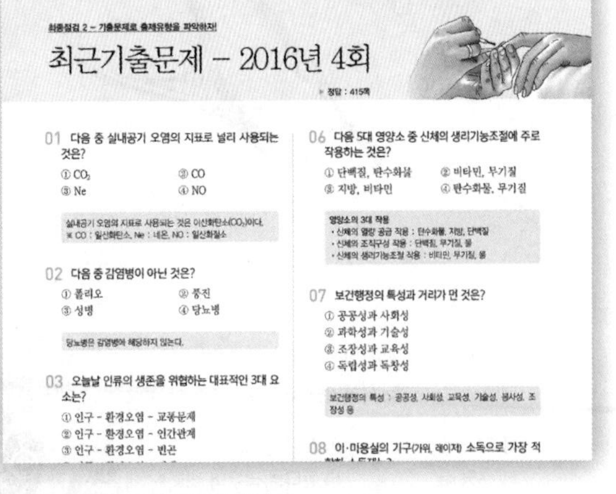

최종점검 2 – 기출문제로 출제유형을 파악하자!

최근기출문제 – 2016년 4회

▸ 정답 : 415쪽

01 다음 중 실내공기 오염의 지표로 널리 사용되는 것은?
① CO_2　② CO
③ Ne　④ NO

실내공기 오염의 지표로 사용되는 것은 이산화탄소(CO_2)이다.
※ CO : 일산화탄소, Ne : 네온, NO : 일산화질소

02 다음 중 감염병이 아닌 것은?
① 폴리오　② 풍진
③ 성병　④ 당뇨병

당뇨병은 감염병에 해당하지 않는다.

03 오늘날 인류의 생존을 위협하는 대표적인 3대 요소는?
① 인구 – 환경오염 – 교통문제
② 인구 – 환경오염 – 인간관계
③ 인구 – 환경오염 – 빈곤

06 다음 5대 영양소 중 신체의 생리기능조절에 주로 작용하는 것은?
① 단백질, 탄수화물　② 비타민, 무기질
③ 지방, 비타민　④ 탄수화물, 무기질

영양소의 3대 작용
• 신체의 열량 공급 작용 : 탄수화물, 지방, 단백질
• 신체의 조직구성 작용 : 단백질, 무기질, 물
• 신체의 생리기능조절 작용 : 비타민, 무기질, 물

07 보건행정의 특성과 거리가 먼 것은?
① 공공성과 사회성
② 과학성과 기술성
③ 조장성과 교육성
④ 독립성과 독창성

보건행정의 특성 : 공공성, 사회성, 교육성, 기술성, 봉사성, 조장성 등

08 이·미용실의 기구(가위, 레이저) 소독으로 가장 적

적중 모의고사 및 최근기출문제

에듀웨이 전문위원들이 출제비율을 바탕으로 출제빈도가 높은 문제를 엄선하여 모의고사 6회분으로 수록하였습니다. 또한 출제동향을 파악할 수 있도록 최근기출문제도 함께 수록하였습니다.

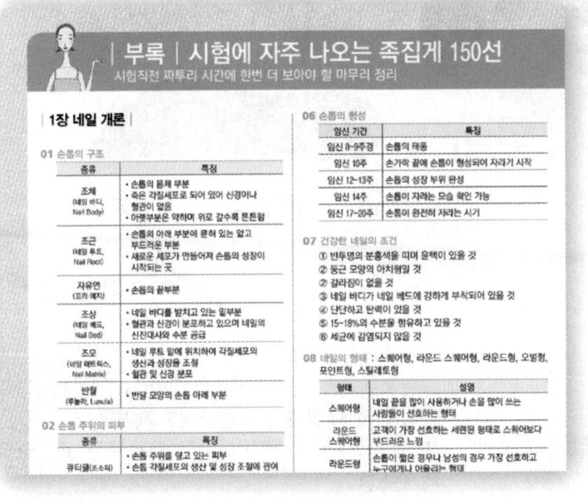

| 부록 | 시험에 자주 나오는 족집게 150선

시험직전 짜투리 시간에 한번 더 보아야 할 마무리 정리

| 1장 네일 개론 |

01 손톱의 구조

종류	특징
조체 (네일 바디, Nail Body)	• 손톱의 몸체 부분 • 죽은 각질세포로 되어 있어 신경이나 혈관이 없음 • 아랫부분은 약하며 위로 갈수록 튼튼함
조근 (네일 루트, Nail Root)	• 손톱의 아래 부분에 묻혀 있는 얇고 부드러운 부분 • 새로운 세포가 만들어져 손톱의 성장이 시작되는 곳
자유연 (프리 에지)	• 손톱의 끝부분
조상 (네일 베드, Nail Bed)	• 네일 바디를 받치고 있는 밑부분 • 혈관과 신경이 분포하고 있으며 네일의 신진대사와 수분 공급
조모 (네일 매트릭스, Nail Matrix)	• 네일 루트 밑에 위치하여 각질세포의 생산과 성장을 조절 • 혈관 및 신경 분포
반월 (루눌라, Lunula)	• 반달 모양의 손톱 아래 부분

02 손톱 주위의 피부

종류	특징
큐티클(조소피)	• 손톱 주위를 덮고 있는 피부 • 손톱 각질세포의 생산 및 성장 조절에 관여

06 손톱의 형성

임신 기간	특징
임신 8~9주경	손톱의 태동
임신 10주	손가락 끝에 손톱이 형성되어 자라기 시작
임신 12~13주	손톱의 성장 부위 완성
임신 14주	손톱이 자라는 모습 확인 가능
임신 17~20주	손톱이 완전히 자라는 시기

07 건강한 네일의 조건
① 반투명의 분홍색을 띠며 윤택이 있을 것
② 둥근 모양의 아치형일 것
② 갈라짐이 없을 것
③ 네일 바디가 네일 베드에 강하게 부착되어 있을 것
④ 단단하고 탄력이 있을 것
⑤ 15~18%의 수분을 함유하고 있을 것
⑥ 세균에 감염되지 않을 것

08 네일의 형태 : 스퀘어형, 라운드 스퀘어형, 라운드형, 오벌형, 포인트형, 스틸레토형

형태	설명
스퀘어형	네일 끝을 많이 사용하거나 손을 많이 쓰는 사람들이 선호하는 형태
라운드 스퀘어형	고객이 가장 선호하는 세련된 형태로 스퀘어보다 부드러운 느낌
라운드형	손톱이 짧은 경우나 남성의 경우 가장 선호하고 누구에게나 어울리는 형태

시험에 자주 나오는 족집게 150선

시험 직전 한번 더 체크해야 할 부분을 따로 엄선하여 시험대비에 만전을 기하였습니다.

네일아트 도구 & 재료

제4장 네일미용기술의 내용을 이해하기 위한 필수적인 네일 도구 및 재료를 소개한다.

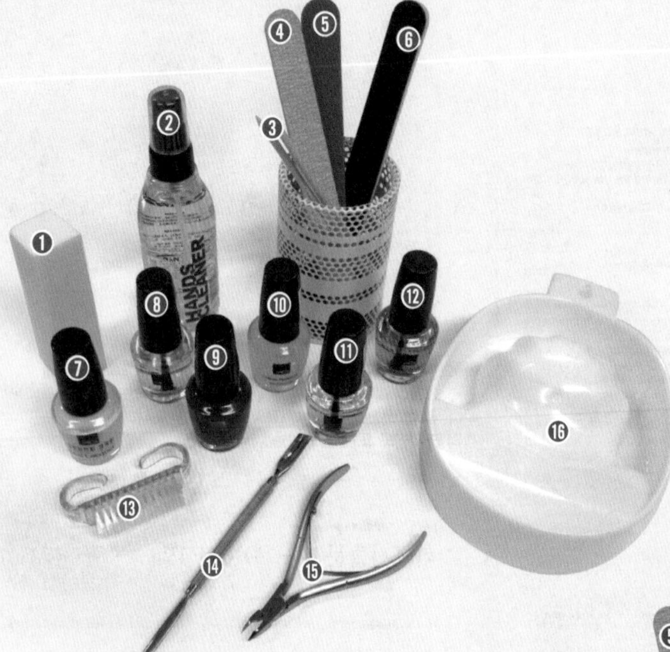

습식매니큐어

Basic Manicure

네일 관리의 가장 기초적인 손질로 핑거볼에 손끝을 물로 불린 후, 큐티클 손질 및 컬러링을 하는 시술이다.

❶ 샌딩
❷ 스킨소독제
❸ 오렌지우드스틱
❹ 파일
❺ 우드파일
❻ 파일
❼ 화이트 폴리시
❽ 큐티클 오일
❾ 레드 폴리시
❿ 큐티클 리무버
⓫ 베이스코트
⓬ 탑코트
⓭ 더스트 브러시
⓮ 푸셔
⓯ 니퍼
⓰ 핑거볼

페디큐어

Pedicure

페디큐어는 발톱 길이 정리·파일링, 마사지, 컬러링 등을 하는 시술이다.

❶ 지혈제
❷ 샌딩
❸ 스킨소독제
❹ 오렌지우드스틱
❺ 파일
❻ 우드파일
❼ 파일
❽ 분무기
❾ 화이트 폴리시
❿ 큐티클 오일
⓫ 레드 폴리시
⓬ 큐티클 리무버
⓭ 베이스코트
⓮ 탑코트
⓯ 토우세퍼레이터
⓰ 페디화일
⓱ 콘커터
⓲ 푸셔
⓳ 니퍼

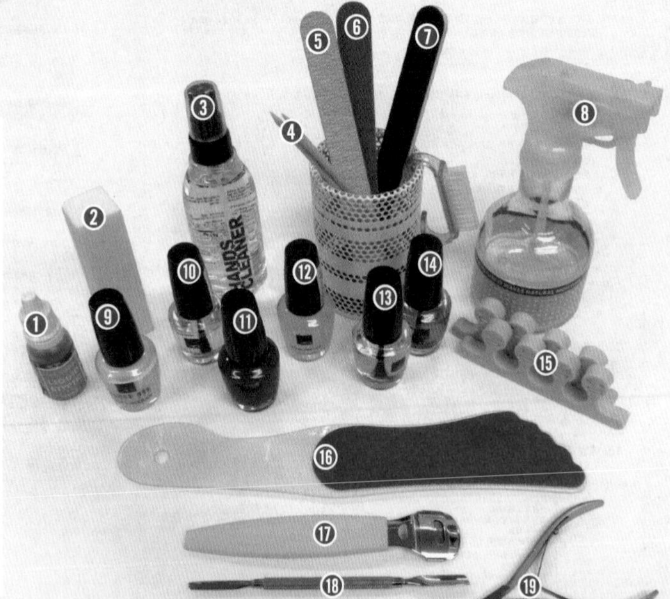

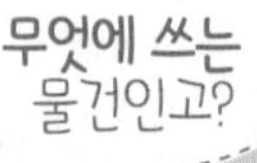

- 샌딩 : 손톱의 표면을 정리할 때
- 광파일(3way) : 손톱에 광을 낼 때
- 스킨소독제(안티셉틱) : 시술 전 · 후에 손을 소독하는데 쓰임 기구(니퍼, 푸셔) 소독제로 쓰기에는 효과가 미약함
- 우드파일 : 자연네일을 다듬을 때
- 파일 : 아크릴 연장 후 연장된 모양을 다듬을 때
- 푸셔 : 큐티클을 밀어올릴 때
- 오렌지우드스틱 : 큐티클을 밀어올리거나 손톱의 이물질을 제거할 때, 네일 주변의 폴리시를 제거할 때
- 폴리시 리무버 : 퓨어아세톤을 희석한 용액으로 폴리시를 제거할 때
- 핑거볼 : 손의 큐티클을 부풀릴 때
- 베이스코트 : 폴리시로부터 손톱을 보호하는 제품
- 탑코트 : 폴리시의 광택효과를 더하고 벗겨짐을 방지하는 제품

아크릴릭 스컬프처
Acrylic Sculpture

인조 팁을 사용하지 않고 네일 폼을 이용해 길이를 연장하는 시술로 두께 조절이 쉽고 내구성이 우수하다.

❶ 아크릴 폼
❷ 클리어 파우더
❸ 프라이머
❹ 큐티클 오일
❺ 리퀴드
❻ 광파일(3way)
❼ 샌딩
❽ 디펜디쉬
❾ 아크릴 브러시
❿ 파일
⓫ 우드파일
⓬ 파일
⓭ 더스트 브러시

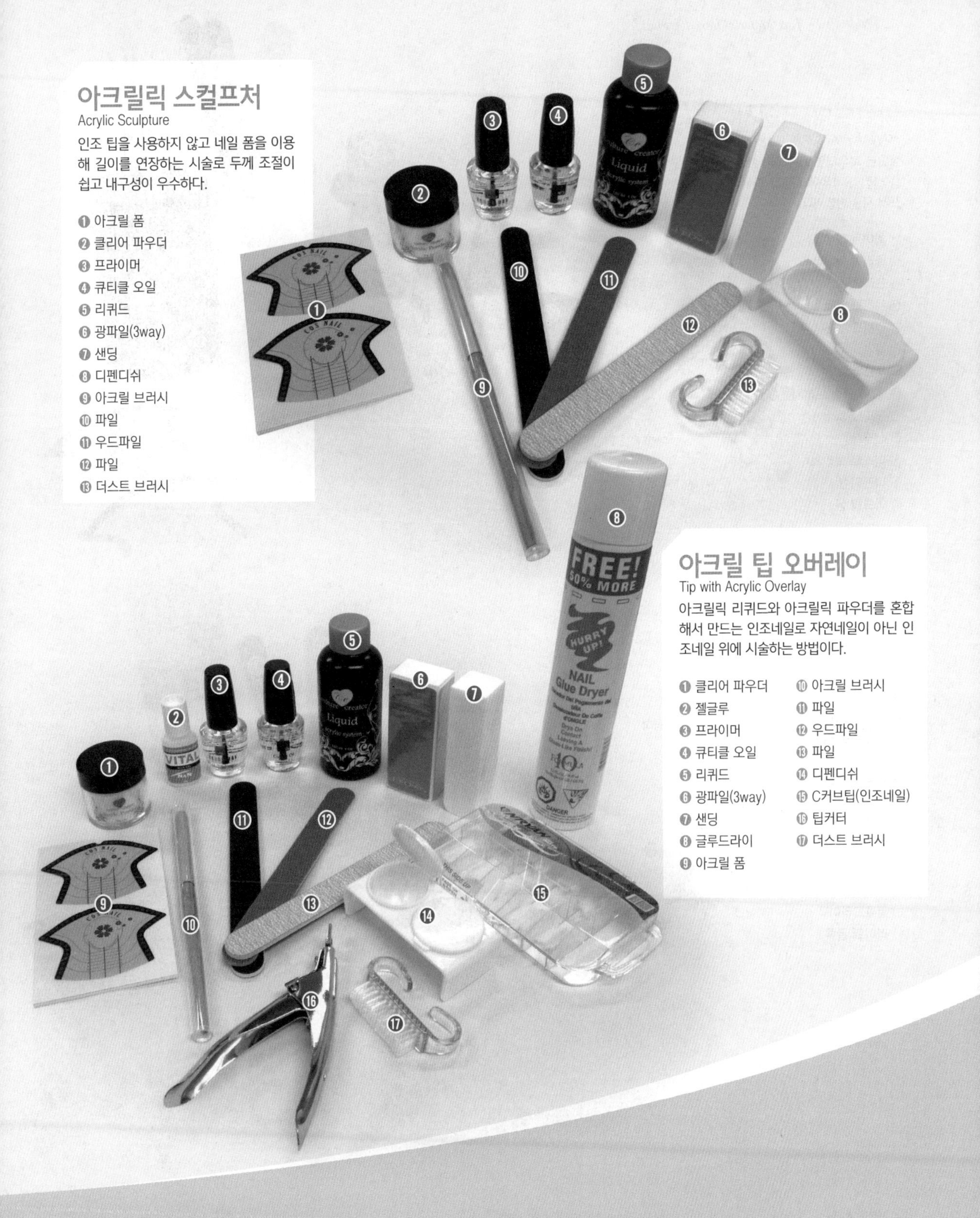

아크릴 팁 오버레이
Tip with Acrylic Overlay

아크릴릭 리퀴드와 아크릴릭 파우더를 혼합해서 만드는 인조네일로 자연네일이 아닌 인조네일 위에 시술하는 방법이다.

❶ 클리어 파우더
❷ 젤글루
❸ 프라이머
❹ 큐티클 오일
❺ 리퀴드
❻ 광파일(3way)
❼ 샌딩
❽ 글루드라이
❾ 아크릴 폼
❿ 아크릴 브러시
⓫ 파일
⓬ 우드파일
⓭ 파일
⓮ 디펜디쉬
⓯ C커브팁(인조네일)
⓰ 팁커터
⓱ 더스트 브러시

- 니퍼 : 손톱 위의 큐티클(굳은살)을 정리하는 도구
- 아크릴 폼 : 아크릴 길이 연장 시 지지대 역할
- 화이트 파우더 : 아크릴 프렌치에 스마일 라인을 만들 때
- 클리어 파우더 : 아크릴릭 네일에 사용되는 분말
- 프라이머 : 아크릴이 네일 표면에 잘 접착되도록 도와주는 제품
- 리퀴드 : 보라색 용액으로 아크릴 파우더를 반죽할 때
- 디펜디쉬 : 리퀴드를 담는 용기
- 아크릴 브러시 : 아크릴 파우더를 네일에 얹을 때
- 더스트 브러시 : 파일링 후 먼지를 털어낼 때
- 팁커터 : 팁의 길이를 자를 때
- 젤글루 : 팁을 손톱에 부착할 때
- 글루드라이 : 글루가 잘 마를 수 있도록 도와 주는 제품

아크릴릭 프렌치 스컬프처
Acrylic French Sculpture

화이트 파우더를 사용하여 프렌치 라인을 만든 다음 클리어 파우더나 핑크 파우더를 이용하는 스컬프처 시술 방법이다.

❶ 화이트 파우더
❷ 클리어 파우더
❸ 프라이머
❹ 큐티클 오일
❺ 리퀴드
❻ 파일
❼ 우드파일
❽, ❾ 아크릴 브러시
❿ 광파일(3way)
⓫ 샌딩
⓬ 더스트 브러시
⓭ 디펜디쉬
⓮ 아크릴 폼

팁위드랩(네일 오버레이)
Tip with Wrap

자연네일 위에 팁과 실크를 이용하여 네일을 연장하는 시술 방법이다.

❶ 광파일(3way)
❷ 샌딩
❸ 스킨소독제
❹ 오렌지우드스틱
❺, ❼ 파일
❻ 우드파일
❽ 글루드라이
❾ 라이트 글루
❿ 필러 파우더
⓫ 젤글루
⓬ 큐티클 오일
⓭ 팁커터
⓮ 실크가위
⓯ 레귤러 팁
⓰ 실크

무엇에 쓰는 물건인고?

- 아크릴 브러시 : 아크릴 볼을 만들 때
- 아크릴 폼 : 손톱 연장을 위해 끼우는 폼
- 필러 파우더 : 랩이나 네일 팁이 갈라졌거나 떨어져나간 부분을 채울 때 또는 익스텐션 작업할 때
- 젤글루 : 글루보다 접착력이 뛰어나 네일 팁을 오래 유지시키고자 할 때
- 라이트 글루 : 실크를 붙이거나 래핑 시 필러 파우더와 혼합해서 사용
- 팁커터 : 팁의 길이를 자를 때
- 실크가위 : 실크를 자르는 전용 가위

젤 팁오버레이
Gel Tip Overlay

인조네일 위에 젤을 이용해 오버레이한 후, UV램프 등 건조기를 이용하여 경화시키는 시술 방법이다.

❶ UV램프
❷ 샌딩
❸ 젤클렌저
❹ 스킨소독제
❺ 젤글루
❻ 프라이머
❼ 큐티클 오일
❽, ❿ 파일
❾ 우드파일
⓫ 오렌지우드스틱
⓬ 젤 브러시
⓭ 글루드라이
⓮ 베이스젤
⓯ 탑젤
⓰ 클리어 젤
⓱ C커브팁
⓲ 팁커터

젤 프렌치 스컬프처
Gel French Sculpture

화이트 젤을 사용하여 프렌치 라인을 만든 다음 핑크와 클리어 젤을 이용하는 스컬프처 시술 방법이다.

❶ UV램프
❷ 젤클렌저
❸ 스킨소독제
❹, ❻ 파일
❺ 우드파일
❼ 오렌지우드스틱
❽ 젤 브러시
❾ 샌딩
❿ 프라이머
⓫ 큐티클 오일
⓬ 베이스젤
⓭ 탑젤
⓮ 젤폼
⓯ 화이트 젤
⓰ 클리어 젤

- UV램프 : 젤을 경화시킬 때 사용하는 램프
- 젤클렌저 : 젤 시술 후 미경화 젤을 닦아낼 때
- 베이스젤 : 젤이 손톱에 잘 붙게 하기 위해 사용
- 탑젤 : 젤을 보호하고 광택을 내기 위해
- 젤폼 : 손톱 연장을 위해 끼우는 폼
- 클리어 젤 : 색깔이 없는 투명한 젤

네일미용사 실기
미리보기

과제별 과정을 도식화하여 비교·정리

네일미용사 | 실기

NCS 학습모듈의 최신출제기준 적용

심사포인트·심사기준·감점요인·무료 동영상 강의

과정별 상세하고 꼼꼼한 설명과 풍부한 사진 자료 수록!

‘네일미용사 실기’ 교재를 구입하신 독자분을 위한 프리미엄 동영상 강의 무료 제공!

에듀웨이 ‘네일미용사 실기’ 책을 구입하신 독자분이라면 에듀웨이 카페에 가입하시고, 간단한 인증절차를 거치시면 동영상 강의를 무료로 보실 수 있습니다. 카페 오른쪽 메뉴의 (동영상)실기 미용사–네일의 각 과제별로 구분되어 있습니다.

※ 본 동영상은 에듀웨이 ‘네일미용사 실기’ 책을 구입하신 독자분에게만 제공되며,
필기교재를 구입하신 분에게는 제공되지 않습니다.

에듀웨이 독자분을 위한 Q&A 서비스!

본 교재로 공부하다가 모르거나 잘 안되는 부분, 궁금한 점이 있다면 카페의 ‘Q&A –미용사(네일)’에 남겨주시면 저자와 편집담당자가 최대한 빠른 시일 내에 답변을 해드리겠습니다.

02

네일미용사 실기
미리보기

ACRYLIC FRENCH SCULPTURE

아크릴 프렌치 스컬프처

개요

01 | 과제개요

셰이프(Shape)	대상부위	배점	작업시간
스퀘어	오른손 3, 4지 손톱	30점	40분

02 | 심사기준

구분	사전심사	시술순서 및 숙련도				완성도
		소독	파일링 & 셰이프	팁 접착	오버레이	
배점	3	2	5	7	7	6

03 | 심사 포인트

(1) 사전심사

【수험자 및 모델의 복장】

① 수험자와 모델이 규정에 맞는 복장을 하고 있는가?(수험자, 모델 모두 보안경 착용)
② 수험자와 모델이 불필요한 액세서리 등을 착용하고 있지 않는가?
③ 모델의 손톱이 시험 규정에 어긋나지 않는가?

【테이블 세팅】

① 시술에 필요한 준비목록이 모두 구비되어 있는가?
② 작업 테이블이 깔끔하게 정리되어 있는가?
③ 위생이 필요한 도구는 소독용기에 담겨져 있는가?

(2) 본심사

【시술 순서 및 숙련도】

① 시술 순서가 잘못되지 않았는가?
② 전체 과정을 얼마나 능숙하게 작업하였는가?

【소독】

① 수험자와 모델의 손을 적당한 방법으로 소독하였는가?

【파일링&셰이프】

① 시술에 적당한 파일을 선택하였는가?
② 자연손톱 파일링 작업 시 비비거나 문지르지 않았는가?
③ 자연손톱을 1mm 이하의 라운드 또는 오벌형으로 조형하였는가?
④ 인조손톱을 가로, 세로 모두 직선의 스퀘어형으로 조형하였는가?

【팁 접착】

① 모델의 손톱 사이즈에 알맞은 팁을 선택하였는가?
② 팁이 자연손톱에 잘 접착이 되었는가?
③ 팁 접착 시 기포가 생기지 않았는가?
④ 팁턱 제거 시 자연손톱이 손상되지 않았는가?
⑤ 접착된 팁의 길이가 0.5~1cm로 일정한가?
⑥ 팁의 경계선이 자연손톱과 자연스럽게 연결되었는가?
⑦ 글루의 도포상태가 양호한가?

【오버레이】

① 필러파우더를 글루와 투명하게 혼용되도록 도포하였는가?
② 실크를 적당한 크기로 재단하였는가?
③ 실크가 제대로 접착이 되었는가?
④ 글루의 도포 상태가 적당한가?
⑤ C-커브가 규정에 맞게 되었는가?

【완성도】

① 전체적인 완성도 체크
② 손톱 표면과 손톱 아래의 거스러미, 분진 먼지, 불필요한 오일이 묻어있지 않는가?
③ 제한시간 내에 모든 작업을 완료하였는가?
④ 작업 종료 후 정리정돈을 제대로 하였는가?

03 | 손톱모양 만들기

1 파일링

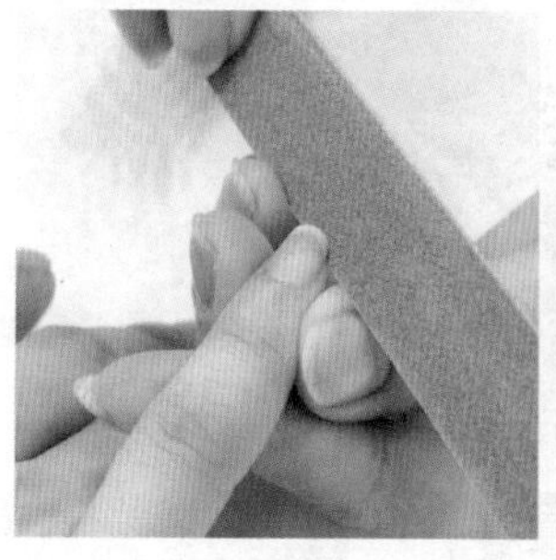

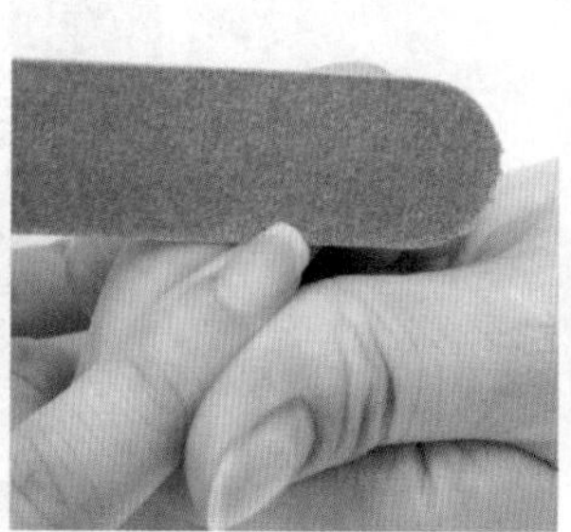

2 표면 정리 및 거스러미 제거하기

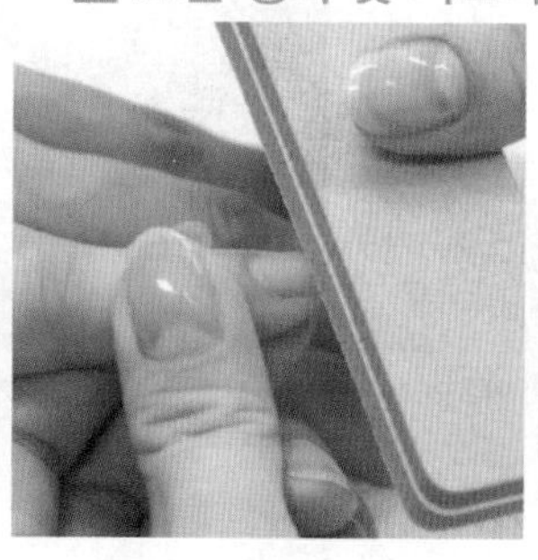

3 먼지 제거하기

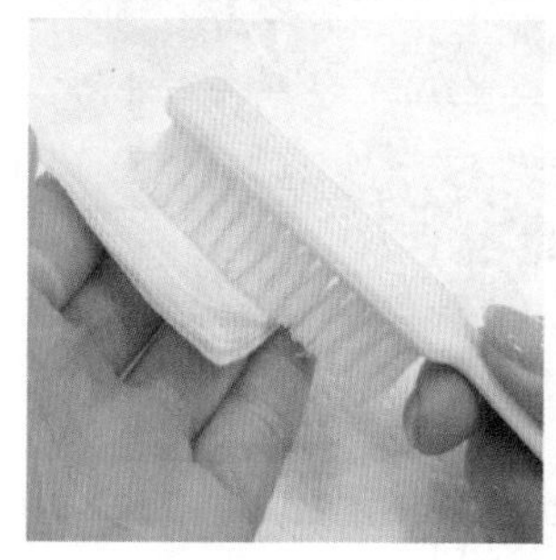

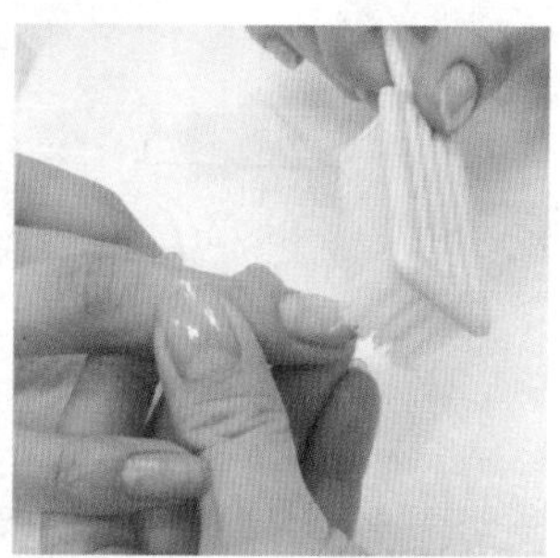

【아크릴 프렌치 스컬프처 주요과정】

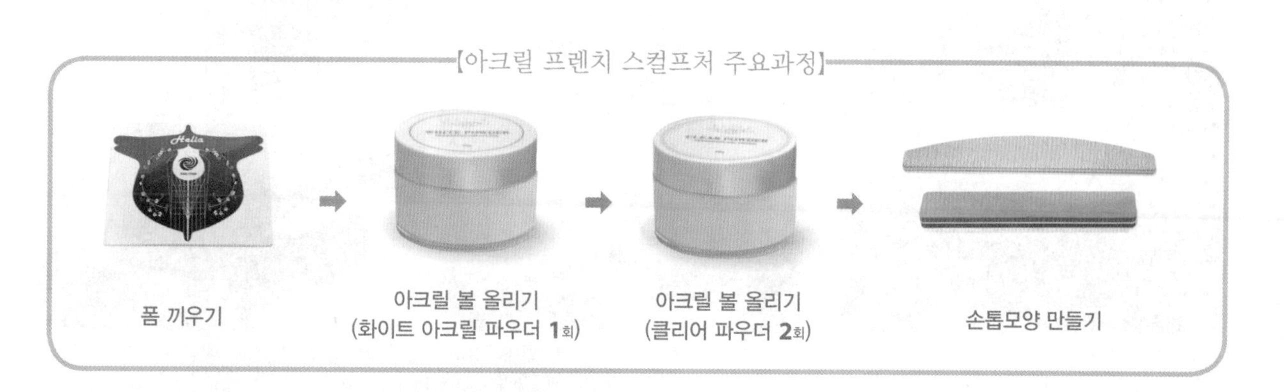

폼 끼우기 → 아크릴 볼 올리기 (화이트 아크릴 파우더 1회) → 아크릴 볼 올리기 (클리어 파우더 2회) → 손톱모양 만들기

04 | 폼 끼우기

① 폼지 뒷면의 접착제를 떼어내어 폼지 안쪽의 접착면에 붙여준다.
② 양손의 엄지와 검지를 이용하여 모델의 손톱 크기에 맞게 재단한다.
③ 모델 손톱의 옐로우라인에 맞춰 정확히 재단한다.
④ 손톱 아래에 쉽게 끼울 수 있도록 폼지 윗부분을 구부려준다.
⑤ 재단한 폼을 프리에지 밑에 수평이 되게 하여 끼워준다.
⑥ 폼지의 아랫부분을 서로 붙여준다.

| 감점요인 |

⚠ 시작 전 폼을 재단하거나 미리 붙일 때

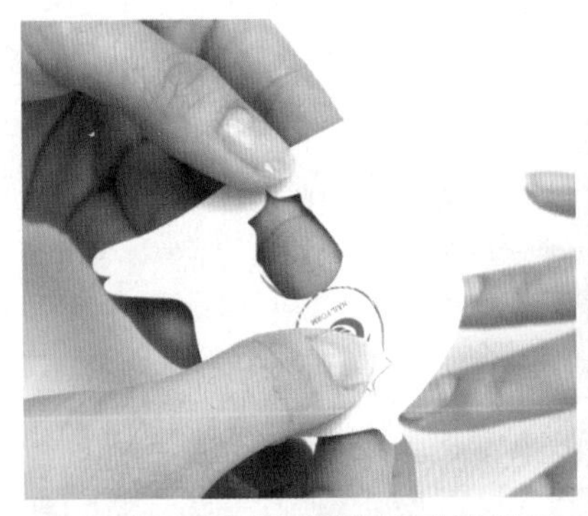

▲ 폼지 뒷면의 접착제를 떼어내어 폼지 안쪽의 접착면에 붙여준다.

▲ 폼지를 손톱에 맞추어 보고 옐로우 라인에 맞춰 가위로 재단한다.

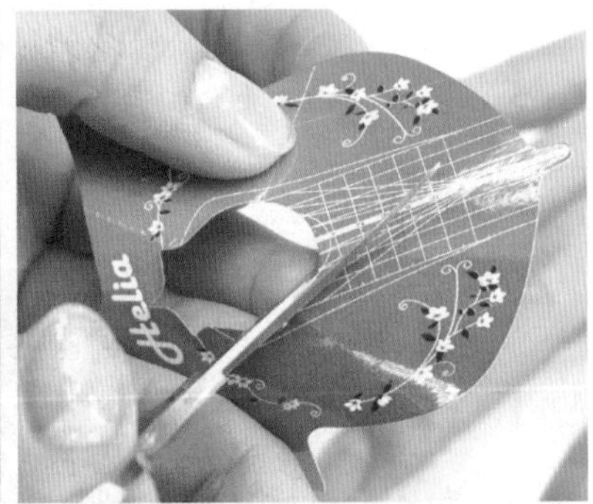

▲ 손톱의 양쪽 끝부분이 넘치거나 모자라지 않게 정확히 재단해야 한다.

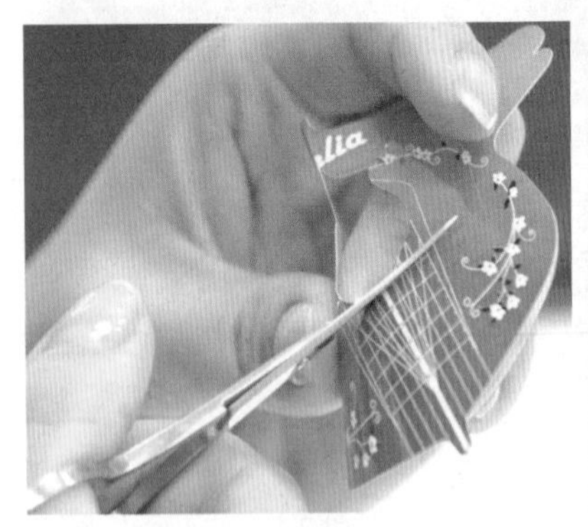

▲ 손톱 아래에 쉽게 끼울 수 있도록 손톱의 모양을 보며 충분히 폼지 윗부분을 구부려준다.

▲ 양손의 엄지를 이용하여 모델 손톱의 옐로우라인에 맞춰 접착시킨다.

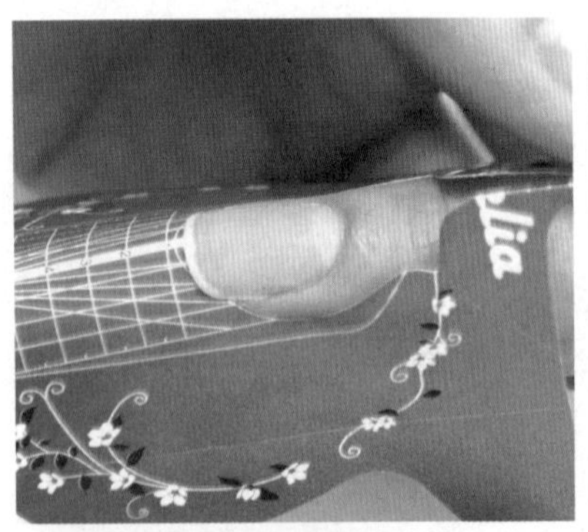

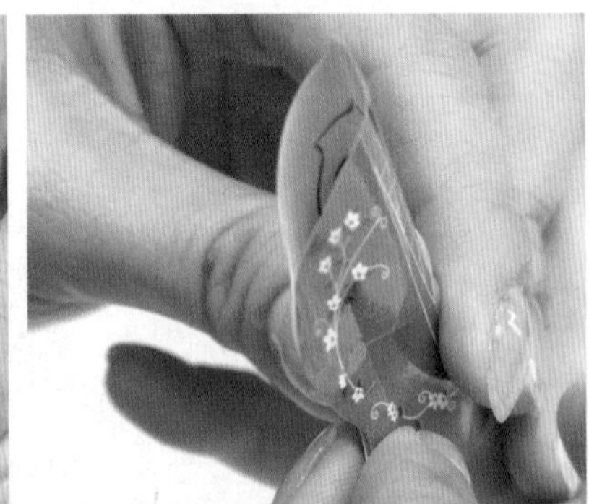

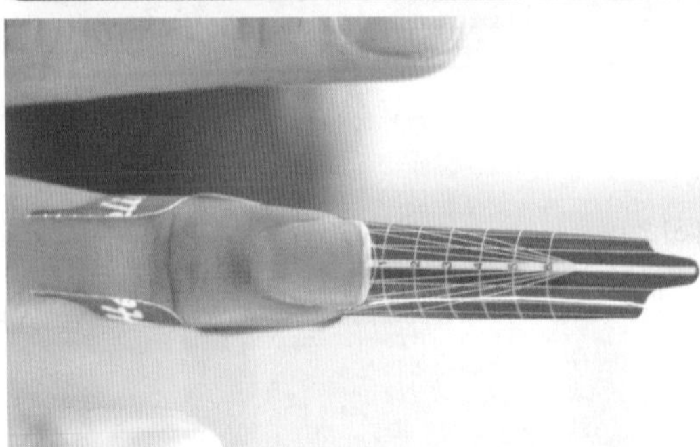

▲ 폼을 끼운 모습

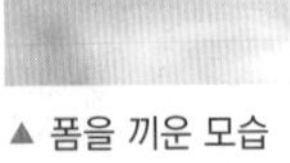

05 | 아크릴 볼 올리기

아크릴 볼 올리기

구분	1차	2차	3차
재료	화이트 아크릴 파우더	클리어 파우더	
볼 올리는 위치	옐로우 라인 위	스마일 라인의 윗부분	루눌라 부분
기능	• 프리에지 길이 및 두께 만들기 • 스마일 라인 만들기	• 하이포인트 만들기	• 루눌라 부분을 하이포인트와 연결

주의) 화이트 폴리머는 반드시 사용해야 하며, 핑크 및 클리어 폴리머는 선택 가능하다.

1 1차 – 화이트 아크릴 파우더

① 디펜디시에 리퀴드를 붓고 이 리퀴드에 아크릴 브러시를 담근 후에 붓끝으로 화이트 아크릴 파우더를 찍어 아크릴 볼을 만든다.

② 이렇게 만들어진 아크릴 볼을 옐로우 라인 부분에 올려 스마일 라인을 만든다.

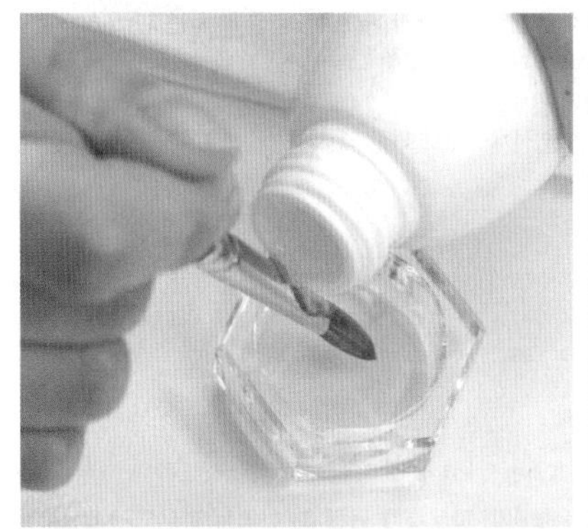

▲ 사진처럼 브러시를 이용하여 디펜디시에 리퀴드를 붓는다.

▲ 붓끝으로 화이트 아크릴 파우더를 찍어 아크릴 볼을 만든다.

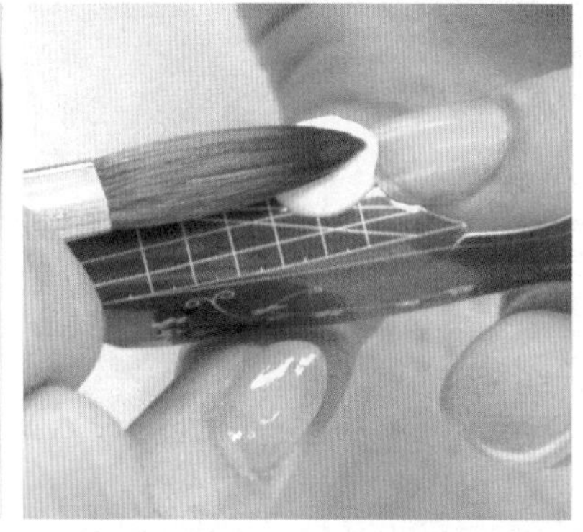

▲ 아크릴 볼을 옐로우 라인 부분에 올려 놓는다.

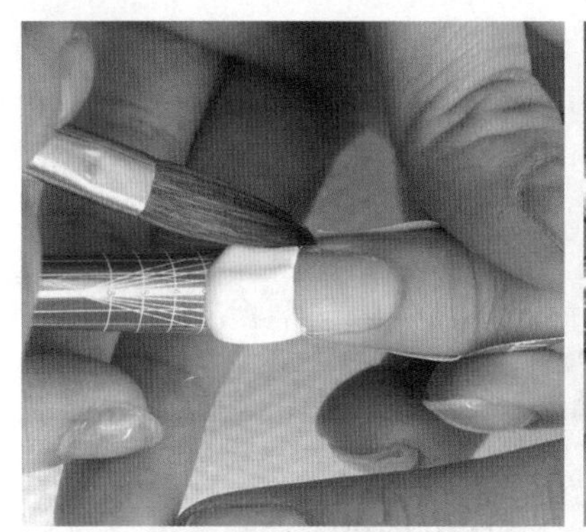

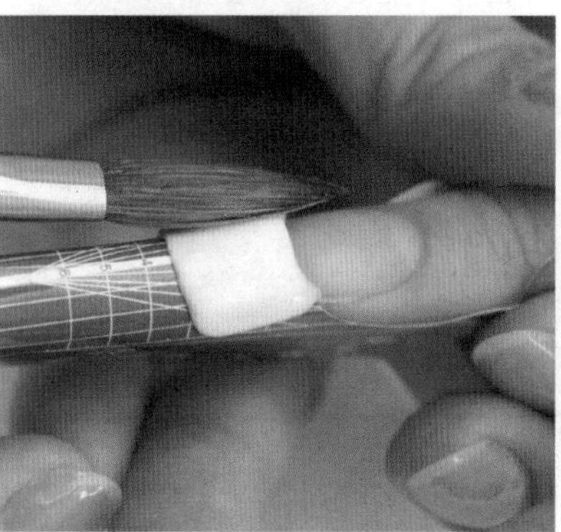

▲ 브러시의 백(back)과 벨리(belly) 부분을 이용하여 볼을 살며시 누르며 조금씩 전체적인 모양을 잡아준다.

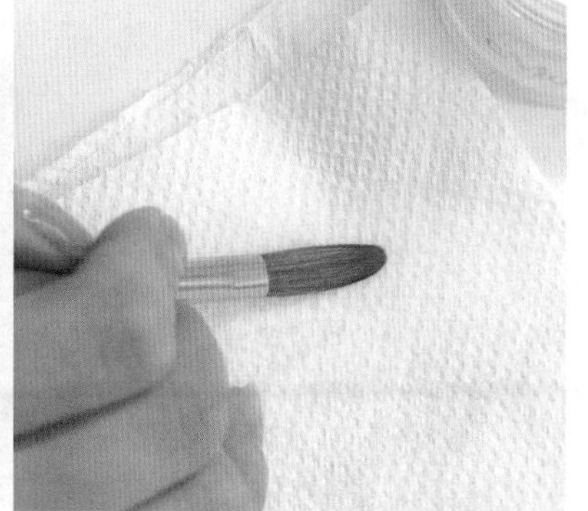

▲ 브러시로 모양을 잡을 때 브러시에 묻은 리퀴드 및 아크릴은 페이퍼 타월에 닦아 제거한다.

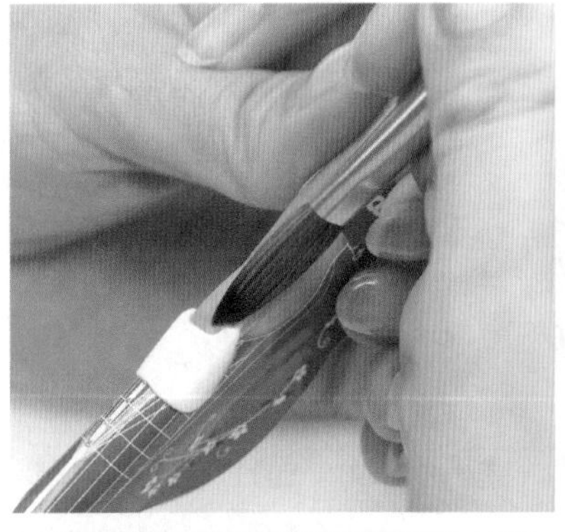

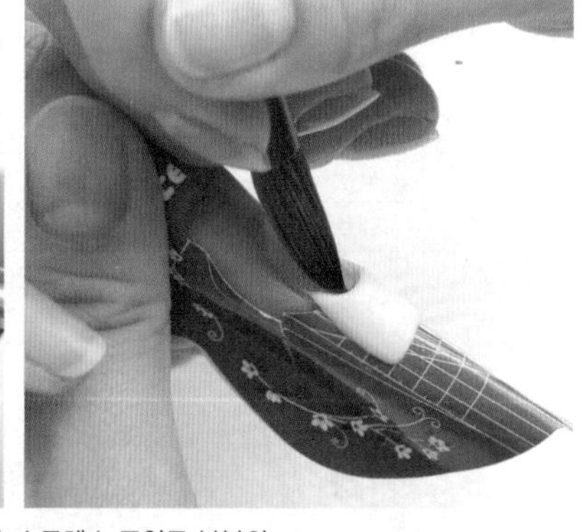

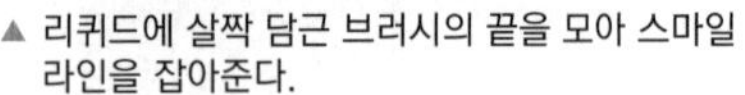

▲ 리퀴드에 살짝 담근 브러시의 끝을 모아 스마일 라인을 잡아준다.

▲ 사진처럼 붓끝으로 아크릴 볼을 조금만 찍어낸 후 스트레스 포인트 부분의 스마일라인 양끝에 묻혀 세밀하게 잡아준다.

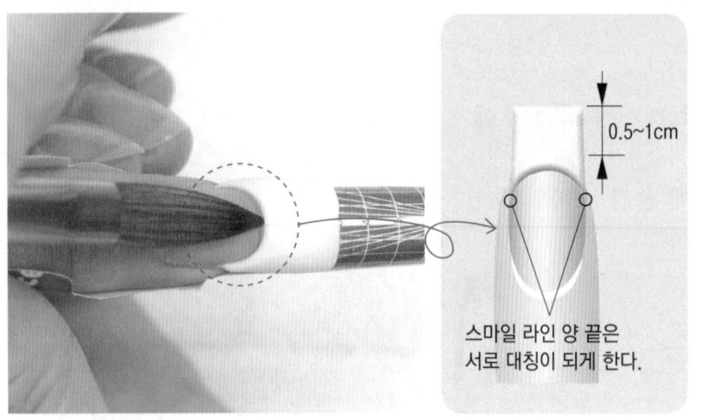

▲ 스마일라인의 양끝이 서로 대칭되지 않을 경우 감점요인이 된다.

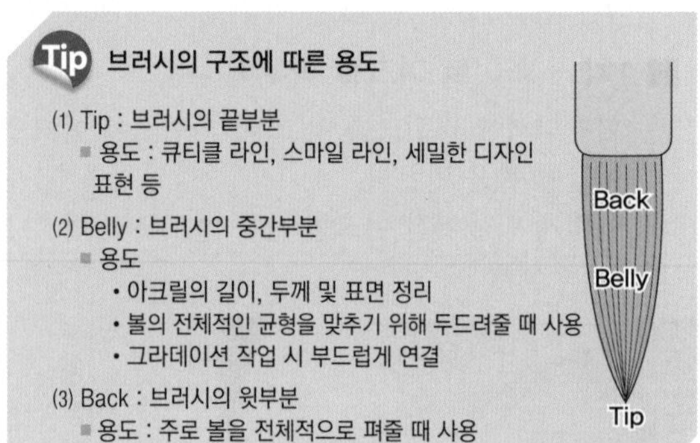

Tip 브러시의 구조에 따른 용도

(1) Tip : 브러시의 끝부분
- 용도 : 큐티클 라인, 스마일 라인, 세밀한 디자인 표현 등

(2) Belly : 브러시의 중간부분
- 용도
  - 아크릴의 길이, 두께 및 표면 정리
  - 볼의 전체적인 균형을 맞추기 위해 두드려줄 때 사용
  - 그라데이션 작업 시 부드럽게 연결

(3) Back : 브러시의 윗부분
- 용도 : 주로 볼을 전체적으로 펴줄 때 사용

2 2차 – 클리어 파우더

① 이번엔 붓끝으로 클리어 파우더를 찍어낸 후 두 번째 아크릴 볼을 만든다.

② 아크릴 볼을 스마일 라인의 윗부분에 올려놓고 하이포인트를 살리면서 붓 옆면을 이용하여 왼쪽과 오른쪽 부분을 다져준다.

| Checkpoint |

- 클리어 파우더를 올릴 때 화이트 파우더 위로 내려오지 않도록 주의해야 한다.

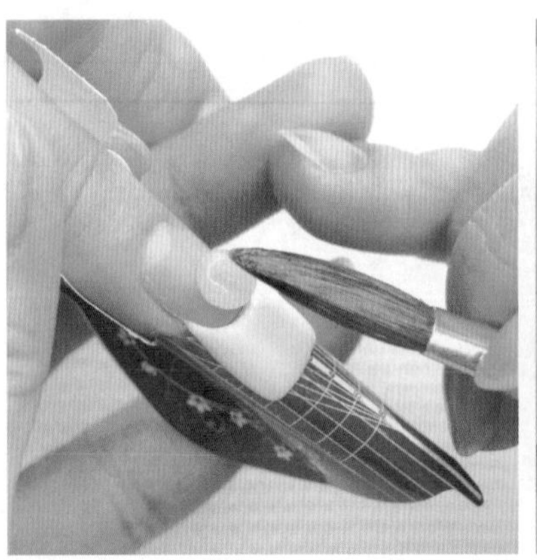

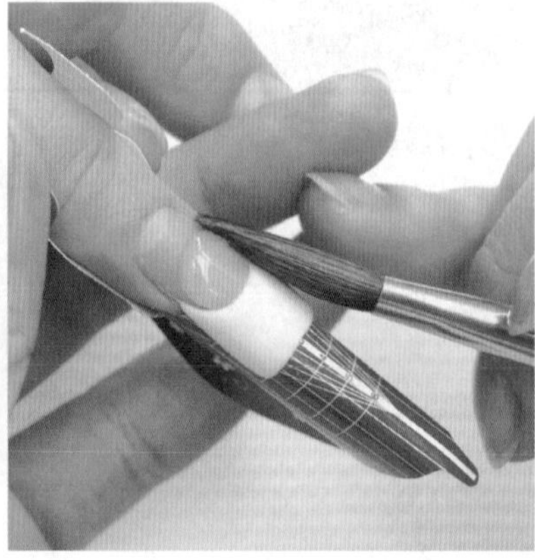

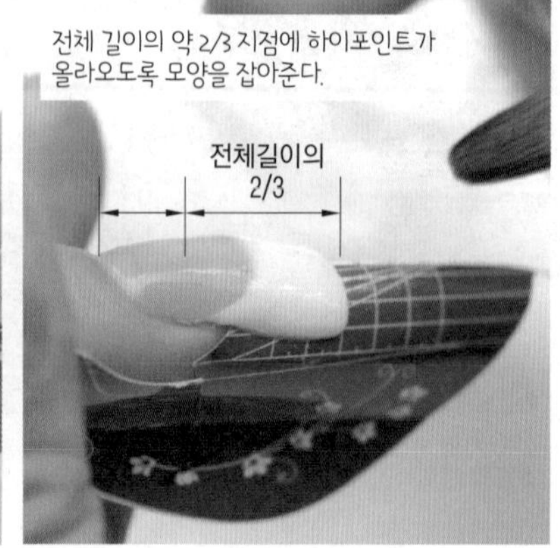

▲ 두 번째 볼을 스마일 라인의 윗부분에 올려놓고 스마일 라인의 경계를 따라 좌우로 이동해준다.

NAIL Beauty

Nailist Technician Certification

CHAPTER

01

네일개론

NAIL Technician Certification

SECTION 01

네일 미용의 역사

출제비중이 높지 않지만 한국과 세계의 네일미용의 역사에 대해 간략하게 짚고 넘어갈 수 있도록 합니다. 현대의 미용에서는 연도까지 외울 수 있도록 합니다.

01 한국의 네일 미용

고려시대	여성들이 봉선화과의 한해살이 풀인 지갑화를 물들이기 시작
조선시대	세시풍속집 〈동국세시기〉에 젊은 각시와 어린이들이 손톱에 봉선화 물을 들였다고 기록
1988년	한국 최초의 전문 네일샵인 그리피스 네일살롱*이 이태원에 개설
1996년	• 세씨네일, 헐리우드 네일 등의 네일 전문 살롱이 압구정동에 개설 • 미국 키스사제품이 국내에 소개 • 압구정 백화점에 네일샵이 입점하면서 일반인에게 알려지기 시작
1997년	• 미국 레브론 계열사인 크리에이티브 네일사가 전문가용품 등 다양한 제품을 국내에 대량 보급하면서 대중화되기 시작 • 한국네일협회 창립
1998년	• 네일아트 민간 자격시험제도 도입 • 대학에서 네일관리학 수업 신설
1999년	1999년 한국 네일리스트 협회 창립
2001년	한국네일협회와 한국네일리스트협회 통합 → 한국네일협회 출범
2002년	• 한국네일학회 발족 • 네일산업 호황기
2004년	한국프로네일협회 발족
2005년	대한네일협회 발족

▶ 그리피스 네일살롱의 연도에 대해서는 1988년, 1989년, 1992년 등 다양한 주장이 있는데, 1988년 서울올림픽에서 미국의 육상선수인 그리피스 선수의 손톱이 화제가 되면서 이태원에 그리피스숍이 생겨났다는 정도로 이해한다.

02 외국의 네일 미용

1 고대

이집트	• BC 3000년, 헤나라는 붉은 오렌지색 염료로 손톱 염색 • 사회적 신분을 나타내기 위해 사용 • 상류층은 짙은색, 하류층은 옅은색 사용
중국	• 입술에 바르는 홍화로 손톱 염색(조홍) • 에나멜이라는 최초의 페인트 사용(벌꿀, 달걀흰자, 고무나무 수액으로 제조) • BC 600년, 귀족들은 금색과 은색 사용

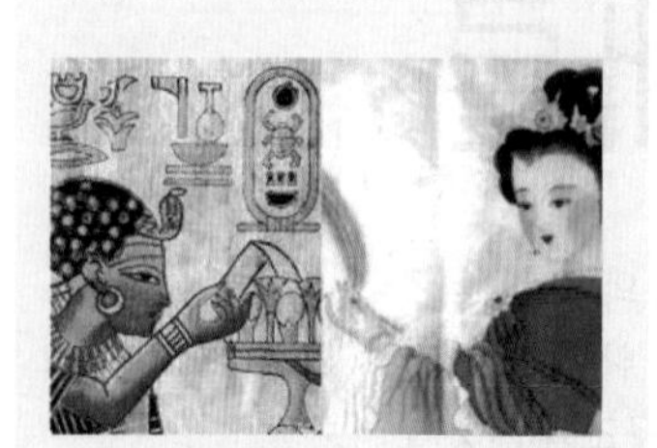

인디언	• 헤나에서 추출한 염료로 손톱 염색
잉카	• 손톱에 독수리 모양을 그림

2 중세

중국	• 15세기, 검정색 · 붉은색 사용 • 17세기, 상류층의 남녀들은 손톱을 길게 기르고 금, 대나무 부목 등으로 손톱 보호
인도	• 17세기, 상류층 여성들은 문신바늘을 이용해 조모(Nail Matrix)에 색소를 넣어 신분 표시

3 19세기

1800년대	• 네일 아트가 대중화되기 시작 • 아몬드 모양의 네일이 유행 • 향이 있는 빨간 기름을 바른 후 샤미스*를 이용해 색깔이나 광을 냄
1830년	• 발 전문의사인 시트(Sitts)가 치과에서 사용되던 기구에서 고안한 오렌지 우드 스틱을 네일관리에 사용
1885년	• 네일 에나멜의 필름 형성제인 니트로셀룰로오스 개발
1892년	• 네일 아티스트가 미국에서 새로운 직업으로 인정
1900년	• 금속가위, 금속파일 등의 네일 도구 사용 • 크림 또는 가루를 이용해 광을 냄 • 낙타털로 만든 붓으로 에나멜을 바르기 시작

▶ 샤미스 : 염소나 양의 가죽

4 20세기

1910년	• 매니큐어 회사인 '플라워리(Flowery)' 뉴욕에 설립, 금속파일 및 사포로 된 파일 제작
1917년	• 기구나 도구를 사용하지 않는 닥터 코르니 네일 홈케어 제품이 보그(Vouge) 잡지에 소개
1919년	• 최초의 특허제품인 분홍색 에나멜 개발
1925년	• 네일 에나멜 산업이 본격화되면서 일반 상점에서 에나멜 판매 • 문 매니큐어(moon manicure)* 유행
1927년	• 흰색 에나멜, 큐티클 크림, 큐티클 리무버 제조
1930년	• 네일 에나멜 리무버, 워머 로션, 큐티클 오일 등 제나(Gena) 연구팀에 의해 개발 • 다양한 종류의 붉은색 에나멜 등장
1932년	• 다양한 색상의 네일 에나멜 제조 • 레브론(Revlon)사에서 립스틱과 잘 어울리는 네일 에나멜 최초로 출시

▶ **문 매니큐어** : 손톱의 반월 부분과 가장자리는 바르지 않고 가운데 부분만 바르는 스타일

1935년	• 인조 네일 개발
1940년	• 여배우 리타 헤이워드에 의해 빨간색으로 꽉 채워 바르는 스타일 유행 • 이발소에서 남성 네일 관리 시작
1948년	• 미국의 노린 레호에 의해 매니큐어 작업 시 기구 사용
1950년대	• 헬렌 걸 리가 미용학교 교육과정에 네일 과목 포함 • 네일 팁 사용자 증가 및 페디큐어 등장 • 호일을 이용한 아크릴 네일 최초 등장 • 패드릭 슬랙과 토마스 슬랙에 의해 네일 폼이 특허, 개발
1960년	• 실크와 린넨을 이용한 래핑 사용
1970년	• 네일 팁과 아크릴 네일 본격적으로 사용 • 치과 재료에서 아크릴 네일 제품 개발
1973년	• 미국 IBD사가 최초로 네일 접착제와 접착식 인조손톱 개발
1974~75년	• 미국 식약청(FDA)이 메틸메타아크릴레이트 등의 아크릴 화학제품 사용 금지
1976년	• 스퀘어 모양의 네일 유행 • 화이버 랩 등장 • 네일아트가 미국에 정착
1981년	• 네일 전문제품 출시 - 에씨, 오피아이, 스타 등의 회사 • 네일 액세서리 등장
1982년	• 미국의 태미 테일러에 의해 파우더, 프라이머, 리퀴드 등의 아크릴 네일 제품 개발
1989년	• 네일 산업 급성장
1992년	• NIA(The Nail Industry Association) 창립
1994년	• 라이트 큐어드 젤 시스템 등장 • 뉴욕에서 네일 테크니션 제도 도입

5 20세기 이후

2000년대	• 2D, 3D 등의 입체디자인과 핸드 페인팅, 에어브러시 등의 다양한 아트 기법 등장
2014년	• Nailpolis : Museum of Nail Art 설립 : 전문가와 아마추어들이 네일아트 디자인 공유

기출문제 | 단원별 구성의 문제 유형 파악!

★★★

1 고려시대의 네일 미용의 특징에 대한 설명으로 옳은 것은?

① 여성들이 봉선화과의 한해살이 풀인 지갑화를 물들이기 시작했다.
② 남성들이 손톱에 독수리 모양의 그림을 그리기 시작했다.
③ 상류층의 남녀들은 손톱을 길게 기르고 금, 대나무 부목 등으로 손톱을 보호했다.
④ 상류층 여성들은 문신바늘을 이용해 조모(Nail Matrix)에 색소를 넣어 신분을 표시했다.

> ② 고대 잉카, ③ 17세기 중국, ④ 17세기 인도

★★★

2 조선시대에 젊은 각시와 어린이들이 손톱에 봉선화 물을 들였다는 기록이 있는 문헌은?

① 부인필지 ② 열양세시기
③ 동국세시기 ④ 동유집

> 조선시대 정조, 순조 때의 학자 홍석모가 저술한 동국세시기에 젊은 각시와 어린이들이 손톱에 봉선화 물을 들였다는 기록이 있다.

★★★

3 우리나라 최초의 전문 네일샵이 개설된 해는?

① 1988년 ② 1995년
③ 1997년 ④ 2000년

> 1988년 이태원에서 우리나라 최초의 전문 네일샵인 그리피스 네일살롱이 개설되었다.

★★★

4 1998년 우리나라 네일 미용에 대한 설명으로 옳은 것은?

① 대학에서 네일관리학 수업이 최초로 신설되었다.
② 미국 키스사제품이 국내에 소개되었다.
③ 세씨네일, 헐리우드 네일 등의 네일 전문 살롱이 압구정동에 개설되었다.
④ 미국 크리에이티브 네일사가 전문가용품 등 다양한 제품을 국내에 대량으로 보급하였다.

> ②, ③ : 1996년 ④ : 1997년

★★★

5 BC 3,000년경 헤나라는 붉은 오렌지색 염료로 손톱을 염색하기 시작한 나라는?

① 인도 ② 이집트
③ 중국 ④ 로마

> 이집트에서는 BC 3,000년경 상류층에서 헤나라는 붉은 오렌지색 염료로 손톱을 염색하기 시작했다.

★★★

6 17세기 상류층 여성들이 문신바늘을 이용해 조모(Nail Matrix)에 색소를 넣어 신분을 표시한 나라는?

① 인도 ② 이집트
③ 중국 ④ 로마

★★★

7 17세기 상류층의 남녀들이 손톱을 길게 기르고 금, 대나무 부목 등으로 손톱을 보호한 기록이 있는 나라는?

① 인도 ② 이집트
③ 중국 ④ 로마

★★★

8 전 세계적으로 네일 아트가 대중화되기 시작했으며 아몬드 모양의 네일이 유행하던 시기는?

① 1600년대 ② 1700년대
③ 1800년대 ④ 1900년대

> 1,800년대 네일 아트의 특징
> • 네일 아트가 대중화되기 시작
> • 아몬드 모양의 네일이 유행
> • 향이 있는 빨간 기름을 바른 후 샤미스를 이용해 색깔이나 광을 냄

★★★

9 네일 아티스트가 미국에서 새로운 직업으로 인정받기 시작한 해는?

① 1882년 ② 1892년
③ 1982년 ④ 1992년

★★★

10 인조 네일이 최초로 개발된 해는?

① 1925년 ② 1935년
③ 1945년 ④ 1955년

정답 1 ① 2 ③ 3 ① 4 ① 5 ② 6 ① 7 ③ 8 ③ 9 ② 10 ②

★★★

11 네일 에나멜 산업이 본격화되면서 일반 상점에서 에나멜이 판매되기 시작한 해는?

① 1910년　② 1915년
③ 1920년　④ 1925년

> 1925년에 네일 에나멜 산업이 본격화되면서 일반 상점에서 에나멜이 판매되기 시작했고, 문 매니큐어가 유행하기도 했다.

★★★

12 네일 과목이 미용학교에서 최초로 교육과정에 포함된 해는?

① 1930년대　② 1940년대
③ 1950년대　④ 1960년대

> 헬렌 걸 리에 의해 네일 과목이 최초로 미용학교에서 교육과정에 포함된 것은 1950년대의 일이다.

★★★

13 페디큐어가 최초로 등장한 해는?

① 1930년대　② 1940년대
③ 1950년대　④ 1960년대

> 1950년대에 네일 팁 사용자가 증가했으며, 페디큐어가 최초로 등장했다.

★★★

14 다음 중 1950년대에 나타난 네일 미용의 특징이 아닌 것은?

① 헬렌 걸 리가 미용학교 교육과정에 네일 과목을 포함시켰다.
② 네일 팁 사용자가 증가하고 페디큐어가 최초로 등장했다.
③ 호일을 이용한 아크릴 네일이 최초로 등장했다.
④ 이발소에서 남성들이 네일 관리를 받기 시작했다.

> 이발소에서 남성들이 네일 관리를 받기 시작한 시기는 1940년이다.

★★★

15 네일 미용에서 실크와 린넨을 이용한 래핑을 사용한 시기는?

① 1930년　② 1940년
③ 1950년　④ 1960년

★★★

16 네일 미용에 네일 팁과 아크릴 네일이 본격적으로 사용된 시기는?

① 1960년　② 1970년
③ 1980년　④ 1990년

> 1970년에는 네일 팁과 아크릴 네일이 본격적으로 사용되었으며, 치과 재료에서 아크릴 네일 제품이 개발되었다.

★★★

17 미국 식약청이 메틸메타아크릴레이트 등의 아크릴 화학제품 사용을 금지한 시기는?

① 1975년　② 1980년
③ 1985년　④ 1990년

★★★

18 다음 중 1976년에 나타난 네일 미용의 특징이 아닌 것은?

① 스퀘어 모양의 네일이 유행하기 시작했다.
② 화이버 랩이 등장했다.
③ 네일아트가 미국에 정착했다.
④ 네일 액세서리가 등장했다.

> 네일 액세서리가 등장한 시기는 1981년이다.

정답 11 ④　12 ③　13 ③　14 ④　15 ④　16 ②　17 ①　18 ④

NAIL Technician Certification

SECTION 02

네일미용 위생 서비스

위생 및 안전수칙과 관련해서는 상식으로 풀 수 있는 문제가 출제될 것이므로 비중을 두지 말고 네일의 구조, 질환, 네일기기 중심으로 출제될 것으로 예상되므로 이 부분을 중점적으로 학습하도록 합니다.

01 네일미용 위생

1 네일숍 청결 작업

(1) 네일숍 시설 및 물품 청결

① 주기적으로 계획에 따라 청소한다.

② 청소 시 필요에 따라 장갑, 가운, 보안경을 착용한다.

③ 부착되어 있는 오염물질이 잘 떨어지도록 마찰을 이용한다.

④ 청소 시 높고 깨끗한 곳을 먼저 하고, 낮고 더러운 곳을 나중에 한다.

⑤ 벽, 창문, 문 등은 정기적으로 관리하며, 오염 시에는 즉시 청소한다.

⑥ 작업대, 패디의자, 의자, 전등 등의 표면은 매일 먼지를 닦는다.

⑦ 고객의 네일 관리 후 작업 환경을 꼼꼼하게 청소한다.

⑧ 바닥은 소독제로 청소한다.

⑨ 커튼은 정기적으로 오염 여부를 확인한다.

(2) 네일숍 환경 위생 관리

① 소독 관리의 기본 원칙

- 청소에 대한 계획과 절차를 만들어 주기적으로 실시할 것
- 소독제의 희석 방법, 소독 시간, 보관 방법, 유통 기한, 적합성 여부 등을 숙지할 것
- 소독제는 사용할 때마다 희석 용액을 새로 만들어 사용할 것
- 높은 수준의 소독제를 사용하지 않을 것
- 소독제는 깨끗하고 적절한 장소에 보관하고, 용기는 일회용품을 사용할 것

▶ 소독제의 희석 용액을 미리 만들어 놓지 않도록 한다.

② 네일숍 작업환경 최적화 방법

- 조명, 전구는 더러워지면 곧바로 닦을 것
- 고객이 안정을 취할 수 있는 부분 조명을 설치하고, 적정 조도를 유지할 것
- 외부의 신선한 공기를 흡기시켜 통풍이 잘되게 할 것
- 환기장치, 냉·난방 장치는 정기적으로 점검하고 청소할 것
- 에어컨, 환풍기는 필터나 날개를 닦거나 물로 씻을 것
- 뚜껑 있는 쓰레기통을 사용할 것
- 입구와 카운터는 항상 청결한 상태를 유지할 것
- 진열장, 액자, 장식물 등에 먼지가 없을 것
- 출입문은 밀어서 열 수 있는 방식으로 할 것

- 유리문에 손자국이 남지 않게 하고, 거울은 얼룩지지 않게 닦을 것
- 테이블 및 의자 주변을 청결하게 할 것
- 패브릭 소재의 의자, 소파, 쿠션, 방석은 자주 세탁할 것
- 화장실은 자주 환기할 것
- 세면대는 냉·온수 설비를 갖추고 배수가 잘되게 하고, 세면대, 페디 스파는 사용 후 세척 소독할 것

02 네일숍 안전관리

1 네일숍 안전수칙

(1) 작업 시의 안전수칙

① 시술 전후 항상 알코올로 손을 소독하여 청결 유지
② 감염의 위험이 있는 도구는 철저히 소독 및 관리
③ 날카로운 도구 사용 시 피부에 상처가 나지 않도록 주의하며, 시술 중 출혈이 있을 경우 반드시 기구를 소독하여 혈액에 의한 감염병에 대비
④ 호흡기 전염성 질환이 유행할 경우 마스크를 착용
⑤ 시술 도중 화학물질이 피부에 노출되지 않도록 주의
⑥ 접촉성 감염 질환 및 호흡기 감염 질환에 유의

(2) 화재 예방 안전수칙

① 작업대 아래, 가구 뒤쪽 등의 보이지 않는 곳에 전선을 늘어뜨리지 말 것
② 인화성 기체 또는 액체를 함부로 방치하지 말 것
③ 불필요한 가연물을 쌓아 놓지 않을 것
④ 불이 붙을 수 있는 물품 주위에 전열기를 두지 말 것
⑤ 담배는 흡연실 또는 실외에서만 피우고, 꽁초는 끄고 확인 후 버릴 것
⑥ 비상구에 빈 박스 등을 쌓아두지 말 것

(3) 전기 안전수칙

① 감전의 우려가 있으므로 물 묻은 손으로 전기 기구를 잡지 말 것
② 불량 전기기구는 교체할 것
③ 덮개 있는 콘센트를 사용하고 전기 코드를 잡아당기지 말 것
④ 문어발식 배선은 사용하지 말 것

(4) 화학물질 관리 안전수칙

① 숍 내의 공기를 자주 환기시켜 냄새가 잘 빠질 수 있도록 할 것
② 화학물질을 공기 중에 뿌리지 말 것
③ 화학물질이 피부에 묻지 않도록 주의할 것
④ 재료의 마개를 반드시 닫아 두도록 할 것
⑤ 솔벤트, 프라이머 등에서 나오는 기체를 흡입하지 않도록 주의할 것
⑥ 화재 위험이 있는 폴리시 및 폴리시 리무버는 특별히 주의해서 취급할 것
⑦ 피부 손상을 유발할 수 있는 에칭 프라이머 및 아크릴 리퀴드는 주의

▶ 네일 폴리시, 폴리시 리무버, 아크릴 파우더, 리퀴드, 프라이머, 라이트 큐어드 젤, 글루 드라이어, 글루 등의 화학물질에 과다 노출 시 호흡 장애, 콧물, 두통, 피부발진, 염증 등의 이상 증상이 발생할 가능성이 높으므로 주의할 것

▶ **화학물질 취급자의 5가지 건강수칙**
- 사용하는 물질이 정확히 무엇이며 어떤 독성이 있는지 제대로 파악할 것
- 공기 중에 화학물질이 섞이지 않도록 용기 뚜껑을 잘 닫을 것
- 환기를 자주 시켜 작업장 내의 공기를 깨끗하게 할 것
- 개인용 보호용구를 잘 착용할 것
- 정기적으로 건강검진을 받을 것

해서 취급할 것

⑧ 유효기간이 지난 재료는 반드시 폐기할 것

⑨ 재료를 덜어서 사용할 때에는 스파출라를 사용하고, 액체는 스포이트를 사용하여 오염을 방지할 것

⑩ 화기성 제품은 특히 화재의 위험에 대한 주의

⑪ 화학제품의 사용방법 및 주의사항을 반드시 읽고 이행할 것

⑫ 재료 배합 시 용량을 정확히 할 것

⑬ 사용하는 물질에 대한 유해성 정보를 반드시 숙지할 것

(4) 위생관리 안전수칙

① 고객 및 작업자의 전염성 질환에 유의할 것

② 고객이 사용한 타월을 통한 안구 감염에 주의할 것

③ 네일 시술 시 기구, 도구, 숍 내부의 위생관리를 철저히 할 것

2 네일숍 시설·설비

① 미용사 면허증을 영업소 안에 게시하여야 한다.

② 미용기구는 소독을 한 기구와 소독을 하지 않은 기구로 분리하여 보관하고, 면도기 및 1회용 재료들은 고객 1인에 한하여 사용한다.

③ 의료기구나 의약품을 사용하지 않고 순수한 네일미용 서비스를 제공한다.

03 미용기구 소독

1 네일미용 기기 소독

종류	소독 방법
자외선 소독기	• 항상 내부를 청결히 하고, 습하지 않게 관리할 것
온장고	• 사용 전후 깨끗한 타월로 오염물을 제거하고, 미사용 시에는 문을 열어둘 것 • 물과 락스를 10대 1의 비율로 혼합하여 내 · 외부 닦음
족욕기	• 사용 후 세제로 닦아 건조 • 소독제를 사용하여 자주 세척 및 소독
젤 램프기기	• 사용 전후 닦아서 보관하고, 사용 전 소독제로 닦을 것
파라핀 워머 기기 왁싱 워머 기기 네일 드라이어	• 사용 후 세척 또는 닦아서 보관 • 사용한 파라핀 화장물, 스파출라는 폐기
드릴 머신, 에어브러시 건	• 메탈 소재는 습식 소독기에서 소독한 뒤 자외선 소독기에 보관 • 드릴 머신은 작업 후 분진 제거, 항상 청결히 닦아 보관

2 네일미용 도구 소독

종류	소독 방법
금속성 도구	• 사용 후 70% 알코올에 20분 담근 후 사용 • 제4기 암모늄 혼합물에 담갔다가 사용
유리류 도구	• 세척 후 자외선 소독기에 겹치지 않게 넣고 소독
플라스틱, 나무류	• 알코올 소독액에 20분 이상 담근 후 흐르는 물에 헹군 뒤 타월로 닦고 통풍이 잘되는 곳에서 건조
핑거볼	• 1회용을 사용하거나 소독 후 사용
브러시, 스포이트	• 물로 세척 후 알코올로 소독 • 물로 닦아서 건조 후 자외손 소독기로 소독
타월	• 삶아서 소독, 중성세제로 세탁 후 통풍과 채광이 잘 되는 곳에서 말린 후 보관
가운	• 천 재질은 매 고객에게 새 가운 제공, 세탁 후 일광 소독
네일 폴리시 용품	• 사용 후 소독제로 닦아서 보관
1회용 용품	• 사용 후 반드시 폐기

▶ 1회용 용품
면봉, 탈지면, 스파출라, 파일, 샌딩 파일, 보드 및 네일 파일, 페디 파일, 왁스 천 등

04 개인위생 관리

1 네일미용 작업자 위생관리

① 복장을 깨끗이 하고 청결한 상태를 유지할 것
② 손톱, 두발 등을 단정하게 관리할 것
③ 손 소독을 철저히 할 것
④ 고객과 가까이 대면 시 마스크를 착용할 것
⑤ 고객과의 신체 접촉 전후 소독을 철저히 할 것
⑥ 건강에 이상이 있을 경우 병원에 가서 건강 상태를 확인할 것
⑦ 전염성 질환에 걸렸을 경우 소독을 철저히 하고 휴식을 취할 것

▶ 비누액으로 손을 세척한 후 속건성 알코올 소독제로 소독하는 것이 가장 위생적인 손 세척 방법이다.

2 네일미용 고객 위생관리

① 작업이 끝날 때마다 흐르는 물에 항균 비누, 손 세척용 브러시로 깨끗이 씻고 물기를 제거한다.
② 고객에게 서비스를 제공하기 직전에 70% 알코올을 적신 탈지면으로 작업자의 손을 소독한다.
③ 손 소독제를 탈지면에 분사하여 고객의 손등, 손바닥, 손가락 사이사이를 차례대로 소독한다.
④ 발 전용 소독제를 탈지면에 분사하여 고객의 발등, 발바닥, 발가락 사이사이를 차례대로 소독한다.

05 고객 응대 서비스

1 고객 관리

구분	관리
신규 고객	• 기업의 긍정적 이미지 전달 및 고객 만족도 조사
일반 고객	• 고객에 대한 인지 및 친밀감 유발 • 적극적인 서비스 정보 및 이벤트 제공 • 고객 우대 정책 소개 및 이탈 방지 프로그램 시작
단골 고객	• 고객 우대 정책 및 통합 관리 시작 • 고객별 차별화 및 맞춤형 서비스 제공 • 소개 고객 유치에 따른 우대 정책 전달 및 이탈 방지 프로그램 시작

2 고객 응대 기법 및 절차

(1) 방문 고객 응대

① 사업장을 방문한 고객을 맞이할 때에는 자리에서 일어나 밝은 얼굴로 인사한다.

② 고객의 소지품과 의복 등을 보관한다.

③ 고객의 방문 사유를 확인한 후 서비스 공간으로 안내한다.

④ 대기하고 있는 고객에게 다과 및 책자 등을 제공한다.

⑤ 상담 후 예약이 필요한 경우 예약 카드를 작성한다.

(2) 전화 상담 고객 응대

① 전화 예절을 습득한다.

② 기존 고객인지 신규 고객인지 확인하여 기존 고객에게는 안부 인사를 하여 친밀감을 높이고, 신규 고객의 전화 응대에 따라 메이크업 사업장의 방문 여부가 결정되는 경우가 많으므로 더욱 친절하게 응대하여 불편이 없도록 한다.

③ 고객이 상담을 원하는 내용이 무엇인지 정확하게 기록하여 예약을 확인한다.

④ 전화를 끊기 전에 끝인사를 한다.

(3) 온라인 상담 고객 응대

① 인터넷으로 상담 및 메이크업을 예약한 경우에 상담 내용이 회신될 때까지 담당자를 지정하여 처리 상황을 안내한다.

② 페이스북, 트위터, 인스타그램 등 SNS 상담을 할 때 다음 사항에 주의한다.

- 답변과 처리에 신중을 기한다.
- 확인되지 않은 내용, 과장된 내용은 자제한다.
- 타인을 비방하거나 타 사업장을 비판하는 말은 삼간다.

3 고객 상담

(1) 고객 의견 경청

고객과의 면담 또는 설문을 통해 네일 상태, 생활환경, 습관 등을 파악

(2) 관심의 전달과 신뢰감 조성

고객에게 관심을 표현하고 고객의 의도를 파악하여 고객의 심리를 안정감 있게 유도하여 고객과의 신뢰감 조성

(3) 서비스 프로그램 제시

과도한 마케팅을 배제하고 고객에게 꼭 필요한 프로그램을 제시하여 고객의 만족도를 높이고, 재방문과 입소문을 통한 홍보효과 기대

06 네일의 구조와 이해

1 손톱의 구조

▶ 한자 어휘) 손톱 조, 爪

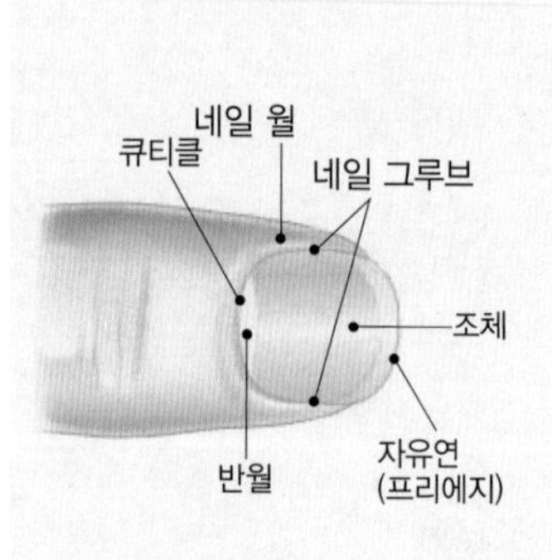

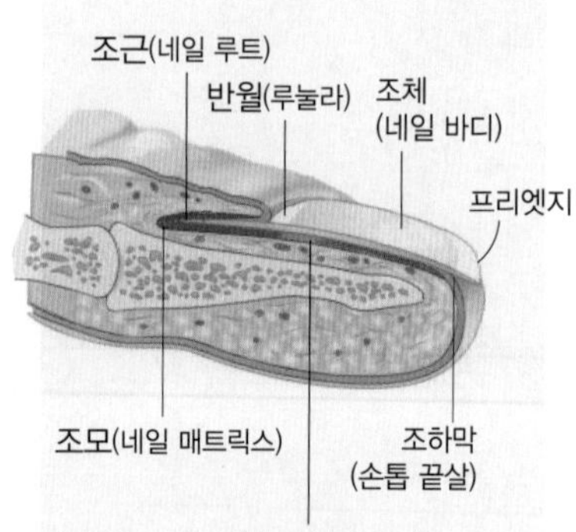

구분	특징
조체(Nail Body) = 조판(Nail Plate)	• 손톱의 몸체 부분 • 역할 : 네일베드를 보호 • 죽은 각질세포로 되어 있어 신경이나 혈관이 없으며, 산소를 필요로 하지 않음 • 조상(네일 베드)과 접해있는 아랫부분은 약하며 위로 갈수록 튼튼함
조근 (Nail Root)	• 손톱의 아랫부분에 묻혀있는 얇고 부드러운 부분 • 새로운 세포가 만들어져 손톱의 성장이 시작되는 곳
자유연 (프리에지, Free Edge)	• 네일 베드와 접착되어 있지 않은 손톱의 끝부분 • 네일의 길이와 모양을 자유롭게 조절할 수 있음
옐로우 라인 (스마일 라인)	• 프리에지와 네일 베드의 경계선 • 네일 바디 상의 둥근 선
스트레스 포인트	• 손톱이 피부와 분리되기 시작하는 곳

2 손톱 밑의 구조

구분	특징
조상 (네일 베드, Nail Bed)	• 네일 바디를 받치고 있는 밑부분 • 혈관과 신경이 분포하고 있으며 네일의 신진대사와 수분 공급 • 혈관에서 산소를 공급 받음

구분	특징
조모 (네일 매트릭스, Nail Matrix)	• 조근(네일 뿌리) 밑에 위치하여 각질세포의 생산과 성장을 조절 • 혈관 및 신경 분포
반월 (루눌라, Lunula)	• 반달 모양의 손톱 아래 부분 • 매트릭스와 네일 베드가 만나는 부분 • 완전히 케라틴화되지 않음

3 손톱 주위의 피부

구분	특징
큐티클 (조소피)	• 손톱 주위를 덮고 있는 신경이 없는 부분 • 역할 : 병균 및 미생물의 침입으로부터 보호
네일 폴드 (조주름, 네일 맨틀)	네일 루트가 묻혀있는 네일의 베이스에 피부가 깊게 접혀 있는 부분
네일 그루브 (조구)	네일 베드의 양측면에 좁게 패인 부분
네일 월(조벽)	네일 그루브 위에 있는 네일의 양쪽 피부
이포니키움 (상조피)	표피의 연장으로 네일의 베이스에 있는 피부의 가는 선으로 루눌라의 일부를 덮고 있다.
페리오니키움 (조상연)	네일 전체를 에워싼 피부의 가장자리 부분
하이포니키움 (하조피)	• 프리에지 밑부분의 피부(손톱 아래 살과 연결된 끝부분) • 병원균의 침입으로부터 손톱 보호

▶ 건강한 큐티클의 조건
- 적당한 수분을 함유할 것
- 탄력이 있을 것
- 갈라짐이 없을 것

▶ 큐티클을 심하게 제거할 경우 부어오르거나 조갑주위염(파로니키아)이 발생할 우려가 있으므로 관리 시 주의 필요

07 네일의 특성과 형태

1 용어 정의

매니큐어 (Manicure)	• 손과 손톱을 건강하고 아름답게 가꾸는 미용 기술 • 종류 : 필링, 손톱모양 정리, 큐티클 정리, 클리핑, 손 마사지, 네일아트 등
페디큐어 (Pedicure)	• 발과 발톱을 건강하고 아름답게 가꾸는 미용 관리 • 종류 : 각질 및 굳은살 제거, 발톱모양 정리, 큐티클 정리, 발마사지, 네일아트 등

▶ 어원(라틴어)
- Manicure = Manus(hand, 손) + Cura(cure, 관리)
- Pedicure = Pedis(foot, 발) + Cura(cure, 관리)

2 손톱의 형성 과정

① 임신 8~9주경 : 손톱의 태동
② 임신 10주 : 손가락 끝에 손톱이 형성되어 자라기 시작
③ 임신 12~13주 : 손톱의 성장 부위 완성

▶ 손톱은 임신기간에 빨리 성장한다.
▶ 발톱은 손톱보다 약 10일 정도 늦게 발생

④ 임신 14주 : 손톱이 자라는 모습 확인 가능
⑤ 임신 17~20주 : 손톱이 완전히 자라는 시기

▶ 성장 속도가 빠른 순서
- 성장 속도가 가장 빠른 손톱 : 중지
- 성장 속도가 가장 느린 손톱 : 소지

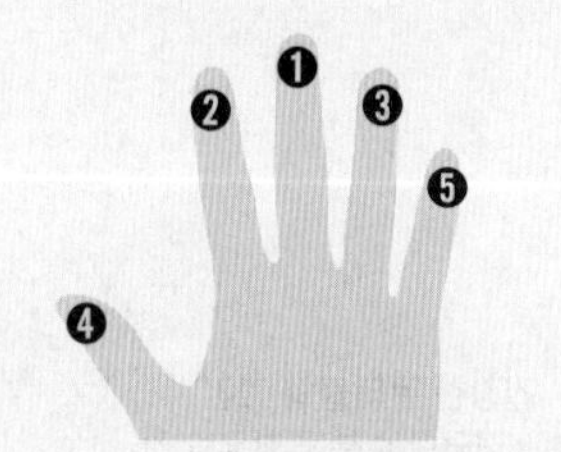

중지 > 검지 > 약지 > 엄지 > 소지

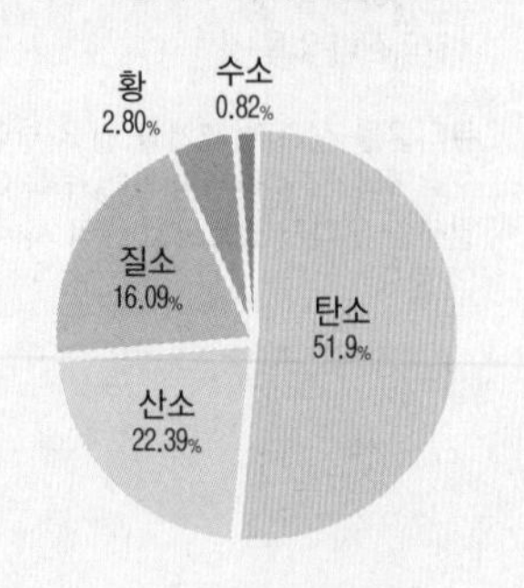

3 손톱의 성장
① 성장 속도 : 하루에 0.1~0.15mm
② 손톱이 완전히 자라서 대체되는 기간 : 5~6개월
③ 10~14세에 가장 빨리 성장하며, 20세 이후 저하
④ 성장 속도가 가장 빠른 계절 : 여름
⑤ 손가락마다 성장 속도가 다르고, 손가락을 많이 움직일수록 빨리 성장

4 네일의 구성 성분
① 케라틴이라는 섬유 단백질로 구성
② 케라틴의 화학적 조성비 : 탄소 > 산소 > 질소 > 황 > 수소

5 네일 및 건강
(1) 건강한 네일의 조건
① 반투명의 분홍색을 띠며 윤택이 있을 것
② 둥근 모양의 아치형일 것
③ 갈라짐이 없을 것
④ 네일 바디가 네일 베드에 강하게 부착되어 있을 것
⑤ 단단하고 탄력이 있을 것
⑥ 12~18%의 수분을 함유하고 있을 것
⑦ 세균에 감염되지 않을 것

▶ 네일의 기능
- 손과 발의 끝을 보호
- 물건을 집거나 들어올릴 때 받침대 역할
- 가려운 곳을 긁을 때 사용
- 외부 자극에 대해 1차적 방어와 공격의 기능
- 몸의 상태를 나타냄
- 미용상의 장식적인 기능

(2) 네일의 상태에 따른 의심질환

네일 상태	의심질환
창백함	빈혈, 영양장애, 스트레스 등
푸른색	혈액순환 이상, 스트레스 등
검붉은색	모세혈관 손상 등
노란색	황달, 만성폐질환 등
녹색	균에 의한 감염
검은색	비타민 B_{12} 결핍
가로줄 무늬	과로, 영양실조, 정신질환, 급성감염병 등
얇고 잘 찢어짐	비타민 또는 레시틴 부족, 만성 신경질환 등
곤봉 모양	간질환, 콩팥질환, 폐질환 등
수저 모양	빈혈, 갑상선 호르몬 이상 등

6 네일 형태

(1) 스퀘어형(Square Shape, 사각형)

① 네일 양 측면이 직각 형태로 다른 셰입보다 강한 느낌을 줌
② 네일 끝을 많이 사용하거나 손을 많이 쓰는 사람들이 선호하는 형태
③ 잘 부러지지 않아 네일이 약한 경우 적합
④ 실생활에서는 불편해서 일반인에겐 부적합
⑤ 대회용으로 많이 사용
⑥ 파일링 각도 : 90°

(2) 라운드 스퀘어형(Round Square Shape, 둥근 사각형, 스퀘어 오프형)

① 고객이 가장 선호하는 세련된 형태로 스퀘어보다 부드러운 느낌
② 모양 만들기 : 스퀘어형과 같은 모양으로 다듬은 후 양쪽 모서리 부분만 둥글게 다듬는다.
③ 파일링 각도 : 양 측면 모서리는 45°, 중앙은 90°

(3) 라운드형(Round Shape, 둥근형)

① 손톱이 짧은 경우나 남성의 경우 가장 선호하고 누구에게나 어울리는 형태
② 모양 만들기 : 손톱 사이드에서 중앙으로 파일을 45° 각도로 쥐고 다듬는다.

(4) 오벌형(Oval Shape, 타원형)

① 손이 길고 가늘어 보여 여성적 느낌을 주는 형태
② 달걀형에 가까운 형태
③ 통통한 손에 어울리는 형태
④ 모양 만들기 : 손톱 사이드에서 중앙으로 15~30° 각을 주고 라운드보다 경사진 타원형 모양으로 만든다.

(5) 포인트형(Point Shape, 송곳모양)

① 손톱의 넓이가 좁은 사람에게 어울리는 형태
② 끝이 뾰족하여 잘 부러지고 프리에지가 길어야 만들 수 있다.
③ 작품을 만들거나 파티용으로 적합
④ 모양 만들기 : 10° 각도로 파일링하고 양 측면의 사선이 대칭이 되게 한다.

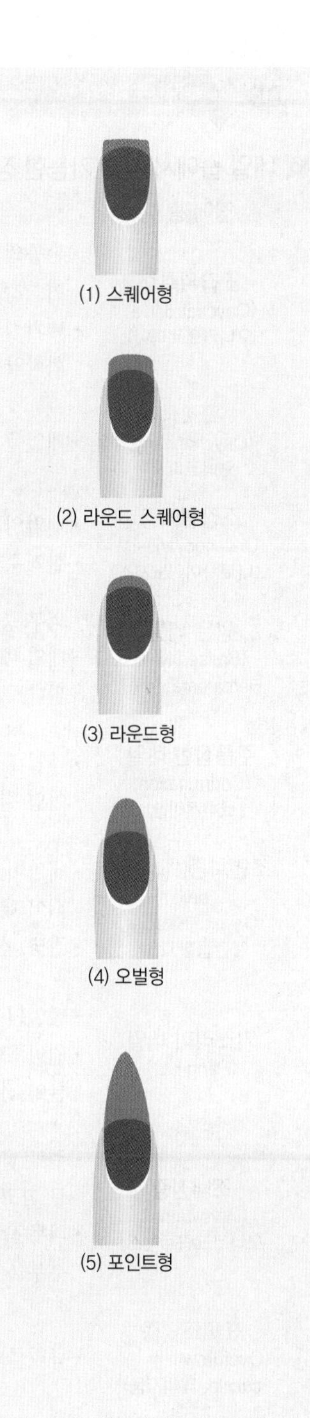
(1) 스퀘어형
(2) 라운드 스퀘어형
(3) 라운드형
(4) 오벌형
(5) 포인트형

08 네일의 병변

1 네일 숍에서 시술 가능한 장애

장애 종류	증상 및 원인	관리
조갑위축증 (Onychatrophia, 오니카트로피아)	• 손톱의 색이 전체적으로 어둡고 윤기가 없으며, 오므라들면서 떨어져나가는 증상 • 내과적 질병, 조모의 외부 손상, 강알칼리성 화학약품 사용 등	• 내과적 질병이 원인일 경우 질병 치료 • 부드러운 파일로 파일링
교조증 (Onychophagy, 오니코파지)	• 네일을 물어뜯는 습관으로 인한 손상	• 인조 네일을 하면 손톱 물어뜯는 습관을 없애는 데 도움
조갑청맥증 (Onychocyanosis, 오니코사이아노시스)	• 네일의 색이 푸르게 변하는 증상 • 혈액순환이 좋지 않을 때 발생	• 근본적인 원인 제거를 위한 치료 필요
멍든 네일 (Bruised Nail, Hematoma, 혈종)	• 외부 충격으로 인해 네일 아랫부분이 검붉은색으로 변하는 증상 • 네일 매트릭스가 손상되지 않았다면 몇 개월 후에 새 네일이 자라 나오므로 걱정하지 않아도 된다.	
주름잡힌 네일 (Codrrugation, 코루게이션)	• 네일 표면이 밭고랑이나 파도 모양 • 아연 결핍, 순환계 이상, 위장장애 등	• 필러를 이용해 표면을 고르게 한 후 에나멜을 바른다. • 인조 네일 사용
조연화증(Eggshell nail, Onychomalacia, 계란껍질 네일)	• 네일이 전체적으로 부드럽고 가늘며 하얗게 되어 네일 끝이 휘어지는 증상 • 질병, 신경성, 과도한 다이어트	• 네일 강화제 또는 특수 에나멜 사용 • 실크 또는 린넨으로 보강 • 부드러운 파일로 파일링
거스러미 네일 (Hang nail)	• 네일의 가장자리가 갈라지는 증상 • 원인 : 합성세제 등에 자주 노출되면서 큐티클이 건조해짐. 가을, 겨울에 주로 발생	• 핫크림 매니큐어 또는 파라핀 매니큐어로 큐티클에 보습처리 • 균에 감염될 수 있으므로 항생 연고를 발라준다.
조내성증 (Ingrown nail, 오니코크립토시스)	• 주로 발톱에서 나타나며, 네일이 살 속(조구)으로 파고 들어가는 증상 • 너무 꽉 조이는 신발을 신었을 때, 네일 모서리 부분을 너무 깊게 잘랐을 때	• 폴리싱과 페디큐어로 증상 완화 • 심한 경우 병원 치료 • 스퀘어형으로 발톱 정리
표피조막증 (Overgrowth of the cuticle, 테리지움)	• 큐티클의 과잉성장으로 네일판을 덮는 현상	• 지속적인 네일 관리 필요 • 큐티클을 부드럽게 한 후 제거 • 핫오일 매니큐어 시술
백색 반점 (White spot, 루코니키아)	• 가장 흔하게 나타나는 이상으로 손톱 표면에 작은 흰 점이 나타나는 현상 • 조상과 조모 사이에 공기가 들어가 기포 형성	• 손톱이 자라면서 없어지므로 특별한 관리가 필요 없음 • 에나멜을 사용해 반점을 커버
조갑비대증 (Onychauxis, 오니콕시스)	• 네일의 과다성장으로 인해 지나치게 두꺼워지는 현상 • 네일 내부의 상처, 질병	• 두꺼운 부분 : 파일 또는 드릴 머신으로 다듬질 • 휘어진 부분 : 네일을 자른 후 정리

장애 종류	증상 및 원인	관리
스푼형 네일 (Koilonychia, 코일로니키아)	• 네일의 한가운데가 움푹 패이는 형태 • 철분 결핍	
피팅(Pitting)	• 네일의 표면이 움푹 들어가는 증상 • 피부염, 건선, 원형탈모, 유육종증	
조갑종렬증 (Onychorrhexis, 오니코렉시스)	• 손톱이 세로로 갈라지고 찢어지는 증상 • 강알칼리성 비누나 에나멜 리무버의 과다 사용, 비타민 A 및 비타민 B 결핍, 갑상선 저하	• 부드러운 파일로 파일링 • 인조손톱 또는 실크랩을 붙여 손톱 보호
변색된 손톱 (discolored nails)	• 손톱이 전체적으로 황색, 청색, 검푸른색, 자색 등으로 변하는 현상 • 베이스 코트를 바르지 않고 유색 네일 폴리시를 바를 경우 • 혈액순환이나 심장이 좋지 못한 경우 • 장시간 태양광선에 노출된 경우 • 곰팡이 균에 감염 또는 노화, 흡연	• 규칙적인 운동으로 혈액순환 촉진 • 태양광선에 노출되지 않도록 관리 • 유색 에나멜이 착색된 경우 과산화수소를 면봉에 묻혀 닦아준다. • 폴리시나 인조손톱을 이용해 변색된 손톱을 커버

2 네일 관련 질병 – 네일숍에서 관리 불가능한 질병

질병	증상	원인
조갑주위염 (Paronychia, 주위 조피 감염)	• 네일 주위가 세균에 감염되어 염증 발생 • 전염성이며, 염증과 고름이 생기는 급성화농성 염증	비위생적인 도구 사용, 큐티클을 지나치게 제거
조갑탈락증 (Onychoptosis, 오니콥토시스)	• 네일의 일부 또는 전체가 손가락에서 주기적으로 떨어져 나가는 증상	매독, 심한 외상, 고열 등
조갑박리증 (Onycholysis, 오니코리시스)	• 손톱과 네일 베드 사이에 틈이 생겨 점점 벌어지는 증상	감염 또는 외상
조갑진균증 (Onychomycosis, 백선)	• 네일이 두꺼워지거나 울퉁불퉁해지는 증상 • 초기에는 프리에지에 황갈색으로 나타나다가 점차 네일 플레이트 아래로 옮겨가면서 네일 바디가 불균형적으로 얇아지거나 떨어져 나감	진균에 의한 감염
조갑 사상균증 (Mold, 몰드)	• 초기에 황녹색 반점이 발생하면서 점차 검게 변색 • 네일이 약해지면서 악취가 나고 결국 떨어져 나가는 증상	사상균에 의한 감염
조갑염 (Onychia, 오니키아)	• 네일 폴드가 감염되는 증상	비위생적인 도구 사용 시 상처를 통해 감염
조갑구만증 (Onychogryphosis)	• 네일이 심하게 두꺼워지는 증상 • 발가락 또는 손가락 끝에 심한 굴곡 발생	

※ 손톱무좀 : 자연손톱의 큐티클에서 발생하여 퍼져나오는 손톱질환으로 일종의 피부진균증

09 네일 기기 및 재료

1 네일 기구

종류	기능
작업전용 테이블	• 테이블은 화학성분이 있는 제품에 의한 부식이 없는 재질을 선택 • 제품과 도구를 구비할 수 있는 충분한 공간 구비
의자	• 고객 의자와 시술자 의자 모두 높낮이 조절이 가능할 것 • 폴리시 또는 화학제품의 제거가 용이하고 부식되지 않는 재질일 것
재료정리대 (Supply Tray)	• 네일 서비스에 사용되는 도구와 제품들을 정리하기에 적당할 것
핑거볼 (Finger Bowl)	• 습식 매니큐어 서비스 과정에서 손의 큐티클을 부풀릴 때 사용 • 다섯 손가락을 모두 담글 수 있는 크기 선택
램프	• 각도 조절이 가능하고 40와트 이상의 백열전구보다 형광등 선택
습식 소독기	• 알코올 등 소독액을 담아두는 도구 소독용기 • 사용하지 않을 경우 뚜껑을 덮어둘 것
솜용기	• 솜이나 페이퍼 타월을 담는 용기 • 반드시 뚜껑이 있는 것으로 선택
네일 드라이기	• 폴리시를 바른 후 건조 속도를 빠르게 하기 위해 사용하는 기기 • 바람을 이용하는 팬과 UV광선 건조기가 있음
고객용 손목 쿠션	• 손목과 팔을 안락하게 받쳐주는 것을 선택
더스트 브러시 (Dust Brush/Nail Brush)	• 네일 서비스를 하는 동안 네일 위의 먼지를 떨어내고 찌꺼기 제거 시 사용
일러스트 브러시 (Illustrate Art Brush)	• 핸드 페인트를 할 때 사용하는 브러시
디스펜서(Dispense)	• 아세톤이나 알코올 등을 담아 펌프식으로 사용할 수 있는 기구
에어 브러시 컴프레서 (Air Brush Compressor)	• 네일 위에 원하는 모양의 스텐실을 올려놓고 그 위에 에어 브러시를 이용해 분사하는 도구 • 고압을 이용하는 컴프레서 사용(리무버 디스펜서, 앞치마, 보호안경, 비닐장갑 등)

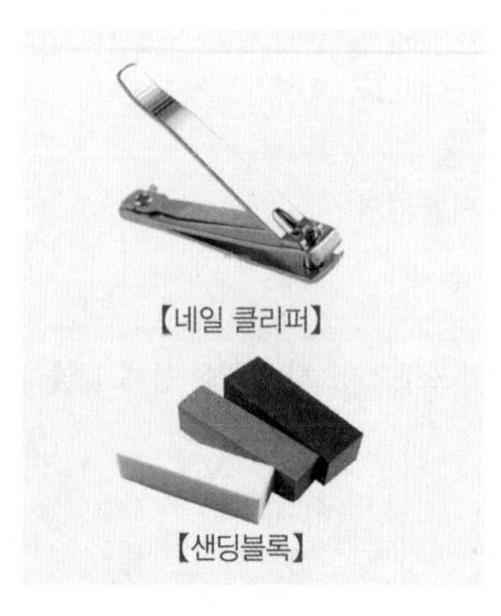
【네일 클리퍼】
【샌딩블록】

2 네일 소기구

(1) 네일 클리퍼(Nail Clipper)

자연네일과 인조네일의 길이를 조절할 때 사용하며, 일자 모양이 편리

(2) 버퍼(Buffer) 샌딩블록

① 화이트 샌딩 : 자연 네일의 표면을 정리하거나 유분을 제거할 때, 파일 사용 후 거스러미를 제거할 때 사용

② 블랙 버퍼 : 표면이 거칠어 주로 인조팁의 표면을 정리하거나 팁 표면의 매끄러움을 없앨 때 사용

(3) 파일(File, Emery Board)

① 네일의 길이를 조절하거나 표면을 다듬을 때 사용

② 입자의 굵기에 따라 거친 것과 부드러운 것이 있는데 그릿(Grit)의 숫자가 높을수록 부드러움

(4) 광파일(3-Way File)

거칠기가 3면으로 구성되어 있으며, 네일 표면에 광택을 낼 때 사용

(5) 랩가위(실크가위)

실크(Silk), 린넨(Linen), 화이버글래스(Fiber Glass) 등 천으로 만들어진 랩을 재단하는 데 사용

(6) 오렌지 우드 스틱(Orange Wood Stick)

① 큐티클을 밀어올릴 때, 손톱의 이물질을 제거할 때, 네일 주변의 폴리시를 제거할 때 사용

② 스틱 끝에 솜을 말아서 사용 후 폐기 처리

(7) 큐티클 푸셔(Cuticle Pusher)

① 큐티클을 밀어올릴 때 사용하는 도구

② 스톤푸셔와 메탈푸셔가 있으며 스톤푸셔는 누드스킨을 제거하거나 파일링하는 기능을 함

(8) 큐티클 니퍼(Cuticle Nipper)

① 네일 주위의 큐티클(거스러미, 굳은살)을 정리할 때 사용

② 네일 도구 중 감염이 가장 쉬운 도구이므로 철저한 위생관리가 필요하다.

③ 재질 : 스테인리스, 니켈, 코발트, 탄소강 등의 금속도금

(9) 토우 세퍼레이터(Toe Separator) : 패디큐어 작업 시 발가락을 고정

(10) 콘 커터 : 일회용 면도날을 끼워 발바닥의 굳은살이나 각질을 제거

(11) 팁 커터 : 팁을 원하는 길이로 자를 때 사용

3 네일용품

(1) 종이타월(Paper Towel) : 위생 처리된 수건 위에 깔고 지저분해질 때마다 갈아줄 것

(2) 솜(Cotton) : 폴리시를 제거할 때 사용

(3) 스파출라(Spatula)

① 크림 등의 제품을 덜어 낼 때 사용

② 균 번식 방지를 위해 손가락을 사용하지 말 것

(4) 지혈제(Styptic Liquid & Powder)

① 작업 시 가벼운 출혈을 멈추게 하기 위해 사용

② 액체(또는 분말형) 형태로 출혈 부위에 떨어뜨리거나 오렌지우드스틱 끝에 솜을 말아서 살며시 눌러줄 것

(5) 알코올 : 기구나 손을 소독할 때 사용

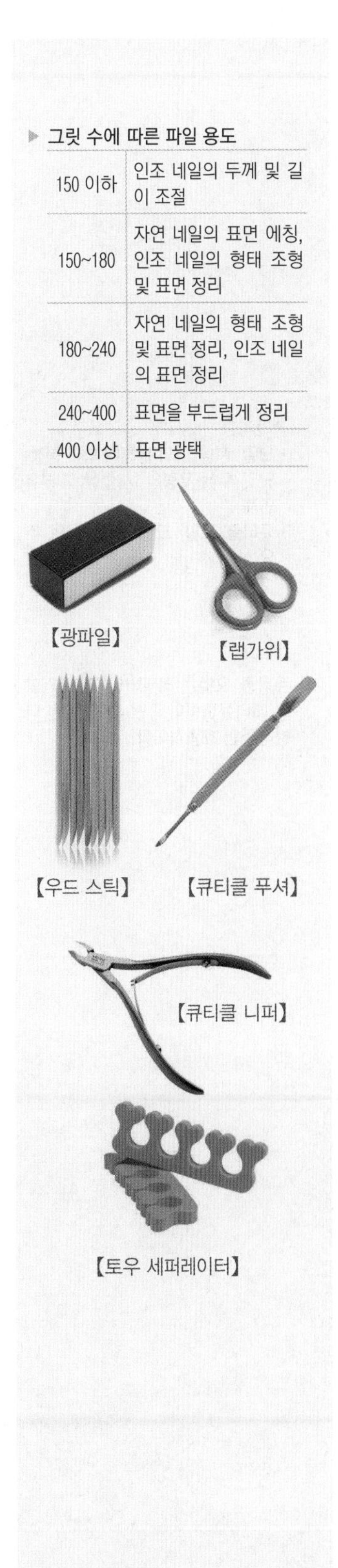

▶ 그릿 수에 따른 파일 용도

그릿 수	용도
150 이하	인조 네일의 두께 및 길이 조절
150~180	자연 네일의 표면 에칭, 인조 네일의 형태 조형 및 표면 정리
180~240	자연 네일의 형태 조형 및 표면 정리, 인조 네일의 표면 정리
240~400	표면을 부드럽게 정리
400 이상	표면 광택

【광파일】 【랩가위】

【우드 스틱】 【큐티클 푸셔】

【큐티클 니퍼】

【토우 세퍼레이터】

4 매니큐어에 사용되는 네일 제품

(1) 안티셉틱(Antiseptic)

① 피부 소독제로 시술하기 전에 시술자와 고객의 손을 소독하는 데 사용

② 기구 소독제로는 큰 효과가 없음

(2) 폴리시 리무버(Polish Remover)

① 손톱의 폴리시를 제거할 때 사용

② 아세톤과 비아세톤이 있으며, 인조 네일에는 비아세톤 사용(퓨어 아세톤은 인조 손톱의 끝부분을 녹이거나 약하게 만듦)

③ 주성분 : 에틸아세톤, 초산부틸 등

(3) 큐티클 리무버(Cuticle Remover)

① 퓨셔 사용 전에 큐티클을 부드럽고 느슨하게 만들 때 사용

② 유수분을 공급하여 큐티클을 유연하게 해주며 제거 작업을 용이하게 함

③ 원료 : 식물성 오일인 아몬드 오일, 아보카도 오일, 호호바 오일 등

④ 주성분 : 소디움(Sodium), 글리세린(Glycerin)

▶ 글리세린
- 오일, 지방, 당의 분해에 의해 형성
- 단맛·무색·무향의 시럽상 피부유연제
- 큐티클 오일, 크림, 로션 등의 주요 성분

(4) 큐티클 오일(Cuticle Oil)

① 큐티클을 정리하기 전에 네일을 부드럽게 해주는 유연제

② 주성분 : 식물성 오일이 주원료로 사용되며, 라놀린, 비타민A, 비타민E가 함유되어 있음

▶ 큐티클 오일은 리무버의 건조를 막고 매니큐어링이 끝난 후에 한 번 더 발라주면 효과적이다.

(5) 네일 폴리시(Nail Polish)

① 손톱에 바르는 유색 화장제(통상적으로 2~3회 바름)

② 니트로셀룰로오스를 휘발성 용액으로 용해시킨 것으로 매우 휘발성이 강하나, 휘발성을 낮춘 제품은 건조가 느리다.

(6) 베이스코트(Base Coat)

① 폴리시를 바르기 전에 손톱에 바르는 투명한 액체로 에나멜보다 점성이 작음

② 기능 : 자연 네일의 변색, 오염 및 착색 방지, 유색 칼라를 밀착

③ 주성분 : 에틸아세테이트, 이소프로필알코올, 부틸아세테이트, 니트로셀룰로오스, 송진, 포름알데히드 등

(7) 탑코트(Top Coat)

① 폴리시를 바른 후 마지막 단계에 네일에 광택을 주고 폴리시를 보호하기 위해 바르는 액체

② 기능 : 광택이 나게 하고 폴리시가 쉽게 벗겨지지 않게 보호

(8) 네일 표백제(Nail Bleach)

① 손톱이 누래졌을 때 희게 표백시키는 용도로 사용

② 오렌지 우드 스틱 끝에 솜을 말아 네일 주위에 피부에 닿지 않게 손톱 표면에만 바름

③ 주성분 : 과산화수소수(20볼륨), 레몬산

(9) 네일 화이트너(Nail Whitener)

① 손톱의 프리에지 부분을 희게 보이도록 하는 것

② 주성분 : 산화연, 티타늄디옥사이드

③ 크림, 페이스트(치약 상태) 또는 연필 형태

(10) 네일 폴리시 시너(Nail Polish Thinner)

폴리시가 끈적거릴 때 묽게 만들어 사용하기 편하게 해주는 제품으로, 1~2방울 정도면 효과적임

(11) 네일 보강제/강화제(Nail hardner/Streanghner)

① 자연 네일에 사용하는 보강제

② 찢어지거나 갈라진 약한 손톱을 튼튼하게 만들어 주기 위한 강화제

(12) 크림 및 핸드 로션(Cream or Hand Lotion)

① 마사지할 때 사용

② 네일에 유분과 수분을 보충하여 네일을 보호하고 네일 주위의 피부를 유연하게 해주는 제품

(13) 네일 테라피(Nail Therapy) : 네일 치료제

(14) 글루(Glue) : 네일 팁이나 랩 접착 시 사용하는 접착제로, 다음 사항에 주의한다.

- 피부에 묻었을 경우 즉시 닦아낼 것
- 장기간 사용하지 않고 재사용 할 경우 입구가 막혔는지 확인할 것
- 접착제의 입구를 누르거나 뜯지 말 것

(15) 젤 글루(Gel Glue)

① 글루보다 접착력이 뛰어나 네일 팁을 오래 유지

② 글루 도포 후 덧발라주는 제품

(16) 글루 드라이어(Glue Dryer)

① 글루나 젤을 빨리 건조시켜 주고 접착력을 강하게 해주는 제품

② 사용 시 10~15cm의 거리를 유지할 것

(17) 필러 파우더(Filler Powder)

랩이나 네일 팁이 갈라졌거나 떨어져나간 부분을 채울 때 또는 익스텐션 작업 시 사용

(18) 랩(Wrap)

① 자연 네일이 갈라지거나 찢어질 때 네일 팁을 붙인 후 쉽게 떨어지는 것을 방지하는 제품

② 소재 : 실크, 린넨, 화이버글래스, 종이 등

(19) 네일 팁(Nail Tip)

① 자연 네일에 접착하여 네일을 길게 연장할 때 사용하는 인소 네일

② 소재 : 플라스틱 아세테이트, 나일론 등

▶ 네일 보강제/강화제의 종류

- 프로틴 하드너(Protein Hardener) : 무색 투명의 폴리시와 영양제가 혼합되어 있는 것으로 콜라겐 같음
- 나일론 섬유(Nylon Fiber) : 무색 폴리시에 나일론 섬유를 혼합한 갓으로 좌우, 상하로 두 번 미용작업 필요
- 포름알데히드 보강제 : 약 5% 농도의 포름알데히드(Formaldehyde)를 함유하고 있는 보강제

▶ 글루의 종류

구분	내용
스틱 타입	• 스틱 글루의 윗부분을 네일 클리퍼 등으로 잘라낸 뒤 키친타월 위에 적당한 양으로 잘 나오는지 확인 후 사용한다. • 사용한 스틱 글루를 눕혀서 보관하면 내용물이 흐를 수 있으므로 뚜껑을 닫아 세워서 보관한다. • 점성이 낮아 빨리 경화하는 반면 흘러내리는 단점이 있다.
브러시 타입	• 입구에 접착제가 닿으면 나중에 입구가 열리지 않으므로 입구에 접착제가 닿지 않게 주의해서 사용한다. • 사용한 후에는 입구를 닦아서 보관한다. • 점성이 높아 흐르지는 않으나 늦게 경화되는 단점이 있다.

★★
1 네일 미용 작업 시의 안전관리에 대한 설명으로 잘못된 것은?

① 시술 전후 항상 알코올로 손을 소독하여 청결을 유지할 것
② 시술 도중 화학물질이 피부에 노출되지 않도록 주의할 것
③ 접촉성 감염질환 및 호흡기 감염질환에 유의할 것
④ 작업 중에는 절대 마스크를 착용하지 말 것

호흡기 감염성 질환이 유행할 경우 마스크를 착용해서 작업하도록 한다.

★★
2 화학물질 취급 시의 안전관리에 대한 설명으로 잘못된 것은?

① 숍 내의 공기를 자주 환기시켜 냄새가 잘 빠질 수 있도록 한다.
② 가루 제품 작업 시 마스크와 보안경을 착용한다.
③ 솔벤트, 프라이머 등에서 나오는 기체를 흡입하지 않도록 주의한다.
④ 네일 미용에 사용하는 화학물질은 피부에 묻어도 상관없다.

화학물질이 피부에 묻지 않도록 주의해야 하며, 만성적으로 노출될 경우 중독의 위험이 있으므로 각별히 주의해야 한다.

★★
3 네일 미용인으로서의 자세로 올바르지 않은 것은?

① 고객의 손과 발을 아름답게 가꾸기 위해 최상의 서비스를 제공한다.
② 최신 트렌드나 재료에 대한 정보를 항상 습득하도록 한다.
③ 고객의 요구사항이 많을 때는 적당히 타협한다.
④ 항상 새로운 테크닉을 연구하고 개발하여 고객이 싫증내지 않도록 한다.

고객의 요구를 정확히 파악해서 만족스러운 서비스를 제공한다.

★★
4 올바른 미용인으로서의 인간관계와 전문가적인 태도에 관한 내용으로 가장 거리가 먼 것은?

① 예의바르고 친절한 서비스를 모든 고객에게 제공한다.
② 효과적인 의사소통 방법을 익혀두어야 한다.
③ 손님과 대화할 때는 손님의 의견과 심리를 존중한다.
④ 대화의 주제는 종교나 정치같은 논쟁의 대상이나 개인적인 문제에 관련된 것도 좋다.

손님과의 대화 중 민감한 종교, 정치, 개인적인 문제는 삼가한다.

★★★★
5 새로운 세포가 만들어져 손톱의 성장이 시작되는 부위는 어디인가?

① 조근(Nail Root) ② 조체(Nail Body)
③ 자유연(Free Edge) ④ 조상(Nail Bed)

조근은 손톱의 아래 부분에 묻혀 있는 얇고 부드러운 부분을 말하며, 새로운 세포가 만들어져 손톱의 성장이 시작되는 곳이다.

★★★★
6 세포분열을 통해 새롭게 손·발톱을 생산해 내는 곳은?

① 조체 ② 조모
③ 조소피 ④ 조하막

조모는 네일 루트 밑에 위치하여 각질세포의 생산과 성장을 조절한다.

★★★★
7 네일 바디를 받치고 있는 밑부분으로 네일의 신진대사와 수분을 공급하는 부위는 어디인가?

① 조근(Nail Root)
② 조체(Nail Body)
③ 자유연(Free Edge)
④ 조상(Nail Bed)

• 조근(Nail Root) : 손톱의 아래 부분에 묻혀 있는 얇고 부드러운 부분
• 조상(Nail Bed) : 네일 바디를 받치고 있는 밑부분
• 자유연(Free Edge) : 손톱 끝부분을 말한다.

정답 1④ 2④ 3③ 4④ 5① 6② 7④

8 ★★★ 손톱의 부위 중 조모(Nail Matrix)에 대한 설명으로 옳은 것은?

① 네일 루트 밑에 위치하여 각질세포의 생산과 성장을 조절한다.
② 혈관과 신경이 분포하고 있으며 네일의 신진대사와 수분을 공급한다.
③ 손톱의 아래 부분에 묻혀 있는 얇고 부드러운 부분을 말한다.
④ 손톱의 몸체 부분으로 죽은 각질세포로 되어 있어 신경이나 혈관이 없는 부위이다.

② 조상, ③ 조근, ④ 조체

9 ★★★ 다음 그림은 손톱을 나타낸 것이다. ㉠ 부위의 명칭은?

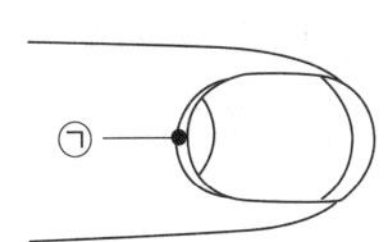

① 프리에지
② 큐티클
③ 네일 배드
④ 하이포니키움

10 ★★★ 다음 그림은 손톱을 나타낸 것이다. ㉠ 부위의 명칭은?

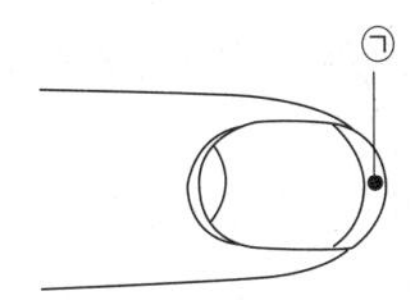

① 네일 폴드
② 네일 그루브
③ 프리에지
④ 네일 월

11 ★★★ 다음 중 손톱의 부위와 설명이 잘못 연결된 것은?

① 조근 : 손톱의 아래 부분에 묻혀 있는 얇고 부드러운 부분
② 조상 : 네일 바디를 받치고 있는 밑부분
③ 조모 : 네일 루트 밑에 위치하여 각질세포의 생산과 성장을 조절
④ 자유연 : 반달 모양의 손톱 아래 부분

반달 모양의 손톱 아래 부분은 반월(루눌라)이다.

12 ★★★★ 손톱 주위를 덮고 있는 신경이 없는 부분으로 병균 및 미생물의 침입으로부터 보호하는 역할을 하는 부분은?

① 큐티클 ② 네일 폴드
③ 네일 그루브 ④ 네일 월

② 네일 폴드 : 네일 루트가 묻혀있는 네일의 베이스에 피부가 깊게 접혀 있는 부분
③ 네일 그루브 : 네일 베드의 양측면에 좁게 패인 부분
④ 네일 월 : 네일 그루브 위에 있는 네일의 양쪽 피부

13 ★★★ 네일의 베이스에 있는 피부의 가는 선으로 루눌라의 일부를 덮고 있는 부분의 명칭은?

① 이포니키움 ② 페리오니키움
③ 하이포니키움 ④ 네일 그루브

② 페리오니키움 : 네일 전체를 에워싼 피부의 가장자리 부분
③ 하이포니키움 : 프리에지 밑부분의 피부
④ 네일 그루브 : 네일 베드의 양측면에 좁게 패인 부분

14 ★★ 다음 중 매니큐어의 어원에 해당하는 라틴어는?

① 마누스 ② 야누스
③ 헤나 ④ 페디스

매니큐어의 어원
Manicure = Manus(hand, 손) + Cura(cure, 관리)

15 ★★ 마누스와 큐라라는 라틴에서 유래된 네일 미용의 용어는?

① 아크릴 ② 매니큐어
③ 페디큐어 ④ 에나멜

마누스는 손, 큐라는 관리를 의미하는 라틴어에서 유래한다.

16 ★★ 매니큐어의 어원인 마누스가 의미하는 뜻에 해당하는 것은?

① 손 ② 발
③ 관리 ④ 화장

정답 8 ① 9 ② 10 ③ 11 ④ 12 ① 13 ① 14 ① 15 ② 16 ①

17 ★★★★ 태아의 손가락 끝에 손톱이 형성되어 자라기 시작하는 시기는 언제인가?

① 임신 8주 ② 임신 9주
③ 임신 10주 ④ 임신 11주

임신 10주경에 손가락 끝에 손톱이 형성되어 자라기 시작한다.

18 ★★★ 손톱의 성장 부위가 완성되는 시기는 언제인가?

① 임신 9~10주
② 임신 10~11주
③ 임신 11~12주
④ 임신 12~13주

임신 10주에 손가락 끝에 손톱이 형성되어 자라기 시작하고 임신 12~13주에는 손톱의 성장 부위가 완성된다.

19 ★★ 임신 기간에 따른 손톱의 형성 과정에 대한 설명이다. 잘못된 것은?

① 임신 8~9주경 : 손톱의 태동
② 임신 10주 : 손가락 끝에 손톱이 형성되어 자라기 시작
③ 임신 14주 : 손톱이 자라는 모습 확인 가능
④ 임신 15주 : 손톱이 완전히 자라는 시기

손톱이 완전히 자라는 시기는 임신 17~20주이다.

20 ★★ 손톱의 성장 속도가 가장 빠른 손가락은 어느 것인가?

① 엄지손가락 ② 검지손가락
③ 중지손가락 ④ 소지손가락

손톱의 성장 속도는 중지, 검지, 약지, 엄지, 소지 순이다.

21 ★★★ 손톱 및 발톱의 형성 과정에 대한 설명으로 옳지 않은 것은?

① 임신 10주에 손가락 끝에 손톱이 형성되어 자라기 시작한다.
② 임신 12~13주에 손톱의 성장 부위가 완성된다.
③ 임신 14주에 손톱이 자라는 모습이 확인 가능하다.
④ 발톱은 손톱보다 약 10일 정도 빨리 발생한다.

발톱은 손톱보다 약 10일 정도 늦게 발생한다.

22 ★★★★★ 손톱이 완전히 자라서 대체되는 기간은 얼마인가?

① 3~4개월 ② 5~6개월
③ 7~8개월 ④ 9~10개월

손톱은 하루에 0.1~0.15mm씩 성장하며, 5~6개월이 지나면 완전히 대체된다.

23 ★★★★ 손톱의 성장에 대한 설명으로 옳지 않은 것은?

① 사계절 중 여름에 손톱의 성장 속도가 빠르다.
② 임신기간에는 손톱의 성장이 느리다.
③ 손가락마다 손톱의 성장 속도가 다르다.
④ 손가락을 많이 움직일수록 손톱이 빨리 성장한다.

손톱은 임신기간 중에 빨리 성장한다.

24 ★★★ 손톱, 발톱의 설명으로 틀린 것은?

① 정상적인 손·발톱의 교체는 대략 6개월가량 걸린다.
② 개인에 따라 성장의 속도는 차이가 있지만 매일 1mm 가량 성장한다.
③ 손끝과 발끝을 보호한다.
④ 물건을 잡을 때 받침대 역할을 한다.

손톱은 매일 0.1~0.15mm 정도씩 성장하며, 손톱이 완전히 자라서 대체되는 기간은 5~6개월이다.

25 ★★★★★ 손톱의 주요 구성성분에 해당되는 것은?

① 콜라겐
② 케라틴
③ 시스틴
④ 멜라닌

손톱은 케라틴이라는 섬유 단백질로 구성되어 있다.

정답 17 ③ 18 ④ 19 ④ 20 ③ 21 ④ 22 ② 23 ② 24 ② 25 ②

26 ★★ 손톱은 케라틴이라는 섬유 단백질로 구성되어 있다. 케라틴에서 가장 많이 차지하고 있는 화학원소는?

① 탄소　② 산소
③ 질소　④ 수소

케라틴의 화학적 조성비

구분	특징	구분	특징
탄소	51.9%	황	2.80%
산소	22.39%	수소	0.82%
질소	16.09%		

27 ★★★★ 건강한 손톱상태의 조건으로 틀린 것은?

① 조상에 강하게 부착되어 있어야 한다.
② 단단하고 탄력이 있어야 한다.
③ 매끄럽게 윤이 흐르고 푸른빛을 띠어야 한다.
④ 수분과 유분이 이상적으로 유지되어야 한다.

분홍빛을 띤 손톱이 건강한 손톱이라 할 수 있다.

28 ★★★★ 건강한 손톱의 특징이 아닌 것은?

① 네일 베드에 잘 부착되어 있어야 한다.
② 연한 핑크색이 나며 둥근 모양의 아치형이다.
③ 매끈하게 윤이 흘러야 한다.
④ 단단하고 두꺼우며 딱딱해야 한다.

건강한 손톱은 단단하고 탄력이 있어야 한다.

29 ★★★★ 건강한 손·발톱의 설명으로 틀린 것은?

① 바닥에 강하게 부착되어야 한다.
② 단단하고 탄력이 있어야 한다.
③ 윤기가 흐르며 노란색을 띠어야 한다.
④ 아치 모양을 형성해야 한다.

건강한 손톱은 윤기가 흐르고 분홍빛을 띠어야 한다.

30 ★★★ 스퀘어형 네일의 파일링 각도로 옳은 것은?

① 30°　② 50°　③ 70°　④ 90°

스퀘어형의 파일링 각도는 90°이다.

31 ★★★★ 오벌형 네일에 대한 설명으로 옳지 않은 것은?

① 손이 길고 가늘어 보여 여성적 느낌을 주는 형태이다.
② 달갈 모양에 가까운 형태이다.
③ 통통한 손에 어울리는 형태이다.
④ 손톱의 넓이가 좁은 사람에게 어울리는 형태이다.

손톱의 넓이가 좁은 사람에게 어울리는 네일 형태는 송곳 모양의 포인트형이다.

32 ★★★★★ 네일의 형태 중 네일 끝을 많이 사용하거나 손을 많이 쓰는 사람들이 선호하는 형태로 네일의 양 측면이 직각인 형태는?

① 스퀘어형　② 라운드 스퀘어형
③ 라운드형　④ 오벌형

네일 양 측면이 직각인 형태의 네일은 사각형 모양인 스퀘어형이다.

33 ★★★★ 고객이 가장 선호하는 세련된 형태로 스퀘어보다 부드러운 느낌을 주는 네일 모양은?

① 스퀘어형　② 라운드 스퀘어형
③ 라운드형　④ 오벌형

라운드 스퀘어형은 스퀘어형보다 부드러운 느낌을 주며, 스퀘어형과 같은 모양으로 다듬은 후 양쪽 모서리 부분만 둥글게 다듬어서 모양을 만든다.

34 ★★★★ 손이 길고 가늘어 보여 여성적 느낌을 주는 네일 형태는?

① 스퀘어형　② 라운드 스퀘어형
③ 라운드형　④ 오벌형

오벌형은 달갈 모양에 가까운 형태로 통통한 손에 어울리며, 여성적 느낌을 주는 형태이다.

35 ★★ 다음 네일 형태의 명칭은 무엇인가?

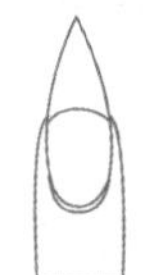

① 스퀘어형
② 포인트형
③ 라운드 스퀘어형
④ 라운드형

정답 26 ① 27 ③ 28 ④ 29 ③ 30 ④ 31 ④ 32 ① 33 ② 34 ④ 35 ②

36 ★★★ 다음 그림의 네일 형태에 대한 설명으로 가장 적합한 것은?

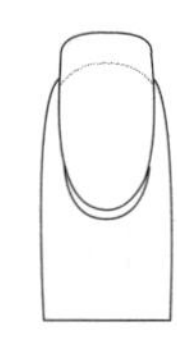

① 잘 부러지지 않아 네일이 약한 경우에 적합하며, 네일 끝을 많이 사용하거나 손을 많이 쓰는 사람들이 선호하는 형태이다.
② 고객이 가장 선호하는 세련된 형태로 스퀘어보다 부드러운 느낌을 준다.
③ 손톱의 넓이가 좁은 사람에게 어울리는 형태이다.
④ 끝이 뾰족하여 잘 부러지고 프리에지가 길어야 만들 수 있다.

그림은 라운드 스퀘어형으로 스퀘어형보다 부드러운 느낌을 주며, 일반적으로 고객이 가장 선호하는 세련된 모양의 손톱이다.

37 ★★★ 포인트형 네일의 파일링 각도로 적당한 것은?

① 10°　② 25°　③ 40°　④ 90°

포인트형 네일의 모양을 만들기 위해서는 10° 각도로 파일링하고 양 측면의 사선이 대칭이 되게 한다.

38 ★★ 손톱의 넓이가 좁은 사람에게 어울리는 형태로 끝이 뾰족하여 잘 부러지고 프리에지가 길어야 만들 수 있는 형태는?

① 스퀘어형　② 라운드 스퀘어형
③ 라운드형　④ 포인트형

포인트형은 끝이 뾰족하여 잘 부러지는 단점이 있으며, 10° 각도로 파일링하고 양 측면의 사선이 대칭으로 모양을 만든다.

39 ★★★ 손톱의 색이 전체적으로 어둡고 윤기가 없으며, 오므라들면서 떨어져나가는 증상을 무엇이라 하는가?

① 교조증　② 조갑청맥증
③ 조연화증　④ 조갑위축증

① 교조증 : 네일을 물어뜯는 습관으로 인한 손상
② 조갑청맥증 : 네일의 색이 푸르게 변하는 증상
③ 조연화증 : 네일이 전체적으로 부드럽고 가늘며 하얗게 되어 네일 끝이 휘어지는 증상

40 ★★★ 네일이 전체적으로 부드럽고 가늘며 하얗게 되어 네일 끝이 휘어지는 증상을 무엇이라 하는가?

① 조연화증　② 교조증
③ 표피조막증　④ 조내성증

조연화증은 계란껍질 네일이라고도 하며 질병, 신경성, 과도한 다이어트가 원인으로 발생하는 증상으로 네일이 전체적으로 부드럽고 가늘며 하얗게 되어 네일 끝이 휘어지는 특징이 있다.

41 ★★★ 다음 중 조갑비대증에 대한 설명으로 옳은 것은?

① 네일의 표면이 움푹 들어가는 증상
② 네일의 일부 또는 전체가 손가락에서 주기적으로 떨어져 나가는 증상
③ 네일의 과다성장으로 인해 지나치게 두꺼워지는 현상
④ 손톱과 네일 베드 사이에 틈이 생겨 점점 벌어지는 증상

① 피팅, ② 조갑탈락증, ④ 조갑박리증

42 ★★★ 조연화증 네일의 관리 방법으로 잘못된 것은?

① 네일 강화제를 사용한다.
② 실크 또는 린넨으로 보강한다.
③ 부드러운 파일로 파일링한다.
④ 항생 연고를 발라준다.

조연화증은 네일이 전체적으로 부드럽고 가늘며 하얗게 되어 네일 끝이 휘어지는 증상으로 항생 연고와는 거리가 멀다.

43 ★★★★ 손톱의 장애와 증상의 연결이 잘못된 것은?

① 조갑위축증 : 손톱의 색이 전체적으로 어둡고 윤기가 없으며, 오므라들면서 떨어져 나가는 증상
② 조갑청맥증 : 네일의 색이 푸르게 변하는 증상
③ 조갑비대증 : 네일의 한가운데가 움푹 패이는 형태
④ 조갑종렬증 : 손톱이 세로로 갈라지고 찢어지는 증상

조갑비대증 : 네일의 과다성장으로 인해 지나치게 두꺼워지는 현상

정답 36 ② 37 ① 38 ④ 39 ④ 40 ① 41 ③ 42 ④ 43 ③

★★★
44 큐티클의 과잉성장으로 네일판을 덮는 현상을 무엇이라 하는가?

① 표피조막증 ② 조내성증
③ 조갑비대증 ④ 조갑종렬증

> ② 조내성증 : 네일이 조구로 파고 들어가는 증상
> ③ 조갑비대증 : 네일의 과다성장으로 인해 지나치게 두꺼워지는 현상
> ④ 조갑종렬증 : 손톱이 세로로 갈라지고 찢어지는 증상

★★★
45 네일숍에서 시술이 불가능한 질환을 모두 고르시오.

㉠ 조갑위축증	㉡ 조갑탈락증
㉢ 교조증	㉣ 조연화증
㉤ 조갑박리증	

① ㉠, ㉡ ② ㉠, ㉣
③ ㉢, ㉤ ④ ㉡, ㉤

> 조갑탈락증은 네일의 일부 또는 전체가 손가락에서 주기적으로 떨어져 나가는 증상이며, 조갑박리증은 손톱과 네일 베드 사이에 틈이 생겨 점점 벌어지는 증상인데 병원에서 치료 받아야 한다.

★★★
46 네일숍에서 시술이 불가능한 질환을 모두 고르시오.

㉠ 조갑구만증	㉡ 거스러미 네일
㉢ 조갑청맥증	㉣ 주름잡힌 네일
㉤ 조갑진균증	

① ㉠, ㉡ ② ㉠, ㉤
③ ㉢, ㉤ ④ ㉡, ㉤

> 조갑구만증은 네일이 심하게 두꺼워지는 증상이며, 조갑진균증은 네일이 두꺼워지거나 울퉁불퉁해지는 증상인데 네일숍에서의 시술로는 불가능하며 병원에서 치료를 받아야 한다.

★★★
47 네일기구에 대한 설명으로 옳지 않은 것은?

① 테이블은 화학성분이 있는 제품에 의한 부식이 없는 재질을 선택한다.
② 습식 매니큐어 서비스 과정에서 손의 큐티클을 부풀릴 때는 핑거볼을 사용한다.
③ 솜 용기는 반드시 뚜껑이 있는 것으로 선택한다.
④ 핸드 페인트를 할 때 사용하는 브러시는 더스트 브러시이다.

> 핸드 페인트를 할 때 사용하는 브러시는 일러스트 브러시이다.

★★★
48 네일 기구에 대한 설명으로 적합하지 않은 것은?

① 시술 테이블의 간격이 고객이나 시술자와 너무 멀지 않아야 한다.
② 큐티클 푸셔는 날카로워야 한다.
③ 니퍼와 푸셔는 2개 가지고 작업하면 편리하다.
④ 오렌지 우드 스틱은 일회용으로 사용한다.

> 큐티클 푸셔가 날카로우면 상처가 날 수 있으므로 날카롭지 않아야 한다.

★★★
49 손톱의 상피(큐티클)를 밀어주는 매니큐어 기구는?

① 큐티클 시저스(Cuticle scissors)
② 큐티클 푸셔(Cuticle Pusher)
③ 큐티클 니퍼(Cuticle Nipper)
④ 큐티클 리무버(Cuticle Remover)

> • 푸셔 : 큐티클을 밀어올릴 때 사용
> • 리무버 : 큐티클을 불릴 때 사용
> • 니퍼 : 푸셔로 밀어낸 큐티클을 제거할 때 사용

★★★
50 폴리시를 인공적으로 빠르게 건조시킬 때 사용하는 것은?

① 폴리시 드라이어 ② 글루
③ 컨디셔너 ④ 젤

> 폴리시를 바른 뒤 빨리 건조시키기 위해서 폴리시 드라이어를 뿌려준다.

★★★★
51 아세톤이나 알코올 등을 담아 펌프식으로 사용할 수 있는 기구의 명칭은?

① 디펜디쉬 ② 핑거볼
③ 디스펜서 ④ 스파출라

> ① 디펜디쉬 : 아크릴 용액을 담을 수 있는 용기
> ② 핑거볼 : 습식 매니큐어 서비스 과정에서 손의 큐티클을 부풀릴 때 사용
> ④ 스파출라 : 크림 등의 제품을 덜어 낼 때 사용

정답 44 ① 45 ④ 46 ② 47 ④ 48 ② 49 ② 50 ① 51 ③

★★★
52 베이스코트의 주성분으로 알맞은 것은?

① 산화연 ② 아세톤
③ 쿼츠 ④ 이소프로필알코올

베이스코트는 에틸아세테이트, 이소프로필알코올, 부틸아세테이트, 니트로셀룰로오스, 송진, 포름알데히드 등을 주성분으로 사용한다.

★★★
53 베이스코트를 바르는 목적으로 옳은 것은?

① 자연 네일의 변색 방지를 위해
② 광택 보호를 위해
③ 폴리시의 지속성을 위해
④ 손톱 표면의 굴곡을 없애기 위해

베이스코트는 폴리시를 바르기 전에 손톱에 바르는 투명한 액체로 자연 네일의 변색, 오염 및 착색 방지, 유색 칼라를 밀착시켜 주는 역할을 한다.

★★★
54 연마 원반, 굳은살 밀어 올리기 등의 부품 등이 있어 매니큐어 작업 시 활용할 수 있는 것은?

① 네일 드릴 머신 ② 댕글 드릴
③ 펀치 ④ 푸셔

드릴 머신으로 용도에 맞는 적합한 드릴을 끼워 편리하게 사용할 수 있다.

★★★★★
55 탑코트에 대한 설명으로 맞지 않는 것은?

① 폴리시의 광택을 높여 준다.
② 니트로셀룰로오스 함유량이 가장 많은 제품이다.
③ 손톱 위의 폴리시를 보호해준다.
④ 손톱의 변색을 막아준다.

손톱의 변색을 막아주는 것은 베이스코트의 기능이다.

★★★★★
56 큐티클 오일에 관한 설명으로 틀린 것은?

① 호호바오일, 베이오일, 비디민 E 성분이 들이가 있다.
② 큐티클 전용으로 나온 것이므로 다른 목적으로 사용하면 안 된다.
③ 큐티클을 유연하게 해준다.
④ 손톱 건강에 도움이 된다.

★★
57 다음 중 네일 치료제로 쓰이는 것은?

① 네일 테라피 ② 프라이머
③ 글루 ④ 알코올

★★★★★
58 따뜻한 비누 소독물을 담가 손의 큐티클을 불리기 위해 사용되는 용기는?

① 핑거볼 ② 프라이머
③ 족탕기 ④ 디스펜서

습식 매니큐어 서비스 과정에서 손의 큐티클을 불리기 위해 핑거볼을 사용한다.

★★★
59 오렌지 우드스틱의 사용 용도로 적합하지 않은 것은?

① 네일 표백제를 바를 때
② 피부 속으로 들어간 발톱을 파낼 때
③ 네일 주변의 폴리시를 제거할 때
④ 큐티클을 밀어올릴 때

오렌지 우드 스틱의 끝에 솜을 말아서 네일 주변의 폴리시를 제거하거나 큐티클을 밀어올리고 네일 표백제를 바르는 용도로 사용한다. 피부 속으로 들어간 발톱을 파낼 때는 발톱에 사용하는 전용제품을 이용한다.

★★★★★
60 네일 보강제에 대한 설명으로 틀린 것은?

① 보강제를 바름으로써 얇아진 손톱이 두꺼워지는 효과를 볼 수 있다.
② 손톱이 찢어지거나 갈라지는 것을 예방한다.
③ 베이스코트를 바르기 전에 바른다.
④ 나일론 섬유가 혼합된 것도 있다.

네일 보강제는 찢어지거나 갈라진 약한 손톱을 튼튼하게 만들어 주기 위한 강화제로 손톱이 두꺼워지는 효과를 기대하기는 어렵다.

★★★★★
61 피부의 진정, 살균, 보습, 모공수축을 도와주는 재료의 명칭은?

① 베이스코트 ② 오일
③ 안티셉틱 ④ 시너

안티셉틱은 피부 소독제로 시술하기 전에 시술자와 고객의 손을 소독하는 데 사용하며, 기구 소독제로는 사용하지 않는다.

정답 52 ④ 53 ① 54 ① 55 ④ 56 ② 57 ① 58 ① 59 ② 60 ① 61 ③

62 ★★★ 과산화수소와 레몬산이 주성분이며, 자연 손톱이 누렇게 변하였을 경우 사용되는 제품은?

① 프라이머 ② 아크릴 리퀴드
③ 시너 ④ 네일 표백제

네일 표백제는 손톱이 누렇게 변했을 경우 희게 표백시키는 용도로 사용하는데, 오렌지 우드 스틱 끝에 솜을 말아 네일 주위 피부에 닿지 않게 손톱 표면에만 바른다.

63 ★★★ 폴리시가 굳었을 때 희석해서 사용하는 제품은?

① 퓨어 아세톤 ② 큐티클 오일
③ 시너 ④ 폴리시 리무버

시너는 폴리시가 끈적거릴 때 묽게 만들어 사용하기 편하게 해주는 제품으로 1~2방울 정도 섞어 사용한다.

64 ★★★ 철제도구를 소독하는 데 필요로 하는 최소 시간은?

① 5분 ② 10분 ③ 15분 ④ 20분

철제도구는 약 20분 정도 소독한다.

65 ★★★ 파일(File)에 대한 설명으로 잘못된 것은?

① 그릿수가 높을수록 거칠고, 낮을수록 부드럽다.
② 소독이 가능한 파일도 있다.
③ 손톱의 길이와 모양을 조절한다.
④ 파일 시 마스크를 착용해야 한다.

파일의 그릿수가 높을수록 부드럽고, 낮을수록 거칠다.

66 ★★★ 네일 제품 중 일회용 도구로 사용되지 않는 것은?

① 오렌지 우드 스틱 ② 니퍼
③ 에머리 보드 ④ 면도날

니퍼는 네일 주위의 큐티클을 정리할 때 사용하는 도구로 감염의 위험이 있으므로 철저히 소독해서 사용해야 한다.

67 ★★★ 매니큐어 작업 시 발생할 수 있는 가벼운 출혈을 멈추게 하기 위하여 사용되는 것은?

① 지혈제 ② 오일
③ 안티셉틱 ④ 솔벤트

68 ★★★ 테이블, 기구, 소도구들의 사전 위생처리 시간은?

① 최소 5분 정도는 멸균 소독 처리해서 손님을 받는다.
② 13시간 정도는 멸균 소독 처리해서 손님을 받는다.
③ 12시간 정도는 멸균 소독 처리해서 손님을 받는다.
④ 최소 20분 전에 멸균 소독 처리해서 손님을 받는다.

69 ★★★★★ 아세톤 사용에 대한 설명이다. 잘못된 것은?

① 아세톤을 과다하게 사용하면 손톱을 손상시킬 수 있다.
② 인조 손톱 위의 폴리시를 제거할 때는 퓨어 아세톤을 사용한다.
③ 아세톤은 인화성 물질이므로 취급에 주의를 기울인다.
④ 자연 손톱 위의 폴리시를 제거할 때 아세톤을 사용한다.

퓨어 아세톤은 인조 손톱의 끝부분을 녹이거나 약하게 만들 때 사용하고 인조 손톱 위의 폴리시를 제거할 때는 일반 네일 폴리시 리무버보다 좀 더 강한 리무버를 사용한다.

70 ★★★ 도구의 소독·살균을 위해 소독 리퀴드나 기구를 담글 수 있는 용기는?

① 핑거볼 ② 솜 용기
③ 습식 소독기 ④ 유리컵

사용한 도구의 소독 · 살균을 위해 습식 소독기에 담그며, 사용하지 않을 경우에는 뚜껑을 덮도록 한다.

71 ★★★★ 미용용품에 병균이 들어가지 않도록 덜어서 쓰기 위한 스푼 모양의 도구는?

① 디펜디쉬 ② 스파출라
③ 파일 ④ 스포이드

스파출라는 크림 등의 제품을 덜어 낼 때 사용하는 도구로 손가락을 사용하면 균 번식의 우려가 있으므로 손가락은 사용하지 않도록 한다.

정답 62 ④ 63 ③ 64 ④ 65 ① 66 ② 67 ① 68 ④ 69 ② 70 ③ 71 ②

NAIL Technician Certification

손·발의 구조와 기능

손의 뼈와 근육에서 꾸준히 출제되고 있고 있습니다. 세포 및 신경에 대한 기본적인 내용도 숙지하기 바랍니다.

01 뼈의 형태 및 발생

1 골격계통

(1) 골격의 기능

보호 기능	뇌 및 내장기관 보호
저장 기능	칼슘, 인 등의 무기질 저장
지지 기능	인체를 지지
운동 기능	근육의 운동
조혈 기능	골수에서 혈액 생성

(2) 뼈의 성장

① 길이 성장 : 골단연골(성장판)에서의 활발한 세포분열에 의해 성장

② 부피 성장 : 골아세포와 파골세포의 작용에 의해 성장

(3) 형태에 따른 분류

① 장골(긴뼈) : 상완골, 요골, 척골, 대퇴골, 경골, 비골 등

② 단골(짧은뼈) : 수근골, 족근골

③ 편평골(납작뼈) : 견갑골, 늑골, 두개골

④ 불규칙골 : 척추골, 관골

⑤ 종자골(종강뼈) : 씨앗 모양, 슬개골

⑥ 함기골(공기뼈) : 전두골, 상악골, 사골, 측두골, 접형골

2 골격계통

(1) 뼈의 구조

골막	• 뼈의 바깥 면을 덮고 있는 두꺼운 결합조직층으로 혈관이 많이 분포 • 기능 : 뼈의 보호, 뼈의 영양, 성장 및 재생
골 조직	• 치밀골 : 뼈의 표면 • 해면골 : 뼈의 중심부
골수강	• 치밀골 내부의 골수로 차있는 공간
골단	• 장골의 양쪽 끝부분

▶ 골수 : 적혈구, 백혈구, 혈소판 등을 생성하는 조직

▶ 연골
- 골과 골 사이의 충격을 흡수하는 결합조직
- 뼈와 뼈 사이는 연골로 결합
- 연골 세포와 연골기질로 구성
- 코와 귀의 형태를 잡아주는 역할
- 연골에는 신경과 혈관이 없음

(2) 골격의 종류(206개)

종류	기능	갯수
두개골(머리뼈)	뇌두개골(두정골, 측두골, 후두골, 전두골, 접형골, 사골)	8개
	안면두개골(상악골, 관골, 누골, 비골, 구개골, 하비갑개, 하악골, 서골)	14개
이소골(귀속뼈)		6개
설골(목뿔뼈)		1개
척추	• 경추(목뼈) • 흉추(등뼈) • 요추(허리뼈) • 천추(엉치뼈) • 미추(꼬리뼈)	7개 12개 5개 1개 1개
흉골(복장뼈)		1개
늑골(갈비뼈)		24개
상지골(팔뼈)		64개
하지골(다리뼈)		62개

02 손과 발의 뼈대

1 손의 뼈

(1) 수근골(손목뼈)

① 손목을 구성하는 8개의 짧은 뼈

② **근위수근골**(몸쪽 손목뼈) : 주상골(손배뼈), 월상골(반달뼈), 삼각골(세모뼈), 두상골(콩알뼈)

③ **원위수근골**(먼쪽 손목뼈) : 대능형골(큰마름뼈), 소능형골(작은마름뼈), 유두골(알머리뼈), 유구골(갈고리뼈)

(2) 중수골(손바닥뼈)

손바닥을 구성하는 5개의 뼈(제1~제5중수골)

(3) 수지골(손가락뼈)

① 엄지손가락 : 기절골과 말절골로 구성

② 나머지 손가락 : 3개씩 기절골(첫마디 손가락뼈), 중절골(중간마디 손가락뼈), 말절골(끝마디 손가락뼈)

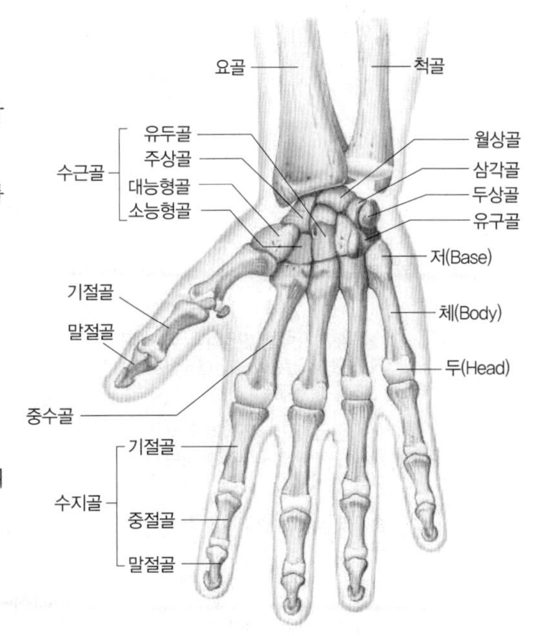

2 발의 뼈

(1) 족근골(발목뼈)

① **근위족근골**(몸쪽 발목뼈) : 거골(목말뼈), 종골(발꿈치뼈), 주상골(발배뼈)

② **원위족근골**(먼쪽 발목뼈) : 제1설상골(내측 쐐기뼈), 제2설상골(중간 쐐기뼈), 제3설상골(외측 쐐기뼈), 입방골

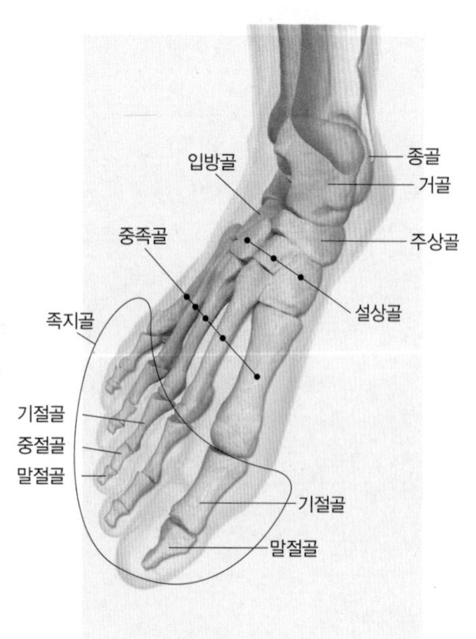

(2) 중족골(발허리뼈)

① 족근골과 지골 사이에 위치하여 발바닥을 형성하는 5개의 뼈

② 제1중족골~제5중족골

③ 제1중족골이 가장 굵고 제2중족골이 가장 길다.

(3) 족지골(발가락뼈)

엄지는 2개, 나머지 발가락은 3개씩 총 14개로 구성

(4) 족궁

① 발바닥 안쪽의 아치 모양의 뼈

② 몸의 중력을 분산시키는 역할

▶ 용어 의미
- 신전 : 폄
- 회전 : 돌림
- 굴곡 : 굽힘
- 회선 : 휘돌림
- 외전 : 벌림
- 회내 : 엎침
- 내전 : 모음
- 회외 : 뒤침

▶ 근육의 구분 및 기능

구분	기능
신근	손목과 손가락을 벌리거나 펴게 하여 내외측 회전과 내외향에 작용하는 근육
굴근	손목을 굽히고 내외향에 작용하며 손가락을 구부리게 하는 근육
외전근	손가락 사이를 벌어지게 하는 근육
대립근	물건을 잡을 때 사용하는 근육
내전근	손가락을 나란히 붙이거나 모을 수 있게 하는 근육
회내근	손을 안쪽으로 돌려서 손등이 위로 향하게 하는 근육
회외근	손을 바깥쪽으로 돌려서 손바닥이 위로 향하게 하는 근육

03 손과 발의 근육

1 손의 근육

구분	종류(한글용어)	작용
신근	장무지신근(긴엄지폄근)	엄지손가락의 신전
	단무지신근(짧은엄지폄근)	
	시지신근(집게폄근)	집게손가락의 신전
	지신근(손가락폄근)	2~5번 손가락의 신전
	소지신근(새끼폄근)	새끼손가락의 신전
굴근	장무지굴근(긴엄지굽힘근)	엄지손가락의 굴곡
	단무지굴근(짧은엄지굽힘근)	
	천지굴근(얕은손가락굽힘근)	2~5번 손가락의 굴곡(표층)
	심지굴근(깊은손가락굽힘근)	2~5번 손가락의 굴곡(심층)
	소지굴근(새끼굽힘근)	새끼손가락의 굴곡
외전근	장무지외전근(긴엄지벌림근)	엄지손가락의 외전
	단무지외전근(짧은엄지벌림근)	
	소지외전근(새끼벌림근)	새끼손가락의 외전
대립근	무지대립근(엄지맞섬근)	엄지손가락의 대립
	소지대립근(새끼맞섬근)	새끼손가락의 대립
내전근	무지내전근(엄지모음근)	엄지손가락의 내전
중수근	배측골간근(등쪽뼈사이근)	2~4번째 손가락의 외전 및 굴곡
	장측골간근(바닥쪽뼈사이근)	2, 4, 5번째 손가락의 내전 및 굴곡
	충양근(벌레근)	손가락의 굴곡, 손허리뼈의 사이를 메워주는 근육

2 발의 근육

(1) 기능에 따른 분류

구분	종류(한글용어)	작용
굴근	장무지굴근(긴엄지굽힘근)	엄지발가락의 굴곡
	단무지굴근(짧은엄지굽힘근)	
	장지굴근(긴발가락굽힘근)	2~5번째 발가락의 굴곡
	단지굴근(짧은발가락굽힘근)	
	장소지굴근(긴새끼굽힘근)	새끼발가락의 굴곡
	단소지굴근(짧은새끼굽힘근)	
신근	장무지신근(긴엄지폄근)	무지말절골의 신전
	단무지신근(짧은엄지폄근)	무지기절골의 신전
	장지신근(긴발가락폄근)	2~5번째 발가락의 신전
	단지신근(짧은발가락폄근)	2~4번째 발가락의 신전
외전근	무지외전근(엄지벌림근)	엄지의 외전 및 굴곡
	소지외전근(새끼벌림근)	새끼발가락의 외전을 보조
내전근	무지내전근(엄지모음근)	무지의 내전 및 굴곡
중수근	배측골간근(등쪽뼈사이근)	2~4번째 발가락의 외전 및 굴곡
	척측골간근(바닥쪽뼈사이근)	3~5번째 발가락의 내전 및 굴곡
	충양근(벌레근)	• 기절의 굴곡 • 중절골과 말절골의 신전

(2) 근육의 위치에 따른 분류

① 족배근(발등근육) : 짧은발가락폄근, 짧은엄지폄근

② 족척근(발바닥 근육)

분류	종류
내측족척근 (엄지두덩근)	엄지벌림근, 짧은엄지굽힘근, 엄지모음근
중앙족척근 (발바닥근육무리)	짧은발가락굽힘근, 발바닥네모근, 벌레근, 바닥쪽뼈사이근, 등쪽뼈사이근
외측족척근 (새끼발가락두덩근)	새끼벌림근, 짧은새끼굽힘근

04 손과 발의 신경

1 손의 신경

액와신경 (겨드랑이)	• 소원근과 삼각근의 운동 및 삼각근 상부에 있는 피부감각을 지배하는 신경
근피신경 (근육피부)	• 팔의 굴근에 대한 운동지배 및 앞팔의 외측 피부감각을 지배하는 신경
정중신경	• 앞팔의 굴근과 회내근의 운동을 지배하고 무지구근과 2개의 외측충양근의 운동을 지배 • 손바닥 외측 1/2의 피부 감각을 지배하는 신경
요골신경	• 위팔과 앞팔의 신근과 회외근의 운동을 지배하고 팔과 앞팔, 손등의 감각을 지배하는 신경
척골신경	• 앞팔의 척측굴근, 소지굴근, 골간근 및 내측 충양근의 운동을 지배하며, 앞팔 내측피부의 감각을 지배하는 신경 • 소지대립근, 소지외전근, 무지내전근, 소지굴근, 단무지굴근, 심지굴근 등을 지배

2 발의 신경

대퇴신경	• 요근과 장골근의 사이를 내려와서 서혜인대의 하부를 지나 치골와에서 나옴 • 대퇴의 전내측의 피부에 분포하며, 일부는 복재신경이 됨
복재신경	• 하퇴의 내측부터 무릎 아래까지 분포
경골신경, 비골신경, 외측비복피 신경	• 둔부 아래에 위치한 좌골신경이 경골신경과 비골신경이 됨 • 비골신경은 내측발신경과 외측발신경이 되어 발등의 내측면의 피하에 분포

▶ 신경계의 구조

뉴런	신경계의 기본단위로 다른 세포에 전기적 신호를 전달
시냅스	뉴런의 신경돌기 말단으로 다른 신경세포에 접합하여 정보를 상호 교환
신경초	말초신경의 축삭을 둘러싸고 있어 뉴런을 지지 및 보호

▶ 요골신경의 지배를 받는 근육

- 팔꿈치근 (주근)
- 윗팔노근 (완요근)
- 윗팔세갈래근 (상완삼두근)
- 긴노쪽 손목 폄근 (장요측수근신근)
- 짧은노쪽손목폄근 (단요측수근신근)
- 손가락폄근 (지신근)
- 새끼손가락폄근 (소지신근)
- 자쪽손목폄근 (척측수근신근)
- 뒤침근 (회외근)
- 긴엄지벌림근 (장무지외전근)
- 짧은엄지폄근 (단무지신근)
- 긴엄지폄근 (장무지신근)
- 집게폄근 (시지신근)

기출문제 | 단원별 구성의 문제 유형 파악!

★★★★
1 다음 중 뼈의 기능으로 맞는 것을 모두 나열한 것은?

㉠ 지지　㉡ 보호　㉢ 조혈　㉣ 운동

① ㉠, ㉢　② ㉡, ㉣
③ ㉠, ㉡, ㉢　④ ㉠, ㉡, ㉢, ㉣

뼈의 기능 : 보호, 저장, 지지, 운동, 조혈기능

★★★
2 골격계의 기능이 아닌 것은?

① 보호 기능　② 저장 기능
③ 지지 기능　④ 열 생산 기능

★★★
3 성장기에 있어 뼈의 길이 성장이 일어나는 곳을 무엇이라 하는가?

① 상지골　② 두개골
③ 연지상골　④ 골단연골

골단연골(성장판)에서의 활발한 세포분열에 의해 길이 성장을 하며, 골아세포와 파골세포의 작용에 의해 부피 성장을 한다.

★★★
4 다음 형태에 따른 뼈의 분류에서 장골에 해당하지 않는 것은?

① 비골　② 상완골
③ 사골　④ 경골

사골은 함기골에 해당한다.

★★
5 골격계의 형태에 따른 분류로 옳은 것은?

① 장골(긴뼈) : 상완골(위팔뼈), 요골(노뼈), 척골(자뼈), 대퇴골(넙다리뼈), 경골(정강뼈), 비골(종아리뼈) 등
② 단골(짧은뼈) : 슬개골(무릎뼈), 대퇴골(넙다리뼈), 두정골(마루뼈) 등
③ 편평골(납작뼈) : 척주골(척주뼈), 관골(광대뼈) 등
④ 종자골(종강뼈) : 전두골(이마뼈), 후두골(뒤통수뼈), 두정골(마루뼈), 견갑골(어깨뼈), 늑골(갈비뼈) 등

★★★
6 뼈의 형태에 따른 분류와 그 예를 연결한 것이다. 옳게 연결된 것은?

① 장골 - 수근골
② 단골 - 대퇴골
③ 편평골 - 견갑골
④ 불규칙골 - 상악골

① 수근골은 단골에 해당한다.
② 대퇴골은 장골에 해당한다.
④ 상악골은 함기골에 해당한다.

★★★
7 뼈의 형태에 따른 분류와 그 예를 연결한 것이다. 옳게 연결된 것은?

① 장골 - 비골
② 단골 - 요골
③ 편평골 - 척추골
④ 불규칙골 - 족근골

② 요골은 장골에 해당한다.
③ 척추골은 불규칙골에 해당한다.
④ 족근골은 단골에 해당한다.

★★★
8 다음 형태에 따른 뼈의 분류에서 단골에 해당하는 것은?

① 수근골
② 견갑골
③ 늑골
④ 상완골

견갑골, 늑골은 편평골에 속하며, 상완골은 장골에 해당한다.

★★★
9 다음 형태에 따른 뼈의 분류에서 편평골에 해당하지 않는 것은?

① 견갑골
② 늑골골
③ 전두골
④ 두개골

전두골은 함기골에 해당한다.

정답　1④ 2④ 3④ 4③ 5① 6③ 7① 8① 9③

★★★
10 뼈를 형태에 따라 분류했을 때 족근골은 다음 중 어디에 속하는가?

① 장골 ② 단골
③ 종자골 ④ 함기골

족근골은 단골에 해당한다.

★★★
11 뼈의 바깥면을 덮고 있는 골막과 관계가 없는 것은?

① 뼈의 운동 ② 뼈의 보호
③ 뼈의 영양 ④ 뼈의 재생

골막은 뼈의 바깥 면을 덮고 있는 두꺼운 결합조직층으로 혈관이 많이 분포하고 있으며, 뼈의 보호, 뼈의 영양, 성장 및 재생에 관여한다.

★★★
12 다음 중 뼈의 기본구조가 아닌 것은?

① 골막 ② 골외막
③ 골내막 ④ 심막

뼈는 골막, 골 조직, 골수강, 골단으로 구성되어 있다.

★★★
13 뼈가 골절되었을 때 재생하는 데 가장 중요한 역할을 하는 것은?

① 골막 ② 골수강
③ 골수 ④ 치밀질

골막은 뼈의 바깥면을 덮고 있는 두꺼운 결합조직층으로 뼈의 보호, 뼈의 영양, 성장 및 재생에 관여한다.

★★★
14 골격계에 대한 설명 중 옳지 않은 것은?

① 인체의 골격은 약 206개의 뼈로 구성된다.
② 체중의 약 20%를 차지하며 골, 연골, 관절 및 인대를 총칭한다.
③ 기관을 둘러싸서 내부 장기를 외부의 충격으로부터 보호한다.
④ 골격에서는 혈액세포를 생성하지 않는다.

골격은 조혈 기능이 있어 골수에서 혈액을 생성한다.

★★★
15 두개골(Skull)을 구성하는 뼈로 알맞은 것은?

① 미골 ② 늑골
③ 사골 ④ 흉골

두개골
- 뇌두개골 : 두정골, 측두골, 후두골, 전두골, 설상골, 사골
- 안면두개골 : 상악골, 관골, 누골, 비골, 구개골, 하비갑개, 하악골, 서골

★★★
16 치밀골 내부의 골수로 차있는 공간을 무엇이라 하는가?

① 골막 ② 골수강
③ 골수 ④ 치밀질

뼈의 표면을 치밀골이라 하는데, 이 치밀골 내부의 골수로 차있는 공간을 골수강이라 하며, 골수는 적혈구, 백혈구, 혈소판 등을 생성하는 조직이다.

★★★
17 골과 골 사이의 충격을 흡수하는 결합조직을 무엇이라 하는가?

① 골단 ② 연골
③ 해면골 ④ 골막

연골은 연골세포와 연골기질로 구성된 조직으로 골과 골 사이에서 완충작용을 하며 에너지를 흡수한다.

★★★★
18 인체의 골격은 약 몇 개의 뼈(골)로 이루어지는가?

① 약 206개 ② 약 216개
③ 약 265개 ④ 약 365개

인체의 골격은 두개골(22개), 이소골(6개), 설골(1개), 척추(26개), 흉골(1개), 늑골(24개), 상지골(64개), 하지골(62개), 총 206개로 이루어져 있다.

★★★
19 척추에 대한 설명이 아닌 것은?

① 머리와 몸통을 움직일 수 있게 한다.
② 성인 척추를 옆에서 보면 4개의 만곡이 존재한다.
③ 경추 5개, 흉추 11개, 요추 7개, 천골 1개, 미골 2개로 구성한다.
④ 척수를 뼈로 감싸면서 보호한다.

척추는 경추 7개, 흉추 12개, 요추 5개, 천추 1개, 미추 1개로 구성되어 있다.

정답 10 ② 11 ① 12 ④ 13 ① 14 ④ 15 ③ 16 ② 17 ② 18 ① 19 ③

20 ★★★ 다음 손의 뼈 중에서 수근골에 해당하지 않는 것은?

① 주상골 ② 월상골
③ 두상골 ④ 중수골

수근골(손목뼈)
- 근위부 : 주상골(손배뼈), 월상골(반달뼈), 삼각골(세모뼈), 두상골(콩알뼈)
- 원위부 : 대능형골(큰마름뼈), 소능형골(작은마름뼈), 유두골(알머리뼈), 유구골(갈고리뼈)

21 ★★★ 손의 뼈에 대한 설명으로 옳지 않은 것은?

① 손목을 구성하는 8개의 짧은 뼈를 수근골이라 한다.
② 수근골의 근위부에는 주상골, 월상골, 삼각골, 두상골이 있다.
③ 손바닥을 구성하는 중수골에는 제1중수골 ~ 제5 중수골의 5개의 뼈가 있다.
④ 수지골은 다섯 손가락 모두 기절골, 중절골, 말절골로 구성되어 있다.

엄지손가락은 기절골과 말절골로 구성되어 있다.

22 ★★★ 다음 중 근위족근골에 해당하는 것은?

① 입방골 ② 설상골
③ 주상골 ④ 족지골

근위족근골 : 거골, 종골, 주상골

23 ★★★ 다음 중 원위족근골에 해당하는 것은?

① 거골 ② 종골
③ 주상골 ④ 입방골

원위족근골 : 제1설상골, 제2설상골, 제3설상골, 입방골

24 ★★★ 제1~제5 중족골 중 가장 긴 것은?

① 제1중족골 ② 제2중족골
③ 제3중족골 ④ 제4중족골

족근골과 지골 사이에 위치한 5개의 뼈를 중족골이라 하는데, 제1중족골이 가장 굵고 제2중족골이 가장 길다.

25 ★★★ 다음 <보기>에서 근위족근골로 짝지어진 것은?

㉠ 거골	㉡ 입방골
㉢ 설상골	㉣ 주상골

① ㉠, ㉡ ② ㉠, ㉣
③ ㉡, ㉢ ④ ㉡, ㉣

족근골
- 근위족근골 : 거골, 종골, 주상골
- 원위족근골 : 제1설상골, 제2설상골, 제3설상골, 입방골

26 ★★★ 제1~제5 중족골 중 가장 굵은 것은?

① 제1중족골 ② 제2중족골
③ 제3중족골 ④ 제4중족골

제1중족골이 가장 굵고 제2중족골이 가장 길다.

27 ★★★ 족지골은 총 몇 개의 뼈로 구성되어 있는가?

① 8개 ② 10개
③ 12개 ④ 14개

엄지는 2개, 나머지 발가락은 3개씩 총 14개로 구성되어 있다.

28 ★★★ 발바닥 안쪽의 아치 모양의 뼈를 무엇이라 하는가?

① 족근골 ② 중족골
③ 족궁 ④ 족지골

발바닥 안쪽의 아치 모양의 뼈를 족궁이라 하며 몸의 중력을 분산시키는 역할을 한다.

29 ★★★ 발의 뼈에 대한 설명으로 옳지 않은 것은?

① 근위족근골에는 거골, 종골, 주상골이 있다.
② 족근골과 지골 사이에 위치하여 발바닥을 형성하는 5개의 뼈를 중족골이라 한다.
③ 발바닥 안쪽의 아치 모양의 뼈를 족궁이라 한다.
④ 제1중족골이 가장 길고 제2중족골이 가장 굵다.

제1중족골이 가장 굵고 제2중족골이 가장 길다.

정답 20 ④ 21 ④ 22 ③ 23 ④ 24 ② 25 ② 26 ① 27 ④ 28 ③ 29 ④

30 ★★★ 엄지손가락을 굴곡시키는 긴 근육을 지칭하는 근육은?

① 장무지굴근
② 단무지굴근
③ 천지굴근
④ 심지굴근

> ② 단무지굴근 : 엄지를 골곡시키는 짧은 근육
> ③ 천지굴근 : 손가락 2~5를 굴곡시키는 표층 근육
> ④ 심지굴근 : 손가락 2~5를 굴곡시키는 심층 근육

31 ★★★ 다음 중 손가락의 외전 및 굴곡에 관여하는 근육은?

① 시지신근
② 배측골간근
③ 무지대립근
④ 충양근

> ① 시지신근 : 집게손가락의 신전에 관여
> ③ 무지대립근 : 엄지손가락의 대립에 관여
> ④ 충양근 : 손가락의 굴곡에 관여

32 ★★★ 다음 손의 근육 중 중수근에 해당하지 않는 것은?

① 배측골간근
② 시지신근
③ 장측골간근
④ 충양근

> 중수근의 종류 및 작용
> • 배측골간근 : 손가락의 외전 및 굴곡
> • 장측골간근 : 손가락의 내전 및 굴곡
> • 충양근 : 손가락의 굴곡

33 ★★★ 다음 중 엄지손가락 아래의 두툼한 부위를 무엇이라 하는가?

① 단무지외전근
② 무지대립근
③ 무지내전근
④ 심지굴근

> 엄지손가락 아래의 두툼한 부위를 단무지외전근이라 하며, 엄지손가락의 외전에 관여한다.

34 ★★★ 손목을 굽히고 내외향에 작용하며 손가락을 구부리게 하는 근육을 무엇이라 하는가?

① 회내근
② 회외근
③ 굴근
④ 신근

> • **회내근** : 손을 안쪽으로 돌려서 손등이 위로 향하게 하는 근육
> • **회외근** : 손을 바깥쪽으로 돌려서 손바닥이 위로 향하게 하는 근육
> • **굴근** : 손목을 굽히고 내외향에 작용하며 손가락을 구부리게 하는 근육
> • **신근** : 손목과 손가락을 벌리거나 펴게 하여 내외측 회전과 내외향에 작용하는 근육

35 ★★★ 손가락을 나란히 붙이거나 모을 수 있게 하는 근육은?

① 외전근
② 내전근
③ 대립근
④ 굴근

> ① 외전근 : 손가락 사이를 벌어지게 하는 근육
> ③ 대립근 : 물건을 잡을 때 사용하는 근육
> ④ 굴근 : 손목을 굽히고 내외향에 작용하며 손가락을 구부리게 하는 근육

36 ★★★ 단무지외전근과 첫 번째 중수골 사이 부분으로 물건을 집어 올릴 때 사용하는 근육은?

① 단무지굴근
② 천지굴근
③ 무지내전근
④ 무지대립근

> ① 단무지굴근 : 엄지손가락을 굽힐 때 사용하는 근육
> ② 천지굴근 : 2~5번 손가락을 굽힐 때 사용하는 근육
> ③ 무지내전근 : 손가락을 나란히 붙이거나 모을 수 있게 하는 근육

정답 30 ① 31 ② 32 ② 33 ① 34 ③ 35 ② 36 ④

37 ★★★ 다음 중 새끼발가락의 외전 및 굴곡에 관여하는 근육은?

① 내측 족척근
② 중앙 족척근
③ 외측 족척근
④ 척측 골간근

족척근의 종류
• 내측 족척근 : 엄지발가락의 내전 · 외전 · 굴곡에 관여
• 중앙 족척근 : 2~5지의 운동에 관여
• 외측 족척근 : 소지의 외전 · 굴곡에 관여

38 ★★★ 다음 중 새끼발가락의 굴곡에 관여하는 근육은?

① 장무지굴근
② 장소지굴근
③ 장무지신근
④ 무지외전근

새끼발가락의 굴곡에 관여하는 근육에는 장소지굴근과 단소지굴근이 있다.

39 ★★ 기능에 따라 발의 근육을 분류했을 때 중수근에 해당하지 않는 것은?

① 배측골간근
② 척측골간근
③ 충양근
④ 장지굴근

장지굴근은 2~5번째 발가락의 굴곡에 관여하는 굴근에 속한다.

40 ★★ 팔의 굴근에 대한 운동지배 및 앞팔의 외측 피부감각을 지배하는 신경은 무엇인가?

① 액와신경
② 근피신경
③ 정중신경
④ 요골신경

근피신경은 위쪽팔의 근육과 아래팔 일부의 피부감각을 담당하며, 앞팔 내측피부의 감각을 지배하는 신경은 척골신경이다.

41 ★★ 다음 중 앞팔의 척측굴근, 소지굴근, 골간근 및 내측 충양근의 운동을 지배하는 신경은?

① 액와신경
② 근피신경
③ 정중신경
④ 척골신경

척골신경은 앞팔의 척측굴근, 소지굴근, 골간근 및 내측 충양근의 운동을 지배하며, 앞팔 내측피부의 감각을 지배하는 신경이다.

42 ★★★ 척골신경의 지배를 받지 않는 근육으로 옳은 것은?

① 새끼맞섬근(소지대립근)
② 엄지맞섬근(무지대립근)
③ 새끼벌림근(소지외전근)
④ 엄지모음근(무지내전근)

엄지맞섬근은 정중신경의 지배를 받는다.
※척골신경 : 자쪽손목굽힘근, 깊은손가락굽힘근, 엄지모음근, 짧은엄지굽힘근, 새끼맞섬근, 새끼벌림근, 새끼굽힘근

정답 37 ③ 38 ② 39 ④ 40 ② 41 ④ 42 ②

Nailist

Nail Technician Certification

NAIL Beauty

Nailist Technician Certification

CHAPTER

02

피부학

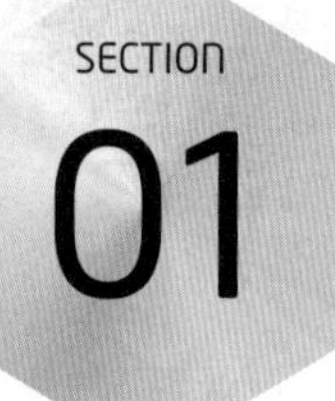

피부와 피부 부속기관

이 섹션에서는 다소 깊이있게 학습하기를 바랍니다. 표피와 진피의 세부 구조와 기능, 한선, 피지선, 모발까지 다양하게 출제가 예상됩니다. 예상문제에서 그대로 출제될 가능성이 높으니 모든 문제를 소홀히 하지 않도록 주의합니다.

01 피부의 구조 및 기능

1 표피

피부의 가장 표면층으로 외부의 자극으로부터 신체를 보호하고 신진대사 작용을 함

(1) 표피의 구조 및 기능

구조	기능
각질층	• 표피를 구성하는 세포층 중 가장 바깥층(상층부) • 각화가 완전히 된 세포(죽은 세포)들로 구성 • 비듬이나 때처럼 박리현상을 일으키는 층
투명층	• 손바닥과 발바닥 등 비교적 피부층이 두터운 부위에 주로 분포 • 수분 침투 방지 • 단백질(엘라이딘)을 함유하고 있어 피부를 윤기있게 해 줌
과립층	• 3~5개층의 평평한 케라티노사이트층으로 구성 • 피부의 수분 증발을 방지하는 층(레인방어막) • 각화유리질과립(케라토히알린과립)이 존재하는 층 • 지방세포 생성
유극층	• 표피 중 가장 두꺼운 층 • 세포 표면에 가시 모양의 돌기가 세포 사이를 연결 • 케라틴의 성장과 분열에 관여
기저층	• 표피의 가장 아래층으로 진피의 유두층으로부터 영양분을 공급받으며, 새로운 세포가 형성되는 층 • 원주형의 세포가 단층으로 이어져 있으며 각질형성세포와 색소형성세포가 존재 • 털의 기질부(모기질)

(2) 표피층을 구성하는 세포

구조	기능
각질 형성 세포 (케라티노사이트)	• 기저층에 위치 • 각화주기 : 약 4주(28일)을 주기로 하여 반복적으로 각화과정이 이뤄짐
멜라닌 형성 세포 (멜라노사이트)	• 색소 형성 세포 • 대부분 기저층에 위치 • 멜라닌의 크기와 양에 따라 피부색 결정

▶ 표피의 발생
외배엽에서부터 시작

▶ 레인방어막의 역할
• 외부로부터 이물질이 침입하는 것을 방어
• 체내에 필요한 물질이 체외로 빠져나가는 것을 방지
• 피부가 건조해지는 것을 방지
• 피부염 유발을 억제

▶ 피부색
• 멜라닌(흑색소), 헤모글로빈(적색소), 카로틴(황색소)의 분포에 의해 결정
• 여성보다 남성, 젊은 층보다 고령층이 색소가 더 많이 분포

▶ 각화과정
피부 위쪽으로 올라와 피부 밖으로 떨어져 나가는 현상을 말한다.

▶ 세라마이드
• 피부 각질층을 구성하는 각질 세포 간 지질 중 약 40% 이상 차지
• 기능 : 수분억제, 각질층의 구조 유지

랑게르한스 세포 (긴수뇨세포)	• 피부의 면역기능 담당 • 외부로부터 침입한 이물질을 림프구로 전달 • 내인성 노화가 진행될 때 감소
머켈 세포	• 기저층에 위치 • 신경세포와 연결되어 촉각 감지

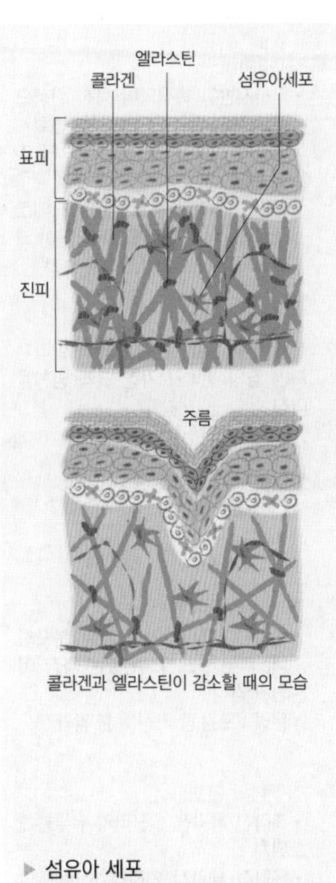

콜라겐과 엘라스틴이 감소할 때의 모습

▶ **섬유아 세포**
진피의 윗부분에 많이 분포하며, 콜라겐, 엘라스틴 등을 합성

2 진피

(1) 주성분

교원섬유(콜라겐) 조직과 탄력섬유(엘라스틴) 및 뮤코다당류로 구성

(2) 진피의 구조와 기능

구조	기능
유두층	• 표피의 경계 부위에 유두 모양의 돌기를 형성하고 있는 진피의 상단 부분 • 다량의 수분을 함유하고 있으며, 혈관을 통해 기저층에 영양분 공급 • 혈관과 신경이 존재
망상층	• 진피의 4/5를 차지하며 유두층의 아래에 위치 • 피하조직과 연결되는 층 • 옆으로 길고 섬세한 섬유가 그물모양으로 구성 • 혈관, 신경관, 림프관, 한선, 유선, 모발, 입모근 등의 부속기관이 분포

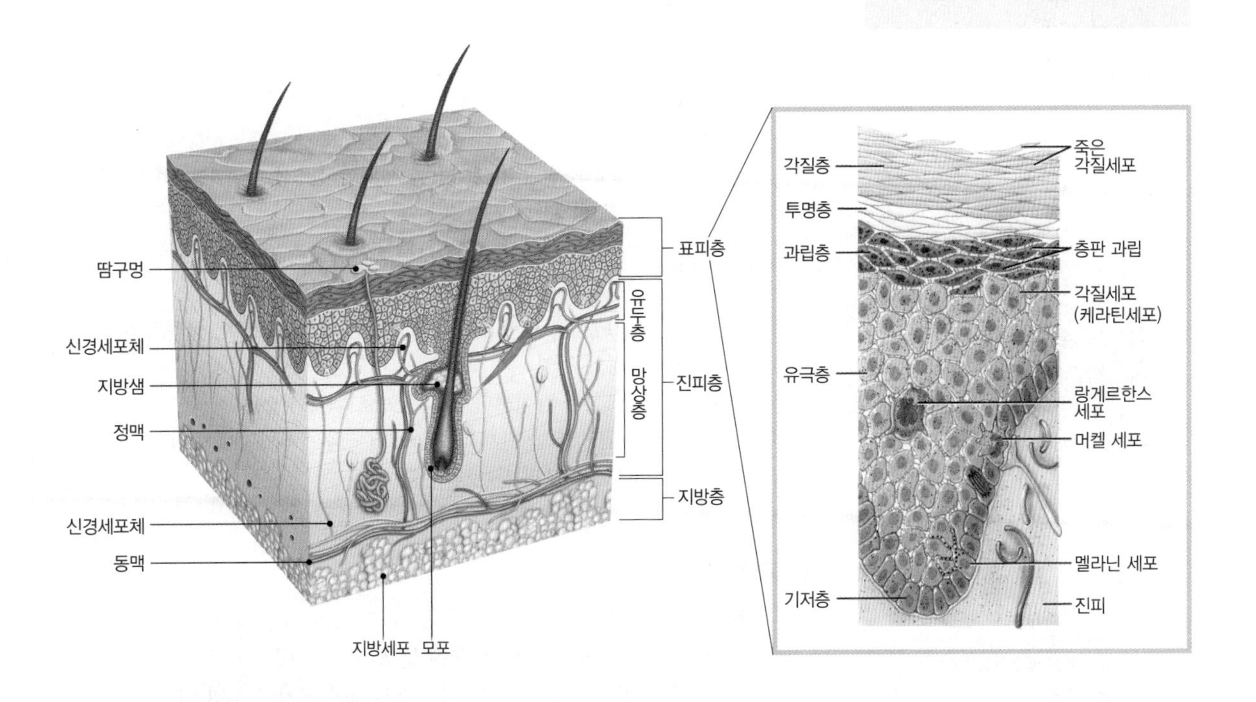

▶ 셀룰라이트
- 피하지방이 축적되어 뭉친 현상으로 오렌지 껍질 모양의 피부 변화
- 여성의 허벅지, 엉덩이, 복부에 주로 발생
- 원인 : 혈액과 림프순환의 장애로 대사과정에서 노폐물, 독소 등이 배설되지 못하고 피부조직에 축적

▶ 피부 표면의 pH
신체 부위, 주위 환경에 따라 달라지지만 땀의 분비가 가장 크게 영향을 미침

▶ 피부의 가장 이상적 pH
4.5~6.5의 약산성

▶ 피부의 감각기관
- 통각 : 피부에 가장 많이 분포하며, 피부가 느낄 수 있는 가장 예민한 감각
- 온각 : 오감 중 가장 둔한 감각

▶ 감각점의 분포
- 촉각점·통각점 : 진피의 유두층에 위치
- 온각점, 냉각점, 압각점 : 진피의 망상층에 위치
- 통각점 > 압각점 > 촉각점 > 냉각점 > 온각점 순으로 많이 분포

▶ 성인의 1일 평균 땀 분비량 : 0.6~1.2L

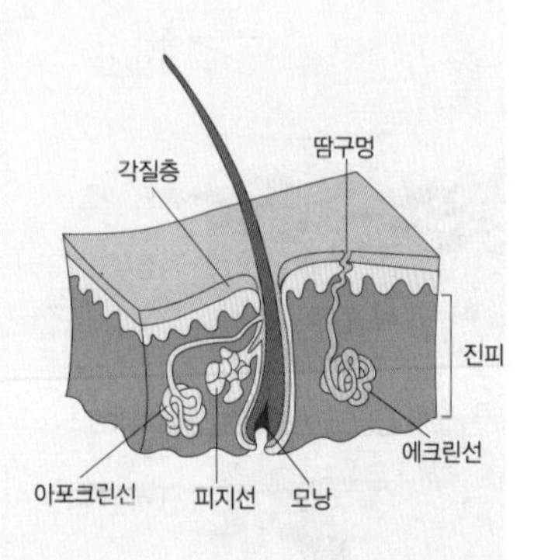

▶ 피지의 기능
- 피부의 항상성 유지
- 피부보호
- 유독물질 배출작용
- 살균작용

3 피하조직

① 진피와 근육 사이에 위치하며, 피부의 가장 아래층에 해당
② 기능 : 영양분 저장, 지방 합성, 열의 차단, 충격 흡수

4 피부의 기능

① 보호기능
- 피하지방과 모발의 완충작용으로 외부의 충격, 압력으로부터 보호
- 열, 추위, 화학작용, 박테리아로부터 보호
- 자외선 차단

② 체온조절기능 : 외부 온도의 변화에 적응하기 위해 체온 조절
③ 비타민 D 합성 기능 : 자외선 자극에 의해 비타민 D 생성
④ 분비·배설 기능 : 땀 및 피지의 분비
⑤ 저장기능 : 수분, 영양분, 혈액 저장
⑥ 호흡작용 : 산소를 흡수하고 이산화탄소를 방출하면서 에너지를 생성
⑦ 감각 및 지각 기능
- 통각, 온각, 촉각, 냉각, 압각

02 피부 부속기관의 구조 및 기능

1 한선(땀샘)

① 진피와 피하지방 조직의 경계부위에 위치
② 체온조절 기능
③ 분비물 배출 및 땀 분비
④ 종류

구분	분포 및 기능
에크린선 (소한선)	• 분포 : 입술과 생식기를 제외한 전신(특히 손바닥, 발바닥, 겨드랑이에 많이 분포) • 기능 : 체온 유지 및 노폐물 배출
아포크린선 (대한선)	• 분포 : 겨드랑이, 눈꺼풀, 유두, 배꼽 주변 • 기능 : 모낭에 연결되어 피지선에 땀을 분비, 산성막의 생성에 관여 • 여성이 남성보다 발달 (흑인 〉 백인 〉 동양인) • 출생 시 몸 전체에 형성되어 생후 5개월경에 퇴화되다가 사춘기부터 분비량이 증가

2 피지선

① 진피의 망상층에 위치
② 손바닥과 발바닥을 제외한 전신에 분포
③ 안드로겐이 피지의 생성 촉진, 에스트로겐이 피지의 분비 억제
④ 피지의 1일 분비량 : 약 1~2g

3 모발

(1) 모발의 특징

① 모발의 구성 : 케라틴(단백질), 멜라닌, 지질, 수분 등
② 성장 속도 : 하루에 0.2~0.5mm 성장
③ 수명 : 3~6년
④ 건강한 모발의 pH : 4.5~5.5

(2) 모발의 결합구조

① 폴리펩티드결합(주쇄결합) : 세로 방향의 결합으로 모발의 결합 중 가장 강한 결합
② 측쇄결합 : 가로 방향의 결합

(3) 멜라닌

피부와 모발의 색을 결정하는 색소
① 유멜라닌 : 갈색-검정색 중합체, 입자형 색소
② 페오멜라닌 : 적색-갈색 중합체

(4) 모발의 구조

① 모간 : 피부 밖으로 나와 있는 부분
- 모표피 : 모발의 가장 바깥부분
- 모피질 : 모표피의 안쪽 부분으로 멜라닌 색소를 가장 많이 함유
- 모수질 : 모발의 중심부로 멜라닌 색소 함유

② 모근 : 두부의 표피 밑에 모낭 안에 들어 있는 모발
③ 모낭 : 모근을 싸고 있는 부분
④ 모구 : 모낭의 아랫부분
⑤ 모유두 : 모낭 끝에 있는 작은 돌기 조직으로 모발에 영양을 공급하는 부분으로, 혈관과 신경이 분포함

(5) 모발의 생장주기

성장기 → 퇴화기 → 휴지기의 단계를 반복한다.

구분	특징
성장기	• 모근세포의 세포분열 및 증식작용으로 모발의 성장이 왕성한 단계 • 전체 모발의 88% 차지 • 기간 : 3~5년
퇴화기	• 모발의 성장이 느려지는 단계 • 전체 모발의 1% 차지 • 기간 : 약 1개월
휴지기	• 모발의 성장이 멈추고 가벼운 물리적 자극에 의해 쉽게 탈모가 되는 단계 • 전체 모발의 14~15% 차지 • 기간 : 2~3개월

▶ **케라틴**
시스틴, 글루탐산, 알기닌 등의 아미노산으로 이루어져 있으며, 이 중 시스틴은 황을 함유하는 함황아미노산으로 함유량이 10~14%로 가장 높아 태우면 노린내가 나는 원인이 된다.

▶ **측쇄결합의 종류**

종류	특징
시스틴 결합	두 개의 황(S) 원자 사이에서 형성되는 공유결합
수소 결합	수분에 의해 일시적으로 변형되며, 드라이어의 열을 가하면 다시 재결합되어 형태가 만들어지는 결합
염결합	산성의 아미노산과 알칼리성 아미노산이 서로 붙어서 구성되는 결합

▶ **모모(毛母) 세포**
모유두에 접한 모모세포는 분열과 증식작용을 통해 새로운 머리카락을 만든다.

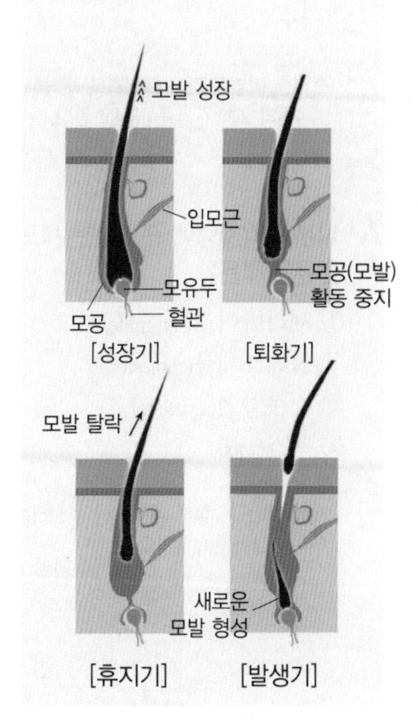

01. 피부의 구조 및 기능

★★
1 각질층에 대한 설명으로 옳지 않은 것은?

① 표피를 구성하는 세포층 중 가장 바깥층이다.
② 엘라이딘이라는 단백질을 함유하고 있어 피부를 윤기있게 해주는 기능이 있다.
③ 각화가 완전히 된 세포들로 구성되어 있다.
④ 비듬이나 때처럼 박리현상을 일으키는 층이다.

엘라이딘이라는 단백질을 함유하고 있어 피부를 윤기있게 해주는 기능을 하는 층은 투명층이다.

★★★★★
2 다음 중 표피층을 순서대로 나열한 것은?

① 각질층, 유극층, 투명층, 과립층, 기저층
② 각질층, 유극층, 망상층, 기저층, 과립층
③ 각질층, 과립층, 유극층, 투명층, 기저층
④ 각질층, 투명층, 과립층, 유극층, 기저층

피부의 표피는 바깥에서부터 각질층, 투명층, 과립층, 유극층, 기저층으로 구성되어 있다.

★★★★
3 피부의 표피 세포는 대략 몇 주 정도의 교체 주기를 가지고 있는가?

① 1주 ② 2주
③ 3주 ④ 4주

표피는 피부의 가장 표면층에 해당하는 부분이며, 표피 세포는 약 4주의 교체 주기를 가지고 있다.

★★
4 피부의 각질층에 존재하는 세포간 지질 중 가장 많이 함유된 것은?

① 세라마이드(ceramide)
② 콜레스테롤(cholesterol)
③ 스쿠알렌(squalene)
④ 왁스(wax)

세라마이드는 피부 각질층을 구성하는 각질세포간 지질 중 약 40% 이상이 함유되어 있다.

★★★★
5 우리 피부의 세포가 기저층에서 생성되어 각질세포로 변화하여 피부표면으로부터 떨어져 나가는 데 걸리는 기간은?

① 대략 60일 ② 대략 28일
③ 대략 120일 ④ 대략 280일

★★★
6 표피에서 촉감을 감지하는 세포는?

① 멜라닌 세포 ② 머켈 세포
③ 각질형성 세포 ④ 랑게르한스 세포

머켈세포는 표피의 기저층에 위치하며 신경세포와 연결되어 촉각을 감지한다.

★★★
7 다음 중 표피에 있는 것으로 면역과 가장 관계가 있는 세포는?

① 멜라닌세포
② 랑게르한스 세포(긴수뇨세포)
③ 머켈세포(신경종말세포)
④ 콜라겐

랑게르한스 세포는 피부의 면역기능을 담당하며, 외부로부터 침입한 이물질을 림프구로 전달하는 역할을 한다.

★★★
8 다음 중 표피층에 존재하는 세포가 아닌 것은?

① 각질형성 세포
② 멜라닌 세포
③ 랑게르한스 세포
④ 비만세포

비만세포는 결합조직, 특히 혈관 주위에 많이 분포한다.

★★★
9 피부의 표피를 구성하는 세포층 중에서 가장 바깥에 존재하는 것은?

① 유극층 ② 각질층
③ 과립층 ④ 투명층

피부의 표피는 바깥에서부터 각질층, 투명층, 과립층, 유극층, 기저층으로 구성되어 있다.

정답 **1** 1② 2④ 3④ 4① 5② 6② 7② 8④ 9②

★★
10 피부 표피의 투명층에 존재하는 반유동성 물질은?

① 엘라이딘(elridin)
② 콜레스테롤(cholesterol)
③ 단백질(protein)
④ 세라마이드(ceramide)

투명층은 엘라이딘이라는 단백질을 함유하고 있어 피부를 윤기 있게 해주는 기능을 한다.

★★★
11 비늘모양의 죽은 피부세포가 엷은 회백색 조각으로 되어 떨어져 나가는 피부층은?

① 투명층 ② 유극층
③ 기저층 ④ 각질층

각질층은 표피를 구성하는 세포층 중 가장 바깥층을 구성하며, 비듬이나 때처럼 박리현상을 일으키는 층이다.

★★★
12 표피 중에서 각화가 완전히 된 세포들로 이루어진 층은?

① 과립층 ② 각질층
③ 유극층 ④ 투명층

각질층은 각화가 완전히 된 세포들로 구성되며, 비듬이나 때처럼 박리현상을 일으키는 층이다.

★★★
13 비듬이나 때처럼 박리현상을 일으키는 피부층은?

① 표피의 기저층
② 표피의 과립층
③ 표피의 각질층
④ 진피의 유두층

★★★
14 피부의 각질(케라틴)을 만들어 내는 세포는?

① 색소세포
② 기저세포
③ 각질형성세포
④ 섬유아세포

각질형성세포는 표피의 80~90%를 차지하는 세포로 각질을 만들어 낸다.

★★★
15 생명력이 없는 상태의 무색, 무핵층으로서 손바닥과 발바닥에 주로 있는 층은?

① 각질층 ② 과립층
③ 투명층 ④ 기저층

투명층은 손바닥과 발바닥 등 비교적 피부층이 두터운 부위에 주로 분포한다.

★★★★
16 다음 세포층 가운데 손바닥과 발바닥에서만 볼 수 있는 것은?

① 과립층 ② 유극층
③ 각질층 ④ 투명층

★★★
17 투명층은 인체의 어떤 부위에 가장 많이 존재하는가?

① 얼굴, 목 ② 팔, 다리
③ 가슴, 등 ④ 손바닥, 발바닥

투명층은 손바닥과 발바닥 등 비교적 피부층이 두터운 부위에 주로 분포한다.

★★★
18 신체부위 중 투명층이 가장 많이 존재하는 곳은?

① 이마 ② 두정부
③ 손바닥 ④ 목

투명층은 손바닥과 발바닥 등 비교적 피부층이 두터운 부위에 주로 분포한다.

★★★
19 손바닥과 발바닥 등 비교적 피부층이 두터운 부위에 주로 분포되어 있으며 수분 침투를 방지하고 피부를 윤기 있게 해주는 기능을 가진 엘라이딘이라는 단백질을 함유하고 있는 표피 세포층은?

① 각질층 ② 유두층
③ 투명층 ④ 망상층

정답 10 ① 11 ④ 12 ② 13 ③ 14 ③ 15 ③ 16 ④ 17 ④ 18 ③ 19 ③

★★★
20 피부구조에 있어 물이나 일부의 물질을 통과시키지 못하게 하는 흡수 방어벽층은 어디에 있는가?

① 투명층과 과립층 사이
② 각질층과 투명층 사이
③ 유극층과 기저층 사이
④ 과립층과 유극층 사이

★★★
21 표피 중에서 피부로부터 수분이 증발하는 것을 막는 층은?

① 각질층 ② 기저층
③ 과립층 ④ 유극층

과립층은 유극층과 투명층 사이에 존재하며, 체내에서 필요한 물질이 체외로 빠져나가는 것을 억제해 수분의 증발을 막아 피부가 건조해지는 것을 방지하는 역할을 한다.

★★★
22 레인방어막의 역할이 아닌 것은?

① 외부로부터 침입하는 각종 물질을 방어한다.
② 체액이 외부로 새어 나가는 것을 방지한다.
③ 피부의 색소를 만든다.
④ 피부염 유발을 억제한다.

과립층에 존재하는 레인방어막은 외부로부터 이물질을 침입하는 것을 방어하는 역할을 하는 동시에 체내에 필요한 물질이 체외로 빠져나가는 것을 막고 피부가 건조해지거나 피부염이 유발하는 것을 억제하는 역할을 한다.

★★
23 케라토히알린(keratohyaline) 과립은 피부 표피의 어느 층에 주로 존재하는가?

① 과립층 ② 유극층
③ 기저층 ④ 투명층

과립층에는 케라틴의 전구물질인 케라토히알린 과립이 형성되어 빛을 굴절시키는 작용을 하며, 수분이 빠져나가는 것을 막는다.

★★★
24 표피의 발생은 어디에서부터 시작되는가?

① 피지선 ② 한선
③ 간엽 ④ 외배엽

외배엽은 신경세포, 표피조직, 눈, 척추 등으로 분화한다.

★★★
25 표피의 부속기관이 아닌 것은?

① 손·발톱 ② 유선
③ 피지선 ④ 흉선

흉선은 흉골의 뒤쪽에 위치한 내분비선에 해당한다.

★★★
26 각화유리질과립은 피부 표피의 어떤 층에 주로 존재하는가?

① 과립층 ② 유극층
③ 기저층 ④ 투명층

과립층은 다이아몬드 모양의 세포로 구성되어 있으며, 각화유리질과립으로 채워져 있다.

★★★
27 피부 표피 중 가장 두꺼운 층은?

① 각질층 ② 유극층
③ 과립층 ④ 기저층

유극층은 5~10층으로 이루어져 표피층 중 가장 두꺼운 층을 형성한다.

★★★
28 피부 표피층 중에서 가장 두꺼운 층으로 세포 표면에는 가시 모양의 돌기를 가지고 있는 것은?

① 유극층 ② 과립층
③ 각질층 ④ 기저층

유극층은 표피 중 가장 두꺼운 층으로 세포 표면에 가시 모양의 돌기가 세포 사이를 연결하고 있으며, 케라틴의 성장과 분열에 관여한다.

★★★★
29 피부의 새로운 세포 형성은 어디에서 이루어지는가?

① 기저층 ② 유극층
③ 과립층 ④ 투명층

표피의 가장 아래층에 있는 기저층에서 새로운 세포가 형성된다.

정답 20 ① 21 ③ 22 ③ 23 ① 24 ④ 25 ④ 26 ① 27 ② 28 ① 29 ①

★★★
30 다음 중 기저층의 중요한 역할로 가장 적당한 것은?

① 수분방어
② 면역
③ 팽윤
④ 새로운 세포 형성

기저층은 유두층으로부터 영양분을 공급받고 새로운 세포가 형성되는 층이다.

★★★★
31 피부에 있어 색소세포가 가장 많이 존재하고 있는 곳은?

① 표피의 각질층 ② 표피의 기저층
③ 진피의 유두층 ④ 진피의 망상층

기저층은 원주형의 세포가 단층으로 이어져 있으며 각질 형성세포와 색소형성세포가 존재한다.

★★★★
32 피부의 색상을 결정짓는 데 주요한 요인이 되는 멜라닌 색소를 만들어 내는 피부층은?

① 과립층 ② 유극층
③ 기저층 ④ 유두층

기저층은 원주형의 세포가 단층으로 이어져 있으며 각질형성세포와 색소형성세포가 존재한다.

★★★★
33 피부색소의 멜라닌을 만드는 색소형성세포는 어느 층에 위치하는가?

① 과립층 ② 유극층
③ 각질층 ④ 기저층

기저층에는 색소형성세포와 각질형성세포가 존재한다.

★★★
34 털의 기질부(모기질)는 표피층 중에서 어느 부분에 해당하는가?

① 각질층 ② 과립층
③ 유극층 ④ 기저층

털의 재생에 중요한 역할을 담당하는 기질부는 표피층 중 기저층에 해당한다.

★★★
35 피부의 각화과정(Keratinization)이란?

① 피부가 손톱, 발톱으로 딱딱하게 변하는 것을 말한다.
② 피부세포가 기저층에서 각질층까지 분열되어 올라가 죽은 각질 세포로 되는 현상을 말한다.
③ 기저세포 중의 멜라닌 색소가 많아져서 피부가 검게 되는 것을 말한다.
④ 피부가 거칠어져서 주름이 생겨 늙는 것을 말한다.

★★★
36 원주형의 세포가 단층으로 이어져 있으며 각질형성세포와 색소형성세포가 존재하는 피부 세포층은?

① 기저층 ② 투명층
③ 각질층 ④ 유극층

각질형성세포와 색소형성세포는 기저층에 존재한다.

★★★
37 피부의 주체를 이루는 층으로서 망상층과 유두층으로 구분되며 피부조직 외에 부속기관인 혈관, 신경관, 림프관, 땀샘, 기름샘, 모발과 입모근을 포함하고 있는 곳은?

① 표피 ② 진피
③ 근육 ④ 피하조직

유두층과 망상층으로 구성된 피부는 진피층이다.

★★★
38 피부가 추위를 감지하면 근육을 수축시켜 털을 세우게 한다. 어떤 근육이 털을 세우게 하는가?

① 안륜근 ② 입모근
③ 전두근 ④ 후두근

교감신경의 지배를 받아 피부에 소름을 돋게 하는 근육을 입모근이라 하는데, 근육을 수축시켜 털을 세우게 한다.

★★★
39 콜라겐과 엘라스틴이 주성분으로 이루어진 피부 조직은?

① 표피 상층 ② 표피 하층
③ 진피조직 ④ 피하조직

진피는 콜라겐 조직과 탄력적인 엘라스틴섬유 및 뮤코다당류로 구성되어 있다.

정답 30 ④ 31 ② 32 ③ 33 ④ 34 ④ 35 ② 36 ① 37 ② 38 ② 39 ③

★★★
40 모세혈관이 위치하며 콜라겐 조직과 탄력적인 엘라스틴섬유 및 뮤코다당류로 구성되어 있는 피부의 부분은?

① 표피 ② 유극층
③ 진피 ④ 피하조직

진피는 유두층과 망상층으로 구성되어 있으며 혈관과 신경이 존재하는 곳이다.

★★★
41 교원섬유(collagen)와 탄력섬유(elastin)로 구성되어 있어 강한 탄력성을 지니고 있는 곳은?

① 표피 ② 진피
③ 피하조직 ④ 근육

진피는 교원섬유인 콜라겐과 탄력섬유인 엘라스틴으로 구성되어 있어 강한 탄력을 지니고 있다.

★★★
42 다음 중 진피의 구성세포는?

① 멜라닌 세포
② 랑게르한스 세포
③ 섬유아 세포
④ 머켈 세포

섬유아 세포는 진피의 윗부분에 많이 분포하며, 콜라겐, 엘라스틴 등을 합성한다.

★★★★
43 다음 중 피부의 진피층을 구성하고 있는 주요 단백질은?

① 알부민 ② 콜라겐
③ 글로불린 ④ 시스틴

진피는 콜라겐 조직과 탄력적인 엘라스틴섬유 및 뮤코다당류로 구성되어 있다.

★★★★
44 진피에 함유되어 있는 성분으로 우수한 보습능력을 지니어 피부관리 제품에도 많이 함유되어 있는 것은?

① 알코올(alcohol)
② 콜라겐(collagen)
③ 판테놀(panthenol)
④ 글리세린(glycerine)

콜라겐은 진피의 약 70% 이상을 차지하고 있으며, 진피에 콜라겐이 감싸져서 탄력과 수분을 유지하게 된다. 화장품에 콜라겐을 배합하면 보습성이 아주 좋아지고 사용감이 향상된다.

★★★
45 다음의 피부 구조 중 진피에 속하는 것은?

① 망상층 ② 기저층
③ 유극층 ④ 과립층

진피는 유두층과 망상층으로 구성되어 있다.

★★★
46 피부의 구조 중 진피에 속하는 것은?

① 과립층 ② 유극층
③ 유두층 ④ 기저층

★★★★
47 콜라겐(collagen)에 대한 설명으로 틀린 것은?

① 노화된 피부에는 콜라겐 함량이 낮다.
② 콜라겐이 부족하면 주름이 발생하기 쉽다.
③ 콜라겐은 피부의 표피에 주로 존재한다.
④ 콜라겐은 섬유아세포에서 생성된다.

콜라겐은 피부의 진피에 주로 존재한다.

★★★
48 피부구조에서 진피 중 피하조직과 연결되어 있는 것은?

① 유극층 ② 기저층
③ 유두층 ④ 망상층

유두층의 아래에 위치하는 망상층은 진피의 4/5를 차지하며 피하조직과 연결되어 있다.

★★★
49 진피의 4/5를 차지할 정도로 가장 두꺼운 부분이며, 옆으로 길고 섬세한 섬유가 그물모양으로 구성되어 있는 층은?

① 망상층 ② 유두층
③ 유두하층 ④ 과립층

망상층은 진피의 4/5를 차지하는데 유두층의 아래에 위치하며, 피하조직과 연결되는 층이다.

정답 40 ③ 41 ② 42 ③ 43 ② 44 ② 45 ① 46 ③ 47 ③ 48 ④ 49 ①

★★★
50 피부구조에 있어 유두층에 관한 설명 중 틀린 것은?

① 혈관과 신경이 있다.
② 혈관을 통하여 기저층에 많은 영양분을 공급하고 있다.
③ 수분을 다량으로 함유하고 있다.
④ 표피층에 위치하여 모낭 주위에 존재한다.

유두층은 표피의 경계 부위에 유두 모양의 돌기를 형성하고 있는 진피의 상단 부분에 해당한다.

★★
51 신체부위 중 피부 두께가 가장 얇은 곳은?

① 손등 피부 ② 볼 부위
③ 눈꺼풀 피부 ④ 둔부

눈꺼풀의 두께는 약 0.6mm 정도로 신체부위 중 가장 얇은 부위이다.

★★
52 다음 중 피하지방층이 가장 적은 부위는?

① 배 부위 ② 눈 부위
③ 등 부위 ④ 대퇴 부위

눈 부위는 얼굴의 다른 부위보다 매우 얇으며 피하지방층이 가장 적은 부위이다.

★★★
53 피부표면의 수분증발을 억제하여 피부를 부드럽게 해주는 물질은?

① 방부제 ② 보습제
③ 유연제 ④ 계면활성제

유연제는 피부를 부드럽고 유연하게 유지할 수 있도록 해주는 물질이다.

★★★
54 우리 몸의 대사 과정에서 배출되는 노폐물, 독소 등이 배설되지 못하고 피부조직에 남아 비만으로 보이며 림프 순환이 원인인 피부 현상은?

① 쿠퍼로제 ② 켈로이드
③ 알레르기 ④ 셀룰라이트

셀룰라이트는 여성의 허벅지, 엉덩이, 복부에 발생하는 오렌지 껍질 모양의 피부를 말하는데, 우리 몸의 대사 과정에서 배출되는 노폐물, 독소 등이 피부조직에 남아 생기는 현상이다.

★★★
55 셀룰라이트(cellulite)의 설명으로 옳은 것은?

① 수분이 정체되어 부종이 생긴 현상
② 영양섭취의 불균형 현상
③ 피하지방이 축적되어 뭉친 현상
④ 화학물질에 대한 저항력이 강한 현상

셀룰라이트는 혈액순환 또는 림프순환 장애로 인해 피하지방이 축적되어 뭉친 현상이다.

★★★★
56 피부의 기능이 아닌 것은?

① 피부는 강력한 보호 작용을 지니고 있다.
② 피부는 체온의 외부발산을 막고 외부온도 변화가 내부로 전해지는 작용을 한다.
③ 피부는 땀과 피지를 통해 노폐물을 분비·배설한다.
④ 피부도 호흡을 한다.

피부는 체온조절기능이 있어 온도가 낮아질 때는 체온의 저하를 방지하고 온도가 높아질 때는 열의 발산을 증가시킨다. 또한 외부의 온도 변화를 신체 내부로 전달하지 않는 역할을 한다.

★★★★
57 피부의 기능에 대한 설명으로 틀린 것은?

① 인체의 내부기관을 보호한다.
② 체온조절을 한다.
③ 감각을 느끼게 한다.
④ 비타민 B를 생성한다.

피부는 비타민 D를 생성한다.

★★★★
58 피부의 기능이 아닌 것은?

① 보호작용
② 체온조절작용
③ 비타민 A 합성작용
④ 호흡작용

피부는 비타민 D를 합성하는 작용을 한다.

정답 50 ④ 51 ③ 52 ② 53 ③ 54 ④ 55 ③ 56 ② 57 ④ 58 ③

★★★★
59 다음 중 피부의 기능이 아닌 것은?

① 보호작용
② 체온조절작용
③ 감각작용
④ 순환작용

피부의 기능
보호기능, 체온조절기능, 비타민 D 합성 기능, 분비 · 배설 기능, 호흡작용, 감각 및 지각 기능

★★★
60 다음 중 외부로부터 충격이 있을 때 완충작용으로 피부를 보호하는 역할을 하는 것은?

① 피하지방과 모발
② 한선과 피지선
③ 모공과 모낭
④ 외피 각질층

피하지방과 모발은 외부의 충격으로부터 피부를 보호해주는 완충작용을 한다.

★★★
61 피부가 느끼는 오감 중에서 가장 감각이 둔감한 것은?

① 냉각(冷覺)　② 온각(溫覺)
③ 통각(痛覺)　④ 압각(壓覺)

가장 예민한 감각은 통각이고, 가장 둔한 감각은 온각이다.

★★★★
62 피부 감각기관 중 피부에 가장 많이 분포되어 있는 것은?

① 온각점　② 통각점
③ 촉각점　④ 냉각점

피부의 감각점 분포

감각점	밀도(cm²)	감각점	밀도(cm²)
온각점	0~3개	압각점	100개
냉각점	6~23개	통각점	100~200개
촉각점	25개		

★★★
63 피부가 느낄 수 있는 감각 중에서 가장 예민한 감각은?

① 통각　② 냉각　③ 촉각　④ 압각

가장 예민한 감각은 통각이고, 가장 둔한 감각은 온각이다.

★★★
64 뜨거운 물을 피부에 사용할 때 미치는 영향이 아닌 것은?

① 혈관의 확장을 가져온다.
② 분비물의 분비를 촉진시킨다.
③ 모공을 수축한다.
④ 피부의 긴장감을 떨어뜨린다.

뜨거운 물은 모공을 확장시키고, 차가운 물은 수축시킨다.

★★★
65 다음 보기 중 피부의 감각기관인 촉각점이 가장 적게 분포하는 것은?

① 손끝　② 입술
③ 혀끝　④ 발바닥

발바닥에는 촉각점이 적게 분포되어 있다.

★★★★
66 일반적으로 건강한 성인의 피부 표면의 pH는?

① 3.5~4.0　② 6.5~7.0
③ 7.0~7.5　④ 4.5~6.5

건강한 성인의 피부 표면의 pH 4.5~6.5의 약산성이다.

★★★
67 다음 중 피부표면의 pH에 가장 큰 영향을 주는 것은?

① 각질 생성　② 침의 분비
③ 땀의 분비　④ 호르몬의 분비

건강한 성인의 피부 표면의 pH는 4.5~6.5이며, 신체 부위, 온도, 습도, 계절 등에 따라 달리지지만 땀의 분비가 가장 크게 영향을 준다.

정답 59 ④ 60 ① 61 ② 62 ② 63 ① 64 ③ 65 ④ 66 ④ 67 ③

02. 피부 부속기관의 구조 및 기능

★★★
1 한선에 대한 설명 중 틀린 것은?

① 체온 조절기능이 있다.
② 진피와 피하지방 조직의 경계부위에 위치한다.
③ 입술을 포함한 전신에 존재한다.
④ 에크린선과 아포크린선이 있다.

한선은 입술, 음경의 귀두나 포피를 제외한 전신에 존재한다.

★★★
2 땀샘에 대한 설명으로 틀린 것은?

① 에크린선은 입술뿐만 아니라 전신 피부에 분포되어 있다.
② 에크린선에서 분비되는 땀은 냄새가 거의 없다.
③ 아포크린선에서 분비되는 땀은 분비량은 소량이나 나쁜 냄새의 요인이 된다.
④ 아포크린선에서 분비되는 땀 자체는 무취, 무색, 무균성이나 표피에 배출된 후, 세균의 작용을 받아 부패하여 냄새가 나는 것이다.

입술에는 땀샘이 존재하지 않는다.

★★★
3 한선(땀샘)의 설명으로 틀린 것은?

① 체온을 조절한다.
② 땀은 피부의 피지막과 산성막을 형성한다.
③ 땀을 많이 흘리면 영양분과 미네랄을 잃는다.
④ 땀샘은 손·발바닥에는 없다.

땀샘에는 에크린 땀샘과 아포크린 땀샘이 있는데, 에크린 땀샘은 손바닥, 발바닥, 겨드랑이 등에 많이 분포하고, 아포크린 땀샘은 겨드랑이, 눈꺼풀, 바깥귀길 등에 분포한다.

★★★
4 일반적으로 아포크린샘(대한선)의 분포가 없는 곳은?

① 유두
② 겨드랑이
③ 배꼽 주변
④ 입술

입술에는 땀샘이나 모공이 없다.

★★★
5 피부의 한선(땀샘) 중 대한선은 어느 부위에서 볼 수 있는가?

① 얼굴과 손발
② 배와 등
③ 겨드랑이와 유두 주변
④ 팔과 다리

대한선(아포크린선)은 겨드랑이, 눈꺼풀, 유두, 배꼽 주변 등에 분포한다.

★★★
6 사춘기 이후 성호르몬의 영향을 받아 분비되기 시작하는 땀샘으로 체취선이라고 하는 것은?

① 소화선 ② 대한선
③ 갑상선 ④ 피지선

대한선은 성호르몬의 영향을 받아 분비되기 시작하는 땀샘으로 겨드랑이, 유두, 배꼽 등에 존재한다.

★★★
7 다음 중 피지선의 노화현상을 나타내는 것은?

① 피지의 분비가 많아진다.
② 피지의 분비가 감소된다.
③ 피부중화 능력이 상승된다.
④ pH의 산성도가 강해진다.

피부의 노화 결과 : 피지의 분비량이 감소하고, 피부의 중화능력이 떨어지며, 산성도도 약해진다.

★★★★
8 다음 중 땀샘의 역할이 아닌 것은?

① 체온조절 ② 분비물 배출
③ 땀 분비 ④ 피지 분비

피지는 땀샘이 아니라 피지선에서 분비된다.

★★★
9 피지선의 활성을 높여주는 호르몬은?

① 안드로겐 ② 에스트로겐
③ 인슐린 ④ 멜라닌

안드로겐은 남성의 2차 성징 발달에 작용하는 호르몬으로 정자 형성을 촉진하기도 하며, 피지선을 자극해 피지의 생성을 촉진한다.

정답 2 1③ 2① 3④ 4④ 5③ 6② 7② 8④ 9①

10 ★★★ 피지에 대한 설명 중 잘못된 것은?

① 피지는 피부나 털을 보호하는 작용을 한다.
② 피지가 외부로 분출이 안 되면 여드름요소인 면포로 발전한다.
③ 주로 남자는 여자보다도 피지의 분비가 많다.
④ 피지는 아포크린 한선(apocrine sweat gland)에서 분비된다.

피지는 피지선에서 분비된다.

11 ★★★ 인체에 있어 피지선이 전혀 없는 곳은?

① 이마 ② 코
③ 귀 ④ 손바닥

피지는 피지선에서 나오는 분비물로 손바닥과 발바닥에는 존재하지 않는다.

12 ★★★ 피지선에 대한 내용으로 틀린 것은?

① 진피층에 놓여 있다.
② 손바닥과 발바닥, 얼굴, 이마 등에 많다.
③ 사춘기 남성에게 집중적으로 분비된다.
④ 입술, 성기, 유두, 귀두 등에 독립피지선이 있다.

손바닥과 발바닥에는 피지선이 존재하지 않는다.

13 ★★★ 피지선에 대한 설명으로 틀린 것은?

① 피지를 분비하는 선으로 진피 중에 위치한다.
② 피지선은 손바닥에는 없다.
③ 피지의 1일 분비량은 10~20g 정도이다.
④ 피지선이 많은 부위는 코 주위이다.

피지의 1일 분비량은 1~2g 정도이다.

14 ★★ 성인이 하루에 분비하는 피지의 양은?

① 약 1~2g ② 약 0.1~0.2g
③ 약 3~5g ④ 약 5~8g

피지는 피지선에서 나오는 분비물로 모낭을 거쳐 털구멍에서 배출되어 피부의 건조를 방지하는데, 성인 하루의 피지 분비량은 약 1~2g이다.

15 ★★★★ 모발의 성분은 주로 무엇으로 이루어졌는가?

① 탄수화물 ② 지방
③ 단백질 ④ 칼슘

모발의 주성분은 케라틴이라는 단백질이다.

16 ★★★ 두발의 영양 공급에서 가장 중요한 영양소이며 가장 많이 공급되어야 할 것은?

① 비타민 A ② 지방
③ 단백질 ④ 칼슘

두발의 주성분은 아미노산을 다량 함유한 케라틴이므로 단백질이 가장 중요한 영양소라 할 수 있다.

17 ★★★ 새로 만들어지는 신진대사의 현상을 모발의 성장이라 하는데 이에 관한 설명 중 가장 거리가 먼 것은?

① 봄, 여름보다 가을과 겨울이 더 빨리 성장한다.
② 필요한 영양은 모유두에서 공급된다.
③ 모발은 3~5년의 성장기에 주로 자란다.
④ 모발은 "성장기-퇴화기-휴지기"의 헤어 사이클(hair-cycle)을 거친다.

모발은 낮보다 밤에, 가을·겨울보다 봄·여름에 더 빨리 성장한다.

18 ★★★ 모발을 구성하고 있는 케라틴(Keratin) 중에 제일 많이 함유하고 있는 아미노산은?

① 알라닌 ② 로이신
③ 바린 ④ 시스틴

케라틴의 주요 구성성분은 시스틴, 글루탐산, 알기닌 등이며, 시스틴의 함유량이 10~14%로 가장 높다.

19 ★★★ 모발은 하루에 얼마나 성장하는가?

① 0.2~0.5mm ② 0.6~0.8mm
③ 0.9~1.0mm ④ 1.0~1.2mm

모발은 하루에 0.2~0.5mm씩 성장한다.

정답 10 ④ 11 ④ 12 ② 13 ③ 14 ① 15 ③ 16 ③ 17 ① 18 ④ 19 ①

★★★★★
20 건강한 모발의 pH 범위는?

① pH 3~4 ② pH 4.5~5.5
③ pH 6.5~7.5 ④ pH 8.5~9.5

모발은 70~80%의 단백질로 이루어져 있는데, 단백질은 알칼리 상태에서는 구조가 느슨해지고 산성에서는 강해지고 단단해진다. 건강한 모발의 pH는 4.5~5.5이다.

★★★
21 모발을 태우면 노린내가 나는데, 이는 어떤 성분 때문인가?

① 나트륨 ② 이산화탄소
③ 유황 ④ 탄소

모발의 주성분은 케라틴, 멜라닌, 지질, 수분 등으로 구성되어 있으며 모발을 태울 때 나는 노린내는 모발에 많이 함유하고 있는 유황 때문이다.

★★
22 모발 손상의 원인으로만 짝지어진 것은?

① 드라이어의 장시간 이용, 크림 린스, 오버프로세싱
② 두피 마사지, 염색제, 백 코밍
③ 브러싱, 헤어세팅, 헤어 팩
④ 자외선, 염색, 탈색

자외선은 모발의 케라틴을 파괴하고 탈색을 유발해 모발 손상의 큰 이유가 되며, 염색 및 탈색도 모발에 손상을 줄 수 있다. 이외에도 샴푸, 드라이, 빗질, 헤어드라이 등에 의해서도 손상될 수 있다.

★★★
23 다음 중 일반적으로 건강한 모발의 상태는?

① 단백질 10~20%, 수분 10~15%, pH 2.5~4.5
② 단백질 20~30%, 수분 70~80%, pH 4.5~5.5
③ 단백질 50~60%, 수분 25~40%, pH 7.5~8.5
④ 단백질 70~80%, 수분 10~15%, pH 4.5~5.5

★★★
24 모발의 구성 중 피부 밖으로 나와 있는 부분은?

① 피지선 ② 모표피
③ 모구 ④ 모유두

피부 밖으로 나와 있는 부분을 모간이라 하며, 이 모간에는 모표피, 모피질, 모수질이 있다.

★★★
25 다음 모발에 관한 설명으로 틀린 것은?

① 모근부와 모간부로 구성되어 있다.
② 하루 약 0.2~0.5mm씩 자란다.
③ 모발의 수명은 보통 3~6년이다.
④ 모발은 퇴행기→성장기→탈락기→휴지기의 성장 단계를 갖는다.

모발은 성장기→퇴행기→휴지기의 성장 단계를 갖는다.

★★★
26 다음은 모발의 구조와 성질을 설명한 내용이다. 맞지 않는 것은?

① 두발은 주요 부분을 구성하고 있는 모표피, 모피질, 모수질 등으로 이루어졌으며, 주로 탄력성이 풍부한 단백질로 이루어져 있다.
② 케라틴은 다른 단백질에 비하여 유황의 함유량이 많은데, 황(S)은 시스틴(cystine)에 함유되어 있다.
③ 시스틴 결합은 알칼리에는 강한 저항력을 갖고 있으나 물, 알코올, 약산성이나 소금류에 대해서 약하다.
④ 케라틴의 폴리펩타이드는 쇠사슬 구조로서, 두발의 장축방향(長軸方向)으로 배열되어 있다.

시스틴 결합은 물, 알코올, 약산성이나 소금류에는 강하지만 알칼리에는 약하다.

★★★
27 모발의 결합 중 수분에 의해 일시적으로 변형되며, 드라이어의 열을 가하면 다시 재결합되어 형태가 만들어지는 결합은?

① S-S 결합 ② 펩타이드 결합
③ 수소결합 ④ 염 결합

측쇄결합의 종류

구분	특징
시스틴 결합	두 개의 황(S) 원자 사이에서 형성되는 공유결합
수소 결합	수분에 의해 일시적으로 변형되며, 드라이어의 열을 가하면 다시 재결합되어 형태가 만들어지는 결합
염 결합	산성의 아미노산과 알칼리성 아미노산이 서로 붙어서 구성되는 결합

정답 20 ② 21 ③ 22 ④ 23 ④ 24 ② 25 ④ 26 ③ 27 ③

28 ★★★ 모발의 측쇄결합으로 볼 수 없는 것은?

① 시스틴결합(cystine bond)
② 염결합(salt bond)
③ 수소결합(hydrogen bond)
④ 폴리펩티드결합(Poly peptide bond)

측쇄결합은 가로 방향의 결합으로 시스틴 결합, 염결합, 수소결합이 있다. 폴리펩티드결합은 주쇄결합이다.

29 ★★★ 모발의 색은 흑색, 적색, 갈색, 금발색, 백색 등 여러 가지 색이 있다. 다음 중 주로 검은 모발의 색을 나타나게 하는 멜라닌은?

① 유멜라닌(eumelanin)
② 티로신(tyrosine)
③ 페오멜라닌(pheomelanin)
④ 멜라노사이트(melanocyte)

유멜라닌은 갈색-검정색 중합체이며, 페오멜라닌은 적색-갈색 중합체이다. 멜라노사이트는 멜라닌 형성 세포이다.

30 ★★★★ 모발의 케라틴 단백질은 pH에 따라 물에 대한 팽윤성이 변한다. 다음 중 가장 낮은 팽윤성을 나타내는 pH는?

① 1~2
② 4~5
③ 7~9
④ 10~12

31 ★★★ 모발의 색을 나타내는 색소로 입자형 색소는?

① 티로신(tyrosine)
② 멜라노사이트(melanocyte)
③ 유멜라닌(eumelanin)
④ 페오멜라닌(pheomelanin)

유멜라닌은 입자형 색소로 갈색-검정색 중합체이다.

32 ★★★★ 모발의 케라틴 단백질은 pH에 따라 물에 대한 팽윤성이 변한다. 다음 중 가장 낮은 팽윤성을 나타내는 pH는?

① 1pH
② 4pH
③ 7pH
④ 9pH

모발이 수분을 흡수하면 부피가 증가하여 모발의 길이 방향 또는 직경 방향으로 크기가 늘어나는데 이 현상을 팽윤이라 한다. pH 4~5에서 가장 낮은 팽윤성을 나타내며, pH 8~9에서 급격히 증대한다.

33 ★★★ 두발의 색깔을 좌우하는 멜라닌은 다음 중 어느 곳에 가장 많이 함유되어 있는가?

① 모표피
② 모피질
③ 모수질
④ 모유두

모피질은 모표피의 안쪽 부분으로 멜라닌 색소를 가장 많이 함유하고 있다.

34 ★★★ 혈관과 림프관이 분포되어 있어 털에 영양을 공급하여 주로 발육에 관여하는 것은?

① 모유두
② 모표피
③ 모피질
④ 모수질

모유두는 모낭 끝에 있는 작은 돌기 조직으로 모발에 영양을 공급하는 부분이다.

35 ★★★ 세포의 분열 증식으로 모발이 만들어지는 곳은?

① 모모(毛母) 세포
② 모유두
③ 모구
④ 모소피

모유두에 접한 모모세포는 분열과 증식작용을 통해 새로운 머리카락을 만든다.

정답 28 ④ 29 ① 30 ② 31 ③ 32 ② 33 ② 34 ① 35 ①

★★★★
36 모발의 성장이 멈추고 전체 모발의 14~15%를 차지하며 가벼운 물리적 자극에 의해 쉽게 탈모가 되는 단계는?

① 성장기
② 퇴화기
③ 휴지기
④ 모발주기

모발은 성장기와 퇴화기를 거쳐 2~3개월간의 휴지기에 들어서게 되면 성장이 멈추고 탈모가 일어나게 된다.

★★★★★
37 다음 중 모발의 성장단계를 옳게 나타낸 것은?

① 성장기 → 휴지기 → 퇴화기
② 휴지기 → 발생기 → 퇴화기
③ 퇴화기 → 성장기 → 발생기
④ 성장기 → 퇴화기 → 휴지기

모발은 성장기→퇴화기→휴지기의 성장 단계를 거친다.

★★★
38 모발 구조에서 영양을 관장하는 혈관과 신경이 들어 있는 부분은?

① 모유두
② 입모근
③ 모근
④ 모구

혈관과 신경이 분포되어 있는 부분은 모유두이다.

chapter 02

정답 36 ③ 37 ④ 38 ①

NAIL Technician Certification

SECTION 02

피부유형분석

이 섹션에서는 건성피부, 지성피부, 민감성피부의 특징에 대해 잘 구분할 수 있도록 합니다. 크게 비중을 두지는 말고 문제 중심으로 학습하도록 합니다.

1 정상 피부

(1) 피부 특징

① 유·수분의 균형이 잘 잡혀있다.

② 피부결이 부드럽고 탄력이 좋다.

③ 모공이 작고 주름이 형성되지 않는다.

④ 세안 후 피부가 당기지 않는다.

(2) 관리 목적

정상적인 유·수분 관리를 계속 유지하기 위해 계절 및 나이에 맞는 적절한 화장품 선택

(3) 적용 화장품

영양과 수분 크림, 유연 화장수

2 건성 피부

(1) 피부 특징

① 피지와 땀의 분비 저하로 유·수분의 균형이 정상적이지 못하다.

② 탄력이 좋지 못하다.

③ 세안 후 이마, 볼 부위가 당기고 화장이 잘 들뜬다.

④ 각질층의 수분이 10% 이하로 피부표면이 항상 건조하고 잔주름이 쉽게 생긴다.

⑤ 피부가 얇고 외관으로 피부결이 섬세해 보인다.

⑥ 유 · 수분의 균형이 정상적이지 않아 피부가 손상되기 쉬우며 주름 발생이 쉽다.

⑦ 모공이 작다.

▶ 건성 피부의 분류

구분	특징
일반 건성피부	피부기름샘의 기능 감소와 땀샘 및 보습능력의 감소로 인해 유분 및 수분 함량이 부족한 피부
표피수분 부족 건성피부	자외선, 찬바람, 지나친 냉난방 등과 같은 환경적 요인과 부적절한 화장품 사용, 잘못된 피부관리 습관 등과 같은 외적 요인에 의해 유발된 건성피부
진피수분 부족 건성피부	피부 자체의 내적 원인에 의해 피부 자체의 수화 기능에 문제가 되어 생기는 피부

(2) 관리 목적

피부에 유·수분을 공급하여 보습기능 활성화 및 영양 공급

(3) 적용 화장품

① 영양, 보습 성분이 있는 오일이나 에센스

② 무알코올성 토너

③ 밀크 타입이나 유분기가 있는 크림 타입의 클렌저

④ 보습기능이 강화된 토닉

⑤ 주요 성분 : 콜라겐, 엘라스틴, 솔비톨, 아미노산, 세라마이드, 히알루론산

3 지성 피부

(1) 피부 특징

① 남성피부에 많으며, 모공이 크고 여드름이 잘 생긴다.
② 피지분비가 왕성하여 피부 번들거림이 심하며 피부결이 곱지 못하다.
③ 정상피부보다 피지 분비량이 많다.
④ 뾰루지가 잘 나고, 정상피부보다 두껍다.
⑤ 블랙헤드가 생성되기 쉽고, 표면이 귤껍질같이 보이기 쉽다.
⑥ 화장이 쉽게 지워진다.

(2) 관리 목적

피지제거 및 세정을 주목적으로 한다.

① 피지분비 조절 및 각질 제거
② 모공 수축과 항염, 정화 기능

(3) 적용 화장품

① 피지조절제가 함유된 화장품
② 유분이 적은 영양크림
③ 수렴효과가 우수한 화장수
④ 오일이 많이 함유된 화장품 사용 자제

4 민감성 피부

(1) 피부 특징

① 표피가 얇고 투명해 보이며 외부자극에 쉽게 붉어진다.
② 어떤 물질에 대해 큰 반응을 일으킨다.
③ 모공이 거의 보이지 않는다.
④ 여드름, 알레르기 등의 피부 트러블이 자주 발생한다.
⑤ 얼굴이 자주 건조해진다.

(2) 관리 목적

진정 및 쿨링 효과

(3) 적용 화장품

① 저자극성 성분 화장품
② 피부의 진정 · 보습효과에 뛰어난 화장품
③ 향 · 알코올 · 색소 · 방부제가 적게 함유된 화장품
④ 유분기가 많이 함유된 영양크림 사용 자제
⑤ 주요 성분 : 아줄렌*, 위치하젤, 클로로필, 판테놀, 비타민 P, 비타민 K

5 복합성 피부

(1) 피부 특징

① T존은 피지 분비가 많아 모공이 넓고 거칠며 피부 트러블이 생긴다.
② U존은 피지 분비가 적어 모공이 작다.
③ 유분은 많은데 세안 후 볼 부분이 당긴다.

▶ **지성 피부의 원인**
남성호르몬인 안드로겐이나 여성호르몬인 프로게스테론의 기능이 활발해져서 생긴다.

▶ **지성 피부 화장품의 주요성분**
아줄렌, 캄퍼, 살리실산, 글리시리진산, 유황, 클레이

▶ **단순 지성피부**
- 일반적으로 외부의 자극에 영향이 적고, 비교적 피부 관리가 용이
- 피부가 두껍고 전체적으로 얼굴에 기름이 흐르는 타입
- 이마나 코의 피지 분비가 특히 심해 햇볕에 노출됐을 때 색소침착이 되기 쉽고, 기미나 검버섯이 발생할 수 있음
- 다른 지방 성분에는 영향을 주지 않으면서 과도한 피지를 제거하는 것이 원칙
- 여드름 피부가 되기 쉽고 모공이 넓어지며 피지 낭종이 발생할 수 있음
- 세안 시 약간 뜨거운 물을 사용하고 유분기가 많은 클렌징 크림보다는 클렌징 워터나 클렌징 로션을 사용하고 클렌징 폼으로 물 세안
- 메이크업 시 유분이 없는 리퀴드 타입의 파운데이션을 사용, 파우더나 콤팩트로 화장의 번짐을 방지

▶ **복합 지성피부**
- 피부에 쉽게 염증이 생기고 외부 자극에도 민감
- 보통 여드름이나 지루성 피부염 동반
- 세정제품 사용 시 자극이 없는 제품을 선택
- 세안 시 심하게 문지르거나 너무 자주 세안하지 말 것
- 메이크업 시 과도하게 유분이 많은 제품과 여드름을 유발하는 성분들이 들어 있는 제품을 피할 것
- 하루 2~3회 세정력이 우수한 약산성 비누를 이용 → T존의 과도한 유분 제거
- 세안이 끝나면 뺨과 눈 주위에 보습제를 발라 피부에 수분을 공급
- 티존 부위에는 알코올이 포함된 아스트린젠트나 수렴성 토너 제품 사용

▶ **아줄렌**
구화과 식물인 카모마일을 증류하여 추출한 것으로 피부 진정, 알레르기, 염증 치유 등의 효과가 있음

④ 코 주위에 블랙 헤드가 많다
⑤ 피부의 윤기가 적고, 피부가 칙칙해 보이고 화장이 잘 지워진다.

(2) 관리 목적
T존은 피지 조절을 하고 U존은 유·수분 조절을 통해 pH 정상화

(3) 적용 화장품
① T존은 수렴효과, U존은 보습효과가 있는 화장수
② 보습용 크림

6 노화 피부

(1) 피부 특징
① 미세하거나 선명한 주름이 보인다.
② 피지 분비가 원활하지 못하다.
③ 피부가 건조하고 탄력이 떨어진다.
④ 색소침착 불균형이 나타난다.
⑤ 피부노화가 진행되면서 표피 및 진피가 모두 얇아진다.

(2) 관리 목적
① 피부 노화를 촉진하는 자극으로부터 피부 보호
② 주름을 완화하고 새로운 세포 형성을 촉진

(3) 적용 화장품
① 유·수분과 영양을 충분히 함유한 화장품 및 자외선 차단제
② 멜라닌 생성 억제 및 피부기능 활성화에 도움을 주는 화장품

7 여드름 피부

(1) 피부 특징
① 여드름은 사춘기에 피지 분비가 왕성해지면서 나타나는 비염증성, 염증성 피부 발진이다.
② 다양한 원인에 의해 피지가 많이 생기고, 모공 입구의 폐쇄로 인해 피지 배출이 잘 되지 않는다.
③ 선천적인 체질상 체내 호르몬의 이상 현상으로 지루성 피부에서 발생되는 여드름 형태는 심상성 여드름이라 한다.

(2) 관리 목적
피지 분비 조절을 통해 피부 트러블 감소

(3) 적용 화장품
① 유분이 적은 화장품
② 효소 세안제, 중성 세안제

▶ 피부 유형에 따른 주요 특징 정리

유형	특징
정상	모공이 작고 주름이 형성되지 않음 (유수분 균형)
건성	모공이 작고 주름 발생이 쉬움 (유수분 불균형)
지성	모공이 크고, 피지분비 왕성 (유수분 불균형)
민감성	모공이 거의 보이지 않고 트러블 자주 발생
복합성	모공이 넓고 거칠며 트러블 가끔 발생 (유수분 불균형)
노화	건조하고 탄력이 떨어짐 (유수분 불균형)

▶ 노화 피부 화장품의 주요성분
레티놀, 프로폴리스, 플라센타, AHA, 은행추출물, SOD, 비타민 E

▶ 여드름 피부 화장품의 주요성분
아줄렌, 살리실산, 글리시리진산

기출문제 | 단원별 구성의 문제 유형 파악!

★★★★
1 피지와 땀의 분비 저하로 유·수분의 균형이 정상적이지 못하고, 피부결이 얇으며 탄력 저하와 주름이 쉽게 형성되는 피부는?

① 건성피부 ② 지성피부
③ 이상피부 ④ 민감피부

건성피부는 피지와 땀의 분비가 적고 피부의 탄력이 좋지 못하며, 주름이 쉽게 형성되는 특징이 있다.

★★★
2 건성피부의 특징과 가장 거리가 먼 것은?

① 각질층의 수분이 50% 이하로 부족하다.
② 피부가 손상되기 쉬우며 주름 발생이 쉽다.
③ 피부가 얇고 외관으로 피부결이 섬세해 보인다.
④ 모공이 작다.

건성피부는 각질층의 수분함량이 10% 이하의 피부를 말한다.

★★★
3 세안 후 이마, 볼 부위가 당기며, 잔주름이 많고 화장이 잘 들뜨는 피부유형은?

① 복합성 피부
② 건성 피부
③ 노화 피부
④ 민감 피부

건성피부는 피지와 땀의 분비 저하로 유 · 수분의 균형이 정상적이지 못하고 세안 후 이마, 볼 부위가 당기며, 화장이 잘 들뜨고 잔주름이 많은 특징이 있다.

★★★
4 아래 설명과 가장 가까운 피부 타입은?

- 모공이 작다.
- 탄력이 좋지 못하다.
- 잔주름이 많다.
- 세안 후 이마, 볼 부위가 당긴다.

① 지성피부 ② 민감피부
③ 건성피부 ④ 정상피부

건성피부는 모공이 작고 탄력이 없으며, 유 · 수분의 균형이 정상적이지 못해 세안 후 이마, 볼 부위가 당기는 특징이 있다.

★★★
5 다음 중 지성피부의 주된 특징을 나타낸 것은?

① 모공이 크고 여드름이 잘 생긴다.
② 유분이 적어 각질이 잘 일어난다.
③ 조그만 자극에도 피부가 예민하게 반응한다.
④ 세안 후 피부가 쉽게 붉어지고 당김이 심하다.

지성피부는 모공이 크고 피지 분비가 왕성하여 번들거림이 심하며, 뾰루지가 잘 나는 특징이 있다.

★★★
6 지성피부에 대한 설명 중 틀린 것은?

① 지성피부는 정상피부보다 피지분비량이 많다.
② 피부결이 섬세하지만 피부가 얇고 붉은색이 많다.
③ 지성피부가 생기는 원인은 남성호르몬인 안드로겐(androgen)이나 여성호르몬인 프로게스테론(progesterone)의 기능이 활발해져서 생긴다.
④ 지성피부의 관리는 피지제거 및 세정을 주목적으로 한다.

피부결이 섬세한 것은 건성피부의 특징이다.

★★★
7 지성피부의 특징이 아닌 것은?

① 여드름이 잘 발생한다.
② 남성피부에 많다.
③ 모공이 매우 크며 반들거린다.
④ 피부결이 섬세하고 곱다.

지성피부는 피부결이 곱지 못하다.

★★★
8 아래 설명과 가장 가까운 피부 타입은?

- 모공이 넓다.
- 뾰루지가 잘 난다.
- 정상피부보다 두껍다.
- 블랙헤드가 생성되기 쉽다.

① 지성피부 ② 민감피부
③ 건성피부 ④ 정상피부

지성피부는 모공이 크고 여드름, 뾰루지, 블랙헤드가 잘 생기며 정상피부보다 두꺼운 특징이 있다.

정답 1① 2① 3② 4③ 5① 6② 7④ 8①

★★★
9 피부가 두터워 보이고 모공이 크며 화장이 쉽게 지워지는 피부 타입은?

① 건성 ② 중성
③ 지성 ④ 민감성

지성피부는 모공이 크고 정상피부보다 두껍고 화장이 쉽게 지워지며 남성 피부에 많이 나타나는 피부 타입이다.

★★★
10 피부결이 거칠고 모공이 크며 화장이 쉽게 지워지는 피부 타입은?

① 지성 ② 민감성
③ 중성 ④ 건성

지성피부는 피부결이 거칠고 모공이 크고 여드름이 잘 생기며, 화장이 쉽게 지워지는 피부 특성이 있다.

★★★
11 피지 분비가 많아 모공이 잘 막히고 노화된 각질이 두껍게 쌓여 있어 여드름이나 뾰루지가 잘 생기는 피부는?

① 건성피부
② 민감성 피부
③ 복합성 피부
④ 지성피부

지성피부는 피지분비가 왕성하여 피부 번들거림이 심하며 피부결이 곱지 못하며, 여드름이나 뾰루지가 잘 생긴다.

★★★
12 지성피부의 특징으로 맞는 것은?

① 모세혈관이 약화되거나 확장되어 피부표면으로 보인다.
② 피지분비가 왕성하여 피부 번들거림이 심하며 피부결이 곱지 못하다.
③ 표피가 얇고 피부표면이 항상 건조하고 잔주름이 쉽게 생긴다.
④ 표피가 얇고 투명해 보이며 외부자극에 쉽게 붉어진다.

지성피부는 피부가 정상피부보다 두껍고 피지 분비가 왕성하여 피부 번들거림이 심하다.

★★★
13 민감성 피부에 대한 설명으로 가장 적합한 것은?

① 피지의 분비가 적어서 거친 피부
② 어떤 물질에 큰 반응을 일으키는 피부
③ 땀이 많이 나는 피부
④ 멜라닌 색소가 많은 피부

민감성 피부의 특징
- 어떤 물질에 대해 큰 반응을 일으킨다.
- 모공이 거의 보이지 않는다.
- 여드름, 알레르기 등의 피부 트러블이 자주 발생한다.
- 바람을 맞으면 얼굴이 빨개진다.
- 얼굴이 자주 건조해진다.

★★★
14 노화피부의 특징이 아닌 것은?

① 노화피부는 탄력이 떨어진다.
② 피지 분비가 왕성해 번들거린다.
③ 주름이 형성되어 있다.
④ 색소침착 불균형이 나타난다.

노화피부는 피지의 분비가 원활하지 못하다.

★★★
15 색소침착 불균형이 나타나는 피부 타입은?

① 지성피부
② 민감피부
③ 건성피부
④ 노화피부

노화피부는 색소침착 불균형이 나타나 노인성 반점 등이 나타난다.

정답 9 ③ 10 ① 11 ④ 12 ② 13 ② 14 ② 15 ④

SECTION 03

NAIL Technician Certification

피부와 영양

이 섹션에서는 탄수화물, 단백질, 지방, 비타민, 무기질에 대해 기본 개념을 익히며, 예상문제 중심으로 학습하도록 합니다. 필수아미노산, 필수지방산은 반드시 암기하며, 마찬가지로 예상문제에서 그대로 출제될 가능성이 높습니다.

01 3대 영양소, 비타민, 무기질

1 탄수화물

(1) 기능 및 특징

① 신체의 중요한 에너지원

② 장에서 포도당, 과당 및 갈락토오스로 흡수

③ 소화흡수율은 99%에 가까움

(2) 분류

구분	종류
단당류	포도당, 과당, 갈락토오스
이당류	자당, 맥아당, 유당,
다당류	전분, 글리코겐, 섬유소

▶ 탄수화물 과잉 섭취 및 결핍 시 특징

구분	특징
과잉 섭취	혈액의 산도를 높이고 피부의 저항력을 약화시켜 세균감염을 초래하여 산성 체질을 만듦
결핍	체중 감소, 기력 부족

2 단백질

(1) 기능 및 특징

① 체조직의 구성성분 : 모발, 손톱, 발톱, 근육, 뼈 등

② 효소, 호르몬 및 항체 형성

③ 포도당 생성 및 에너지 공급

④ 혈장 단백질 형성 : 알부민, 글로불린, 피브리노겐

⑤ 체내의 대사과정 조절 : 수분의 균형 조절, 산-염기의 균형 조절

⑥ 과잉 섭취 시 : 비만, 골다공증, 불면증, 신경예민 등

⑦ 부족 시 : 성장발육 저조, 소화기 질환, 빈혈 등

(2) 아미노산

① 단백질의 기본 구성단위

② 필수아미노산 : 발린, 루신, 아이소루이신, 메티오닌, 트레오닌, 라이신, 페닐알라닌, 트립토판, 히스티딘, 아르기닌

▶ 필수아미노산과 비필수아미노산

필수 아미노산	체내에서 합성할 수 없어 반드시 음식으로부터 공급해야 하는 아미노산
비필수 아미노산	체내에서 합성되는 아미노산

3 지방

(1) 기능

① 고효율의 에너지 공급원

② 필수지방산 공급

③ 체온 조절 및 장기 보호

④ 필수 영양소로서의 기능

▶ 지방산의 구분

탄소의 결합방식에 따른 구분	포화지방산, 불포화지방산
체내의 합성에 따른 구분	필수지방산, 비필수지방산

(2) 필수지방산

① 동물의 정상적인 발육과 유지에 필수적인 다가불포화지방산

② 종류 : 리놀산, 리놀렌산, 아라키돈산

(3) 왁스

① 고형의 유성 성분으로 고급 지방산에 고급 알코올이 결합된 에스테르

② 동·식물체의 표피에 존재하는 보호물질

③ 기능 : 미생물의 침입, 수분 증발 및 흡수 방지

4 비타민

(1) 수용성 비타민

구분	특징	결핍 증상
비타민 B_1 (티아민)	• 식품 : 현미, 보리, 콩류, 돼지고기	각기병, 식욕부진, 피로감 유발
비타민 B_2 (리보플라빈)	• 식품 : 우유, 치즈, 간, 달걀, 돼지고기	피부병, 구순염, 구각염, 백내장
비타민 C (아스코르빅산)	• 모세혈관 강화 → 피부손상 억제, 멜라닌 색소 생성 억제 • 미백작용 • 기미, 주근깨 등의 치료에 사용 • 혈색을 좋게 하여 피부에 광택 부여 • 피부 과민증 억제 및 해독작용 • 진피의 결체조직 강화	기미, 괴혈병 유발, 잇몸 출혈, 빈혈

(2) 지용성 비타민

구분	특징	결핍 증상
비타민 A (레티놀)	• 피부의 각화작용 정상화 • 피지 분비 억제 • 각질 연화제로 많이 사용 • 카로틴 다량 함유 • 식품 : 굴, 당근	야맹증, 피부표면 경화
비타민 D (칼시페롤)	• 자외선에 의해 피부에서 생성 • 칼슘 및 인의 흡수 촉진 • 혈중 칼슘 농도 및 세포의 증식과 분화 조절 • 골다공증 예방 • 식품 : 우유, 계란노른자, 마가린	구루병, 골다공증, 골연화증
비타민 E (토코페롤)	• 호르몬 생성 및 조기노화 방지 • 갱년기 장애 예방 및 치료 • 불임증, 유산 예방 • 식품 : 식물성 기름, 우유, 달걀, 간 등	조산, 유산, 불임, 신경계 장애, 용혈성 빈혈 등

구분	특징	결핍 증상
비타민 K	• 혈액응고 및 뼈의 형성에 관여 • 모세혈관 강화 • 식품 : 녹색 채소, 과일, 곡류, 우유	피부나 점막에 출혈

5 무기질

구분	종류	결핍 증상
철(Fe)	• 인체에서 가장 많이 함유하고 있는 무기질 • 혈액 속의 헤모글로빈의 주성분 • 산소 운반 작용 • 면역 기능 • 혈색을 좋게 하는 기능	빈혈, 적혈구 수 감소
칼슘(Ca)	• 뼈 및 치아 형성 • 혈액 응고 • 근육의 이완과 수축 작용	구루병, 골다공증, 충치, 신경과민증 등
인(P)	• 뼈 및 치아 형성 • 비타민 및 효소 활성화에 관여	
요오드(I)	• 갑상선 및 부신의 기능 촉진 • 피부를 건강하게 해줌 • 모세혈관의 기능 정상화	
식염(NaCl)	• 근육 및 신경의 자극 전도 • 삼투압 조절	피로감, 노동력 저하

02 건강과 영양

1 피부와 영양

① 피부 건강을 위해 화장품을 이용해 영양을 공급받기도 하지만 대부분의 영양은 음식물을 통해 보충

② 비타민, 무기질 등의 필수 영양소를 섭취하여 건강한 피부 유지

2 체형과 영양

① 영양의 균형을 고려한 음식물 섭취 → 건강한 체형

② 인스턴트 식품을 줄일 것

③ 과식 및 편식을 줄이고 규칙적인 식습관 유지

01. 3대 영양소, 비타민, 무기질

★★★
1 신체의 중요한 에너지원으로 장에서 포도당, 과당 및 갈락토오스로 흡수되는 물질은?

① 단백질
② 비타민
③ 탄수화물
④ 지방

탄수화물은 신체의 중요한 에너지원으로 사용되고 장에서 포도당, 과당 및 갈락토오스로 흡수되며. 소화흡수율은 약 99%이다.

★★★
2 탄수화물에 대한 설명으로 옳지 않은 것은?

① 당질이라고도 하며 신체의 중요한 에너지원이다.
② 장에서 포도당, 과당 및 갈락토오스로 흡수된다.
③ 지나친 탄수화물의 섭취는 신체를 알칼리성 체질로 만든다.
④ 탄수화물의 소화흡수율은 99%에 가깝다.

탄수화물을 많이 섭취하면 신체를 산성 체질로 변화시킨다.

★★
3 다음 중 단당류에 해당하는 것은?

① 맥아당 ② 자당
③ 포도당 ④ 유당

맥아당, 자당, 유당은 이당류에 해당하며, 포도당, 과당, 갈락토오스는 단당류에 해당한다.

★★★
4 다음 중 피부의 각질, 털, 손톱, 발톱의 구성성분인 케라틴을 가장 많이 함유한 것은?

① 동물성 단백질
② 동물성 지방질
③ 식물성 지방질
④ 탄수화물

케라틴은 동물성 단백질로 각질, 손톱, 발톱의 구성성분이다.

★★★★
5 단백질의 최종 가수분해 물질은?

① 지방산
② 콜레스테롤
③ 아미노산
④ 카로틴

아미노산은 단백질의 기본 구성단위이며, 최종 가수분해 물질이다.

★★★
6 75%가 에너지원으로 쓰이고 에너지가 되고 남은 것은 지방으로 전환되어 저장되는데 주로 글리코겐 형태로 간에 저장된다. 이것의 과잉섭취는 혈액의 산도를 높이고 피부의 저항력을 약화시켜 세균감염을 초래하여 산성 체질을 만들고 결핍되었을 때는 체중감소, 기력부족 현상이 나타나는 영양소는?

① 탄수화물
② 단백질
③ 비타민
④ 무기질

★★★
7 다음 중 필수아미노산에 속하지 않는 것은?

① 아르기닌
② 라이신
③ 히스티딘
④ 글리신

필수아미노산 : 발린, 루신, 아이소루이신, 메티오닌, 트레오닌, 라이신, 페닐알라닌, 트립토판, 히스티딘, 아르기닌
※ 글리신은 아미노산의 일종이다.

★★★
8 다음 중 필수아미노산에 속하지 않는 것은?

① 트립토판
② 트레오닌
③ 발린
④ 알라닌

알라닌은 단백질을 구성하는 기본단위인 아미노산의 일종으로 필수아미노산은 아니다.

정답 1 1③ 2③ 3③ 4① 5③ 6① 7④ 8④

9 ★★★ 다음 중 필수지방산에 속하지 않는 것은?

① 리놀산(linolin acid)
② 리놀렌산(linolenic acid)
③ 아라키돈산(arachidonic acid)
④ 타르타르산(tartaric acid)

필수지방산은 리놀산, 리놀렌산, 아라키돈산 3가지이다.

10 ★★★ 고형의 유성성분으로 고급 지방산에 고급 알코올이 결합된 에스테르를 말하며 화장품의 굳기를 증가시켜 주는 것은?

① 피마자유　② 바셀린
③ 왁스　④ 밍크오일

왁스는 고급 지방산에 고급 알코올이 결합된 에스테르를 말하며, 미생물의 침입, 수분 증발 및 흡수를 방지하는 역할을 한다.

11 ★★★ 체조직 구성 영양소에 대한 설명으로 틀린 것은?

① 지질은 체지방의 형태로 에너지를 저장하며 생체막 성분으로 체구성 역할과 피부의 보호 역할을 한다.
② 지방이 분해되면 지방산이 되는데 이중 불포화지방산은 인체 구성성분으로 중요한 위치를 차지하므로 필수지방산으로도 부른다.
③ 필수지방산은 식물성 지방보다 동물성 지방을 먹는 것이 좋다.
④ 불포화지방산은 상온에서 액체 상태를 유지한다.

필수지방산은 동물성 기름보다 식물성 기름에 많이 함유되어 있다.

12 ★★ 성장촉진, 생리대사의 보조역할, 신경안정과 면역기능 강화 등의 역할을 하는 영양소는?

① 단백질　② 비타민
③ 무기질　④ 지방

비타민은 주 영양소는 아니지만 생명체의 정상적인 발육과 영양을 위해 꼭 필요한 영양소이며, 비타민 A, B복합체, C, D, E, F, K, U, L, P 등의 종류가 있다.

13 ★★★ 각 비타민의 효능에 대한 설명 중 옳은 것은?

① 비타민 E - 아스코르빈산의 유도체로 사용되며 미백제로 이용된다.
② 비타민 A - 혈액순환 촉진과 피부 청정효과가 우수하다.
③ 비타민 P - 바이오플라보노이드(bioflavonoid)라고도 하며 모세혈관을 강화하는 효과가 있다.
④ 비타민 B - 세포 및 결합조직의 조기노화를 예방한다.

보기 ①, ②는 비타민 C, ④는 비타민 E에 대한 설명이다.

14 ★★★★ 미백작용과 가장 관계가 깊은 비타민은?

① 비타민 K
② 비타민 B
③ 비타민 C
④ 비타민 D

비타민 C는 미백작용이 있으며, 각질 제거에도 효과적이고 피부를 탄력있게 만들어준다.

15 ★★★ 과일, 야채에 많이 들어있으면서 모세혈관을 강화시켜 피부손상과 멜라닌 색소 형성을 억제하는 비타민은?

① 비타민 K
② 비타민 C
③ 비타민 E
④ 비타민 B

비타민 C는 모세혈관을 강화시켜 피부손상과 멜라닌 색소 형성을 억제하며, 진피의 결체조직을 강화하고 미백작용의 역할도 한다.

16 ★★★ 피부 색소를 퇴색시키며 기미, 주근깨 등의 치료에 주로 쓰이는 것은?

① 비타민 A　② 비타민 B
③ 비타민 C　④ 비타민 D

비타민 C는 멜라닌 색소의 생성을 억제해 깨끗하고 주름 없는 피부를 만들어준다.

정답 9 ④　10 ③　11 ③　12 ②　13 ③　14 ③　15 ②　16 ③

★★★

17 열에 가장 쉽게 파괴되는 비타민은?

① 비타민 A
② 비타민 B
③ 비타민 C
④ 비타민 D

비타민 C는 공기와 접촉시킨 상태에서 열을 가하면 대부분 파괴되며 알칼리에는 불안정하고 약산에 안정하다.

★★★

18 다음 중 비타민 E를 많이 함유한 식품은?

① 당근
② 맥아
③ 복숭아
④ 브로콜리

비타민 E는 식물성 기름, 우유, 달걀, 간에 많이 함유되어 있다.

★★

19 상피조직의 신진대사에 관여하며 각화 정상화 및 피부재생을 돕고 노화방지에 효과가 있는 비타민은?

① 비타민 C
② 비타민 E
③ 비타민 A
④ 비타민 K

비타민의 주요 기능
- 비타민 A : 상피조직의 형성, 피부재생, 노화 방지
- 비타민 C : 콜라겐 합성 촉진, 항산화 작용
- 비타민 E : 항산화제, 피부노화 방지
- 비타민 K : 혈액 응고

★★★

20 비타민 결핍증인 불임증 및 생식불능과 피부의 노화방지 작용 등과 가장 관계가 깊은 것은?

① 비타민 A
② 비타민 B 복합체
③ 비타민 E
④ 비타민 D

비타민 E는 결핍 시 불임증, 유산의 원인이 되며, 식물성 기름, 우유, 달걀 등에 많이 함유되어 있다.

★★★★★

21 비타민이 결핍되었을 때 발생하는 질병의 연결이 틀린 것은?

① 비타민 B_1 - 각기증
② 비타민 D - 괴혈병
③ 비타민 A - 야맹증
④ 비타민 E - 불임증

비타민 D 결핍 시 구루병, 골연화증을 유발한다.

★★★★★

22 다음 중 비타민(Vitamin)과 그 결핍증과의 연결이 틀린 것은?

① Vitamin B_2 - 구순염
② Vitamin D - 구루병
③ Vitamin A - 야맹증
④ Vitamin C - 각기병

각기병은 비타민 B_1 결핍 시 발생한다.

★★★

23 다음 중 멜라닌 생성 저하 물질인 것은?

① 비타민 C
② 콜라겐
③ 티로시나제
④ 엘라스틴

비타민 C는 멜라닌 색소의 생성을 억제해 깨끗하고 주름 없는 피부를 만들어주며, 기미, 주근깨의 치료에도 도움을 준다.

★★★

24 비타민 E에 대한 설명 중 옳은 것은?

① 부족하면 야맹증이 된다.
② 자외선을 받으면 피부표면에서 만들어져 흡수된다.
③ 부족하면 피부나 점막에 출혈이 된다.
④ 호르몬 생성, 임신 등 생식기능과 관계가 깊다.

① 비타민 A 결핍 시 야맹증이 된다.
② 자외선을 받으면 피부표면에서 만들어져 흡수되는 것은 비타민 D이다.
③ 비타민 K 결핍 시 피부나 점막에 출혈이 된다.

정답 17 ③ 18 ② 19 ③ 20 ③ 21 ② 22 ④ 23 ① 24 ④

★★★
25 비타민 C가 인체에 미치는 효과가 아닌 것은?

① 피부의 멜라닌 색소의 생성을 억제시킨다.
② 혈색을 좋게 하여 피부에 광택을 준다.
③ 호르몬의 분비를 억제시킨다.
④ 피부 과민증을 억제하는 힘과 해독작용이 있다.

호르몬의 분비를 억제하는 것은 비타민 E이다.

★★★
26 비타민 C 부족 시 어떤 증상이 주로 일어날 수 있는가?

① 피부가 촉촉해짐
② 색소 기미가 생김
③ 여드름의 발생원인이 됨
④ 지방이 많이 낌

비타민 C 결핍 시 증상
- 기미가 생기고, 괴혈병을 유발한다.
- 잇몸 출혈, 빈혈 등이 나타난다.

★★★
27 산과 합쳐지면 레티놀산이 되고, 피부의 각화작용을 정상화시키며, 피지 분비를 억제하므로 각질 연화제로 많이 사용되는 비타민은?

① 비타민 A
② 비타민 B 복합체
③ 비타민 C
④ 비타민 D

카로틴이 다량 함유되어 있는 비타민 A는 피부의 각화작용을 정상화시키고 피지의 분비를 억제하는 역할을 하며, 결핍 시에는 피부표면이 경화된다.

★★★
28 다음 중 결핍 시 피부표면이 경화되어 거칠어지는 주된 영양물질은?

① 비타민 A
② 비타민 D
③ 탄수화물
④ 무기질

비타민 A는 피부의 각화작용을 정상화하는 기능이 있으며, 결핍 시에는 피부표면이 경화되어 거칠어진다.

★★★
29 다음 중 비타민 A와 깊은 관련이 있는 카로틴을 가장 많이 함유한 식품은?

① 쇠고기, 돼지고기
② 감자,고구마
③ 귤, 당근
④ 사과, 배

카로틴은 체내에서 비타민 A로 변하는데, 당근, 고추, 귤, 토마토, 수박에 많이 함유되어 있다.

★★★★★
30 햇빛에 노출되었을 때 피부 내에서 어떤 성분이 생성되는가?

① 비타민 B
② 글리세린
③ 천연보습인자
④ 비타민 D

자외선이 피부에 자극을 주게 되면 비타민 D 합성이 일어난다.

★★★★
31 혈액 속의 헤모글로빈의 주성분으로서 산소와 결합하는 것은?

① 인(P)
② 칼슘(Ca)
③ 철(Fe)
④ 무기질

철은 인체에서 가장 많이 함유하고 있는 무기질로서 혈액 속의 헤모글로빈의 주성분이며, 산소 운반 작용 및 면역 기능을 한다.

★★★
32 헤모글로빈을 구성하는 매우 중요한 물질로 피부의 혈색과도 밀접한 관계에 있으며 결핍되면 빈혈이 일어나는 영양소는?

① 철분(Fe)
② 칼슘(Ca)
③ 요오드(I)
④ 마그네슘(Mg)

철은 혈액 속의 헤모글로빈의 주성분이며, 혈색을 좋게 하는 기능을 한다. 결핍 시에는 빈혈이 일어나고 적혈구 수가 감소한다.

정답 25 ③ 26 ② 27 ① 28 ① 29 ③ 30 ④ 31 ③ 32 ①

★★★
33 뼈 및 치아를 형성하는 성분으로 비타민 및 효소 활성화에 관여하는 무기질은?

① 마그네슘
② 인
③ 철분
④ 나트륨

인은 뼈와 치아를 형성하는 성분이며 비타민 및 효소의 활성화에 관여한다.

★★★
34 갑상선과 부신의 기능을 활발히 해주어 피부를 건강하게 해주어 모세혈관의 기능을 정상화시키는 것은?

① 마그네슘
② 요오드
③ 철분
④ 나트륨

요오드는 갑상선 및 부신의 기능을 촉진하며 모세혈관의 기능을 정상화시켜 준다.

★★★
35 갑상선의 기능과 관계있으며 모세혈관 기능을 정상화시키는 것은?

① 칼슘
② 인
③ 철분
④ 요오드

요오드는 갑상선 및 부신의 기능을 촉진하며 모세혈관의 기능을 정상화시키는 역할을 한다.

★★★
36 체내에서 근육 및 신경의 자극 전도, 삼투압 조절 등의 작용을 하며, 식욕에 관계가 깊기 때문에 부족하면 피로감, 노동력의 저하 등을 일으키는 것은?

① 구리(Cu)
② 식염(NaCl)
③ 요오드(I)
④ 인(P)

식염은 삼투압 조절 등의 작용을 하며 결핍 시 피로감을 느끼게 되며, 노동력이 저하된다.

02. 건강과 영양

★★★
1 피부의 영양관리에 대한 설명 중 가장 올바른 것은?

① 대부분의 영양은 음식물을 통해 얻을 수 있다.
② 외용약을 사용하여서만 유지할 수 있다.
③ 마사지를 잘하면 된다.
④ 영양크림을 어떻게 잘 바르는가에 달려 있다.

피부는 화장품을 통해서도 영양을 보충하지만 식품을 통해서 대부분의 영양을 공급받는다.

★★
2 건강한 체형을 위한 영양 섭취에 대한 설명으로 옳지 않은 것은?

① 인스턴트 식품을 줄인다.
② 과식과 편식을 줄인다.
③ 매일매일 규칙적인 식습관을 유지한다.
④ 규칙적으로 식사를 하면 영양의 균형을 고려하지 않아도 된다.

영양의 균형을 고려하여 음식물을 섭취해야 건강한 체형을 유지할 수 있다.

정답 33 ② 34 ② 35 ④ 36 ② 2 1 ① 2 ④

NAIL Technician Certification

SECTION 04

피부장애와 질환

이 섹션에서는 단순히 원발진과 속발진을 구분하는 문제에서부터 각 질환의 기본개념을 알아야 풀 수 있는 문제까지 다양하게 출제됩니다. 본문에 있는 내용은 모두 암기하되 예상문제 중심으로 학습하도록 합니다.

chapter 02

01 원발진과 속발진

1 원발진

건강한 피부에 처음으로 나타나는 병적인 변화

종류	특징
반점	피부 표면에 융기나 함몰이 없이 피부 색깔의 변화만 있는 것(주근깨, 기미 등)
반	반점보다 넓은 피부상의 색깔 변화
팽진	피부 상층부의 부분적인 부종으로 인해 국소적으로 부풀어 오르는 증상으로 가려움증을 동반하며, 불규칙적인 모양
구진	지름 0.5~1cm 이하의 발진으로 안에 고름이 없는 것
결절	주로 손등과 손목에 나타나며 구진보다 크고 단단한 발진
수포	단백질 성분의 묽은 액체가 고여 생기는 물집
농포	피부에 약간 돋아 올라 보이며 고름이 차 있는 발진
낭종	액체나 반고체의 물질이 들어 있는 혹
판	구진이 커지거나 서로 뭉쳐서 형성된 넓고 평평한 병변
면포	얼굴, 이마, 콧등에 나타나는 나사 모양의 굳어진 피지덩어리
종양	직경 2cm 이상의 큰 결절

2 속발진

원발진에 이어서 나타나는 병적인 변화

종류	특징
인설	피부 표면의 상층에서 떨어져 나간 각질 덩어리
가피	피부 표면에 상처가 나거나 헐었을 때 조직액 · 혈액 · 고름 등이 말라 굳은 것
표피박리	손톱으로 긁어서 생기는 표피선상의 작은 상처나 심한 마찰상
미란	피부의 표층이 결손된 것
균열	외상 또는 질병으로 인해 피부가 갈라진 상태
궤양	표피뿐만 아니라 진피까지 결손된 것으로 고름이나 출혈 동반
농양	피부에 고름이 생기는 상태

종류	특징
변지	손바닥이나 발바닥에 생기는 굳은살
반흔	외상이 치유된 후 피부에 남아있는 변성 부분
위축	진피의 세포나 성분 감소로 인해 피부가 얇아진 상태
태선화	장기간에 걸쳐 반복하여 긁거나 비벼서 표피가 건조하고 가죽처럼 두꺼워진 상태

02 피부질환

1 바이러스성·진균성 피부질환

(1) 바이러스성 피부질환

종류	특징
단순포진	• 입술 주위에 주로 생기는 수포성 질환 • 흉터 없이 치유되나 재발이 잘 됨
대상포진	• 지각신경 분포를 따라 군집 수포성 발진이 생기며 통증 동반 • 높은 연령층에서 발생 빈도가 높음
사마귀	파보바이러스 감염에 의해 구진 발생
수두	가려움을 동반한 발진성 수포 발생
홍역	파라믹소 바이러스에 의해 발생하는 급성 발진성 질환
풍진	귀 뒤나 목 뒤의 림프절 비대 증상으로 통증 동반하며, 얼굴과 몸에 발진이 나타남

(2) 진균성(곰팡이) 피부질환

종류	특징
칸디다증	피부, 점막, 입안, 식도, 손 · 발톱 등 발생 부위에 따라 다양한 증상
백선(무좀)	• 곰팡이균에 의해 발생 • 증상 : 피부 껍질이 벗겨지고 가려움증 동반 • 주로 손과 발에서 번식 • 종류 : 족부백선(발), 두부백선(머리), 조갑백선(손 · 발톱), 체부백선(몸), 고부백선(성기 주위), 안면백선(얼굴), 수부백선(손바닥), 수발백선(수염)
어루러기	말라세지아균에 의해 피부 각질층, 손 · 발톱, 머리카락에 진균이 감염되어 발생

2 색소이상 증상

(1) 과색소침착 : 멜라닌 색소 증가로 인해 발생

종류	특징
주근깨	유전적 요인에 의해 주로 발생
검버섯	얼굴, 목, 팔, 다리 등에 경계가 뚜렷한 구진 형태로 발생

종류	특징
기미	• 경계가 명백한 갈색의 점 • 원인 : 자외선 과다 노출, 경구 피임약 복용, 내분비장애, 선탠기 사용 • 중년 여성에게 주로 발생 • 종류 : 표피형, 진피형, 혼합형
갈색반점	혈액순환 이상으로 발생
오타모반	청갈색 또는 청회색의 진피성 색소반점
릴 흑피증	화장품이나 연고 등으로 인해 발생하는 색소침착
벌록피부염	향료에 함유된 요소가 원인인 광접촉 피부염

(2) 저색소침착 : 멜라닌 색소 감소로 인해 발생

종류	특징
백반증	• 원형, 타원형 또는 부정형의 흰색 반점이 나타남 • 후천적 탈색소 질환
백피증	• 멜라닌 색소 부족으로 피부나 털이 하얗게 변하는 증상 • 눈의 경우 홍채의 색소 감소

▶ 기미, 주근깨 손질 방법
• 자외선차단제가 함유되어 있는 일소방지용 화장품을 사용
• 비타민 C가 함유된 식품을 다량 섭취
• 미백효과가 있는 팩 사용

3 기계적 손상에 의한 피부질환

종류	특징
굳은살	외부의 압력으로 인해 각질층이 두꺼워지는 현상
티눈	각질층의 한 부위가 두꺼워져 생기는 각질층의 증식 현상으로 통증 동반
욕창	반복적인 압박으로 인해 혈액순환이 안 되어 조직이 죽어서 발생한 궤양
마찰성 수포	압력이나 마찰로 인해 자극된 부위에 생기는 수포

4 열에 의한 피부질환

(1) 화상

종류	특징
제1도 화상	피부가 붉게 변하면서 국소 열감과 동통 수반
제2도 화상	진피층까지 손상되어 수포가 발생한 피부 홍반, 부종, 통증 동반
제3도 화상	• 피부 전층 및 신경이 손상된 상태 • 피부색이 흰색 또는 검은색으로 변함
제4도 화상	피부 전층, 근육, 신경 및 뼈 조직이 손상된 상태

(2) 한진(땀띠)

땀관이 막혀 땀이 원활하게 표피로 배출되지 못하고 축적되어 발진과 물집이 생기는 질환

(3) 열성홍반

강한 열에 지속적으로 노출되면서 피부에 홍반과 과색소침착을 일으키는 질환

5 한랭에 의한 피부질환

종류	특징
동창	한랭 상태에 지속적으로 노출되어 피부의 혈관이 마비되어 생기는 국소적 염증반응
동상	영하 2~10℃의 추위에 노출되어 피부의 조직이 얼어 혈액 공급이 되지 않는 상태
한랭두드러기	추위 또는 찬 공기에 노출되는 경우 생기는 두드러기

6 기타 피부질환

종류	특징
주사	• 피지선과 관련된 질환 • 혈액의 흐름이 나빠져 모세혈관이 파손되어 코를 중심으로 양 뺨에 나비 형태로 붉어진 증상 • 주로 40~50대에 발생
한관종	• 물사마귀알이라고도 함 • 2~3mm 크기의 황색 또는 분홍색의 반투명성 구진을 가지는 피부양성종양 • 땀샘관의 개출구 이상으로 피지 분비가 막혀 생성
비립종	• 직경 1~2mm의 둥근 백색 구진 • 눈 아래 모공과 땀구멍에 주로 발생
지루피부염	기름기가 있는 비듬이 특징이며 호전과 악화를 되풀이 하고 약간의 가려움증을 동반하는 피부염
하지정맥류	다리의 혈액순환 이상으로 피부 밑에 형성되는 검푸른 상태
소양감	자각증상으로서 피부를 긁거나 문지르고 싶은 충동에 의한 가려움증
흉터	세포 재생이 더 이상 되지 않으며 기름샘과 땀샘이 없는 것

01. 원발진과 속발진

★★★
1 피부질환의 초기 병변으로 건강한 피부에서 발생하지만 질병으로 간주되지 않는 피부의 변화는?

① 알레르기 ② 속발진
③ 원발진 ④ 발진열

건강한 피부에 처음으로 나타나는 병적인 변화를 원발진이라 하며, 원발진에 이어서 나타나는 병적인 변화를 속발진이라 한다.

★★★
2 피부질환의 상태를 나타낸 용어 중 원발진(primary-lesions)에 해당하는 것은?

① 면포 ② 미란
③ 가피 ④ 반흔

미란, 가피, 반흔은 속발진에 속한다.

★★★
3 다음 중 원발진이 아닌 것은?

① 구진 ② 농포
③ 반흔 ④ 종양

반흔은 속발진에 속한다.

★★★
4 다음 중 원발진에 속하는 것은?

① 수포, 반점, 인설
② 수포, 균열, 반점
③ 반점, 구진, 결절
④ 반점, 가피, 구진

원발진에는 반점, 구진, 결절, 수포, 농포, 면포 등이 있다.

★★★
5 다음 중 원발진으로만 짝지어진 것은?

① 농포, 수포
② 색소침착, 찰상
③ 티눈, 흉터
④ 동상, 궤양

원발진에는 반점, 구진, 결절, 수포, 농포, 면포 등이 있다.

★★★
6 다음 중 원발진에 해당하는 피부변화는?

① 가피 ② 미란
③ 위축 ④ 구진

가피, 미란, 위축 모두 속발진에 해당한다.

★★★
7 다음 중 속발진에 해당하지 않는 것은?

① 가피 ② 균열
③ 변지 ④ 면포

면포는 원발진에 속한다.

★★★
8 피부 발진 중 일시적인 증상으로 가려움증을 동반하여 불규칙적인 모양을 한 피부 현상은?

① 농포 ② 팽진
③ 구진 ④ 결절

팽진은 피부 상층부의 부분적인 부종으로 인해 국소적으로 부풀어 오르는 증상을 말하며, 가려움증을 동반한다.

★★★
9 피부의 변화 중 결절(nodule)에 대한 설명으로 틀린 것은?

① 표피 내부에 직경 1cm 미만의 묽은 액체를 포함한 융기이다.
② 여드름 피부의 4단계에 나타난다.
③ 구진이 서로 엉켜서 큰 형태를 이룬 것이다.
④ 구진과 종양의 중간 염증이다.

결절은 구진(0.5~1cm)보다 크고 단단한 발진을 말한다.

★★★
10 다음 중 공기의 접촉 및 산화와 관계있는 것은?

① 흰 면포 ② 검은 면포
③ 구진 ④ 팽진

흰색 면포가 시간이 지나면서 커지면 구멍이 개방되어 내용물의 일부가 모공을 통해 피부 밖으로 나오게 되고 공기와 접촉하면서 지방이 산화되어 검은색이 된다.

정답 **1** 1③ 2① 3③ 4③ 5① 6④ 7④ 8② 9① 10②

★★★
11 진피에 자리하고 있으며 통증이 동반되고, 여드름 피부의 4단계에서 생성되는 것으로 치료 후 흉터가 남는 것은?

① 가피 ② 농포
③ 면포 ④ 낭종

여드름 피부의 4단계에는 결절과 낭종이 생기며, 낭종은 염증이 심하고 피부 깊숙이 자리하고 있으며 흉터가 남는다.

★★★
12 장기간에 걸쳐 반복하여 긁거나 비벼서 표피가 건조하고 가죽처럼 두꺼워진 상태는?

① 가피 ② 낭종
③ 태선화 ④ 반흔

코끼리 피부처럼 피부가 거칠고 두꺼워지는 현상을 태선화라 한다.

★★★
13 다음 중 태선화에 대한 설명으로 옳은 것은?

① 표피가 얇아지는 것으로 표피세포 수의 감소와 관련이 있으며 종종 진피의 변화와 동반된다.
② 둥글거나 불규칙한 모양의 굴착으로 점진적인 괴사에 의해서 표피와 함께 진피의 소실이 오는 것이다.
③ 질병이나 손상에 의해 진피와 심부에 생긴 결손을 메우는 새로운 결체조직의 생성으로 생기며 정상치유 과정의 하나이다.
④ 표피 전체와 진피의 일부가 가죽처럼 두꺼워지는 현상이다.

장기간에 걸쳐 반복하여 긁거나 비벼서 표피가 건조하고 가죽처럼 두꺼워진 상태를 태선화라 한다.

02. 피부질환

★★★★
1 다음 중 바이러스에 의한 피부질환은?

① 대상포진 ② 식중독
③ 발무좀 ④ 농가진

바이러스성 피부질환에는 단순포진, 대상포진, 사마귀, 수두, 홍역, 풍진 등이 있다.

★★★
2 바이러스성 질환으로 수포가 입술 주위에 잘 생기고 흉터 없이 치유되나 재발이 잘 되는 것은?

① 습진 ② 태선
③ 단순포진 ④ 대상포진

단순포진은 입술 주위에 주로 생기는 수포성 질환으로 재발이 잘 된다.

★★★★
3 다음 중 바이러스성 피부질환은?

① 기미 ② 주근깨
③ 여드름 ④ 단순포진

바이러스성 피부질환에는 단순포진, 대상포진, 사마귀 등이 있다.

★★★
4 대상포진(헤르페스)에 대한 설명으로 맞는 것은?

① 지각신경 분포를 따라 군집 수포성 발진이 생기며 통증이 동반된다.
② 바이러스를 갖고 있지 않다.
③ 전염되지는 않는다.
④ 목과 눈꺼풀에 나타나는 전염성 비대 증식현상이다.

대상포진은 바이러스성, 감염성 피부질환이다.

★★★
5 다음 중 바이러스성 질환으로 연령이 높은 층에 발생 빈도가 높고 심한 통증을 유발하는 것은?

① 대상포진 ② 단순포진
③ 습진 ④ 태선

대상포진은 바이러스성 피부질환으로 지각신경 분포를 따라 군집 수포성 발진이 생기며 통증을 동반하는데, 높은 연령층에서 발생 빈도가 높다.

★★★
6 다음 중 진균에 의한 피부질환이 아닌 것은?

① 두부백선 ② 족부백선
③ 무좀 ④ 대상포진

대상포진은 바이러스성 피부질환이다.

정답 11 ④ 12 ③ 13 ④ 2 1 ① 2 ③ 3 ④ 4 ① 5 ① 6 ④

★★★
7 다음 중 기미의 유형이 아닌 것은?

① 혼합형 기미
② 진피형 기미
③ 표피형 기미
④ 피하조직형 기미

기미에는 표피에 침착되는 표피형 기미, 진피까지 깊숙이 침착되는 진피형 기미, 표피와 진피에 침착되는 혼합형 기미 3가지가 있다.

★★★
8 피부진균에 의하여 발생하며 습한 곳에서 발생빈도가 가장 높은 것은?

① 모낭염 ② 족부백선
③ 봉소염 ④ 티눈

백선은 진균성 피부질환으로 발에 나타나는 백선을 족부백선이라 한다.

★★★★
9 다음 내용과 가장 관계있는 것은?

- 곰팡이균에 의해 발생한다.
- 피부껍질이 벗겨진다.
- 가려움증이 동반된다.
- 주로 손과 발에서 번식한다.

① 농가진 ② 무좀
③ 홍반 ④ 사마귀

무좀은 특히 발가락 사이에서 곰팡이균에 의해 발생하며 가려움증이 동반되는 질병이다.

★★★
10 기미에 대한 설명으로 틀린 것은?

① 피부 내에 멜라닌이 합성되지 않아 야기되는 것이다.
② 30~40대의 중년 여성에게 잘 나타나고 재발이 잘된다.
③ 선탠기에 의해서도 기미가 생길 수 있다.
④ 경계가 명확한 갈색의 점으로 나타난다.

기미는 멜라닌 색소가 피부에 과다하게 침착되어 나타나는 증상이다.

★★★
11 기미, 주근깨의 손질에 대한 설명 중 잘못된 것은?

① 외출 시에는 화장을 하지 않고 기초손질만 한다.
② 자외선차단제가 함유되어 있는 일소방지용 화장품을 사용한다.
③ 비타민 C가 함유된 식품을 다량 섭취한다.
④ 미백효과가 있는 팩을 자주한다.

기미, 주근깨를 예방하기 위해서는 자외선에 많이 노출되지 않아야 하고, 외출 시 자외선차단제가 함유된 화장품을 바르도록 한다.

★★★
12 기미피부의 손질방법으로 틀린 것은?

① 정신적 스트레스를 최소화한다.
② 자외선을 자주 이용하여 멜라닌을 관리한다.
③ 화학적 필링과 AHA 성분을 이용한다.
④ 비타민 C가 함유된 음식물을 섭취한다.

기미를 예방하기 위해서는 자외선에 노출되지 않도록 해야 한다.

★★★
13 피부 색소침착에서 과색소침착 증상이 아닌 것은?

① 기미 ② 백반증
③ 주근깨 ④ 검버섯

백반증은 저색소침착으로 인해 발생한다.

★★★
14 티눈의 설명으로 옳은 것은?

① 각질층의 한 부위가 두꺼워져 생기는 각질층의 증식현상이다.
② 주로 발바닥에 생기며 아프지 않다.
③ 각질핵은 각질 윗부분에 있어 자연스럽게 제거가 된다.
④ 발뒤꿈치에만 생긴다.

② 티눈은 통증을 동반한다.
③ 각질핵은 각질층을 깎아내면 병변의 중심에 각질핵을 확인할 수 있다.
④ 티눈은 발바닥과 발가락에 주로 발생한다.

정답 7 ④ 8 ② 9 ② 10 ① 11 ① 12 ② 13 ② 14 ①

★★★
15 백반증에 관한 내용 중 틀린 것은?

① 멜라닌 세포의 과다한 증식으로 일어난다.
② 백색 반점이 피부에 나타난다.
③ 후천적 탈색소 질환이다.
④ 원형, 타원형 또는 부정형의 흰색 반점이 나타난다.

백반증은 멜라닌 세포의 파괴로 인해 백색 반점이 나타나는 증상이다.

★★
16 벌록 피부염(berlock dermatitis)이란?

① 향료에 함유된 요소가 원인인 광접촉 피부염이다.
② 눈 주위부터 볼에 걸쳐 다수 군집하여 생기는 담갈색의 색소반이다.
③ 안면이나 목에 발생하는 청자갈색조의 불명료한 색소 침착이다.
④ 절상이나 까진 상처의 전후처치를 잘못해서 생기는 색소의 침착이다.

벌록 피부염은 향료에 함유된 요소가 자외선을 쬐었을 때 피부의 색깔이 변하는 피부질환이다.

★★★
17 기계적 손상에 의한 피부질환이 아닌 것은?

① 굳은살 ② 티눈
③ 종양 ④ 욕창

기계적 손상에 의한 피부질환은 외부의 마찰이나 압력에 의해 생기는 피부질환을 말하며, 굳은살, 티눈, 욕창, 마찰성 수포가 여기에 해당한다.

★★★
18 다음 중 각질이상에 의한 피부질환은?

① 주근깨(작반) ② 기미(간반)
③ 티눈 ④ 릴 흑피증

기미, 주근깨, 릴 흑피증은 과색소침착에 의한 피부질환이다.

★★★
19 피부에 계속적인 압박으로 생기는 각질층의 증식현상이며, 원추형의 국한성 비후증으로 경성과 연성이 있는 것은?

① 사마귀 ② 무좀
③ 굳은살 ④ 티눈

경성 티눈은 발가락의 등 쪽이나 발바닥에 주로 발생하며, 연성 티눈은 발가락 사이에 주로 발생한다.

★★
20 물사마귀알로도 불리우며 황색 또는 분홍색의 반투명성 구진(2~3mm 크기)을 가지는 피부양성종양으로 땀샘관의 개출구 이상으로 피지분비가 막혀 생성되는 것은?

① 한관종 ② 혈관종
③ 섬유종 ④ 지방종

한관종은 사춘기 이후의 여성의 눈 주위, 뺨, 이마에 주로 발생한다.

★★
21 주로 40~50대에 보이며 혈액흐름이 나빠져 모세혈관이 파손되어 코를 중심으로 양 뺨에 나비형태로 붉어진 증상은?

① 비립종 ② 섬유종
③ 주사 ④ 켈로이드

주사는 피지선에 염증이 생기면서 얼굴의 중간 부위에 주로 발생하는데, 간혹 구진이나 농포가 생기기도 한다.

★★★★
22 화상의 구분 중 홍반, 부종, 통증뿐만 아니라 수포를 형성하는 것은?

① 제1도 화상 ② 제2도 화상
③ 제3도 화상 ④ 중급 화상

화상의 구분

제1도 화상	피부가 붉게 변하면서 국소 열감과 동통 수반
제2도 화상	• 진피층까지 손상되어 수포가 발생한 피부 • 홍반, 부종, 통증 동반
제3도 화상	• 피부 전층 및 신경이 손상된 상태 • 피부색이 흰색 또는 검은색으로 변함
제4도 화상	피부 전층, 근육, 신경 및 뼈 조직이 손상된 상태

★★★★
23 다음 중 2도 화상에 속하는 것은?

① 햇볕에 탄 피부
② 진피층까지 손상되어 수포가 발생한 피부
③ 피하 지방층까지 손상된 피부
④ 피하 지방층 아래의 근육까지 손상된 피부

정답 15 ① 16 ① 17 ③ 18 ③ 19 ④ 20 ① 21 ③ 22 ② 23 ②

★★★
24 땀띠가 생기는 원인으로 가장 옳은 것은?

① 땀띠는 피부표면에 있는 땀구멍이 일시적으로 막히기 때문에 생기는 발한기능의 장애 때문에 발생한다.
② 땀띠는 여름철 너무 잦은 세안 때문에 발생한다.
③ 땀띠는 여름철 과다한 자외선 때문에 발생하므로 햇볕을 받지 않으면 생기지 않는다.
④ 땀띠는 피부에 미생물이 감염되어 생긴 피부질환이다.

땀띠는 땀구멍이 막혀서 땀이 원활하게 표피로 배출되지 못해서 생긴다.

★★
25 모세혈관 파손과 구진 및 농도성 질환이 코를 중심으로 양볼에 나비모양을 이루는 증상은?

① 접촉성 피부염 ② 주사
③ 건선 ④ 농가진

★★
26 다음 중 피지선과 가장 관련이 깊은 질환은?

① 사마귀 ② 주사(rosacea)
③ 한관종 ④ 백반증

주사는 피지선에 염증이 생기면서 붉게 변하는 염증성 질환이다.

★
27 자각증상으로서 피부를 긁거나 문지르고 싶은 충동에 의한 가려움증은?

① 소양감 ② 작열감
③ 촉감 ④ 의주감

소양감은 가려움증을 의미한다.

★★★
28 모래알 크기의 각질 세포로서 눈 아래 모공과 땀구멍에 주로 생기는 백색 구진 형태의 질환은?

① 비립종 ② 칸디다증
③ 매상혈관증 ④ 화염성모반

비립종은 직경 1~2mm의 둥근 백색 구진으로 눈 아래 모공과 땀구멍에 주로 생기는 질환이다.

★★★
29 직경 1~2mm의 둥근 백색 구진으로 안면(특히 눈 하부)에 호발하는 것은?

① 비립종(Milium)
② 피지선 모반(Nevus sebaceous)
③ 한관종(Syringoma)
④ 표피낭종(Epidermal cyst)

★★
30 다음 중 세포 재생이 더 이상 되지 않으며 기름샘과 땀샘이 없는 것은?

① 흉터 ② 티눈
③ 두드러기 ④ 습진

흉터는 손상된 피부가 치유된 흔적을 말하는데, 세포 재생이 더 이상 되지 않으며, 기름샘과 땀샘도 없다.

★★★
31 피부질환 중 지성의 피부에 여드름이 많이 나타나는 이유의 설명 중 가장 옳은 것은?

① 한선의 기능이 왕성할 때
② 림프의 역할이 왕성할 때
③ 피지가 계속 많이 분비되어 모낭구가 막혔을 때
④ 피지선의 기능이 왕성할 때

여드름은 피지가 많이 분비되어 표피의 각화이상으로 모낭구가 막혔을 때 많이 나타난다.

★★★
32 여드름 발생의 주요 원인과 가장 거리가 먼 것은?

① 아포크린 한선의 분비 증가
② 모낭 내 이상 각화
③ 여드름 균의 군락 형성
④ 염증반응

아포크린 한선은 겨드랑이, 유두 주위에 많이 분포하는 것으로 여드름 발생과는 상관이 없다.

★★★
33 다리의 혈액순환 이상으로 피부 밑에 형성되는 검푸른 상태를 무엇이라 하는가?

① 혈관 축소 ② 심박동 증가
③ 하지정맥류 ④ 모세혈관확장증

하지정맥류는 혈액순환 이상으로 정맥이 늘어나서 피부 밖으로 돌출되어 보이는 것을 말하는데, 다리가 무겁게 느껴지고 쉽게 피곤해지는 증상이 나타난다.

정답 24 ① 25 ② 26 ② 27 ① 28 ① 29 ① 30 ① 31 ③ 32 ① 33 ③

NAIL Technician Certification

피부면역 및 피부노화

이 섹션에서는 자외선이 피부에 미치는 영향에 대해서는 긍정적 영향과 부정적 영향을 구분해서 암기하기 바랍니다. 장파장, 중파장, 단파장의 주요 특징도 숙지하고, 광노화 현상은 자연노화과 구분하도록 합니다.

01 피부와 광선

태양광선은 파장에 따라 자외선, 적외선, 가시광선으로 나누어진다.

자외선 (6%) | 가시광선 (52%) | 적외선 (42%)
200nm 400nm 5,000nm
290nm 320nm
UV–C | UV–B | UV–A
• 피부암 • 살균 · 소독 | • 일광화상 • 색소침착 • 비타민 D 합성 | • 잔주름생성 • 색소침착

▶ 즉시 색소 침착
자외선 A에 노출된 뒤 수 초 이내에 나타나며, 24~36시간 내에 사라진다.

▶ 지연 색소 침착
자외선 B에 의해 발생되며, 노출 후 48~72시간 내에 증상이 나타난다.

1 자외선이 미치는 영향

구분	특징	
긍정적 영향	• 신진대사 촉진 • 노폐물 제거	• 살균 및 소독기능 • 비타민 D 합성
부정적 영향	• 일광화상 • 색소침착 • 피부암	• 홍반반응 • 광노화

2 자외선의 구분

구분	파장 범위	특징
UV A	장파장 (320~400nm)	• 진피의 상부까지 침투 • 즉시 색소 침착 유발 • 피부 탄력 감소 및 주름 형성 • 콜라겐 및 엘라스틴 파괴 · 변형 → 광노화 현상
UV B	중파장 (290~320nm)	• 표피의 기저층 또는 진피의 상부까지 침투 • 홍반 발생 능력이 자외선 A의 1,000배 • 과다하게 노출될 경우 일광화상을 일으킬 수 있음
UV C	단파장 (200~290nm)	• 오존층에서 거의 흡수되어 피부에는 거의 도달하지 않지만 오존층 파괴로 인해 영향을 미침 • 가장 강한 자외선으로 살균작용을 함

3 적외선이 미치는 영향

① 피부 깊숙이 침투하여 혈액순환 촉진
② 신진대사 촉진
③ 근육 이완
④ 피부에 영양분 침투
⑤ 식균 작용

02 피부면역

1 특이성 면역

체내에 침입하거나 체내에서 생성되는 항원에 대해 항체가 작용하여 제거하는 면역으로, 림프구가 면역기능에 관여한다.

B림프구	• 체액성 면역 (항원에 대한 항체를 생산하는 백혈구) • 특정 면역체에 대해 면역글로불린이라는 항체 생성
T림프구	• 세포성 면역 (후천 면역에 관여하는 백혈구) • 혈액 내 림프구의 70~80% 차지 • 세포 대 세포의 접촉을 통해 직접 항원을 공격

▶ 항원과 항체
- 항원 : 사람의 몸에 면역반응을 불러 일으키는 성질을 지닌 물질
- 항체 : 몸 안에 침입한 항원에 맞서기 위해 자기방어를 목적으로 만들어 내는 물질

2 비특이성 면역 : 태어나면서부터 가지고 있는 자연면역체계

(1) 제1 방어계

① 기계적 방어벽 : 피부 각질층, 점막, 코털

② 화학적 방어벽 : 위산, 소화효소

③ 반사작용 : 재채기, 섬모운동

(2) 제2 방어계

① 식세포 작용 : 대식세포, 단핵구

② 염증 및 발열 : 히스타민

③ 방어 단백질 : 보체, 인터페론

④ 자연살해세포 : 작은 림프구 모양의 세포로 종양 세포나 바이러스에 감염된 세포를 자발적으로 죽이는 세포

03 피부노화

1 피부노화의 원인

① 유전자 ② 활성산소

③ 신경세포의 피로 ④ 신진대사 과정에서 발생하는 독소

⑤ 텔로미어* 단축 ⑥ 아미노산 라세미화*

2 피부노화 현상

(1) 내인성 노화(자연노화)

① 나이가 들면서 피부가 노화되는 현상

② 각질층의 두께, 피지선의 크기 증가

③ 건조해지고 잔주름이 늘어남

④ 피하지방세포, 멜라닌 세포, 랑게르한스 세포 수, 한선의 수, 땀의 분비 감소

⑤ 표피 및 진피의 두께 및 망상층이 얇아짐

▶ 활성산소의 종류
슈퍼옥사이드 라디칼, 하이드록시 라디칼, 퍼옥시 라디칼, 과산화수소 등

▶ 대표적인 항산화 효소
SOD(Superoxide Dismutase), 카탈라아제, 글루타치온

▶ 텔로미어(Telomere)
- 염색체의 끝부분을 지칭
- 세포분열이 진행될수록 길이가 점점 짧아져 나중에는 매듭만 남게 되고 세포복제가 멈추어 죽게 되면서 노화가 일어남

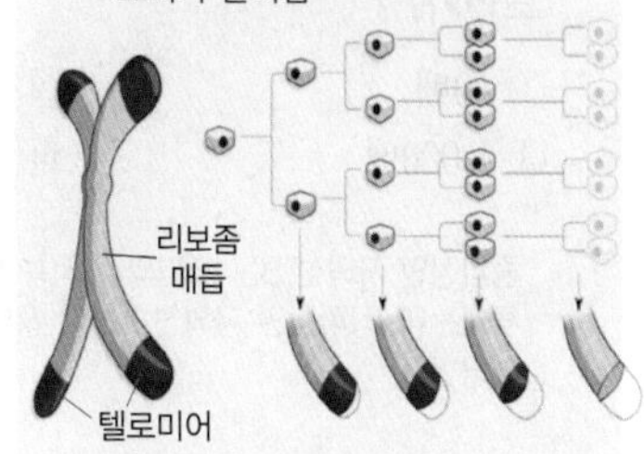

▶ 라세미화 (Racemization)
- 광학활성물질(생명체를 구성하는 기본물질) 자체의 선광도(순도 또는 농도)가 감소하거나 완전히 상실되는 현상
- 생체에서 생합성이나 대사의 과정에서 아미노산이나 당 등이 라세미화 됨으로써 노화의 원인이 된다.

(2) 외인성 노화(광노화)

① 햇빛, 바람, 추위, 공해 등에 피부가 노화되는 현상
② 표피의 두께가 두꺼워짐
③ 진피 내의 모세혈관 확장
④ 멜라닌 세포의 수 증가
⑤ 피부가 건조해지고 거칠어짐
⑥ 스트레스, 흡연, 알코올 섭취 등의 영향을 받음
⑦ 과색소침착증이 나타남
⑧ 주름이 비교적 깊고 굵음
⑨ 섬유아세포 수의 양 감소
⑩ 점다당질 증가
⑪ 콜라겐의 변성 및 파괴가 일어남

출제예상문제 | 단원별 구성의 문제 유형 파악!

★★★

1 강한 자외선에 노출될 때 생길 수 있는 현상이 아닌 것은?

① 만성 피부염　② 홍반
③ 광노화　④ 일광화상

자외선에 자주 노출되면 일광화상, 홍반반응, 색소침착, 광노화, 피부암 등의 피부 변화가 나타날 수 있다.

★★★

2 자외선 B는 자외선 A보다 홍반 발생 능력이 몇 배 정도인가?

① 10배　② 100배
③ 1,000배　④ 10,000배

중파장인 자외선 B는 표피의 기저층 또는 진피의 상부까지 침투하는데, 장파장인 자외선 A보다 홍반 발생 능력이 1,000배에 해당한다.

★★★★

3 피부에 자외선을 너무 많이 조사했을 경우에 일어날 수 있는 일반적인 현상은?

① 멜라닌 색소가 증가해 기미, 주근깨 등이 발생한다.
② 피부가 윤기가 나고 부드러워진다.
③ 피부에 탄력이 생기고 각질이 엷어진다.
④ 세포의 탈피현상이 감소된다.

피부가 자외선에 자주 노출되면 기미, 주근깨, 검버섯 등의 과색소침착이 일어난다.

★★★

4 자외선 중 홍반을 주로 유발시키는 것은?

① UV A　② UV B
③ UV C　④ UC D

UV B는 290~320nm의 중파장으로 피부의 홍반을 유발한다.

★★★★

5 다음 중 UV-A(장파장 자외선)의 파장 범위는?

① 320~400nm　② 290~320nm
③ 200~290nm　④ 100~200nm

자외선의 파장 범위
- UV A : 320~400nm
- UV B : 290~320nm
- UV C : 200~290nm

정답　1① 2③ 3① 4② 5①

★★★
6 단파장으로 가장 강한 자외선이며, 원래는 오존층에 완전 흡수되어 지표면에 도달되지 않았으나 오존층의 파괴로 인해 인체와 생태계에 많은 영향을 미치는 자외선은?

① UV A ② UV B
③ UV C ④ UV D

자외선 C는 파장 범위가 200~290nm의 단파장으로 가장 강한 자외선이며, 오존층에서 거의 흡수되어 피부에는 영향을 미치지 않았으나, 최근 오존층의 파괴로 인해 인체에 많은 영향을 미치고 있다.

★★★
7 다음 중 가장 강한 살균작용을 하는 광선은?

① 자외선 ② 적외선
③ 가시광선 ④ 원적외선

태양광선 중 자외선이 가장 강한 살균작용을 한다.

★★★
8 다음 중 자외선이 피부에 미치는 영향이 아닌 것은?

① 색소침착 ② 살균효과
③ 홍반형성 ④ 비타민 A 합성

자외선이 피부에서 합성하는 것은 비타민 D이다.

★★★
9 적외선을 피부에 조사시킬 때의 영향으로 틀린 것은?

① 신진대사에 영향을 미친다.
② 혈관을 확장시켜 순환에 영향을 미친다.
③ 근육을 수축시킨다.
④ 식균 작용에 영향을 미친다.

적외선을 피부에 조사시키면 근육이 이완된다.

★★★
10 다음 중 적외선에 관한 설명으로 옳지 않은 것은?

① 혈류의 증가를 촉진시킨다.
② 피부에 생성물을 흡수되도록 돕는 역할을 한다.
③ 노화를 촉진시킨다.
④ 피부에 열을 가하여 피부를 이완시키는 역할을 한다.

피부 노화를 촉진하는 것은 자외선이다.

★★★
11 특정 면역체에 대해 면역글로불린이라는 항체를 생성하는 것은?

① B림프구
② T림프구
③ 자연살해세포
④ 각질형성세포

B림프구는 체액성 면역 반응을 담당하는 림프구의 일종으로 면역글로불린이라는 항체를 생성한다.

★★★
12 작은 림프구 모양의 세포로 종양 세포나 바이러스에 감염된 세포를 자발적으로 죽이는 세포를 무엇이라 하는가?

① 멜라닌 세포
② 랑게르한스세포
③ 각질형성세포
④ 자연살해세포

자연살해세포는 바이러스에 감염된 세포나 암세포를 직접 파괴하는 면역세포로 인체에 약 1억 개의 자연살해세포가 있으며, 간이나 골수에서 성숙한다.

★★★
13 피부의 면역에 관한 설명으로 맞는 것은?

① 세포성 면역에는 보체, 항체 등이 있다.
② T림프구는 항원전달세포에 해당한다.
③ B림프구는 면역글로불린이라고 불리는 항체를 생성한다.
④ 표피에 존재하는 각질형성세포는 면역조절에 작용하지 않는다.

① 세포성 면역은 세포 대 세포의 접촉을 통해 직접 항원을 공격하며, 체액성 면역이 항체를 생성한다.
② T림프구는 항원전달세포에 해당하지 않는다.
④ 각질형성세포는 면역조절 작용을 한다.

★★★
14 제1방어계 중 기계적 방어벽에 해당하는 것은?

① 피부 각질층 ② 위산
③ 소화효소 ④ 섬모운동

기계적 방어벽에는 피부 각질층, 점막, 코털 등이 있다.

정답 6③ 7① 8④ 9③ 10③ 11① 12④ 13③ 14①

★★★
15 내인성 노화가 진행될 때 감소 현상을 나타내는 것은?

① 각질층 두께
② 주름
③ 피부처짐 현상
④ 랑게르한스 세포

내인성 노화가 진행될수록 멜라닌 세포와 랑게르한스 세포의 수가 감소한다.

★★★
16 자연노화(생리적 노화)에 의한 피부 증상이 아닌 것은?

① 망상층이 얇아진다.
② 피하지방세포가 감소한다.
③ 각질층의 두께가 감소한다.
④ 멜라닌 세포의 수가 감소한다.

노화가 진행될수록 각질층의 두께는 증가한다.

★★★
17 피부노화 현상으로 옳은 것은?

① 피부노화가 진행되어도 진피의 두께는 그대로 유지된다.
② 광노화에서는 내인성 노화와 달리 표피가 얇아지는 것이 특징이다.
③ 피부 노화에는 나이에 따른 과정으로 일어나는 광노화와 누적된 햇빛 노출에 의하여 야기되기도 한다.
④ 내인성 노화보다는 광노화에서 표피 두께가 두꺼워진다.

① 피부노화가 진행될수록 진피의 두께는 감소한다.
② 광노화에서는 표피의 두께가 두꺼워진다.
③ 나이에 따른 과정으로 일어나는 노화를 내인성 노화 또는 자연노화라고 한다.

★★★
18 피부의 노화 원인과 가장 관련이 없는 것은?

① 노화 유전자와 세포 노화
② 항산화제
③ 아미노산 라세미화
④ 텔로미어(telomere) 단축

★★★
19 광노화의 반응과 가장 거리가 먼 것은?

① 거칠어짐 ② 건조
③ 과색소침착증 ④ 모세혈관 수축

광노화의 경우 모세혈관이 확장한다.

★★★
20 광노화 현상이 아닌 것은?

① 표피 두께 증가
② 멜라닌 세포 이상 항진
③ 체내 수분 증가
④ 진피 내의 모세혈관 확장

광노화 현상이 나타나는 피부는 건조해지고 거칠어진다.

★★★
21 어부들에게 피부의 노화가 조기에 나타나는 가장 큰 원인은?

① 생선을 너무 많이 섭취하여서
② 햇볕에 많이 노출되어서
③ 바다에 오존 성분이 많아서
④ 바다의 일에 과로하여서

어부들은 햇빛이 많이 노출되어 광노화 현상이 나타난다.

★★★
22 피부 노화인자 중 외부인자가 아닌 것은?

① 나이 ② 자외선
③ 산화 ④ 건조

나이가 증가함에 따라 피부가 노화되는 것은 내인성 노화에 속한다.

★★★★
23 UV A와 관련한 내용으로 가장 거리가 먼 것은?

① 지연 색소 침착
② 즉시 색소 침착
③ 생활 자외선
④ 320~400nm의 장파장

지연 색소 침착은 자외선 B에 의해 발생되며, 노출 후 48~72시간 내에 증상이 나타난다.

정답 15 ④ 16 ③ 17 ④ 18 ② 19 ④ 20 ③ 21 ② 22 ① 23 ①

NAIL Beauty

Nailist Technician Certification

CHAPTER

03

화장품학

NAIL Technician Certification

SECTION 01

화장품 기초

이 섹션에서는 화장품의 정의, 의약품과의 비교, 기능성화장품의 정의, 화장품의 분류는 확실히 암기하도록 합니다.

▶ 의약품의 정의
- 사람이나 동물의 질병을 진단·치료·경감·처치 또는 예방할 목적으로 사용하는 물품
- 사람이나 동물의 구조와 기능에 약리학적 영향을 줄 목적으로 사용하는 물품

▶ 화장품과 의약품의 비교

구분	화장품	의약품
대상	정상인	환자
목적	청결·미화	질병의 진단 및 치료
기간	장기	단기
범위	전신	특정 부위
부작용 여부	없어야 함	있을 수 있음

01 화장품의 정의

1 화장품

① 인체를 청결·미화하여 매력을 더하고 용모를 밝게 변화시키기 위해 사용하는 물품
② 피부 혹은 모발을 건강하게 유지 또는 증진하기 위한 물품
③ 인체에 바르고 문지르거나 뿌리는 등의 방법으로 사용되는 물품
④ 인체에 사용되는 물품으로 인체에 대한 작용이 경미한 것
⑤ 의약품이 아닐 것

2 기능성 화장품

화장품 중에서 다음에 해당되는 것으로서 총리령으로 정하는 화장품
① 피부의 미백에 도움을 주는 제품
② 피부의 주름개선에 도움을 주는 제품
③ 피부를 곱게 태워주거나 자외선으로부터 피부를 보호하는 데에 도움을 주는 제품
④ 모발의 색상 변화·제거 또는 영양공급에 도움을 주는 제품
⑤ 피부나 모발의 기능 약화로 인한 건조함, 갈라짐, 빠짐, 각질화 등을 방지하거나 개선하는 데에 도움을 주는 제품

02 화장품의 분류

분류		종류
기초 화장품	세안	클렌징 폼, 페이셜 스크럽, 클렌징 크림, 클렌징 로션, 클렌징 워터, 클렌징 젤
	피부정돈	화장수, 팩, 마사지 크림
	피부보호	로션, 크림, 에센스, 화장유
메이크업 화장품	베이스 메이크업	메이크업 베이스, 파운데이션, 파우더
	포인트 메이크업	립스틱, 블러셔, 아이라이너, 마스카라, 아이섀도, 네일에나멜

분류		종류
모발 화장품	세발용	샴푸, 린스
	정발용	헤어오일, 헤어로션, 헤어크림, 헤어스프레이, 헤어무스, 헤어젤, 헤어 리퀴드
	트리트먼트용	헤어트리트먼트, 헤어팩, 헤어블로우, 헤어코트
	양모용	헤어토닉
인체 세정용	세정	폼 클렌저, 바디 클렌저, 액체 비누, 외음부 세정제
네일 화장품	네일보호, 색채	베이스코트, 언더코트, 네일폴리시, 네일에나멜, 탑코트, 네일 크림·로션·에센스, 네일폴리시·네일에나멜 리무버
방향 화장품	향취	퍼퓸, 오데퍼퓸, 오데토일렛, 오데코롱, 샤워코롱

▶ 용어 이해
- 세발 : 헤어 세정
- 정발 : 헤어 세팅
- 양모 : 탈모방지 및 두피건강

▶ 상태(제형)에 따라 가용화 제품, 유화제품, 분산제품으로 구분된다. 자세한 내용은 다음 섹션의 '화장품의 제조기술'을 참고한다.

출제예상문제 | 단원별 구성의 문제 유형 파악!

★★★
1 화장품법상 화장품의 정의와 관련한 내용이 아닌 것은?

① 신체의 구조, 기능에 영향을 미치는 것과 같은 사용 목적을 겸하지 않는 물품
② 인체를 청결히 하고, 미화하고, 매력을 더하고 용모를 밝게 변화시키기 위해 사용하는 물품
③ 피부 혹은 모발을 건강하게 유지 또는 증진하기 위한 물품
④ 인체에 사용되는 물품으로 인체에 대한 작용이 경미한 것

화장품의 정의
인체를 청결 · 미화하여 매력을 더하고 용모를 밝게 변화시키거나 피부 · 모발의 건강을 유지 또는 증진하기 위하여 인체에 바르고 문지르거나 뿌리는 등 이와 유사한 방법으로 사용되는 물품으로서 인체에 대한 작용이 경미한 것

★★★
2 화장품의 사용 목적과 가장 거리가 먼 것은?

① 인체를 청결, 미화하기 위하여 사용한다.
② 용모를 변화시키기 위하여 사용한다.
③ 피부, 모발의 건강을 유지하기 위하여 사용한다.
④ 인체에 대한 약리적인 효과를 주기 위해 사용한다.

인체에 대한 약리적인 효과를 주기 위해 사용하는 것은 의약품이다.

★★★★★
3 화장품과 의약품의 차이를 바르게 정의한 것은?

① 화장품의 사용 목적은 질병의 치료 및 진단이다.
② 화장품은 특정부위만 사용 가능하다.
③ 의약품의 부작용은 어느 정도까지는 인정된다.
④ 의약품의 사용대상은 정상적인 상태인 자로 한정되어 있다.

화장품은 부작용이 없어야 하며, 의약품은 부작용이 있을 수 있다.

★★★
4 화장품의 분류에 관한 설명 중 틀린 것은?

① 마사지 크림은 기초화장품에 속한다.
② 샴푸, 헤어린스는 모발용 화장품에 속한다.
③ 퍼퓸, 오데코롱은 방향화장품에 속한다.
④ 페이스파우더는 기초화장품에 속한다.

페이스파우더는 색조화장품에 속한다.

정답 1① 2④ 3③ 4④

★★★★★
5 다음 설명 중 기능성 화장품에 해당하지 않는 것은?

① 피부에 멜라닌 색소가 침착하는 것을 방지하여 기미·주근깨 등의 생성을 억제함으로써 피부의 미백에 도움을 주는 기능을 가진 화장품
② 미백과 더불어 신체적으로 약리학적 영향을 줄 목적으로 사용하는 제품
③ 피부에 탄력을 주어 피부의 주름을 완화 또는 개선하는 기능을 가진 화장품
④ 피부를 곱게 태워주거나 자외선으로부터 피부를 보호하는 데에 도움을 주는 제품

> 인체에 대한 약리적인 효과를 주기 위한 것은 의약품에 속한다.

★★★
6 화장품의 분류와 사용 목적, 제품이 일치하지 않는 것은?

① 모발 화장품 - 정발 - 헤어스프레이
② 방향 화장품 - 향취 부여 - 오데코롱
③ 메이크업 화장품 - 색채 부여 - 네일 에나멜
④ 기초화장품 - 피부정돈 - 클렌징 폼

> 클렌징 폼은 세안용으로 사용되며, 피부정돈용 화장품은 화장수, 팩, 마사지 크림 등이 있다.

★★★
7 다음 화장품 중 그 분류가 다른 것은?

① 화장수 ② 클렌징 크림
③ 샴푸 ④ 팩

> 화장수, 클렌징 크림, 팩은 기초화장품에 속하고 샴푸는 모발화장품에 속한다.

★★★
8 다음 중 기초화장품에 해당하는 것은?

① 파운데이션 ② 네일 폴리시
③ 볼연지 ④ 스킨로션

> 스킨로션, 크림, 에센스, 화장수 등은 기초화장품에 속한다.

★★★
9 다음 중 기초화장품에 해당하지 않는 것은?

① 에센스 ② 클렌징 크림
③ 파운데이션 ④ 스킨로션

> 파운데이션은 메이크업 화장품에 속한다.

★★★
10 샤워 코롱(Shower cologne)이 속하는 분류는?

① 방향용 화장품 ② 메이크업용 화장품
③ 모발용 화장품 ④ 세정용 화장품

> 방향용 화장품에는 퍼퓸, 오데퍼퓸, 오데토일렛, 오데코롱, 샤워코롱 등이 있다.

★★★
11 다음 중 베이스코트가 속하는 분류는?

① 방향용 화장품 ② 메이크업용 화장품
③ 네일 화장품 ④ 세정용 화장품

> 베이스코트는 네일 화장품에 속한다.

★★★
12 다음 중 네일 화장품에 속하지 않는 제품은?

① 언더코트 ② 네일폴리시
③ 블러셔 ④ 베이스코트

> 블러셔는 메이크업 화장품에 속한다.

★★★
13 향장품을 선택할 때에 검토해야 하는 조건이 아닌 것은?

① 피부나 점막, 두발 등에 손상을 주거나 알레르기 등을 일으킬 염려가 없는 것
② 구성 성분이 균일한 성상으로 혼합되어 있지 않는 것
③ 사용 중이나 사용 후에 불쾌감이 없고 사용감이 산뜻한 것
④ 보존성이 좋아서 잘 변질되지 않는 것

> 향장품을 선택할 때는 구성 성분이 균일한 성상으로 혼합되어 있는 것을 선택한다.

정답 5 ② 6 ④ 7 ③ 8 ④ 9 ③ 10 ① 11 ③ 12 ③ 13 ②

NAIL Technician Certification

SECTION 02

화장품의 제조

이 섹션에서는 오일의 분류, 계면활성제, 보습제를 중심으로 학습하도록 하며, 화장품의 4대 특성은 반드시 출제된다고 생각하기 바랍니다. 내용이 적은 만큼 많은 시간을 투자하지 않도록 합니다.

01 화장품의 원료

1 정제수

① 화장수, 크림, 로션 등의 기초 물질로 사용

② 물에 포함된 불순물이 피부 트러블을 일으킬 수 있으므로 깨끗한 정제수 사용

2 에탄올

① 특징 : 휘발성

② 용도 : 화장수, 헤어토닉, 향수 등에 많이 사용

③ 효과 : 청량감, 수렴효과, 소독작용

3 오일

구분	종류	특징
천연 오일	식물성 (올리브유, 피마자유, 야자유, 맥아유 등)	• 피부에 대한 친화성이 우수 • 불포화 결합이 많아 공기 접촉 시 쉽게 변질 • 식물성 오일은 피부 흡수가 느린 반면 동물성 오일은 빠름
	동물성 (밍크오일, 난황유 등)	
	광물성 (유동파라핀, 바셀린 등)	• 포화 결합으로 변질의 우려는 없음 • 유성감이 강해 피부 호흡을 방해할 수 있음
합성 오일	실리콘 오일	• 사용성 및 화학적 안정성이 우수

4 왁스

구분	종류	특징
식물성	카르나우바 왁스	• 식물성 왁스 중 녹는 온도가 가장 높음 (80~86℃) • 크림, 립스틱, 탈모제 등에 사용
	칸델리라 왁스	• 립스틱에 주로 사용
동물성	밀납, 경납, 라놀린 등	

5 계면활성제

두 물질 사이의 경계면이 잘 섞이도록 도와주는 물질

▶ 계면(Interface, 界面)
기체, 액체, 고체의 물질 상호간에 생기는 경계면

chapter 03

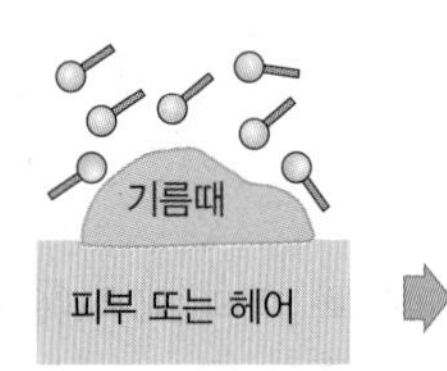

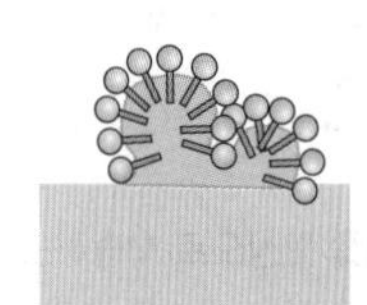

세안 · 마시지

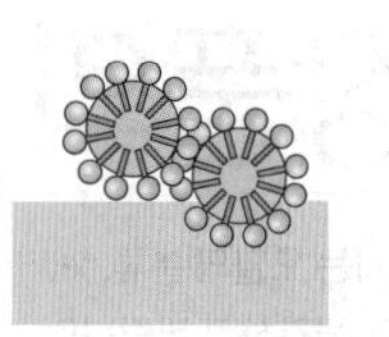

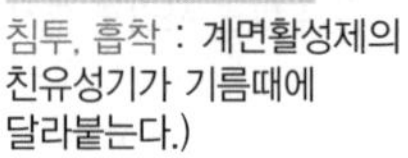
침투, 흡착 : 계면활성제의 친유성기가 기름때에 달라붙는다.)

유화 · 분산 : 친유성기 부분이 기름때와 피부 사이를 파고 들어가 기름때를 감싼다.

제거 : 피부 또는 헤어로부터 기름때를 분리

【세정 과정】

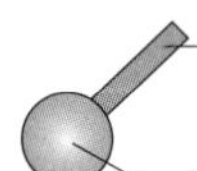

(1) 친수성기 : 물과의 친화성이 강한 둥근 머리 모양

양이온성	• 살균 및 소독작용이 우수 • 용도 : 헤어린스, 헤어트리트먼트 등
음이온성	• 세정 작용 및 기포 형성 작용이 우수 • 용도 : 비누, 샴푸, 클렌징 폼 등
비이온성	• 피부에 대한 자극이 적음 • 용도 : 화장수의 가용화제, 크림의 유화제, 클렌징 크림의 세정제 등
양쪽성	• 친수기에 양이온과 음이온을 동시에 가짐 • 세정 작용이 우수하고 피부 자극이 적음 • 용도 : 베이비 샴푸 등

▶ 피부 자극
양이온성 > 음이온성 > 양쪽성 > 비이온성

(2) 친유성기(소수성기) : 기름과의 친화성이 강한 막대꼬리 모양

▶ 비누 제조 방법

구분	설명
검화법	지방산의 글리세린에스테르와 알칼리를 함께 가열하면 유지가 가수 분해되어 비누와 글리세린이 얻어지는 방법
중화법	유지를 미리 지방산과 글리세린으로 분해시키고 지방산에 알칼리를 작용시켜 중화되는 과정에서 비누가 얻어지는 방법

6 보습제

(1) 종류

① **천연보습인자**(NMF) : 아미노산(40%), 젖산(12%), 요소(7%), 지방산 등

② **고분자 보습제** : 가수분해 콜라겐, 히아루론산염, 콘트로이친 황산염 등

③ **폴리올**(다가 알코올) : 글리세린, 프로필렌글리콜, 부틸렌글리콜, 솔비톨, 트레할로스 등

(2) 보습제가 갖추어야 할 조건

① 적절한 보습능력이 있을 것

② 보습력이 환경의 변화(온도, 습도 등)에 쉽게 영향을 받지 않을 것

③ 피부 친화성이 좋을 것

④ 다른 성분과의 혼용성이 좋을 것

⑤ 응고점이 낮을 것

⑥ 휘발성이 없을 것

▶ 글리세린
공기 중의 습기를 흡수해서 피부표면 수분을 유지시켜 피부나 털의 건조방지를 한다.

7 방부제

(1) 기능 : 화장품의 변질 방지 및 살균 작용

(2) 종류 : 파라옥시안식향산메틸, 파라옥시안식향산 프로필 등

▶ 방부제가 갖추어야 할 조건
• pH의 변화에 대해 항균력의 변화가 없을 것
• 다른 성분과 작용하여 변화되지 않을 것
• 무색·무취이며, 피부에 안정적일 것

8 색소

구분		특징
염료	수용성 염료	• 물에 녹는 염료 • 화장수, 로션, 샴푸 등의 착색에 사용
	유용성 염료	• 오일에 녹는 염료 • 헤어오일 등의 유성 화장품의 착색에 사용
안료	무기 안료	• 내광성 및 내열성이 우수 • 빛, 산, 알칼리에 강함 • 유기용제에 녹지 않음 • 가격이 저렴하고 많이 사용
	유기 안료	• 선명도 및 착색력이 우수하며, 색의 종류가 다양 • 빛, 산, 알칼리에 약함 • 유기용제에 녹아 색의 변질 우려가 있음

▶ 염료와 안료의 비교

염료	• 물이나 오일에 잘 녹음 • 화장품에 시각적인 색상 효과를 부여하기 위해 사용
안료	• 물이나 오일에 잘 녹지 않음 • 빛을 반사 및 차단하는 능력이 우수

▶ 무기안료의 종류
- 착색안료 : 화장품에 색상을 부여하는 역할을 하는 안료로 색이 선명하지는 않으나 빛과 열에 강하여 변색이 잘되지 않는 특성을 가짐(산화철, 울트라마린블루, 크롬옥사이드그린 등)
- 백색안료 : 피부의 커버력을 조절하는 역할을 하는 안료(티타늄다이옥사이드, 징크옥사이드)
- 체질안료 : 탈크(talc), 마이카(mica), 카올린(kaolin) 등
- 펄안료 : 색상에 진주 광택을 부여해 주고, 메이크업이 흐트러지게 되는 것을 방지

9 기타 주요 성분

성분	특징
아줄렌	피부진정 작용, 염증 및 상처 치료에 효과
솔비톨	보습작용 및 유연작용
알부틴	티로시나아제 효소의 작용을 억제
아미노산	수분 함량이 많고 피부 침투력이 우수
히아루론산	보습작용, 유연작용
레시틴	유연작용, 항산화 작용
AHA (Alpha Hydroxy Acid)	• 각질 제거, 유연기능 및 보습기능 • 피부와 점막에 약간의 자극이 있음 • 종류 : 글리콜릭산, 젖산, 사과산, 주석산, 구연산
콜라겐	• 빛이나 열에 쉽게 파괴 • 수분 보유 및 결합 능력이 우수
라놀린	양모에서 정제한 것으로 화장품, 의약품에 사용
레티노산	비타민 A의 유도체로서 여드름 치유와 잔주름 개선에 사용

02 화장품의 제조기술 (제형에 따른 분류)

1 가용화(Solubilization)

① 물에 소량의 오일 성분이 계면활성제에 의해 투명하게 용해되어 있는 상태

② 종류 : 화장수, 에센스, 향수, 헤어토닉, 헤어리퀴드 등

▶ 화장품 제조기술의 종류
가용성, 유화, 분산

2 유화(에멀전)

① 물에 오일 성분이 계면활성제에 의해 우윳빛으로 섞여있는 상태

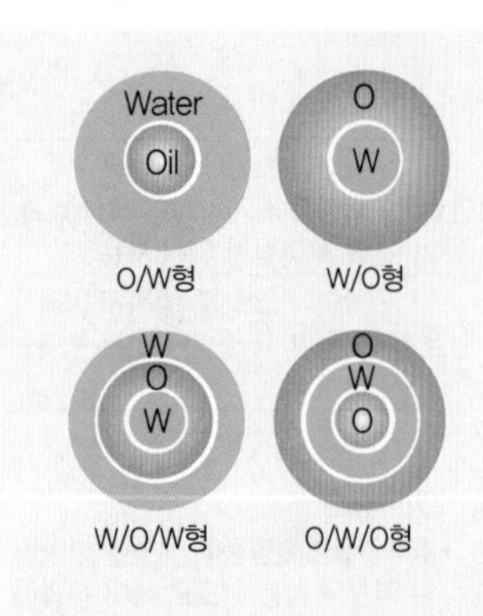

▶ 그 밖에 총리령으로 정하는 사항
㉠ 식품의약품안전처장이 정하는 바코드
㉡ 기능성화장품의 경우 심사받거나 보고한 효능·효과, 용법·용량
㉢ 성분명을 제품 명칭의 일부로 사용한 경우 그 성분명과 함량(방향용 제품 제외)
㉣ 인체 세포·조직 배양액이 들어있는 경우 그 함량
㉤ 화장품에 천연 또는 유기농으로 표시·광고하려는 경우에는 원료의 함량
㉥ 수입화장품인 경우에는 제조국의 명칭(원산지를 표시한 경우 생략 가능), 제조회사명 및 그 소재지
㉦ "질병의 예방 및 치료를 위한 의약품이 아님"이라는 문구
- 탈모 증상의 완화에 도움을 주는 화장품
- 여드름성 피부를 완화하는 데 도움을 주는 화장품
- 피부장벽의 기능을 회복하여 가려움 등의 개선에 도움을 주는 화장품
- 튼살로 인한 붉은 선을 엷게 하는 데 도움을 주는 화장품

㉧ 사용기준이 지정·고시된 원료 중 보존제의 함량
- 만 3세 이하의 영·유아용 제품류인 경우
- 화장품에 어린이용 제품(만 13세 이하(영·유아용 제품류 제외)임을 특정하여 표시·광고하려는 경우)

▶ 1차 포장 필수 기재사항
- 화장품의 명칭
- 영업자의 상호
- 제조번호
- 사용기한 또는 개봉 후 사용기간

② 유화의 종류

O/W 에멀전	• 물에 오일이 분산되어 있는 형태(로션, 크림, 에센스 등) • 사용감이 산뜻하고 퍼짐성이 좋음
W/O 에멀전	• 오일에 물이 분산되어 있는 형태(영양크림, 선크림 등) • 퍼짐성이 낮으나 수분의 손실이 적어 지속성이 좋음
W/O/W 에멀전	• 분산되어 있는 입자 자체가 에멀전을 형성하고 있는 상태

3 분산

① 물 또는 오일에 미세한 고체입자가 계면활성제에 의해 균일하게 혼합되어 있는 상태
② 종류 : 립스틱, 마스카라, 아이섀도, 아이라이너, 파운데이션 등

03 화장품의 특성

1 화장품에서 요구되는 4대 품질 특성

안전성	피부에 대한 자극, 알레르기, 독성이 없을 것
안정성	변색, 변취, 미생물의 오염이 없을 것
사용성	피부에 사용감이 좋고 잘 스며들 것, 사용이 편리할 것
유효성	미백, 주름개선, 자외선 차단 등의 효과가 있을 것

2 포장에 기재할 사항

① 화장품의 명칭 / 가격 / 영업자의 상호 및 주소
② 해당 화장품 제조에 사용된 모든 성분
③ 내용물의 용량 또는 중량 및 제조번호
④ 사용기한 또는 개봉 후 사용기간(개봉 후 사용기간 기재 시 제조연월일을 병행 표기)
⑤ 기능성화장품의 경우 "기능성화장품"이라는 글자 또는 기능성화장품을 나타내는 도안으로서 식품의약품안전처장이 정하는 도안
⑥ 사용 시 주의사항
⑦ 그 밖에 총리령으로 정하는 사항

▶ 화장품 사용 시 주의사항
① 사용 중 다음과 같은 이상이 있는 경우 사용을 중지할 것
- 사용 중 붉은 반점, 부어오름, 가려움증, 자극 등의 이상이 있는 경우
- 적용 부위가 직사광선에 의하여 붉은 반점, 부어오름, 가려움증, 자극 등의 이상이 있는 경우

② 상처가 있는 부위, 습진 및 피부염 등의 이상이 있는 부위에는 사용을 하지 말 것
③ 보관 및 취급 시의 주의사항
- 사용 후에는 반드시 마개를 닫아둘 것
- 유아·소아의 손이 닿지 않는 곳에 보관할 것
- 고온 또는 저온의 장소 및 직사광선이 닿는 곳에는 보관하지 말 것

★★★
1 화장품에 배합되는 에탄올의 역할이 아닌 것은?

① 청량감 ② 수렴효과
③ 소독작용 ④ 보습작용

에탄올은 휘발성이므로 화장수, 헤어토닉, 향수 등에 많이 사용된다.

★★★
2 다음 중 식물성 오일이 아닌 것은?

① 아보카도 오일 ② 피마자 오일
③ 올리브 오일 ④ 실리콘 오일

실리콘은 합성 오일에 속하며, 사용성 및 화학적 안정성이 우수하다.

★★
3 다음 중 화장수, 크림, 로션 등의 기초 물질로 사용되는 화장품 원료는?

① 정제수 ② 에탄올
③ 오일 ④ 계면활성제

정제수는 화장수, 크림, 로션 등의 기초 물질로 사용되며, 물에 포함된 불순물이 피부 트러블을 일으킬 수 있으므로 깨끗한 정제수를 사용해야 한다.

★★★
4 유아용 제품과 저자극성 제품에 많이 사용되는 계면활성제에 대한 설명 중 옳은 것은?

① 물에 용해될 때, 친수기에 양이온과 음이온을 동시에 갖는 계면활성제
② 물에 용해될 때, 이온으로 해리하지 않는 수산기, 에테르결합, 에스테르 등을 분자 중에 갖고 있는 계면활성제
③ 물에 용해될 때, 친수기 부분이 음이온으로 해리되는 계면활성제
④ 물에 용해될 때, 친수기 부분이 양이온으로 해리되는 계면활성제

유아용 제품과 저자극성 제품은 친수기에 양이온과 음이온을 동시에 갖는 양쪽성 계면활성제가 많이 사용된다.

★★★
5 오일의 설명으로 옳은 것은?

① 식물성 오일 – 향은 좋으나 부패하기 쉽다.
② 동물성 오일 – 무색투명하고 냄새가 없다.
③ 광물성 오일 – 색이 진하며 피부 흡수가 늦다.
④ 합성 오일 – 냄새가 나빠 정제한 것을 사용한다.

★★★
6 다음 중 기초화장품의 주된 사용목적에 속하지 않는 것은?

① 세안 ② 피부정돈
③ 피부보호 ④ 피부채색

★★★
7 다음 오일의 종류 중 사용성 및 화학적 안정성이 우수한 것은?

① 올리브유 ② 실리콘 오일
③ 난황유 ④ 바셀린

실리콘 오일은 합성 오일로서 천연 오일보다 사용성 및 화학적 안정성이 우수하다.

★★★★
8 세정작용과 기포형성 작용이 우수하여 비누, 샴푸, 클렌징폼 등에 주로 사용되는 계면활성제는?

① 양이온성 계면활성제
② 음이온성 계면활성제
③ 비이온성 계면활성제
④ 양쪽성 계면활성제

세정작용 및 기포형성 작용이 우수한 계면활성제는 음이온성 계면활성제이며 비누, 샴푸, 클렌징폼 등에 주로 사용된다.

★★★
9 계면활성제에 대한 설명 중 잘못된 것은?

① 계면활성제는 계면을 활성화시키는 물질이다.
② 계면활성제는 친수성기와 친유성기를 모두 소유하고 있다.
③ 계면활성제는 표면장력을 높이고 기름을 유화시키는 등의 특징을 가지고 있다.
④ 계면활성제는 표면활성제라고도 한다.

계면활성제는 표면장력을 감소시키는 역할을 한다.

정답 1④ 2④ 3① 4① 5① 6④ 7② 8② 9③

★★★★
10 천연보습인자(NMF)에 속하지 않는 것은?

① 아미노산　　② 암모니아
③ 젖산염　　④ 글리세린

보습제의 종류

구분	구성 성분
천연보습인자 (NMF)	아미노산(40%), 젖산(12%), 요소(7%), 지방산, 암모니아 등
고분자 보습제	가수분해 콜라겐, 히아루론산염 등
폴리올(다가 알코올)	글리세린, 프로필렌글리콜, 부틸렌글리콜 등

★★★
11 계면활성제에 대한 설명으로 옳은 것은?

① 계면활성제는 일반적으로 둥근 머리모양의 소수성기와 막대꼬리모양의 친수성기를 가진다.
② 계면활성제의 피부에 대한 자극은 양쪽성 > 양이온성 > 음이온성 > 비이온성의 순으로 감소한다.
③ 비이온성 계면활성제는 피부자극이 적어 화장수의 가용화제, 크림의 유화제, 클렌징 크림의 세정제 등에 사용된다.
④ 양이온성 계면활성제는 세정작용이 우수하여 비누, 샴푸 등에 사용된다.

① 계면활성제는 일반적으로 둥근 머리모양의 친수성기와 막대꼬리 모양의 소수성기를 가진다.
② 계면활성제의 피부에 대한 자극은 양이온성 > 음이온성 > 양쪽성 > 비이온성의 순으로 감소한다.
④ 음이온성 계면활성제는 세정작용이 우수하여 비누, 샴푸 등에 사용된다.

★★★
12 천연보습인자(NMF)의 구성 성분 중 40%를 차지하는 중요 성분은?

① 요소　　② 젖산염
③ 무기염　　④ 아미노산

천연보습인자의 구성 성분 중 아미노산이 40%로 가장 많이 차지하며, 젖산 12%, 요소 7% 등으로 이루어져 있다.

★★★
13 다음 중 글리세린의 가장 중요한 작용은?

① 소독작용　　② 수분유지작용
③ 탈수작용　　④ 금속염제거작용

글리세린은 보습작용을 한다.

★★
14 천연보습인자 성분 중 가장 많이 차지하는 것은?

① 아미노산
② 피롤리돈 카르복시산
③ 젖산염
④ 포름산염

아미노산은 천연보습인자의 성분 중 40%로 가장 많이 차지한다.

★★★
15 다음 중 피부에 수분을 공급하는 보습제의 기능을 가지는 것은?

① 계면활성제
② 알파-히드록시산
③ 글리세린
④ 메틸파라벤

글리세린은 수분을 끌어당기는 힘이 강해 화장품에 첨가하면 보습 기능을 증가시킨다.

★★★
16 천연보습인자의 설명으로 틀린 것은?

① NMF(Natural Moisturizing Factor)
② 피부수분 보유량을 조절한다.
③ 아미노산, 젖산, 요소 등으로 구성되고 있다.
④ 수소이온농도의 지수유지를 말한다.

천연보습인자는 우리 몸에서 생산되는 천연의 수분을 말하는 것으로 피부의 수분 보유량을 조절한다.

★★★
17 색소를 염료(dye)와 안료(pigment)로 구분할 때 그 특징에 대해 잘못 설명된 것은?

① 염료는 메이크업 화장품을 만드는 데 주로 사용된다.
② 안료는 물과 오일에 모두 녹지 않는다.
③ 무기 안료는 커버력이 우수하고 유기안료는 빛, 산, 알칼리에 약하다.
④ 염료는 물이나 오일에 녹는다.

수용성 염료는 화장수, 로션, 샴푸 등의 착색에 사용하고, 유용성 염료는 헤어오일 등의 유성 화장품의 착색에 사용한다.

정답 10 ④ 11 ③ 12 ④ 13 ② 14 ① 15 ③ 16 ④ 17 ①

★★★★★
18 보습제가 갖추어야 할 조건이 아닌 것은?

① 다른 성분과의 혼용성이 좋을 것
② 휘발성이 있을 것
③ 적절한 보습능력이 있을 것
④ 응고점이 낮을 것

보습제는 휘발성이 없어야 한다.

★★★★★
19 다음 중 보습제가 갖추어야 할 조건으로 옳은 것은?

① 응고점이 높을 것
② 다른 성분과의 혼용성이 좋을 것
③ 휘발성이 있을 것
④ 환경의 변화에 따라 쉽게 영향을 받을 것

① 응고점이 낮을 것
③ 휘발성이 없을 것
④ 환경의 변화에 따라 쉽게 영향을 받지 않을 것

★★★
20 다음 중 화장품에 사용되는 주요 방부제는?

① 에탄올
② 벤조산
③ 파라옥시안식향산메틸
④ BHT

방부제는 화장품의 변질 방지 및 살균 작용을 하는데, 파라옥시안식향산메틸, 파라옥시안식향산 프로필 등이 있다.

★★★
21 화장품 성분 중 무기 안료의 특성은?

① 내광성, 내열성이 우수하다.
② 선명도와 착색력이 뛰어나다.
③ 유기 용매에 잘 녹는다.
④ 유기 안료에 비해 색의 종류가 다양하다.

②, ③, ④는 유기 안료의 특성에 해당한다.

★★★
22 화장품 성분 중 아줄렌은 피부에 어떤 작용을 하는가?

① 미백 ② 자극
③ 진정 ④ 색소침착

아줄렌은 피부진정 작용을 하며, 염증 및 상처 치료에도 효과적이다.

★★★
23 다음 중 여드름을 유발하지 않는 화장품 성분은?

① 올레인 산 ② 라우린 산
③ 솔비톨 ④ 올리브 오일

솔비톨은 보습작용 및 유연작용을 하며 여드름을 유발하지 않는다.

★★★
24 여드름 피부용 화장품에 사용되는 성분과 가장 거리가 먼 것은?

① 살리실산 ② 글리시리진산
③ 아줄렌 ④ 알부틴

알부틴은 피부의 멜라닌 색소의 생성을 억제해 피부를 하얗고 깨끗하게 유지해 주는 기능이 있어 미백화장품의 성분으로 사용된다.

★★★
25 진달래과의 월귤나무의 잎에서 추출한 하이드로퀴논 배당제로 멜라닌 활성을 도와주는 티로시나아제 효소의 작용을 억제하는 미백화장품의 성분은?

① 감마-오리자놀 ② 알부틴
③ AHA ④ 비타민 C

★★★
26 화장품 성분 중에서 양모에서 정제한 것은?

① 바셀린 ② 밍크오일
③ 플라센타 ④ 라놀린

라놀린은 면양의 털에서 추출한 기름을 정제한 것으로 화장품, 의약품 등에 사용된다.

★★★
27 여드름 치유와 잔주름 개선에 널리 사용되는 것은?

① 레티노산(Retinoic acid)
② 아스코르빈산(Ascorbic acid)
③ 토코페롤(Tocopherol)
④ 칼시페롤(Calciferol)

레티노산은 비타민 A의 유도체로서 여드름 치유와 잔주름 개선에 주로 사용된다.

정답 18 ② 19 ② 20 ③ 21 ① 22 ③ 23 ③ 24 ④ 25 ② 26 ④ 27 ①

28 ★★★ 아하(AHA)의 설명이 아닌 것은?

① 각질제거 및 보습기능이 있다.
② 글리콜릭산, 젖산, 사과산, 주석산, 구연산이 있다.
③ 알파 하이드록시카프로익에시드(Alpha hydroxycaproic acid)의 약어이다.
④ 피부와 점막에 약간의 자극이 있다.

AHA는 알파 히드록시산으로 Alpha Hydroxy Acid의 약어이다.

29 ★★★ 각질제거용 화장품에 주로 쓰이는 것으로 죽은 각질을 빨리 떨어져 나가게 하고 건강한 세포가 피부를 구성할 수 있도록 도와주는 성분은?

① 알파-히드록시산
② 알파-토코페롤
③ 라이코펜
④ 리포좀

AHA(알파 히드록시산)은 각질 제거, 유연기능 및 보습기능이 있으며, 글리콜릭산, 젖산, 사과산, 주석산, 구연산 등의 종류가 있다.

30 ★★★★ 다음 중 물에 오일성분이 혼합되어 있는 유화 상태는?

① O/W 에멀전
② W/O 에멀전
③ W/S 에멀전
④ W/O/W 에멀전

유화의 종류

구분	의미
O/W 에멀전	물에 오일이 분산되어 있는 형태 (로션, 크림, 에센스 등)
W/O 에멀전	오일에 물이 분산되어 있는 형태 (영양크림, 선크림 등)
W/O/W 에멀전	분산되어 있는 입자 자체가 에멀전을 형성하고 있는 상태

31 ★★★ 화장품 제조의 3가지 주요기술이 아닌 것은?

① 가용화 기술 ② 유화 기술
③ 분산 기술 ④ 용융 기술

32 ★★ 다음 중 가용화 기술로 만든 화장품이 아닌 것은?

① 향수
② 헤어토닉
③ 헤어리퀴드
④ 파운데이션

파운데이션은 분산 기술에 의한 제품이다.

33 ★★★ 화장품의 제형에 따른 특징의 설명이 틀린 것은?

① 유화제품 - 물에 오일성분이 계면활성제에 의해 우윳빛으로 백탁화된 상태의 제품
② 유용화제품 - 물에 다량의 오일성분이 계면활성제에 의해 현탁하게 혼합된 상태의 제품
③ 분산제품 - 물 또는 오일 성분에 미세한 고체입자가 계면활성제에 의해 균일하게 혼합된 상태의 제품
④ 가용화제품 - 물에 소량의 오일성분이 계면활성제에 의해 투명하게 용해되어 있는 상태의 제품

화장품을 제형에 따라 분류하면 가용화제품, 유화제품, 분산제품으로 나뉘어진다.

34 ★★★★ 화장품에서 요구되는 4대 품질 특성이 아닌 것은?

① 안전성
② 안정성
③ 보습성
④ 사용성

화장품의 4대 조건 : 안전성, 안정성, 사용성, 유효성

35 ★★★ "피부에 대한 자극, 알레르기, 독성이 없어야 한다"는 내용은 화장품의 4대 요건 중 어느 것에 해당하는가?

① 안전성
② 안정성
③ 사용성
④ 유효성

정답 28 ③ 29 ① 30 ① 31 ④ 32 ④ 33 ② 34 ③ 35 ①

★★★★
36 화장품의 4대 요건에 해당되지 않는 것은?

① 안전성
② 안정성
③ 사용성
④ 보호성

화장품의 4대 요건

구분	의미
안전성	피부에 대한 자극, 알레르기, 독성이 없을 것
안정성	변색, 변취, 미생물의 오염이 없을 것
사용성	피부에 사용감이 좋고 잘 스며들 것
유효성	미백, 주름개선, 자외선 차단 등의 효과가 있을 것

★★★★
37 화장품을 만들 때 필요한 4대 조건은?

① 안전성, 안정성, 사용성, 유효성
② 안전성, 방부성, 방향성, 유효성
③ 발림성, 안정성, 방부성, 사용성
④ 방향성, 안전성, 발림성, 사용성

★★★
38 화장품의 4대 품질 조건에 대한 설명이 틀린 것은?

① 안전성 – 피부에 대한 자극, 알레르기, 독성이 없을 것
② 안정성 – 변색, 변취, 미생물의 오염이 없을 것
③ 사용성 – 피부에 사용감이 좋고 잘 스며들 것
④ 유효성 – 질병치료 및 진단에 사용할 수 있는 것

유효성 – 미백, 주름개선, 자외선 차단 등의 효과가 있을 것

★★★
39 기능성 화장품의 표시 및 기재사항이 아닌 것은?

① 제품의 명칭
② 내용물의 용량 및 중량
③ 제조자의 이름
④ 제조번호

제조자의 이름은 화장품의 표시 및 기재사항이 아니다.

★★★
40 다음 중 화장품 포장에 기재할 사항으로만 묶은 것은?

㉠ 화장품의 명칭　　㉡ 화장품의 성분
㉢ 제조번호　　㉣ 제조업자의 전화번호

① ㉠, ㉡, ㉢
② ㉠, ㉡, ㉣
③ ㉡, ㉢, ㉣
④ ㉠, ㉢, ㉣

제조업자의 전화번호는 기재할 필요가 없다.

★★
41 화장품으로 인한 알레르기가 생겼을 때의 피부관리 방법 중 맞는 것은?

① 민감한 반응을 보인 화장품의 사용을 중지한다.
② 알레르기가 유발된 후 정상으로 회복될 때까지 두꺼운 화장을 한다.
③ 비누로 피부를 소독하듯이 자주 씻어낸다.
④ 뜨거운 타월로 피부의 알레르기를 진정시킨다.

알레르기 유발 후 더 이상 자극을 주지 않도록 하며 차가운 타월로 진정시킨다.

chapter 03

정답 36 ④ 37 ① 38 ④ 39 ③ 40 ① 41 ①

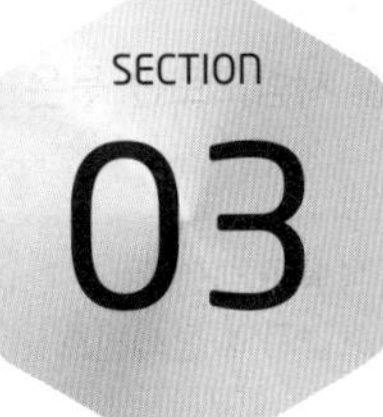

NAIL Technician Certification

화장품의 종류와 기능

이 섹션은 화장품의 분류와 특징, 향수, 오일 등 암기해야 할 내용이 많으나 부담은 가지지 말고 예상문제 위주로 학습하도록 합니다. 네일 화장품 위주로 출제될 가능성이 높지만 일반 화장품에 대해서도 학습하도록 합니다.

화장품의 종류

- 피부용
  - 기초 화장품: 세정, 정돈, 보호
  - 메이크업 화장품: • 베이스 메이크업 • 포인트 메이크업
  - 바디 화장품
  - 기능성 화장품: • 주름개선 • 미백 • 자외선 차단 • 모발 색상 변화 • 피부, 모발 개선
- 에센셜(아로마) 오일 및 캐리어 오일
- 방향용(향수)

▶ 세안용 화장품의 구비조건

구분	의미
안정성	변색, 변취, 미생물의 오염이 없을 것
용해성	냉수나 온수에 잘 풀릴 것
기포성	거품이 잘나고 세정력이 있을 것
자극성	피부를 자극시키지 않고 쾌적한 방향이 있을 것

▶ 용어 이해 : pH
- Potential of Hydrogen, 수소이온농도
- 7 이하는 산성, 7 이상은 염기성으로 구분한다.

01 기초 화장품

1 기능
세안, 피부 정돈, 피부 보호

2 종류

세안	클렌징 폼, 페이셜 스크럽, 클렌징 크림, 클렌징 로션, 클렌징 워터, 클렌징 젤
피부 정돈	화장수, 팩, 마사지 크림
피부 보호	로션, 크림, 에센스, 화장유

3 세안용 화장품
피부의 노폐물 및 화장품의 잔여물 제거

4 피부 정돈용 화장품
(1) 화장수

① 주요 기능
- 피부의 각질층에 수분 공급
- 피부에 청량감 부여
- 피부에 남은 클렌징 잔여물 제거 작용
- 피부의 pH 밸런스 조절 작용
- 피부 진정 또는 쿨링 작용

② 종류

유연 화장수	• 피부에 수분 공급 및 피부를 유연하게 함
수렴 화장수	• 피부에 수분 공급, 모공 수축 및 피지 과잉 분비 억제 • 지방성 피부에 적합 • 원료 : 알코올, 습윤제, 물, 알루미늄, 아연염, 멘톨

(2) 팩

① 주요 기능
- 피부에 피막을 형성하여 수분 증발 억제
- 피부 온도 상승에 따른 혈액순환 촉진
- 유효성분의 침투를 용이하게 함
- 노폐물 제거 및 청결 작용

② 제거 방법에 따른 분류

필오프 타입 (Peel-off)	• 팩이 건조된 후 형성된 투명한 피막을 떼어내는 형태 • 노폐물 및 죽은 각질 제거 작용
워시오프 타입 (Wash-off)	• 팩 도포 후 일정 시간이 지나 미온수로 닦아내는 형태
티슈오프 타입 (Tissue-off)	• 티슈로 닦아내는 형태 • 피부에 부담이 없어 민감성 피부에 적합
시트(Sheet) 타입	• 시트를 얼굴에 올려놓았다가 제거하는 형태
패치(Patch) 타입	• 패치를 부분적으로 붙인 후 떼어내는 형태

▶ 용어 이해
- Peel-off : 벗겨서 떼어내는
- Wash-off : 씻겨 없어지는

5 피부 보호용 화장품

로션	• 피부에 수분과 영양분 공급 • 구성 : 60~80%의 수분과 30% 이하의 유분
크림	• 세안 시 소실된 천연 보호막을 보충하여 피부를 촉촉하게 하고 보호함 • 피부의 생리기능을 돕고, 유효성분들로 피부의 문제점을 개선
에센스	• 피부 보습 및 노화억제 성분들을 농축해 만든 것 • 피부에 수분과 영양분 공급

02 메이크업 화장품

1 베이스 메이크업

메이크업 베이스	• 인공 피지막을 형성하여 피부 보호 • 파운데이션의 밀착성을 높여줌 • 색소 침착 방지
파운데이션	• 화장의 지속성 고조 • 주근깨, 기미 등 피부의 결점 커버 • 피부에 광택과 투명감 부여 • 자외선 차단
파우더	• 피부색 정돈 • 피부의 번들거림 방지 • 화사한 피부 표현 • 땀, 피지의 분비 억제

▶ 피부색에 맞는 베이스 메이크업 색상

색상	피부
녹색	붉은 피부
핑크	창백한 피부
흰색	어둡고 칙칙해 보이는 피부
보라	노란 피부
파랑	잡티가 있는 피부

2 포인트 메이크업

① 립스틱 : 입술의 건조를 방지하고, 입술에 색채감 및 입체감 부여
② 아이라이너 : 눈을 크고 뚜렷하게 보이게 하는 효과
③ 아이섀도 : 눈꺼풀에 색감을 주어 입체감을 살려 눈의 표정을 강조
④ 마스카라 : 속눈썹이 짙고 길어 보이게 함
⑤ 블러셔 : 얼굴에 입체감을 주고 건강하게 보이게 함

03 모발 화장품

세발용	샴푸, 린스
정발용	헤어 크림, 헤어 로션, 헤어 오일, 포마드, 헤어 스프레이 · 무스 · 왁스 · 젤
트리트먼트용	헤어 트리트먼트, 헤어 팩, 헤어 코트
양모용	헤어 토닉
염모용	영구 염모제, 반영구 염모제, 일시 염모제

▶ 용어 이해
- 세발 : 두발 및 모발을 청결히 하기 위해 씻는 것
- 정발 : 두발을 원하는 스타일로 만들어주거나 고정시켜주는 것
- 양모 : 털의 성장을 돕고, 털 빠짐 방지를 목적으로 함
- 염모 : 모발의 색을 염색약으로 변형하는 것

04 바디 관리 화장품

세정용	• 이물질 제거 및 청결 • 종류 : 비누, 바디 샴푸 등
트리트먼트용	• 샤워 후 피부가 건조해지는 것을 막고 촉촉하게 해줌 • 종류 : 바디 로션, 바디 크림, 바디 오일 등
일소용 (一燒, 선텐)	• 피부를 곱게 태워주고 피부가 거칠어지는 것을 방지 • 종류 : 선텐용 젤·크림·리퀴드 등
일소 방지용	• 햇볕에 타는 것을 방지하고 자외선으로부터 피부를 보호 • 종류 : 선스크린 젤, 선스크린 크림, 선스크린 리퀴드 등
액취 방지용	• 체취 방지 및 항균 기능 • 종류 : 데오도란트

▶ 샴푸가 갖추어야 할 요건
- 적절한 세정력을 가질 것
- 두피, 모발 및 눈에 대한 자극이 없을 것
- 거품이 섬세하고 풍부하며 지속성을 가질 것
- 세발 중 마찰에 의한 모발의 손상이 없을 것
- 세발 후 모발이 부드럽고 윤기가 있으며 다루기 쉬울 것

▶ 린스의 기능
- 모발의 표면을 매끄럽게 하여 빗질을 좋게 한다.
- 모발의 표면을 보호한다.
- 모발을 유연하게 하고 자연스러운 광택을 준다.
- 정전기를 방지한다.
- 샴푸 후 제거되지 않은 음이온성 계면활성제를 중화시켜 준다.

05 네일용 화장품

1 네일 에나멜

손톱에 광택을 부여하고 아름답게 할 목적으로 사용하는 화장품

(1) 에나멜의 성분

① **피막형성제** : 니트로셀룰로오스(가장 많이 사용), 토실라미드, 디부틸프탈레이트

② **수지류** : 니트로셀룰로오스만으로는 접착 및 광택이 완전하지 못해 수지와 병용 시 밀착성을 증가시키고 막의 광택이 향상됨

③ **가소제** : 피막의 유연성을 높여주며 내구성을 유지하는 역할을 한다. 구연산 에스테르계를 많이 사용

▶ 수지류 선택 시 주의사항

색소와의 상호작용, 니트로셀룰로오스와의 상용성, 용제의 용해성 등에 주의

▶ 가소제의 요구조건
- 용제, 니트로셀룰로오스, 수지 등과의 사용성이 좋을 것
- 휘발성이 적고 막에 가소성을 부여할 것
- 독성이나 악취가 없을 것
- 사용되는 안료와의 사용성이 좋을 것

④ **용제**

- 니트로셀룰로오스, 수지, 가소제 등을 용해하여 적절한 사용감이 있도록 점도를 조절할 수 있고 적당한 휘발 속도를 지녀야 함
- 건조 속도가 빠를 경우 핀홀이 생기거나 붓의 흔적이 남게 됨
- 증발잠열이 크면 현탁을 일으킴

⑤ **색소** : 에나멜의 불투명감이나 아름다운 색조 마무리감을 부여하기 위해 사용

⑥ **침전방지제**

- 안료가 용기 밑바닥에 침강하는 것을 방지하기 위해 첨가
- 유기변성 점토광물 성분 함유

▶ 용제는 네일 에나멜의 유동성을 부여한다.

(2) 에나멜의 요구조건

① 적당한 점도가 있을 것
② 균일한 막을 형성할 것
③ 안료가 균일하게 분산되어 있을 것
④ 건조가 빠를 것
⑤ 건조한 막에 현탁이나 핀홀이 생기지 않을 것
⑥ 제거 시 에나멜 리무버 등으로 쉽게 지워질 것
⑦ 독성이 없을 것
⑧ 일상생활에서 잘 벗겨지지 않을 것

2 기타 네일용 화장품

베이스코트	폴리시를 바르기 전에 손톱에 바르는 투명한 액체
탑코트	폴리시를 바른 후 마지막 단계에 네일에 광택을 주고 폴리시를 보호하기 위해 바르는 액체
큐티클 오일	큐티클을 정리하기 전에 큐티클을 부드럽게 해주는 유연제
네일 크림·로션	네일에 유분과 수분을 보충하여 네일을 보호하고 네일 주위의 피부를 유연하게 해주는 제품
네일 보강제	자연 네일에 사용하는 보강제

▶ 향수의 구비요건
① 향의 특징이 있을 것
② 향의 지속성이 강할 것
③ 시대성에 부합하는 향일 것
④ 향의 조화가 잘 이루어질 것

▶ 향수의 부향률 순서
퍼퓸 > 오데퍼퓸 > 오데토일렛 > 오데코롱

▶ 용어 이해
부향률 : 향수에 향수 원액이 포함되어 있는 비율

▶ 수증기 증류법의 장 · 단점
• 장점 : 대량으로 천연향을 추출 가능
• 단점 : 고온에서 일부 향기 성분이 파괴될 수 있음

06 방향용 화장품(향수)

1 향수의 분류

(1) 희석 정도에 따른 분류

구분	부향률	지속시간	특징
퍼퓸	15~30%	6~7시간	향이 오래 지속되며, 가격이 비쌈
오데퍼퓸	9~12%	5~6시간	퍼퓸보다는 지속성이나 부향률이 떨어지지만 경제적
오데토일렛	6~8%	3~5시간	일반적으로 가장 많이 사용
오데코롱	3~5%	1~2시간	향수를 처음 사용하는 사람에게 적합
샤워코롱	1~3%	약 1시간	샤워 후 가볍게 뿌려주는 향수

(2) 향수의 발산 속도에 따른 분류

분류	특징
탑 노트	• 휘발성이 강해 바로 향을 맡을 수 있음 • 스트르스, 그린
미들 노트	• 부드럽고 따뜻한 느낌의 향으로, 대부분의 오일에 해당됨 • 플로럴, 프루티
베이스 노트	• 휘발성이 낮아 시간이 지난 뒤에 향을 맡을 수 있음 • 무스크, 우디

2 천연향의 추출 방법

분류		특징
수증기 증류법		식물의 향기 부분을 물에 담가 가온하여 증발된 기체를 냉각하여 추출
압착법		주로 열대성 과실에서 향을 추출할 때 사용하는 방법
용매 추출법	휘발성	• 에테르, 핵산 등의 휘발성 유기용매를 이용해서 낮은 온도에서 추출 • 장미, 자스민 등의 에센셜 오일을 추출할 때 사용
	비휘발성	동식물의 지방유를 이용한 추출법

07 에센셜(아로마) 오일 및 캐리어 오일

1 에센셜 오일

(1) 취급 시 주의사항

① 100% 순수한 것을 사용할 것
② 원액을 그대로 사용하지 말고 희석하여 사용할 것
③ 사용하기 전에 안전성 테스트(패치 테스트)를 실시할 것
④ 고열이 있는 경우 사용하지 말 것
⑤ 사용 후 반드시 마개를 닫을 것
⑥ 갈색병에 넣어 냉암소에 보관할 것

(2) 아로마 오일의 사용법

입욕법	전신욕, 반신욕, 좌욕, 수욕, 족욕 등 몸을 담그는 방법
흡입법	손수건, 티슈 등에 1~2방울 떨어뜨리고 심호흡을 하는 방법
확산법	아로마 램프, 스프레이 등을 이용하는 방법
습포법	온수 또는 냉수 1리터 정도에 5~10 방울을 넣고, 수건을 담궈 적신 후 피부에 붙이는 방법

(3) 에센셜 오일의 종류

라벤더	여드름성 피부 · 습진 · 화상 등에 효과 피부재생 및 이완작용	패촐리	주름살 예방, 노화피부, 여드름, 습진에 효과
자스민	건조하고 민감한 피부에 효과	레몬그라스	여드름, 무좀에 효과 모공 수축
제라늄	피지분비 정상화, 셀룰라이트 분해	오렌지	여드름, 노화피부에 효과
티트리	피부 정화, 여드름 피부, 습진, 무좀에 효과	로즈마리	피부 청결, 주름 완화, 노화피부, 두피 개선
팔마로사	건조한 피부와 감염 피부에 효과	그레이프 프루트	살균 · 소독작용, 셀룰라이트 분해작용
네롤리	건조하고 민감한 피부에 효과, 피부노화 방지		

2 캐리어 오일(베이스 오일)

① 아로마 오일을 피부에 효과적으로 침투시키기 위해 사용하는 식물성 오일
② 에센셜 오일의 향을 방해하지 않게 향이 없어야 하고 피부 흡수력이 좋아야 한다.

▶ 에센셜 오일의 효능
• 면역강화
• 항염작용
• 항균작용
• 피부미용
• 피부진정 작용
• 혈액순환 촉진
• 화상, 여드름, 염증 치유에 효과적

▶ **광과민성**
그레이프 프루트, 라임, 레몬, 버거못, 오렌지 스윗, 탠저린

▶ **용어 이해 :** 최소홍반량(minimal Hauterythemdosis)
피부에 홍반을 발생하게 하는데 최소한의 자외선량

▶ **용어 이해**
캐리어 : carrier(운반), 아로마 오일을 피부에 운반한다는 의미

③ 주요 캐리어 오일

호호바 오일 (Jojoba oil)	• 모든 피부 타입에 적합 • 인체의 피지와 화학구조가 유사하여 피부 친화성이 우수 • 쉽게 산화되지 않아 안정성이 우수 • 침투력 및 보습력이 우수 • 여드름, 습진, 건선피부에 사용
아보카도 오일	• 모든 피부 타입에 적합 • 비타민 E 풍부 • 비만 관리용으로 많이 사용
아몬드 오일	• 모든 피부 타입에 적합 • 비타민 A와 E 풍부 • 피부 보습력을 높여주고 건조 방지 효과
윗점 오일 (Wheatgerm Oil)	• 비타민 E와 미네랄 풍부 • 피부노화 방지 효과 • 혈액순환 촉진 및 항산화 작용 • 습진, 건성피부, 가려움증에 효과
포도씨 오일	• 비타민 E 풍부 • 여드름 피부에 효과 • 피부 재생에 효과적이며 항산화 작용
살구씨 오일	• 건조 피부와 민감성 피부에 적합 • 습진, 가려움증에 효과 • 끈적임이 적고 흡수가 빠르며, 유연성이 좋음

08 기능성 화장품

1 피부 미백제

(1) 기능

① 피부에 멜라닌 색소 침착 방지

② 기미·주근깨 등의 생성 억제

③ 피부에 침착된 멜라닌 색소의 색을 엷게 하는 기능

(2) 성분

알부틴, 코직산, 비타민 C 유도체, 닥나무 추출물, 뽕나무 추출물, 감초 추출물, 하이드로퀴논

▶ 피부 미백제의 메커니즘
- 자외선 차단
- 도파(DOPA) 산화 억제
- 멜라닌 합성 저해
- 티로시나아제 효소의 활성 억제

2 피부 주름 개선제

(1) 기능

① 피부에 탄력을 주어 피부의 주름을 완화 또는 개선

② 콜라겐 합성·표피 신진대사·섬유아세포 생성의 촉진

(2) 성분

레티놀, 아데노신, 레티닐팔미테이트, 폴리에톡실레이티드레틴아마이

3 자외선 차단제

(1) 기능

① 강한 햇볕을 방지하여 피부를 곱게 태워주는 기능

② 자외선을 차단 또는 산란시켜 자외선으로부터 피부 보호

(2) 자외선 차단제의 종류에 따른 특징

구분	자외선 산란제	자외선 흡수제
성분	• 티타늄디옥사이드(이산화티타늄) • 징크옥사이드(산화아연)	• 벤조페논 • 에칠헥실디메칠파바(옥틸디메틸파바) • 에칠헥실메톡시신나메이트(옥티메톡시신나메이트) • 옥시벤존 등
특징	• 물리적인 산란작용 이용 • 발랐을 때 불투명	• 화학적인 흡수작용 이용 • 발랐을 때 투명
장점	자외선 차단율이 높음	촉촉하고 산뜻하며, 화장이 밀리지 않음
단점	화장이 밀림	피부 트러블의 가능성이 높음

(3) 자외선 차단지수 (SPF, Sun Protection Factor)

$$SPF = \frac{\text{자외선 차단제품을 바른 피부의 최소홍반량(MED)}}{\text{자외선 차단제품을 바르지 않은 외부의 최소홍반량(MED)}}$$

① UV-B 방어효과를 나타내는 지수

② 수치가 높을수록 자외선 차단지수가 높음

③ 피부의 멜라닌 양과 자외선에 대한 민감도에 따라 효과가 달라질 수 있음

④ 평상시에는 SPF 15가 적당하며, 여름철 야외활동이나 겨울철 스키장에서는 SPF 30 이상의 제품 사용

★★★★★
1 다음 중 기초화장품의 필요성에 해당되지 않는 것은?

① 세안
② 미백
③ 피부정돈
④ 피부보호

> 기초화장품의 기능은 세안, 피부 정돈, 피부 보호이다.

★★★
2 세안용 화장품의 구비조건으로 부적당한 것은?

① 안정성 : 물이 묻거나 건조해지면 형과 질이 잘 변해야 한다.
② 용해성 : 냉수나 온탕에 잘 풀려야 한다.
③ 기포성 : 거품이 잘나고 세정력이 있어야 한다.
④ 자극성 : 피부를 자극시키지 않고 쾌적한 방향이 있어야 한다.

> 안정성 : 변색, 변취 및 미생물의 오염이 없어야 한다.

★★★
3 화장수의 설명 중 잘못된 것은?

① 피부의 각질층에 수분을 공급한다.
② 피부에 청량감을 준다.
③ 피부에 남아있는 잔여물을 닦아준다.
④ 피부의 각질을 제거한다.

> 화장수는 피부에 남아있는 잔여물을 닦아 주는 기능을 하지만 각질을 제거하지는 않는다.

★★★
4 다음 중 지방성 피부에 가장 적당한 화장수는?

① 글리세린
② 유연 화장수
③ 수렴 화장수
④ 영양 화장수

> 수렴 화장수는 피지가 과잉 분비되는 것을 억제해 주므로 지방성 피부에 적당하다.

★★★
5 화장수의 도포 목적 및 효과로 옳은 것은?

① 피부 본래의 정상적인 pH 밸런스를 맞추어 주며 다음 단계에 사용할 화장품의 흡수를 용이하게 한다.
② 죽은 각질 세포를 쉽게 박리시키고 새로운 세포 형성 촉진을 유도한다.
③ 혈액 순환을 촉진시키고 수분 증발을 방지하여 보습효과가 있다.
④ 항상 피부를 pH 5.5의 약산성으로 유지시켜 준다.

> 화장수는 피부의 각질층에 수분을 공급하고 pH 밸런스를 맞추어 주는 기능을 한다.

★★★
6 화장수의 작용이 아닌 것은?

① 피부에 남은 클렌징 잔여물 제거 작용
② 피부의 pH 밸런스 조절 작용
③ 피부에 집중적인 영양 공급 작용
④ 피부 진정 또는 쿨링 작용

> 화장수는 피부에 수분을 공급하며 영양 공급과는 거리가 멀다.

★★★
7 화장수(스킨로션)를 사용하는 목적과 가장 거리가 먼 것은?

① 세안을 하고나서도 지워지지 않는 피부의 잔여물을 제거하기 위해서
② 세안 후 남아있는 세안제의 알칼리성 성분 등을 닦아내어 피부표면의 산도를 약산성으로 회복시켜 피부를 부드럽게 하기 위해서
③ 보습제, 유연제의 함유로 각질층을 촉촉하고 부드럽게 하면서 다음 단계에 사용할 제품의 흡수를 용이하게 하기 위해서
④ 각종 영양 물질을 함유하고 있어 피부의 탄력을 증진시키기 위해서

> 화장수의 기능
> - 피부의 각질층에 수분 공급
> - 피부에 청량감 부여
> - 피부에 남은 클렌징 잔여물 제거 작용
> - 피부의 pH 밸런스 조절 작용
> - 피부 진정 또는 쿨링 작용

정답 1② 2① 3④ 4③ 5① 6③ 7④

8 ★★★ 수렴 화장수의 원료에 포함되지 않는 것은?

① 습윤제
② 알코올
③ 물
④ 표백제

수렴 화장수의 원료 : 알코올, 습윤제, 물, 알루미늄, 아연염, 멘톨

9 ★★★ 피지 분비의 과잉을 억제하고 피부를 수축시켜 주는 것은?

① 소염 화장수
② 수렴 화장수
③ 영양 화장수
④ 유연 화장수

수렴 화장수는 피부에 수분을 공급하고 모공 수축 및 피지 과잉 분비를 억제한다.

10 ★★★ 피부에 좋은 영양성분을 농축해 만든 것으로 소량의 사용만으로도 큰 효과를 볼 수 있는 것은?

① 에센스
② 로션
③ 팩
④ 화장수

에센스는 피부에 좋은 영양성분을 고농축해서 만든 것이다.

11 ★★★ 팩의 효과에 대한 설명 중 옳지 않은 것은?

① 팩의 재료에 따라 진정작용, 수렴작용 등의 효과가 있다.
② 혈액과 림프의 순환이 왕성해진다.
③ 피부와 외부를 일시적으로 차단하므로 피부의 온도가 낮아진다.
④ 팩의 흡착작용으로 피부가 청결해진다.

팩을 사용하면 일시적으로 피부의 온도를 높여 혈액순환을 촉진한다.

12 ★★★ 팩제의 사용 목적이 아닌 것은?

① 팩제가 건조하는 과정에서 피부에 심한 긴장을 준다.
② 일시적으로 피부의 온도를 높여 혈액순환을 촉진한다.
③ 노화한 각질층 등을 팩제와 함께 제거시키므로 피부 표면을 청결하게 할 수 있다.
④ 피부의 생리 기능에 적극적으로 작용하여 피부에 활력을 준다.

팩제가 건조하는 과정에서 피부에 적당한 긴장감을 주며 건조 후 일시적으로 피부의 온도를 높여 혈액순환을 좋게 한다.

13 ★★★ 팩의 목적 및 효과와 가장 거리가 먼 것은?

① 피부의 혈행 촉진 및 청정 작용
② 진정 및 수렴 작용
③ 피부 보습
④ 피하지방의 흡수 및 분해

팩은 피부의 노폐물을 제거하지만 피하지방을 분해하지는 않는다.

14 ★★★ 피부 관리에서 팩 사용 효과가 아닌 것은?

① 수분 및 영양 공급
② 각질 제거
③ 치유 작용
④ 피부 청정 작용

팩은 치유 효과는 없다.

15 ★★★ 팩 사용 시 주의사항이 아닌 것은?

① 피부 타입에 맞는 팩제를 사용한다.
② 잔주름 예방을 위해 눈 위에 직접 덧바른다.
③ 한방팩, 천연팩 등은 즉석에서 만들어 사용한다.
④ 안에서 바깥방향으로 바른다.

팩은 피부 타입에 맞는 팩제를 사용하고, 눈 위에 직접 덧바르지 않도록 한다.

정답 8 ④ 9 ② 10 ① 11 ③ 12 ① 13 ④ 14 ③ 15 ②

★★★
16 팩의 분류에 속하지 않는 것은?

① 필오프 타입
② 워시오프 타입
③ 패치 타입
④ 워터 타입

★★★★
17 팩의 제거 방법에 따른 분류가 아닌 것은?

① 티슈오프 타입 (Tissue off type)
② 석고 마스크 타입(Gypsum mask type)
③ 필오프 타입(Peel off type)
④ 워시오프 타입(Wash off type)

팩의 제거 방법에 따른 분류

필오프 타입	팩이 건조된 후에 형성된 투명한 피막을 떼어내는 형태
워시오프 타입	팩 도포 후 일정 시간이 지나 미온수로 닦아내는 형태
티슈오프 타입	티슈로 닦아내는 형태
시트 타입	시트를 얼굴에 올려놓았다가 제거하는 형태

★★★
18 메이크업 베이스 색상이 잘못 연결된 것은?

① 그린색 : 모세혈관이 확장되어 붉은 피부
② 핑크색 : 푸석푸석해 보이는 창백한 피부
③ 화이트색 : 어둡고 칙칙해 보이는 피부
④ 연보라색 : 생기가 없고 어두운 피부

연보라색은 노란 기가 많은 피부에 사용된다.

★★★
19 메이크업 베이스 색상의 연결이 옳은 것은?

① 핑크색 : 잡티가 있는 피부
② 흰색 : 어둡고 칙칙해 보이는 피부
③ 보라색 : 창백한 피부
④ 파란색 : 밝고 깨끗한 피부

색상별 피부
- 녹색 : 붉은 피부
- 핑크색 : 창백한 피부
- 흰색 : 어둡고 칙칙해 보이는 피부
- 보라색 : 노란 피부
- 파란색 : 잡티가 있는 피부

★★★
20 다음 설명 중 파운데이션의 일반적인 기능과 가장 거리가 먼 것은?

① 피부색을 기호에 맞게 바꾼다.
② 피부의 기미, 주근깨 등 결점을 커버한다.
③ 자외선으로부터 피부를 보호한다.
④ 피지 억제와 화장을 지속시켜 준다.

땀과 피지의 분비를 억제하는 것은 파우더의 기능이다.

★★★
21 다음 설명 중 파운데이션의 일반적인 기능으로 옳은 것은?

① 피부에 광택과 투명감을 부여한다.
② 피부색을 정돈해준다.
③ 화사한 피부를 표현한다.
④ 땀, 피지의 분비를 억제한다.

②, ③, ④는 모두 파우더의 기능에 해당한다.

★★★
22 메이크업 화장품 중에서 안료가 균일하게 분산되어 있는 형태로 대부분 O/W형 유화 타입이며, 투명감 있게 마무리되므로 피부에 결점이 별로 없는 경우에 사용하는 것은?

① 트윈 케이크
② 스킨커버
③ 리퀴드 파운데이션
④ 크림 파운데이션

유화형
- O/W 형 : 리퀴드 파운데이션
- W/O 형 : 크림 파운데이션

★
23 속눈썹이 짙고 길어 보이게 하는 효과를 주는 화장품은?

① 아이라이너
② 아이섀도
③ 블러셔
④ 마스카라

정답 16 ④ 17 ② 18 ④ 19 ② 20 ④ 21 ① 22 ③ 23 ④

★★★
24 다음 중 파우더의 일반적인 기능에 대한 설명으로 옳지 않은 것은?

① 피부색 정돈
② 피부의 번들거림 방지
③ 주근깨, 기미 등 피부의 결점 커버
④ 화사한 피부 표현

주근깨, 기미 등 피부의 결점을 커버해 주는 것은 파운데이션의 기능이다.

★
25 눈꺼풀에 색감을 주어 입체감을 살려 눈의 표정을 강조하는 화장품은?

① 아이라이너
② 아이섀도
③ 블러셔
④ 마스카라

포인트 메이크업의 종류

립스틱	• 입술 건조 방지 • 입술에 색채감 및 입체감 부여
아이라이너	눈을 크고 뚜렷하게 보이게 하는 효과
마스카라	속눈썹이 짙고 길어 보이게 하는 효과
아이섀도	눈꺼풀에 색감을 주어 입체감을 살려 눈의 표정을 강조하는 효과
블러셔	얼굴에 입체감을 주고 건강하게 보이게 하는 효과

★★★
26 다음 중 트리트먼트용 모발 화장품에 속하는 것은?

① 헤어 크림
② 헤어 로션
③ 헤어 오일
④ 헤어 팩

헤어 크림, 헤어 로션, 헤어 오일은 정발용 모발화장품에 속한다.

★★★
27 다음 중 양모용 모발 화장품에 속하는 것은?

① 샴푸
② 헤어 크림
③ 헤어 토닉
④ 헤어 스프레이

양모용은 두발을 잘 자라게 하는 것으로 헤어 토닉이 이에 속한다.

★★★
28 다음 중 정발용 모발 화장품에 속하지 않는 것은?

① 헤어 로션
② 헤어 크림
③ 헤어 코트
④ 헤어 스프레이

헤어 코트는 헤어 트리트먼트, 헤어 팩과 함께 트리트먼트용으로 사용된다.

★★
29 다음 중 바디용 화장품이 아닌 것은?

① 샤워젤
② 바스오일
③ 데오도란트
④ 헤어 에센스

헤어 에센스는 두발화장품에 속한다.

★★★
30 바디 관리 화장품이 가지는 기능과 가장 거리가 먼 것은?

① 세정
② 트리트먼트
③ 연마
④ 일소 방지

바디 관리 화장품에는 세정용, 트리트먼트용, 일소용, 일소 방지용, 액취 방지용 화장품이 있다.

★★★
31 다음 중 피부상재균의 증식을 억제하는 항균기능을 가지고 있고, 발생한 체취를 억제하는 기능을 가진 것은?

① 바디샴푸
② 데오도란트
③ 샤워코롱
④ 오데토일렛

정답 24 ③ 25 ② 26 ④ 27 ③ 28 ③ 29 ④ 30 ③ 31 ②

★★★
32 바디 화장품의 종류와 사용 목적의 연결이 적합하지 않은 것은?

① 바디클렌저 - 세정·용제
② 데오도란트 파우더 - 탈색·제모
③ 썬스크린 - 자외선 방어
④ 바스 솔트 - 세정·용제

데오도란트는 액취 방지용 화장품이다.

★★★
33 바디 샴푸의 성질로 틀린 것은?

① 세포 간에 존재하는 지질을 가능한 보호
② 피부의 요소, 염분을 효과적으로 제거
③ 세균의 증식 억제
④ 세정제의 각질층 내 침투로 지질을 용출

세정제가 각질층 내로 침투하여 지질을 용출하는 것은 좋지 않다.

★★★★
34 폴리시를 바른 후 마지막 단계에서 네일에 광택을 주고 폴리시를 보호하기 위해 바르는 액체의 네일 화장품을 무엇이라 하는가?

① 네일 폴리시
② 베이스 코트
③ 탑코트
④ 네일 크림

탑코트는 폴리시를 바른 후 마지막 단계에서 네일에 광택을 주고 폴리시를 보호하기 위해 바르는 액체로 손톱에 광택이 나게 하고 폴리시가 쉽게 벗겨지지 않게 보호하는 역할을 한다.

★★★★
35 폴리시를 바르기 전에 손톱에 바르는 투명한 액체의 네일용 화장품을 무엇이라 하는가?

① 네일 폴리시
② 베이스 코트
③ 탑코트
④ 네일 크림

베이스코트는 검정색을 바르기 전에 손톱에 바르는 투명한 액체로 자연 네일의 변색, 오염 및 착색 방지, 유색 칼라를 밀착시켜 주는 역할을 한다.

★★★
36 다음 중 향료의 함유량이 가장 적은 것은?

① 퍼퓸
② 오데토일렛
③ 샤워코롱
④ 오데코롱

샤워코롱은 부향률이 1~3%로 가장 적다.

★★★
37 내가 좋아하는 향수를 구입하여 샤워 후 바디에 나만의 향으로 산뜻하고 상쾌함을 유지시키고자 한다면, 부향률은 어느 정도로 하는 것이 좋은가?

① 1~3%
② 3~5%
③ 6~8%
④ 9~12%

샤워 후에 가볍게 뿌리는 향수는 샤워코롱으로 부향률은 1~3%, 지속시간은 약 1시간이다.

★★★★★
38 다음 중 향수의 부향률이 높은 것부터 순서대로 나열된 것은?

① 퍼퓸 > 오데퍼퓸 > 오데코롱 > 오데토일렛
② 퍼퓸 > 오데토일렛 > 오데코롱 > 오데퍼퓸
③ 퍼퓸 > 오데퍼퓸 > 오데토일렛 > 오데코롱
④ 퍼퓸 > 오데코롱 > 오데퍼퓸 > 오데토일렛

향수의 부향률 비교

퍼퓸	15~30%
오데퍼퓸	9~12%
오데토일렛	6~8%
오데코롱	3~5%
샤워코롱	1~3%

정답 32 ② 33 ④ 34 ③ 35 ② 36 ③ 37 ① 38 ③

39 향수를 뿌린 후 즉시 느껴지는 향수의 첫 느낌으로 주로 휘발성이 강한 향료들로 이루어져 있는 노트(note)는?

① 탑 노트(Top note)
② 미들 노트(Middle note)
③ 하트 노트(Heart note)
④ 베이스 노트(Base note)

향수의 발산 속도에 따른 분류 및 특징

탑 노트	• 휘발성이 강해 바로 향을 맡을 수 있음 • 종류 : 스트르스, 그린
미들 노트	• 부드럽고 따뜻한 느낌의 향으로, 대부분의 오일이 여기에 해당 • 종류 : 플로럴, 프루티
베이스 노트	• 휘발성이 낮아 시간이 지난 뒤에 향을 맡을 수 있음 • 종류 : 무스크, 우디

40 천연향의 추출방법 중에서 주로 열대성 과실에서 향을 추출할 때 사용하는 방법은?

① 수증기 증류법
② 압착법
③ 휘발성 용매 추출법
④ 비휘발성 용매 추출법

열대성 과실에서 향을 추출할 때는 주로 압착법을 사용한다.

41 향수의 구비요건이 아닌 것은?

① 향에 특징이 있어야 한다.
② 향이 강하므로 지속성이 약해야 한다.
③ 시대성에 부합하는 향이어야 한다.
④ 향의 조화가 잘 이루어져야 한다.

향수는 향의 지속성이 강해야 한다.

42 다음의 설명에 해당되는 천연향의 추출방법은?

식물의 향기 부분을 물에 담가 가온하여 증발된 기체를 냉각하면 물 위에 향기 물질이 뜨게 되는데, 이것을 분리하여 순수한 천연향을 얻어내는 방법이다. 이는 대량으로 천연향을 얻어낼 수 있는 장점이 있으나 고온에서 일부 향기 성분이 파괴될 수 있는 단점이 있다.

① 수증기 증류법
② 압착법
③ 휘발성 용매 추출법
④ 비휘발성 용매 추출법

지문은 수증기 증류법에 대한 설명으로 식물의 향기 부분을 물에 담가 가온하여 증발된 기체를 냉각하여 추출하는 방법이다.

43 에센셜 오일을 추출하는 방법이 아닌 것은?

① 수증기 증류법
② 혼합법
③ 압착법
④ 용매 추출법

에센셜 오일을 추출하는 방법에는 수증기 증류법, 압착법, 용매 추출법(휘발성, 비휘발성)이 있다.

44 아로마 오일에 대한 설명으로 가장 적절한 것은?

① 수증기 증류법에 의해 얻어진 아로마 오일이 주로 사용되고 있다.
② 아로마 오일은 공기 중의 산소나 빛에 안정하기 때문에 주로 투명 용기에 보관하여 사용한다.
③ 아로마 오일은 주로 향기식물의 줄기나 뿌리 부위에서만 추출된다.
④ 아로마 오일은 주로 베이스 노트이다.

② 아로마 오일은 갈색 용기에 보관하여 사용한다.
③ 아로마 오일은 허브의 꽃, 잎, 줄기, 열매 등에서 추출한다.
④ 아로마 오일은 주로 미들 노트이다.

정답 39 ① 40 ② 41 ② 42 ① 43 ② 44 ①

45 ★★★ 아로마테라피에 사용되는 아로마 오일에 대한 설명 중 가장 거리가 먼 것은?

① 아로마테라피에 사용되는 아로마 오일은 주로 수증기 증류법에 의해 추출된 것이다.
② 아로마 오일은 공기 중의 산소, 빛 등에 의해 변질될 수 있으므로 갈색병에 보관하여 사용하는 것이 좋다.
③ 아로마 오일은 원액을 그대로 피부에 사용해야 한다.
④ 아로마 오일을 사용할 때에는 안전성 확보를 위하여 사전에 패치 테스트를 실시하여야 한다.

> 아로마 오일은 원액을 그대로 사용하지 말고 소량이라도 희석해서 사용해야 한다.

46 ★★★ 아로마 오일에 대한 설명 중 틀린 것은?

① 아로마 오일은 면역기능을 높여준다.
② 아로마 오일은 피부미용에 효과적이다.
③ 아로마 오일은 피부관리는 물론 화상, 여드름, 염증 치유에도 쓰인다.
④ 아로마 오일은 피지에 쉽게 용해되지 않으므로 다른 첨가물을 혼합하여 사용한다.

> 아로마 오일은 피지에 쉽게 용해되며, 다른 첨가물을 혼합하지 말고 100% 순수한 것을 사용해야 한다.

47 ★★★ 아로마 오일의 사용법 중 확산법으로 맞는 것은?

① 따뜻한 물에 넣고 몸을 담근다.
② 아로마 램프나 스프레이를 이용한다.
③ 수건에 적신 후 피부에 붙인다.
④ 손수건, 티슈 등에 1~2방울 떨어뜨리고 심호흡을 한다.

> ① 입욕법, ③ 습포법, ④ 흡입법

48 ★★★ 아로마 오일의 사용법 중 습포법에 대한 설명으로 옳은 것은?

① 손수건, 티슈 등에 1~2방울 떨어뜨리고 심호흡을 한다.
② 온수 또는 냉수 1리터 정도에 5~10방울을 넣고, 수건을 담궈 적신 후 피부에 붙인다.
③ 아로마 램프나 스프레이를 이용한다.
④ 따뜻한 물에 넣고 몸을 담근다.

> ① 흡입법
> ③ 확산법
> ④ 입욕법

49 ★★★★ 아로마 오일을 피부에 효과적으로 침투시키기 위해 사용하는 식물성 오일은?

① 에센셜 오일
② 캐리어 오일
③ 트랜스 오일
④ 미네랄 오일

> 아로마 오일을 피부에 효과적으로 침투시키기 위해 사용하는 식물성 오일을 캐리어 오일이라고 하는데, 에센셜 오일의 향을 방해하지 않게 향이 없어야 하고 피부 흡수력이 좋아야 한다.

50 ★★★ 캐리어 오일로서 부적합한 것은?

① 미네랄 오일
② 살구씨 오일
③ 아보카도 오일
④ 포도씨 오일

> 캐리어 오일은 아로마 오일을 피부에 효과적으로 침투시키기 위해 사용하는 식물성 오일로 호호바 오일, 아보카도 오일, 아몬드 오일, 윗점 오일, 포도씨 오일, 살구씨 오일, 코코넛 오일 등이 사용된다.

정답 45 ③ 46 ④ 47 ② 48 ② 49 ② 50 ①

★★★
51 캐리어 오일 중 액체상 왁스에 속하고, 인체 피지와 지방산의 조성이 유사하여 피부 친화성이 좋으며, 다른 식물성 오일에 비해 쉽게 산화되지 않아 보존 안정성이 높은 것은?

① 아몬드 오일(almond oil)
② 호호바 오일(jojoba oil)
③ 아보카도 오일(avocado oil)
④ 맥아 오일(wheat germ oil)

호호바 오일은 우리 몸의 피지와 지방산의 조성이 거의 같아 흡수력이 좋으며 건조하고 민감한 피부, 아토피 피부에 효과적이다.

★★★
52 캐리어 오일에 대한 설명으로 틀린 것은?

① 캐리어는 '운반'이란 뜻으로 캐리어 오일은 마사지 오일을 만들 때 필요한 오일이다.
② 베이스 오일이라고도 한다.
③ 에센셜 오일을 추출할 때 오일과 분류되어 나오는 증류액을 말한다.
④ 에센셜 오일의 향을 방해하지 않도록 향이 없어야 하고 피부 흡수력이 좋아야 한다.

③은 플로럴 워터(Floral Water)에 관한 설명이다.

★★★
53 다음은 어떤 베이스 오일을 설명한 것인가?

> 인간의 피지와 화학구조가 매우 유사한 오일로 피부염을 비롯하여 여드름, 습진, 건선피부에 안심하고 사용할 수 있으며, 침투력과 보습력이 우수하여 일반 화장품에도 많이 함유되어 있다.

① 호호바 오일
② 스위트 아몬드 오일
③ 아보카도 오일
④ 그레이프 시드 오일

호호바 오일의 특징
- 모든 피부 타입에 적합
- 인체의 피지와 화학구조가 유사하여 피부 친화성이 우수
- 쉽게 산화되지 않아 안정성이 우수
- 침투력 및 보습력이 우수
- 여드름, 습진, 건선피부에 사용

★★★
54 다음 중 여드름의 발생 가능성이 가장 적은 화장품 성분은?

① 호호바 오일
② 라놀린
③ 미네랄 오일
④ 이소프로필 팔미테이트

호호바 오일은 여드름, 습진, 건선피부에 안심하고 사용할 수 있다.

★★★★
55 다음 중 기능성 화장품의 영역이 아닌 것은?

① 피부의 미백에 도움을 주는 제품
② 피부의 주름 개선에 도움을 주는 제품
③ 피부의 여드름을 치료해 주는 제품
④ 자외선으로부터 피부를 보호하는 데 도움을 주는 제품

기능성 화장품은 피부 미백, 주름 개선, 선텐 및 자외선 차단, 모발 색상 변화, 피부 · 모발 개선 기능을 하는 화장품을 말한다.

★★★
56 기능성 화장품에 대한 설명으로 옳은 것은?

① 자외선에 의해 피부가 심하게 그을리거나 일광화상이 생기는 것을 지연해 준다.
② 피부 표면에 더러움이나 노폐물을 제거하여 피부를 청결하게 해준다.
③ 피부 표면의 건조를 방지해주고 피부를 매끄럽게 한다.
④ 비누 세안에 의해 손상된 피부의 pH를 정상적인 상태로 빨리 되돌아오게 한다.

②~④는 기초 화장품의 세안용, 보호용, 피부정돈용(화장수)에 대한 설명이다.

★★★★
57 기능성 화장품에 해당되지 않는 것은?

① 피부의 미백에 도움을 주는 제품
② 인체에 비만도를 줄여주는 데 도움을 주는 제품
③ 피부의 주름 개선에 도움을 주는 제품
④ 피부를 곱게 태워주거나 자외선으로부터 피부를 보호하는 데 도움을 주는 제품

정답 51 ② 52 ③ 53 ① 54 ① 55 ③ 56 ① 57 ②

★★★★
58 다음 중 기능성 화장품의 범위에 해당하지 않는 것은?

① 미백 크림
② 바디 오일
③ 자외선 차단 크림
④ 주름 개선 크림

바디 오일은 기능성 화장품의 범위에 해당하지 않는다.

★★★
59 기능성 화장품류의 주요 효과가 아닌 것은?

① 피부 주름 개선에 도움을 준다.
② 자외선으로부터 보호한다.
③ 피부를 청결히 하여 피부 건강을 유지한다.
④ 피부 미백에 도움을 준다.

★★★
60 자외선 차단제에 대한 설명 중 틀린 것은?

① 자외선 차단제의 구성성분은 크게 자외선 산란제와 자외선 흡수제로 구분된다.
② 자외선 차단제 중 자외선 산란제는 투명하고, 자외선 흡수제는 불투명한 것이 특징이다.
③ 자외선 산란제는 물리적인 산란작용을 이용한 제품이다.
④ 자외선 흡수제는 화학적인 흡수작용을 이용한 제품이다.

자외선 산란제는 발랐을 때 불투명하고, 자외선 흡수제는 투명한 것이 특징이다.

★★★
61 주름 개선 기능성 화장품의 효과와 가장 거리가 먼 것은?

① 피부탄력 강화
② 콜라겐 합성 촉진
③ 표피 신진대사 촉진
④ 섬유아세포 분해 촉진

주름개선 기능성 화장품은 섬유아세포의 생성을 촉진한다.

★★
62 다음 중 자외선 흡수제에 대한 설명이 아닌 것은?

① 발랐을 때 투명하다.
② 촉촉하고 산뜻하며, 화장이 잘 밀리지 않는다.
③ 자외선 차단율이 높다.
④ 피부 트러블의 가능성이 높다.

자외선 차단제의 종류

구분	자외선 산란제	자외선 흡수제
특징	• 물리적인 산란작용 이용 • 발랐을 때 불투명	• 화학적인 흡수작용 이용 • 발랐을 때 투명
장점	자외선 차단율이 높음	촉촉하고 산뜻하며, 화장이 밀리지 않음
단점	화장이 밀림	피부 트러블의 가능성이 높음

★★★
63 미백 화장품에 사용되는 원료가 아닌 것은?

① 알부틴
② 코직산
③ 레티놀
④ 비타민 C 유도체

레티놀은 순수 비타민 A로 주름개선제로 사용된다.

★★★
64 미백 화장품의 메커니즘이 아닌 것은?

① 자외선 차단
② 도파(DOPA) 산화 억제
③ 티로시나아제 활성화
④ 멜라닌 합성 저해

티로시나아제 효소의 활성을 억제함으로써 미백 기능을 가진다.

★★★
65 SPF란 무엇을 뜻하는가?

① 자외선의 썬텐지수
② 자외선이 우리 몸에 들어오는 지수
③ 자외선이 우리 몸에 머무는 지수
④ 자외선 차단지수

SPF는 'Sun Protection Factor'의 약자로 자외선B(UVB)의 차단 효과를 표시하는 단위로, 숫자가 높을수록 차단 기능이 강하다.

정답 58 ② 59 ③ 60 ② 61 ④ 62 ③ 63 ③ 64 ③ 65 ④

66 ★★★ 자외선 차단제에 관한 설명이 틀린 것은?

① 자외선 차단제는 SPF의 지수가 매겨져 있다.
② SPF는 수치가 낮을수록 자외선 차단지수가 높다.
③ 자외선 차단제의 효과는 피부의 멜라닌 양과 자외선에 대한 민감도에 따라 달라질 수 있다.
④ 자외선 차단지수는 제품을 사용했을 때 홍반을 일으키는 자외선의 양을, 제품을 사용하지 않았을 때 홍반을 일으키는 자외선의 양으로 나눈 값이다.

SPF는 수치가 높을수록 자외선 차단지수가 높다.

67 ★★★ 자외선 차단제에 대한 설명으로 옳은 것은?

① 일광의 노출 전에 바르는 것이 효과적이다.
② 피부 병변에 있는 부위에 사용하여도 무관하다.
③ 사용 후 시간이 경과하여도 다시 덧바르지 않는다.
④ SPF지수가 높을수록 민감한 피부에 적합하다.

② 피부 병변에 있는 부위에는 사용하면 안 된다.
③ 자외선 차단제는 지속적으로 덧발라야 자외선 차단 시간을 연장시킬 수 있다.
④ 민감한 피부에는 SPF지수가 낮은 것이 좋으며 수시로 발라 주는 것이 좋다.

68 ★★★ 다음 ( ) 안에 알맞은 것은?

자외선 차단지수(SPF)란 자외선 차단 제품을 사용했을 때와 사용하지 않았을 때의 ( )의 비율을 말한다.

① 최대 흑화량
② 최소 홍반량
③ 최소 흑화량
④ 최대 홍반량

자외선 차단지수(SPF)란 자외선 차단 제품을 사용했을 때와 사용하지 않았을 때의 최소 홍반량의 비율을 말한다.

69 ★★★ 다음 중 옳은 것만을 모두 짝지은 것은?

㉠ 자외선 차단제는 물리적 차단제와 화학적 차단제가 있다.
㉡ 물리적 차단제에는 벤조페논, 옥시벤존, 옥틸디메틸파바 등이 있다.
㉢ 화학적 차단제는 피부에 유해한 자외선을 흡수하여 피부 침투를 차단하는 방법이다.
㉣ 물리적 차단제는 자외선이 피부에 흡수되지 못하록 피부 표면에서 빛을 반사 또는 산란시키는 방법이다.

① ㉠, ㉡, ㉢
② ㉠, ㉢, ㉣
③ ㉠, ㉡, ㉣
④ ㉡, ㉢, ㉣

벤조페논, 옥시벤존, 옥틸디메틸파바 등은 화학적 차단제에 해당한다.

70 ★★★ SPF에 대한 설명으로 틀린 것은?

① 'Sun Protection Factor'의 약자로서 자외선 차단지수라 불리어진다.
② 엄밀히 말하면 UV-B 방어효과를 나타내는 지수라고 볼 수 있다.
③ 오존층으로부터 자외선이 차단되는 정도를 알아보기 위한 목적으로 이용된다.
④ 자외선 차단제를 바른 피부가 최소의 홍반을 일어나게 하는 데 필요한 자외선 양을, 바르지 않은 피부가 최소의 홍반을 일어나게 하는 데 필요한 자외선 양으로 나눈 값이다.

자외선 차단지수는 피부로부터 자외선이 차단되는 정도를 알아보기 위한 목적으로 이용된다.

정답 66 ② 67 ① 68 ② 69 ② 70 ③

Nailist
Nail Technician Certification

NAIL Beauty

Nailist Technician Certification

CHAPTER

04

네일미용기술

NAIL Technician Certification

SECTION 01

손·발 기본관리

이 섹션에서는 쏙오프, 파일 사용법, 큐티클 정리, 페디큐어 등에 대한 기본적인 문제가 출제될 수 있으니 잘 익히도록 합니다.

01 손 기본관리

1 네일 폴리시 성분

명칭	특징 및 주성분
필름형성제	• 네일 폴리시를 단단하고 광이 나게 함 • 주성분 : 니트로셀룰로오스
수지	• 네일 폴리시를 강하고 탄력 있게 만들어 줌 • 주성분 : 포름알데히드, 토실라미드
가소제	• 피막의 유연성을 높여줌 • 주성분 : 구연산, 캠퍼, 디부틸프탈레이트*, 아세틸트리뷰틸씨트레이트
용제	• 점도와 건조 속도를 조절하고 네일 폴리시의 흐름을 향상시켜 줌 • 주성분 : 에탄올, 이소프로판올, 초산 에틸, 초산 부틸
클레이	• 혼합 성분의 안정성을 유지하고, 네일 폴리시의 사용성을 향상
자외선 방지제	• 자외선으로 인한 색깔의 변색을 방지 • 주성분 : 옥시벤존, 옥토크릴렌
색소	• 색상 및 커버력을 위한 성분으로 무기안료, 유기안료를 사용함

▶ **디부틸 프탈레이트**
네일 폴리시에서 피막의 유연성을 높여주는 역할을 하여 네일 폴리시가 부드럽고 쉽게 발리며, 갈라지거나 깨지는 것을 방지하는 데 도움을 준다.

▶ 폴리시 지우는 작업을 하기 전에 시술자와 고객의 손을 소독한 후 시작하도록 한다.

▶ **네일 화장물 제거제의 종류**

종류	특징
폴리시 리무버	• 아세톤, 에틸아세테이트 성분에 보습을 도와주는 오일, 글리세린 등을 혼합 • 소량의 아세톤 함유
젤 네일 폴리시 리무버	• 일반 네일 폴리시 성분에 아세톤의 함량이 높은 것으로 백화 현상이 나타남 • 제거 시 큐티클과 네일 주변 피부에 큐티클 오일을 발라 주어 피부 보호
퓨어 아세톤	• 팁, 랩, 젤, 아크릴 등 인조 네일 제거에 사용

2 일반 네일 폴리시 제거

① 일반 네일 폴리시의 주성분인 니트로셀룰로오스를 제거하기 위해서는 폴리시 리무버를 사용한다.

② 폴리시 리무버는 아세톤이 소량 함유되어 있으며, 아세톤, 에틸아세테이트, 오일, 글리세린 등이 포함되어 있다.

③ 사용 방법

- 리무버를 솜에 묻혀 네일 표면에 올려놓고 문질러서 제거한다.(한 번에 제거되지 않으면 반복 작업한다.)
- 큐티클 라인 쪽의 잘 지워지지 않는 폴리시는 오렌지 우드스틱에 솜을 말아 폴리시 리무버를 묻혀 닦아낸다.

❸ 젤 네일 폴리시 제거

① 젤 네일 폴리시는 경화되면 딱딱해지기 때문에 퓨어 아세톤 또는 젤 네일 폴리시 리무버를 사용한다.

② 일반 네일 폴리시 리무버에 비해 아세톤의 함량이 더 높아 백화현상이 생긴다.

▶ 젤 네일 폴리시 제거 시 주의사항
- 젤 네일 폴리시는 제거제만 사용하여 완전히 제거하는 방법과 네일 파일로 전부 갈아서 제거하는 방법이 있다.
- 네일 파일을 전부 갈아내서 제거하는 경우는 젤 네일 폴리시 중 제거제로 제거가 되지 않는 제품인 경우에 해당된다.
- 일반적인 제품은 젤 네일 폴리시 자체의 두께감이 있어 제거를 용이하게 하기 위해 네일 파일을 활용하여 일정부분의 두께를 제거한 후 제거제를 사용하여 제거한다.
- 네일 드릴로 제거하기도 한다.

❹ 인조 네일 제거

(1) 길이 자르기 : 클리퍼로 인조 네일의 길이를 잘라준다.

▲ 길이 자르기

(2) 두께 제거

① 퓨어 아세톤으로 화장물을 제거하는 시간을 줄이기 위해 인조 네일 표면을 파일링 해주는 것이 좋다.
- 팁 네일 및 랩 네일 : 150~180그릿의 파일 사용
- 아크릴 네일 : 100~150그릿의 파일 사용
- 젤 네일 : 150~180그릿의 파일 사용

② 더스트 브러시로 인조 네일 표면과 주변의 분진을 제거한다.

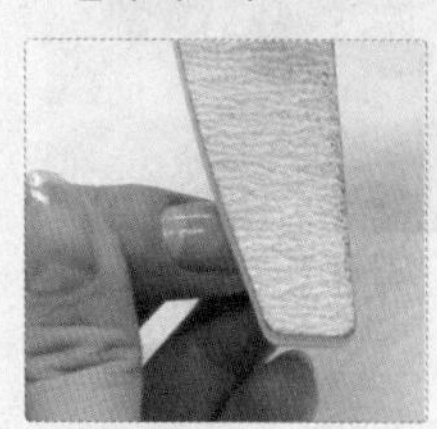
▲ 두께 제거

(3) 큐티클 오일 바르기

손톱 주변의 피부 건조를 방지하기 위해 큐티클 오일을 도포한다.

(4) 쏙오프

① 화장솜에 퓨어 아세톤을 적당히 적셔 손톱 위에 올린 후 알루미늄 호일을 감싼다.

② 2~3분 후 호일을 벗긴 뒤 오렌지 우드스틱 또는 푸셔를 사용하여 손톱 위의 잔여물을 제거한다.

▶ 자연 손톱의 손상을 방지하기 위해 일정 두께까지만 제거하고, 자연 손톱과 큐티클 라인, 주변 피부가 손상되지 않도록 주의한다.

▶ 한 번에 제거되지 않을 경우 쏙오프 과정을 반복한다.

(5) 손톱 모양 만들기 및 표면 정리

① 180그릿 이상의 파일을 사용하여 손톱 위의 잔여물을 제거한다.

② 샌딩 파일을 사용하여 손톱 표면을 부드럽게 정리한다.

③ 프리에지 길이를 조절하고 손톱을 적당한 모양으로 다듬어준다.

④ 더스트 브러시로 손톱의 표면과 먼지를 제거하고, 멸균거즈로 닦아준다.

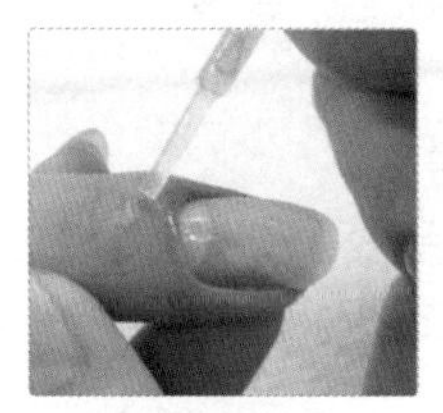
▲ 큐티클 오일 바르기

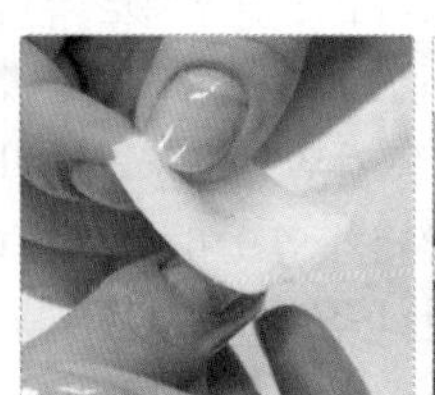
▲ 쏙오프

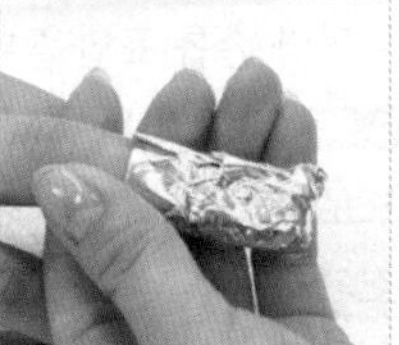

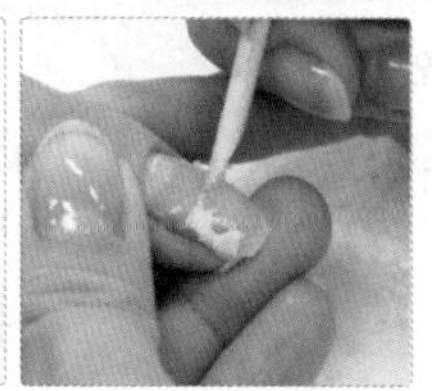

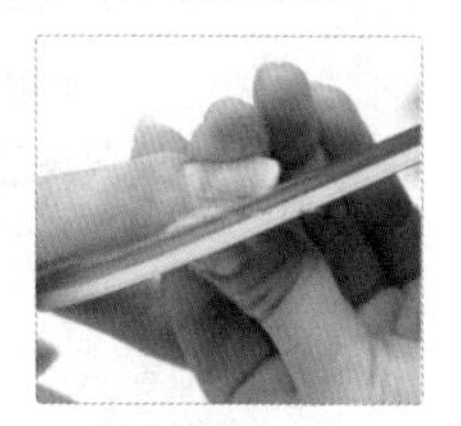
▲ 표면정리

▶ 그릿 수에 따른 파일의 용도

그릿 수	용도
150 이하	인조 네일의 두께 및 길이 조절
150~180	자연 네일의 표면 에칭, 인조 네일의 형태 조형 및 표면 정리
180~240	자연 네일의 형태 조형 및 표면 정리, 인조 네일의 표면 정리
240~400	표면을 부드럽게 정리
400 이상	표면 광택

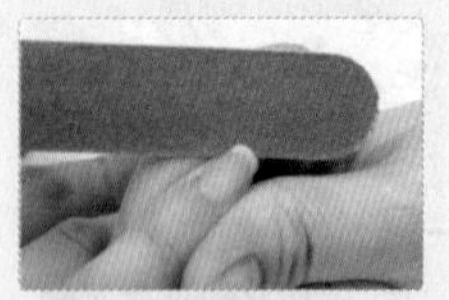

▲ 파일링

▲ 표면 정리

▶ 파일링 방법

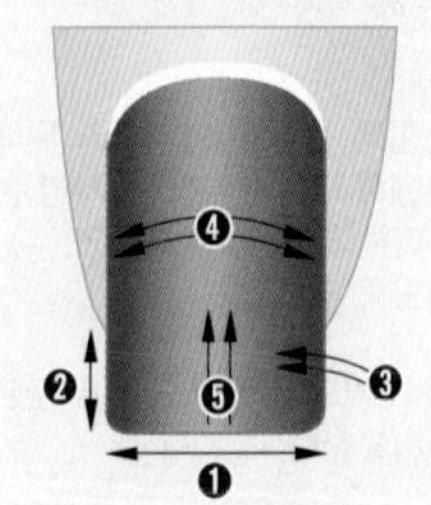

❶ 길이를 줄일 때
❷ 스트레스 포인트를 잡아줄 때
❸ 사이드 표면을 정리할 때
❹ 전체 표면을 정리할 때
❺ 하이 포인트를 만들어 줄 때, 두께를 조절할 때

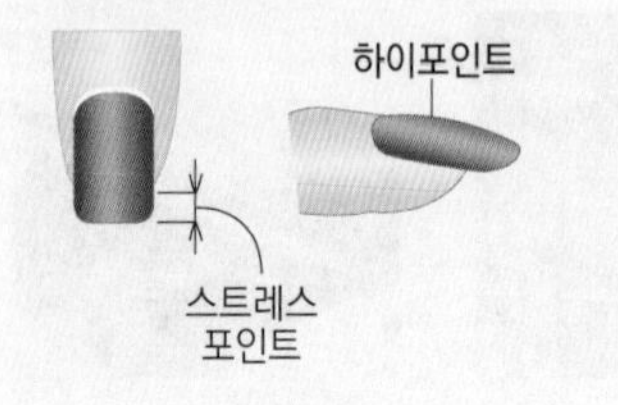

5 프리에지 모양 만들기 - 네일 파일 사용

(1) 파일 잡는 법 (우드파일)

① 파일의 1/3 지점을 가볍게 잡아 엄지로 네일 파일을 받치고 나머지 손가락으로 가볍게 쥔다.

② 엄지와 중지로 작업자의 손가락 3번째 마디와 네일의 바디 부분을 잡고, 검지로 받쳐준다.

③ 검지로 작업 손가락이 흔들리지 않도록 받쳐준다.

④ 파일링 시 네일이 흔들리지 않게 가볍게 네일 보디와 손가락을 고정한다.

(2) 파일링

① 네일의 길이 조절 시 파일을 90° 가볍게 긋듯이 한 방향으로 파일링 한다.

② 파일링 방향 : 반드시 중앙으로 향하도록 한다. 한 방향으로 해야 자연 네일이 상하지 않는다.

③ 파일링 각도가 클수록 손톱의 형태가 둥글어진다.

(3) 표면 정리

① 표면이 매끄럽지 않을 경우 버퍼나 샌딩블럭을 이용해 정돈한다

② 더스트 브러시로 네일 중변의 먼지를 정리한 후 멸균거즈로 정리한다.

(4) 거스러미 제거

① 도구 : 디스크 패드(라운드 패드), 샌딩 블럭

② 디스크 패드 또는 샌딩 블럭으로 프리에지의 아랫면을 중심으로 넣어주고 위로 올려주듯이 제거한다.

6 큐티클 부분 정리

(1) 핑거볼에 손 불리기

따뜻한 항균비눗물이 담긴 핑거볼에 약 3~5분 정도 손을 담근다.

(2) 큐티클 오일 바르기

① 큐티클의 보습 및 유연성을 위해 오일을 바른다.

② 큐티클 리무버 사용 시에는 오일을 바르기 전에 바르도록 한다.

(3) 큐티클 밀어 올리기

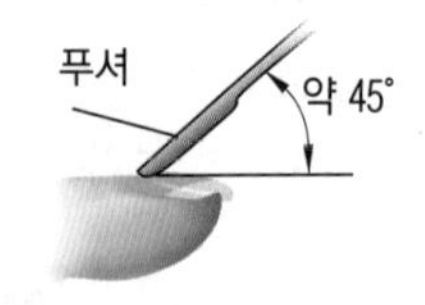

① 도구 : 푸셔(Pusher)

② 푸셔를 연필을 쥐듯이 45° 각도로 쥐고 큐티클을 조심스럽게 밀어올리고 스톤푸셔로 큐티클 주위와 손톱 표면을 매끄럽게 정리한다.

③ **주의점** 각도가 너무 낮을 경우 큐티클 라인 안쪽으로 들어가 감염의 우려가 있으며, 각도가 너무 높을 경우 손톱 표면에 스크래치가 날 수 있으니 주의한다. 또한, 누드스킨이 남지 않도록 한다.

(4) 큐티클 정리하기

① 도구 : 니퍼(Nipper)

② 푸셔로 밀어올린 큐티클을 정리한다.

③  상조피(이포니키움) 바로 밑부분까지 깨끗하게 정리 하게 되면 출혈이 생길 수 있으므로 주의할 것

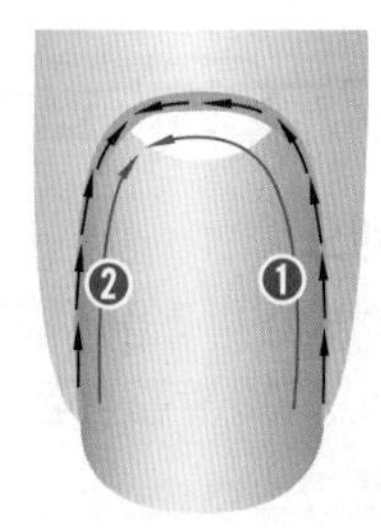

[큐티클 정리하는 순서] : 큐티클은 한번에 깨끗하게 정리가 되지 않으므로 2~3회 반복한다.

(5) 손 소독하기

예민해진 큐티클에 안티셉틱을 뿌려 소독하고 물기를 제거한다.

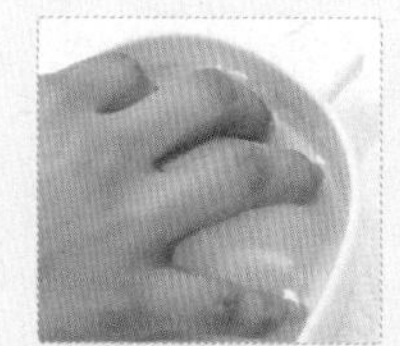

▲ 핑거볼에 손 불리기

▲ 큐티클 오일 바르기

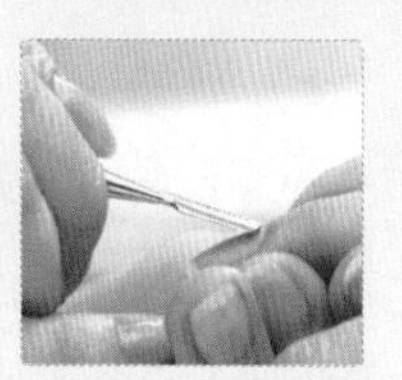

▲ 큐티클 밀어 올리기

▲ 큐티클 정리하기

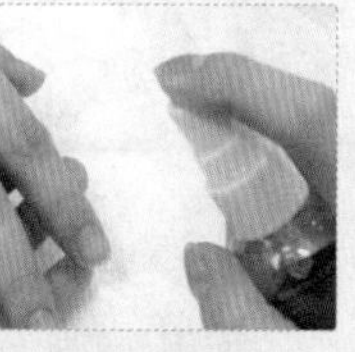

▲ 손 소독하기

7 보습제 도포

(1) 보습제 성분

글리세린, 세라마이드, 히알루론산, 천연보습인자 등

(2) 보습 기능 화장품

화장수, 로션, 크림, 에센스, 팩 등

(3) 보습제의 종류

① 큐티클 오일

브러시 타입	내장된 브러시로 큐티클 부분 도포
스프레이 타입	넓은 범위를 한번에 분사하여 도포
스포이트 타입	큐티클 부분에 떨어뜨려 도포

② 큐티클 크림

튜브 타입	튜브 형태의 크림을 큐티클 부분에 짜내어 도포
병 타입	스파출라로 덜어내어 사용

(4) 큐티클 보습제 도포 방법

큐티클 소독 후 보습제의 타입에 맞는 방법으로 큐티클에 발라준 후 멸균 거즈 또는 티슈로 잔여물을 제거해 준다.

02 발 기본관리 - 페디큐어 (Pedicure)

1 개요

① 발과 발톱을 청결하고 아름답게 가꾸어주는 발의 전반적인 관리

② 종류 : 발톱 다듬기, 각질 제거, 큐티클 정리, 마사지, 네일아트 등

2 페디큐어 준비물

① 습식 매니큐어 준비물

② 페디큐어 기구 : 고객용 의자, 시술자의자, 발 받침대, 각탕기 등

③ 항균비누 : 무좀 방지

④ 발가락 끼우개(토우세퍼레이터) : 색상을 바를 때 편리

⑤ 페디스톤 : 발바닥 각질 제거에 사용, 페디 파일 사용 가능

⑥ 페디큐어 슬리퍼 : 발가락 끼우개를 사용하기 전에 고객에게 신게 한다.

⑦ 발 전용 파우더 : 베이스코트를 바르기 전에 발가락 사이에 뿌려서 땀과 냄새 방지

⑧ 발 전용 스크럽 : 페디스톤과 함께 사용하면 더욱 효과적

⑨ 페디 파일 : 발바닥 각질 제거 후 매끄럽게 마무리할 수 있는 효과를 내기 위해 사용(사용 방향 : 족문 방향)

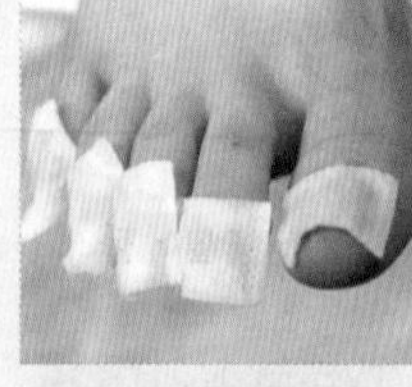

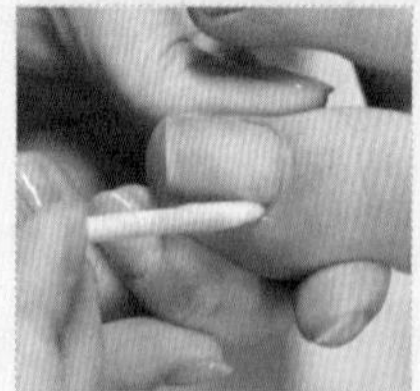

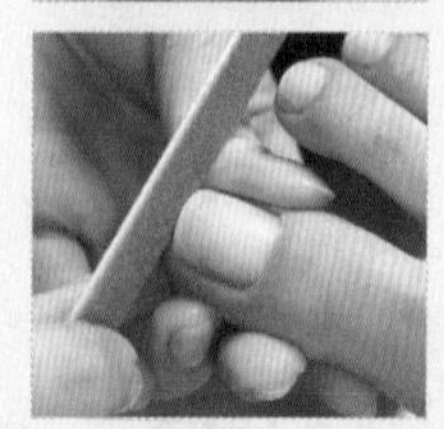

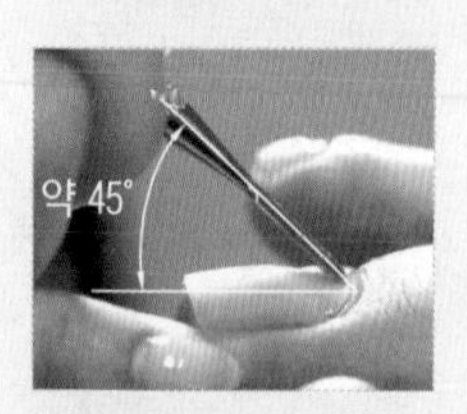

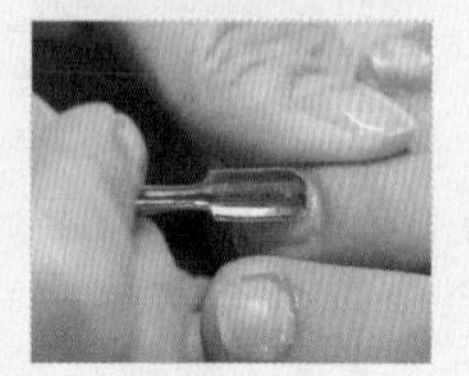

▲ 큐티클 정리

3 시술 절차 (시술 방법은 습식매니큐어와 동일)

(1) 고객을 페디 시술대에 착석

(2) 시술자의 손과 고객의 발 소독

(3) 폴리시 제거하기

(4) 발톱 모양 만들기 : 발톱은 반드시 일(-)자로 자른다 : 발은 신발 속에서 압력을 받으므로 동그랗게 자르면 발톱의 코너가 파고 들어가 고통을 받게 된다.

(5) 표면정리 : 일반적으로 발톱이 매끄럽지 않은 경우가 많으므로 샌딩 블럭을 이용하면 편리

(6) 발 담그기

① 발을 족탕기에 담가 불린다.

▶ 실기시험에서는 족탕기 대신 뷰무기에 미온수를 담아 분사하는 것으로 대체한다.

② 발을 불린 후 마른 멸균거즈를 이용해 발의 물기를 제거한 후 큐티클 오일을 바른다.

(7) 큐티클 정리 및 굳은살 제거하기

① 물기를 제거한 다음 푸셔, 니퍼로 깨끗이 정리한다.

② 굳은살이 있는 경우 크레도를 사용하여 족문 방향으로 조금씩 제거한다.

(8) 마사지

시술자의 손과 고객의 발, 다리를 항균소독제로 세척하고 타월로 닦은 후 마사지한다.

(9) 타월로 닦기

① 따뜻한 타월로 다리와 발가락을 감싼 다음 손바닥을 이용하여 발가락 전체를 움직여준다.

② 발목을 좌우로 돌려주고, 발톱과 발가락 사이를 꼼꼼하게 닦아준다.

(10) 유분기 제거

(11) 발 전용 파우더 묻히기

발톱에 묻지 않도록 주의하며 발가락 사이에 파우더를 묻힌다.

▶ 심한 건성피부인 경우 피하는 것이 좋다.

(12) 토우세퍼레이터(Toe Seperator) 끼우기

폴리시를 바를 때 서로 부딪혀 뭉개지지 않도록 발가락 사이에 토우세퍼레이터를 끼워 발가락을 벌려준다.

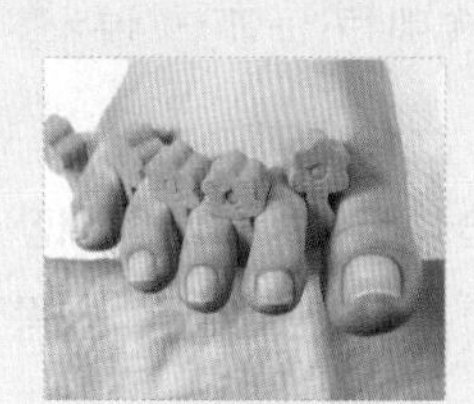

▲ 토우세퍼레이터 끼우기

(13) 베이스코트 바르기

(14) 폴리시 바르기

(15) 탑코트 바르기

(16) 폴리시 건조 및 도구 정리하기

출제예상문제 | 단원별 구성의 문제 유형 파악!

★★★★

1 모든 네일 시술의 절차 중 가장 먼저 하는 것은?

① 큐티클 밀기 ② 손 소독하기
③ 폴리시 제거 ④ 모양 잡기

모든 시술에 앞서 가장 먼저 해야 할 일은 시술자와 고객의 손을 소독하는 일이다.

★★★

2 다음은 매니큐어 시술에 관한 설명이다. 옳지 않은 것은?

① 큐티클 주위와 손톱 각질을 자르면 자를수록 딱딱해질 수 있다.
② 탑 코트를 발라 유색 폴리시가 더 오래가도록 한다.
③ 버핑 시 너무 세게 문지르지 않는다.
④ 큐티클은 죽은 각질 세포이므로 완전히 잘라내야 한다.

큐티클을 너무 무리하게 잘라내면 피가 나거나 부어오를 수 있으므로 적당히 잘라내야 한다.

★★

3 습식매니큐어 사용 후의 사후조치로 옳지 않은 것은?

① 사용한 서비스 소모품은 반드시 폐기 처리한다.
② 고객에게 필요한 재료가 아니더라도 권해준다.
③ 다음 번 서비스의 예약을 접수한다.
④ 다음 고객의 시술을 위한 소독을 한다.

고객이 원하지 않는 재료나 서비스를 권해 고객을 언짢게 하거나 부담을 주지 않도록 한다.

★★★★

4 습식매니큐어 시술에서 손톱 모양을 만들고 난 후 손톱 밑의 거스러미를 제거하는데, 이때 사용하는 도구의 명칭은?

① 니퍼 ② 라운드 패드
③ 스톤푸셔 ④ 글루

손톱 밑의 거스러미를 제거할 때는 라운드 패드를 사용한다.

정답 1② 2④ 3② 4②

★
5 매니큐어에 대한 설명으로 옳은 것은?

① 큐티클 관리를 말한다.
② 손과 손톱의 총체적인 관리를 의미한다.
③ Manus와 Cura가 합성된 말로 스페인에서 유래되었다.
④ 매니큐어는 중세부터 행해졌다.

> ① 매니큐어는 큐티클 관리뿐만 아니라 전체적인 손톱 및 손 관리를 말한다.
> ③ 매니큐어는 라틴어에서 유래되었다.
> ④ 매니큐어는 고대시대부터 행해졌다.

★★★
6 습식매니큐어 시술에 대한 설명으로 옳지 않은 것은?

① 파일링 시 네일의 양쪽 코너 안쪽까지 깨끗하게 갈아낸다.
② 폴리시를 제거할 대는 리무버를 솜에 묻혀 네일 표면에 올려놓고 문질러서 제거한다.
③ 자연네일이 누렇게 변색된 경우 과산화수소를 솜에 묻혀 오렌지 우드 스틱에 말아서 자연네일에 바른다.
④ 큐티클을 밀어 올릴 때는 푸셔를 45° 각도로 해서 조심스럽게 밀어 올린다.

> 파일링 시 네일의 양쪽 코너 안쪽까지 갈게 되면 손톱이 손상될 수 있다.

★★★
7 매니큐어 시 사용되는 기구에 대한 설명으로 잘못된 것은?

① 철제 기구는 알코올로만 소독해야 한다.
② 한 번 사용한 소모품은 다시 사용해서는 안 된다.
③ 소독을 끝낸 기구, 도구 등은 위생 처리된 봉지에 넣어 보관한다.
④ 네일 기구는 항상 손님이 오기 전에 미리 소독을 끝내도록 한다.

> 철제 기구를 꼭 알코올로만 소독할 필요는 없다.

★★★
8 큐티클을 밀어 올릴 때 과도한 압력이 가해질 경우 일어날 수 있는 현상은?

① 프리에지에 균열이 생긴다.
② 매트릭스의 색이 변한다.
③ 메트릭스 조직에 부상이 발생한다.
④ 하이포니키움에 문제가 생긴다.

> 큐티클에 과도한 압력이 가해진다고 해서 프리에지에 균열이 생기거나 매트릭스의 색상에 영향을 미치지는 않는다.

★★
9 폴리시의 얼룩은 어떻게 제거하는가?

① 폴리시 리무버를 사용한다.
② 알코올로 닦는다.
③ 좋은 연마제를 사용한다.
④ 비누를 사용한다.

> 폴리시의 얼룩은 폴리시 리무버를 이용해 제거한다.

★
10 핑거볼에 살균 비누를 넣는 이유로 맞는 것은?

① 상처 치료
② 박테리아 살균
③ 큐티클 제거
④ 팁 세척

★★★
11 매니큐어 시술에 대한 설명으로 옳은 것은?

① 니퍼로 손질 시 큐티클을 너무 잘라내어 손님에게 통증을 주지 않도록 한다.
② 네일 브러시는 좌우로 손질해 손톱을 닦아낸다.
③ 소량의 유분기가 손톱에 남아 있어도 컬러링에는 별 무리가 없다.
④ 큐티클을 세게 밀어 올려 깨끗이 작업이 되도록 한다.

> ② 네일 브러시는 좌우로 손질하면 이물질이 옆 손톱에 묻을 수 있으므로 위아래로 닦아낸다.
> ③ 유분기를 깨끗이 닦아내고 컬러링을 한다.
> ④ 큐티클을 너무 세게 밀면 피가 나거나 통증을 유발할 수 있으므로 너무 세게 밀지 않는다.

정답 5 ② 6 ① 7 ① 8 ③ 9 ① 10 ② 11 ①

★★★
12 큐티클 정리 및 제거 시 필요한 도구로 알맞은 것은?

① 파일, 탑코트
② 라운드 패드, 니퍼
③ 샌딩블럭, 핑거볼
④ 푸셔, 니퍼

푸셔를 이용해 큐티클을 밀고, 니퍼를 이용해 큐티클을 제거한다.

★★★
13 큐티클을 정리하는 도구의 명칭으로 가장 적합한 것은?

① 핑거볼 ② 니퍼
③ 핀셋 ④ 클리퍼

큐티클을 정리할 때는 푸셔로 큐티클을 밀어올리고 니퍼로 잘라낸다.

★★★
14 네일 니퍼의 올바른 사용 방법으로 틀린 것은?

① 니퍼의 날을 최대한 세워서 사용한다.
② 니퍼를 잡지 않은 반대 손으로 지지대를 형성하여 사용한다.
③ 멸균거즈와 함께 사용한다.
④ 큐티클 제거에 사용한다.

큐티클 제거 시에 푸셔와 니퍼를 사용하는데, 니퍼는 날이 날카로워 45°각도를 유지하면서 안전하게 사용해야 한다.

★★★
15 매니큐어 시술에 대한 설명으로 옳은 것은?

① 니퍼로 손질 시 큐티클을 너무 잘라내어 손님에게 통증을 주지 않도록 한다.
② 네일 브러시는 좌우로 손질해 손톱을 닦아낸다.
③ 소량의 유분기가 손톱에 남아 있어도 컬러링에는 별 무리가 없다.
④ 큐티클을 세게 밀어 올려 깨끗이 작업이 되도록 한다.

② 네일 브러시는 좌우로 손질하면 이물질이 옆 손톱에 묻을 수 있으므로 위아래로 닦아낸다.
③ 유분기를 깨끗이 닦아내고 컬러링을 한다.
④ 큐티클을 너무 세게 밀면 피가 나거나 통증을 유발할 수 있으므로 너무 세게 밀지 않는다.

★★★
16 고객의 홈케어 용도로 큐티클 오일을 사용 시 주된 사용 목적으로 옳은 것은?

① 네일 표면에 광택을 주기 위해서
② 네일과 네일 주변의 피부에 트리트먼트 효과를 주기 위해서
③ 네일 표면에 변색과 오염을 방지하기 위해서
④ 찢어진 손톱을 보강하기 위해서

큐티클 오일은 네일과 네일 주변 피부를 부드럽게 하고 트리트먼트 효과를 주기 위해 발라준다.

★★★
17 큐티클 정리 시 유의사항으로 가장 적합한 것은?

① 큐티클 푸셔는 90°의 각도를 유지해 준다.
② 에포니키움의 밑부분까지 깨끗하게 정리한다.
③ 큐티클은 외관상 지저분한 부분만을 정리한다.
④ 에포니키움과 큐티클 부분은 힘을 주어 밀어준다.

큐티클은 외관상 지저분한 부분만 정리하고 에포니키움의 밑부분까지 정리하게 되면 출혈이 날 수 있으므로 주의해야 한다. 큐티클 푸셔는 45°의 각도를 유지해 준다.

★★★
18 네일 화장물 제거 시 주의사항과 거리가 먼 것은?

① 네일 화장물 제거 시에는 호흡기를 보호하기 위하여 마스크를 착용해야 하며 항상 환기에 신경써야 한다.
② 네일 화장물 제거제는 인화성 물질이므로 화기 옆에 두지 말아야 한다.
③ 네일 화장물 제거 시 주변 피부 보습을 위해 네일 강화제를 도포하고 네일 손상을 방지하기 위하여 큐티클 오일, 로션을 발라준다.
④ 네일 화장물 제제는 휘발성이 강한 액체로 과도하게 사용할 경우 네일과 주변 피부를 건조하게 할 수 있다.

주변 피부 보습을 위해 큐티클 오일, 로션을 도포하고, 네일 손상을 방지하기 위하여 네일 강화제를 발라준다.

정답 12 ④ 13 ② 14 ① 15 ① 16 ② 17 ③ 18 ③

★★★

19 다음은 페디큐어 시술과정이다. (   )에 들어갈 내용은?

> 손과 발 소독 → 컬러 제거 → 모양잡기 → (   ) → 큐티클 정리 → 페디파일 → 발 씻기 → 마사지 → 폴리시 바르기

① 족탕기에 발 담그기
② 콘커터
③ 큐티클 오일 바르기
④ 토우세퍼레이터 끼우기

★★★

20 정체된 손발의 모세혈관 흐름을 촉진시켜 전신의 대사를 원활하게 해주며 40~43℃의 물에 발을 20분간 담그는 것으로도 피로회복 효과를 주는 제품은?

① 핑거볼　　② 살균비누
③ 각탕기　　④ 지압봉

> 페디큐어 시술을 하기 전에 각탕기에 20분 정도 발을 담근다.

★★★

21 피로회복에 가장 적당한 족탕기의 물 온도와 사용 시간은?

① 40~43℃, 40분간
② 40~43℃, 20분간
③ 36~40℃, 40분간
④ 36~40℃, 20분간

★★★

22 페디큐어 시술 전에 족탕기에 발을 담그는 목적은?

① 굳은살을 제거하기 위해
② 행네일을 부드럽게 하기 위해
③ 발을 소독하기 위해
④ 시술 전 손님의 긴장을 풀기 위해

> 항균비누를 첨가한 족탕기에 발을 담그는 가장 중요한 목적은 발을 소독하는 데 있다.

★★★

23 페디큐어 시술을 해도 무방한 발은?

① 무좀이 있는 발
② 발톱이 파고들어가려는 발
③ 발언저리가 손상된 발
④ 종기나 종양이 있는 발

> 무좀이 있거나 발언저리가 손상된 발, 종기가 있는 발은 병원 치료를 받아야 된다.

★★★

24 페디큐어 시술 시 족탕기에 첨가하는 재료는?

① 알코올　　② 방부제
③ 항균비누　　④ 발 파우더

> 족탕기에 항균비누를 첨가해 발을 소독한다.

★★★

25 패디큐어 시술 방법 중 옳은 것은?

① 발을 편하게 관리하도록 둥근형으로 파일링한다.
② 발냄새를 방지하고 시술하기 편하게 발가락에 토우세퍼레이터를 끼운다.
③ 발뒷꿈치 각질은 완전히 제거한다.
④ 당뇨병 환자에게 발마사지는 피로를 줄여준다.

> ① 발톱은 일자형으로 파일링하는 것이 좋다.
> ③ 발뒷꿈치 각질은 너무 많이 제거하지 않는다.
> ④ 고혈압 환자나 당뇨병 환자에게는 발마사지를 하지 않는 것이 좋다.

★★★

26 페디큐어 시술 시 올바른 방법은?

① 양쪽 가장자리를 둥글게 자른다.
② 가벼운 각질이라도 크레도를 사용하도록 한다.
③ 페디큐어는 겨울철에는 하지 않는 것이 좋다.
④ 페디파일은 출혈이나 부작용을 줄 수도 있으므로 심하게 갈지 않는다.

> ① 일자로 모양을 잡아 살 속으로 파고들지 않게 한다.
> ② 가벼운 각질은 페디파일을 사용한다.
> ③ 겨울철에는 건조하므로 페디큐어가 더 필요하다.

★★★

27 발 마사지 시 가볍게 두드리면서 하는 방법은?

① 경타법
② 주무르는 법
③ 비벼주는 법
④ 눌러줌

> 마사지할 때 가볍게 두드려주는 방법을 경타법이라 한다.

정답 19 ① 20 ③ 21 ② 22 ③ 23 ② 24 ③ 25 ② 26 ④ 27 ①

NAIL Technician Certification

SECTION 02 네일 컬러링

이 섹션에서는 컬러 도포 방법, 컬러링의 종류 및 특성에 대해서 출제될 가능성이 높으므로 잘 정리하도록 합니다.

01 네일 화장물 적용 전처리

1 유분기 제거

180그릿 이상의 파일을 사용하여 자연 네일 표면을 파일링 하거나 아세톤 성분이 포함된 용제를 멸균 거즈에 적셔 네일 표면을 쓸어주는 방법으로 유분기를 제거한다.

2 전처리제 도포

① 전처리제 도포 전에 자연 네일의 유분기를 모두 제거한다.

② 큐티클 부분에 넘쳐나지 않도록 주의하면서 멸균거즈에 전처리제를 덜어내어 양을 조절하면서 도포한다.

③ 과도하게 사용 시 자연 네일이 건조해질 수 있으므로 주의한다.

▶ 유분기를 제거하는 이유 : 손톱에 유분기가 있으면 폴리시가 잘 발리지 않는다.

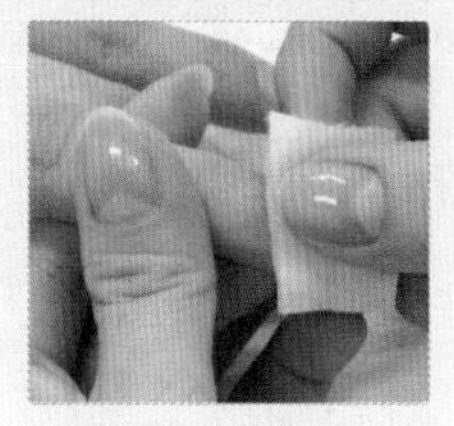

▲ 유분기 제거하기

▶ 전처리제의 종류
- 프라이머 : 강한 산성으로 접착제 역할
- 프리 프라이머 : 네일을 알칼리성으로 만들면서 유·수분기 제거

02 풀 코트 컬러 도포

1 베이스코트 바르기

폴리시를 바르기 전에 얇게 1회 발라준다.

※ 네일 보강제는 베이스코트 도포 전에 사용한다.

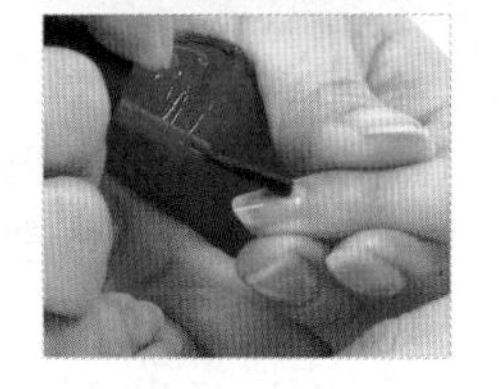

2 폴리시 바르기

① 브러시에 묻은 폴리시의 양을 조절한 후, 브러시를 연필을 잡듯이 쥐고 소지를 반대쪽 중지 또는 소지 위에 고정시킨 후 바른다.

② 브러시의 각도는 45° 이상을 유지하며, 얇게 2회 정도 바른다.

③ 프리에지 단면에도 정확하게 바른다.

3 탑코트 바르기

① 목적 : 손톱에 광택을 주고 폴리시가 빨리 벗겨지는 것을 방지

② 방법 : 베이스코트보다 약간 두껍게 바른다.
(짙은색 폴리시를 발랐을 경우 브러시를 깨끗이 닦고 보관한다.)

풀코트 컬러 도포 순서

베이스코트 1회
↓
폴리시 2회
↓
탑코트 1회

▶ 베이스코트의 기능
- 손톱 보호
- 색소 침착 방지
- 폴리시의 밀착력을 높여줌

▶ 탑코트는 브러시가 눌리지 않도록 50°이상 세워서 도포한다.

03 프렌치 및 딥프렌치 컬러 도포

1 개요

프리에지에 다른 색상의 폴리시를 발라줌으로써 색다른 느낌을 표현하는 방법으로 자연스러움과 깨끗하고 신선한 이미지를 창출한다.

2 시술 순서

① 베이스코트 바르기 : 색상 침착을 방지하기 위해 얇게 1회 도포한다.
② 폴리시 바르기
- 화이트 폴리시로 완만한 스마일라인 모양으로 그려준다.
- 프렌치는 옐로우라인에 맞추어 프리에지 부분에 스마일라인을 그려준다.
- 딥프렌치는 전체 네일의 1/2 이상의 부분에 스마일라인을 그려준다.
- 얇게 2회 정도 바르고, 프리에지 단면에도 정확하게 바른다.

③ 탑코트 바르기 : 폴리시가 적당히 마른 후 탑코트를 전체적으로 바른다.

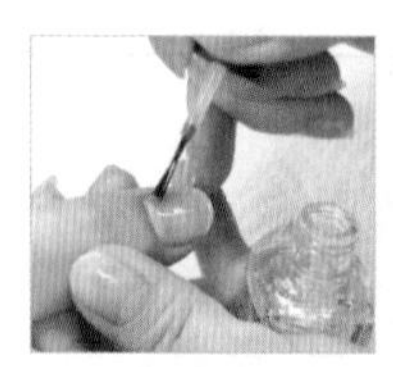
▲ 베이스코트 바르기

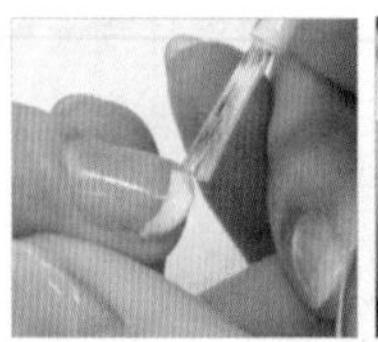
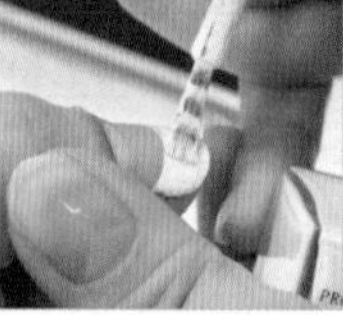
▲ 폴리시 바르기 (左-프렌치, 右-딥프렌치)

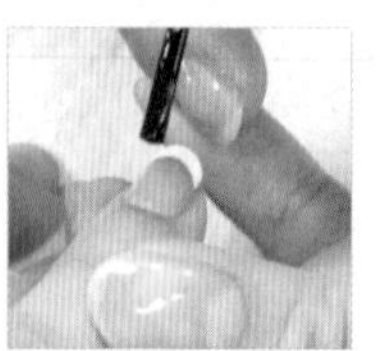
▲ 탑코트 바르기

- ▶ 기본 프렌치 : 네일 바디의 1/5 부위 옐로우 라인부터 프리에지까지 스마일라인 컬러링
- ▶ 딥 프렌치 : 네일 바디의 1/2 이상 부위부터 프리에지까지 스마일라인 컬러링
  - ㉠ 오른손잡이를 기준으로 왼쪽 월을 2/3 지점에서 시작하여 왼쪽에서 오른쪽 방향으로 프리에지의 가로너비 2/3 지점까지 사선을 긋는다.
  - ㉡ 반대 월 부분에서 오른쪽 월 부분과 높이를 맞춰서 왼쪽방향으로 프리에지의 가로너비 1/3 지점까지 사선을 그은 후 두 사선을 연결한다.

▶ 기본 프렌치 모양

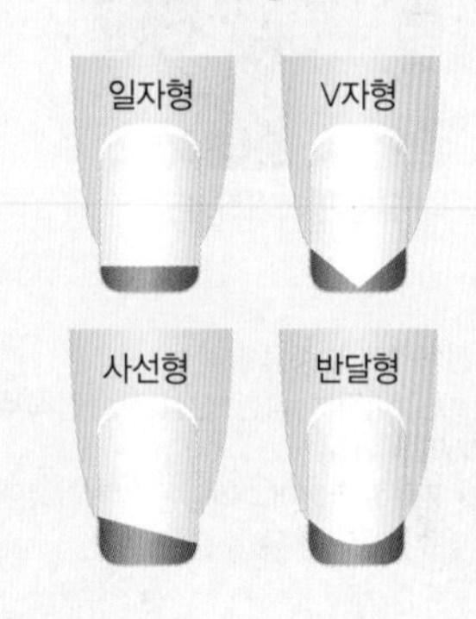

04 그라데이션 컬러 도포

1 특징

큐티클 부분으로 갈수록 색상이 자연스럽게 연해지는 기법으로 주로 스폰지를 사용하여 도포

2 시술 방법

① 베이스코트를 1회 바른다.
② 원하는 색상의 폴리시를 적당한 크기의 스펀지에 묻힌다.
③ 폴리시를 묻힌 스펀지를 프리에지에서부터 큐티클 방향으로 점점 연해지는 그라데이션이 되도록 가볍게 두드려준다.
④ 손톱 길이의 2/3 지점까지 컬러링이 되게 한다.
⑤ 프리에지 단면까지 도포한다.
⑥ 손톱 주변에 묻은 폴리시는 오렌지 우드 스틱을 이용하여 지워준다.
⑦ 탑코트를 1회 바른다.

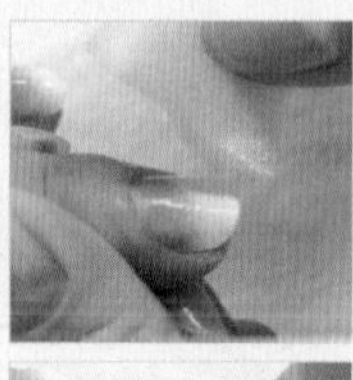
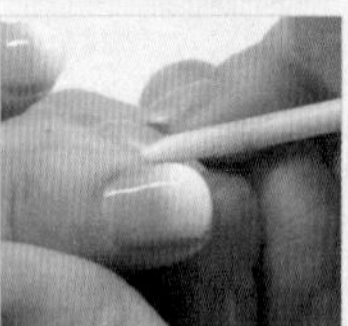
▲ 그라데이션 컬러 도포

▶ 다색 컬러 그라데이션
스펀지에 두 가지 이상의 색을 중첩해서 발라 컬러링을 표현하는 방법

05 네일 화장물 적용 마무리

1 폴리시 건조하기

(1) 일반 네일 폴리시

① 용제가 공기 중에 노출되면서 휘발 건조

② 물리적 건조 : 내장된 팬으로 바람을 발생시켜 건조하는 방법

③ 화학적 건조 : 건조 촉진제를 분사 또는 도포하는 방법

(2) 젤 네일 폴리시

① 젤 네일 폴리시는 일반 네일 폴리시와 달리 젤 네일 폴리시를 도포한 후 젤 램프기기를 통해 경화(큐어링)시켜주어야 한다.

② 젤 클렌저를 이용해 미경화된 젤 네일 폴리시를 닦아준다.

2 인조 네일 마무리

(1) 탑젤 적용

① 젤 네일 폴리시 도포 후 광택과 볼륨감을 주기 위해 도포

② 도포 후 젤 램프기기를 통해 큐어링을 해준 후 미경화젤을 제거한 후 마무리한다.

(2) 표면 광택

① 180~240그릿의 샌딩 파일로 네일 표면을 전체적으로 파일링한다.

② 400그릿 이상의 광택 파일로 파일링 하면서 광택을 낸다.

▶ 참고) 그릿(grit)
파일의 뾰족한 입자 수를 나타냄

(3) 분진 제거

더스트 브러시로 네일 주변의 분진을 제거한다.

(4) 오일 마무리

큐티클 오일을 도포하면서 마무리한다.

(5) 도구 정리

시술이 끝난 후 사용한 도구는 반드시 소독하고, 기구는 알코올로 닦는다.

06 네일 폴리시 아트

1 일반 네일 폴리시 아트

(1) 표현 기법

① 직접 표현 기법 : 일반 네일 폴리시를 사용하여 폴리시 브러시, 세필 브러시, 라이너 브러시, 닷 툴 등의 도구를 이용하여 네일 바디 위에 페인팅 디자인하는 기법

② 간접 표현 기법 : 음각된 디자인 판에 폴리시를 얇게 남겨 도장처럼 찍어 표현하는 기법, 마블디자인 기법 등이 해당된다.

(2) 일반 네일 폴리시 디자인

① 순서 : 주제 선정 → 참고자료 수집 → 디자인 스케치 → 베이스 코트 도포 → 풀코트 컬러링 → 디자인에 따라 페인팅 → 탑 코트 도포

② 페인팅 브러시, 네일 폴리시 브러시, 우드스틱, 닷 툴 등의 도구를 적절하게 사용하여 디자인을 표현한다.

(3) 마블 기법

워터 마블	① 물 위에 일반 네일 폴리시나 유성 물감을 떨어뜨려 마블 디자인을 만든 후 네일을 덮어 무늬를 만들어 내는 기법 ② 물과 폴리시의 우연한 움직임을 표현하거나 계획에 의해 유사 패턴을 표현할 수 있다. ③ 손톱 표면에 기포가 생기지 않도록 유의해야 하며 물기가 잘 마른 후에 마무리한다.
폴리시 마블	① 폴리시 위에 폴리시를 올려 표현하는 기법 ② 마블의 원리를 응용하여 퍼짐과 유연한 컬러의 움직임을 다양하게 표현할 수 있다. ③ 유색 폴리시로 풀코트 도포 후 흰색 폴리시로 당김과 들어감의 움직임의 특성을 활용하여 표현한다.

2 젤 네일 폴리시 아트

(1) 특징

① 젤 네일 폴리시 마블은 경화 작업 전까지는 자유롭게 표현이 가능하여 시간적 제약이 적은 편이다.

② 일반 네일 폴리시는 공기에 노출되는 즉시 자연 건조가 시작되면서 유연한 움직임이 유지되는 시간이 짧아 빠르게 작업을 진행해야 한다.

③ 베이스 젤, 톱젤, 흰색·빨간색 젤 폴리시, 세필 붓 등의 도구를 적절하게 사용하여 디자인을 표현한다.

④ 젤 네일 폴리시 위에 젤 네일 폴리시를 올려 유연하게 움직임을 표현할 수 있다.

⑤ 많은 양의 젤 폴리시가 올라가면 주변 피부로 흐를 수 있고, 양이 적으면 표현이 잘 되지 않는다.

⑥ 선을 응용한 마블의 경우 색의 조화와 선이 깔끔하게 마블링 되어야 하므로 브러시를 자주 닦아야 한다.

3 통젤 네일 폴리시 아트

(1) 특징

통젤은 젤 네일 폴리시와 성분은 유사하나 점도가 있어 통에 담아 사용하며, 탄력이 있는 젤 전용 브러시로 젤을 떠서 적용한다.

(2) 통젤 네일 폴리시의 종류

반투명 컬러 통젤	• 적은 색 안료를 혼합한 젤 폴리시로 통젤 도포 시 배경이 비춰 보이는 특성이 있다. • 시스루 디자인을 표현 시 사용되며, 투명한 색감을 표현할 수 있다.
스컬프처 통젤	• 점성이 높아 젤의 퍼짐이 매우 적어 젤을 도포하는 형태가 유지되어 표현된다.
컬러 통젤	• 다양한 컬러의 젤 폴리시가 통에 담겨진 형태로 점도가 높다. • 물감처럼 젤을 혼합하여 사용할 수 있는 제품도 있다.
글리터 통젤	• 투명 젤에 글리터를 혼합하여 만든 젤로 글리터의 크기에 따라 다양한 느낌을 표현한다. • 굵은 글리터는 그러데이션 표현 등에 사용되며, 가는 글리터는 라인 표현에 사용된다.

07 컬러링 (Coloring)

1 컬러링의 종류

전체 바르기(Full Coat)	손톱 전체를 컬러링하는 방법
프렌치(French)	프리에지 부분만 컬러링하는 방법
프리에지(Free Edge)	프리에지 부분은 비워두고 컬러링하는 방법
헤어라인팁 (Hair Line Tip)	전체 바르기 후 손톱 끝 1.5mm 정도를 지워주는 컬러링 방법
슬림라인 (Slim line, Free wall)	손톱의 양쪽 옆면을 1.5mm 정도 남기고 컬러링하는 방법으로 손톱이 가늘고 길어 보이도록 함
반달형(Lunula)	루눌라 부분만 남기고 컬러링하는 방법

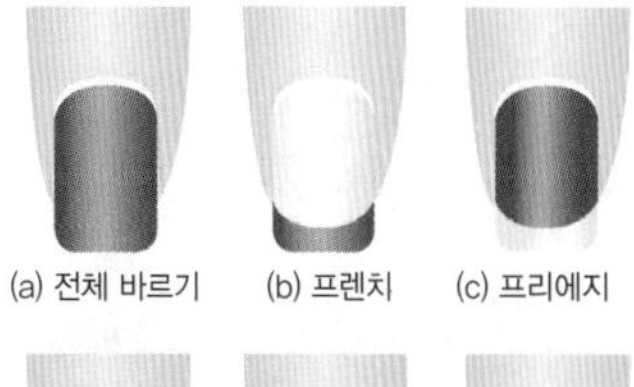
(a) 전체 바르기 (b) 프렌치 (c) 프리에지

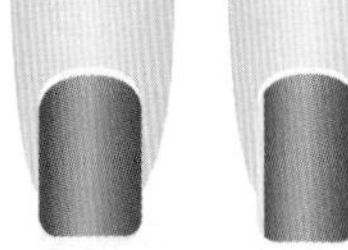

(d) 헤어라인팁 (e) 슬림라인 (f) 반달형

2 보색 활용하기

① 보색 매치는 선명한 인상을 준다.

② 피부톤과 보색관계에 있는 색상을 네일 컬러로 선택하는 것이 좋다.

예 피부가 붉은색 계열일 때 선명한 인상을 주기 위해 청색 계열 선택

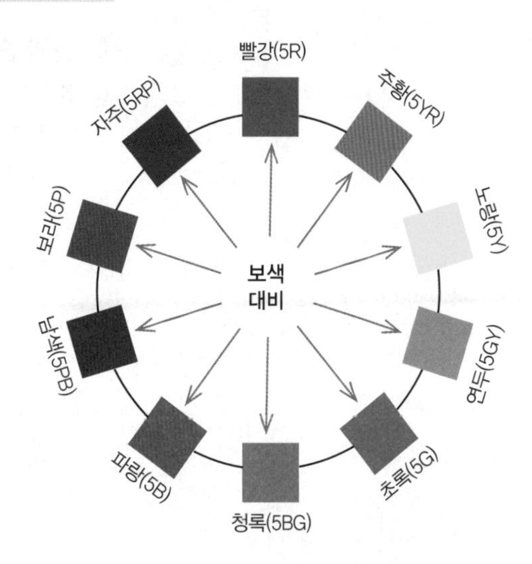

chapter 04

3 손 피부와 어울리는 네일 컬러

(1) 어두운 손에 어울리는 컬러

① 피부색이 어두운 사람은 딥블루나 딥퍼플, 레드, 초콜릿 혹은 블랙 같은 어둡고 강한 컬러가 어울린다.

② 펄이나 베이지, 옅은 브라운 계열은 피부를 더 어둡게 만들 수 있으니 피하는 게 좋다.

③ 어두운 톤의 피부에는 비비드한 화이트와 옐로우, 그린 등을 선택해서 바르면 오히려 깨끗해 보일 수 있다.

④ 톤 다운된 레드나 딥 퍼플 컬러들은 섹시한 분위기를 연출할 수 있고, 메탈릭한 실버와 펄이 들어간 옐로우 톤으로 컬러링하면 더욱 화려한 분위기 연출이 가능하다.

(2) 하얀 손에 어울리는 컬러

① 손이 하얀 피부는 어떤 컬러와도 잘 어울리는 편이다.

①② 밝고 따뜻한 컬러 : 손이 훨씬 더 깨끗하게 보이는 효과

③ 오렌지나 베이지 컬러 : 여성스러운 이미지를 연출

④ 파스텔 계열이나 화이트 계열의 컬러 : 손가락이 길어 보이는 효과

⑤ 아쿠아 블루, 레드라이트 : 발랄한 느낌

(3) 노란 손에 어울리는 컬러

① 노르스름한 피부 톤을 가진 사람은 옐로우 계열은 가급적 피할 것

② 피부 톤을 차분하게 눌러주는 파스텔 계통이나 화이트펄, 브라운 계열의 컬러 선택

(4) 붉은 손에 어울리는 컬러

① 피부톤이 붉은 사람은 붉은 계열이나 노란 계열의 컬러는 피할 것

② 채도가 낮고 강한 컬러 선택

③ 블랙이나 블루, 퍼플과 같이 차가운 컬러는 붉은 피부를 중화시키는 효과

4 손과 손톱에 어울리는 네일 컬러

(1) 울퉁불퉁한 마디가 있는 손가락에 어울리는 컬러링

① 컬러 선택도 중요하지만 사선라인을 그려 넣거나 손톱 끝에 장식을 붙여서 시선을 손톱 쪽으로 분산시키는 것이 효과적임

② 손톱 전체에 화려한 무늬가 들어가면 오히려 손 전체가 도드라져 보일 수 있으므로 포인트만 살짝 넣어주어 시선을 분산시킬 것

(2) 통통하고 짧은 손가락에 어울리는 컬러링

① 짧고 통통한 손은 손톱 끝에 펄이나 스톤을 붙여서 시선 분산

② 손톱 끝부분에 포인트를 준다는 생각으로 일자프렌치를 하는 경우 더 짧아 보일 수 있음

③ 손톱이 많이 짧아 보이는 경우 비비드한 컬러나 네온 컬러를 발라 더 강렬하게 표현

(3) 큰 손톱에 어울리는 컬러링

① 손톱 전체에 한 가지 컬러를 바르는 것보다 일자 프렌치나 사선 프렌치 같은 모양을 만들어 끝에만 포인트를 주는 것이 효과적

② 한 가지 컬러로 바를 경우 손톱이 작아보이도록 짙은 컬러 위주로 표현

(4) 작은 손톱에 어울리는 컬러링

① 밝은 레드 컬러를 사용해 손톱이 커 보이도록 표현

② 한 가지 컬러를 깔끔하게 바르는 것이 효과적

③ 손톱에 디자인을 넣을 경우 모양을 큼직큼직하게 넣어서 착시효과를 줄 것

08 핫오일 매니큐어 (핫로션 매니큐어, 핫크림 매니큐어)

1 개요

① 선천적으로 건성인 피부나 갈라진 네일, 행네일을 가진 고객에게 적당한 서비스로 큐티클을 유연하고 부드럽게 해주는 방법

② 여름보다 건조한 겨울에 효과적임

2 재료 및 도구

습식 매니큐어 준비물, 로션 워머(Lotion Warmer), 냉타월, 플라스틱 로션 용기, 스파출라(Spatula)

3 사전 준비

습식매니큐어와 동일하며 로션 워머에 크림을 1/2 정도 넣고 전원을 미리 켜둔다.

4 시술 순서

순서의 내용 및 방법, 주의점 등은 습식매니큐어와 동일

(1) 시술자와 고객의 손 소독

(2) 폴리시 제거

(3) 손톱 모양 만들기

(4) 로션 워머에 손 담그기

① 파일링이 끝난 손을 로션 워머에 담근다.

② 따뜻한 로션으로 인해 모공이 열리면서 큐티클이 유연해진다.

(5) 표면 정리하기

(6) 거스러미 제거

(7) 큐티클 정리 및 손 소독하기

(8) 마사지

(9) 핫 타월로 닦기

따뜻한 타월로 마사지한 부분을 감싸준 뒤 손가락 사이와 네일을 닦는다.

(10) 유분기 제거

▶ 파라핀 매니큐어 시술을 삼가야 하는 피부
찢어진 피부, 습진, 빨갛게 부어오른 피부

09 파라핀 매니큐어 (Paraffin Manicure)

1 개요

① 건조하고 거친 피부를 가진 고객에게 **보습 및 영양 공급**을 해주는 관리 방법

② 초기에는 노인이나 관절염 환자의 손과 발의 치료 목적으로 사용

2 재료 및 도구

습식 매니큐어 준비물, 파라핀, 파라핀 워머, 전기장갑

3 사전 준비

① 파라핀이 녹는 시간이 3~4시간 걸리므로 시술 전에 파라핀을 미리 준비

② 전기장갑에 전기 코드 연결

③ 파라핀이 녹은 후의 온도는 52~55℃로 유지

4 시술 순서

순서의 내용 및 방법, 주의점 등은 습식매니큐어와 동일

(1) 시술자 및 고객의 손 소독

(2) 폴리시 제거

(3) 손톱모양 만들기

(4) 거스러미 제거

(5) 버핑(buffing, 문지르기)하기

손톱 면이 거친 경우 버핑 블럭을 이용하여 매끄럽게 다듬으며, 동시에 광택을 낸다.

(6) 핑거볼에 손 불리기

(7) 큐티클 리무버 바르기 및 큐티클 정리하기

(8) 손 세척 및 소독하기

(9) 베이스코트 바르기

베이스코트를 발라 네일 표면에 스며드는 것을 막아야 컬러링이 들뜨거나 벗겨지는 것을 예방할 수 있다.

(10) 파라핀에 담그기

손에 로션을 바르고 파라핀에 서서히 5초 정도 담갔다가 다시 꺼내기를 3~5회 반복한다.

(11) 전기장갑 씌우기

보온 효과를 통해 완벽한 파라핀 효과를 볼 수 있다.

(12) 파라핀 제거 및 마사지/베이스코트 지우기

파라핀을 벗기고 미리 발라 두었던 로션이나 오일이 피부에 흡수될 때까지 마사지한다.

(13) 타월로 닦기

타월을 이용하여 손가락 사이와 네일을 닦아준다.

(14) 유분기 제거 및 프리에지 닦기

남아 있는 유분을 완전히 제거하고 오렌지 우드 스틱에 솜을 말아 리무버를 묻혀서 네일과 프리에지 부분을 닦아준다.

(15) 컬러링하기

① 베이스코트 바르기

② 폴리시 바르기

③ 탑코트 바르기

▶ 발마시지를 함으로써 혈액순환이 증가하므로 고혈압, 심장병, 중풍 등의 질병이 있는 고객에게는 마사지 서비스를 해서는 안 된다.

매니큐어 시술절차 비교

습식매니큐어	프렌치 매니큐어	핫오일 매니큐어	파라핀 메니큐어
시술자 및 고객의 손 소독	시술자 및 고객의 손 소독	시술자 및 고객의 손 소독	시술자 및 고객의 손 소독
폴리시 제거	폴리시 제거	폴리시 제거	폴리시 제거
손톱 모양 만들기	손톱 모양 만들기	손톱 모양 만들기	손톱 모양 만들기
		로션워머에 손 담그기	
표면 정리	표면 정리	표면 정리	표면 정리
거스러미 제거	거스러미 제거	거스러미 제거	거스러미 제거
핑거볼에 손 불리기	핑거볼에 손 불리기	핑거볼에 손 불리기	핑거볼에 손 불리기
큐티클 리무버 바르기	큐티클 리무버 바르기	큐티클 리무버 바르기	큐티클 리무버 바르기
큐티클 오일 바르기	큐티클 오일 바르기	큐티클 오일 바르기	큐티클 오일 바르기
큐티클 밀어 올리기	큐티클 밀어 올리기	큐티클 밀어 올리기	큐티클 밀어 올리기
큐티클 정리	큐티클 정리	큐티클 정리	큐티클 정리
손 소독	손 소독	손소독	손 소독
마사지	마사지	마사지	마사지
타월로 닦기	타월로 닦기	타월로 닦기	
			베이스코트 바르기
			파라핀에 손 담그기
			파라핀 미용 전기장갑 씌우기
			파라핀 제거 및 마사지
			베이스코트 지우기
			타월로 닦기
유분기 제거	유분기 제거	유분기 제거	유분기 제거 및 프리에지 닦기
베이스코트 바르기	베이스코트 바르기	베이스코트 바르기	베이스코트 바르기
폴리시 바르기	폴리시 바르기(프렌치 매니큐어)	폴리시 바르기	폴리시 바르기
탑코트 바르기	탑코트 바르기	탑코트 바르기	탑코트 바르기
폴리시 건조	폴리시 건조	폴리시 건조	폴리시 건조
도구 정리	도구 정리	도구 정리	도구 정리

10 마사지 (Massage)

1 손 마사지

❶ 로션 바르기	• 적당량의 로션을 손바닥과 손등에 골고루 바른다.
❷ 손목 관절 돌리기	• 손목을 잡고 다른 한 손은 팔을 잡고 앞뒤로 구부리고 돌려준다. • 손가락도 원을 그리며 돌려 풀어준다.
❸ 손바닥 마사지	• 손바닥을 스트레칭하여 펴주고 상하로 문지르면서 꾹꾹 눌러준다.
❹ 손등과 손목 마사지	• 손바닥을 아래로 향하게 하고 엄지로 손등의 골을 따라 상하로 밀어준다.
❺ 손가락 튕겨주고 스트레칭	• 한 손은 손목을 잡고 다른 손은 고객의 손가락을 하나하나 튕겨주고 당겨준다.
❻ 가벼운 경타동작 (두드리기)	• 고객의 손바닥을 주먹이나 손바닥으로 쳐준다.

2 팔 마사지

❶ 로션 바르기	• 손목에서 팔꿈치까지 골고루 바르면서 상하로 반복한다.
❷ 마찰마사지	• 손목에서 팔꿈치까지 문지르기를 반복한다. • 팔에 마찰을 줌으로써 혈액순환을 원활하게 해준다.
❸ 팔 비틀기	• 두 손으로 팔의 아래위를 잡고 빨래를 짜듯이 팔을 서로 반대로 비튼다. • 팔의 근육마사지에 효과를 준다.
❹ 팔 주무르기	• 페트리세이지(Petrissage)라고도 하며, 매우 자극적이어서 혈액순환을 왕성하게 해준다. • 팔과 뼈 근육에 자극을 주게 된다.
❺ 팔꿈치 돌리기	• 한 손은 손목을 잡고 다른 한 손은 팔꿈치를 잡은 상태에서 돌린다. • 양손으로 고객의 팔꿈치를 감싸듯 쥐고 팔꿈치에서 손가락까지 미끄러져 내려와 손끝에서 쥐듯이 튕겨준다.

3 발·다리 마사지

❶ 로션 바르기	• 고객의 발과 다리에 전체적으로 골고루 바른다. • 슬개골 밑에 움푹 들어간 곳은 손가락으로 눌러준다.
❷ 발목 풀어주기	• 오른손 엄지와 손가락을 이용하여 2개의 다리뼈 옆의 양쪽 피부를 발목에서 무릎 쪽으로 눌러준다. • 한 손은 발목을 잡고 다른 한 손은 발을 잡고 발목을 돌려준다.
❸ 발등 마사지	• 양손으로 발을 감싸 쥐고 발등의 골을 따라 원을 그리며 문지른다.
❹ 발바닥 마사지	• 한 손은 발을 잡고 다른 한 손은 주먹을 쥐고 발바닥을 상하로 문지른다. • 발바닥 전체를 지압하듯 눌러준다.
❺ 발가락 마사지	• 발가락을 하나하나 당겨준 다음 튕겨준다.
❻ 마무리	• 양손으로 발등과 발바닥을 감싸고 발가락이 있는 방향으로 누르면서 내려와 발가락 끝에서 꽉 쥐듯이 튕겨주면서 마무리한다.

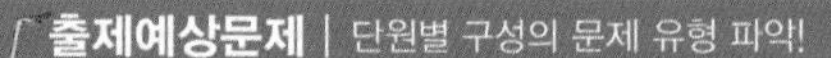

★★★
1 폴리시에 대한 설명으로 옳지 않은 것은?
① 폴리시는 색상을 주고 광택을 내게 하는 화장제이다.
② 보통 2~3회 정도 바른다.
③ 굳는 것을 방지하기 위해 병 입구를 닦아 보관한다.
④ 폴리시는 비인화성 물질이다.

폴리시 성분은 인화성 물질이므로 취급 시 주의해야 한다.

★★★
2 습식매니큐어 시술에 대한 설명으로 옳지 않은 것은?
① 탑코트를 바를 때는 베이스코트보다 약간 두껍게 바른다.
② 파일링의 방향은 반드시 중앙을 향하도록 한다.
③ 베이스코트는 여러 번 바를수록 좋다.
④ 시술이 끝난 후 사용한 도구는 반드시 소독한다.

베이스코트는 자연네일을 보호하고 손톱과 폴리시의 밀착력을 높여주는 역할을 하는데, 얇게 1회만 바르면 된다.

★★
3 폴리시를 바를 때 색상 선택에 있어 고려해야 하는 사항으로 옳지 않은 것은?
① 피부색
② 직업
③ 손님의 의상
④ 시술자의 기호

시술자의 기호보다 고객의 기호를 고려해서 색상을 선택한다.

★★★★
4 컬러링에 대한 설명으로 틀린 것은?
① 베이스 코트는 폴리시의 착색을 방지한다.
② 폴리시 브러시의 각도는 90°로 잡는 것이 가장 적합하다.
③ 폴리시는 얇게 바르는 것이 빨리 건조되고 색상이 오래 유지된다.
④ 탑코트는 폴리시의 지속력을높인다.

네일에 폴리시를 바를 때 브러시의 각도는 45°를 유지하는 것이 좋다.

★★
5 프렌치 매니큐어에 대한 설명으로 옳지 않은 것은?
① 프렌치를 이용해 다양한 아트를 만들 수 있다.
② 개인 취향에 따라 여러 가지 컬러로 표현할 수 있다.
③ 프리에지를 화이트로 바르면 두꺼워 보이므로 삼가야 한다.
④ 보통 왼쪽에서 오른쪽 방향으로 바른다.

프리에지를 화이트로 발랐을 경우 손톱이 두꺼워 보이므로 폭이 좁은 손톱에는 화이트를 발라 두꺼워 보이게 하는 것이 좋다.

★★★
6 베이스코트와 탑코트의 주된 기능에 대한 설명으로 가장 거리가 먼 것은?
① 베이스코트는 손톱에 색소가 착색되는 것을 방지한다.
② 베이스코트는 폴리시가 곱게 발리는 것을 도와준다.
③ 탑코트는 폴리시에 광택을 더하여 컬러를 돋보이게 한다.
④ 탑코트는 손톱에 영양을 주어 손톱을 튼튼하게 준다.

탑코트는 손톱에 광택을 주고 폴리시가 빨리 벗겨지는 것을 방지하는 역할을 하며, 손톱에 영양을 주는 기능을 하지는 않는다.

★★★
7 네일 폴리시 작업 방법으로 가장 적합한 것은?
① 네일 폴리시는 1회 도포가 이상적이다.
② 네일 폴리시를 섞을 때는 위·아래로 흔들어 준다.
③ 네일 폴리시가 굳었을 때는 네일 리무버를 혼합한다.
④ 네일 폴리시는 손톱 가장자리 피부에 최대한 가깝게 도포한다.

① 네일 폴리시는 2회 정도 도포하는 것이 좋다.
② 네일 폴리시를 흔들면 거품이 생길 수 있으므로 주의한다.
③ 네일 폴리시가 굳었을 때는 시너를 1~2방울 섞어준다.

정답 1④ 2③ 3④ 4② 5③ 6④ 7④

★★★
8 매니큐어 과정으로 ( ) 안에 들어 갈 가장 적합한 작업과정은?

> 소독하기 – 네일 폴리시 지우기 – ( ) – 샌딩 파일 사용하기 – 핑거볼 담그기 – 큐티클 정리하기

① 손톱 모양 만들기
② 큐티클 오일 바르기
③ 거스러미 제거하기
④ 네일 표백하기

네일 폴리시를 지운 후 파일을 이용하여 손톱 모양을 만들어 준 뒤 손톱 표면을 정리해 준다.

★★★
9 핫오일 매니큐어에 대한 설명으로 옳지 않은 것은?

① 갈라진 네일이나 행네일 고객에게 적당한 시술이다.
② 습도가 높은 여름에 효과적이다.
③ 오일에 손을 담그면 모공이 열리면서 큐티클이 유연해진다.
④ 로션 워머에 크림을 1/2 정도 넣고 전원을 미리 켜둔다.

핫오일 매니큐어는 여름보다는 건조한 겨울에 효과적이다.

★★★
10 파라핀 매니큐어 시술에 대한 설명으로 옳지 않은 것은?

① 피부가 건조한 고객에게 보습 및 영양 공급을 해주는 관리 방법이다.
② 찢어진 손톱에 아주 효과적인 시술이다.
③ 파라핀이 녹는 시간이 3~4시간 걸리므로 미리 준비해둔다.
④ 행네일에 효과적이다.

찢어진 손톱에 파라핀이 끼게 되면 더욱 악화될 수 있으므로 적당하지 않다.

★★★
11 파라핀이 녹은 후 얼마의 온도를 유지하는 것이 좋은가?

① 31~42℃　② 52~55℃
③ 68~73℃　④ 75~87℃

파라핀이 녹은 후에는 52~55℃의 온도를 유지하는 것이 좋다.

★★★★
12 컬러링의 종류 중 프렌치에 대한 설명으로 옳은 것은?

① 프리에지 부분만 컬러링하는 방법
② 프리에지 부분을 비워두고 컬러링하는 방법
③ 손톱의 양쪽 옆면을 1.5mm 정도 남기고 컬러링하는 방법
④ 손톱 전체를 컬러링하는 방법

② 프리에지, ③ 슬림라인, ④ 풀코트

★★★★★
13 손톱의 끝부분만을 바르지 않는 컬러링 방법은?

① 슬림라인　② 프리에지
③ 풀 코트　④ 하프문

★★★★★
14 자연손톱을 파일링하는 데 적합한 그릿 수는?

① 80Grit　② 100Grit
③ 150Grit　④ 220Grit

자연손톱에는 180~250Grit의 파일이 적당하다.

★★★★★
15 손톱이 가늘고 길게 보이도록 폴리시를 바르는 방법은?

① 하프문　② 슬림라인
③ 프리에지　④ 풀 코트

슬림라인은 손톱의 양쪽 옆면을 1.5mm 정도 남기고 컬러링하는 방법으로, 손톱이 가늘고 길어 보이도록 하는 방법이다.

정답 8 ① 9 ② 10 ② 11 ② 12 ① 13 ② 14 ④ 15 ②

★★★★★
16 루눌라 부분만 남기고 컬러링하는 방법을 무엇이라 하는가?

① 하프문 ② 슬림라인
③ 프리에지 ④ 풀 코트

루눌라 부분만 남기고 컬러링하는 방법을 반달형 또는 하프문이라 한다.

★★
17 다음 중 어두운 손에 어울리는 컬러에 대한 설명으로 올바르지 않은 것은?

① 어두운 피부색에는 딥블루나 딥퍼플, 레드, 초콜릿 혹은 블랙 같은 어둡고 강한 컬러가 어울린다.
② 펄이나 베이지, 옅은 브라운 계열은 피부를 밝게 보이게 한다.
③ 어두운 톤의 피부에는 비비드한 화이트와 옐로우, 그린 등을 선택해서 바르면 오히려 깨끗해 보일 수 있다.
④ 메탈릭한 실버와 펄이 들어간 옐로우 톤으로 컬러링하면 더욱 화려한 분위기 연출이 가능하다.

펄이나 베이지, 옅은 브라운 계열은 피부를 더 어둡게 만들 수 있으니 피하는 것이 좋다.

★★★★
18 폴리시를 바르는 방법 중 헤어라인 팁 모양에 대한 설명으로 옳은 것은?

① 손톱 끝으로부터 1.5mm 정도를 지워주는 컬러링 방법
② 프리에지 부분만 컬러링하는 방법
③ 프리에지 부분은 비워두고 컬러링하는 방법
④ 루눌라 부분만 남기고 컬러링하는 방법

② 프렌치, ③ 프리에지, ④ 반달형

★★★★
19 네일 폴리시를 칠하는 방법 중 원형의 손톱에 가장 적당한 것은?

① 전체를 다 칠한다.
② 양 옆을 남기고 칠한다.
③ 양 옆과 반월 부분을 남긴다.
④ 프리에지만 남기고 칠한다.

원형손톱에는 양 측면을 남기고 폴리시를 칠하면 폭이 좁아보인다.

★★★
20 손의 색깔과 네일 컬러의 연결이 서로 어울리지 않는 것은?

① 붉은색의 손 - 노란 계열
② 어두운 손 - 딥퍼플, 초콜릿색 등 강한 컬러
③ 하얀색의 손 - 어떤 컬러와도 잘 어울림
④ 노란색의 손 - 파스텔 핑크, 화이트 펄, 브라운 계열

붉은색 손에는 붉은 계열이나 노란 계열의 색은 피하는 것이 좋으며, 블랙이나 블루, 퍼플과 같이 차가운 컬러가 어울린다.

★★★
21 작은 손톱에 어울리는 컬러링에 대한 설명으로 옳지 않은 것은?

① 밝은 레드 컬러를 사용해 손톱이 커 보이도록 표현한다.
② 한 가지 컬러를 깔끔하게 바르는 것이 효과적이다.
③ 손톱에 디자인을 넣을 경우 모양을 큼직큼직하게 넣는 것이 좋다.
④ 일자 프렌치나 사선 프렌치 같은 모양을 만들어 끝에만 포인트를 주는 것이 효과적이다.

일자 프렌치나 사선 프렌치 같은 모양을 만들어 끝에만 포인트를 주는 것은 손톱이 큰 경우에 더 어울리는 방법이다.

★★
22 일반 네일 폴리시의 워터 마블 작업 시 주의사항으로 옳은 것은?

① 작업 시 기포가 생기지 않도록 유의한다.
② 물기가 마르기 전에 작업한다.
③ 워터 마블 시 디자인이 바닥에 닿게 한다.
④ 자연 네일 작업 시 주변 피부의 유수분을 제거한다.

② 물기가 마른 후 작업한다.
③ 워터마블시 디자인이 바닥에 닿으면 형태가 변형될수 있다.
④ 자연 네일 작업 시 주변 피부에 바세린이나 전용크림을 발라주면 잔여물 제거에 용이하다.

정답 16 ① 17 ② 18 ① 19 ② 20 ① 21 ④ 22 ①

NAIL Technician Certification

SECTION 03

기초 팁 네일

이 섹션에서는 팁과 랩의 종류별 특성과 과정별 특이사항 등에서 출제될 가능성이 높으므로 숙지해 두기 바랍니다. 시술 순서도 잘 정리하고 넘어갈 수 있도록 합니다.

01 네일 팁 일반

1 개요

① 기능 : 자연 손톱의 길이 연장 및 보호

② 재질 : 플라스틱, 나일론, ABS수지 등

③ 팁의 길이 : 자연 손톱의 1/3이 적당

④ 네일 팁 자체만으로는 약하기 때문에 그 위에 실크, 화이버글라스(Fiberglass), 아크릴, 젤 등을 사용하여 보강

⑤ 네일 팁의 분류

풀 커버 팁	• 자연 네일 전체에 큐티클 라인에 맞춰 접착 • 투박한 특징이 있어 작업 시간이 부족하거나 임시방편으로 자연 네일을 연장할 때 사용
프렌치 팁	• 자연 네일의 프리에지에 접착하여 프렌치 스타일로 완성 • 프렌치 라인을 살리기 위해 팁 턱을 제거하지 않아 내추럴 팁에 비해 작업 시간이 단축
내추럴 팁	• 자연 네일의 길이를 자연스럽게 연장하기 위해 사용 • 자연 네일의 프리에지와 네일 팁을 접착하고 팁 턱을 제거 • 작업 시간이 오래 걸리지만 가장 자연스러움

⑥ 네일 팁의 크기

- 크기별로 1~10 단위로 분류되어 있으며 번호가 작을수록 사이즈가 크다.
- 숫자가 적혀 있는 부분이 네일 팁의 아랫부분으로 네일 팁을 잡는 부분이다.

⑦ 네일 팁의 형태

프리에지 형태	라운드, 스퀘어, 오발, 포인트, 내로우, 스틸레토 등
프리에지 커브	C-커브 네일 팁, 일반 네일 팁
옆면 곡선	일자 네일 팁, 곡선 네일 팁
컬러	내추럴, 컬러, 클리어, 디자인 등

▶ 나일론의 특징
- 내마모성이 좋고 강인하며, 성형성도 우수하다.
- 열팽창 수분에 의해 치수의 정밀도가 충분하지 못하다.

▶ 네일 팁을 사용한 길이 연장은 네일 폼을 사용하는 스컬프처 네일보다 작업이 용이하다.

▶ 자연 네일의 프리에지와 색상이 가장 비슷한 네일 팁은 내추럴 팁이다.

▶ 프리에지 부분이 투명하게 보이게 할 경우에는 클리어 네일 팁을 사용한다.

2 재료 및 도구

파일(File)	• 네일 모양을 잡아줄 때 • 표면을 매끄럽게 갈아줄 때 • 그릿 수가 낮은 것부터 높은 것 순서대로 파일링을 한다. • 광택을 제거할 때 사용
블랙 버퍼 (Black Buffer)	• 긴 육면체 모양으로 모가 난 형태의 파일 • 마무리를 하거나 오일을 발라 부드럽게 할 때 사용
네일 글루 (Nail Glue)	• 자연 네일에 인조 네일을 붙일 때 사용하는 네일 전용 접착제 • 묽을수록 빨리 마르고 진할수록 늦게 마른다.
네일 팁 (Nail Tip)	이미 만들어진 인조 손톱

02 네일 랩(Wrap) 일반

1 개요

① 네일 랩은 '손톱을 포장한다'는 뜻으로 오버레이(overlay)라고도 함

② 방법 : 천이나 종이를 네일 크기로 오려서 접착제를 사용하여 손톱에 붙이는 방법

③ 용도 : 자연 손톱이 약한 경우 자연 손톱에 팁을 붙이고 그 위에 덧씌워줌으로써 보수의 기능으로도 사용되며, 부러지거나 손상된 손톱에도 사용

2 랩의 종류

(1) 패브릭 랩(Fabric wrap, 광섬유, 유리섬유)

① 실크(Silk) : 매우 가느다란 명주 소재의 천으로 가볍고 얇으며 투명해서 가장 많이 사용

② 린넨(Linen) : 굵은 소재의 천으로 짜여져 있고 강하고 오래 유지되지만 두껍고 천의 조직이 그대로 보이기 때문에 시술 후 컬러링이 필요하므로 잘 사용하지 않음

③ 화이버 글라스(Fiberglass) : 매우 가느다란 인조섬유로 짜여져서 글루가 잘 스며들어 자연스러워 보임

(2) 페이퍼 랩(Paper Wrap)

얇은 종이 소재의 랩으로 아세톤 및 넌아세톤에 용해되기 쉬워 임시 랩으로만 사용

3 네일 랩 재단

① 큐티클 부분부터 프리에지까지의 길이를 측정한 후 네일 랩을 조금 여유 있게 재단한다.

▶ 네일 랩 재단 방법
- 완 재단 : 네일에 접착하기 전에 내일 랩을 완전히 재단하는 방법
- 반 재단 : 네일에 접착하기 전에 한쪽 면을 재단하고 접착 후 나머지 면을 재단하는 방법

▶ CheckPoint
반 재단을 위하여 자연 네일 위에서 오른쪽 부분을 재단할 경우 가위의 방향을 피부 쪽으로 기울면 실크의 폭이 넓어지므로 자연 네일 방향으로 살짝 기울게 하여 재단한다.

② 스트레스 포인트 양쪽 옆면을 손톱으로 눌러 가로 폭을 측정한다.
③ 좌우 폭을 확인한 후 약간 여유를 주고 사다리 모양으로 재단한다.
④ 손톱의 큐티클 라인 모양과 같은 형태로 네일 랩을 재단한다.

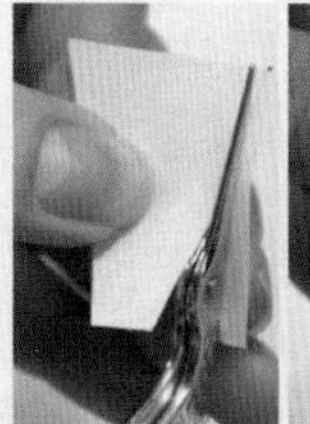
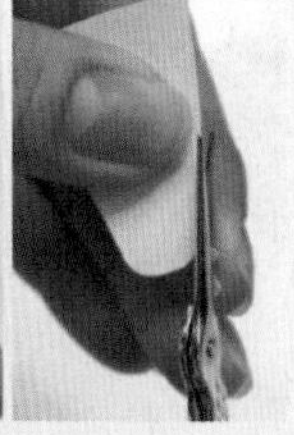
▲ 네일 랩 재단하기

4 네일 랩 접착

① 엄지를 사용하여 네일 랩을 살짝 벗기고 뒷면에 붙어 있는 종이를 반으로 접어 큐티클 라인에서 0.1~0.2cm 정도 남기고 접착한다.
② 네일 크기에 맞게 네일 랩을 가위로 잘라준다.
③ 큐티클 라인과 양쪽 옆을 전체적으로 눌러주면서 제대로 접착되었는지 확인한다.

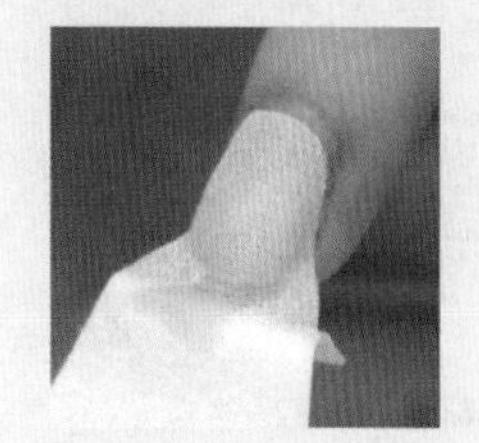
▲ 네일 랩 접착하기

5 네일 랩 연장

① 자연 네일에 네일 랩을 접착한 후 연장하고자 하는 길이까지 글루를 도포한다.
② 글루를 도포한 후 글루 드라이어를 약하게 분사하고 랩을 잡은 상태에서 5초 정도 유지한다.
③ 클리퍼로 여분의 랩을 재단한다.
④ 두께를 만들기 위해 네일 랩 위에 글루를 골고루 도포한 후 필러파우더를 뿌려준다.
⑤ 원하는 두께가 나올 때까지 글루 도포와 필러파우더 뿌리는 동작을 반복한다.
⑥ 충분한 두께가 나왔으면 글루 드라이어를 분사하고 핀칭을 주어 C커브가 나올 수 있도록 한다.
⑦ 프리에지를 조형하고 실크 턱을 제거한다.
⑧ 샌딩 파일로 표면을 정리하고 더스트 브러시로 닦아준다.
⑨ 브러시 글루를 네일 전체에 골고루 발라주고 글루 드라이어를 분사한다.
⑩ 샌딩 파일로 표면을 한 번 더 정리해주고 광파일로 광을 낸다.
⑪ 더스트 브러시로 손톱 표면의 이물질을 제거하고 큐티클 오일로 마무리한다.

▶ 3단계로 나누어 필러 파우더를 뿌려도 된다.
스트레스포인트부터 프리에지까지 → 자연 네일의 1/2선부터 프리에지까지 → 큐티클 아래부터 프리에지까지

▶ Checkpoint
• 브러시 글루는 필러 파우더를 충분히 흡수하지 못하기 때문에 점도가 약한 스틱 글루를 함께 사용한다.
• 한 번에 필러 파우더를 많이 뿌리지 말고 적절한 양을 뿌린 후 접착제가 필러 파우더를 충분히 흡수해야 뭉치지 않고 오래 지속된다.

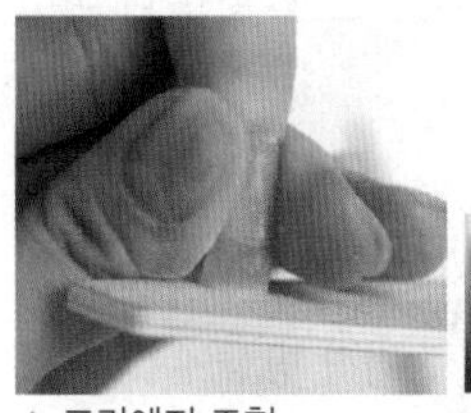
▲ 프리에지 조형

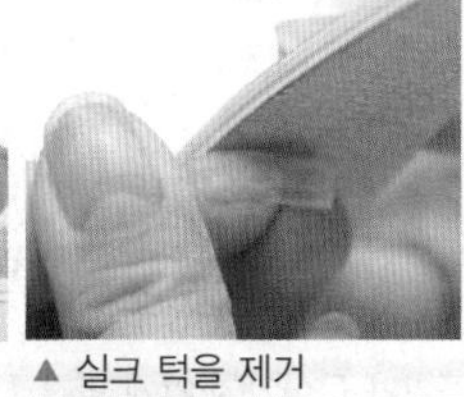
▲ 실크 턱을 제거

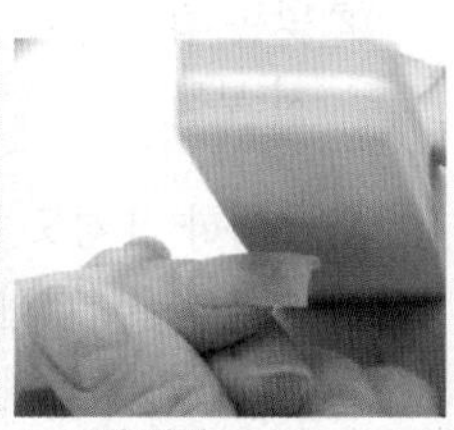
▲ 표면 정리

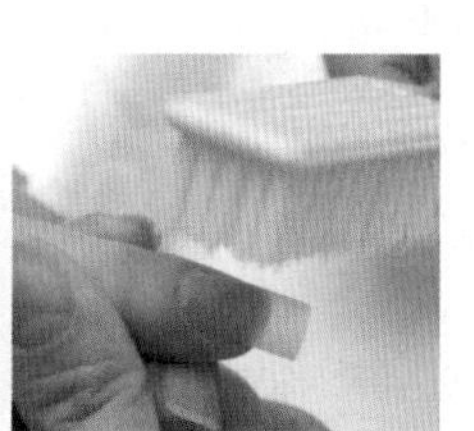
▲ 브러시로 표면 닦기

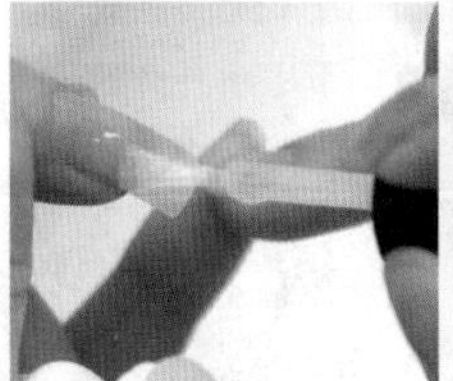
▲ 글루 바르기

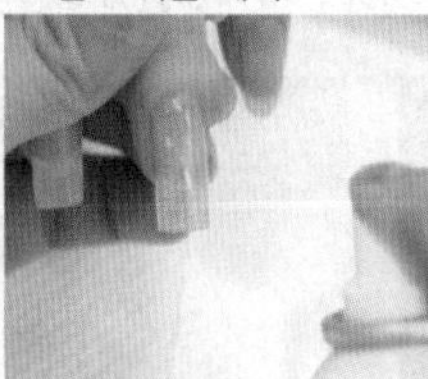
▲ 글루 드라이어 분사하기

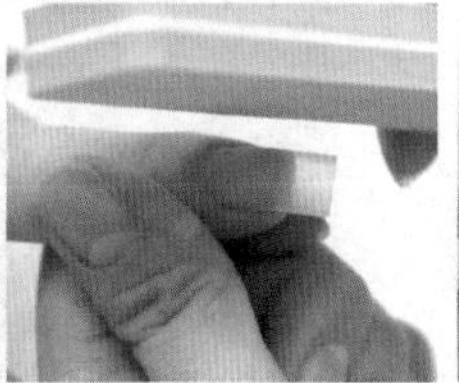
▲ 샌딩 파일로 표면 정리

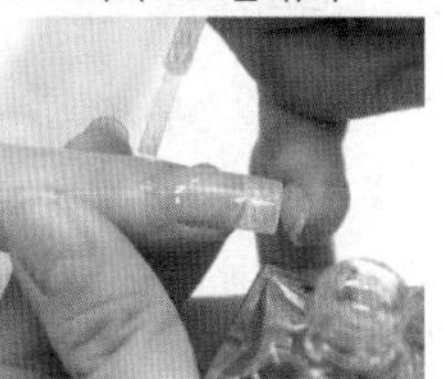
▲ 큐티클 오일 바르기

03 팁 위드 랩(실크)

1 시술자 및 고객의 손 소독

2 폴리시 제거하기

3 큐티클 정리하기

4 손톱 모양 만들기

5 표면 정리하기

6 거스러미 제거하기

7 먼지 제거하기

8 팁 부착

(1) 팁 선택하기

양쪽 측면이 움푹 들어갔거나 각진 손톱의 경우	하프웰의 얇은 팁
손톱이 크고 납작한 경우	끝이 좁은 내로우 팁(Narrow Tip)
손톱 끝이 위로 솟은 경우 (Sky Jump Nail)	커브 팁(Curve Tip)
일반적인 자연 손톱의 경우	웰 부분이 너무 두껍지 않고 투명한 팁
옆면에서 봤을 때 아래로 처진 경우	옆선이 일직선인 팁
옆면에서 봤을 때 위로 솟아오른 경우	옆선에 커브가 있는 팁

(2) 팁 부착하기

① 팁 뒷면의 웰 부분에 접착제(젤 또는 글루)를 발라서 부착

② 손톱에 직접 글루나 젤을 떨어뜨려 부착

(3) 팁의 크기

① 손톱의 양 측면을 완전히 덮을 수 있는 크기로 선택

② 맞는 팁이 없을 경우 : 자연 손톱보다 약간 큰 팁을 골라 파일로 갈아서 부착

(4) 팁의 방향 및 각도

① 손가락 끝마디선과 평행이 되게 할 것

② 손가락과 손톱의 방향이 다른 경우 전체 손가락 방향에 맞출 것

③ 팁의 각도 : 45° (공기가 들어가지 않게 밀착)

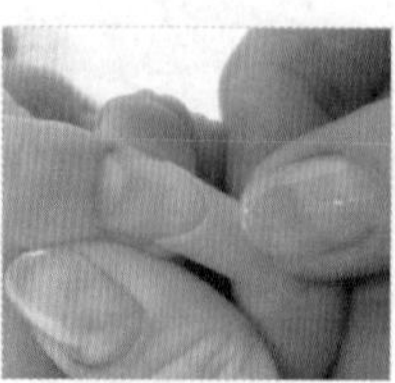
▲ 팁 선택하기

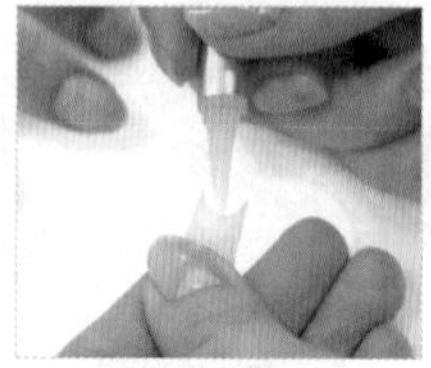
▲ 팁의 웰 부분에 글루 도포하기

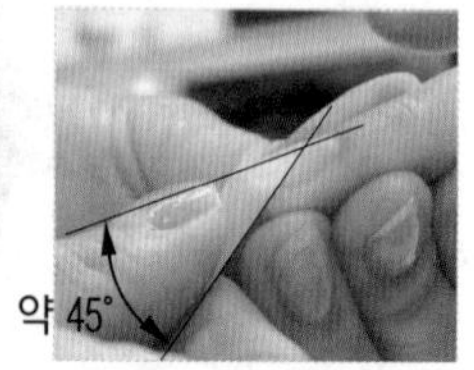

▲ 손톱에 팁 부착하기

▶ 용어 해설
- 웰웰(well) : 자연 손톱과 접착되는 부분에 있는 홈
- 풀웰(full well, 스퀘어 웰) : 프리에지의 여유가 있는 경우 사용
- 하프 웰(half well, 레귤러 웰) : 프리에지가 짧은 경우 사용

▶ 웰 부분이 너무 두꺼울 경우 : 부착하기 전에 파일로 웰 부분을 얇게 갈아주기도 함

▶ 웰 선택 방법
- 손톱이 많이 짧은 경우에는 스컬프처 네일이 효과적이나, 프리에지가 일정한 경우에는 네일 팁을 적용할 수 있으며 접착 면이 넓은 풀웰을 선택하는 것이 좋다.
- 손톱 양쪽 옆면에 커브가 심하거나 각이 있는 경우에는 하프 웰로 얇은 네일 팁을 선택하면 네일 팁 양쪽 끝부분의 접착을 용이하게 할 수 있다.

▶ 손톱보다 큰 사이즈의 팁을 붙일 경우 : 손톱 손상의 원인이 되며, 양쪽 측면을 갈아야 한다.

▶ 손톱보다 작은 사이즈의 팁을 붙일 경우 : 양쪽 측면이 변형되거나 부러지며 잘 떨어질 수 있다.

▶ 팁 부착 시 주의점
- 접착제의 양이 너무 적으면 공기가 들어가기 쉽고 너무 많으면 피부 속으로 들어가거나 마르는 시간이 너무 오래 걸릴 수 있다.
- 흰점이나 공기방울이 보일 경우 재작업을 해야 한다.
- 팁을 밀착시킨 후 5~10초 정도 누르면서 기다린 후 살짝 핀칭을 준다.
- 팁 접착 시 자연 네일의 1/2 이상을 덮지 않는다.

⑨ 팁 길이 자르기와 모양 만들기

팁 커터로 고객이 원하는 만큼 길이를 조절한 후 모양을 만든다.

라운드 웰	양쪽 모서리를 사선으로 잘라내고 다듬는다.
스퀘어 웰	클리퍼를 이용할 때는 한 번에 자르지 않고 여러 번에 걸쳐 가로 직선으로 잘라 맞춘다.

▶ 웰 부분이 얇고 투명한 팁의 장점
- 시간이 절약된다.
- 손톱의 손상을 방지한다.
- 투명한 칼라를 발라도 자연스러워 보인다.

▶ 웰이 없는 네일 팁은 자연 네일의 프리에지 길이 정도인 하프 웰 팁의 1/2 ~1/3 정도로 접착한다.

⑩ 턱 제거하기

① 자연 네일이 손상되지 않도록 각도 조절과 파일의 방향을 올바르게 한다.

② 파일의 종류 : 180Grit

③ 글루가 잘 마른 후 팁과 자연 네일의 연결 부분을 매끄럽게 갈아 연결시킨다.

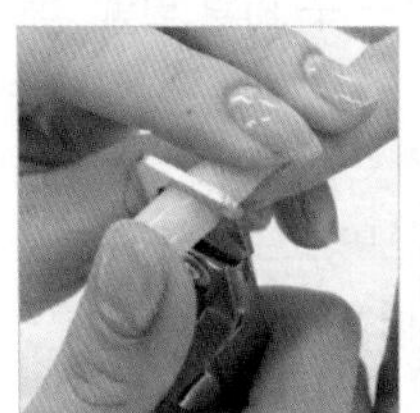
▲ 팁 길이 자르기

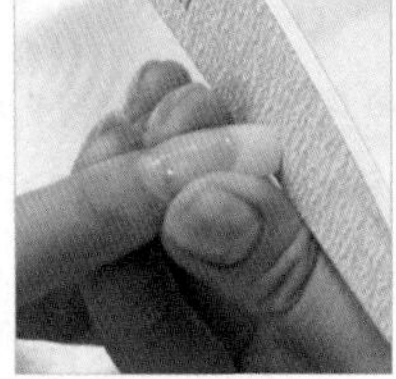
▲ 팁 모양 만들기

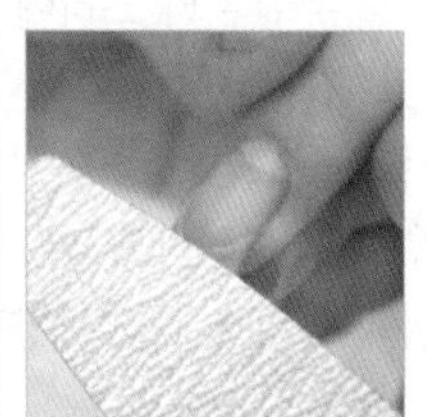
▲ 턱 제거하기

⑪ 팁 표면 정리 및 먼지 제거

샌딩파일로 팁 표면을 매끄럽게 정리하고 더스트 브러시로 먼지를 털어낸다.

⑫ 글루 도포 및 필러파우더 뿌리기

① 글루를 팁턱 주위에 도포하고 그 위에 필러파우더를 뿌린다.

② 손톱 끝이 위로 솟거나 중간 부분이 꺼진 손톱은 필러파우더를 채워주어야 모양이 자연스럽다.

③ 주의점 글루가 큐티클이나 주변 피부에 들어간 것을 그대로 방치하면 리프팅의 원인이 되고 습기가 스며들어 곰팡이가 생길 수 있다.

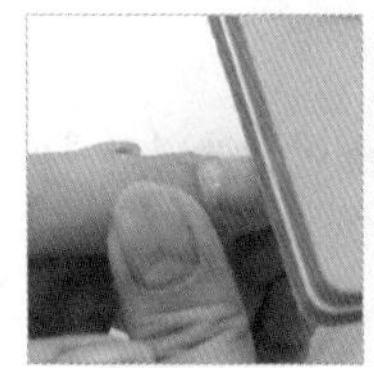
▲ 팁 표면 정리

▲ 먼지 제거

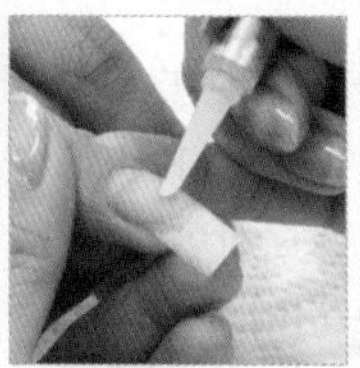
▲ 글루 도포

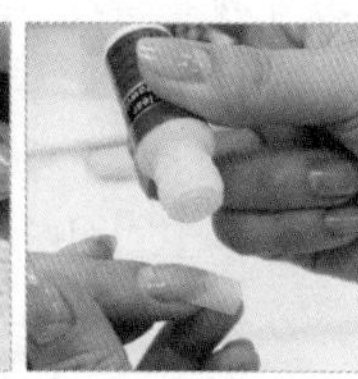
▲ 필러파우더 뿌리기

⑬ 글루 드라이어 분사

글루 드라이어를 소량 분사하여 건조시킨다.

▶ 글루 드라이어

① 네일 접착제를 좀 더 빠르게 경화하는 역할을 하며, 일반적으로 가스 분사형을 사용

② 사용 시 주의사항
- 가까운 거리에서 강하게 분사하면 일시적으로 네일 베드가 뜨거워지는 현상이 발생할 수 있으므로 약 10cm 이상의 거리에서 천천히 분사할 것
- 얼굴에 분사하지 말 것
- 보안경과 마스크 착용 후 사용할 것
- 네일 접착제 방향으로 분사하지 말 것
- 환기가 잘 되는 곳에서 사용할 것
- 직사광선이 없고 통풍이 잘되는 40℃ 이하의 장소에 보관할 것

⑭ 표면 정리하기

180그릿 파일로 표면을 정리하고 샌딩파일로 버핑해준 뒤 더스트 브러시로 먼지를 털어낸다.

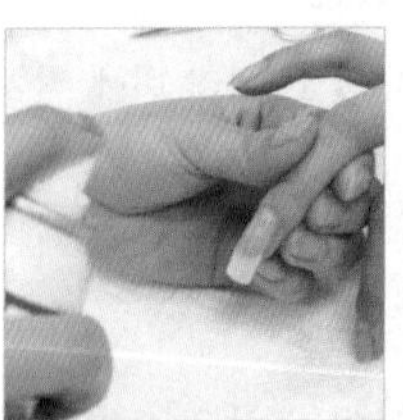
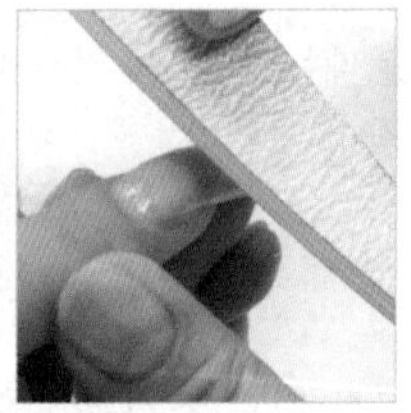
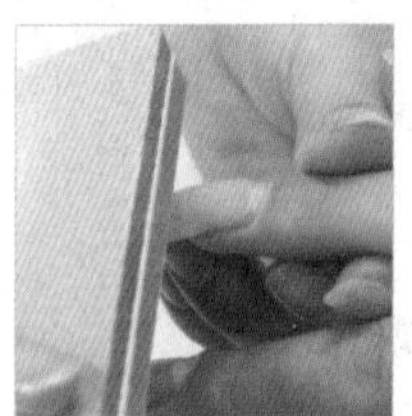

▲ 글루 드라이어 분사 ▲ 표면 정리하기

⑮ 네일 랩 붙이기

(1) 네일 랩 재단

① 큐티클 부분부터 프리에지까지의 길이를 측정한 후 네일 랩을 조금 여유 있게 재단한다.

② 스트레스 포인트 양쪽 옆면을 손톱으로 눌러 가로 폭을 측정한다.

③ 좌우 폭을 확인한 후 약간 여유를 주고 사다리 모양으로 재단한다.

④ 손톱의 큐티클 라인 모양과 같은 형태로 네일 랩을 재단한다.

▶ 처음부터 딱 맞게 재단하면 부족할 수 있으므로 약간 여유있게 재단하고 접착 후 남는 부분을 잘라주는 것이 좋다.

(2) 네일 랩 접착

① 엄지를 사용하여 네일 랩을 살짝 벗기고 뒷면에 붙어 있는 종이를 반으로 접어 큐티클 라인에서 0.1~0.2cm 정도 남기고 접착한다.

② 네일 크기에 맞게 네일 랩을 가위로 잘라준다.

③ 큐티클 라인과 양쪽 옆을 전체적으로 눌러주면서 제대로 접착되었는지 확인한다.

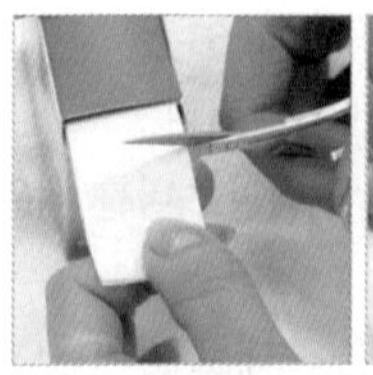
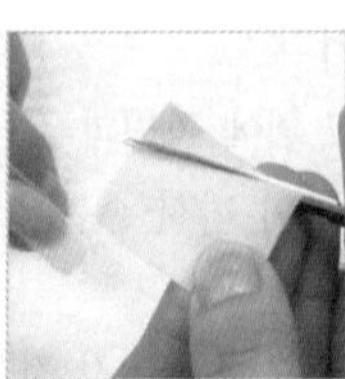

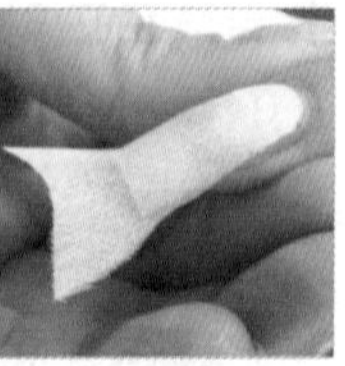

▲ 네일 랩 재단 및 접착하기

(3) 두께 만들기

① 글루 도포 및 글루 드라이어 뿌리기

적당한 두께를 만들기 위해 글루를 도포한 뒤 10cm 이상의 거리에서 글루 드라이어를 분사한다.

② 턱 제거 및 프리에지 정리

180그릿 파일로 네일 랩의 턱을 제거하고 프리에지 부분에 남은 랩을 정리한다.

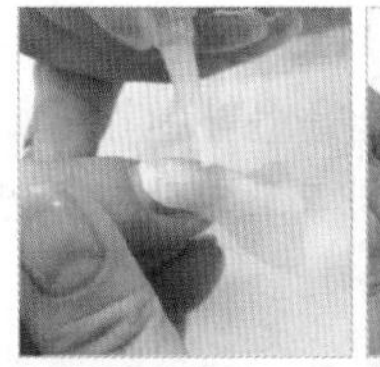
▲ 글루 도포

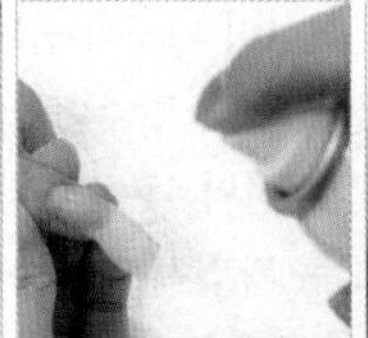
▲ 글루 드라이어 분사

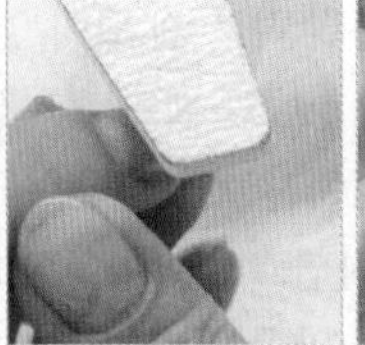
▲ 턱 제거

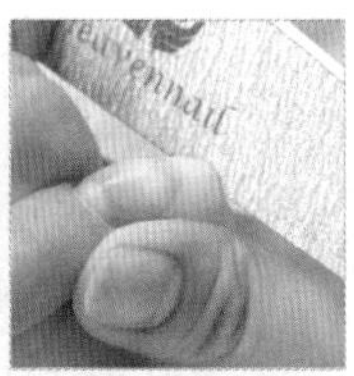
▲ 프리에지 정리

③ 젤글루 도포 및 글루 드라이어 뿌리기
손톱 전체에 얇게 젤글루를 도포하여 필요한 두께를 만들고 단단하게 한 후 글루 드라이어를 소량 분사하여 건조시킨다.

16 표면 정리하기

① 샌딩파일로 표면을 버핑한 후 광파일로 광을 낸다.
② 멸균거즈로 손가락, 손톱 표면 및 사이드, 밑부분을 깨끗이 닦아준다.

17 큐티클 오일 바르기 및 마무리

▲ 젤글루 도포

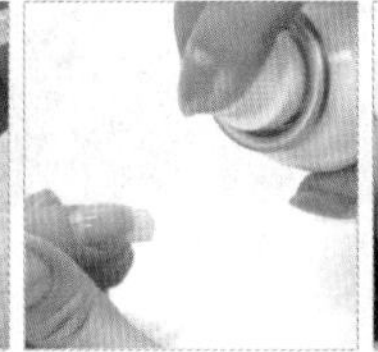
▲ 글루 드라이어 분사

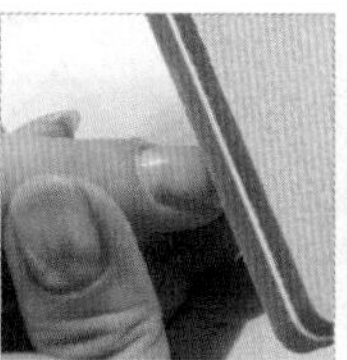
▲ 표면 정리하기

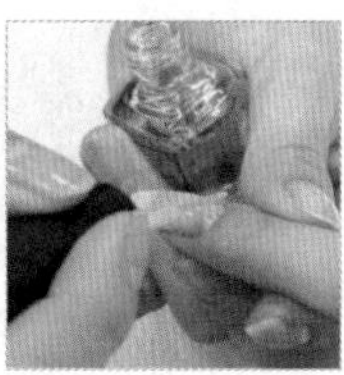
▲ 큐티클 오일 도포

04 팁 위드 파우더

1 내추럴 팁 작업

(1) 자연 네일 정리

① 자연 네일용 파일을 사용하여 내추럴 팁의 라운드 형태의 웰 정지선에 따라 프리에지를 오발 형태로 조형하고 프리에지의 길이를 1mm 정도로 조절한다.
② 팁의 접착력을 높이기 위해 샌딩 파일을 사용하여 광택을 제거하고 거스러미를 제거한다.
③ 더스트 브러시로 손톱 주변의 잔여물을 제거한다.

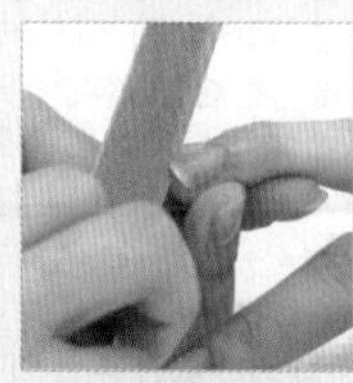
▲ 손톱모양 만들기

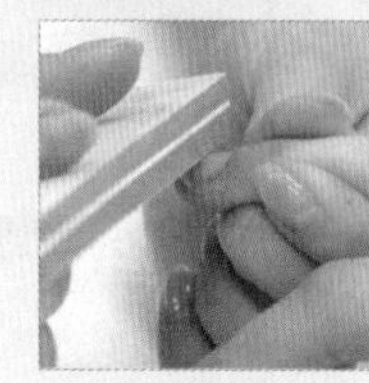
▲ 표면 정리

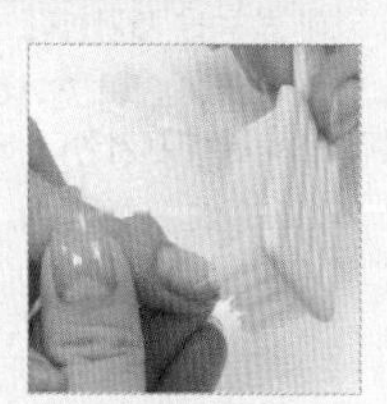
▲ 먼지 제거하기

(2) 내추럴 팁 선택

① 엄지와 내추럴 하프 웰 팁이 일직선이 되도록 올바르게 잡는다.

② 프리에지의 형태와 웰의 정지선을 살짝 맞추어 팁을 올려준다.

③ 손톱의 프리에지 형태와 웰의 정지선이 45° 각도가 되도록 맞춘 후 옆면에 곡선이 자연스럽게 형성되도록 가볍게 눌러준다.

④ 팁이 손톱의 양쪽 옆면을 충분히 감쌌는지 확인한다.

(3) 내추럴 팁 접착

▶ 접착제가 손톱 주변에 흐르지 않게 주의하며, 손톱 주변으로 흘러내릴 경우에는 멸균거즈를 사용하여 즉시 닦아낸다.

▶ 접착 시 강하게 힘을 주어 누르면 기포가 발생할 수 있으므로 힘을 빼고 살며시 눌러준다.

① 네일 접착제를 하프 웰 부분에 도포한다.

② 웰의 정지선을 손톱의 프리에지 단면과 45° 각도로 맞춰 올려준다.

③ 손톱과 프렌치 팁이 일직선이 되도록 하여 살며시 눌러준다.

④ 내추럴 팁의 양쪽 끝부분이 들뜨지 않게 양쪽 엄지를 사용하여 살며시 눌러준다.

⑤ 글루 드라이어를 약하게 분사하여 고정하고 제대로 접착되었는지 확인한다.

▲ 내추럴 팁 선택

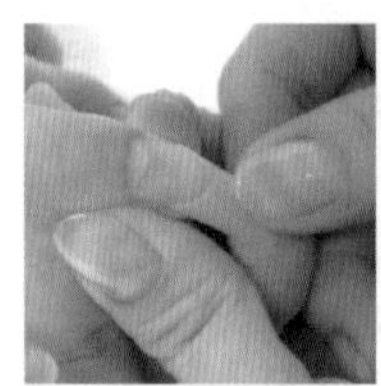

▲ 접착제 도포

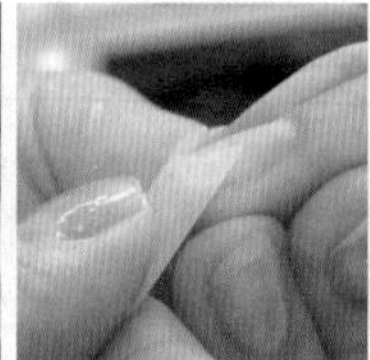

▲ 팁 부착

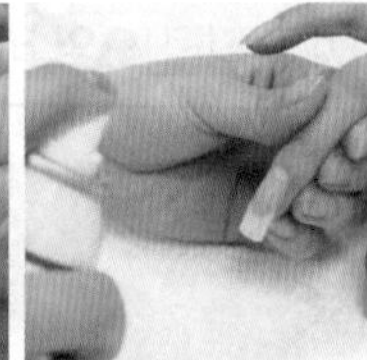

▲ 글루 드라이어 분사

(4) 내추럴 팁 재단

▶ 팁 커터 사용 방법
- 손잡이 부분에 엄지를 올리고 나머지 손가락으로 팁 커터를 잡은 후 엄지를 올린 손잡이 부분을 눌러준다.
- 네일 팁과 팁 커터의 각도가 90°가 되도록 맞추고 네일 팁의 길이를 조절한다.

▶ 재단한 네일 팁이 다른 곳으로 튀지 않게 팁 커터를 쥔 손의 엄지로 팁의 끝부분을 가볍게 눌러준다.

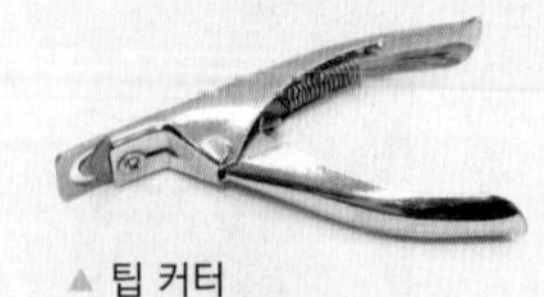

▲ 팁 커터

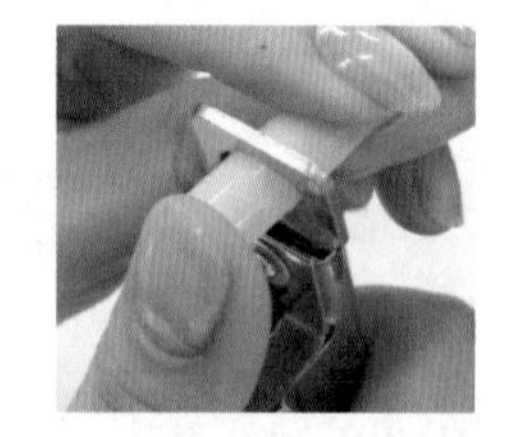

① 검지와 중지를 사용하여 손가락이 움직이지 않게 고정한다.

② 재단하고자 하는 부분에 팁 커터를 넣어주고 네일 팁과 팁 커터가 90°가 되도록 넣어주고 맞춰준다.

③ 원하는 길이보다 약간 길게 재단한다.

④ 재단한 팁의 끝부분을 고정한 손으로 잡아주고, 길이가 적당한지 확인한다.

(5) 팁 턱 제거

▶ 내추럴 팁이 자연스럽게 보이게 하기 위해 텁 턱을 제거한다.

▶ 팁 턱은 한 번에 많이 제거하지 말고 여러 번 나눠서 제거한다.

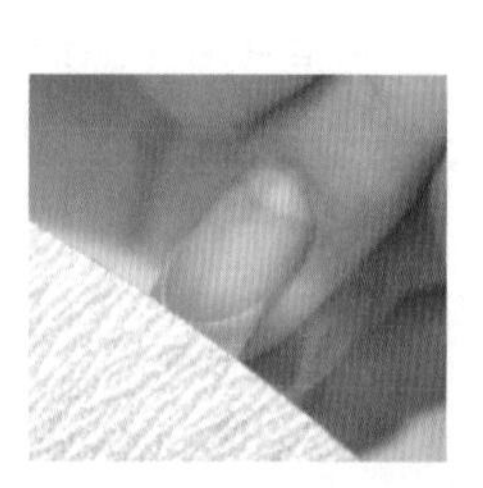

① 180그릿 이상의 인조 네일용 파일을 사용하여 손톱과 자연스럽게 연결되도록 손톱의 곡선을 따라 팁의 정면 부분 팁 턱을 제거한다.

② 이어서 왼쪽과 오른쪽 부분의 팁턱을 손톱과 자연스럽게 연결되도록 제거한다.

③ 좌우 끝부분의 팁턱을 손톱과 자연스럽게 연결되도록 제거한다.

④ 인조 네일용 파일을 사용하여 전체적으로 팁턱이 제거되지 않은 부분을 부드럽게 제거한다.

⑤ 접착제의 접착력을 높이기 위해 샌딩 파일을 사용하여 광택을 제거한다.

⑥ 더스트 브러시를 사용하여 손톱 주변의 잔여물을 제거한다.

(6) 필러 파우더 뿌리기

① 재료 준비 : 필러 파우더, 글루, 글루 드라이어

② 양쪽 스트레스 포인트 중간의 가장 높은 지점에 접착제를 도포한 후 필러 파우더를 고르게 퍼지도록 뿌린다.

③ 오렌지 우드스틱으로 손톱 주변에 묻은 필러 파우더를 정리한다.

④ 필러 파우더를 충분히 흡수하도록 조금 더 넓게 접착제를 도포한 후 필러 파우더를 고르게 뿌린다.

⑤ 오렌지 우드스틱으로 손톱 주변에 묻은 필러 파우더를 정리한다.

⑥ 접착제가 흐르지 않도록 주의하면서 인조 네일의 전체 부분에 접착제를 도포한 후 고르게 퍼지도록 필러 파우더를 뿌린다.

⑦ 오렌지 우드스틱으로 주변 피부에 묻은 필러 파우더를 정리한 후 필러 파우더가 뿌려진 인조 네일의 전체적으로 스틱 글루를 도포한다.

⑧ 글루 드라이어를 약하게 분사하여 고정한다.

▶ 파일링 작업으로 인해 두께가 조절될 수 있으므로 두께를 조금 넉넉하게 조형하는 것이 좋다.

▶ 네일 주변에 묻은 필러 파우더를 제거하지 않고 접착제를 도포할 경우 단단하게 굳어 제거가 쉽지 않기 때문에 주변에 묻은 필러 파우더를 먼저 정리한 후 접착제를 도포한다.

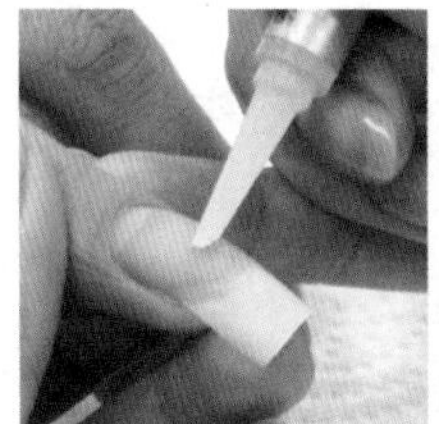
▲ 글루 도포

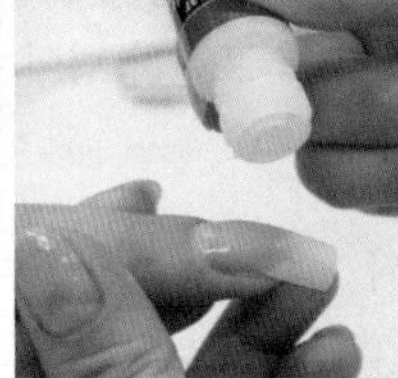
▲ 필러 파우더 분사

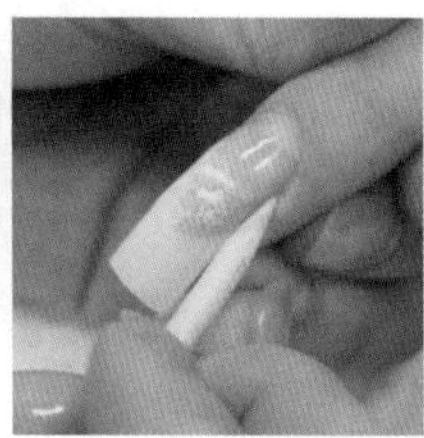
▲ 필러 파우더 정리

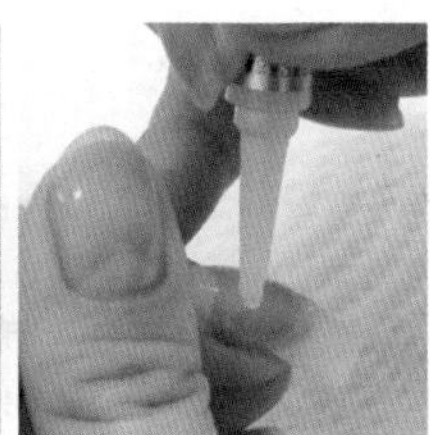
▲ 글루 도포(2차)

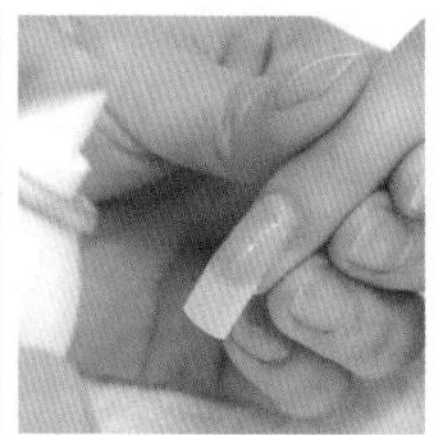
▲ 글루 드라이어 분사

(7) 스퀘어 형태로 조형하기

① 큐티클 라인의 중앙과 프리에지 단면이 수평이 되게 일직선으로 파일링 한다.

② 좌우 사이드가 프리에지까지 일직선이 되도록 파일링 한다.

③ 손가락을 좌우로 돌려 프리에지와 90°의 각도를 유지하면서 옆면 라인이 일직선이 되게 파일링 한다.

④ 좌우의 각을 제거하여 매끄럽게 연결되도록 파일링 한다.

⑤ 샌딩 파일을 사용하여 프리에지 전체를 부드럽게 연결하여 정리하면서 마무리한다.

(8) 프리에지 및 표면 정리

① 샌딩 파일을 사용하여 프리에지를 정리한 후 표면을 세밀하게 다듬는다.

② 광택용 파일을 사용하여 표면에 광택을 내어 완성한다.

2 프렌치 팁 작업

(1) 자연 네일 정리

(2) 프렌치 팁 선택

(3) 프렌치 팁 접착

네일 접착제를 하프 웰 부분에 도포하고 팁을 접착한다.

> ▶ 프렌치 팁 접착 시 주의사항
> • 기포가 발생하지 않을 것
> • 손톱 주변에 접착제가 묻지 않을 것
> • 접착제가 웰의 정지선을 넘지 않을 것
>
> ▶ 옆면에서 보았을 때 팁이 처지거나 올라가지 않고 자연스럽게 연결되도록 한다.

(4) 프렌치 팁 재단

팁 커터로 프렌치 팁을 원하는 길이보다 약간 길게 재단한다.

> ▶ 프렌치 팁은 프렌치 라인을 표현하기 위해 팁 접착 후 팁 턱을 제거하지 않는다.

(5) 필러 파우더 뿌리기

① 접착력을 높이기 위해 샌딩 파일로 프렌치 팁의 광택을 제거하고 더스트 브러시로 분진을 제거한다.

② 프렌치 팁의 팁 턱 윗부분에 접착제를 도포한 후 필러 파우더를 소량 뿌린다.

③ 오렌지 우드스틱으로 손톱 주변에 묻은 필러 파우더를 정리한다.

④ 필러 파우더를 충분히 흡수하도록 접착제를 도포한다.

⑤ ②~④의 과정을 반복하여 손톱 표면을 메꾸어 준다.

⑥ 프렌치 라인의 컬러를 보호하기 위해 인조 네일 전체에 브러시 글루를 도포한 후 글루 드라이어를 약하게 분사하여 고정한다.

⑦ 프렌치 팁이 퍼져 보이지 않게 프렌치 팁이 완전히 경화되기 전에 핀칭을 넣어준다.

(6) 스퀘어 오프 형태로 조형하기

프렌치 팁의 프리에지를 스퀘어 오프 형태로 조형하고 표면을 매끄럽게 파일링 한다.

3 풀 커버 팁 작업

(1) 자연 네일 정리

(2) 풀 커버 팁 조형

① 숫자가 적혀있는 부분이 아래로 향하도록 팁을 잡은 뒤 큐티클 라인에 맞춰 팁을 올려주고 옆면 곡선이 자연스럽게 형성되도록 가볍게 눌러 양쪽 옆면에 부족한 곳이 없는지 확인한다.

② 팁의 윗부분을 손톱의 큐티클 라인 형태와 동일하게 조형한다.

③ 팁이 큐티클 라인의 형태와 동일한지, 손톱의 양쪽 옆면을 충분히 감싸졌는지 확인한다.

(3) 필러 파우더 뿌리기

> ▶ 네일 접착제만을 사용하여 풀 커버 팁을 접착해도 되지만, 네일 접착제만으로 풀 커버 팁의 곡선과 자연 네일의 곡선을 맞추기 힘들거나 자연 네일의 굴곡이 심한 경우에는 필러 파우더를 사용하여 자연 네일의 표면을 메꿔준다.

① 자연 네일의 곡선을 메꿔야 할 부분과 굴곡이 심한 부분에 스틱 글루를 적당량 도포한다.

② 글루를 도포한 윗부분에 필러 파우더를 소량 뿌린다.

③ 오렌지 우드스틱으로 손톱 주변에 묻은 필러 파우더를 정리한다.

④ 필러 파우더를 충분히 흡수하도록 스틱 글루를 도포한다.

⑤ ①~④의 과정을 반복하여 손톱 표면을 메꾸어 준다.
⑥ 손톱 표면이 충분히 메꾸어지면 글루 드라이어를 약하게 분사한다.
⑦ 인조 네일용 파일을 사용하여 표면을 매끄럽게 파일링 한다.
⑧ 샌딩 파일을 사용하여 표면을 부드럽게 정리한다.
⑨ 더스트 브러시를 사용하여 잔여물을 제거한다.
⑩ 손톱과 풀 커버 팁의 상하좌우 곡선이 비슷한지, 손톱의 굴곡이 채워졌는지 확인한다.

▶ 손톱 표면의 곡선과 풀 커버 팁의 곡선이 동일하지 않은 상태에서 접착할 경우 펑거스와 네일 몰드 등의 질병에 노출될 우려가 있으니 주의한다.

(4) 풀 커버 팁 접착
① 손톱의 중앙 부분을 중심으로 네일 접착제를 도포한다.
② 팁의 윗부분에서 양측 가장 자리부분까지 네일 접착제를 도포한다.
③ 엄지와 풀 커버 팁이 일직선이 되도록 팁을 잡고, 팁의 윗부분과 손톱의 큐티클 라인을 맞추어 팁을 살며시 올려준 뒤 가볍게 눌러 접착한다.
④ 글루 드라이어를 약하게 분사하여 고정한다.
⑤ 팁이 손톱의 큐티클 라인과 동일한지, 한쪽으로 치우치지 않고 자연 네일의 양쪽 옆면을 충분히 감싸졌는지 확인한다.

▶ 풀 커버 팁은 접착 면적이 넓어 기포가 발생할 가능성이 높다.

▶ **기포 발생을 줄이는 팁**
- 손톱의 중앙 부분을 먼저 접착제를 도포한 후 가장자리를 얇게 도포
- 점성이 높은 접착제 사용

(5) 풀 커버 팁 재단
팁 커터로 풀 커버 팁을 원하는 길이보다 약간 길게 재단한다.

(6) 스퀘어 오프 형태로 조형하기
풀 커버 팁의 프리에지를 스퀘어 오프 형태로 조형하고 표면을 매끄럽게 파일링 한다.

인조네일의 구조

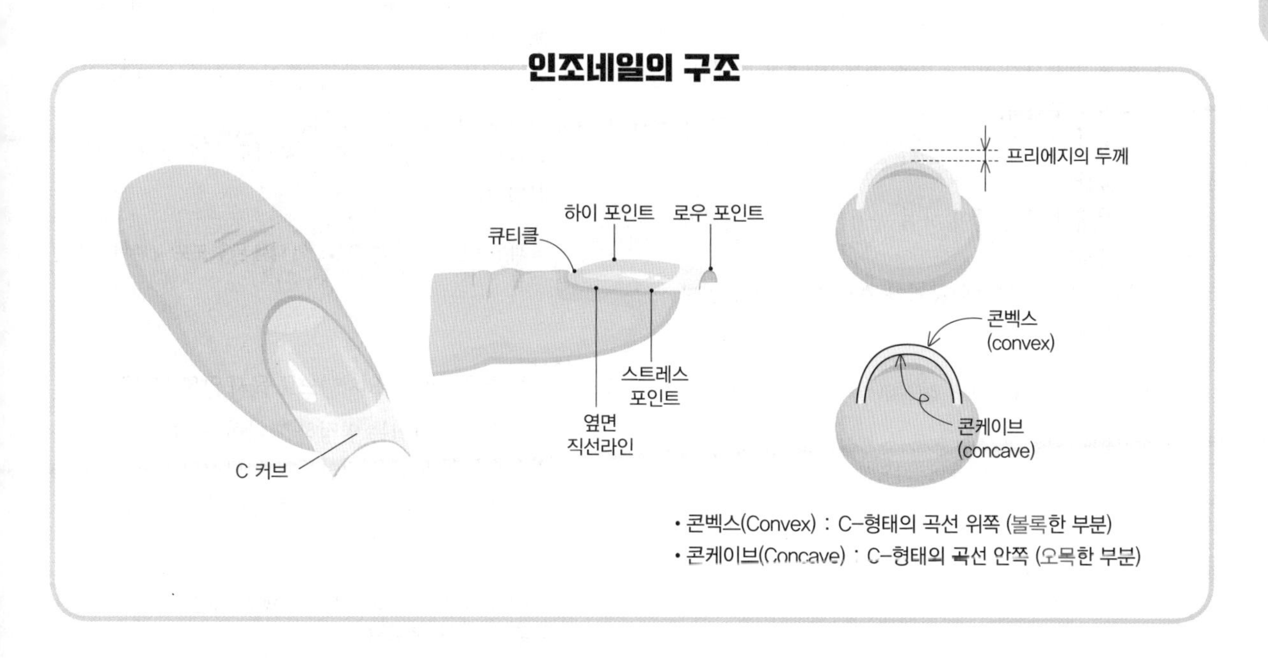

- 콘벡스(Convex) : C–형태의 곡선 위쪽 (볼록한 부분)
- 콘케이브(Concave) : C–형태의 곡선 안쪽 (오목한 부분)

★★★
1 자연네일에 인조팁을 붙일 때 적당한 각도는?

① 35°　② 40°
③ 45°　④ 50°

자연네일에 인조팁을 붙일 때의 각도는 45°가 가장 이상적이다.

★★★★
2 인조네일 시술 시 네일과 팁의 턱을 효과적으로 메워 줄 수 있는 제품은?

① 필러 파우더　② 아크릴 리퀴드
③ 랩　④ 프라이머

팁 시술 시 필러 파우더로 네일과 팁의 턱을 효과적으로 메워 줄 수 있다.

★★★★
3 팁을 부착하는 방법으로 맞지 않는 것은?

① 손톱의 절반 이상을 커버해야 한다.
② 웰의 정지선 이하는 그루를 묻히지 말아야 한다.
③ 알맞은 사이즈의 팁을 붙여야 한다.
④ 접근 각도는 45°가 적당하다.

팁을 부착할 때는 손톱의 1/3 정도를 커버하는 것이 적당하다.

★★★
4 팁을 부착하는 방법으로 옳은 것은?

① 팁을 밀착시킨 후 5~10초 정도 지난 후 글루 드라이를 뿌린다.
② 측면이 너무 두꺼운 경우 파일로 살짝 갈아준 후 시술한다.
③ 접착제의 양을 많이 하여 공기가 들어가지 않게 밀착시킨다.
④ 90° 각도를 유지해 공기가 들어가지 않게 밀착시킨다.

① 팁을 밀착시킨 후 5~10초 정도 지난 후 양쪽 측면을 살짝 눌러준다.
③ 접착제의 양을 많이 하면 공기가 들어가기 쉽다.
④ 45° 각도로 해서 공기가 들어가지 않게 밀착시킨다.

★★★★
5 네일 팁 시술 과정 중 손톱의 광택을 제거해주는 이유는?

① 손톱의 유분기 제거를 위해
② 손톱을 모양을 잘 잡기 위해
③ 글루가 잘 퍼지게 하기 위해
④ 팁턱을 잘 제거하기 위해

손톱에 유분기가 남아 있으면 리프팅의 원인이 된다.

★★★★★
6 네일을 불려서 팁 연장을 하게 되면 안 되는 이유는?

① 파일링이 쉬워지므로
② 인조네일의 리프팅이 잘되므로
③ 습기를 먹은 자연네일에 곰팡이나 균이 잘 번식하므로
④ 글루가 잘 묻지 않으므로

팁 연장을 하기 전에 네일을 불리게 되면 습기로 인해 곰팡이나 균이 번식하는 환경을 만들어 주게 된다.

★★★
7 필러 파우더를 뿌릴 때의 주의사항이 아닌 것은?

① 팁턱 제거 시 손톱이 원만한 곡선인 경우 턱 제거만으로도 매끄러워질 수 있다.
② 필러 파우더 사용 후 글루를 바르고 드라이어를 뿌려준다.
③ 필러 파우더를 뿌릴 때 손톱 주변에 묻은 것은 마지막에 한 번에 정리한다.
④ 굴곡이 있는 경우 필러 파우더로 채워주어야 매끄럽다.

필러 파우더를 바로 정리하지 않으면 다음 글루 도포 시 주변까지 글루가 번지게 된다.

★★★★★
8 네일 팁 부착 시의 주의사항으로 옳지 않은 것은?

① 자연손톱의 길이는 일정하지 않아도 된다.
② 자연손톱의 모양은 라운드가 적당하다.
③ 푸셔나 오렌지 우드 스틱으로 큐티클을 밀어준다.
④ 접근 각도는 45°이다.

자연손톱의 길이가 일정하지 않으면 팁의 길이도 일정하지 않게 되므로 길이를 맞추어 준다.

정답 1③ 2① 3① 4② 5① 6③ 7③ 8①

★★★★★
9 다음에서 설명하는 팁의 재질은?

> • 내마모성이 좋고 강인하다.
> • 가볍고 내한성이 좋으며, 성형성도 우수하다.
> • 열팽창 수분에 의해 치수의 정밀도가 충분하지 못하다.

① 니트로셀룰로오스 ② 아크릴
③ 나일론 ④ 젤

★★★
10 다음은 인조손톱 부착 순서이다. ( )에 알맞은 것은?

> 소독 → 큐티클 밀기 → 팁 선택하기 → 팁 부착 → 자르기 및 모양 만들기 → 팁턱 제거하기 → 필러 파우더 뿌리기 → ( ) → 모양 만들기 → 블랙 버퍼로 샌딩하기

① 폴리시 제거
② 큐티클 밀기
③ 오일 바르기
④ 턱 정리하기

필러 파우더를 뿌리고 글루를 전체적으로 펴 바른 다음 드라이를 뿌린 후 매끄럽게 턱을 갈아준다.

★★★
11 네일 팁 접착 방법에 대한 설명으로 틀린 것은?

① 네일 팁 접착 시 자연 네일의 1/2 이상 덮지 않는다.
② 올바른 각도의 팁 접착으로 공기가 들어가지 않도록 유의한다.
③ 손톱과 네일 팁 전체에 프라이머를 도포한 후 접착한다.
④ 네일 팁을 접착할 때 5~10초 동안 누르면서 기다린 후 팁의 양쪽 꼬리부분을 살짝 눌러준다.

프라이머는 자연손톱에만 도포한다.

★★★
12 팁이 자연손톱과 접착되는 부분을 무엇이라 하나?

① 웰
② 네일 베드
③ 익스텐션
④ 글루

★★★
13 플라스틱, 나일론, 아세테이트 등의 소재로 만든 것은?

① 네일 팁
② 젤 네일
③ 네일 랩
④ 섬유 유리네일

★★★★
14 네일 팁 시술 시 턱을 제거할 때 사용하는 파일의 그릿 수는?

① 80 ② 180
③ 280 ④ 380

턱을 제거할 때는 180그릿의 파일이 적합하다.

★★★★
15 네일랩에 대한 설명으로 옳지 않은 것은?

① 손톱을 포장한다는 뜻으로 오버레이(overlay)라고도 한다.
② 약한 자연손톱이나 인조손톱 위에 덧씌움으로써 튼튼하게 유지시켜준다.
③ 자연손톱을 보호하기 위해 사용하는 방법이다.
④ 부러진 손톱에는 시술할 수 없다.

네일랩은 부러진 손톱이나 깨지고 찢어진 손톱에도 사용할 수 있는 방법이다.

★★★
16 래핑에 대한 설명으로 옳지 않은 것은?

① 종이 랩에 사용되는 종이는 매우 얇은 종이로 비아세톤에 용해된다.
② 랩을 손톱에 붙이면 원하는 만큼 길이를 만들 수 있다.
③ 손톱이 얇은 경우 두껍고 튼튼하게 덧붙일 수 있다.
④ 랩은 손톱을 완전히 덮고 있기 때문에 유분과 수분이 자생적으로 발생하지 않는다.

래핑을 하더라도 자연적인 유분과 수분은 발생한다.

정답 9 ③ 10 ④ 11 ③ 12 ① 13 ① 14 ② 15 ④ 16 ④

★★
17 튼튼하고 오래가지만 잘 사용하지 않는 랩의 종류는?

① 화이버 글래스
② 실크
③ 페이퍼 랩
④ 린넨

린넨은 굵은 소재로 짜여져 있고 강하고 오래 유지되지만 두껍고 천의 조직이 그대로 보이기 때문에 시술 후 컬러링을 해야 하므로 잘 사용하지 않는다.

★★★
18 네일 래핑 시 사용하지 않는 재료는?

① 젤 글루
② 네일 글루
③ 아크릴 리퀴드
④ 페이퍼 랩

아크릴 리퀴드는 아크릴 스컬프처 또는 오버레이 시술 시 사용된다.

★★
19 랩의 소재 중 가장 강한 것은?

① 린넨 ② 실크
③ 화이버 글라스 ④ 페이퍼 랩

린넨은 굵은 소재의 천으로 짜여져 있고 강하고 오래 유지된다.

★★
20 패브릭 랩의 종류에 속하지 않는 것은?

① 무슬린 ② 린넨
③ 화이버 글라스 ④ 실크

무슬린 천은 왁싱 시 스트리퍼로 쓰인다.

★★★★
21 패브릭 랩의 종류 중 매우 가느다란 명주실로 촘촘히 짜여진 소재는?

① 린넨 ② 실크
③ 화이버 글래스 ④ 페이퍼 랩

실크는 매우 가느다란 명주 소재의 천으로 가볍고 얇으며 투명해서 가장 많이 사용된다.

★★★
22 패브릭의 보관 방법으로 옳은 것은?

① 냉장고에 보관한다.
② 깨끗한 서랍 속에 넣어둔다.
③ 옷걸이에 걸어둔다.
④ 박테리아균의 오염을 막기 위해 플라스틱 봉지에 담가 밀폐해 둔다.

★★★
23 실크 랩의 특징이 아닌 것은?

① 투명하다.
② 부드럽다.
③ 일시적인 용도로 사용한다.
④ 자연스럽다.

페이퍼 랩의 경우 용해되기 쉬우므로 임시 랩으로만 사용한다.

★★★★
24 실크 린넨의 문제점 중 리프팅의 원인이 아닌 것은?

① 큐티클 주위에 글루가 묻었을 때
② 보수를 했을 때
③ 광택 제거를 제대로 하지 않았을 때
④ 글루를 많이 발랐을 때

리프팅은 랩이 자연네일에서 분리되어 떨어지는 것을 말하는데, 리프팅을 방지하기 위해 보수를 해야 한다.

★★★
25 다음은 실크랩의 시술과정을 순서대로 나열한 것이다. ( )에 들어갈 작업으로 적당한 것은?

큐티클 밀기 → (㉠) → 실크 붙이기 → 글루 바르기 → (㉡) → 모양 만들기 → 글루 바르기 → 표면정리

① ㉠ : 오일 바르기, ㉡ : 큐티클 밀기
② ㉠ : 오일 바르기, ㉡ : 랩턱 갈아내기
③ ㉠ : 광택 제거, ㉡ : 큐티클 밀기
④ ㉠ : 광택 제거, ㉡ : 랩턱 갈아내기

정답 17 ④ 18 ③ 19 ① 20 ① 21 ② 22 ④ 23 ③ 24 ② 25 ④

26 ★★★ 랩을 붙일 때 큐티클과 떨어지는 적당한 거리는?

① 상단의 큐티클로부터 1.5mm 정도 떨어져야 한다.
② 상단의 큐티클로부터 2.5mm 정도 떨어져야 한다.
③ 상단의 큐티클로부터 3.5mm 정도 떨어져야 하다.
④ 상단의 큐티클로부터 4.5mm 정도 떨어져야 한다.

랩을 붙일 때는 큐티클로부터 1~2mm 정도 떨어지도록 한다.

27 ★★★ 네일 랩의 주된 목적은?

① 큐티클 보호
② 얇고 깨지기 쉬운 손톱의 강화
③ 손톱의 길이 연장
④ 손톱을 물어뜯는 습관 극복

네일 랩은 기본적으로 얇고 깨지기 쉬운 손톱을 강화시켜주는 것이 주된 목적이다.

28 ★★★★★ 다음 중 네일랩 시술에서 사용되지 않는 것은?

① 접착제
② 패브릭
③ 블랙버퍼
④ 프라이머

프라이머는 아크릴이 자연손톱에 잘 접착될 수 있도록 발라주는 촉매제이다.

29 ★★★ 래핑에 관한 설명으로 옳지 않은 것은?

① 자연손톱을 보호하기 위해 사용한다.
② 글루 건조제를 사용 시 20cm 이상 거리를 둔다.
③ 실크 재단 시 네일의 크기보다 1~2mm 정도 작게 재단한다.
④ 실크 턱을 살려 볼륨감을 준다.

턱을 자연스럽게 자연네일과 연결시켜야 들뜨지 않는다.

30 ★★★ 실크 익스텐션에 필요한 재료가 아닌 것은?

① 필러 파우더
② 글루
③ 가위
④ 팁

실크 익스텐션은 실크로 연장을 하므로 팁이 필요 없다.

31 ★★★★★ 실크 익스텐션 시술 시 주의사항으로 맞는 것은?

① 필러는 한 번에 많이 뿌려 볼륨감을 준다.
② 실크는 큐티클까지 완벽하게 재단한다.
③ C커브 모양이 만들어지지 않은 상태에서 필러 파우더를 많이 뿌리면 교정이 힘들다.
④ 글루 드라이는 가까이서 뿌려야 빨리 마른다.

① 필러를 한 번에 많이 뿌리면 뭉치거나 건조가 잘 되지 않으므로 여러 번에 걸쳐 조금씩 뿌려준다.
② 큐티클 아래 1.5mm 정도 띄우고 재단한다.
④ 글루 드라이는 15~20cm 띄우고 뿌린다.

32 ★★★ 실크 익스텐션 시술 시 투명도를 높이는 방법은?

① 필러 파우더를 자주 뿌린다.
② 실크를 두 겹으로 올린다.
③ 글루 드라이를 가까이서 뿌려준다.
④ 연장된 네일 뒷부분에 글루를 발라 준다.

글루는 연장된 네일의 뒷부분에 발라 주어야 투명도를 높일 수 있다.

33 ★★★★ 실크 익스텐션 과정에서 젤을 바르는 이유는?

① 표면을 매끄럽게 하기 위해
② 투명하고 단단하게 하기 위해
③ 손톱을 보호하기 위해
④ 손톱의 변색을 막기 위해

실크 익스텐션 시술 시 젤을 바르게 되면 네일이 투명하고 단단해진다.

정답 26 ① 27 ② 28 ④ 29 ④ 30 ④ 31 ③ 32 ④ 33 ②

★★★
34 다음은 실크 익스텐션 과정이다. (   )에 들어갈 작업으로 옳은 것은?

> 소독 → 광택 제거 → 실크 오리기 → (   ) → 필러 파우더 뿌리기 → 실크턱 제거 → 표면 정리 → 글루 바르기 → 턱 제거 → 마무리

① 글루 바르기
② 프라이머 바르기
③ 젤 바르기
④ 큐티클 정리

★★★★
35 실크 익스텐션에 대한 설명으로 잘못된 것은?

① 물어뜯은 손톱의 교정에 이용된다.
② 패브릭, 글루, 필러 파우더를 이용해 길이를 연장하는 것이다.
③ 파우더를 한 번에 많이 뿌리면 C커브가 잘 안 잡힌다.
④ 아크릴을 이용해 견고하게 할 수 있다.

> 젤을 발라서 투명하고 단단하게 해준다.

★★★
36 실크 익스텐션 시술 시 실크의 올바른 접착 방법이 아닌 것은?

① 큐티클과 양 사이드로부터 1.5mm 떨어져 재단한다.
② 늘리고자 하는 길이만큼만 재단한다.
③ 실크가 밀리거나 구겨지지 않게 밀착한다.
④ 글루가 다 마르기 전에 핀칭을 준다.

> 늘리고자 하는 길이만큼만 재단하게 되면 C커브를 잡아줄 수 없으므로 약간의 여유를 두고 재단한다.

★★
37 실크 익스텐션에 대한 설명으로 옳지 않은 것은?

① 인조손톱보다 강하지 않다.
② 인조손톱에 비해 가볍다.
③ 자연스러운 아름다움을 강조하는 것이다.
④ 패브릭을 이용해 길이를 연장하는 것이다.

> 실크는 얇지만 튼튼하고 잘 찢어지지 않으며, 인조손톱보다 강하다.

★★★★
38 실크 익스텐션 시술에서 글루를 바르고 난 다음 젤 글루를 바르기 전에 글루 드라이어를 뿌리면 안 되는 이유로 적당한 것은?

① 필러 파우더가 깨지기 쉬우므로
② 젤글루가 잘 발라지지 않으므로
③ 기포 발생을 방지할 수 있으므로
④ 실크가 줄어들게 되므로

> 실크 익스텐션 시술에서 글루를 바르고 난 다음 젤글루를 바르기 전에 글루 드라이를 뿌리게 되면 기포가 발생하고 자연스러움이 감소하게 되므로 글루를 바르고 나서 바로 젤글루를 바른다.

★★★
39 실크 익스텐션 시술 시 필러 파우더를 조금씩 여러 번 뿌리는 이유는?

① 광택을 좋게 하기 위해
② 모양 교정이 쉽고 투명하게 하기 위해
③ 실크 접착이 잘되게 하기 위해
④ 파일링이 잘되게 하기 위해

> 필러 파우더를 여러 번에 걸쳐 조금씩 뿌려야 모양 교정이 쉽고 투명도를 높일 수 있다.

★★
40 팁 위드 랩 시술 시 사용하지 않는 재료는?

① 글루 드라이
② 실크
③ 젤 글루
④ 아크릴 파우더

> 아크릴 파우더는 아크릴 연장 시술 시에 사용하는 재료이다.

정답 34 ① 35 ④ 36 ② 37 ① 38 ③ 39 ② 40 ④

★★★
41 팁 위드 파우더 작업에 대한 설명으로 옳지 않은 것은?

① 필러 파우더는 네일 보강과 인조 네일 작업 시 굴곡을 메꾸거나 두께를 보강하기 위해 사용된다.
② 손톱 주변에 묻은 필러 파우더는 오렌지 우드스틱으로 정리한다.
③ 풀 커버 팁 접착 시 강하게 힘을 주어야 리프팅 현상을 방지할 수 있다.
④ 풀 커버 팁 재단 시 재단하고자 하는 부분에 팁 커터를 넣어주고 네일 팁과 팁 커터가 90°가 되도록 넣어주고 재단한다.

풀 커버 팁 접착 시 강하게 힘을 주어 누르면 기포가 발생할 수 있으므로 힘을 빼고 살며시 눌러준다.

★★★
42 프렌치 팁 접착 시 필러 파우더 도포 방법에 대한 설명이다. 옳지 않은 것은?

① 필러 파우더 도포 전 샌딩 파일로 프렌치 팁의 광택을 제거하고 더스트 브러시로 분진을 제거한다.
② 프렌치 팁의 팁 턱 윗부분에 접착제를 도포한 후 필러 파우더를 소량 뿌린다.
③ 오렌지 우드스틱으로 손톱 주변에 묻은 필러 파우더를 정리한다.
④ 필러 파우더를 뿌리고 경화가 충분히 된 후에 핀칭을 넣어주고, 브러시 글루를 도포한 후 글루 드라이어를 약하게 분사하여 고정한다.

네일 전체에 브러시 글루를 도포한 후 글루 드라이어를 약하게 분사하여 고정하고, 프렌치 팁이 퍼져 보이지 않게 프렌치 팁이 완전히 경화되기 전에 핀칭을 넣어준다.

★★★
43 팁 위드 파우더 시술에 관한 설명으로 옳지 않은 것은?

① 팁의 접착력을 높이기 위해 샌딩 파일을 사용하여 자연 네일의 광택을 제거하고 거스러미를 제거한다.
② 웰의 정지선을 손톱의 프리에지 단면과 45°각도로 맞춰 올려준 뒤 손톱과 프렌치 팁이 일직선이 되도록 하여 살며시 눌러준다.
③ 네일 주변에 묻은 필러 파우더는 글루 드라이어 분사 후 한꺼번에 오렌지 우드스틱을 사용해 제거한다.
④ 팁 접착 후 글루 드라이어를 약하게 분사하여 고정한다.

네일 주변에 묻은 필러 파우더를 제거하지 않고 접착제를 도포할 경우 단단하게 굳어 제거가 쉽지 않기 때문에 주변에 묻은 필러 파우더를 먼저 정리한 후 접착제를 도포한다.

★★★
44 다음 중 네일 팁 작업에 대한 설명으로 옳지 않은 것은?

① 프렌치 팁은 자연스럽게 보여야 하므로 팁 턱을 반드시 제거하고, 내추럴 팁은 제거할 필요가 없다.
② 팁 턱 제거 시 한 번에 많이 제거하지 말고 여러 번 나눠서 제거한다.
③ 풀 커버 팁 작업 시 손톱 표면의 곡선과 풀 커버 팁의 곡선이 동일하지 않은 상태에서 접착할 경우 펑거스와 같은 질병에 노출될 우려가 있다.
④ 풀 커버 팁 작업 시 점성이 높은 접착제를 사용하면 기포 발생을 줄일 수 있다.

내추럴 팁은 자연스럽게 보이게 하기 위해 팁 턱을 제거하고, 프렌치 팁은 프렌치 라인을 표현하기 위해 팁 턱을 제거하지 않는다.

chapter 04

정답 41 ③ 42 ④ 43 ③ 44 ①

NAIL Technician Certification

SECTION 04

아크릴 네일

이 섹션에서는 아크릴 네일에 필요한 화학물질 및 프라이머 등의 재료와 종류에 잘 체크하도록 합니다. 아크릴 볼 올리기 및 폼 끼우기 작업에 대해서도 잘 이해하고 숙지하기 바랍니다.

01 개요

1 정의

아크릴 액체와 아크릴 파우더를 혼합해서 만드는 인조 네일

2 아크릴 네일의 활용

① 두 물질을 혼합하여 쉽게 네일 모양을 만들 수 있을 뿐 아니라 손톱의 두께 조절도 가능

② 단단한 인조 네일을 만들거나 네일의 보강, 연장 및 변형

3 아크릴 네일의 종류

① **아크릴 팁**(또는 아크릴 오버레이) : 인조 손톱 위에 하는 방법

② **스컬프처 네일** : 폼 위에 아크릴을 올려 손톱을 길게 만들어주는 방법

4 아크릴 네일의 화학물질

(1) 모노머(Monomer) – 아크릴 리퀴드

작은 구슬 형태의 물질로 아크릴 시술 시 폴리머와 믹스하여 사용

▶ 모노머와 폴리머의 주성분
- EMA (Ethyl Methacrylate)
- MMA (Methyl methacrylate)

(2) 폴리머(Polymer) – 아크릴 파우더

① 구슬들이 길게 체인 모양으로 연결된 형태로 구성

② 제작이 완료된 아크릴을 일컬음(중합체)

(3) 카탈리스트(Catalyst)

① 첨가물질로 아크릴을 빨리 굳게 하는 작용

② 카탈리스트의 양을 조절하여 굳는 속도 조절

③ 촉매제로 화학 중합 개시제이다.

▶ 아크릴은 온도에 민감해 온도가 높으면 빨리 굳고 낮으면 잘 굳지 않으므로 시술 시 온도를 일정하게 해주도록 한다.

02 도구 및 재료

(1) 아크릴 리퀴드(Acrylic liquid)

액체 물질로 아크릴 파우더와 섞어서 사용

▶ 사용하고 남은 아크릴 리퀴드는 재사용하지 않는다.

(2) 아크릴 파우더(Acrylic powder)

① 분말상태의 재료로 다양한 색상 사용

② 내추럴 핑크, 클리어 : 자연 손톱이나 팁 위에 올려주는 파우더

③ 화이트 : 프렌치를 표현할 때 사용

(3) 프라이머(Primer)

① 손톱의 유수분을 없애주어 아크릴이 자연 네일에 잘 접착될 수 있도록 발라주는 촉매제
② 프라이머 작업 시 반드시 보안경과 비닐장갑, 마스크를 착용할 것
③ 프라이머는 산성 제품으로 과다하게 사용 시 피부에 화상을 입힐 수 있으므로 최소량만 사용할 것
④ 빛에 노출되면 변질의 우려가 있으므로 어두운 색 유리에 보관할 것
⑤ 프라이머에 이물질이 들어가면 아크릴이 들뜨는 원인이 되므로 작은 용기에 조금씩 덜어서 사용할 것

프라이머의 역할
- 손톱 표면의 유·수분 제거
- 아크릴의 접착력을 강하게 해줌
- 손톱 표면의 pH 밸런스 유지
- 단백질을 화학작용으로 녹여줌

(4) 디펜디시(Dappen dish)

아크릴을 덜어 쓸 수 있는 용기

(5) 아크릴 브러시(Acrylic brush)

① 아크릴 파우더를 네일 위에 올릴 때 사용하는 붓
② 모양, 길이, 크기 등에 따라 종류가 다양함
③ 벨리와 백 부분을 활용하여 프리에지 길이, 형태, 두께 조형
④ 팁 부분으로 스트레스 포인트 연결 부분과 하이포인트 부분을 섬세하게 보완

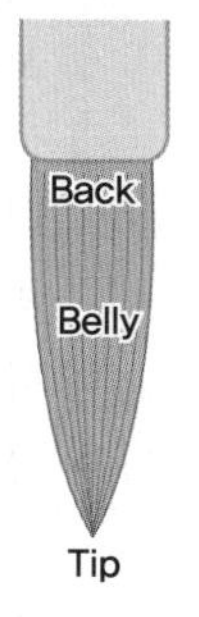

▶ 브러시의 구조

백 (Back)	• 브러시의 윗부분 • 길이를 정리하거나 아크릴 볼의 움직임을 멈추게 할 때 눌러서 사용
벨리 (Belly)	• 브러시의 중간부분 • 아크릴의 길이, 두께 및 표면 정리 • 볼의 전체적인 균형을 맞추기 위해 두드려줄 때 사용 • 그라데이션 작업 시 부드럽게 연결 • 프렌치 스컬프처 작업 시 프리에지 부분을 편평하게 조형하는 데 사용
팁(Tip)	• 브러시의 끝부분 • 큐티클 라인, 스마일 라인, 세밀한 디자인 표현 등

(6) 네일 폼

① 스컬프처 네일 시술 시 모양을 잡아주는 틀
② 일회용 폼 : 재질이 종이이며, 뒷면에 접착제가 발라져 있음
③ 재사용 폼 : 재질이 알루미늄, 플라스틱 등으로 만들어짐

(7) 브러시 클리너(Brush Cleaner)

아크릴 시술 후 브러시를 세척하는 액

(8) 기타 : 보안경, 장갑, 마스크 등

03 아크릴 프렌치 스컬프처

1 시술자 및 고객의 손 소독

2 폴리시 지우기

3 큐티클 정리하기

4 자연손톱 길이 및 표면 정리

5 프라이머 바르기

① 모델의 손에 닿지 않게 주의하면서 바른다.
② 프라이머는 자연손톱에만 바른다.

6 네일 폼 끼우기

① 손톱의 모양에 맞는 폼 선택

② 양 손의 엄지와 검지를 이용하여 고객의 손톱 끝에 끼울 수 있는 모양으로 만들어 잘 맞추어 끼울 것

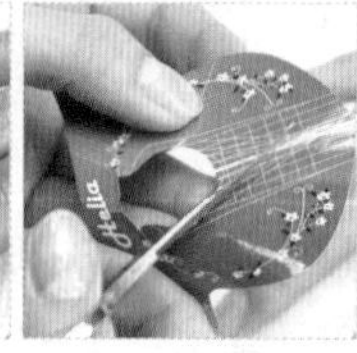
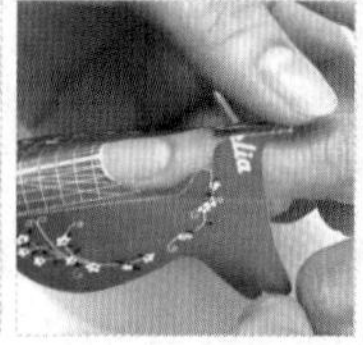
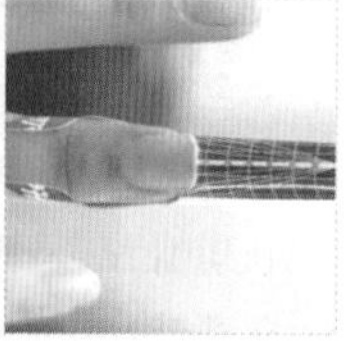

▶ 네일 폼 장착 시 주의할 점
- 네일 폼이 아래쪽으로 향하지 않도록 수평이 되게 할 것
- 네일과 폼 사이에 벌어진 틈이 없을 것
- 자연 네일의 프리에지와 자연스럽게 연결될 것
- 하이포니키움을 손상시키지 않도록 주의할 것
- 프리에지 밑에 끼울 때 너무 세게 하면 피부가 상할 염려가 있다.

7 아크릴 볼 올리기

(1) 화이트 아크릴 볼 올리기

① 디펜디시에 적당량의 리퀴드를 붓고 리퀴드에 아크릴 브러시를 적신다.

② 브러시 끝부분에 화이트 아크릴 파우더를 찍어 아크릴 볼을 만든다.

③ 아크릴 볼을 옐로우 라인 부분에 올린 후 브러시의 백(back)과 벨리(belly) 부분을 이용하여 볼을 살며시 눌러주면서 전체 모양을 잡아준 후 스마일 라인을 만든다.

④ 아크릴 리퀴드의 양에 따라 아크릴 볼의 묽기와 크기가 결정된다.

⑤ 큰 볼을 만들 경우에는 아크릴 리퀴드의 양을 많게 조절하고, 작은 볼을 만들 경우에는 아크릴 리퀴드의 양을 적게 조절한다.

⑥ 볼 믹스처 상태에 따른 영향
- 볼 믹스처 상태가 너무 묽을 때 : 양 사이드로 흘러 내려 프리에지 형성 시간이 지체되고 견고성이 떨어진다.
- 볼 믹스처 상태가 단단할 때 : 너무 빨리 건조되어 프리에지 형성이 어렵다.

▶ 볼 크기에 따른 브러시 각도
- 큰 볼 : 30°
- 중간 볼 : 45°
- 작은 볼 : 90°

▶ 프리에지 만들기
- 브러시 중간부분으로 화이트 볼을 가볍게 두드리면서 고르게 편다.
- 자연 네일의 양 사이드선과 새로 만들어진 프리에지가 평행이 되도록 스마일 라인을 형성한다.
- 마지막으로 브러시 끝부분을 이용하여 선명한 스마일 라인을 완성한다.

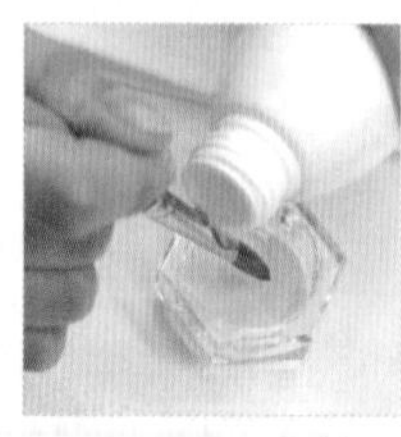
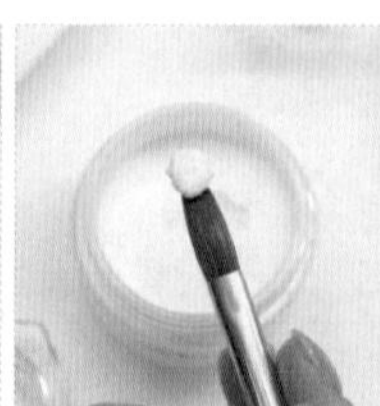
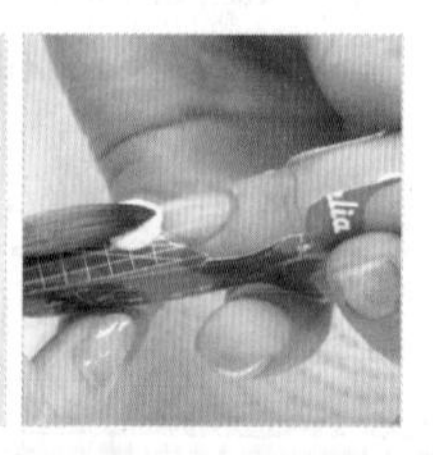

▶ 주의사항 : 스트레스 포인트에 화이트 파우더가 얇게 시술되면 떨어지기 쉬우므로 주의한다.

(2) 클리어 파우더 올리기

① 브러시 팁에 클리어 파우더를 찍어 아크릴 볼을 만들어 스마일 라인의 윗부분에 올려놓고 하이포인트를 살리면서 브러시 옆면을 이용하여 왼쪽과 오른쪽 부분을 다져준다.

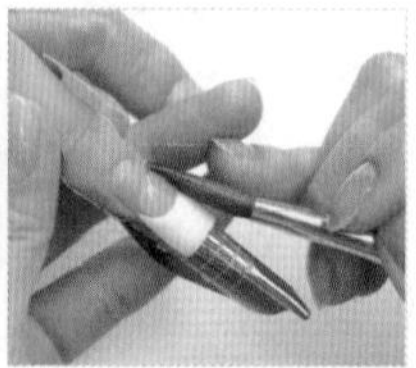

② 클리어 파우더를 이용하여 두 번째 아크릴 볼보다 작고 묽게 세 번째 아크릴 볼을 만들어 루눌라 부분에 올린다.

③ 큐티클에 묻지 않도록 주의하면서 브러시를 세워 큐티클 라인을 따라 살살 눌러주고 브러시를 눕혀서 하이포인트 부분과 연결되도록 쓸어 내려준다.

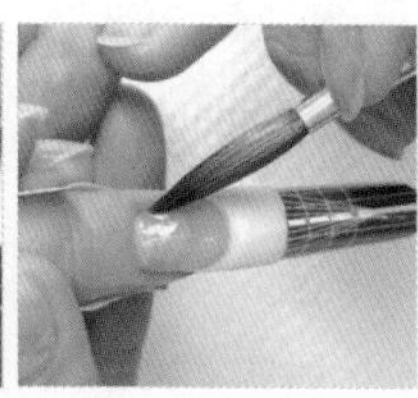

④ 큐티클과 월 선 근처에는 매우 얇게 아크릴 망이 구성되어야 보기에도 자연스럽고 잘 붙는다.

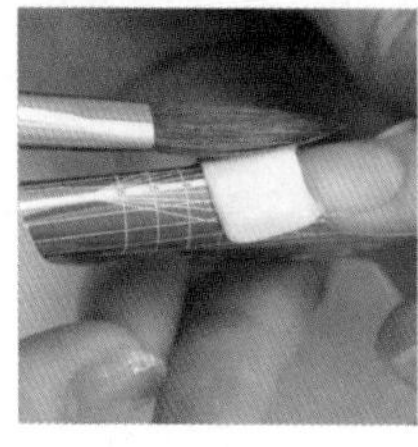
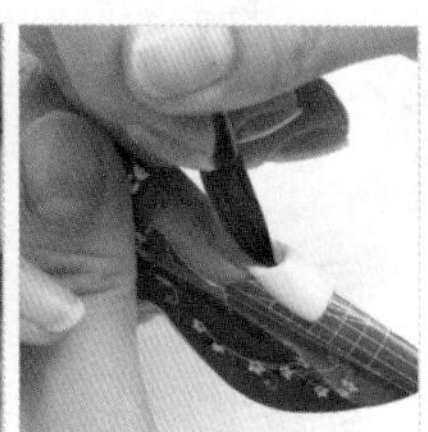

▶ 브러시 끝의 아크릴이 볼에 흘러내리는 이유
아크릴이 너무 묽기 때문

▶ 볼에 버블이 생기거나 잘 뭉치지 않는 이유
리퀴드의 양이 너무 적기 때문

▶ 브러시의 각도가 90°에 가까울수록 볼의 크기가 작아진다.

▶ 브러시가 파우더에 머무는 시간이 길수록 볼의 크기가 커진다.

▶ 리퀴드와 파우더의 비율 = 1 : 1

8 핀칭(Pinching) 주기

① 핀칭 : 아크릴이 굳기 전에 양쪽 엄지 손톱을 이용해 양 사이드 쪽을 꾹 눌러주는 것

② 폼을 제거하기 전에 프리에지(스트레스 포인트) 핀칭을 주면 C커브가 잘 잡힌다.

③ 화이트 파우더 특성상 프리에지가 퍼져 보일 수 있으므로 핀칭에 유의해야 한다.

9 네일 폼 제거

C커브를 만들어 준 다음 네일 폼을 제거한다.

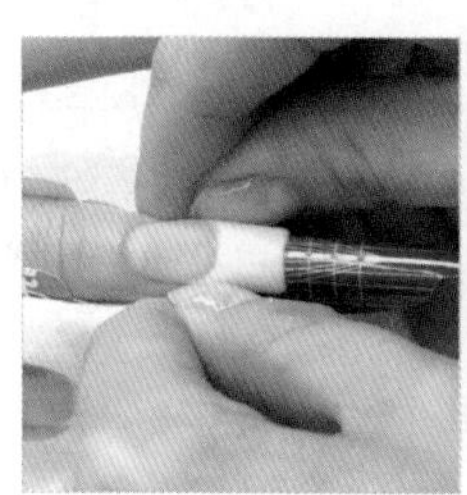
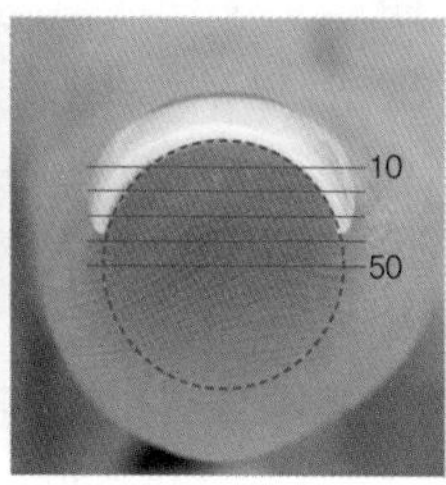

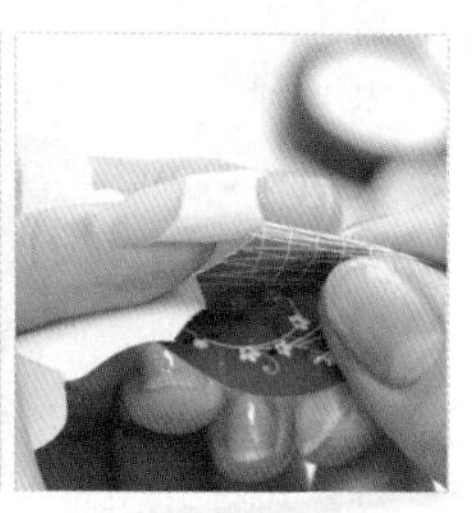

▶ C-커브의 각도가 원형의 20~40% 비율로 되도록 핀칭한다.

▶ 아크릴 브러시의 손잡이로 두드려 둔탁한 소리가 나면 건조가 덜 된 것이다.

chapter 04

⑩ 손톱 모양 만들기

아크릴이 완전히 건조된 것을 확인하고 손톱 표면을 부드럽게 파일링하면서 모양을 정리한다.

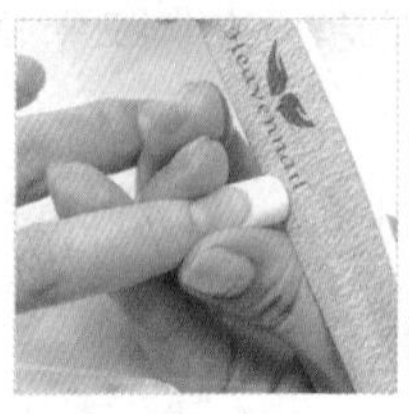
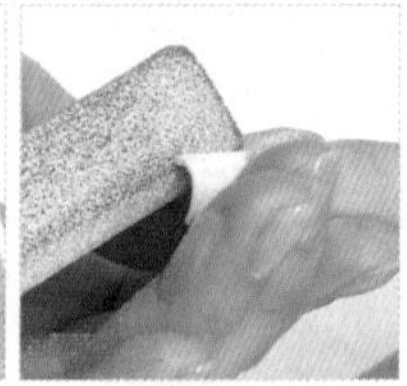

⑪ 손톱 표면 정리

손톱 표면을 샌딩으로 매끄럽게 한 뒤 더스트 브러시로 털어준다.

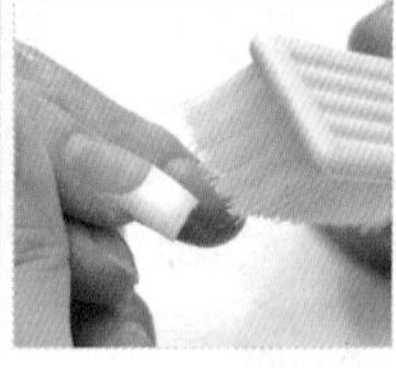

⑫ 잔여물 제거

멸균거즈를 이용하여 손톱 및 손가락 등에 묻은 잔여물을 제거한다.

⑬ 마무리 및 도구 정리하기

04 아크릴 원톤 스컬프처

1 네일 폼 끼우기

프리에지 길이 연장을 위해 네일 폼을 끼운다.

2 클리어 볼 올리기

① 아크릴 브러시에 아크릴 리퀴드를 적신 후 브러시 팁으로 클리어 파우더를 찍어 볼을 만든다.

② 첫 번째 아크릴 볼을 만들어 연장 부위에 올리고 모양을 만들어준다.

③ 두 번째 아크릴 볼을 만들어 손톱 바디 부분에 올려 모양을 만들어준다.

④ 세 번째 아크릴 볼을 만들어 큐티클 부분에 올리고 브러시로 쓸어내려 경계가 생기지 않도록 한다.

⑤ 아크릴이 마르기 전에 스트레스 포인트 부분을 눌러 핀칭을 주어 C커브를 만들어준다.

▶ 브러시의 팁(Tip)과 밸리(Belly) 부분을 이용하여 프리에지 부분의 너비를 잡아주고, 벨리(Belly)와 백(Back) 부분을 이용하여 프리에지의 길이와 두께를 잡아준다.

3 네일 폼 제거

4 손톱 모양 만들기 및 표면 정리

5 마무리

★★★
1 아크릴 시술 시 길이를 늘려주기 위해 사용되는 재료는?

① 팁 ② 실크
③ 폼 ④ 글루

아크릴 시술에서 손톱의 길이를 연장시켜주는 재료로 폼을 사용한다.

★★★
2 다음 중 아크릴로 제작 완료된 형태를 가리키는 용어는?

① 모노머 ② 프라이머
③ 폴리머 ④ 카탈리시스

폴리머는 제작 완료된 아크릴 네일의 종합체를 말한다.

★★★
3 아크릴이 자연손톱에 잘 접착되도록 사용하는 재료는?

① 프라이머 ② 폴리머
③ 글루 ④ 젤

프라이머는 아크릴이 자연손톱에 잘 접착될 수 있도록 발라주는 촉매제이며, 프라이머 작업 시에는 반드시 보안경, 비닐장갑, 마스크를 착용하도록 한다.

★★
4 아크릴 네일이나 스컬프처 네일 시술 시 가장 얇아야 하는 부분은?

① 바디 ② 스트레스 포인트
③ 프리에지 ④ 큐티클 부분

큐티클 부분과 자연스럽게 연결되어야 리프팅을 방지할 수 있으므로 이 부분이 가장 얇아야 한다.

★★
5 아크릴 네일을 시술하기에 적당한 온도는?

① 4~10℃ ② 10~15℃
③ 15~20℃ ④ 21~26℃

아크릴 네일은 낮은 온도에서 잘 깨지거나 들뜨는 단점이 있다. 리퀴드와 혼합된 파우더는 온도에 매우 민감하여 온도가 높을수록 빨리 굳으므로 주의해야 한다.

★★★
6 프라이머에 대한 설명으로 옳지 않은 것은?

① 피부에 묻으면 가렵거나 껍질이 벗겨질 수 있다.
② 강한 산성이다.
③ 충분한 양으로 여러 번 도포해야 한다.
④ 인조 팁에는 바르지 않는다.

프라이머는 피부에 닿을 시 화상을 입을 수 있으므로 피부에 닿지 않게 조심하면서 한두 번만 바르도록 한다.

★★★★
7 아크릴 시술에 사용되는 화학성분 중 물질을 빨리 굳게 해주는 성분은?

① 프라이머 ② 모노머
③ 폴리머 ④ 카탈리스트

카탈리스트는 아크릴을 빨리 굳게 하는 작용을 하며, 양을 조절하면서 굳는 속도를 조절한다.

★★★
8 다음 중 아크릴 네일 사용 시 카탈리스트의 사용 목적은?

① 강화 과정을 느리게 하기 위해
② 냉각을 시키기 위해
③ 강화 과정을 촉진시키기 위해
④ 접착이 잘되게 하기 위해

카탈리스트는 빨리 굳게 하는 작용을 하는데, 양에 따라서 빨리 굳을 수도 늦게 굳을 수도 있다.

★★★
9 다음 중 프라이머에 대한 설명으로 옳지 않은 것은?

① 피부나 눈에 닿으면 안 된다.
② 프라이머 작업 시 반드시 보안경과 비닐장갑, 마스크를 착용한다.
③ 프라이머는 강한 산이므로 투명한 유리병에 보관한다.
④ 프라이머에 이물질이 들어가는 것을 막기 위해 작은 용기에 보관한다.

프라이머는 빛에 노출되면 변질될 우려가 있으므로 어두운 색의 유리 용기에 넣어둔다.

정답 1③ 2③ 3① 4④ 5④ 6③ 7④ 8③ 9③

★★★
10 다음 중 아크릴 스컬프처 네일에 대한 설명으로 옳지 않은 것은?

① 굳어지면 약해진다.
② 물어뜯은 네일의 보정 시 사용한다.
③ 카탈리스트는 아크릴을 빨리 굳게 해주는 작용을 한다.
④ 완성된 네일은 액체 아크릴 및 분말 아크릴 제품의 혼합체이다.

> 아크릴은 굳어지면 더 단단해진다.

★★★★
11 투톤 아크릴 스컬프처의 시술에 대한 설명으로 틀린 것은?

① 프렌치 스컬프처(French sculputre)라고도 한다.
② 화이트 파우더 특성상 프리에지가 퍼져 보일 수 있으므로 핀칭에 유의해야 한다.
③ 스트레스 포인트에 화이트 파우더가 얇게 시술되면 떨어지기 쉬우므로 주의한다.
④ 스퀘어 모양을 잡기 위해 파일은 30°정도 살짝 기울여 파일링한다.

> 스퀘어 모양을 잡기 위해서는 파일을 90°로 해서 파일링한다.

★★★
12 아크릴 시술에 대한 설명으로 옳지 않은 것은?

① 손톱을 최대한 짧게 잘라야 한다.
② 손톱과 폼 사이에 틈이 생기지 않도록 한다.
③ 하이포니키니움이 자라나 있다면 폼에 맞게 재단하여 너무 깊이 끼우지 않는다.
④ 손가락과 손톱의 밸런스를 생각하여 스트레스선을 조절한다.

> 손톱의 길이가 너무 짧으면 폼을 끼우기 어려우므로 적당한 길이가 유지되어야 한다.

★★★★
13 프라이머가 묻었을 때의 대처 방법으로 옳은 것은?

① 아세톤으로 닦는다.
② 흐르는 물로 씻어준 후, 알칼리수로 중화시킨다.
③ 피부 소독제에 담가둔다.
④ 알코올로 닦아낸다.

> 프라이머는 강산성이므로 흐르는 물에 씻은 후 중화시켜 주어야 한다.

★★
14 프라이머를 오염으로부터 방지할 수 있는 방법으로 옳은 것은?

① 고객이 손톱을 만지지 않게 한다.
② 손을 수건 위에 놓게 한다.
③ 프리에지에 글루를 바른다.
④ 인조손톱을 사용한다.

> 시술 도중 손톱을 만지게 되면 손에 묻은 이물질을 통해 프라이머가 오염될 수 있다.

★★★
15 물어뜯은 네일에 아크릴 네일을 하기 위해 먼저 해야 하는 것은?

① 아크릴 사용 전에 래핑을 한다.
② 네일 팁을 아크릴 손톱에 붙인다.
③ 자연네일을 팁으로 먼저 연장한다.
④ 프라이머를 바른다.

> 폼을 사용하기 전에 물어뜯어 손상된 손톱에 팁으로 먼저 연장을 한 뒤 아크릴 네일 시술을 한다.

★★★
16 물어뜯은 네일에 하는 아크릴 서비스가 다른 아크릴 서비스와 다른 점은?

① 폼을 사용하기 전에 연장한다.
② 프라이머를 3회 바른다.
③ 손톱을 짧게 자른다.
④ 아크릴 서비스를 할 수 없다.

> 손톱에 폼을 끼우기 위해 연장을 먼저 해야 한다.

정답 10 ① 11 ④ 12 ① 13 ② 14 ① 15 ③ 16 ①

17 ★★★ 아크릴 오버레이는 약한 손톱을 강하게 하는 기능 외에 또 어떤 기능을 하는가?

① 곰팡이를 영구적으로 박멸한다.
② 손상된 손톱을 수선한다.
③ 손톱건강을 개선한다.
④ 손톱을 소독한다.

아크릴 오버레이는 약한 손톱을 강하게 해주며, 손상된 손톱을 수선하기 위한 목적으로 사용한다.

18 ★★★ 아크릴 네일 시술 시 프라이머(Primer)의 역할은?

① 네일에 아크릴이 잘 접착되게 한다.
② 손톱 색이 변하는 것을 막는다.
③ 죽은 큐티클을 제거한다.
④ 폴리시가 잘 발리게 한다.

프라이머는 네일에 아크릴이 잘 접착되게 하는 촉매제의 역할을 한다.

19 ★★★ 아크릴 제품을 사용하기 전에 고객의 손톱을 청결하게 하는 것은 무엇을 위한 것인가?

① 손톱이 벗겨지는 것을 방지하기 위해
② 폴리시에 기포가 생기는 것을 방지하기 위해
③ 곰팡이 균이 성장하는 것을 방지하기 위해
④ 흰 반점이 형성되는 것을 방지하기 위해

손톱이 청결하지 못하면 불순물이 들어가서 곰팡이 균의 원인이 된다.

20 ★★★ 아크릴 네일을 잘 마르게 하는 방법으로 옳은 것은?

① 손톱을 차가운 물에 씻는다.
② 탑코트를 바른다.
③ 온도를 높게 한다.
④ 젤 램프에 큐어링한다.

아크릴 성분은 온도가 높을수록 잘 굳어지므로 온도를 높게 한다.

21 ★★★★ 다음 중 아크릴 제품 보관 장소로 가장 적당한 곳은?

① 따뜻하고 밝은 장소
② 차갑고 어두운 곳
③ 따뜻하고 어두운 곳
④ 개방된 용기

아크릴은 온도가 높으면 굳어지는 성질이 있으므로 차갑고 어두운 곳에 보관한다.

22 ★★★ 프라이머가 오염되었음을 알 수 있는 가장 쉬운 방법은?

① 초록색으로 변했는지 확인한다.
② 흐려지고 입자가 거친지 확인한다.
③ 강한 악취가 나는지 확인한다.
④ 맑은 색으로 보이는지 확인한다.

프라이머에 불순물이 섞여 있으면 입자가 고르지 못하므로 이를 통해 오염 여부를 알 수 있다.

23 ★★★ 아크릴 네일에 대한 설명으로 옳은 것은?

① 필러 파우더와 같이 사용한다.
② 인조손톱에만 시술이 가능하다.
③ 자연손톱에만 시술이 가능하다.
④ 손톱의 모양을 교정할 수 있다.

아크릴 네일 시술을 통해 물어뜯은 손톱, 들뜬 손톱 등의 교정이 가능하다.

24 ★★ 프라이머를 사용할 때 필요하지 않은 도구는?

① 보안경
② 마스크
③ 장갑
④ 디펜디쉬

디펜디쉬는 리퀴드를 덜어 쓸 때 사용하는 유리용기로, 프라이머를 사용할 때는 필요하지 않다.

chapter 04

정답 17 ② 18 ① 19 ③ 20 ③ 21 ② 22 ② 23 ④ 24 ④

25 ★★★★★ 아크릴 네일 시술 시 사용하는 파일의 그릿 수는?

① 80~100그릿
② 120~180그릿
③ 180~220그릿
④ 220~400그릿

네일에 따른 그릿 수

용도	그릿 수
자연네일	180~250
인조네일	120~180
아크릴 네일	80~100

26 ★★★ 아크릴 리퀴드, 파우더, 프라이머, 브러시, 폼 등의 재료를 이용한 시술 방법은?

① 실크 익스텐션
② 팁
③ 랩 오버레이
④ 아크릴 스컬프처

아크릴 스컬프처 시술에 필요한 재료 및 도구로는 아크릴 리퀴드, 파우더, 프라이머, 브러시, 폼, 보안경, 장갑, 마스크 등이 있다.

27 ★★★ 아크릴 프렌치 스컬프처 시술 시 스마일 라인에 대한 설명으로 옳지 않은 것은?

① 깨끗하고 선명한 라인을 만들어야 한다.
② 스마일 라인이 선명하게 보이는 것보다는 자연스럽게 보이는 것이 좋다.
③ 빠른 시간에 시술해서 얼룩이 지지 않게 한다.
④ 손톱의 상태에 따라 라인을 조절할 수 있다.

아크릴 프렌치 스컬프처는 스마일 라인을 선명하게 하는 것이 중요하다.

28 ★★★★ 아크릴 네일의 설명으로 맞는 것은?

① 두꺼운 손톱 구조로만 완성되며 다양한 형태는 만들 수 없다.
② 투톤 스컬프처인 프렌치 스컬프처에 적용할 수 없다.
③ 물어뜯는 손톱에 사용하여서는 안 된다.
④ 네일 폼을 사용하여 다양한 형태로 조형이 가능하다.

아크릴 네일은 네일 폼을 사용하여 다양한 형태로 조형이 가능하며 투톤 스컬프처 등에도 적용할 수 있다. 물어뜯는 손톱에 아크릴 시술을 하면 물어뜯는 습관을 고치는 데 도움이 된다.

29 ★★★ 아크릴 전용 브러시의 구조에 따른 작업 적용 방법으로 옳은 것은?

① 브러시 중간부분은 백(Back)이라 하여 펴는 작업에 사용한다.
② 브러시의 앞부분은 팁(Tip)이라고 하며 섬세한 작업 시 사용한다.
③ 브러시 앞부분은 백(Back)이라 하며 멈추는 작업에 사용한다.
④ 브러시 중간부분은 벨리(Belly)라고 하며 스마일 라인 작업 시 사용한다.

- 팁 : 브러시의 끝부분. 정교한 라인 등의 미세 작업 시 사용
- 벨리 : 브러시의 중간 부분. 편평하게 펴는 작업 시 사용
- 백 : 브러시의 시작 부분. 길이 정리 또는 아크릴 볼의 움직임을 멈추게 할 때 사용

정답 25 ① 26 ④ 27 ② 28 ④ 29 ②

NAIL Technician Certification

SECTION 05

젤 네일

이 섹션에서는 먼저 젤네일의 개념과 특징에 대해 이해하도록 합니다. 젤 원톤 스컬프처와 젤 프렌치 스컬프처 시술 방법에 대해서도 숙지하기 바랍니다.

01 개요

1 젤 네일의 정의

젤 네일은 젤 컬러를 이용하는 인조 네일로, 바르고 말릴 때 자연건조 또는 건조기를 이용한 다른 네일과 달리 LED 혹은 UV램프에 구워 말린다(경화시킨다).

- UV 램프 : 자외선(UV-A, 320~400nm)
- 할로겐 램프 : 가시광선(400~700nm)

※ UV-C 단파장 자외선은 젤 램프에 사용되지 않는다.

2 젤 네일의 종류

① 라이트 큐어드 젤 : 특수 광선이나 할로겐 램프의 빛을 이용하여 굳어지게 하는 방법

② 노라이트 큐어드 젤 : 응고제인 글루 드라이를 스프레이 형태로 뿌리거나 브러시로 바르고 굳어지게 하는 방법

▶ 젤의 구성 물질

① 올리고머(Oligomer) : 2개 이상의 분자 화합물이 결합한 저분자·중분자의 화합물로, 미세한 그물구조이다.

② 폴리머(Polymer)
- 올리고머가 빛의 반응에 의해서 고체로 변화하며 완성된 젤 네일인 고분자 화합물이다.
- 구슬이 길게 체인으로 연결된 구조의 결합이다.

③ 광중합 개시제 : 광원으로부터 에너지를 흡수하여 중합 반응을 개시시키는 물질이다.

3 젤 제거 방법에 따른 분류

소프트 젤	• 아세톤에 잘 녹아 지우기 쉽다. • 시술이 쉽다. • 하드 젤에 비해 접착성이 떨어진다.
하드 젤	• 제거 시 파일이나 드릴로 갈아낸다. • 시간이 오래 걸리며, 크랙이 생길 수 있다.

4 젤 네일의 특징

① 냄새가 거의 나지 않는다.

② 시술이 용이하여 작업시간 단축이 가능하다.

③ 광택이 오래 지속된다.

④ 네일 아트 작업 시 수정이 용이하다.

⑤ 아세톤에 잘 녹지 않아 제거하는 데 시간이 오래 걸린다.

⑥ 젤 제거 시 손톱에 손상을 줄 수 있다.

chapter 04

02 도구 및 재료

젤	클리어 젤, 핑크 젤, 컬러 젤, 베이스 젤, 탑젤 등
젤 브러시	젤 전용 브러시
젤 램프 (큐어링 라이트)	손톱에 젤을 바른 후 굳게 하는(경화, 큐어링) 기구
젤 클렌저	큐어링 후 손톱 표면에 남아 있는 젤(미경화 젤)을 닦아내는 액체
젤 퍼프	미경화젤을 닦을 때 젤 클렌저를 묻혀 사용하는 도구
젤 폼	젤 스컬프처 작업 시 손톱을 연장할 때 사용하는 도구

03 젤 원톤 스컬프처

1 시술자 및 고객의 손 소독

2 폴리시 지우기

3 큐티클 정리하기

4 파일링 및 표면 정리하기

5 베이스 젤 바르기 및 큐어링하기

자연손톱에 베이스 젤을 얇게 바른 후 젤 램프에 큐어링을 한다.

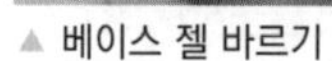

▲ 베이스 젤 바르기

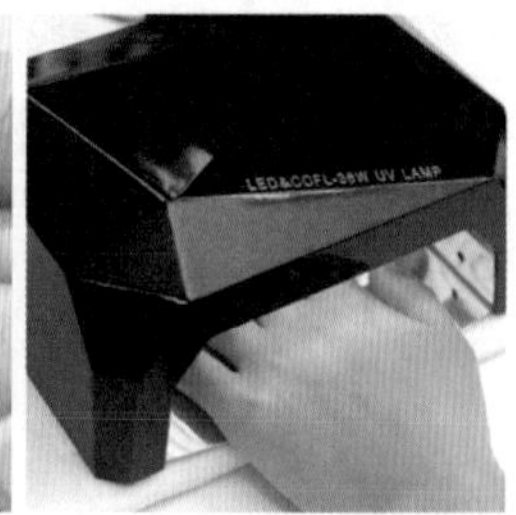

▲ 젤 램프에 큐어링하기

6 네일 폼 끼우기

아크릴 네일과 동일

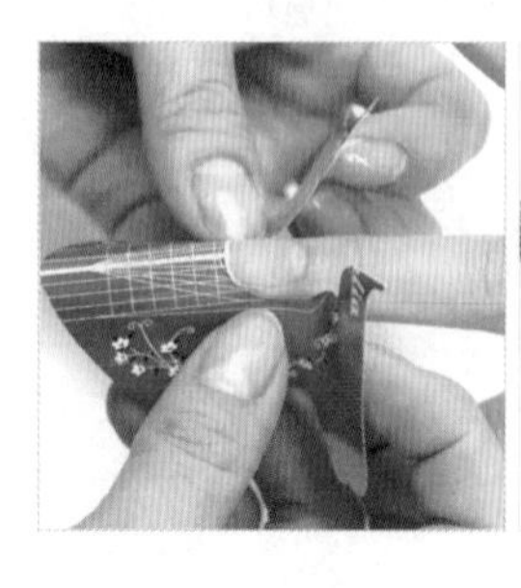

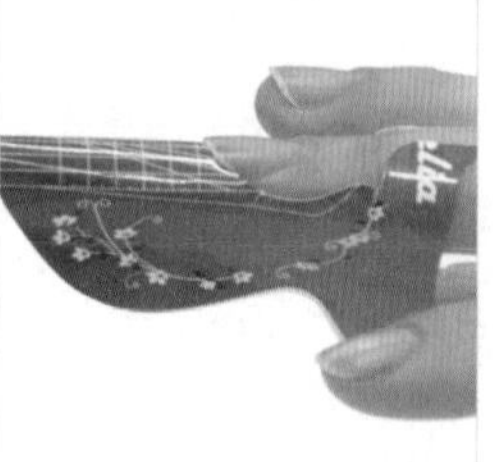

▶ 큐어링(Curing)
- 큐어링이란 특수 광선이나 할로겐 램프를 이용하여 젤 네일을 구워 경화시키는 것을 말한다.
- 자외선을 사용할 경우 눈에 자극을 주므로 주의해야 하며, 반드시 제조회사에서 지시한 시간을 준수한다.

▶ 1회에 많은 양의 젤을 경화할 경우 젤의 균열과 기포를 유발, 젤의 수축과 내구성을 저하시킬 수 있다.

▶ 과도한 경화는 힛 스파이크(Heat Spike)를 일으켜 네일 박리증과 같은 질병을 발생시킬 수 있다.

▶ 큐어링이 부족할 경우 미경화된 젤이 알레르기를 유발할 수 있다. 젤이 완벽하게 경화되지 않아 굳지 않고 물렁거려 리프팅이 빨리 발생하는 경우는 램프를 교체한다.

▶ 젤은 미경화 되거나 온도가 낮은 경우 점도가 올라가며 응축으로 인해 광택 저하 현상이 생길 수 있으므로 사용하기 전에 히터나 난방기를 사용하여 상온을 조절하면 효과적이다.

7 클리어 젤 올리기 및 큐어링

① 1차 : 프리에지 부위에 올려 좌우로 넓혀가면서 형태를 만들고 큐어링을 해준다.

② 2차 : 네일 베드 부위에 올려 손톱 전체에 볼륨감을 주면서 발라주고 큐어링을 해준다.

③ 3차 : 소량을 하이포인트가 생기도록 발라주고 큐어링을 해준다.

④ 큐어링 중간중간에 핀칭을 주어 적당한 C-커브가 나올 수 있도록 한다.

⑤ 젤 클렌저로 미경화 젤을 닦아낸다.

▶ 클리어 젤을 올릴 때 기포가 생기지 않도록 할 것

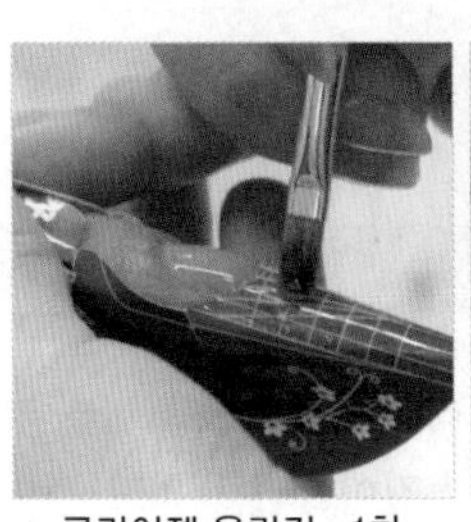
▲ 클리어젤 올리기 -1차

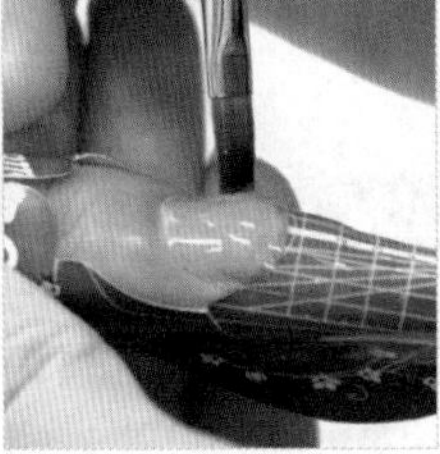
▲ 클리어젤 올리기 -2차

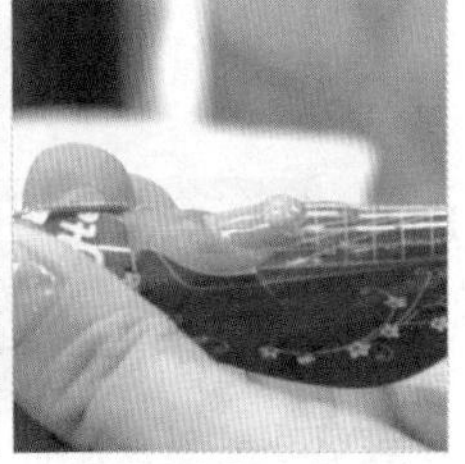
▲ 클리어젤 올리기 -3차

8 폼 제거하기

큐어링을 마친 후 폼을 제거하고 젤클렌저로 표면을 닦아준다.

9 파일링하기

150그릿 파일로 원하는 모양을 만들어 준 뒤 180 이상 그릿 파일로 네일 표면을 정리한다.

▶ 파일링 시 방법
- 프리에지 두께 : 0.5~1mm 정도가 되도록 일정하게 파일링
- C 커브 : 20~40% 되도록 옆면 직선 부분과 프리에지를 조형
- 젤 원톤 스컬프처의 큐티클 부분과 사이드 부분이 자연 네일과 자연스럽게 연결되도록 할 것
- 높은 지점을 중심으로 낮은 지점이 완만한 곡선이 이루어질 것

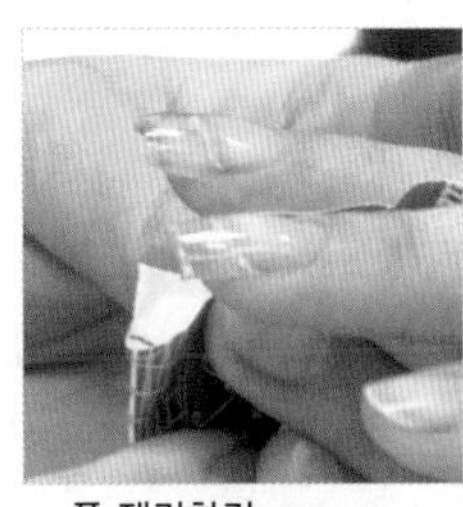

▲ 폼 제거하기

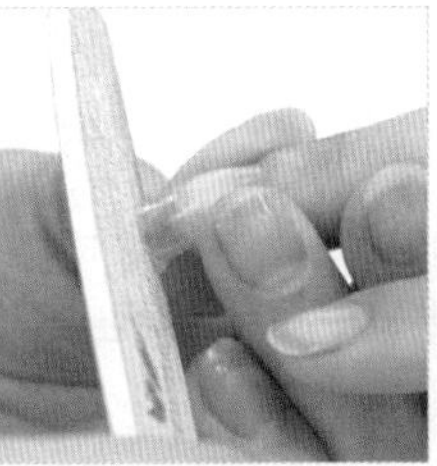
▲ 파일링하기

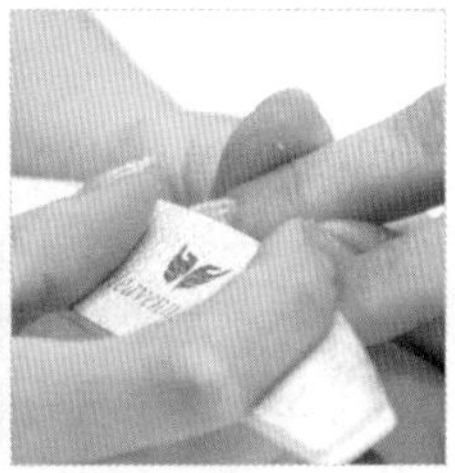
▲ 표면 정리하기

10 손톱 표면 정리

① 샌딩파일로 손톱 표면을 정리한다.

② 더스트 브러시로 먼지를 제거한 후 젤클렌저로 손톱 표면을 닦아준다.

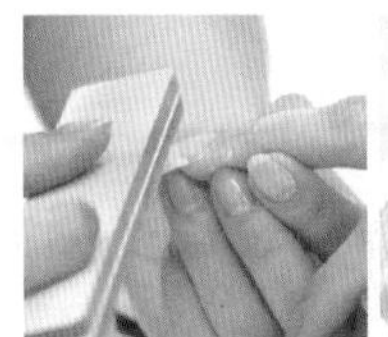
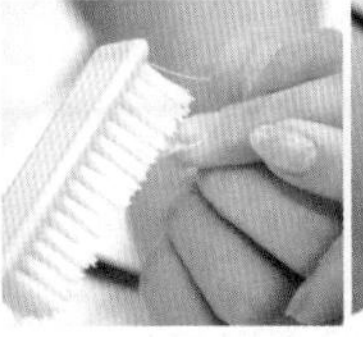
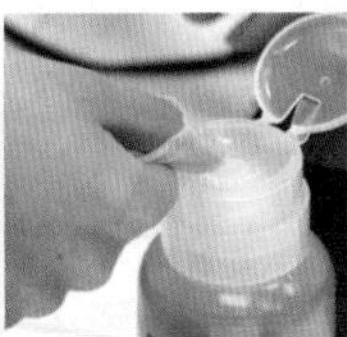
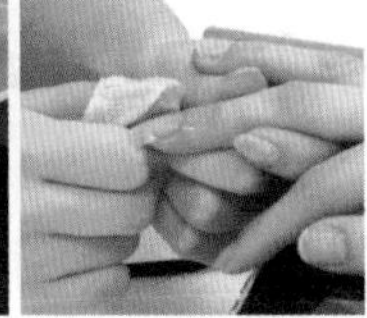

⑪ 탑젤 바르기 및 큐어링하기

손톱 표면에 광택을 내기 위해 탑젤을 바르고 큐어링을 한다.

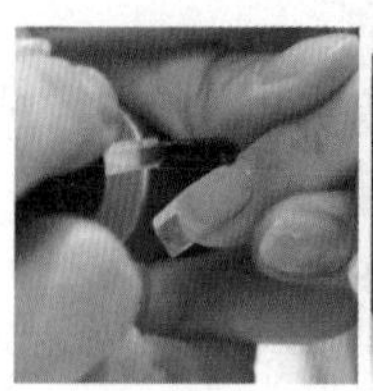

⑫ 마무리 및 도구 정리하기

04 젤 프렌치 스컬프처

젤 프렌치 스컬프처는 화이트 젤을 사용하여 프리에지 부분에 스마일 라인을 표현하는 기술인데, 손톱마다 스마일 라인의 깊이를 일정하고 선명하게 표현하는 것이 중요하다.

① 핑크 젤 도포

자연 손톱 위에 핑크 젤을 도포하여 건강한 손톱을 표현한 후 큐어링을 한다.

② 네일 폼 끼우기

③ 화이트 젤 도포

스마일 라인 모양으로 화이트 젤을 도포하고 프리에지는 C 커브가 되도록 수시로 핀칭을 하면서 큐어링을 한다.

④ 클리어 젤 올리기

프리에지 부분에 클리어 젤을 먼저 도포하여 스트레스 포인트와 프리에지 부분의 두께를 먼저 만들고, 큐티클 라인과 자연스럽게 연결되도록 네일 전체에 도포한 후 큐어링을 한다.

⑤ 네일 폼 제거

⑥ 미경화젤 제거

⑦ 손톱 표면 정리

⑧ 탑젤 바르기 및 큐어링하기

⑨ 마무리 및 도구 정리하기

출제예상문제 | 단원별 구성의 문제 유형 파악!

★★★
1 UV젤의 특성에 대한 설명으로 옳지 않은 것은?

① 글루와 같은 성분이 있으며 강도가 조금 강한 접착제이다.
② 젤은 농도에 따라 묽기가 약간 다르다.
③ 폴리시를 바르는 형태도 있다.
④ 젤은 별도의 카탈리스트 응고제가 필요하지 않다.

젤은 아크릴 소재와 화학적으로 비슷한 물질을 갖지만 별도의 응고젤이 필요하지 않다. 접착성분이 있으나 굳지 않으므로 램프에 큐어링 하기 전까지 수정이 가능하다.

★★★
2 젤을 굳게 할 수 있는 자외선 또는 할로겐 전구가 들어 있는 전기용품의 이름은?

① 젤 탑코트　② 큐어링 라이트
③ 글루 드라이　④ 젤 폴리시

큐어링 라이트(Curing light)는 자외선 또는 할로겐 전구를 이용해 젤을 굳게 하는 기능을 한다.

★★★★
3 젤 네일과 아크릴 네일을 비교·설명한 것이다. 옳지 않은 것은?

① 젤 네일은 아크릴 네일보다 냄새가 많이 심하다.
② 젤 네일은 아크릴 네일보다 손톱에 주는 손상이 더 심하다.
③ 젤 네일은 아크릴 네일보다 아트의 수정이 더 쉽다.
④ 젤 네일은 아크릴 네일보다 제거가 어렵다.

젤 네일은 냄새가 거의 없다.

★★★★
4 특수한 빛에 노출시켜 응고시키는 젤 네일을 무엇이라 하는가?

① 노라이트 큐어드 젤
② 라이트 큐어드 젤
③ 젤 코팅
④ 엠보 젤

빛에 노출시켜 응고시키는 것을 라이트 큐어드 젤이라 하고, 응고제를 바르는 것을 노라이트 큐어드 젤이라 한다.

★★★★
5 UV광선이나 할로겐 램프를 이용해 젤을 응고시키는 방법은?

① 노라이트 큐어드 젤　② 라이트 큐어드 젤
③ 스컬프처 네일　④ 아크릴 오버레이

라이트 큐어드 젤은 응고제를 발라 응고시키는 노라이트 큐어드 젤과 달리 UV광선이나 할로겐 램프를 이용해 응고시킨다.

★★★
6 라이트 큐어드 젤(light cured gel)의 가장 큰 문제점은?

① 아세톤에 잘 녹지 않는다.
② 광택이 없다.
③ 잘 깨진다.
④ 잘 뜬다.

아세톤에 잘 녹지 않기 때문에 지우는 데 시간이 많이 걸리는 단점이 있다.

★★★
7 젤 네일의 장점에 대한 설명으로 옳지 않은 것은?

① 냄새가 거의 나지 않는다.
② 시술이 용이하여 작업시간 단축이 가능하다.
③ 폴리시보다 제거가 쉽다.
④ 광택이 오래 지속된다.

㉠ 젤 네일은 아세톤에 잘 녹지 않으므로 폴리시보다 제거하는 데 시간이 걸린다.
㉡ 젤 네일의 특징
- 냄새가 거의 나지 않는다.
- 시술이 용이하여 작업시간 단축이 가능하다.
- 광택이 오래 지속된다.
- 네일 아트 작업 시 수정이 용이하다.
- 아세톤에 잘 녹지 않아 제거하는 데 시간이 오래 걸린다.
- 젤 제거 시 손톱에 손상을 줄 수 있다.

★★★★★
8 젤 네일의 특징에 대한 설명으로 옳지 않은 것은?

① 네일 아트 작업 시 수정이 용이하다.
② 아세톤에 잘 녹지 않는다.
③ 시술 시간이 오래 걸리는 단점이 있다.
④ 젤 제거 시 손톱에 손상을 줄 수 있다.

젤 네일은 시술이 용이하여 작업시간 단축이 가능하다.

정답 1① 2② 3① 4② 5② 6① 7③ 8③

★★★
9 젤 네일의 손상 원인이 아닌 것은?

① 고객의 부주의한 관리
② 젤이 큐티클 부분까지 닿게 발랐을 경우
③ 큐어링이 부족한 경우
④ 손톱이 빨리 자라는 경우

손톱이 빨리 자란다고 해서 젤 네일이 손상되는 것은 아니다.

★★★
10 다음은 라이트 큐어드 젤 네일의 시술 순서이다. ( )에 공통으로 들어갈 작업으로 옳은 것은?

광택 제거 → 1차 젤 도포하기 → ( ) → 2차 젤 도포하기 → ( ) → 네일 세척 → 마무리

① 라이트에 큐어링하기
② 마사지하기
③ 버핑하기
④ 파일링하기

★★★
11 노 라이트 큐어드 젤에 대한 설명으로 옳은 것은?

① 특수한 빛에 노출시켜 응고시키는 방법이다.
② 응고제를 사용하여 젤을 응고시키는 방법이다.
③ 리퀴드를 사용하여 젤을 응고시키는 방법이다.
④ 적외선 빛에 노출시켜 응고시키는 방법이다.

라이트 큐어드 젤은 젤을 특수한 빛에 노출시켜 응고시키며, 노 라이트 큐어드 젤은 응고제를 사용하여 응고시킨다.

★★★★
12 다음은 라이트 큐어드 젤 네일의 시술 순서이다. ( )에 들어갈 작업으로 옳은 것은?

광택 제거 → ( ) → 1차 젤 도포하기 → 큐어링 → 2차 젤 도포하기 → 큐어링 → 네일 세척 → 마무리

① 프라이머 바르기
② 큐티클 밀기
③ 손톱 모양잡기
④ 파일링하기

젤 스컬프처 시술 시 젤을 도포하기 전에 젤의 접착을 좋게 하기 위해 프라이머를 바른다.

★★★
13 젤 네일 시술 시에만 필요한 것으로 젤을 경화시키는 데 사용되는 도구는?

① 큐어링 라이트
② 드릴 머신
③ 브러시
④ 글루 드라이

★★★
14 다음 중 젤 스컬프처 시술 시 사용되는 도구로만 묶인 것은?

㉠ 젤 브러시 ㉡ 젤 클렌저 ㉢ 젤 램프
㉣ 아크릴 파우더 ㉤ 네일 폼

① ㉠, ㉡, ㉢
② ㉠, ㉡, ㉣
③ ㉠, ㉡, ㉢, ㉣
④ ㉠, ㉡, ㉢, ㉤

아크릴 파우더는 아크릴 네일 시술 시 사용된다.

★★★
15 젤 프렌치 스컬프처에 대한 설명으로 옳지 않은 것은?

① 네일 폼지를 이용해 연장한 후 2가지 색으로 컬러를 도포하는 방법이다.
② 자연 손톱에 핑크 젤을 도포하여 건강한 손톱을 표현한다.
③ 화이트 색상의 젤을 사용하여 자연스러운 스마일라인을 표현한다.
④ 네일 베드에만 클리어 젤을 올려 두께를 맞추고 인조 네일 위로 흐르지 않도록 주의한다.

프리에지 부분에 클리어 젤을 먼저 도포하여 스트레스 포인트와 프리에지 부분의 두께를 먼저 만들고, 큐티클 라인과 자연스럽게 연결되도록 네일 전체에 도포한 후 큐어링을 한다.

정답 9 ④ 10 ① 11 ② 12 ① 13 ① 14 ④ 15 ④

NAIL Technician Certification

SECTION 06

자연네일 보강 및 인조네일 보수

팁 네일, 랩 네일, 아크릴 네일, 젤 네일 등의 문제점과 보수 방법에 대해 꾸준히 출제될 가능성이 높으니 구체적인 보수 방법에 대해 숙지하기 바랍니다.

01 자연 네일 보강

1 네일 랩 화장물 보강

(1) 보강이 필요한 자연 네일

① 손상된 네일 : 자연 네일 표면이 손상되어 있는 상태

② 찢어진 네일 : 물리적 충격으로 찢어져 있는 상태

③ 약해진 네일 : 육안으로 보았을 때는 큰 손상은 없으나 탄성이 없고 약해진 상태

▶ 자연 네일의 보강은 약해지거나 손상되거나 찢어진 네일을 다양한 재료를 이용하여 두께를 보강하는 것을 의미한다.

(2) 전체 보강

1) 네일 랩 재단

① 큐티클 부분부터 프리에지까지의 길이를 측정한 후 네일 랩을 조금 여유 있게 재단한다.

② 스트레스 포인트 양쪽 옆면을 손톱으로 눌러 가로 폭을 측정한다.

③ 좌우 폭을 확인한 후 약간 여유를 주고 사다리 모양으로 재단한다.

④ 손톱의 큐티클 라인 모양과 같은 형태로 네일 랩을 재단한다.

▶ 처음부터 딱 맞게 재단하면 부족할 수 있으므로 약간 여유있게 재단하고 접착 후 남는 부분을 잘라주는 것이 좋다.

2) 네일 랩 접착

① 엄지를 사용하여 네일 랩을 살짝 벗기고 뒷면에 붙어 있는 종이를 반으로 접어 큐티클 라인에서 0.1~0.2cm 정도 남기고 접착한다.

② 네일 크기에 맞게 네일 랩을 가위로 잘라준다.

③ 큐티클 라인과 양쪽 옆을 전체적으로 눌러주면서 제대로 접착되었는지 확인한다.

3) 글루 도포

① 네일 랩에 스틱 글루가 충분히 흡수되도록 도포한다.

② 브러시 글루를 도포하여 자연 네일의 두께를 보강한다.

③ 10cm 이상의 거리에서 글루 드라이어를 분사한다.

(3) 손상된 자연 네일 부분 보강

① 손상된 부분의 사이즈보다 조금 여유 있게 네일 랩을 재단한다.

② 재단한 네일 랩을 손상된 부분에 접착하고 들뜨지 않게 눌러준다.

③ 네일 랩에 스틱 글루가 충분히 흡수되도록 도포한다.

④ 필러 파우더를 뿌려 두께를 보강하고 접착제로 고정한다.

(4) 찢어진 자연 네일 부분 보강

1) 찢어진 부분 접착

① 찢어진 부분에 접착제를 도포하여 오렌지 우드스틱으로 찢어진 부

분을 붙여준 후 글루 드라이어를 분사한다.
② 샌딩 파일로 광택을 제거하고 더스트 브러시로 분진을 제거한다.

2) 네일 랩 접착

① 네일 랩을 재단한 후 네일에 접착한다.
② 네일 랩에 스틱 글루가 충분히 흡수되도록 도포하고 필러 파우더를 뿌린다.
③ 접착제를 도포하고 필러 파우더를 뿌려 충분한 두께를 만든다.
④ 필러 파우더가 충분히 흡수되도록 접착제를 도포하고 글루 드라이어를 분사한다.
⑤ 클리퍼 또는 인조 네일용 파일로 여분의 네일 랩을 제거한다.

(5) 프리에지 조형 및 표면 정리

인조 네일용 파일로 프리에지 형태를 조형하고 턱을 제거한 후 표면을 정리한다.

2 아크릴 화장물 보강

손상된 부분의 범위가 크고 두께를 단단하게 만들고자 하는 경우에는 아크릴 화장물로 보강하는 것이 좋다.

(1) 전체 보강

① 자연 네일의 1/3 부분에 아크릴 볼을 올린 후 프리에지까지 자연스럽게 연결한다.
② 자연 네일의 2/3 부분에 아크릴 볼을 올린 후 자연스럽게 연결한다.
③ 큐티클 부분에 아크릴 볼을 올린 후 전체를 자연스럽게 연결한다.
④ 아크릴 볼이 굳기 전에 핀칭을 넣어준다.

(2) 손상된 자연 네일 부분 보강

① 손상된 부분에 아크릴 볼을 올린 후 주변과 자연스럽게 연결한다.
② 손상된 부분보다 조금 더 넓게 아크릴 볼을 올린 후 전체를 자연스럽게 연결한다.
③ 두께를 보강하기 위해 아크릴 볼을 올린 후 전체를 자연스럽게 연결한다.
④ 아크릴 볼이 굳기 전에 핀칭을 넣어준다.

(3) 찢어진 자연 네일 부분 보강

1) 찢어진 부분 접착

① 찢어진 부분에 접착제를 도포하여 오렌지 우드스틱으로 찢어진 부분을 붙여준 후 글루 드라이어를 분사한다.
② 샌딩 파일로 광택을 제거하고 더스트 브러시로 분진을 제거한 후 전처리제를 도포한다.

2) 아크릴 볼 올리기

① 찢어진 부분에 아크릴 볼을 올린 후 주변과 자연스럽게 연결한다.
② 찢어진 부분보다 조금 더 넓게 아크릴 볼을 올린 후 주변과 자연스럽게 연결한다.

③ 두께를 보강하기 위해 아크릴 볼을 올린 후 전체를 자연스럽게 연결한다.

④ 아크릴 볼이 굳기 전에 핀칭을 넣어준다.

(4) 프리에지 조형 및 표면 정리

인조 네일용 파일로 프리에지 형태를 조형하고 표면을 정리한다.

3 젤 화장물 보강

(1) 전체 보강

① 자연 네일의 1/3 부분에 젤을 올린 후 프리에지까지 자연스럽게 연결한 후 큐어링을 한다.

② 자연 네일의 2/3 부분에 젤을 올린 후 자연스럽게 연결한 후 큐어링을 한다.

③ 큐티클 부분에 젤을 올린 후 전체를 자연스럽게 연결한 후 큐어링을 한다.

(2) 손상된 자연 네일 부분 보강

① 베이스 젤을 도포한 후 큐어링을 한다.

② 손상된 부분에 젤을 올린 후 주변과 자연스럽게 연결한 후 큐어링을 한다.

③ 손상된 부분보다 조금 더 넓게 젤을 올린 후 자연스럽게 연결한 후 큐어링을 한다.

③ 두께를 보강하기 위해 젤을 올린 후 전체를 자연스럽게 연결한 후 큐어링을 한다.

(3) 찢어진 자연 네일 부분 보강

1) 찢어진 부분 접착

① 찢어진 부분에 접착제를 도포하여 오렌지 우드스틱으로 찢어진 부분을 붙여준 후 글루 드라이어를 분사한다.

② 샌딩 파일로 광택을 제거하고 더스트 브러시로 분진을 제거한 후 전처리제를 도포한다.

2) 젤 올리기

① 베이스 젤을 도포한 후 큐어링을 한다.

② 찢어진 부분에 젤을 올린 후 프리에지까지 자연스럽게 연결한 후 큐어링을 한다.

③ 찢어진 부분보다 조금 더 넓게 젤을 올린 후 자연스럽게 연결한 후 큐어링을 한다.

④ 두께를 보강하기 위해 젤을 올린 후 전체를 자연스럽게 연결한 후 큐어링을 한다.

(4) 프리에지 조형 및 표면 정리

인조 네일용 파일로 프리에지 형태를 조형하고 표면을 정리한다.

02 팁 네일 보수

1 팁 네일의 문제점

(1) 들뜸의 원인

① 전처리 작업이 미흡한 경우
② 자연 네일이 과도하게 자라 나온 경우
③ 과도하게 길이를 연장하여 무게 중심이 변한 경우
④ 잘못된 인조 네일 구조로 조형하여 파일링한 경우
⑤ 물에 너무 오래 담그거나 손톱으로 떼어낸 경우
⑥ 큐티클 정리 시 큐티클 오일과 미온수를 사용하고 충분히 제거하지 못한 경우
⑦ 큐티클 주변에 접착제가 묻은 경우
⑧ 가까이에서 글루 드라이어를 과도하게 사용하여 접착제의 표면만 건조된 경우
⑨ 마무리 작업 시 프리에지 부분에 글루를 바르지 않은 경우
⑩ 접착제의 품질이 좋지 않거나 오래된 글루를 사용한 경우
⑪ 접착제와 필러 파우더의 혼합 비율이 적절하지 않은 경우
⑫ 네일 팁 접착 시 공기가 들어간 경우

(2) 변색의 원인

① 자외선을 과도하게 노출한 경우
② 세균 번식으로 손톱에 병변이 생긴 경우
③ 큐티클 정리 시 큐티클 오일과 미온수를 사용하고 이를 충분히 제거하지 못해 곰팡이나 세균이 생긴 경우
④ 외부 충격 또는 자연 손톱에 손상이 생긴 경우
⑤ 품질이 좋지 않은 화장물을 사용한 경우

2 보수 방법 (내추럴 팁 위드 파우더)

(1) 네일 폴리시 제거
폴리시가 도포된 경우 논 아세톤 폴리시 리무버를 사용하여 제거한다.

(2) 화장물 제거

1) 들뜬 부분이 있을 경우
① 들뜬 부분만 니퍼로 제거한 후 180그릿의 인조 네일용 파일로 자연 네일과 인조 네일 경계 부분을 파일링한다.
② 인조 네일 표면 전체를 고르게 파일링하고 샌딩한다.

2) 들뜬 부분 없이 매끄럽게 인조 네일이 길어 나온 경우
① 네일 화장물과 자연 손톱의 경계선을 180그릿의 인조 네일용 파일로 조심스럽게 연결하면서 턱을 제거한다.
② 인조 네일 표면 전체를 고르게 파일링하고 샌딩한다.

3) 들뜬 부분의 면적이 손톱의 1/2 이상을 차지하거나 내추럴 팁이 부러진 경우
퓨어 아세톤으로 제거하고 다시 작업한다.

4) 들뜬 부분에 곰팡이가 생긴 경우

① 보수가 불가능하며 즉시 제거한다.

② 사용한 파일과 오렌지 우드스틱은 폐기하고 네일 도구는 소독한다.

(3) 턱 제거 및 표면 정리

① 너무 거칠지 않은 180그릿의 인조 네일용 파일로 자연 네일과 인조 네일 경계선의 턱을 제거한 후 네일의 전체 표면을 매끄럽게 연결하기 위해 파일링 한다.

② 푸셔로 큐티클 주변의 루즈 스킨을 제거한다.

③ 샌딩 파일로 전체 표면을 매끄럽게 작업한다.

④ 더스트 브러시로 큐티클 라인과 표면의 잔여물을 제거한다.

(4) 필러 파우더 도포

① 네일 전체 표면에 스틱 글루를 도포한다.

② 자연 손톱이 새로 자라나온 부분과 표면이 위로 솟거나 움푹 꺼진 부분은 필러 파우더로 매끄럽게 연결해준다.

③ 필러 파우더가 고정될 수 있게 스틱 글루를 도포한다. 한 번에 너무 두껍게 채우지 말고 얇게 2~3번에 걸쳐서 작업한다.

④ 글루 드라이어를 분사 후 인조 네일의 형태를 조형하고 표면을 다듬는다.

⑤ 튼튼하고 단단하게 유지하기 위해 브러시 글루를 도포한 후 글루 드라이어를 분사한다.

⑥ 샌딩 파일로 표면을 다듬은 후 광택용 파일로 광택을 낸다.

⑦ 큐티클은 푸셔와 니퍼로 건식 케어를 한다.

⑧ 마무리

▶ 보수 작업 전에 니퍼를 사용하게 되면 파일 작업 시 큐티클이 손상될 수 있으므로 작업을 끝낸 후 큐티클을 정리하는 것이 좋다.

▶ 보수할 부분에 큐티클 오일을 바르게 되면 들뜸 현상이 발생할 수 있으므로 주의한다.

03 랩 네일 보수

1 랩 네일의 문제점

(1) 들뜸의 원인

①~⑩ 팁 네일과 동일

⑪ 랩 부착 시 접착제가 건조된 상태에서 바른 후 교정을 시켰거나 랩이 구겨진 경우

⑫ 턱을 제대로 제거하지 않은 경우

(2) 부러짐의 원인

① 보수 시기를 놓쳐 네일이 너무 긴 경우

② 파일링 작업이 잘못된 경우

③ 접착제와 필러 파우더의 혼합 비율이 적절하지 않은 경우

④ 외부 충격이 가해진 경우

(3) 벗겨짐의 원인

① 자연 손톱의 유분과 수분으로 많이 사용하는 손톱의 끝부분이 벗겨지는 경우

▶ 벗겨짐이란 프리에지 부분의 랩이 일어나는 현상을 말한다.

② 클리퍼를 너무 깊게 넣어 자를 경우 랩과 자연 손톱 사이에 틈이 생겨 벗겨지는 경우

2 보수 방법 (실크 익스텐션)

▶ 폴리시 제거 시 : 아세톤 성분이 함유하지 않은 논-아세톤 폴리시 리무버를 사용하여 제거한다.

(1) 네일 폴리시 제거

(2) 화장물 제거

(3) 턱 제거 및 표면 정리

(4) 랩 작업

① 새로 자라나온 자연 손톱의 면적이 좁은 경우 랩을 사용하지 않아도 된다.

② 새로 자라나온 자연 손톱의 면적이 넓어 1/3 이상 랩이 없을 경우 랩을 덧붙여 준다.

③ 들뜬 부분과 새로 자라나온 자연 손톱의 면적이 좁은 경우에는 필러 파우더와 접착제로 보수 작업을 한다.

▶ 작업 방법은 팁 위드 파우더 참고할 것

04 아크릴 네일 보수

1 아크릴 네일의 문제점

(1) 들뜸의 원인

①~⑥ 팁 네일과 동일

⑦ 아크릴 리퀴드와 아크릴 파우더의 혼합이 적절하지 않거나 불순물이 섞인 경우

⑧ 큐티클 아래 반월 부분의 아크릴을 너무 두껍게 올린 경우

⑨ 불순물이 섞인 아크릴 리퀴드와 아크릴 파우더를 사용한 경우

⑩ 프라이머가 오염되었거나 공기, 빛의 노출로 산이 약화된 경우

⑪ 큐티클 주변의 루즈 스킨을 제거하지 않은 경우

(2) 깨짐의 원인

① 아크릴을 너무 얇게 올린 경우

② 온도가 낮은 경우

③ 외부 충격이 가해진 경우

(3) 곰팡이의 원인 (자연 손톱과 인조 손톱 사이에 습기가 스며들어 생겨나는 현상)

① 들뜸 현상을 방치한 경우

② 보수 작업 시 들뜬 부분을 제대로 제거하지 않고 그 위에 아크릴을 올린 경우

③ 아크릴을 제거하지 않고 계속 보수 작업만 한 경우

④ 장갑을 착용하지 않고 물을 많이 사용한 경우

2 보수 방법 (아크릴 원톤 스컬프처)

(1) 네일 폴리시 제거

(2) 화장물 제거

(3) 턱 제거 및 표면 정리

(4) 프라이머 바르기
새로 자라난 자연 손톱에 프라이머를 바른다.

(5) 아크릴 올리기
아크릴 파우더와 아크릴 리퀴드로 아크릴 볼을 만들어 새로 자라난 부분에 올려 기존의 인조 네일과 매끄럽게 연결되도록 한다.

(6) 표면 정리

(7) 큐티클 정리

05 젤 네일 보수

1 젤 네일의 문제점

(1) 들뜸의 원인
① ~ ⑥ 팁 네일과 동일
⑦ 큐티클 주변의 루즈 스킨을 제거하지 않은 경우
⑧ 큐티클 주변에 젤이 흘러내려 경화된 경우
⑨ 큐어링 시간이 맞지 않거나 램프기가 오래된 경우
⑩ 젤 재료의 품질이 좋지 않은 경우

(2) 변색의 원인
① ~ ④ 팁 네일과 동일
⑤ 큐어링 시간이 길거나 품질이 좋지 않은 젤 화장물을 사용한 경우

(3) 벗겨짐의 원인 (큐티클 부분 또는 프리에지에서 컬러 젤이 벗겨지는 현상)
① 자연 손톱의 유분과 수분으로 인해 벗겨지는 경우
② 자연 손톱이 길어져 큐티클 주변의 유수분으로 인해 벗겨지는 경우
③ 클리퍼를 너무 깊게 넣어 자를 경우 랩과 자연 손톱 사이에 틈이 생겨 벗겨지는 경우

▶ 주의사항
① 젤 네일이 30% 이상 없어졌거나 심하게 손상된 경우 보수 작업을 하지 않고 제거 후 다시 작업하는 것이 좋다.
② 젤 네일과 자연 네일 사이에 곰팡이가 생긴 경우 보수 작업을 하지 않고 즉시 제거한다.
③ 보수 작업을 하지 못하는 경우 소프트 젤이나 쏙 오프 젤은 젤 전용 리무버를 사용하여 제거한다.
④ 탑젤은 젤 전용 리무버에 용해되지 않기 때문에 180그릿 파일로 제거한 후 제거 작업을 해야 한다.
⑤ 보수할 부분에 큐티클 오일을 바르게 되면 들뜸 현상이 조기에 발생할 수 있으므로 주의한다.

2 보수 방법 (젤 원톤 스컬프처)

(1) 네일 폴리시 제거

(2) 화장물 제거

(3) 턱 제거 및 표면 정리

(4) 베이스 젤 도포

(5) 클리어 젤 올리기

클리어 젤을 큐티클 라인 부분, 사이드 스트레이트 부분, 하이포인트 부분에 올린 후 매끄럽게 연결한다.

▶ 클리어 젤의 점성이 묽을 경우 흘러내릴 수 있으므로 올리는 중간에 큐어링을 한다.

(6) 표면 정리

(7) 탑젤 바르기

(8) 큐티클 정리

출제예상문제 | 단원별 구성의 문제 유형 파악!

1 ★★ 다음은 인조네일 보수에 대한 설명이다. 옳지 않은 것은?

① 정기적인 보수 미용으로 깨지거나 부러지거나 떨어지는 것을 미연에 방지한다.
② 적절한 보수 미용을 하지 않았을 시 습기 및 오염으로 인해 곰팡이나 병균 감염으로 각종 문제점이 발생할 수 있다.
③ 4주 정도 지나면 손톱의 길이가 많이 자라 한 번의 보수 과정을 거쳤다고 해도 새로 자라난 부위에 랩이 없기 때문에 부러지기 쉽다.
④ 새로 자라난 손톱으로 인해 인조 팁과 표면이 균일하지 않으므로 손상되지 않은 인조 팁도 반드시 떼어내고 다시 시술해야 한다.

손상되지 않은 인조 팁을 떼어내는 것보다 새로 자라난 부위에 랩을 덧붙여 준다.

2 ★★★ 팁 네일의 변색 원인에 해당하지 않는 것은?

① 자외선에 과도하게 노출한 경우
② 세균 번식으로 손톱에 병변이 생긴 경우
③ 품질이 좋지 않은 화장물을 사용한 경우
④ 네일 팁 접착 시 공기가 들어간 경우

네일 팁 접착 시 공기가 들어간 경우 들뜸 현상의 원인이 된다.

3 ★★★ 들뜬 부분의 면적이 손톱의 1/2 이상을 차지하는 팁 네일의 경우 보수 방법으로 옳은 것은?

① 들뜬 부분만 니퍼로 제거한 후 필러 파우더로 채운다.
② 턱을 제거할 때는 거친 파일을 이용한다.
③ 보수 작업 전에 니퍼를 사용하여 큐티클을 깨끗하게 정리하는 것이 좋다.
④ 퓨어 아세톤으로 제거하고 다시 작업한다.

들뜬 부분의 면적이 손톱의 1/2 이상을 차지하는 경우 퓨어 아세톤으로 제거하고 다시 작업해야 한다. 보수 작업 전에 니퍼를 사용하게 되면 파일 작업 시 큐티클이 손상될 수 있으므로 작업을 끝낸 후 큐티클을 정리하는 것이 좋다.

정답 1④ 2④ 3④

★★★
4 랩 네일 보수 작업 시의 주의사항이 아닌 것은?

① 네일 폴리시가 도포된 경우 논 아세톤 네일 폴리시 리무버를 사용하여 제거한다.
② 큐티클 정리는 건식으로 한다.
③ 랩과 자연 네일 사이에 곰팡이가 생긴 경우 랩을 덧붙여 준다.
④ 들뜬 부분과 새로 자라나온 자연 손톱의 면적이 좁은 경우에는 필러 파우더와 접착제로 보수 작업을 한다.

곰팡이가 생긴 경우 보수가 불가능하며 인조 네일을 즉시 제거해야 한다.

★★
5 팁 위드 실크의 랩이 너무 들떴거나 팁이 부러졌을 경우 보수방법으로 적당하지 않은 것은?

① 리무버에 담가 떼어낸다.
② 들뜬 부분은 자연 손톱이 상하지 않는 한도 내에서 들뜬 부분만 니퍼로 제거한다.
③ 새로 자라난 손톱 부위에 젤을 약간 두껍게 올려주고 아래쪽으로 자연스럽게 쓸어내린다.
④ 손톱 위의 불순물을 더스트 브러시나 라운드 패드로 깨끗이 제거한다.

③은 들뜸 없이 깨끗하게 내려온 립이나 젤의 경우에 해당하며, 너무 들떴거나 팁이 부러졌을 경우에는 전체 면을 고르게 파일링만 한다.

★★★★
6 네일 연장 시술 후 관리 방법으로 틀린 것은?

① 반드시 보수 관리를 받아야 한다.
② 새로 자라난 네일에는 젤, 필러, 아크릴 등으로 채운다.
③ 접착면이 떨어진 아크릴 부위를 파일로 갈아서 모 나는 부분을 없애야 한다.
④ 실크 익스텐션 시술을 할 때 글루를 한 번에 많은 양을 도포한다.

실크 익스텐션 시술에는 글루를 여러 번에 걸쳐 조금씩 도포한다.

★★★
7 손상된 네일을 보수하기 위한 랩 서비스로 맞는 것은?

① 보수용 패치를 잘라서 손상된 부위를 보수한다.
② 글루만 이용해서 수리한다.
③ 필러만 이용해서 수리한다.
④ 젤을 이용해서 채운다.

손상된 네일의 보수에는 젤을 사용하지 않고 필러와 글루를 이용하여 래핑을 한다.

★★★
8 아크릴 네일의 보수 방법에 대한 설명으로 적당하지 않은 것은?

① 들뜬 아크릴을 무리하게 자르면 네일이 상하기 쉬우며 심하게 들렸다면 제거하고 새로 하는 것이 좋다.
② 정기적인 보수 미용은 네일이 깨지거나 떨어지는 것을 예방할 수 있다.
③ 큐티클 라인은 들뜸 현상이 많이 나타나는 부분이므로 아크릴을 두껍게 올리는 게 좋다.
④ 아크릴 보수 작업 시 들뜬 부분을 충분히 제거하지 않고 그 위에 아크릴을 올렸을 경우 곰팡이가 생기기 쉽다.

큐티클 라인은 아크릴 볼을 조금 묽게 만들어 작게 올리고, 큐티클 부분에 얇게 펴 준다. 아크릴을 두껍게 올렸을 경우 리프팅 현상이 생길 수 있다.

★★★★
9 새로 성장한 손톱과 아크릴 네일 사이의 공간을 보수하는 방법으로 옳은 것은?

① 들뜬 부분은 니퍼나 다른 도구를 이용하여 강하게 뜯어낸다.
② 손톱과 아크릴 네일 사이의 턱을 거친 파일로 강하게 파일링 한다.
③ 아크릴 네일 보수 시 프라이머를 손톱과 인조 네일 전체에 바른다.
④ 들뜬 부분을 파일로 갈아내고 손톱 표면에 프라이머를 바른 후 아크릴 화장물을 올려준다.

아크릴 네일 보수 시 들뜬 아크릴을 무리하게 자르면 네일이 상하기 쉬우며 심하게 들떴다면 제거하고 새로 하는 것이 좋다. 들뜬 부분을 파일로 갈아내고 손톱 표면에 프라이머를 바른 후 아크릴 화장물을 올려준다.

정답 4③ 5③ 6④ 7① 8③ 9④

★★★★
10 아크릴 네일의 보수 과정에 대한 설명으로 옳지 않은 것은?

① 새로 자라난 자연손톱 부분에 프라이머를 발라준다.
② 심하게 들뜬 부분은 아크릴 전용 니퍼를 사용해야 한다.
③ 아크릴 볼을 최대한 큐티클 가까이에 올린다.
④ 최대한 매끄럽게 들뜬 부분을 갈아내고 전체 면도 매끄럽게 간다.

큐티클 부분에는 약간의 공간이 있어야 자연스럽게 연결할 수 있다.

★★★
11 아크릴 네일의 보수 방법으로 적절한 것은?

① 보수는 4주부터 하는 것이 좋다.
② 필러 파우더를 적당히 이용한다.
③ 떨어진 부분의 아크릴을 갈아내고 나머지를 채워준다.
④ 새로 자라난 부분은 파일링을 하지 않는다.

① 아크릴 네일의 보수는 2주부터 하는 것이 좋다.
② 아크릴 네일에는 필러 파우더를 사용하지 않고 아크릴 파우더를 사용한다.
④ 새로 자라난 부분의 턱을 매끄럽게 갈아내고 나머지 부분도 가볍게 갈아낸다.

★★★
12 젤 네일의 보수 방법에 대한 설명으로 적당하지 않은 것은?

① 품질이 좋지 않은 젤 화장물을 사용한 경우 변색의 원인이 된다.
② 보수할 부분에 큐티클 오일을 바르고 보수를 하면 깔끔하고 용이하게 작업이 가능하다.
③ 탑젤은 젤 전용 리무버에 용해되지 않기 때문에 180그릿 파일로 제거한 후 제거 작업을 해야 한다.
④ 베이스 젤 도포 후 클리어 젤을 큐티클 라인 부분에 올려 최대한 얇게 도포한다.

보수할 부분에 큐티클 오일을 바르게 되면 들뜸 현상이 조기에 발생할 수 있다.

★★★
13 큐티클 부분의 아크릴이 두꺼우면 어떤 현상이 일어나는가?

① 원래 손톱이 상하게 된다.
② 폴리시의 색상이 변하게 된다.
③ 아크릴 네일이 들뜬다.
④ 손톱 끝이 손상된다.

큐티클 부분이 다른 부분보다 얇아야 자연네일과 자연스럽게 연결되어 들뜨는 것을 방지할 수 있다.

★★★
14 젤 네일 시술 후 큐티클 주변에 젤이 흘러내려 경화된 경우 발생할 수 있는 문제점은?

① 들뜸
② 변색
③ 벗겨짐
④ 깨짐

큐티클 주변에 젤이 흘러내려 경화된 경우 들뜸의 원인이 된다.

정답 10 ③ 11 ③ 12 ② 13 ③ 14 ①

NAIL Technician Certification

SECTION 07

네일 제품의 이해

이 섹션에서는 출제비중이 높지 않으므로 많은 비중을 두지 않도록 합니다.

01 용제의 종류와 특성

1 용제의 정의

① 화학적 조성에 어떤 변화를 가져오게 하는 것으로서 다른 물질을 용해하는 액체

② 다른 물질을 용해하거나 분산시키는 기능을 가진 액체 또는 액체 혼합물

2 용제의 분류

분류	종류	특징
지방족 탄화수소계	휘발유, 등유, 노말헥산,	• 가격이 저렴해 유성도료, 보일유, 합성수지 조합페인트의 용제 및 시너로 사용
방향족 탄화수소계	벤젠, 톨루엔, 크실렌, 솔벤트나프타	• 레커, 비닐수지, 아크릴수지, 합성수지도료, 유성 바니시에 주로 사용
알코올계	메탄올, 에탄올, 부틸알코올, 이소프로필알코올	• 아미노 알키드수지도료, 레커계 도료, 주정도료에 주로 사용
에테르계	에틸에테르, 디옥산, 셀로솔브, 부틸셀로솔브	• 레커계 도료, 아크릴 도료, 아미노 알키드 도료에 주로 사용 • 끓는점이 낮아 휘발성이 크며 용매나 마취제로 이용
에스테르계	초산에틸, 초산메틸, 초산부틸, 초산아밀, 초산이소프로필	• 레커, 염화비닐에 주로 사용 • 도료의 용매로 사용하며, 탄소수가 적은 에스테르는 과일향이 있어 향료로 사용
케톤계	아세톤, 메틸에틸케톤, 메틸부틸케톤, 메틸이소부틸케톤	• 레커계 도료, 염화비닐수지 도료, 아미노수지 도료에 수로 사용

▶ 끓는점 : 끓기 시작하는 최저온도 (낮을수록 쉽게 끓음)

chapter 04

3 용제가 갖추어야 할 성상

① 용도에 적합한 비점(끓은점) 범위를 가질 것
② 안정성이 있을 것
③ 적당한 증발속도와 용해력을 가질 것
④ 비중이 적당할 것
⑤ 색상이 맑고 깨끗할 것
⑥ 금속과 접촉 시 부식이 없을 것
⑦ 유황분(Sulfur)이 포함되지 않을 것
⑧ 산성 성분이 없을 것
⑨ 인화점이 높을 것
⑩ 불연성일 것
⑪ 용해가 잘 될 것
⑫ 값이 싸고 공급이 안정될 것

▶ 인화점 : 물질이 가연성 증기를 발생하여 인화할 수 있는 최저온도

02 네일 트리트먼트의 종류와 특성

1 네일 보강제

① 기초코팅이 되는 베이스 코팅을 하기 전에 바르는 것으로 손톱이 찢어지거나 갈라지는 것을 예방해주는 영양제
② 종류
- 프로틴 하드너(Protein Hardener) : 무색 투명의 폴리시와 영양제가 혼합된 제품
- 나일론 섬유 : 무색 폴리시에 나일론 섬유를 혼합한 제품
- 포름 알데히드 보강제 : 약 5% 농도의 포름 알데히드를 함유한 보강제

2 탑 또는 실러(Top Coat or Sealer)

① 유색 폴리시를 바른 후 그 위에 발라 주어 더욱 빛나게 해주는 무색 투명의 폴리시
② 유색 폴리시를 보호해주는 보호막을 만들어 줌
③ 성분 : 니트로셀룰로오스, 알코올, 폴리에스터, 톨루인, 용해제, 레진 등

3 네일 컨디셔너

많은 수분을 함유하고 있어 잠자리에 들기 전에 발라주면 손톱이 깨지거나 갈라지는 것을 예방해주며 건조하고 딱딱해진 큐티클을 부드럽고 곱게 해주는 기능을 함

03 폴리시의 종류와 특성

1 건성 폴리시

① 파우더나 크림 형태의 폴리시로 손톱에 광택을 내기 위해 샤미버퍼로 연마작업을 할 때 사용
② 성분 : 산화아연, 활석분, 규토분 등

2 유색 폴리시, 리퀴드 에나멜 또는 라커

① 색상을 가지면서 광택을 내게 하는 화장제로 휘발성이 있음
② 니트로셀룰로오스를 휘발성 용해액으로 용해시킨 것
③ 휘발성을 늦추기 위해 오일을 첨가하기도 함

04 네일기기 - 드릴머신

1 개요

파일링을 전기 동력을 이용해 빠르고 매끈하게 해 주는 기계로 드릴머신 앞부분에 끼우는 비트를 교체함으로써 파일, 푸셔, 브러시, 버퍼 등 다양한 기능을 수행할 수 있다.

2 드릴머신의 장점

① **작업시간의 단축** : 아크릴릭 또는 젤 시술이 기본 2시간 기준으로 30~40분 정도의 시간 단축
② **네일리스트의 피로 감소** : 무리한 파일링으로 인한 손목, 목 디스크 등의 질병예방 및 장시간 시술로 인한 피로 완화
③ **파일링보다 세밀한 작업** : 용도에 따라 다양한 비트를 사용함으로써 세밀한 작업 가능
④ **응용시술 및 아트 작업**
- 보수 및 수정의 용이성
- 아트에 응용이 가능하고 미세한 부분까지 작업하며 리프팅 최소화

3 드릴머신의 구성

본체와 이를 연결하는 핸드피스, 그리고 파일에 해당하는 비트로 구성

(1) 본체

전원버튼과 정방향, 역방향이 표기되어 있는 RPM 버튼이 있는 핸드피스를 연결하게 되는 머신의 제일 중요한 부분

(2) 핸드피스(Hand peice)

① 파일의 역할을 하는 비트를 꽂을 수 있음
② 연필을 잡듯이 잡아야 하며, 부드럽고 매끄럽게 파일링 가능

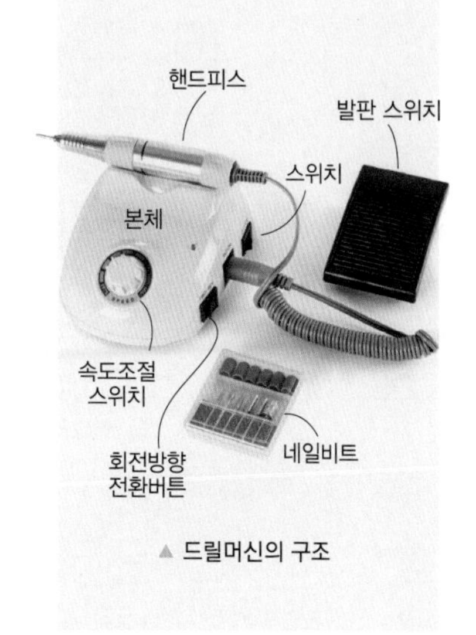

▲ 드릴머신의 구조

(3) 네일비트(Nail bit)

네일 케어에 사용되는 비트와 발관리에 사용되는 각질제거용 비트, 큐티클 주변을 정리할 수 있는 비트 등 종류가 다양

4 기본 사용법

(1) RPM(Revolution Per Minute, 분당 회전수)

① 비트의 분당 회전수를 표현할 때 사용되는 단위

② 보통 5,000~15,000rpm이 적당

▶ 드릴머신이 지나치게 가열되거나, 손톱이 뜨거워지면 작업을 중단하고 RPM을 내려 속도를 줄인다.

(2) 회전방향

① 일반적으로 비트는 정방향 회전일 때 시계반대 방향으로, 역방향일 때 시계방향으로 회전

② 오른손잡이는 정방향으로, 왼손잡이는 역방향회전으로 회전방향을 맞추고 사용

5 취급 시 주의사항

① 드릴머신 선택 시 기계와 핸드피스의 케이스가 제대로 밀폐되어 모터나 핸드피스에 먼지가 들어가지 않도록 확인

② 시술 후 비트를 청소하면 오래 사용 가능

③ 소독 시 소독액에 너무 오랫동안 담가 두어 녹이 쓰는 일이 없도록 할 것

④ 충전식의 경우 시술 전에 충분히 충전을 해 두어 시술이 늦어지는 일이 없도록 할 것

⑤ 시술 시 항상 손톱 면에 수평을 유지할 것

출제예상문제 | 단원별 구성의 문제 유형 파악!

★★★
1 용제가 갖추어야 할 성상으로 잘못된 것은?

① 용해가 잘될 것
② 인화점이 낮고 가연성일 것
③ 안정성이 있을 것
④ 비중이 적당할 것

용제는 인화점이 높고 불연성이어야 한다.

★★★
2 전기 동력을 이용하여 네일 케어와 파일링을 대신할 수 있는 전동식 매니큐어 장치를 무엇이라 하는가?

① 파라핀 ② 워머기
③ 핸드 드라이어 ④ 전동 드릴머신

전동 드릴머신은 전기 동력을 이용해 파일링 등의 작업을 빠르고 매끈하게 해주는 기계이다.

★★★
3 전동 드릴머신 사용 시 주의사항으로 틀린 것은?

① 항상 손톱 면에 수평으로 유지한다.
② 손톱이 뜨거워지면 작업을 중단하고 속도를 늦추어야 한다.
③ 손톱이 뜨거워지면 머신을 역방향으로 돌려 사용한다.
④ 드릴머신이 지나치게 가열된 경우 RPM을 내려 줄인다.

손톱이 뜨거워지면 RPM을 내려 속도를 늦추어야 한다.

★★★
4 전동 드릴머신에 관한 설명으로 옳지 않은 것은?

① 마찰로 인해 손톱이 뜨거워지면 비트의 회전 방향을 역방향으로 바꿔 시술하면 된다.
② 비트의 분당 회전수를 RPM이라 한다.
③ 보통 전동 드릴머신의 비트는 시계 반대방향으로 회전한다.
④ 시술이 끝나면 다음 고객을 위해 반드시 비트를 소독해야 한다.

마찰로 인해 손톱이 뜨거워지면 RPM 속도를 늦추어야 한다.

★★
5 비트가 1분에 회전하는 횟수를 뜻하는 용어는?

① HIV
② RPM
③ Vevus
④ RBM

RPM은 Revolution Per Minute의 약자로 비트가 1분간 회전하는 횟수를 의미한다.

★★
6 비트의 선택 방법 중 틀린 것은?

① 네일리스트 개인의 취향에 따라 여러 종류의 다양한 비트를 구성해도 된다.
② 고객이 원하는 그릿(Grit) 수의 비트로 시술한다.
③ 비트 세트는 그릿 수가 각각 다른 것들로 구성되어 있다.
④ 시술의 종류에 따라 사용되는 비트가 다르다.

고객이 원하는 그릿 수의 비트로 시술하는 것이 아니라 용도에 맞는 그릿 수의 비트로 시술한다.

★★★
7 비트의 소독 방법에 대한 설명으로 옳지 않은 것은?

① 안티셉틱을 뿌린다.
② 브러시로 먼지를 턴 후 아세톤에 담가둔다.
③ 비누와 물로 행군 후 소독액에 담가둔다.
④ 잘 말려 청결한 용기에 담가둔다.

비트의 소독은 안티셉틱을 뿌리는 것으로는 충분한 소독이 되지 않으므로 아세톤이나 소독액에 담가둔다.

★★★★
8 전동 드릴머신의 장점이 아닌 것은?

① 작업시간을 단축할 수 있다.
② 파일링보다 세밀한 작업을 할 수 있다.
③ 네일리스트의 피로를 감소할 수 있다.
④ 손톱이 더 튼튼해진다.

드릴머신을 사용한다고 해서 손톱이 더 튼튼해지는 것은 아니다.

chapter 04

정답 1② 2④ 3③ 4① 5② 6② 7① 8④

9 ★★★ 전동 드릴머신 시술 시 RPM에 관한 설명이다. 옳지 않은 것은?

① 작업을 빨리 하기 위해 RPM을 높인다.
② RPM은 비트가 1분간 회전하는 수를 뜻한다.
③ 보통 최저 0~100RPM에서 최고 35,000RPM까지 속도를 낼 수 있다.
④ 일반적으로 5,000~15,000RPM이 네일 시술에 적당하다.

무리하게 속도를 올리지 말고 적당한 속도를 유지하면서 작업한다.

10 ★★ 전동 드릴머신의 비트에 대한 설명으로 옳지 않은 것은?

① 네일 시술에는 5,000~15,000RPM이 적당하다.
② 일반적으로 비트는 정방향 회전일 때는 시계 반대 방향으로, 역방향일 때는 시계방향으로 회전한다.
③ 비트 사용 후에는 브러시로 먼지를 턴 후 아세톤에 담가둔다.
④ 깔끔한 마무리를 위해 거친 비트를 사용한다.

마무리 작업 시에는 부드러운 비트를 사용한다.

11 ★★★ 전동 드릴머신의 사용 방법에 대한 설명으로 옳지 않은 것은?

① 시술의 종류에 따라 다른 종류의 비트를 사용한다.
② 머신이 지나치게 가열된 경우 RPM을 내려 속도를 줄여야 한다.
③ 비트는 일회용이므로 한 번 쓰고 버려야 한다.
④ 항상 손톱면에서 수평으로 유지해야 한다.

비트는 시술 후 소독해서 사용한다.

12 ★★★★ 드릴 머신의 필요성에 대한 설명으로 옳지 않은 것은?

① 파일링 시간을 단축할 수 있다.
② 무리한 파일링으로 인한 손, 목, 디스크 등의 질병을 예방할 수 있고, 장시간 시술로 인한 피로를 완화할 수 있다.
③ 용도에 따라 다양한 비트를 사용함으로써 세밀한 작업이 가능하다.
④ 미세한 부분의 작업에는 적당하지 않다.

드릴 머신은 미세한 부분까지 작업이 가능하므로 리프팅을 최소화할 수 있다.

13 ★★★ 드릴머신 사용 시의 주의사항으로 옳지 않은 것은?

① 시술 후 비트를 청소하면 오래 사용 가능하다.
② 비트 소독 시 소독액에 너무 오랫동안 담가두어 녹이 스는 일이 없도록 한다.
③ 시술 시 비트를 손톱면에 대해 45° 각도를 유지한다.
④ 충전식의 경우 시술 전에 미리 충전을 해두어 시술이 늦어지는 일이 없도록 한다.

도포 시술과 달리 드릴머신 시술 시에는 비트를 손톱면과 수평을 유지해야 한다.

정답 9 ① 10 ④ 11 ③ 12 ④ 13 ③

NAIL Beauty

Nailist Technician Certification

CHAPTER

05

공중위생관리학

NAIL Technician Certification

SECTION 01

공중보건학 총론

이 섹션에서는 공중보건학의 개념, 인구구성 형태, 보건지표를 중심으로 학습하도록 합니다. 내용은 많지 않지만 다양하게 출제될 수 있습니다.

01 공중보건학의 개념

(1) 윈슬로우의 정의

공중보건학이란 조직화된 지역사회의 노력으로 **질병을 예방**하고 **수명을 연장**하며 **신체적 · 정신적 효율을 증진**시키는 기술이며 과학이다.

(2) 대상 : 지역사회 전체 주민

(3) 공중보건사업의 최소 단위 : 지역사회

(4) 공중보건의 3대 요소 : 수명연장, 감염병 예방, 건강과 능률의 향상

(5) 공중보건학 = 지역사회의학

(6) 공중보건학의 목적

① 질병 예방

② 수명 연장

③ 신체적·정신적 건강 증진

▶ 질병 치료는 공중보건학의 목적이 아니다.

(7) 접근 방법

목적을 달성하기 위한 접근 방법은 개인이나 일부 전문가의 노력에 의해 되는 것이 아니라 조직화된 **지역사회 전체의 노력**으로 달성될 수 있다.

(8) 공중보건학의 범위

환경보건 분야	환경위생, 식품위생, 환경오염, 산업보건
역학 및 질병관리 분야	역학, 감염병 관리, 기생충질환 관리, 비감염성질환 관리
보건관리 분야	보건행정, 보건교육, 보건영양, 인구보건, 모자보건, 가족보건, 노인보건, 의료정보, 응급의료, 사회보장제도

(9) 공중보건학의 방법

① 환경위생, ② 감염병 관리, ③ 개인위생

02 건강과 질병

1 세계보건기구(WHO)의 건강의 정의

건강이란 단순히 질병이 없고 허약하지 않은 상태만을 의미하는 것이 아니라 육체적, 정신적 건강과 사회적 안녕이 완전한 상태를 의미한다.

▶ 사회적 안녕
국민의 기본적 욕구가 만족되는 상태

2 질병 발생의 3가지 요인

(1) 숙주적 요인

생물학적 요인	선천적 요인	성별, 연령, 유전 등
	후천적 요인	영양상태
사회적 요인	경제적 요인	직업, 거주환경, 작업환경
	생활양식	흡연, 음주, 운동

(2) 병인적 요인

생물학적 병인	세균, 곰팡이, 기생충, 바이러스 등
물리적 병인	열, 햇빛, 온도 등
화학적 병인	농약, 화학약품 등
정신적 병인	스트레스, 노이로제 등

(3) 환경적 요인

기상, 계절, 매개물, 사회환경, 경제적 수준 등

03 인구보건 및 보건지표

1 인구증가

인구증가 = 자연증가 + 사회증가

※ 자연증가 = 출생인구 − 사망인구
사회증가 = 전입인구 − 전출인구

2 인구의 구성 형태

구분	유형	특징
피라미드형	후진국형 (인구증가형)	출생률은 높고 사망률은 낮은 형(14세 이하가 65세 이상 인구의 2배를 초과)
종형	이상형 (인구정지형)	출생률과 사망률이 낮은 형(14세 이하가 65세 이상 인구의 2배 정도)
항아리형	선진국형 (인구감소형)	평균수명이 높고 인구가 감퇴하는 형(14세 이하 인구가 65세 이상 인구의 2배 이하)
별형	도시형 (인구유입형)	생산층 인구가 증가되는 형(15~49세 인구가 전체 인구의 50% 초과)
기타형	농촌형 (인구유출형)	생산층 인구가 감소하는 형(15~49세 인구가 전체 인구의 50% 미만)

※토마스 R. 말더스 : 인구는 기하급수적으로 늘고 생산은 산술급수적으로 늘기 때문에 체계적인 인구조절이 필요하다고 주장

▶ α-index = $\frac{\text{영아 사망률}}{\text{신생아 사망률}}$

※ α-index 값이 1에 가까울수록 그 지역의 건강수준이 높다는 것을 의미

3 보건지표

(1) 인구통계

① 조출생률
- 1년간의 총 출생아수를 당해연도의 총인구로 나눈 수치를 1,000분비로 나타낸 것
- 한 국가의 **출생수준**을 표시하는 지표

② 일반출생률
- 15~49세의 가임여성 1,000명당 출생률

(2) 사망통계

① 조사망률
- 인구 1,000명당 1년 동안의 사망자 수

② 영아사망률
- 한 국가의 **보건수준**을 나타내는 지표
- 생후 1년 안에 사망한 영아의 사망률

③ 신생아사망률
- 생후 28일 미만의 유아의 사망률

④ 비례사망지수
- 한 국가의 **건강수준**을 나타내는 지표
- 총 사망자 수에 대한 50세 이상의 사망자 수를 백분율로 표시한 지수

▶ 한 국가나 지역사회 간의 보건수준을 비교하는 데 사용되는 3대 지표
영아사망률, 비례사망지수, 평균수명

▶ 한 나라의 건강수준을 다른 국가들과 비교할 수 있는 지표로 세계보건기구가 제시한 내용
비례사망지수, 조사망률, 평균수명

출제예상문제 | 단원별 구성의 문제 유형 파악!

★★★
1 공중보건학에 대한 설명으로 틀린 것은?

① 지역사회 전체 주민을 대상으로 한다.
② 목적은 질병예방, 수명연장, 신체적·정신적 건강증진이다.
③ 목적 달성의 접근방법은 개인이나 일부 전문가의 노력에 의해 달성될 수 있다.
④ 방법에는 환경위생, 감염병관리, 개인위생 등이 있다.

목적을 달성하기 위한 접근 방법은 개인이나 일부 전문가의 노력에 의해 되는 것이 아니라 조직화된 지역사회 전체의 노력으로 달성될 수 있다.

★★★
2 공중보건학의 정의로 가장 적합한 것은?

① 질병예방, 생명연장, 질병치료에 주력하는 기술이며 과학이다.
② 질병예방, 생명유지, 조기치료에 주력하는 기술이며 과학이다.
③ 질병의 조기발견, 조기예방, 생명연장에 주력하는 기술이며 과학이다.
④ 질병예방, 생명연장, 건강증진에 주력하는 기술이며 과학이다.

공중보건학이란 조직화된 지역사회의 노력으로 질병을 예방하고 수명을 연장하며 신체적 · 정신적 효율을 증진시키는 기술이며 과학이다.

정답 1③ 2④

★★★
3 공중보건학의 목적으로 적절하지 않은 것은?

① 질병예방
② 수명연장
③ 육체적·정신적 건강 및 효율의 증진
④ 물질적 풍요

공중보건학이란 조직화된 지역사회의 노력으로 질병을 예방하고 수명을 연장하며 신체적 · 정신적 효율을 증진시키는 기술이며 과학이다.

★★★★
4 공중보건의 3대 요소에 속하지 않는 것은?

① 감염병 치료　② 수명 연장
③ 건강과 능률의 향상　④ 감염병 예방

★★★
5 공중보건학의 목적과 거리가 가장 먼 것은?

① 질병치료
② 수명연장
③ 신체적·정신적 건강증진
④ 질병예방

공중보건학의 목적은 질병치료가 아니라 질병예방에 있다.

★★
6 공중보건학의 개념과 가장 관계가 적은 것은?

① 지역주민의 수명 연장에 관한 연구
② 감염병 예방에 관한 연구
③ 성인병 치료기술에 관한 연구
④ 육체적 정신적 효율 증진에 관한 연구

공중보건학이란 조직화된 지역사회의 노력으로 질병을 예방하고 수명을 연장하며 신체적 · 정신적 효율을 증진시키는 기술이며 과학이다.

★★
7 다음 중 공중보건학의 개념과 가장 유사한 의미를 갖는 표현은?

① 치료의학　② 예방의학
③ 지역사회의학　④ 건설의학

공중보건학은 지역사회의 노력으로 질병을 예방하고 수명을 연장하며 신체적 · 정신적 효율을 증진시키는 데 목적이 있으므로 지역사회의학의 개념과 유사한 의미를 가진다.

★★★
8 공중보건학 개념상 공중보건사업의 최소 단위는?

① 직장 단위의 건강
② 가족단위의 건강
③ 지역사회 전체 주민의 건강
④ 노약자 및 빈민 계층의 건강

공중보건학은 특정 집단이나 계층에 제한되지 않고 지역사회 전체 주민의 건강을 최소 단위로 한다.

★★
9 우리나라의 공중 보건에 관한 과제 해결에 필요한 사항은?

> ㉠ 제도적 조치
> ㉡ 직업병 문제 해결
> ㉢ 보건교육 활동
> ㉣ 질병문제 해결을 위한 사회적 투자

① ㉠, ㉡, ㉢　② ㉠, ㉢
③ ㉡, ㉣　④ ㉠, ㉡, ㉢, ㉣

★★★
10 다음 중 공중보건사업에 속하지 않는 것은?

① 환자 치료　② 예방접종
③ 보건교육　④ 감염병관리

공중보건사업의 목적은 질병의 치료에 있지 않고 질병의 예방에 있다.

★★★
11 다음 중 공중보건사업의 대상으로 가장 적절한 것은?

① 성인병 환자　② 입원 환자
③ 암투병 환자　④ 지역사회 주민

공중보건사업은 환자에 국한되지 않고 지역사회 주민 전체를 대상으로 한다.

★★★
12 다음 중 공중보건의 연구범위에서 제외되는 것은?

① 환경위생 향상
② 개인위생에 관한 보건교육
③ 질병의 조기발견
④ 질병의 치료방법 개발

정답 3 ④　4 ①　5 ①　6 ③　7 ③　8 ③　9 ④　10 ①　11 ④　12 ④

★★★
13 세계보건기구(WHO)에서 규정된 건강의 정의를 가장 적절하게 표현한 것은?

① 육체적으로 완전히 양호한 상태
② 정신적으로 완전히 양호한 상태
③ 질병이 없고 허약하지 않은 상태
④ 육체적, 정신적, 사회적 안녕이 완전한 상태

건강이란 단순히 질병이 없고 허약하지 않은 상태만을 의미하는 것이 아니라 육체적 · 정신적 건강과 사회적 안녕이 완전한 상태를 의미한다.

★★★★★
14 질병 발생의 세 가지 요인으로 연결된 것은?

① 숙주－병인－환경
② 숙주－병인－유전
③ 숙주－병인－병소
④ 숙주－병인－저항력

★★★★
15 질병 발생의 요인 중 숙주적 요인에 해당되지 않는 것은?

① 선천적 요인
② 연령
③ 생리적 방어기전
④ 경제적 수준

경제적 수준은 환경적 요인에 해당한다.

★★
16 질병 발생의 요인 중 병인적 요인에 해당되지 않는 것은?

① 세균 ② 유전
③ 기생충 ④ 스트레스

병인적 요인

생물학적 병인	세균, 곰팡이, 기생충, 바이러스 등
물리적 병인	열, 햇빛, 온도 등
화학적 병인	농약, 화학약품 등
정신적 병인	스트레스, 노이로제 등

★★★
17 다음 중 "인구는 기하급수적으로 늘고 생산은 산술급수적으로 늘기 때문에 체계적인 인구조절이 필요하다"라고 주장한 사람은?

① 토마스 R. 말더스
② 프랜시스 플레이스
③ 포베르토 코흐
④ 에드워드 윈슬로우

영국의 토마스 R. 말더스가 그의 저서 〈인구론〉에서 주장한 내용이다.

★★
18 다음 중 인구증가에 대한 사항으로 맞는 것은?

① 자연증가 = 전입인구－전출인구
② 사회증가 = 출생인구－사망인구
③ 인구증가 = 자연증가 + 사회증가
④ 초자연증가 = 전입인구－전출인구

• 자연증가 = 출생인구 － 사망인구
• 사회증가 = 전입인구 － 전출인구

★★★★
19 출생률보다 사망률이 낮으며 14세 이하 인구가 65세 이상 인구의 2배를 초과하는 인구 구성형은?

① 피라미드형 ② 종형
③ 항아리형 ④ 별형

② 종형 : 출생률과 사망률이 낮은 형
③ 항아리형 : 평균수명이 높고 인구가 감퇴하는 형
④ 별형 : 생산층 인구가 증가되는 형

★★★★
20 일명 도시형, 유입형이라고도 하며 생산층 인구가 전체인구의 50% 이상이 되는 인구 구성의 유형은?

① 별형(star form) ② 항아리형(pot form)
③ 농촌형(guitar form) ④ 종형(bell form)

★★★★
21 인구구성 중 14세 이하가 65세 이상 인구의 2배 정도이며 출생률과 사망률이 모두 낮은 형은?

① 피라미드형(pyramid form) ② 종형(bell form)
③ 항아리형(pot form) ④ 별형(accessive form)

정답 13 ④ 14 ① 15 ④ 16 ② 17 ① 18 ③ 19 ① 20 ① 21 ②

chapter 05

★★★★
22 한 국가나 지역사회 간의 보건수준을 비교하는 데 사용되는 대표적인 3대 지표는?

① 영아사망률, 비례사망지수, 평균수명
② 영아사망률, 사인별 사망률, 평균수명
③ 유아사망률, 모성사망률, 비례사망지수
④ 유아사망률, 사인별 사망률, 영아사망률

★★★
23 한 나라의 건강수준을 나타내며 다른 나라들과의 보건수준을 비교할 수 있는 세계보건기구가 제시한 지표는?

① 비례사망지수 ② 국민소득
③ 질병이환율 ④ 인구증가율

★★★
24 전체 사망자 수에 대한 50세 이상의 사망자 수를 나타낸 구성 비율은?

① 평균수명 ② 조사망율
③ 영아사망률 ④ 비례사망지수

비례사망지수
- 한 국가의 건강수준을 나타내는 지표
- 총 사망자 수에 대한 50세 이상의 사망자 수를 백분율로 표시한 지수

★★★★★
25 한 나라의 보건수준을 측정하는 지표로서 가장 적절한 것은?

① 의과대학 설치수 ② 국민소득
③ 감염병 발생률 ④ 영아사망률

★★★★
26 한 지역이나 국가의 공중보건을 평가하는 기초자료로 가장 신뢰성 있게 인정되고 있는 것은?

① 질병이환율 ② 영아사망률
③ 신생아사망률 ④ 조사망률

★★★
27 가족계획 사업의 효과 판정상 가장 유력한 지표는?

① 인구증가율 ② 조출생률
③ 남녀출생비 ④ 평균여명년수

조출생률
- 1년간의 총 출생아수를 당해연도의 총인구로 나눈 수치를 1,000분비로 나타낸 것
- 한 국가의 출생수준을 표시하는 지표

★★★★
28 한 나라의 건강수준을 다른 국가들과 비교할 수 있는 지표로 세계보건기구가 제시한 내용은?

① 인구증가율, 평균수명, 비례사망지수
② 비례사망지수, 조사망률, 평균수명
③ 평균수명, 조사망률, 국민소득
④ 의료시설, 평균수명, 주거상태

★★★★
29 아래 보기 중 생명표의 표현에 사용되는 인자들을 모두 나열한 것은?

㉠ 생존수	㉡ 사망수
㉢ 생존률	㉣ 평균여명

① ㉠, ㉡, ㉢ ② ㉠, ㉢
③ ㉡, ㉣ ④ ㉠, ㉡, ㉢, ㉣

생명표란 인구집단에 있어서 출생과 사망에 의한 생명현상을 이용하여 각 연령에서 앞으로 살게 될 것으로 기대되는 평균여명을 말하는데, 생존수, 사망수, 생존률, 사망률, 사력(死力), 평균여명 등 여섯 종의 생명함수로 나타낸다.

★★★
30 다음의 영아사망률 계산식에서 (A)에 알맞은 것은?

$$\frac{(A)}{\text{연간 출생아 수}} \times 1,000$$

① 연간 생후 28일까지의 사망자 수
② 연간 생후 1년 미만 사망자 수
③ 연간 1~4세 사망자 수
④ 연간 임신 28주 이후 사산 + 출생 1주 이내 사망자 수

★★
31 지역사회의 보건수준을 비교할 때 쓰이는 지표가 아닌 것은?

① 영아사망률 ② 평균수명
③ 일반사망률 ④ 국세조사

정답 22 ① 23 ① 24 ④ 25 ④ 26 ② 27 ② 28 ② 29 ④ 30 ② 31 ④

SECTION 02

NAIL Technician Certification

질병관리

이 섹션에서는 법정감염병의 분류가 가장 중요합니다. 모든 질병의 암기는 어려우므로 출제예상문제 중심으로 학습하도록 합니다. 또한, 병원체, 병원소, 감염병의 특징도 학습하시기 바랍니다.

01 역학 및 감염병 발생의 단계

1 역학(疫學)의 역할

> ▶ 역학 : 인간 집단 내에서 일어나는 유행병의 원인을 규명하는 학문

① 질병의 원인 규명
② 질병의 발생과 유행 감시
③ 지역사회의 질병 규모 파악
④ 질병의 예후 파악
⑤ 질병관리방법의 효과에 대한 평가
⑥ 보건정책 수립의 기초 마련

2 감염병 발생의 단계

병원체 → 병원소 → 병원소로부터 병원체의 탈출 → 전파 → 새로운 숙주로의 침입 → 감수성 있는 숙주의 감염

> ▶ 병원체의 탈출경로
> 호흡기계, 소화기계, 비뇨기계, 개방병소, 기계적 탈출

02 병원체 및 병원소

1 병원체

(1) 정의 : 숙주에 기생하면서 병을 일으키는 미생물
(2) 종류
① 세균
- 호흡기계 : 결핵, 디프테리아, 백일해, 나병, 폐렴, 성홍열, 수막구균성수막염
- 소화기계 : 콜레라, 장티푸스, 파라티푸스, 세균성 이질, 파상열
- 피부점막계 : 파상풍, 페스트, 매독, 임질

② 바이러스
- 호흡기계 : 홍역, 유행성 이하선염, 인플루엔자, 두창
- 소화기계 : 폴리오, 유행성 간염, 소아마비, 브루셀라증
- 피부점막계 : AIDS, 일본뇌염, 공수병, 트라코마, 황열

③ 리케차 : 발진티푸스, 발진열, 쯔쯔가무시병, 록키산 홍반열 등
④ 수인성(물) 감염병 : 콜레라, 장티푸스, 파라티푸스, 이질, 소아마비, A형간염 등
⑤ 기생충 : 말라리아, 사상충, 아메바성 이질, 회충증, 간흡충증, 폐흡충증, 유구조충증, 무구조충증 등
⑥ 진균 : 백선, 칸디다증 등
⑦ 클라미디아 : 앵무새병, 트라코마 등
⑧ 곰팡이 : 캔디디아시스, 스포로티코시스 등

2 병원소

(1) 정의 : 병원체가 증식하면서 생존을 계속하여 다른 숙주에 전파시킬 수 있는 상태로 저장되는 일종의 전염원
(2) 종류
① **인간 병원소** : 환자, 보균자 등
② **동물 병원소** : 개, 소, 말, 돼지 등
③ **토양 병원소** : 파상풍, 오염된 토양 등
(3) 보균자

건강 보균자	• 병원체를 보유하고 있으나 증상이 없으며 체외로 이를 배출하고 있는 자 • 감염병 관리상 어려운 이유 - 색출이 어려우므로 - 활동영역이 넓으므로 - 격리가 어려우므로
잠복기 보균자	• 전염성 질환의 잠복기간 중에 병원체를 배출하는 자 • 호흡기계 감염병
병후 보균자	• 전염성 질환에 이환된 후 그 임상증상이 소실된 후에도 병원체를 배출하는 자 • 소화기계 감염병

03 면역 및 주요 감염병의 접종 시기

1 선천적 면역

종속면역, 인종면역, 개인면역

2 후천적 면역

구분		의미
능동면역	자연능동면역	감염병에 감염된 후 형성되는 면역
	인공능동면역	예방접종을 통해 형성되는 면역
수동면역	자연수동면역	모체로부터 태반이나 수유를 통해 형성되는 면역
	인공수동면역	항독소 등 인공제제를 접종하여 형성되는 면역

3 자연능동면역

① 영구면역 : 홍역, 백일해, 장티푸스, 발진티푸스, 콜레라, 페스트

② 일시면역 : 디프테리아, 폐렴, 인플루엔자, 세균성 이질

4 인공능동면역

① 생균백신 : 결핵, 홍역, 폴리오(경구)

② 사균백신 : 장티푸스, 콜레라, 백일해, 폴리오(경피)

③ 순화독소 : 파상풍, 디프테리아

▶ DPT 접종
디프테리아(Diphtheria), 백일해(Pertussis), 파상풍(Tetanus)의 첫 글자를 뜻함

5 주요 감염병의 접종 시기

구분	접종 시기
결핵	생후 1개월 이내
B형 간염	• 모체가 HBsAg 양성인 경우 : 생후 12시간 이내 • 모체가 HBsAg 음성인 경우 : 생후 1~2개월
디프테리아 백일해 파상풍	• 1차 : 생후 2개월 • 2차 : 생후 4개월 • 3차 : 생후 6개월
폴리오	• 1차 : 생후 2개월 • 2차 : 생후 4개월 • 3차 : 생후 6개월
홍역 유행성이하선염 풍진	• 1차 : 생후 12~15개월 • 2차 : 만 4~6세
일본뇌염	• 생후 12~23개월
수두	• 생후 12~15개월
폐렴구균	• 1차 : 생후 2개월 • 2차 : 생후 4개월 • 3차 : 생후 6개월

04 검역

(1) 대상 : 감염병 유행지역에서 입국하는 사람이나 동물 또는 식품 등

(2) 목적 : 외국 질병의 국내 침입을 방지하여 국민의 건강을 유지 · 보호

(3) 검역 감염병 및 감시기간

검역 감염병	감시기간
콜레라	120시간(5일)
페스트	144시간(6일)
황열	144시간(6일)
중증급성호흡기증후군(SARS)	240시간(10일)
조류인플루엔자인체감염증	240시간(10일)
신종인플루엔자	최대 잠복기

05 법정감염병의 분류

1 제1급 감염병

생물테러감염병 또는 치명률이 높거나 집단 발생의 우려가 커서 발생 또는 유행 즉시 신고하여야 하고, 음압격리와 같은 높은 수준의 격리가 필요한 감염병

▶ 종류
에볼라바이러스병, 마버그열, 라싸열, 크리미안콩고출혈열, 남아메리카출혈열, 리프트밸리열, 두창, 페스트, 탄저, 보툴리눔독소증, 야토병, 신종감염병증후군, 중증급성호흡기증후군(SARS), 중동호흡기증후군(MERS), 동물인플루엔자인체감염증, 신종인플루엔자, 디프테리아

▶ 제1 · 2급 감염병 암기법

2 제2급 감염병

전파가능성을 고려하여 발생 또는 유행 시 24시간 이내에 신고하여야 하고, 격리가 필요한 감염병

> ▶ 종류
> 결핵, 수두, 홍역, 콜레라, 장티푸스, 파라티푸스, 세균성이질, 장출혈성대장균감염증, A형간염, 백일해, 유행성이하선염, 풍진, 폴리오, 수막구균 감염증, b형헤모필루스인플루엔자, 폐렴구균 감염증, 한센병, 성홍열, 반코마이신내성황색포도알균(VRSA)감염증, 카바페넴내성장내세균속균종(CRE)감염증, E형간염

3 제3급 감염병

발생을 계속 감시할 필요가 있어 발생 또는 유행 시 24시간 이내에 신고하여야 하는 감염병

> ▶ 종류
> 파상풍, B형간염, 일본뇌염, C형간염, 말라리아, 레지오넬라증, 비브리오패혈증, 발진티푸스, 발진열, 쯔쯔가무시증, 렙토스피라증, 브루셀라증, 공수병, 신증후군출혈열, 후천성면역결핍증(AIDS), 크로이츠펠트-야콥병(CJD) 및 변종크로이츠펠트-야콥병(vCJD), 황열, 뎅기열, 큐열, 웨스트나일열, 라임병, 진드기매개뇌염, 유비저, 치쿤쿠니야열, 중증열성혈소판감소증후군(SFTS), 지카바이러스감염증, 매독, 엠폭스(MPOX)

4 제4급 감염병

제1급~제3급 감염병까지의 감염병 외에 유행 여부를 조사하기 위하여 표본감시 활동이 필요한 감염병

> ▶ 종류
> 인플루엔자, 회충증, 편충증, 요충증, 간흡충증, 폐흡충증, 장흡충증, 수족구병, 임질, 클라미디아감염증, 연성하감, 성기단순포진, 첨규콘딜롬, 반코마이신내성장알균(VRE)감염증, 메티실린내성황색포도알균(MRSA) 감염증, 다제내성녹농균(MRPA)감염증, 다제내성아시네토박터바우마니균(MRAB)감염증, 장관감염증, 급성호흡기감염증, 해외유입기생충감염증, 엔테로바이러스감염증, 사람유두종바이러스감염증, 코로나바이러스감염증-19

5 기타 보건복지부장관 고시 감염병

(1) 세계보건기구 감시대상 감염병(보건복지부장관 고시)

세계보건기구가 국제공중보건의 비상사태에 대비하기 위하여 감시대상으로 정한 질환

> ▶ 종류
> 두창, 폴리오, 신종인플루엔자, 콜레라, 폐렴형 페스트, 중증급성호흡기증후군(SARS), 황열, 바이러스성 출혈열, 웨스트나일열

(2) 인수공통감염병

동물과 사람 간에 서로 전파되는 병원체에 의하여 발생되는 감염병

> ▶ 종류
> 장출혈성대장균감염증, 일본뇌염, 브루셀라증, 탄저, 공수병, 동물인플루엔자 인체감염증, 중증급성호흡기증후군(SARS), 변종크로이츠펠트-야콥병(vCJD), 큐열, 결핵, 중증열성혈소판감소증후군(SFTS)

(3) 성매개감염병(보건복지부장관 고시)

성 접촉을 통하여 전파되는 감염병

> ▶ 종류
> 매독, 임질, 클라미디아, 연성하감, 성기단순포진, 첨규콘딜롬, 사람유두종바이러스 감염증

06 주요 감염병의 특징

1 소화기계 감염병

콜레라	• 제2급 급성 법정감염병 • 수인성 감염병으로 경구 전염 • [증상] 발병이 빠르고 구토, 설사, 탈수 등
장티푸스	• 경구 침입 감염병 • [전파] 주로 파리에 의해 전파 • [증상] 고열, 식욕감퇴, 서맥, 림프절 종창, 피부발진, 변비, 불쾌감 등 • [예방접종] 인공 능동면역
폴리오	• 중추신경계 손상에 의한 영구 마비 • [전파] 호흡기계 분비물, 분변 및 음식물을 매개로 감염

2 호흡기계 감염병

디프테리아	• [증상] 심한 인후염을 일으키고 독소를 분비하여 신경염을 일으킬 수 있음 • [전파] 환자나 보균자의 콧물, 인후 분비물, 피부 상처
백일해	• [증상] 심한 기침 • [전파] 호흡기 분비물, 비말을 통한 호흡기 전파

조류독감	• [증상] 기침, 호흡곤란, 발열, 오한, 설사, 근육통, 의식저하 • [전파] 조류인플루엔자 바이러스에 감염된 조류와의 접촉
중증급성 호흡기 증후군 (SARS)	• [증상] 발열, 두통, 근육통, 무력감, 기침, 호흡곤란 • [전파] 대기 중에 떠다니는 미세한 입자에 의해 호흡기를 통해 감염
신종 인플루엔자	• [증상] 발열, 오한, 두통, 근육통, 관절통, 구토, 피로감 • [전파] 호흡기를 통해 감염
결핵	• [증상] 기침, 객혈, 흉통 • [전파] 신체의 모든 부분에 침범 • [접종] 출생 후 4주 이내 BCG 접종 • [검사] 투베르쿨린 반응 검사

3 동물 매개 감염병

공수병 (광견병)	개에게 물리면서 개의 타액에 있는 병원체에 의해 감염
탄저	양모 · 모피공장에서 주로 감염(소, 말, 양)
렙토스피라증	들쥐의 배설물을 통해 주로 감염

4 절지동물 매개 감염병

페스트	• 패혈증 페스트 : 림프선에 병변을 일으켜 림프절 페스트와 패혈증을 일으킴 • 폐 페스트 : 폐렴을 일으킴 • [전파] 림프절 페스트는 쥐벼룩에 의해, 폐페스트는 비말감염으로 사람에게 전파
발진티푸스	• [증상] 발열, 근육통, 전신신경증상, 발진 등 • [전파] 이가 흡혈해 상처를 통해 침입 또는 먼지를 통해 호흡기계로 감염
말라리아	• 세계적으로 가장 많이 이환되는 질병 • [전파] 모기를 매개로 전파
쯔쯔가 무시증	• [증상] 오한, 발열, 두통, 복통 등 • [전파] 감염된 들쥐에서 털진드기에 의해 전파
유행성 일본뇌염	• 우리나라에서 8~10월에 주로 발생 • [전파] 작은빨간집모기에 의해 전파
기타	사상충증, 양충병, 황열, 신증후군출혈열

5 매개체별 감염병의 종류

구분	매개체	종류
곤충	모기	말라리아, 뇌염, 사상충, 황열, 댕기열
	파리	콜레라, 장티푸스, 이질, 파라티푸스
	바퀴벌레	콜레라, 장티푸스, 이질
	진드기	신증후군출혈열, 쯔쯔가무시병
	벼룩	페스트, 발진열, 재귀열
	이	발진티푸스, 재귀열, 참호열
동물	쥐	페스트, 살모넬라증, 발진열, 신증후군출혈열, 쯔쯔가무시병, 재귀열, 렙토스피라증
	소	결핵, 탄저, 파상열, 살모넬라증
	돼지	일본뇌염, 탄저, 렙토스피라증, 살모넬라증
	양	큐열, 탄저
	말	탄저, 살모넬라증
	개	공수병, 톡소프라스마증
	고양이	살모넬라증, 톡소프라스마증
	토끼	야토병

▶ 감수성 지수
두창·홍역(95%), 백일해(60~80%), 성홍열(40%), 디프테리아(10%), 폴리오(0.1%)

07 감염병의 신고 및 보고

1 감염병의 신고

의사, 치과의사 또는 한의사는 다음의 경우 소속 의료기관의 장에게 보고하여야 하고, 해당 환자와 그 동거인에게 보건복지부장관이 정하는 감염 방지 방법 등을 지도하여야 한다. 다만, 의료기관에 소속되지 않은 의사, 치과의사 또는 한의사는 그 사실을 관할 보건소장에게 신고해야 한다.

• 감염병 환자 등을 진단하거나 그 사체를 검안한 경우
• 예방접종 후 이상반응자를 진단하거나 그 사체를 검안한 경우
• 감염병환자가 제1급~제3급 감염병으로 사망한 경우
• 감염병환자로 의심되는 사람이 감염병병원체 검사를 거부하는 경우

2 신고 시기

① 제1급 감염병 : 즉시
② 제2, 3급 감염병 : 24시간 이내
③ 제4급 감염병 : 7일 이내

3 보건소장의 보고

보건소장 → 관할 특별자치도지사 또는 시장·군수·구청장 → 보건복지부장관 및 시·도지사

출제예상문제 | 단원별 구성의 문제 유형 파악!

02. 병원체 및 병원소

★★★
1 다음 질병 중 병원체가 바이러스(virus)인 것은?

① 장티푸스 ② 쯔쯔가무시병
③ 폴리오 ④ 발진열

> 바이러스 : 홍역, 폴리오, 유행성 이하선염, 일본뇌염, 광견병, 후천성면역결핍증, 유행성 간염 등

★★
2 인체에 질병을 일으키는 병원체 중 살아있는 세포에서만 증식하고 크기가 가장 작아 전자현미경으로만 관찰할 수 있는 것은?

① 구균 ② 간균
③ 원생동물 ④ 바이러스

★★★
3 바이러스에 대한 일반적인 설명으로 옳은 것은?

① 항생제에 감수성이 있다.
② 광학 현미경으로 관찰이 가능하다.
③ 핵산 DNA 와 RNA 둘 다 가지고 있다.
④ 바이러스는 살아있는 세포 내에서만 증식 가능하다.

★★★
4 토양(흙)이 병원소가 될 수 있는 질환은?

① 디프테리아 ② 콜레라
③ 간염 ④ 파상풍

> **병원소의 종류**
> • 인간 병원소 : 환자, 보균자 등
> • 동물 병원소 : 개, 소, 말, 돼지 등
> • 토양 병원소 : 파상풍, 오염된 토양 등

★★★
5 건강보균자를 설명한 것으로 가장 적절한 것은?

① 감염병에 이환되어 앓고 있는 자
② 병원체를 보유하고 있으나 증상이 없으며 체외로 이를 배출하고 있는 자
③ 감염병에 걸렸다가 완전히 치유된 자
④ 감염병에 걸렸지만 자각증상이 없는 자

> **보균자의 종류**
> • 건강보균자 : 병원체를 보유하고 있으나 증상이 없으며 체외로 이를 배출하고 있는 자
> • 잠복기보균자 : 전염성 질환의 잠복기간 중에 병원체를 배출하는 자
> • 병후보균자 : 전염성 질환에 이환된 후 그 임상 증상이 소실된 후에도 병원체를 배출하는 자

★★
6 보균자(Carrier)는 감염병 관리상 어려운 대상이다. 그 이유와 관계가 가장 먼 것은?

① 색출이 어려우므로
② 활동영역이 넓기 때문에
③ 격리가 어려우므로
④ 치료가 되지 않으므로

★★★
7 다음 중 감염병 관리상 가장 중요하게 취급해야 할 대상자는?

① 건강보균자
② 잠복기환자
③ 현성환자
④ 회복기보균자

정답 2 1③ 2④ 3④ 4④ 5② 6④ 7①

03. 면역 및 주요 감염병의 접종 시기

★★★
1 예방접종(vaccine)으로 획득되는 면역의 종류는?

① 인공능동면역
② 인공수동면역
③ 자연능동면역
④ 자연수동면역

★★★
2 다음 중 인공능동면역의 특성을 가장 잘 설명한 것은?

① 항독소(antitoxin) 등 인공제제를 접종하여 형성되는 면역
② 생균백신, 사균백신 및 순화독소(toxoid)의 접종으로 형성되는 면역
③ 모체로부터 태반이나 수유를 통해 형성되는 면역
④ 각종 감염병 감염 후 형성되는 면역

① : 인공수동면역, ③ : 자연수동면역, ④ : 자연능동면역

★★★
3 장티푸스, 결핵, 파상풍 등의 예방접종은 어떤 면역인가?

① 인공능동면역　② 인공수동면역
③ 자연능동면역　④ 자연수동면역

예방접종을 통해 형성되는 면역은 인공능동면역이다.

★★★★
4 콜레라 예방접종은 어떤 면역방법인가?

① 인공수동면역　② 인공능동면역
③ 자연수동면역　④ 자연능동면역

콜레라는 사균백신 접종으로 예방되는 인공능동면역이다.

★★★
5 다음 중 예방법으로 생균백신을 사용하는 것은?

① 홍역　② 콜레라
③ 디프테리아　④ 파상풍

- 생균백신 : 결핵, 홍역, 폴리오(경구)
- 사균백신 : 장티푸스, 콜레라, 백일해, 폴리오(경피)
- 순화독소 : 파상풍, 디프테리아

★★★★
6 예방접종에 있어 생균 백신을 사용하는 것은?

① 파상풍　② 결핵
③ 디프테리아　④ 백일해

생균백신 : 결핵, 홍역, 폴리오

★★★
7 인공능동면역의 방법에 해당하지 않는 것은?

① 생균백신 접종
② 글로불린 접종
③ 사균백신 접종
④ 순화독소 접종

인공능동면역 : 생균백신, 사균백신, 순화독소

★★★
8 예방접종 중 세균의 독소를 약독화(순화)하여 사용하는 것은?

① 폴리오　② 콜레라
③ 장티푸스　④ 파상풍

순화독소 : 파상풍, 디프테리아

★★★★
9 예방접종에 있어서 디피티(DPT)와 무관한 질병은?

① 디프테리아　② 파상풍
③ 결핵　④ 백일해

DPT : 디프테리아(Diphtheria), 백일해(Pertussis), 파상풍(Tetanus)에서 영어의 첫 글자를 뜻함

★★
10 세균성 이질을 앓고 난 아이가 얻는 면역에 대한 설명으로 옳은 것은?

① 인공면역을 획득한다.
② 수동면역을 획득한다.
③ 영구면역을 획득한다.
④ 면역이 거의 획득되지 않는다.

세균성 이질은 면역이 거의 생기지 않으므로 몇 번이라도 감염될 수 있다.

정답 3 1① 2② 3① 4② 5① 6② 7② 8④ 9③ 10④

04. 검역

★
1 외래 감염병의 예방대책으로 가장 효과적인 방법은?

① 예방접종
② 환경개선
③ 검역
④ 격리

외국 질병의 국내 침입을 방지하여 국민의 건강을 유지·보호하기 위해 검역을 실시한다.

★★
2 감염병 유행지역에서 입국하는 사람이나 동물 또는 식품 등을 대상으로 실시하며 외국 질병의 국내 침입 방지를 위한 수단으로 쓰이는 것은?

① 격리
② 검역
③ 박멸
④ 병원소 제거

05. 법정감염병의 분류

★★★★★
1 다음 법정 감염병 중 제2급 감염병이 아닌 것은?

① 장티푸스 ② 콜레라
③ 세균성이질 ④ 파상풍

파상풍은 제3급 감염병에 속한다.

★★★★★
2 감염병 예방법 중 제1급 감염병인 것은?

① 세균성이질 ② 말라리아
③ B형간염 ④ 신종인플루엔자

① : 제2급 ②,③ : 제3급 감염병

★★★★★
3 감염병 예방법 중 제1급 감염병에 속하는 것은?

① 한센병 ② 폴리오
③ 일본뇌염 ④ 페스트

① ② : 제2급 ③ : 제3급 감염병

★★★★★
4 다음 중 제1급 감염병에 대해 잘못 설명된 것은?

① 치명률이 높거나 집단 발생 우려가 크다.
② 페스트, 탄저, 중동호흡기증후군이 속한다.
③ 발생 또는 유행 시 24시간 이내에 신고하고 격리가 필요하다.
④ 감염병 발생 신고를 받은 즉시 보건소장을 거쳐 보고한다.

발생 또는 유행 시 24시간 이내에 신고하고 격리가 필요한 감염병은 제2급 감염병이다.

★★★★★
5 발생 즉시 환자의 격리가 필요한 제1급에 해당하는 법정 감염병은?

① 인플루엔자 ② 신종감염병증후군
③ 폴리오 ④ B형 간염

① : 제4급 ③ : 제2급 ④ : 제3급 감염병

★★★★★
6 감염병 예방법 중 제2급 감염병이 아닌 것은?

① 말라리아 ② 홍역
③ 콜레라 ④ 장티푸스

말라리아는 제3급 감염병에 속한다.

★★★★★
7 감염병 예방법상 제2급에 해당되는 법정감염병은?

① 급성호흡기감염증
② A형간염
③ 신종감염병증후군
④ 중증급성호흡기증후군(SARS)

① : 제4급 감염병 ③,④ : 제1급 감염병

★★★★★
8 법정감염병 중 제3급 감염병에 속하지 않는 것은

① 성홍열 ② 공수병
③ 렙토스피라증 ④ 쯔쯔가무시증

성홍열은 제2급 감염병에 속한다.

정답 4 1③ 2② 5 1④ 2④ 3④ 4③ 5② 6① 7② 8①

chapter 05

★★★
9 법정감염병 중 제3급 감염병에 해당하는 것은?

① 장티푸스 ② 풍진
③ 수족구병 ④ 황열

①,② : 제2급, ③ : 제4급

★★★
10 감염병 예방법 중 제3급 감염병에 해당되는 것은?

① A형 간염
② 수막구균 감염증
③ 후천성면역결핍증
④ 수두

①,②,④ : 제2급 감염병

★★★★★
11 감염병 예방법 중 제3급 감염병에 속하는 것은?

① 폴리오 ② 풍진
③ 공수병 ④ 페스트

①,② : 제2급 감염병 ④ : 제1급 감염병

★★★★★
12 법정 감염병 중 제3급 감염병에 속하는 것은?

① 비브리오패혈증
② 장티푸스
③ 장출혈성대장균감염증
④ 백일해

②,③,④ : 제2급 감염병

★★★
13 발생 또는 유행 시 24시간 이내에 신고하고 발생을 계속 감시할 필요가 있는 감염병은?

① 말라리아
② 콜레라
③ 디프테리아
④ 유행성이하선염

문제는 제3급 감염병을 설명한 것으로, 말라리아가 이에 속한다.

★★★
14 감염병 예방법상 제4급 감염병에 속하는 것은?

① 콜레라
② 디프테리아
③ 급성호흡기감염증
④ 말라리아

① : 2급, ② : 1급, ④ : 3급 감염병

★★
15 우리나라 법정 감염병 중 가장 많이 발생하는 감염병으로 대개 1~5년을 간격으로 많은 유행을 하는 것은?

① 백일해
② 홍역
③ 유행성 이하선염
④ 폴리오

우리나라에서 가장 많이 발생하는 감염병은 홍역이다.

★★★
16 수인성(水因性) 감염병이 아닌 것은?

① 일본뇌염
② 이질
③ 콜레라
④ 장티푸스

수인성(물) 감염병
이질, 콜레라, 장티푸스, 파라티푸스, 소아마비, A형간염 등

★★★★
17 수인성으로 전염되는 질병으로 엮어진 것은?

① 장티푸스－파라티푸스－간흡충증－세균성이질
② 콜레라－파라티푸스－세균성이질－폐흡충증
③ 장티푸스－파라티푸스－콜레라－세균성이질
④ 장티푸스－파라티푸스－콜레라－간흡충증

★★★
18 다음 감염병 중 호흡기계 감염병에 속하는 것은?

① 콜레라 ② 장티푸스
③ 유행성 간염 ④ 백일해

호흡기계 감염병 : 백일해, 디프테리아, 조류독감, 결핵 등

정답 9 ④ 10 ③ 11 ③ 12 ① 13 ① 14 ③ 15 ② 16 ① 17 ③ 18 ④

★★★
19 다음 감염병 중 세균성인 것은?

① 말라리아 ② 결핵
③ 일본뇌염 ④ 유행성간염

> **세균성 감염병** : 결핵, 콜레라, 장티푸스, 파라티푸스, 백일해, 페스트 등

★★★★★
20 인수공통감염병이 아닌 것은?

① 조류인플루엔자 ② 결핵
③ 나병 ④ 공수병

> **인수공통감염병의 종류**
> 장출혈성대장균감염증, 일본뇌염, 브루셀라증, 탄저, 공수병, 조류인플루엔자 인체감염증, 중증급성호흡기증후군(SARS), 변종 크로이츠펠트-야콥병(vCJD), 큐열, 결핵

★★★★
21 다음 중 파리가 전파할 수 있는 소화기계 감염병은?

① 페스트 ② 일본뇌염
③ 장티푸스 ④ 황열

★★★
22 호흡기계 감염병에 해당되지 않는 것은?

① 인플루엔자 ② 유행성 이하선염
③ 파라티푸스 ④ 홍역

> 파라티푸스는 소화기계 감염병에 속한다.

★★★★★
23 다음 중 파리가 옮기지 않는 병은?

① 장티푸스 ② 이질
③ 콜레라 ④ 신증후군출혈열

> 신증후군출혈열은 진드기에 의해 전염된다.

★★★★★
24 인수공통감염병에 해당되는 것은?

① 홍역 ② 한센병
③ 풍진 ④ 공수병

> **인수공통감염병의 종류**
> 장출혈성대장균감염증, 일본뇌염, 브루셀라증, 탄저, 공수병, 조류인플루엔자 인체감염증, 중증급성호흡기증후군(SARS), 변종 크로이츠펠트-야콥병(vCJD), 큐열, 결핵

06. 주요 감염병의 특징

★★★★★
1 위생 해충인 파리에 의해서 전염될 수 있는 감염병이 아닌 것은?

① 장티푸스 ② 발진열
③ 콜레라 ④ 세균성이질

> 발진열은 벼룩에 의해 감염된다.

★★★★★
2 모기가 매개하는 감염병이 아닌 것은?

① 말라리아 ② 뇌염
③ 사상충 ④ 발진열

> 발진열은 벼룩에 의해 감염된다.

★★★★
3 위생해충인 바퀴벌레가 주로 전파할 수 있는 병원균의 질병이 아닌 것은?

① 재귀열 ② 이질
③ 콜레라 ④ 장티푸스

> 재귀열은 벼룩에 의해 전파되는 감염병이다.

★★★★★
4 감염병을 옮기는 매개곤충과 질병의 관계가 올바른 것은?

① 재귀열 - 이
② 말라리아 - 진드기
③ 일본뇌염 - 체체파리
④ 발진티푸스 - 모기

> ② 말라리아 : 모기
> ③ 일본뇌염 : 모기
> ④ 발진티푸스 : 이

★★★★★
5 모기를 매개곤충으로 하여 일으키는 질병이 아닌 것은?

① 말라리아 ② 사상충
③ 일본뇌염 ④ 발진티푸스

> 발진티푸스는 이를 매개를 하는 감염병이다.

chapter 05

정답 19 ② 20 ③ 21 ③ 22 ③ 23 ④ 24 ④ **6** 1 ② 2 ④ 3 ① 4 ① 5 ④

★★★
6 다음 중 감염병 질환이 아닌 것은?

① 폴리오 ② 풍진
③ 성병 ④ 당뇨병

★★
7 바퀴벌레에 의해 전파될 수 있는 감염병에 속하지 않는 것은?

① 이질 ② 말라리아
③ 콜레라 ④ 장티푸스

> 말라리아는 모기를 매개로 전파된다.

★★★
8 들쥐의 똥, 오줌 등에 의해 논이나 들에서 상처를 통해 경피 전염될 수 있는 감염병은?

① 신증후군출혈열
② 이질
③ 렙토스피라증
④ 파상풍

> 렙토스피라증은 들쥐의 똥, 오줌 등에 의해 경피 감염되는 감염병으로 감염 시 발열, 오한, 두통 등의 증상이 나타난다.

★★★
9 오염된 주사기, 면도날 등으로 인해 감염이 잘되는 만성 감염병은?

① 렙토스피라증
② 트라코마
③ B형 간염
④ 파라티푸스

> B형간염은 수혈, 성적인 접촉, 오염된 주사기, 면도날 등을 통해 주로 감염된다.

★★★★★
10 매개곤충과 전파하는 감염병의 연결이 틀린 것은?

① 진드기－신증후군출혈열
② 모기－일본뇌염
③ 파리－사상충
④ 벼룩－페스트

> 사상충은 모기를 매개로 전파된다.

★★★
11 쥐와 관계가 가장 적은 감염병은?

① 페스트
② 신증후군출혈열
③ 발진티푸스
④ 렙토스피라증

> 발진티푸스는 발열, 근육통, 전신신경증상, 발진 등의 증상을 보이며, 이가 환자를 흡혈해 환자의 상처를 통해 침입 또는 먼지를 통해 호흡기계로 감염된다.

★★★
12 페스트, 살모넬라증 등을 전염시킬 가능성이 가장 큰 동물은?

① 쥐
② 말
③ 소
④ 개

> 쥐에 의해 감염되는 감염병 : 페스트, 살모넬라증, 발진열, 신증후군출혈열, 쯔쯔가무시병, 발진열, 재귀열, 렙토스피라증 등

★★★
13 절지동물에 의해 매개되는 감염병이 아닌 것은?

① 일본뇌염
② 발진티푸스
③ 탄저
④ 페스트

> 절지동물 매개 감염병 : 페스트, 발진티푸스, 일본뇌염, 발진열, 말라리아, 사상충증, 양충병, 황열, 신증후군출혈열 등
> 탄저는 소, 말, 양 등에 의해 감염된다.

★★
14 위생해충의 구제방법으로 가장 효과적이고 근본적인 방법은?

① 성충 구제
② 살충제 사용
③ 유충 구제
④ 발생원 제거

> 위생해충을 구제하는 가장 효과적인 방법 : 발생원을 제거

정답 6④ 7② 8③ 9③ 10③ 11③ 12① 13③ 14④

15 ★ 접촉자의 색출 및 치료가 가장 중요한 질병은?

① 성병
② 암
③ 당뇨병
④ 일본뇌염

성매개감염병은 일차적으로 사람과 사람 사이의 성적 접촉을 통해 전파되므로 접촉자의 색출 및 치료가 중요한 질병이다.

16 ★★★ 출생 후 4주 이내에 기본접종을 실시하는 것이 효과적인 감염병은?

① 볼거리
② 홍역
③ 결핵
④ 일본뇌염

• 홍역 : 생후 12~15개월 • 일본뇌염 : 생후 12~23개월

17 ★★★ 감염병 중 음용수를 통하여 전염될 수 있는 가능성이 가장 큰 것은?

① 이질
② 백일해
③ 풍진
④ 한센병

마시는 물 또는 식품을 매개로 발생하는 감염병에는 콜레라, 장티푸스, 파라티푸스, 세균성이질, 장출혈성대장균감염증, A형간염 등이 있다.

18 ★★★ 다음 중 소독되지 아니한 면도기를 사용했을 때 가장 전염 위험성이 높은 것은?

① 간염
② 결핵
③ 이질
④ 콜레라

간염에 감염된 환자와는 면도기, 칫솔, 손톱깎기 등은 함께 사용하지 않아야 한다.

19 ★★★ 음식물로 매개될 수 있는 감염병이 아닌 것은?

① 유행성간염
② 폴리오
③ 일본뇌염
④ 콜레라

일본뇌염은 모기를 매개로 감염된다.

20 ★★ 폐결핵에 관한 설명 중 틀린 것은?

① 호흡기계 감염병이다.
② 병원체는 세균이다.
③ 예방접종은 PPD로 한다.
④ 제2급 법정감염병이다.

폐결핵은 BCG 접종으로 예방한다.

21 ★★★ 비말감염과 가장 관계있는 사항은?

① 영양 ② 상처
③ 피로 ④ 밀집

비말감염이란 환자의 기침을 통해 퍼지는 병균으로 감염되는 것을 말하며, 예방을 위해서는 밀집된 장소를 피해야 한다.

22 ★★★ 감염병 유행의 요인 중 전파경로와 가장 관계가 깊은 것은?

① 개인의 감수성
② 영양상태
③ 환경 요인
④ 인종

환경 요인 : 기상, 계절, 전파경로, 사회환경, 경제적 수준 등

23 ★★★ 감염경로와 질병과의 연결이 틀린 것은?

① 공기감염 – 공수병
② 비말감염 – 인플루엔자
③ 우유감염 – 결핵
④ 음식물감염 – 폴리오

공수병은 개에게 물리면서 개의 타액에 있는 병원체에 의해 감염되는 병을 말한다.

정답 15 ① 16 ③ 17 ① 18 ① 19 ③ 20 ③ 21 ④ 22 ③ 23 ①

24 ★★★ 다음 중 콜레라에 관한 설명으로 잘못된 것은?

① 검역질병으로 검역기간은 120시간을 초과할 수 없다.
② 수인성 감염병으로 경구 전염된다.
③ 제2급 법정감염병이다.
④ 예방접종은 생균백신(vaccine)을 사용한다.

콜레라의 예방접종은 사균백신을 사용한다.

25 ★★★ 다음 감염병 중 기본 예방접종의 시기가 가장 늦은 것은?

① 디프테리아
② 백일해
③ 폴리오
④ 일본뇌염

- 디프테리아 : 생후 2개월
- 백일해 : 생후 2개월
- 폴리오 : 생후 2개월
- 일본뇌염 : 생후 12~23개월

26 ★★★ 장티푸스에 대한 설명으로 옳은 것은?

① 식물매개 감염병이다.
② 우리나라에서는 제1급 법정감염병이다.
③ 대장점막에 궤양성 병변을 일으킨다.
④ 일종의 열병으로 경구침입 감염병이다.

장티푸스는 살모넬라균에 오염된 음식이나 물을 섭취했을 때 감염되고 고열 증세를 보이는데, 우리나라에서는 제2급 법정감염병으로 지정되어 있다.

07. 감염병의 신고 및 보고

1 ★ 감염병 발생 시 일반인이 취하여야 할 사항으로 적절하지 않은 것은?

① 환자를 문병하고 위로한다.
② 예방접종을 받도록 한다.
③ 주위환경을 청결히 하고 개인위생에 힘쓴다.
④ 필요한 경우 환자를 격리한다.

감염병 발생 시에는 환자와의 접촉을 피해야 한다.

2 ★★ 결핵 관리상 효율적인 방법으로 가장 거리가 먼 것은?

① 환자의 조기발견
② 집회장소의 철저한 소독
③ 환자의 등록치료
④ 예방접종의 철저

결핵은 결핵 환자의 기침 등을 통해 감염되므로 집회장소를 소독한다고 해서 예방할 수 있는 것은 아니다.

정답 24 ④ 25 ④ 26 ④ 7 1 ① 2 ②

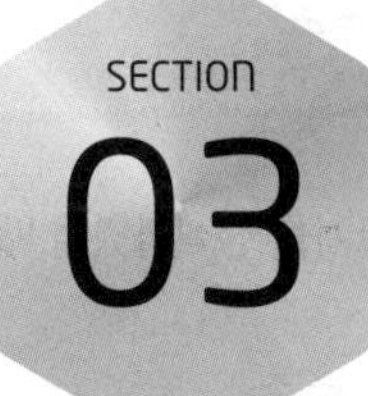

기생충 질환 관리

기생충 질환과 관련된 문제의 출제 빈도는 높지 않지만 간간이 출제될 가능성이 있으니 선충류, 흡충류, 조충류별로 출제예상문제 위주로 학습하도록 합니다. 특히 중간숙주는 확실하게 숙지하기 바랍니다.

1 선충류 : 소화기·근육·혈액 등에 기생

구분	특징
회충	• 기생부위 : 소장 • 감염형으로 발육하는 데 1~2개월 소요 • 감염 후 성충이 되기까지는 60~75일 소요 • [전파] 오염된 음식물로 경구 침입 → 위에서 부화하여 심장, 폐포, 기관지, 식도를 거쳐 소장에 정착 • 토양매개성 선충으로 오염된 날 채소, 상추 쌈, 김치, 먼지 등을 통한 경구감염 • [증상] 발열, 구토, 복통, 권태감, 미열 등 • [예방] 철저한 분변관리, 파리의 구제, 정기검사 및 구충 • [검사] 집란법 또는 도말법
구충 (십이지장충)	• 기생 부위 : 공장(소장의 상부) • [전파] 경구감염 또는 경피감염 • [증상] 경구감염일 경우 체독증, 폐로 이행된 경우 기침, 가래 등 • [예방] 인분의 위생적 관리, 채소밭 작업 시 보호장비 착용
요충	• [증상] 항문 주위에 심한 소양감, 구토, 설사, 복통, 야뇨증 등 • [예방] 화장실 사용 후 손을 잘 씻고 가족이 같은 시기에 구충 실시 • [전파] 자충포장란의 형태로 경구감염, 항문 주위에 산란 • 집단감염이 가장 잘되는 기생충 • 어린 연령층이 집단으로 생활하는 공간에서 쉽게 감염
편충	• 기생 부위 : 대장 • [전파] 경구감염

• **경구감염** : 병원체가 입을 통해 소화기로 침입하여 감염
• **경피감염** : 병원체가 피부를 통해 침입하여 감염

2 흡충류 : 숙주의 간, 폐 등 기관 등에 흡착하여 기생

구분	특징
간흡충 (간디스토마)	• 기생 부위 : 간의 담도 • 제1중간숙주 : 왜우렁이 • 제2중간숙주 : 참붕어, 잉어, 중고기, 황어, 뱅어 등 • [증상] 간비대, 간종대, 황달, 빈혈, 소화장애 등 • [예방] 담수어 생식 자제
폐흡충 (폐디스토마)	• 사람 등 포유류의 폐에 충낭을 만들어 기생 • 제1중간숙주 : 다슬기 • 제2중간숙주 : 가재, 게 • [증상]기침, 객혈, 흉통, 국소마비, 시력장애 등 • [예방] 가재 및 게 생식 자제
요꼬가와 흡충	• 제1중간숙주 : 다슬기 • 제2중간숙주 : 은어, 숭어 등

3 조충류 : 주로 숙주의 소화기관에 기생

구분	특징
무구조충	• 중간숙주 : 소 • 무구조충의 유충이 포함된 쇠고기를 생식하면서 감염 • [증상] 복통, 설사, 구토, 소화장애, 장폐쇄 등 • [예방] 쇠고기 생식 자제
유구조충	• 중간숙주 : 돼지 • 인간의 작은창자에 기생 • [증상] 설사, 구토, 식욕감퇴, 호산구 증가증 등 • [예방] 돼지고기 생식 자제
광절열두조충(긴촌충)	• 기생 부위 : 사람, 개, 고양이 등의 돌창자 • 제1중간숙주 : 물벼룩 • 제2중간숙주 : 송어, 연어, 대구 등 • [증상] 복통, 설사, 구토, 열두조충성 빈혈 등 • [예방] 담수어 및 바다생선 생식 자제

출제예상문제 | 단원별 구성의 문제 유형 파악!

★★
1 다음 기생충 중 집단감염이 가장 잘되는 것은?

① 요충 ② 십이지장충
③ 회충 ④ 간흡충

> 요충은 어린 연령층이 집단으로 생활하는 공간에서 쉽게 감염되며, 화장실 사용 후 손을 잘 씻고 가족이 같은 시기에 구충을 실시함으로써 예방할 수 있다.

★★★
2 다음 중 산란과 동시에 감염능력이 있으며 건조에 저항성이 커서 집단감염이 가장 잘되는 기생충은?

① 회충 ② 십이지장충
③ 광절열두조충 ④ 요충

★★★
3 사람의 항문 주위에서 알을 낳는 기생충은?

① 구충 ② 사상충
③ 요충 ④ 회충

★★★
4 어린 연령층이 집단으로 생활하는 공간에서 가장 쉽게 감염될 수 있는 기생충은?

① 회충 ② 구충
③ 유구노충 ④ 요충

★★
5 중간숙주와 관계없이 감염이 가능한 기생충은?

① 아니사키스충 ② 회충
③ 폐흡충 ④ 간흡충

> 아니사키스충은 오징어·대구 등을 매개로 감염되며, 폐흡충은 가재, 간흡충은 붕어·잉어 등을 매개로 감염된다.

★★
6 회충은 인체의 어느 부위에 기생하는가?

① 간 ② 큰창자
③ 허파 ④ 작은창자

★★★
7 간 흡충중(디스토마)의 제1중간숙주는?

① 다슬기 ② 왜우렁이
③ 피라미 ④ 게

★★★
8 잉어, 참붕어, 피라미 등의 민물고기를 생식하였을 때 감염될 수 있는 것은?

① 간흡충증 ② 구충증
③ 유구조충증 ④ 말레이사상충증

★★★
9 간흡충(간디스토마)에 관한 설명으로 틀린 것은?

① 인체 감염형은 피낭유충이다.
② 제1중간숙주는 왜우렁이이다.
③ 인체 주요 기생부위는 간의 담도이다.
④ 경피감염한다.

> 간디스토마는 민물고기를 생식하거나 오염된 물을 섭취할 때 경구감염된다.

★★★
10 우리나라에서 제2중간 숙주인 가재, 게를 통해 감염되는 기생충 질병은?

① 편충 ② 폐흡충증
③ 구충 ④ 회충

★★★
11 폐흡충증의 제2중간숙주에 해당되는 것은?

① 잉어 ② 다슬기
③ 모래무지 ④ 가재

> • 제1중간숙주 – 다슬기 • 제2중간숙주 – 가재, 게

★★★
12 민물 가재를 날것으로 먹었을 때 감염되기 쉬운 기생충 질환은?

① 회충 ② 간디스토마
③ 폐디스토마 ④ 편충

★★★★
13 생활습관과 관계될 수 있는 질병과의 연결이 틀린 것은?

① 담수어 생식 – 간디스토마
② 여름철 야숙 – 일본뇌염
③ 경조사 등 행사 음식 – 식중독
④ 가재 생식 – 무구조충

> 가재 생식 – 폐디스토마

정답 1① 2④ 3③ 4④ 5② 6④ 7② 8① 9④ 10② 11④ 12③ 13④

★★★★
14 기생충의 인체 내 기생 부위 연결이 잘못된 것은?

① 구충증 – 폐
② 간흡충증 – 간의 담도
③ 요충증 – 직장
④ 폐흡충 – 폐

구충증 – 공장

★★★★
15 다음 중 기생충과 전파 매개체의 연결이 옳은 것은?

① 무구조충 – 돼지고기
② 간디스토마 – 바다회
③ 폐디스토마 – 가재
④ 광절열두조충 – 쇠고기

① 무구조충 – 쇠고기
② 간디스토마 – 담수어
④ 광절열두조충 – 물벼룩

★★★★
16 다음 중 기생충과 중간 숙주와의 연결이 잘못된 것은?

① 무구조충 – 소
② 폐흡충 – 가재, 게
③ 간흡충 – 민물고기
④ 유구조충 – 물벼룩

유구조충 : 돼지

★★★
17 주로 돼지고기를 생식하는 지역주민에게 많이 나타나며 성충 감염보다는 충란 섭취로 뇌, 안구, 근육, 장벽, 심장, 폐 등에 낭충증 감염을 많이 유발시키는 것은?

① 유구조충증　② 무구조충증
③ 광절열두조충증　④ 폐흡충증

★★★
18 일반적으로 돼지고기 생식에 의해 감염될 수 없는 것은?

① 유구조충　② 무구조충
③ 선모충　④ 살모넬라

무구조충은 쇠고기를 생식하였을 때 감염될 수 있다.

★★★
19 다음 중 일본뇌염의 중간숙주가 되는 것은?

① 돼지　② 쥐　③ 소　④ 벼룩

★★
20 돼지와 관련이 있는 질환으로 거리가 먼 것은?

① 유구조충　② 살모넬라증
③ 일본뇌염　④ 발진티푸스

발진티푸스는 이가 환자를 흡혈해 환자의 상처를 통해 침입 또는 먼지를 통해 호흡기계로 감염된다.

★★★
21 무구조충은 다음 중 어느 것을 날것으로 먹었을 때 감염될 수 있는가?

① 돼지고기　② 잉어
③ 게　④ 쇠고기

유구조충의 중간숙주는 돼지이며, 무구조충의 중간숙주는 소이다.

★★★
22 어류인 송어, 연어 등을 날로 먹었을 때 주로 감염될 수 있는 것은?

① 갈고리촌충　② 긴촌충
③ 페디스토마　④ 선모충

긴촌충은 광절열두조충이라고도 하며, 송어, 연어 등을 제2중간숙주로 한다.

★★★
23 민물고기와 기생충 질병의 관계가 틀린 것은?

① 송어, 연어 – 광절열두조충증
② 참붕어, 왜우렁이 – 간디스토마증
③ 잉어, 피라미 – 폐디스토마증
④ 은어, 숭어 – 요꼬가와흡충증

• 폐디스토마는 가재 또는 게를 생식했을 때 감염된다.
• 잉어, 피라미 – 간디스토마증

★★★★
24 다음 중 중간숙주와의 연결이 틀리게 된 것은?

① 회충 – 채소　② 흡충류 – 돼지
③ 무구조충 – 소　④ 사상충 – 모기

돼지를 중간숙주로 하는 기생충은 유구조충이다.

정답 14 ① 15 ③ 16 ④ 17 ① 18 ② 19 ① 20 ④ 21 ④ 22 ② 23 ③ 24 ②

chapter 05

NAIL Technician Certification

SECTION 04

보건 일반

이 섹션에서는 환경보건과 산업보건 위주로 공부하도록 합니다. 대기오염물질, 대기오염현상, 인체에 미치는 영향에 대해서는 반드시 학습하도록 하고 산업보건에서는 직업병에 관한 문제의 출제 가능성이 높으므로 반드시 구분할 수 있도록 합니다.

01 정신보건 및 가족 · 노인보건

1 정신보건

(1) 기본이념

① 모든 정신질환자는 인간으로서의 존엄 · 가치 및 최적의 치료와 보호를 받을 권리를 보장받는다.

② 모든 정신질환자는 부당한 차별대우를 받지 않는다.

③ 미성년자인 정신질환자에 대해서는 특별히 치료, 보호 및 필요한 교육을 받을 권리가 보장되어야 한다.

④ 입원치료가 필요한 정신질환자에 대하여는 항상 자발적 입원이 권장되어야 한다.

⑤ 입원 중인 정신질환자에게 가능한 한 자유로운 환경과 타인과의 자유로운 의견교환이 보장되어야 한다.

(2) 정신질환자

정신병(기질적 정신병 포함) · 인격장애 · 알코올 및 약물중독 기타 비정신병적 정신장애를 가진 자

(3) 정신분열증

① 양성 증상 : 망각, 환각, 행동장애 등

② 음성 증상 : 무언어증, 무욕증 등

(4) 신경증

공황장애, 강박장애, 고소공포증, 폐쇄공포증 등

2 가족 및 노인보건

(1) 가족계획

① 의미 : 우생학적으로 우수하고 건강한 자녀 출산을 위한 출산계획

② 내용 : 초산연령 조절, 출산횟수 조절,
출산간격 조절, 출산기간 조절

(2) 노인보건

① 노령화의 4대 문제

- 빈곤문제
- 건강문제
- 무위문제(역할 상실)
- 고독 및 소외문제

② 보건교육 방법 : **개별접촉**을 통한 교육

02 환경보건

1 환경보건의 개념

(1) 환경위생

구충, 구서, 방제, 음용수 수질관리, 미생물 등의 오염 방지

(2) 기후

① **기후의 3대 요소** : 기온, 기습, 기류

② **4대 온열인자** : 기온, 기습, 기류, 복사열

③ 인간이 활동하기 좋은 온도와 습도

- 온도 : 18℃
- 습도 : 40~70%

④ 불쾌지수

- 기온과 기습을 이용하여 사람이 느끼는 불쾌감의 정도를 수치로 나타낸 것
- 불쾌지수가 70~75인 경우 약 10%, 75~80인 경우 약 50%, 80 이상인 경우 대부분의 사람이 불쾌감을 느낌

(3) 공기와 건강

이산화탄소	• 실내공기 오염의 지표로 사용 • 지구온난화 현상의 주된 원인 • 공기 중 약 0.03% 차지
산소	저산소증 : 산소량이 10%이면 호흡곤란, 7% 이하이면 질식사

일산화탄소	• 물체의 불완전 연소 시 많이 발생하며 혈중 헤모글로빈의 친화성이 산소에 비해 약 300배 정도로 높아 중독 시 신경이상증세를 나타냄 • 신경기능 장애 • 세포 내에서 산소와 헤모글로빈의 결합을 방해 • 세포 및 각 조직에서 산소부족 현상 유발 • 중독 증상 : 정신장애, 신경장애, 의식소실
질소	감압병, 잠수병(잠함병) : 혈액 속의 질소가 기포를 발생하게 하여 모세혈관에 혈전현상을 일으키는 것
군집독	일정한 공간의 실내에 수용범위를 초과한 많은 사람이 있는 경우 이산화탄소 농도 증가, 기온상승, 습도증가, 연소가스 등으로 인해 두통, 현기증, 구토, 불쾌감 등의 생리적 현상을 일으키는 것

※ 공기의 자정 작용 : 산화작용, 희석작용, 세정작용, 살균작용, CO_2와 O_2의 교환 작용

2 대기오염

(1) 원인 : 기계문명의 발달, 교통량의 증가, 중화학공업의 난립 등

(2) 오염물질

구분	종류	특징
1차 오염물질	황산화물	• 석탄이나 석유 속에 포함되어 있어 연소할 때 산화되어 발생 • 만성기관지염과 산성비 등 유발
	질소산화물	광화학반응에 의해 2차오염물질 발생
	일산화탄소	불완전 연소 시 주로 발생
	기타	이산화탄소, 탄화수소, 불화수소, 알데히드, 분진, 매연
2차 오염물질	스모그	런던 스모그, 로스엔젤레스 스모그로 구분
	오존(O_3)	무색의 강한 산화제로 눈과 목을 자극
	질산과산화아세틸	강한 산화력과 눈에 대한 자극성이 있음

(3) 대기오염현상

기온역전	• 고도가 높은 곳의 기온이 하층부보다 높은 경우 • 바람이 없는 맑은 날, 춥고 긴 겨울밤, 눈이나 얼음으로 덮인 경우 주로 발생 • 태양이 없는 밤에 지표면의 열이 대기 중으로 복사되면서 발생
열섬현상	도심 속의 온도가 대기오염 또는 인공열 등으로 인해 주변지역보다 높게 나타나는 현상
온실효과	복사열이 지구로부터 빠져나가지 못하게 막아 지구가 더워지는 현상
산성비	• 원인 물질 : 아황산가스, 질소산화물, 염화수소 등 • pH 5.6 이하의 비

(4) 인체에 미치는 영향

황산화물	만성기관지염 등의 호흡기계 질환, 세균감염에 의한 저항력 약화
질소산화물	기관지염, 폐색성 폐질환 등의 호흡기계 질환
일산화탄소	헤모글로빈과 산소의 결합 및 운반 저해, 생리기능 장애
탄화수소	폐기능 저하
납	신경위축, 사지경련 등 신경계통 손상
수은	단백뇨, 구내염, 피부염, 중추신경장애

(5) 대기환경기준

항목	기준	측정방법
아황산가스 (SO_2)	• 연간 평균치 0.02ppm 이하 • 24시간 평균치 0.05ppm 이하 • 1시간 평균치 0.15ppm 이하	자외선 형광법
일산화탄소 (CO)	• 8시간 평균치 9ppm 이하 • 1시간 평균치 25ppm 이하	비분산적외선 분석법
이산화질소 (NO_2)	• 연간 평균치 0.03ppm 이하 • 24시간 평균치 0.06ppm 이하 • 1시간 평균치 0.10ppm 이하	화학 발광법
미세먼지 (PM-10)	• 연간 평균치 50㎍/m^3 이하 • 24시간 평균치 100㎍/m^3 이하	베타선 흡수법

chapter 05

항목	기준	측정방법
미세먼지 (PM-2.5)	• 연간 평균치 25㎍/m^3 이하 • 24시간 평균치 50㎍/m^3 이하	중량농도법 또는 이에 준하는 자동 측정법
오존(O_3)	• 8시간 평균치 0.06ppm 이하 • 1시간 평균치 0.1ppm 이하	자외선 광도법
납 (Pb)	• 연간 평균치 0.5㎍/m^3 이하	원자흡광 광도법
벤젠	• 연간 평균치 5㎍/m^3 이하	가스크로마토그래피

▶ 염화불화탄소(CFC) : 오존층을 파괴시키는 대표적인 가스

3 수질오염 및 상하수 처리

(1) 수질오염지표

① 용존산소(Dissolved Oxygen, DO)
- 물속에 녹아있는 유리산소량
- DO가 낮을수록 물의 오염도가 높음
- 물의 온도가 낮을수록, 압력이 높을수록 많이 존재

② 생물화학적 산소요구량(Biochemical Oxygen Demand, BOD)
- 하수 중의 유기물이 호기성 세균에 의해 산화·분해될 때 소비되는 산소량
- 하수 및 공공수역 수질오염의 지표로 사용
- 유기성 오염이 심할수록 BOD 값이 높음

③ 화학적 산소요구량(Chemical Oxygen Demand, COD)
- 물속의 유기물을 화학적으로 산화시킬 때 화학적으로 소모되는 산소의 양을 측정하는 방법
- 공장폐수의 오염도를 측정하는 지표로 사용
- 산화제로 과망간산칼륨법(국내), 중크롬산칼륨법 사용
- COD가 높을수록 오염도가 높음

음용수의 일반적인 오염지표 : 대장균 수

(2) 수질오염에 따른 건강장애

병명	중독물질	증상
미나마타병	수은	언어장애, 청력장애, 시야협착, 사지마비
이타이이타이병	카드뮴	골연화증, 신장기능장애, 보행장애 등

(3) 하수처리 과정

예비 처리 → 본 처리 → 오니 처리

① 하수 처리법(본 처리)

호기성 처리법	산소를 공급하여 호기성균이 유기물을 분해 예 활성오니법, 산화지법, 관개법
혐기성 처리법	무산소 상태에서 혐기성균이 유기물을 분해 예 부패조법, 임호프조법

(4) 상수처리과정

수원지 -(도수로)→ 정수장 -(송수로)→ 배수지 -(급수로)→ 가정

취수→도수→정수(침사 → 침전→여과→소독)→송수→배수→급수

- 취수 : 수원지에서 물을 끌어옴
- 도수 : 취수한 물을 정수장까지 끌어옴
- 침사 : 모래를 가라앉히는 것

(5) 상수 및 수도전에서의 적정 유리 잔류 염소량

① 평상시 : 0.2ppm 이상

② 비상시 : 0.4ppm 이상

▶ 먹는물 수질기준

구분	기준
유리잔류염소	4mg/L 이하
경도	300mg/L 이하
색도	5도 이하
수소이온 농도	pH 5.8~8.5
탁도	1NTU(수돗물 : 0.5NTU 이하)

(6) 경수

① 일시경수 : 물을 끓일 때 경도가 저하되어 연화되는 물(탄산염, 중탄산염 등)

② 영구경수 : 물을 끓일 때 경도의 변화가 없는 물(황산염, 질산염, 염화염 등)

4 주거환경

(1) 천정의 높이 : 일반적으로 바닥에서부터 210cm 정도

(2) 실내 CO_2량 : 약 20~22L

(3) 자연조명
① 창의 방향 : 남향
② 창의 넓이 : 방바닥 면적의 1/7~1/5
③ 거실의 안쪽길이 : 바닥에서 창틀 윗부분의 1.5배 이하

(4) 인공조명
① 직접조명 : 조명 효율이 크고 경제적이지만 불쾌감을 줌
② 간접조명 : 눈의 보호를 위해 가장 좋은 조명 방법으로 실내조명에서 조명효율이 천정의 색깔에 가장 크게 좌우, 균일한 조도
③ 반간접조명 : 광선의 1/2 이상을 간접광에, 나머지 광선을 직접광에 의하는 방법

▶ **적정조명**

초정밀작업	정밀작업	보통작업	기타 작업
750Lux 이상	300Lux 이상	150Lux 이상	75Lux 이상

(5) 실내온도
① 적정 실내온도 : 18℃
② 적정 침실온도 : 15℃
③ 적정 실내습도 : 40~70%
④ 적정 실내외 온도차 : 5~7℃
⑤ 10℃ 이하 : 난방, 26℃ 이상 : 냉방 필요

03 산업보건

1 산업피로

(1) 개념 : 정신적 · 육체적 · 신경적 노동의 부하로 인해 충분한 휴식을 가졌는데도 회복되지 않는 피로

(2) 산업피로의 본질
① 생체의 생리적 변화, ② 피로감각, ③ 작업량 변화

(3) 산업피로의 종류
① 정신적 피로 : 중추신경계의 피로
② 육체적 피로 : 근육의 피로

(4) 산업피로의 대표적 증상
체온 변화, 호흡기 변화, 순환기계 변화

(5) 산업피로의 대책
① 작업방법의 합리화
② 개인차를 고려한 작업량 할당
③ 적절한 휴식
④ 효율적인 에너지 소모

2 산업재해

(1) 발생 원인

종류	요인
인적 요인	• 관리상 원인 • 생리적 원인 • 심리적 원인
환경적 요인	• 시설 및 공구 불량 • 재료 및 취급품의 부족 • 작업장 환경 불량 • 휴식시간 부족

(2) 산업재해지표

종류	설명
건수율 (발생률)	• 산업체 근로자 1,000명당 재해 발생 건수 • $\frac{\text{재해건수}}{\text{평균 실제 근로자 수}} \times 1,000$
도수율 (빈도율)	• 연근로시간 100만 시간당 재해 발생 건수 • 국제노동기구(ILO)에서 사용하는 국제지표 • $\frac{\text{재해건수}}{\text{연간 근로 시간수}} \times 1,000,000$
강도율	• 근로시간 1,000시간당 발생한 근로손실일수 • $\frac{\text{근로손실일수}}{\text{연간 근로 시간수}} \times 1,000$

(3) 하인리히의 재해비율
현성재해 : 불현성재해 : 잠재성재해의 비율 = 1 : 29 : 300

(4) 산업재해방지의 4대원칙
① **손실우연의 원칙** : 조건과 상황에 따라 손실이 달라진다.
② **예방가능의 원칙** : 재해는 예방이 가능하다.
③ **원인인연의 원칙** : 재해는 여러 요인에 의해 복합적으로 발생한다.
④ **대책선정의 원칙** : 재해의 원인은 다르기 때문에 정확히 규명하여 대책을 세워야 한다.

3 직업병

(1) 발생 요인에 의한 직업병의 종류

발생 요인	종류
고열 고온	열경련증, 열허탈증, 열사병, 열쇠약증, 열중증 등
이상저온	전신 저체온, 동상, 참호족, 침수족 등
이상기압	감압병(잠함병), 이상저압
방사선	조혈지능장애, 백혈병, 생식기능장애, 정신장애, 탈모, 피부건조, 수명단축, 백내장 등
진동	레이노드병
분진	허파먼지증(진폐증), 규폐증, 석면폐증
불량조명	안정피로, 근시, 안구진탕증

(2) 잠함병의 4대 증상

① 피부소양감 및 사지관절통

② 척주전색증 및 마비

③ 내이장애

④ 뇌내혈액순환 및 호흡기장애

(3) 소음

① 인체에 미치는 영향

불안증 및 노이로제, 청력장애, 작업능률 저하

② 소음에 의한 직업병의 요인

소음의 크기, 주파수, 폭로기간에 따라 다르다.

③ 소음 허용한계

1일 8시간 노출	1일 4시간 노출	1일 2시간 노출	1일 1시간 노출
90dB	95dB	100dB	105dB

※ dB(데시벨) : 소음의 강도를 나타내는 단위

4 공업 중독

종류	측정방법
납 중독	빈혈, 권태, 신경마비, 뇌중독증상, 체중감소, 헤모글로빈 양 감소 ※징후 • 적혈구 수명단축으로 인한 연빈혈 • 치은연에 암자색의 황화연이 침착되어 착색되는 연선 • 염기성 과립적혈구의 수 증가 • 소변에서 코프로포르피린 검출
수은 중독	두통, 구토, 설사, 피로감, 기억력 감퇴, 치은괴사, 구내염 등
카드뮴 중독	당뇨병, 신장기능장애, 폐기종, 오심, 구토, 복통, 급성폐렴 등
크롬 중독	비염, 기관지염, 인두염, 피부염 등
벤젠 중독	두통, 구토, 이명, 현기증, 조혈기능장애, 백혈병 등

01. 정신보건 및 가족·노인보건

★★
1 정신보건에 대한 설명 중 잘못된 것은?

① 모든 정신질환자는 인간으로서의 존엄·가치 및 최적의 치료와 보호를 받을 권리를 보장받는다.
② 모든 정신질환자는 부당한 차별대우를 받지 않는다.
③ 미성년자인 정신질환자에 대해서는 특별히 치료, 보호 및 필요한 교육을 받을 권리가 보장되어야 한다.
④ 입원 중인 정신질환자는 타인에게 해를 줄 염려가 있으므로 타인과의 의견교환이 필요에 따라 제한되어야 한다.

★★
2 다음 중 가족계획에 포함되는 것은?

㉠ 결혼연령 제한	㉡ 초산연령 조절
㉢ 인공임신중절	㉣ 출산횟수 조절

① ㉠, ㉡, ㉢　　② ㉠, ㉢
③ ㉡, ㉣　　④ ㉠, ㉡, ㉢, ㉣

★★★
3 가족계획과 가장 가까운 의미를 갖는 것은?

① 불임시술　　② 수태제한
③ 계획출산　　④ 임신중절

> 가족계획은 우생학적으로 우수하고 건강한 자녀 출산을 위한 출산계획을 의미한다.

★
4 피임의 이상적 요건 중 틀린 것은?

① 피임효과가 확실하여 더 이상 임신이 되어서는 안 된다.
② 육체적·정신적으로 무해하고 부부생활에 지장을 주어서는 안 된다.
③ 비용이 적게 들어야 하고, 구입이 불편해서는 안 된다.
④ 실시방법이 간편하여야 하고, 부자연스러우면 안 된다.

★
5 임신 초기에 감염이 되어 백내장아, 농아 출산의 원인이 되는 질환은?

① 심장질환　　② 뇌질환
③ 풍진　　④ 당뇨병

> 풍진은 제2급 감염병으로 지정되어 있으며, 임신 초기에 감염되면 태아의 90%가 선천성 풍진 증후군에 걸리게 된다.

★★★
6 지역사회에서 노인층 인구에 가장 적절한 보건교육 방법은?

① 신문　　② 집단교육
③ 개별접촉　　④ 강연회

> 노인층에게는 개별접촉을 통한 보건교육이 가장 적합한 방법이다.

02. 환경보건

★★★★
1 다음 중 기후의 3대 요소는?

① 기온－복사량－기류　　② 기온－기습－기류
③ 기온－기압－복사량　　④ 기류－기압－일조량

★★★
2 체감온도(감각온도)의 3요소가 아닌 것은?

① 기온　　② 기습
③ 기류　　④ 기압

★★★
3 다음 중 특별한 장치를 설치하지 아니한 일반적인 경우에 실내의 자연적인 환기에 가장 큰 비중을 차지하는 요소는?

① 실내외 공기 중 CO_2의 함량의 차이
② 실내외 공기의 습도 차이
③ 실내외 공기의 기온 차이 및 기류
④ 실내외 공기의 불쾌지수 차이

> 자연환기는 자연적으로 환기가 되는 것을 의미하며, 실내외의 기온차, 기류 등에 의해 이루어진다.

정답 1 1④ 2③ 3③ 4① 5③ 6③ 2 1② 2④ 3③

★★
4 기온측정 등에 관한 설명 중 틀린 것은?

① 실내에서는 통풍이 잘 되는 직사광선을 받지 않은 곳에 매달아 놓고 측정하는 것이 좋다.
② 평균기온은 높이에 비례하여 하강하는데, 고도 11,000m 이하에서는 보통 100m 당 0.5~0.7도 정도이다.
③ 측정할 때 수은주 높이와 측정자의 눈의 높이가 같아야 한다.
④ 정상적인 날의 하루 중 기온이 가장 낮을 때는 밤 12시 경이고 가장 높을 때는 오후 2시경이 일반적이다.

> 정상적인 날의 하루 중 기온이 가장 낮을 때는 새벽 4시~5시 사이이다.

★★★
5 불쾌지수를 산출하는 데 고려해야 하는 요소들은?

① 기류와 복사열　　② 기온과 기습
③ 기압과 복사열　　④ 기온과 기압

> 불쾌지수란 기온과 기습을 이용하여 사람이 느끼는 불쾌감의 정도를 수치로 나타낸 것을 말한다.

★★★
6 일반적으로 활동하기 가장 적합한 실내의 적정 온도는?

① 15±2℃　　② 18±2℃
③ 22±2℃　　④ 24±2℃

> **활동하기 가장 적합한 실내 조건**
> 온도 : 18℃, 습도 : 40~70%

★★★★
7 다음 중 이·미용업소의 실내온도로 가장 알맞은 것은?

① 10℃　　② 14℃
③ 21℃　　④ 26℃

★★★
8 일반적으로 이·미용업소의 실내 쾌적 습도 범위로 가장 알맞은 것은?

① 10~20%　　② 20~40%
③ 40~70%　　④ 70~90%

★★★
9 다음 중 군집독의 가장 큰 원인은?

① 저기압
② 공기의 이화학적 조성 변화
③ 대기오염
④ 질소 증가

> 군집독이란 일정한 공간의 실내에 수용범위를 초과한 많은 사람이 있는 경우 이산화탄소 농도 증가, 기온상승, 습도증가, 연소가스 등으로 인해 두통, 현기증, 구토, 불쾌감 등의 생리적 현상을 일으키는 것을 말한다.

★★★★
10 실내에 다수인이 밀집한 상태에서 실내공기의 변화는?

① 기온 상승－습도 증가－이산화탄소 감소
② 기온 하강－습도 증가－이산화탄소 감소
③ 기온 상승－습도 증가－이산화탄소 증가
④ 기온 상승－습도 감소－이산화탄소 증가

> 밀폐된 공간에서 다수인이 밀집해 있으면 기온, 습도, 이산화탄소가 모두 증가한다.

★★
11 고도가 상승함에 따라 기온도 상승하여 상부의 기온이 하부의 기온보다 높게 되어 대기가 안정화되고 공기의 수직 확산이 일어나지 않게 되며, 대기오염이 심화되는 현상은?

① 고기압　　② 기온역전
③ 엘니뇨　　④ 열섬

> **기온역전 현상** : 고도가 높은 곳의 기온이 하층부보다 높은 경우 주로 발생하는 대기오염현상

★★★
12 대기오염에 영향을 미치는 기상조건으로 가장 관계가 큰 것은?

① 강우, 강설　　② 고온, 고습
③ 기온역전　　④ 저기압

> 기온역전이란 고도가 높은 곳의 기온이 하층부보다 높은 경우를 말하는데, 태양이 없는 밤에 지표면의 열이 대기 중으로 복사되면서 발생하는 대기오염현상의 하나이다.

정답 4④ 5② 6② 7③ 8③ 9② 10③ 11② 12③

13 ★★★ 공기의 자정작용과 관련이 가장 먼 것은?

① 이산화탄소와 일산화탄소의 교환 작용
② 자외선의 살균작용
③ 강우, 강설에 의한 세정작용
④ 기온역전작용

14 ★★★ 물체의 불완전 연소 시 많이 발생하며. 혈중 헤모글로빈의 친화성이 산소에 비해 약 300배 정도로 높아 중독 시 신경이상증세를 나타내는 성분은?

① 아황산가스 ② 일산화탄소
③ 질소 ④ 이산화탄소

일산화탄소는 물체의 불완전 연소 시 많이 발생하는 가스로 정신장애, 신경장애, 의식소실 등의 중독 증상을 보인다.

15 ★★★ 고기압 상태에서 올 수 있는 인체 장애는?

① 안구 진탕증 ② 잠함병
③ 레이노이드병 ④ 섬유증식증

잠함병(잠수병)은 고기압상태에서 작업하는 잠수부들에게 흔히 나타나는 증상으로 체액 및 혈액 속의 질소 기포 증가가 주 원인이다. 예방을 위해서는 감압의 적절한 조절이 매우 중요하다.

16 ★★★★ 잠함병의 직접적인 원인은?

① 혈중 CO_2 농도 증가
② 체액 및 혈액 속의 질소 기포 증가
③ 혈중 O_2 농도 증가
④ 혈중 CO 농도 증가

17 ★★★ 다음 중 일산화탄소가 인체에 미치는 영향이 아닌 것은?

① 신경기능 장애를 일으킨다.
② 세포 내에서 산소와 Hb의 결합을 방해한다.
③ 혈액 속에 기포를 형성한다.
④ 세포 및 각 조직에서 O_2 부족 현상을 일으킨다.

감압병이나 잠수병(잠함병)의 경우 혈액 속의 질소가 기포를 발생하게 하여 모세혈관에 혈전현상을 일으킨다.

18 ★★★ 다음 중 일산화탄소 중독의 증상이나 후유증이 아닌 것은?

① 정신장애 ② 무균성 괴사
③ 신경장애 ④ 의식소실

일산화탄소 중독은 세포 및 각 조직에서 산소부족 현상을 유발하여 정신장애, 신경장애, 의식소실 등의 증상을 나타낸다.

19 ★★★ 다음 중 지구의 온난화 현상(Global warming)의 원인이 되는 주된 가스는?

① NO ② CO_2 ③ Ne ④ CO

이산화탄소는 공기 중 약 0.03%를 차지하는데, 실내공기 오염의 지표로 사용되며 지구온난화 현상의 주된 원인이다.

20 ★★★ 일반적으로 공기 중 이산화탄소(CO_2)는 약 몇 %를 차지하고 있는가?

① 0.03% ② 0.3%
③ 3% ④ 13%

일반적으로 공기 중 에는 질소와 산소가 대부분을 차지하고 있으며, 아르곤이 약 0.9%, 이산화탄소가 약 0.03%를 차지한다.

21 ★★★★ 대기오염의 주원인 물질 중 하나로 석탄이나 석유 속에 포함되어 있어 연소할 때 산화되어 발생되며 만성기관지염과 산성비 등을 유발시키는 것은?

① 일산화탄소 ② 질소산화물
③ 황산화물 ④ 부유분진

대기오염의 1차오염물질로는 황산화물, 질소산화물, 일산화탄소 등이 있는데, 만성기관지염과 산성비 등을 유발하는 물질은 황산화물이다.

22 ★★★ 대기오염을 일으키는 원인으로 거리가 가장 먼 것은?

① 도시의 인구감소
② 교통량의 증가
③ 기계문명의 발달
④ 중화학공업의 난립

정답 13 ④ 14 ② 15 ② 16 ② 17 ③ 18 ② 19 ② 20 ① 21 ③ 22 ①

23 ★★★★ 대기오염물질 중 그 종류가 다른 하나는?

① 황산화물(SOx) ② 일산화탄소(CO)
③ 오존(O_3) ④ 질소산화물(NOx)

황산화물, 일산화탄소, 질소산화물은 1차오염물질이며, 오존은 2차오염물질이다.

24 ★★ 대기오염으로 인한 건강장애의 대표적인 것은?

① 위장질환 ② 호흡기질환
③ 신경질환 ④ 발육저하

대기오염이 인체에 미치는 영향 중 가장 큰 것은 호흡기질환이다.

25 ★★ 대기오염 방지 목표와 연관성이 가장 적은 것은?

① 생태계 파괴 방지
② 경제적 손실 방지
③ 자연환경의 악화 방지
④ 직업병의 발생 방지

대기오염은 직업병과는 직접적인 관련이 없다.

26 ★★★ 일산화탄소(CO)의 환경기준은 8시간 기준으로 얼마인가?

① 9ppm ② 1ppm
③ 0.03ppm ④ 25ppm

일산화탄소의 환경기준
- 8시간 평균치 9ppm 이하
- 1시간 평균치 25ppm 이하

27 ★★★ 연탄가스 중 인체에 중독현상을 일으키는 주된 물질은?

① 일산화탄소 ② 이산화탄소
③ 탄산가스 ④ 메탄가스

연탄가스는 연탄이 탈 때 발생하는 유독성가스로 일산화탄소가 주성분이다.

28 ★★★ 환경오염의 발생요인인 산성비의 가장 주요한 원인과 산도는?

① 이산화탄소 pH 5.6 이하
② 아황산가스 pH 5.6 이하
③ 염화불화탄소 pH 6.6 이하
④ 탄화수소 pH 6.6 이하

pH 5.6 이하의 비를 산성비라 하며, 아황산가스, 질소산화물, 염화수소 등이 주요 원인이다.

29 ★★ 다음 중 환경위생 사업이 아닌 것은?

① 오물처리 ② 예방접종
③ 구충구서 ④ 상수도 관리

환경위생 사업은 주위 환경의 위생과 관련된 사업을 말하며, 상하수도, 오물처리, 구충구서, 공기, 냉난방 등에 관한 사업을 말한다. 예방접종은 보건사업에 해당한다.

30 ★ 다음 중 환경보전에 영향을 미치는 공해 발생 원인으로 관계가 먼 것은?

① 실내의 흡연
② 산업장 폐수방류
③ 공사장의 분진 발생
④ 공사장의 굴착작업

31 ★ 환경오염 방지대책과 거리가 가장 먼 것은?

① 환경오염의 실태파악
② 환경오염의 원인규명
③ 행정대책과 법적규제
④ 경제개발 억제정책

32 ★★★★★ 수질오염의 지표로 사용하는 "생물학적 산소요구량"을 나타내는 용어는?

① BOD ② DO ③ COD ④ SS

- DO : 용존산소
- COD : 화학적 산소요구량

정답 23 ③ 24 ② 25 ④ 26 ① 27 ① 28 ② 29 ② 30 ① 31 ④ 32 ①

33 ★★★ 하수오염이 심할수록 BOD는 어떻게 되는가?

① 수치가 낮아진다.
② 수치가 높아진다.
③ 아무런 영향이 없다.
④ 높아졌다 낮아졌다 반복한다.

BOD는 하수의 오염지표로 주로 이용되는데 하수의 오염이 심할수록 BOD 수치는 높아진다.

34 ★★★★★ 다음 중 하수의 오염지표로 주로 이용하는 것은?

① db ② BOD ③ COD ④ 대장균

생물화학적 산소요구량(BOD)은 하수 중의 유기물이 호기성 세균에 의해 산화·분해될 때 소비되는 산소량을 말하는데, 하수 및 공공수역 수질오염의 지표로 사용된다.

35 ★★★★ 상수 수질오염의 대표적 지표로 사용하는 것은?

① 이질균 ② 일반세균
③ 대장균 ④ 플랑크톤

36 ★★★ 다음 중 하수에서 용존산소(DO)가 아주 낮다는 의미에 적합한 것은?

① 수생식물이 잘 자랄 수 있는 물의 환경이다.
② 물고기가 잘 살 수 있는 물의 환경이다.
③ 물의 오염도가 높다는 의미이다.
④ 하수의 BOD가 낮은 것과 같은 의미이다.

용존산소는 물에 녹아있는 유리산소를 의미하는데, 용존산소가 높을수록 물의 오염도가 낮고 용존산소가 낮을수록 물의 오염도가 높다.

37 ★★★★ 수질오염을 측정하는 지표로서 물에 녹아있는 유리산소를 의미하는 것은?

① 용존산소(DO)
② 생물화학적산소요구량(BOD)
③ 화학적산소요구량 (COD)
④ 수소이온농도(pH)

DO는 Dissolved Oxygen의 약자로 물에 녹아있는 유리산소를 의미하는데, 용존산소가 높을수록 물의 오염도가 낮다.

38 ★★★★ 생물학적 산소요구량(BOD)과 용존산소량(DO)의 값은 어떤 관계가 있는가?

① BOD와 DO는 무관하다.
② BOD가 낮으면 DO는 낮다.
③ BOD가 높으면 DO는 낮다.
④ BOD가 높으면 DO도 높다.

39 ★★★★ 다음 중 음용수에서 대장균 검출의 의의로 가장 큰 것은?

① 오염의 지표
② 감염병 발생예고
③ 음용수의 부패상태 파악
④ 비병원성

대장균은 음용수의 일반적인 오염지표로 사용된다.

40 ★★★★★ 음용수의 일반적인 오염지표로 사용되는 것은?

① 탁도
② 일반세균 수
③ 대장균 수
④ 경도

41 ★★★ 합성세제에 의한 오염과 가장 관계가 깊은 것은?

① 수질오염
② 중금속오염
③ 토양오염
④ 대기오염

42 ★★★ 다음 중 상호 관계가 없는 것으로 연결된 것은?

① 상수 오염의 생물학적 지표 – 대장균
② 실내공기 오염의 지표 – CO_2
③ 대기오염의 지표 – SO_2
④ 하수 오염의 지표 – 탁도

하수 오염의 지표로 사용되는 것은 BOD이다.

정답 33 ② 34 ② 35 ③ 36 ③ 37 ① 38 ③ 39 ① 40 ③ 41 ① 42 ④

43 ★★★ 환경오염지표와 관련해서 연결이 바르게 된 것은?

① 수소이온농도 – 음료수오염지표
② 대장균 – 하천오염지표
③ 용존산소 – 대기오염지표
④ 생물학적 산소요구량 – 수질오염지표

• 수질오염지표 : 용존산소, 생물화학적 산소요구량, 화학적 산소요구량
• 음용수 오염지표 : 대장균 수

44 ★★★★ 하수 처리법 중 호기성 처리법에 속하지 않는 것은?

① 활성오니법 ② 살수여과법
③ 산화지법 ④ 부패조법

부패조법은 혐기성 처리법에 속한다.

45 ★★ 상수를 정수하는 일반적인 순서는?

① 침전→여과→소독
② 예비처리→본처리→오니처리
③ 예비처리→여과처리→소독
④ 예비처리→침전→여과→소독

상수 정수 순서 : 침사 → 침전 → 여과 → 소독

46 ★★★ 예비 처리 – 본 처리 – 오니 처리 순서로 진행되는 것은?

① 하수 처리 ② 쓰레기 처리
③ 상수도 처리 ④ 지하수 처리

가정이나 공장에서 배출하는 하수는 생태계를 파괴하는 원인이 되므로 예비 처리, 본 처리, 오니 처리를 통해 강이나 바다로 방류시킨다.

47 ★★★ 하수처리 방법 중 혐기성 분해처리에 해당하는 것은?

① 부패조법 ② 활성오니법
③ 살수여과법 ④ 산화지법

혐기성 처리법에는 부패조법과 임호프조법이 있다.

48 ★★ 다음의 상수 처리 과정에서 가장 마지막 단계는?

① 급수 ② 취수
③ 정수 ④ 도수

상수 처리 과정
취수 → 도수 → 정수 → 송수 → 배수 → 급수

49 ★★★ 도시 하수처리에 사용되는 활성오니법의 설명으로 가장 옳은 것은?

① 상수도부터 하수까지 연결되어 정화시키는 법
② 대도시 하수만 분리하여 처리하는 방법
③ 하수 내 유기물을 산화시키는 호기성 분해법
④ 쓰레기를 하수에서 걸러내는 법

산소를 공급하여 호기성 균이 유기물을 분해하는 방법을 호기성 처리법이라 하며, 이 호기성 처리법에는 활성오니법, 산화지법, 관개법이 있다.

50 ★★★ 하수도의 복개로 가장 문제가 되는 것은?

① 대장균의 증가
② 일산화탄소의 증가
③ 이끼류의 번식
④ 메탄가스의 발생

하수도가 복개되면 상류에서 유입된 생활하수 등의 영양물질이 부패하면서 메탄가스를 발생한다.

51 ★★ 다음 중 수질오염 방지대책으로 묶인 것은?

ㄱ 대기의 오염실태 파악
ㄴ 산업폐수의 처리시설 개선
ㄷ 어류 먹이용 부패시설 확대
ㄹ 공장폐수 오염실태 파악

① ㄱ, ㄴ, ㄷ ② ㄱ, ㄷ
③ ㄴ, ㄹ ④ ㄱ, ㄴ, ㄷ, ㄹ

정답 43 ④ 44 ④ 45 ① 46 ① 47 ① 48 ① 49 ③ 50 ④ 51 ③

★★★
52 일반적인 음용수로서 적합한 잔류 염소(유리 잔류 염소를 말함) 기준은?

① 250mg/L 이하 ② 4mg/L 이하
③ 2mg/L 이하 ④ 0.1mg/L 이하

먹는물 수질기준

구분	기준
유리잔류염소	4mg/L 이하
경도	300mg/L 이하
색도	5도 이하
수소이온 농도	pH 5.8~8.5
탁도	1NTU(수돗물 : 0.5NTU 이하)

★
53 다음 중 물의 일시경도의 원인 물질은?

① 중탄산염 ② 염화염
③ 질산염 ④ 황산염

- 일시경도의 원인물질 : 탄산염, 중탄산염 등
- 영구경수의 원인물질 : 황산염, 질산염, 염화염 등

★★★★
54 평상시 상수와 수도전에서의 적정한 유리 잔류 염소량은?

① 0.002ppm 이상 ② 0.2ppm 이상
③ 0.5ppm 이상 ④ 0.55ppm 이상

- 평상시 : 0.2ppm 이상 • 비상시 : 0.4ppm 이상

03. 산업보건

★★
1 작업환경의 관리원칙은?

① 대치－격리－폐기－교육
② 대치－격리－환기－교육
③ 대치－격리－재생－교육
④ 대치－격리－연구－홍보

- 대치 : 공정변경, 시설변경, 물질변경
- 격리 : 작업장과 유해인자 사이를 차단하는 방법
- 환기 : 작업장 내 오염된 공기를 제거하고 신선한 공기로 바꾸는 것
- 교육 : 작업훈련을 통해 얻은 지식을 실제로 이용

★★
2 야간작업의 폐해가 아닌 것은?

① 주야가 바뀐 부자연스런 생활
② 수면 부족과 불면증
③ 피로회복 능력 강화와 영양 저하
④ 식사시간, 습관의 파괴로 소화불량

★
3 산업보건에서 작업조건의 합리화를 위한 노력으로 옳은 것은?

① 작업강도를 강화시켜 단 시간에 끝낸다.
② 작업속도를 최대한 빠르게 한다.
③ 운반방법을 가능한 범위에서 개선한다.
④ 근무시간은 가능하면 전일제로 한다.

★★
4 산업피로의 본질과 가장 관계가 먼 것은?

① 생체의 생리적 변화 ② 피로감각
③ 산업구조의 변화 ④ 작업량 변화

★★★
5 산업피로의 대표적인 증상은?

① 체온 변화－호흡기 변화－순환기계 변화
② 체온 변화－호흡기 변화－근수축력 변화
③ 체온 변화－호흡기 변화－기억력 변화
④ 체온 변화－호흡기 변화－사회적 행동 변화

★★
6 산업피로의 대책으로 가장 거리가 먼 것은?

① 작업과정 중 적절한 휴식시간을 배분한다.
② 에너지 소모를 효율적으로 한다.
③ 개인차를 고려하여 작업량을 할당한다.
④ 휴직과 부서 이동을 권고한다.

휴직과 부서 이동은 산업피로의 근본적인 대책이 되지 못한다.

★★★
7 산업재해 발생의 3대 인적요인이 아닌 것은?

① 예산 부족 ② 관리 결함
③ 생리적 결함 ④ 작업상의 결함

정답 52 ② 53 ① 54 ② 3 1 ② 2 ③ 3 ③ 4 ③ 5 ① 6 ④ 7 ①

★★★
8 다음 중 산업재해의 지표로 주로 사용되는 것을 전부 고른 것은?

㉠ 도수율	㉡ 발생률
㉢ 강도율	㉣ 사망률

① ㉠, ㉡, ㉢ ② ㉠, ㉢
③ ㉡, ㉣ ④ ㉠, ㉡, ㉢, ㉣

- 도수율(빈도율) : 연근로시간 100만 시간당 재해 발생 건수
- 건수율(발생률) : 산업체 근로자 1,000명당 재해 발생 건수
- 강도율 : 근로시간 1,000시간당 발생한 근로손실일수

★★
9 다음 중 산업재해 방지 대책과 관련이 가장 먼 내용은?

① 정확한 관찰과 대책 ② 정확한 사례조사
③ 생산성 향상 ④ 안전관리

생산성 향상은 산업재해 방지 대책과 관련이 없다.

★★
10 산업재해 방지를 위한 산업장 안전관리대책으로만 짝지어진 것은?

㉠ 정기적인 예방접종	㉡ 작업환경 개선
㉢ 보호구 착용 금지	㉣ 재해방지 목표설정

① ㉠, ㉡, ㉢ ② ㉠, ㉢
③ ㉡, ㉣ ④ ㉠, ㉡, ㉢, ㉣

★★★
11 다음 중 직업병으로만 구성된 것은?

① 열중증 – 잠수병 – 식중독
② 열중증 – 소음성난청 – 잠수병
③ 열중증 – 소음성난청 – 폐결핵
④ 열중증 – 소음성난청 – 대퇴부골절

- 열중증 : 고온 환경에서 발생
- 소음성난청 : 소음에 오랜 시간 노출 시 발생
- 잠수병 : 이상기압에서 발생

★★★
12 다음 중 직업병에 해당하는 것은?

㉠ 잠함병	㉡ 규폐증
㉢ 소음성 난청	㉣ 식중독

① ㉠, ㉡, ㉢, ㉣ ② ㉠, ㉡, ㉢
③ ㉠, ㉢ ④ ㉡, ㉣

식중독은 음식물 섭취와 관련된 것이므로 직업병과는 무관하다.

★★★★
13 직업병과 관련 직업이 옳게 연결된 것은?

① 근시안 – 식자공 ② 규폐증 – 용접공
③ 열사병 – 채석공 ④ 잠함병 – 방사선기사

② 규폐증 – 채석공, 채광부 ③ 열사병 – 제련공, 초자공
④ 잠함병 – 잠수부

★★★
14 합병증으로 고환염, 뇌수막염 등이 초래되어 불임이 될 수도 있는 질환은?

① 홍역 ② 뇌염
③ 풍진 ④ 유행성 이하선염

일반적으로 볼거리로 알려진 유행성 이하선염은 사춘기에 감염되어 고환염으로 발전될 경우 남성불임의 원인이 될 수도 있다.

★★★★
15 직업병과 직업종사자의 연결이 바르게 된 것은?

① 잠수병 – 수영선수
② 열사병 – 비만자
③ 고산병 – 항공기조종사
④ 백내장 – 인쇄공

① 잠수병 – 잠수부 ② 열사병 – 제련공, 초자공 ④ 백내장 – 용접공

★★★
16 이상저온 작업으로 인한 건강 장애인 것은?

① 참호족 ② 열경련
③ 울열증 ④ 열쇠약증

참호족은 발을 오랜 시간 축축하고 차가운 환경에 노출할 경우 발생하는 질병이다.

정답 8 ① 9 ③ 10 ③ 11 ② 12 ② 13 ① 14 ④ 15 ③ 16 ①

★★★
17 다음 중 방사선에 관련된 직업에 의해 발생할 수 있는 것이 아닌 것은?

① 조혈지능장애 ② 백혈병
③ 생식기능장애 ④ 잠함병

잠함병은 이상기압에 의해 발생할 수 있는 직업병이다.

★★
18 소음이 인체에 미치는 영향으로 가장 거리가 먼 것은?

① 불안증 및 노이로제
② 청력장애
③ 중이염
④ 작업능률 저하

중이염은 중이강 내에 생기는 염증을 말하는데, 미생물에 의한 감염 등 복합적인 원인에 의해 발생하는데, 소음과는 무관하다.

★★★
19 소음에 관한 건강장애와 관련된 요인에 대한 설명으로 가장 옳은 것은?

① 소음의 크기, 주파수, 방향에 따라 다르다.
② 소음의 크기, 주파수, 내용에 따라 다르다.
③ 소음의 크기, 주파수, 폭로기간에 따라 다르다.
④ 소음의 크기, 주파수, 발생지에 따라 다르다.

소음에 의한 건강장애는 소음의 크기가 클수록, 주파수가 높을수록, 폭로기간이 길수록 심하게 나타난다.

★★
20 조도불량, 현휘가 과도한 장소에서 장시간 작업하여 눈에 긴장을 강요함으로써 발생되는 불량 조명에 기인하는 직업병이 아닌 것은?

① 안정피로
② 근시
③ 원시
④ 안구진탕증

원시는 망막의 뒤쪽에 물체의 상이 맺혀 먼 곳은 잘 보이지만 가까운 곳은 잘 보이지 않는 상태를 말하며, 유전적 요인에 의해 주로 발생한다.

★★★
21 dB(decibel)은 무슨 단위인가?

① 소리의 파장
② 소리의 질
③ 소리의 강도(음압)
④ 소리의 음색

★★★
22 불량조명에 의해 발생되는 직업병은?

① 규폐증 ② 피부염
③ 안정피로 ④ 열중증

불량조명에 의해 발생하는 직업병으로는 안정피로, 근시, 안구진탕증이 있다.

★★
23 진동이 심한 작업을 하는 사람에게 국소진동 장애로 생길 수 있는 직업병은?

① 레이노드병 ② 파킨슨씨 병
③ 잠함병 ④ 진폐증

레이노드병은 진동이 심한 작업을 하는 사람에게 국소 진동 장애로 생길 수 있는 직업병이다.

★★★
24 다음 중 불량조명에 의해 발생되는 직업병이 아닌 것은?

① 안정피로 ② 근시
③ 근육통 ④ 안구진탕증

근육통 다양한 원인에 의해 근육에 나타나는 통증을 말하며, 불량조명과는 상관이 없다.

★★★★★
25 눈의 보호를 위해서 가장 좋은 조명 방법은?

① 간접조명 ② 반간접조명
③ 직접조명 ④ 반직접조명

간접조명은 조명에서 나오는 빛의 90% 이상을 천장이나 벽에서 반사되어 나오는 빛을 이용하는 조명으로 눈부심이 적어 눈의 보호를 위해서 가장 좋은 방법이다.

정답 17 ④ 18 ③ 19 ③ 20 ③ 21 ③ 22 ③ 23 ① 24 ③ 25 ①

★★★★
26 실내조명에서 조명효율이 천정의 색깔에 가장 크게 좌우되는 것은?

① 직접조명 ② 반직접 조명
③ 반간접 조명 ④ 간접조명

간접조명은 천장이나 벽에서 반사되어 나오는 빛을 이용하는 조명이므로 조명효율이 천정의 색깔에 크게 좌우된다.

★★★
27 주택의 자연조명을 위한 이상적인 주택의 방향과 창의 면적은?

① 남향, 바닥면적의 1/7～1/5
② 남향, 바닥면적의 1/5～1/2
③ 동향, 바닥면적의 1/10～1/7
④ 동향, 바닥면적의 1/5～1/2

★★
28 저온폭로에 의한 건강장애는?

① 동상－무좀－전신체온 상승
② 참호족－동상－전신체온 하강
③ 참호족－동상－전신체온 상승
④ 동상－기억력 저하－참호족

이상저온에 의해 나타나는 건강장애로는 전신 저체온, 동상, 참호족, 침수족 등이 있다.

★★★
29 실내·외의 온도차는 몇 도가 가장 적합한가?

① 1～3℃ ② 5～7℃
③ 8～12℃ ④ 12℃ 이상

★★
30 다음 중 만성적인 열중증을 무엇이라 하는가?

① 열허탈증 ② 열쇠약증
③ 열경련 ④ 울열증

열쇠약증은 만성적인 체열의 소모로 일어나는 만성 열중증이 원인이 되어 나타나며, 전신권태, 빈혈, 위장장애 등의 증상을 보이는데, 회복을 위해서는 충분한 영양공급과 휴식이 필요하다.

★★★
31 납중독과 가장 거리가 먼 증상은?

① 빈혈 ② 신경마비
③ 뇌중독증상 ④ 과다행동장애

과다행동장애는 지속적으로 주의력이 부족하고 산만하고 과다활동을 보이는 상태를 말하는데, 아동기에 많이 나타나는 장애이다.

★★★
32 수은중독의 증세와 관련 없는 것은?

① 치은괴사 ② 호흡장애
③ 구내염 ④ 혈성구토

수은중독의 증상으로는 두통, 구토, 설사, 피로감, 기억력 감퇴, 치은괴사, 구내염 등이 있다.

★★★
33 만성 카드뮴(Cd) 중독의 3대 증상이 아닌 것은?

① 당뇨병 ② 빈혈
③ 신장기능장애 ④ 폐기종

카드뮴에 중독되면 당뇨병, 신장기능장애, 폐기종, 오심, 구토, 복통, 급성폐렴 등의 증상을 보인다.

★★
34 이따이이따이병의 원인물질로 주로 음료수를 통해 중독되며, 구토, 복통, 신장장애, 골연화증을 일으키는 유해금속물질은?

① 비소 ② 카드뮴
③ 납 ④ 다이옥신

이따이이따이병은 '아프다 아프다'라는 의미의 일본어에서 유래된 것으로 카드뮴에 의한 공해병의 일종이다.

★
35 분진 흡입에 의하여 폐에 조직반응을 일으킨 상태는?

① 진폐증 ② 기관지염
③ 폐렴 ④ 결핵

분진에 의한 직업병으로는 진폐증, 규폐증, 석면폐증이 있다.

정답 26 ④ 27 ① 28 ② 29 ② 30 ② 31 ④ 32 ② 33 ② 34 ② 35 ①

SECTION 05

식품위생과 영양

이 섹션은 출제비중이 높은 편은 아니지만 식중독의 종류별 특징에 대해서는 알아두도록 합니다. 비타민의 종류별 특징도 가볍게 학습하도록 합니다.

01 식품위생의 정의 (식품위생법)

식품위생이란 식품, 식품첨가물, 기구 또는 용기 · 포장을 대상으로 하는 음식에 관한 위생을 말한다.

02 식중독

1 식중독의 정의

① 식품 섭취로 인하여 인체에 유해한 미생물 또는 유독물질에 의하여 발생하였거나 발생한 것으로 판단되는 감염성 질환 또는 독소형 질환

② 25~37℃에서 가장 잘 증식

2 식중독의 분류

세균성	감염형	살모넬라균, 장염비브리오균, 병원성 대장균
	독소형	포도상구균, 보툴리누스균, 웰치균 등
	기타	장구균, 알레르기성 식중독, 노로 바이러스 등
자연독	식물성	버섯독, 감자 중독, 맥각균 중독, 곰팡이류 중독 등
	동물성	복어 식중독, 조개류 식중독 등
곰팡이독	황변미독, 아플라톡신, 루브라톡신 등	
화학물질	불량 첨가물, 유독물질, 유해금속물질	

3 세균성 식중독

(1) 특징

① 2차 감염률이 낮다.

② 다량의 균이 발생한다.

③ 잠복기가 아주 짧다.

④ 수인성 전파는 드물다.

⑤ 면역성이 없다.

(2) 종류

① 감염형

살모넬라 식중독	• [잠복기] 12~48시간 • [증상] 고열, 오한, 두통, 설사, 구토, 복통 등
장염비브리오 식중독	• [잠복기] 8~20시간 • [원인] 여름철 어패류 생식, 오염 어패류에 접촉한 도마, 식칼, 행주 등에 의한 2차 감염 • [증상] 급성 위장염, 복통, 설사, 두통, 구토 등
병원성 대장균 식중독	• [잠복기] 2~8일 • [원인] 감염된 우유, 치즈 및 김밥, 햄버거, 햄 등의 섭취 • [증상] 복통, 설사 등 • 합병증 : 용혈성 요독증후군

② 독소형

포도상구균	• [잠복기] 30분~6시간 • [원인] 감염된 우유, 치즈 및 김밥, 도시락, 빵 등의 섭취 • [증상] 급성 위장염, 구토, 설사, 복통 등
보툴리누스균	• [잠복기] 12~36시간 • [원인] 신경독소 섭취, 오염된 햄, 소시지, 육류, 과일 등의 섭취 • [증상] 구토, 설사, 호흡곤란 등 • 식중독 중 치명률이 가장 높다.
웰치균	• [잠복기] 6~22시간 • [원인] 가열된 조리 식품, 육류, 어패류, 단백질 식품 등 • [증상] 설사, 복통, 출혈성 장염 등

4 자연독

구분	종류	독성물질
식물성	독버섯	무스카린, 팔린, 아마니타톡신
	감자	솔라닌, 셉신
	매실	아미그달린
	목화씨	고시풀
	독미나리	시큐톡신
	맥각	에르고톡신
동물성	복어	테트로도톡신
	섭조개, 대합	색시톡신
	모시조개, 굴, 바지락	베네루핀

5 곰팡이독

① 아플라톡신 : 땅콩, 옥수수

② 시트리닌 : 황변미, 쌀에 14~15% 이상의 수분 함유 시 발생

③ 파툴린 : 부패된 사과나 사과주스의 오염에서 볼 수 있는 신경독 물질

④ 루브라톡신 : 페니실륨 루브륨에 오염된 옥수수를 소나 양의 사료로 이용 시

03 영양소

1 영양소의 분류

구분	종류	
열량소	단백질, 탄수화물, 지방	5대 영양소
조절소	비타민, 무기질	

2 영양소의 3대 작용

① 신체의 열량공급 작용 : 탄수화물, 지방, 단백질

② 신체의 조직구성 작용 : 단백질, 무기질, 물

③ 신체의 생리기능조절 작용 : 비타민, 무기질, 물

3 영양상태 판정 및 영양장애

(1) Kaup 지수

① $\frac{체중(kg)}{(신장(cm))^2} \times 10^4$

- 영유아기부터 학령기 전반까지 사용
- 22 이상 : 비만, 15 이하 : 마름

(2) Rohrer 지수

① $\frac{체중(kg)}{(신장(cm))^3} \times 10^7$

- 학령기 이후의 소아에게 사용
- 160 이상 : 비만, 110 미만 : 마름

(3) Broca 지수(표준체중)

[신장(cm) − 100] × 0.9

- 성인의 비만 평가에 이용

(4) 비만도(%)

① $\frac{실측체중 - 표준체중}{표준체중} \times 100$

비만도(%)	판정
10~20	과체중
20~30	경도비만
30~50	중등비만
50 이상	고도비만

② $\frac{실측체중}{표준체중} \times 100$

비만도(%)	판정
90% 이하	저체중
91~109	정상
110~119	과체중
120 이상	비만

(5) 영양장애

구분	의미
결핍증	필요 영양소의 결핍으로 발생되는 병적상태
저영양	영양 섭취가 부족한 상태
영양실조증	영양소의 공급이 질적 및 양적으로 부족한 불건강상태
기아상태	저영양과 영양실조증이 함께 발생된 상태
비만증	체지방의 이상 축적 상태

출제예상문제 | 단원별 구성의 문제 유형 파악!

★★★
1 식중독에 대한 설명으로 옳은 것은?

① 음식섭취 후 장시간 뒤에 증상이 나타난다.
② 근육통 호소가 가장 빈번하다.
③ 병원성 미생물에 오염된 식품 섭취 후 발병한다.
④ 독성을 나타내는 화학물질과는 무관하다.

식중독은 원인 물질에 따라 증상의 정도가 다르게 나타나는데, 일반적으로 음식물 섭취 후 72시간 이내에 구토, 설사, 복통 등의 증상이 나타난다.

★★★
2 다음 중 식중독 세균이 가장 잘 증식할 수 있는 온도 범위는?

① 0~10℃　② 10~20℃
③ 18~22℃　④ 25~37℃

식중독의 원인균으로는 장염, 살모넬라, 병원대장균, 황색포도구균 등이 있으며, 25~37℃에서 가장 잘 증식한다.

★★★★
3 세균성 식중독이 소화기계 감염병과 다른 점은?

① 균량이나 독소량이 소량이다.
② 대체적으로 잠복기가 길다.
③ 연쇄전파에 의한 2차 감염이 드물다.
④ 원인식품 섭취와 무관하게 일어난다.

세균성 식중독의 특징
- 2차 감염률이 낮다.
- 다량의 균이 발생한다.
- 수인성 전파는 드물다.
- 면역성이 없다.
- 잠복기가 아주 짧다.

★★★
4 독소형 식중독의 원인균은?

① 황색 포도상구균　② 장티푸스균
③ 돈 콜레라균　④ 장염균

★★★★
5 독소형 식중독을 일으키는 세균이 아닌 것은?

① 포도상구균　② 보툴리누스균
③ 살모넬라균　④ 웰치균

독소형 식중독 : 포도상구균, 보툴리누스균, 웰치균 등이며 살모넬라균은 감염형 식중독을 일으킨다.

★★
6 식중독의 분류가 맞게 연결된 것은?

① 세균성 – 자연독 – 화학물질 – 수인성
② 세균성 – 자연독 – 화학물질 – 곰팡이독
③ 세균성 – 자연독 – 화학물질 – 수술전후 감염
④ 세균성 – 외상성 – 화학물질 – 곰팡이독

식중독의 분류

대분류	소분류	내용
세균성	감염형	살모넬라균, 장염비브리오균, 병원성대장균
	독소형	포도상구균, 보툴리누스균, 웰치균 등
	기타	장구균, 알레르기성 식중독, 노로 바이러스 등
자연독	식물성	버섯독, 감자 중독, 맥각균 중독, 곰팡이류 중독 등
	동물성	복어 식중독, 조개류 식중독 등
곰팡이독	황변미독, 아플라톡신, 루브라톡신 등	
화학물질	불량 첨가물, 유독물질, 유해금속물질	

★★★★
7 세균성 식중독의 특성이 아닌 것은?

① 2차 감염률이 낮다.
② 잠복기가 길다.
③ 다량의 균이 발생한다.
④ 수인성 전파는 드물다.

세균성 식중독은 잠복기가 짧다.

★★★
8 다음 중 감염형 식중독에 속하는 것은?

① 살모넬라 식중독　② 보툴리누스 식중독
③ 포도상구균 식중독　④ 웰치균 식중독

감염형 식중독 : 살모넬라균, 장염비브리오균, 병원성대장균 등

★★★★
9 식품을 통한 식중독 중 독소형 식중독은?

① 포도상구균 식중독
② 살모넬라균에 의한 식중독
③ 장염 비브리오 식중독
④ 병원성 대장균 식중독

②, ③, ④ 모두 감염형 식중독에 속한다.

정답 1③ 2④ 3③ 4① 5③ 6② 7② 8① 9①

★★★
10 주로 여름철에 발병하며 어패류 등의 생식이 원인이 되어 복통, 설사 등의 급성위장염 증상을 나타내는 식중독은?

① 포도상구균 식중독
② 병원성대장균 식중독
③ 장염비브리오 식중독
④ 보툴리누스균 식중독

> 장염비브리오 식중독은 생선회, 초밥, 조개 등을 생식하는 식습관이 원인이 되어 발생하는데, 심한 복통, 설사, 구토 등의 증상을 보이며, 잠복기는 10시간 이내이다.

★★★
11 주로 7~9월 사이에 많이 발생되며, 어패류가 원인이 되어 발병, 유행하는 식중독은?

① 포도상구균 식중독
② 살모넬라 식중독
③ 보툴리누스균 식중독
④ 장염비브리오 식중독

★★
12 다음 식중독 중에서 치명률이 가장 높은 것은?

① 살모넬라증
② 포도상구균중독
③ 연쇄상구균중독
④ 보툴리누스균중독

> 보툴리누스균중독은 보툴리누스독소를 생산하는 것을 섭취할 때 발생하는 식중독으로 호흡중추마비, 순환장애에 의해 사망할 수도 있다.

★★★
13 신경독소가 원인이 되는 세균성 식중독 원인균은?

① 쥐 티프스균
② 황색 포도상구균
③ 돈 콜레라균
④ 보툴리누스균

> 보툴리누스균은 신경독소 섭취, 오염된 햄, 소시지 등의 섭취로 인해 나타난다.

★★★
14 식품의 혐기성 상태에서 발육하여 체외독소로서 신경독소를 분비하며 치명률이 가장 높은 식중독으로 알려진 것은?

① 살모넬라 식중독
② 보툴리누스균 식중독
③ 웰치균 식중독
④ 알레르기성 식중독

★★★★
15 다음 중 독소형 식중독이 아닌 것은?

① 보툴리누스균 식중독
② 살모넬라균 식중독
③ 웰치균 식중독
④ 포도상구균 식중독

> 살모넬라균 식중독은 감염형 식중독에 속한다.

★★★
16 식중독 발생의 원인인 솔라닌(solanin) 색소와 관련이 있는 것은?

① 버섯
② 복어
③ 감자
④ 모시조개

> **자연독의 종류**
> • 버섯 : 무스카린, 팔린, 아마니타톡신
> • 복어 : 테트로도톡신
> • 감자 : 솔라닌, 셉신
> • 모시조개 : 베네루핀

★★
17 다음 탄수화물, 지방, 단백질의 3가지를 지칭하는 것은?

① 구성영양소
② 열량영양소
③ 조절영양소
④ 구조영양소

정답 10 ③ 11 ④ 12 ④ 13 ④ 14 ② 15 ② 16 ③ 17 ②

18 ★★★ 감자에 함유되어 있는 독소는?

① 에르고톡신
② 솔라닌
③ 무스카린
④ 베네루핀

자연독의 종류

구분	종류	독성물질
식물성	독버섯	무스카린, 팔린, 아마니타톡신
	감자	솔라닌, 셉신
	매실	아미그달린
	목화씨	고시풀
	독미나리	시큐톡신
	맥각	에르고톡신
동물성	복어	테트로도톡신
	섭조개, 대합	색시톡신
	모시조개, 굴, 바지락	베네루핀

19 ★★★★ 다음 영양소 중 인체의 생리적 조절작용에 관여하는 조절소는?

① 단백질
② 비타민
③ 지방질
④ 탄수화물

인체의 생리적기능조절 작용을 하는 것으로는 비타민, 무기질, 물이 있다.

20 ★★ 영양소의 3대 작용에서 제외되는 사항은?

① 신체의 열량공급작용
② 신체의 조직구성작용
③ 신체의 사회적응작용
④ 신체의 생리기능조절작용

영양소의 3대 작용
- 신체의 열량공급 작용 – 탄수화물, 지방, 단백질
- 신체의 조직구성 작용 – 단백질, 무기질, 물
- 신체의 생리기능조절 작용 – 비타민, 무기질, 물

21 ★★ 일반적으로 식품의 부패란 무엇이 변질된 것인가?

① 비타민
② 탄수화물
③ 지방
④ 단백질

식품의 부패는 미생물의 작용에 의해 악취를 내면서 분해되는 현상을 말하는데, 주로 단백질이 변질되는 것을 의미한다.

22 ★★★ 다음 중 성인의 비만 평가에 이용되는 지수로 '[신장(cm) – 100] ×0.9'의 식으로 구하는 것은?

① Kaup 지수
② Rohrer 지수
③ Broca 지수
④ Quetelet 지수

성인의 비만 평가에 사용되는 것은 Broaca 지수이다.

정답 18 ② 19 ② 20 ③ 21 ④ 22 ③

NAIL Technician Certification

보건행정

이 섹션은 출제비중이 높은 편은 아니지만 보건소의 기능과 업무, 관리과정 그리고 사회보장에 대해서는 외워두도록 합니다.

01 보건행정의 정의 및 체계

1 정의

공중보건의 목적(수명연장, 질병예방, 신체적 · 정신적 건강 증진)을 달성하기 위해 공공의 책임하에 수행하는 행정활동

2 보건행정의 특성

공공성, 사회성, 교육성, 과학성, 기술성, 봉사성, 보장성 등

3 보건행정의 범위(세계보건기구 정의)

① 보건관계 기록의 보존 ② 대중에 대한 보건교육
③ 환경위생 ④ 감염병 관리
⑤ 모자보건 ⑥ 의료 및 보건간호

4 보건행정의 관리 과정

구분	의미
기획	조직의 목표를 설정하고 그 목표에 도달하기 위해 필요한 단계를 구성하고 설정하는 단계
조직	2명 이상이 공동의 목표를 달성하기 위해 노력하는 협동체
인사	직원에 대한 근무평가 및 징계에 대한 공정한 관리
지휘	행정관리에서 명령체계의 일원성을 위해 필요
조정	조직이나 기관의 공동목표 달성을 위한 조직원 또는 부서간 협의, 회의, 토의 등을 통하여 행동통일을 가져오도록 집단적인 노력을 하게 하는 행정 활동
보고	조직의 사업활동을 효율적으로 관리하기 위해 정확하고 성실한 보고가 필요
예산	예산에 대한 계획, 확보 및 효율적 관리가 필요

5 보건기획 전개과정

전제 → 예측 → 목표설정 → 구체적 행동계획

6 보건소

(1) 기능 : 우리나라 **지방보건행정의 최일선 조직**으로 보건행정의 말단 행정기관

(2) 업무

① 국민건강증진 · 보건교육 · 구강건강 및 영양관리사업
② 감염병의 예방 · 관리 및 진료
③ 모자보건 및 가족계획사업
④ 노인보건사업
⑤ 공중위생 및 식품위생
⑥ 의료인 및 의료기관에 대한 지도 등에 관한 사항
⑦ 의료기사 · 의무기록사 및 안경사에 대한 지도 등에 관한 사항
⑧ 응급의료에 관한 사항
⑨ 공중보건의사 · 보건진료원 및 보건진료소에 대한 지도 등에 관한 사항
⑩ 약사에 관한 사항과 마약 · 향정신성의약품의 관리에 관한 사항
⑪ 정신보건에 관한 사항
⑫ 가정 · 사회복지시설 등을 방문하여 행하는 보건의료사업
⑬ 지역주민에 대한 진료, 건강진단 및 만성퇴행성질환 등의 질병관리에 관한 사항
⑭ 보건에 관한 실험 또는 검사에 관한 사항
⑮ 장애인의 재활사업 기타 보건복지부령이 정하는 사회복지사업
⑯ 기타 지역주민의 보건의료의 향상 · 증진 및 이를 위한 연구 등에 관한 사업

02 사회보장과 국제보건기구

1 사회보장

사회보장	출산, 양육, 실업, 노령, 장애, 질병, 빈곤 및 사망 등의 사회적 위험으로부터 모든 국민을 보호하고 국민 삶의 질을 향상시키는 데 필요한 소득·서비스를 보장하는 사회보험, 공공부조, 사회서비스를 말함
사회보험	국민에게 발생하는 사회적 위험을 보험의 방식으로 대처함으로써 국민의 건강과 소득을 보장하는 제도
공공부조	국가와 지방 자치단체의 책임하에 생활유지 능력이 없거나 생활이 어려운 국민의 최저 생활을 보장하고 자립을 지원하는 제도
사회서비스	국가·지방자치단체 및 민간부문의 도움이 필요한 모든 국민에게 복지, 보건의료, 교육, 고용, 주거, 문화, 환경 등의 분야에서 인간다운 생활을 보장하고 상담, 재활, 돌봄, 정보의 제공, 관련시설의 이용, 역량 개발, 사회참여지원 등을 통하여 국민의 삶의 질이 향상되도록 지원하는 제도
평생사회 안전망	생애주기에 걸쳐 보편적으로 충족되어야 하는 기본욕구와 특정한 사회위험에 의하여 발생하는 특수 욕구를 동시에 고려하여 소득·서비스를 보장하는 맞춤형 사회보장제도

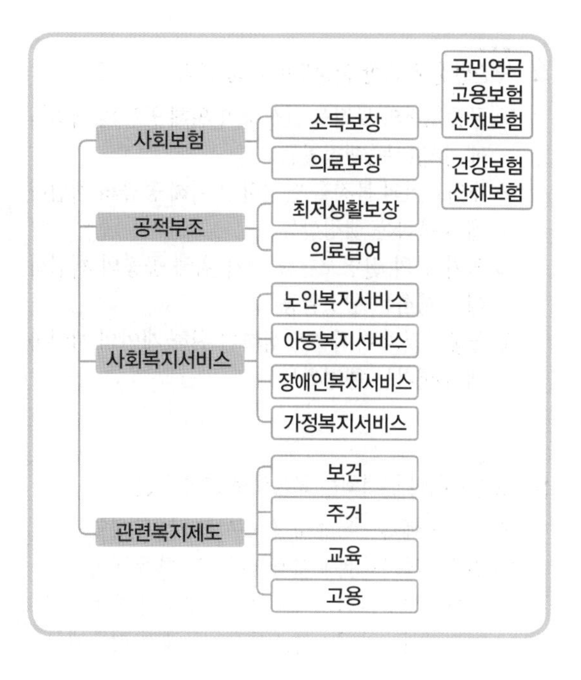

2 대표적인 국제보건기구

① 세계보건기구(WHO)
② 유엔환경계획(UNEP)
③ 식량 및 농업기구(FAO)
④ 국제연합아동긴급기금(UNICEF)
⑤ 국제노동기구(ILO) 등

출제예상문제 | 단원별 구성의 문제 유형 파악!

★★★★
1 보건행정의 정의에 포함되는 내용과 가장 거리가 먼 것은?

① 국민의 수명연장 ② 질병예방
③ 공적인 행정활동 ④ 수질 및 대기보전

★★
2 세계보건기구에서 정의하는 보건행정의 범위에 속하지 않는 것은?

① 산업발전 ② 모자보건
③ 환경위생 ④ 감염병관리

★★
3 보건행정의 목적달성을 위한 기본요건이 아닌 것은?

① 법적 근거의 마련
② 건전한 행정조직과 인사
③ 강력한 소수의 지지와 참여
④ 사회의 합리적인 전망과 계획

보건행정의 목적을 달성하기 위해서는 다수의 지지와 참여가 필요하다.

정답 1④ 2① 3③

chapter 05

★★★
4 보건행정에 대한 설명으로 가장 올바른 것은?

① 공중보건의 목적을 달성하기 위해 공공의 책임하에 수행하는 행정활동
② 개인보건의 목적을 달성하기 위해 공공의 책임하에 수행하는 행정활동
③ 국가 간의 질병교류를 막기 위해 공공의 책임하에 수행하는 행정활동
④ 공중보건의 목적을 달성하기 위해 개인의 책임하에 수행하는 행정활동

★★★
5 보건기획이 전개되는 과정으로 옳은 것은?

① 전제－예측－목표설정－구체적 행동계획
② 전제－평가－목표설정－구체적 행동계획
③ 평가－환경분석－목표설정－ 구체적 행동계획
④ 환경분석－사정－목표설정－구체적 행동계획

★★★
6 우리나라 보건행정의 말단 행정기관으로 국민건강증진 및 감염병 예방관리 사업 등을 하 는 기관명은?

① 의원
② 보건소
③ 종합병원
④ 보건기관

★★★
7 현재 우리나라 근로기준법상에서 보건상 유해하거나 위험한 사업에 종사하지 못하도록 규정되어 있는 대상은?

① 임신 중인 여자와 18세 미만인 자
② 산후 1년 6개월이 지나지 아니한 여성
③ 여자와 18세 미만인 자
④ 13세 미만인 어린이

사용자는 임신 중이거나 산후 1년이 지나지 않은 여성과 18세 미만자를 도덕상 또는 보건상 유해·위험한 사업에 사용하지 못한다.

★★★★
8 공중보건학의 범위 중 보건 관리 분야에 속하지 않는 사업은?

① 보건 통계
② 사회보장제도
③ 보건 행정
④ 산업 보건

산업 보건은 환경보건 분야에 속한다.

★★★★
9 경영의 관리과정 중 한 단계로서 조직이나 기관의 공동목표 달성을 위한 조직원 또는 부서간 협의, 회의, 토의 등을 통하여 행동통일을 가져오도록 집단적인 노력을 하게 하는 "행정 활동"을 뜻하는 것은?

① 조정(coordination)
② 기획(planning)
③ 지휘(direction)
④ 조직(organization)

- 기획 : 조직의 목표를 설정하고 그 목포에 도달하기 위해 필요한 단계를 구성하고 설정하는 단계
- 지휘 : 행정관리에서 명령체계의 일원성을 위해 필요
- 조직 : 2명 이상이 공동의 목표를 달성하기 위해 노력하는 협동체

정답 4① 5① 6② 7① 8④ 9①

NAIL Technician Certification

SECTION 07 소독학 일반

이 섹션에서는 물리적 소독법과 화학적 소독법은 반드시 구분하며, 각 소독법별로 주요 특징은 반드시 암기하도록 합니다. 출제예상문제의 범위에서 크게 벗어나지 않을 예상이므로 기출문제에 충실하도록 합니다.

01 소독 일반

1 용어 정의

> **소독력 비교**
> 멸균>살균>소독>방부

① **멸균** : 병원성 또는 비병원성 미생물 및 포자를 가진 것을 전부 사멸 또는 제거(무균 상태)

② **살균** : 생활력을 가지고 있는 미생물을 여러 가지 물리·화학적 작용에 의해 급속히 사멸

③ **소독** : 병원성 미생물의 생활력을 파괴하여 죽이거나 또는 제거하여 감염력을 없애는 것

④ **방부** : 병원성 미생물의 발육과 그 작용을 제거하거나 정지시켜서 음식물의 부패나 발효를 방지

2 소독제 및 소독작용

(1) 소독제의 구비조건

① 생물학적 작용을 충분히 발휘할 수 있을 것
② 효과가 빠르고, 살균 소요시간이 짧을 것
③ 독성이 적으면서 사용자에게도 자극성이 없을 것
④ 원액 혹은 희석된 상태에서 화학적으로 안정할 것
⑤ 살균력이 강할 것
⑥ 용해성이 높을 것
⑦ 경제적이고 사용이 용이할 것
⑧ 부식성 및 표백성이 없을 것

(2) 소독작용에 영향을 미치는 요인

① **온도가 높을수록** : 소독 효과가 큼
② **접속시간이 길수록** : 소독 효과가 큼
③ **농도가 높을수록** : 소독 효과가 큼
④ **유기물질이 많을수록** : 소독 효과가 작음

(3) 소독약 사용 및 보존 시 주의사항

① 약품을 냉암소에 보관한다.
② 소독대상물품에 적당한 소독약과 소독방법을 선정한다.
③ 병원미생물의 종류, 저항성 및 멸균, 소독의 목적에 의해서 그 방법과 시간을 고려한다.

(4) 소독에 영향을 미치는 인자 : 온도, 수분, 시간

(5) 살균작용의 작용기전(Action Mechanism)

구분	종류
산화작용	과산화수소, 오존, 염소 및 그 유도체, 과망간산칼륨
균체의 단백질 응고작용	석탄산, 크레졸, 승홍, 알코올, 포르말린, 생석회
균체의 효소 불활성화 작용	석탄산, 알코올, 역성비누, 중금속염
균체의 가수분해작용	강산, 강알칼리, 중금속염
탈수작용	알코올, 포르말린, 식염, 설탕
중금속염의 형성	승홍, 머큐로크롬, 질산은
핵산에 작용	자외선, 방사선, 포르말린, 에틸렌옥사이드
균체의 삼투성 변화작용	석탄산, 역성비누, 중금속염

02 물리적 소독법

1 건열멸균법

(1) 화염멸균법

① 물체 표면의 미생물을 화염으로 직접 태워 멸균하는 방법
② 금속기구, 유리기구, 도자기 등의 멸균에 사용
③ 알코올램프, 천연가스의 화염 사용

(2) 소각법

① 병원체를 불꽃으로 태우는 방법
② 감염병 환자의 배설물 등을 처리하는 가장 적합한 방법

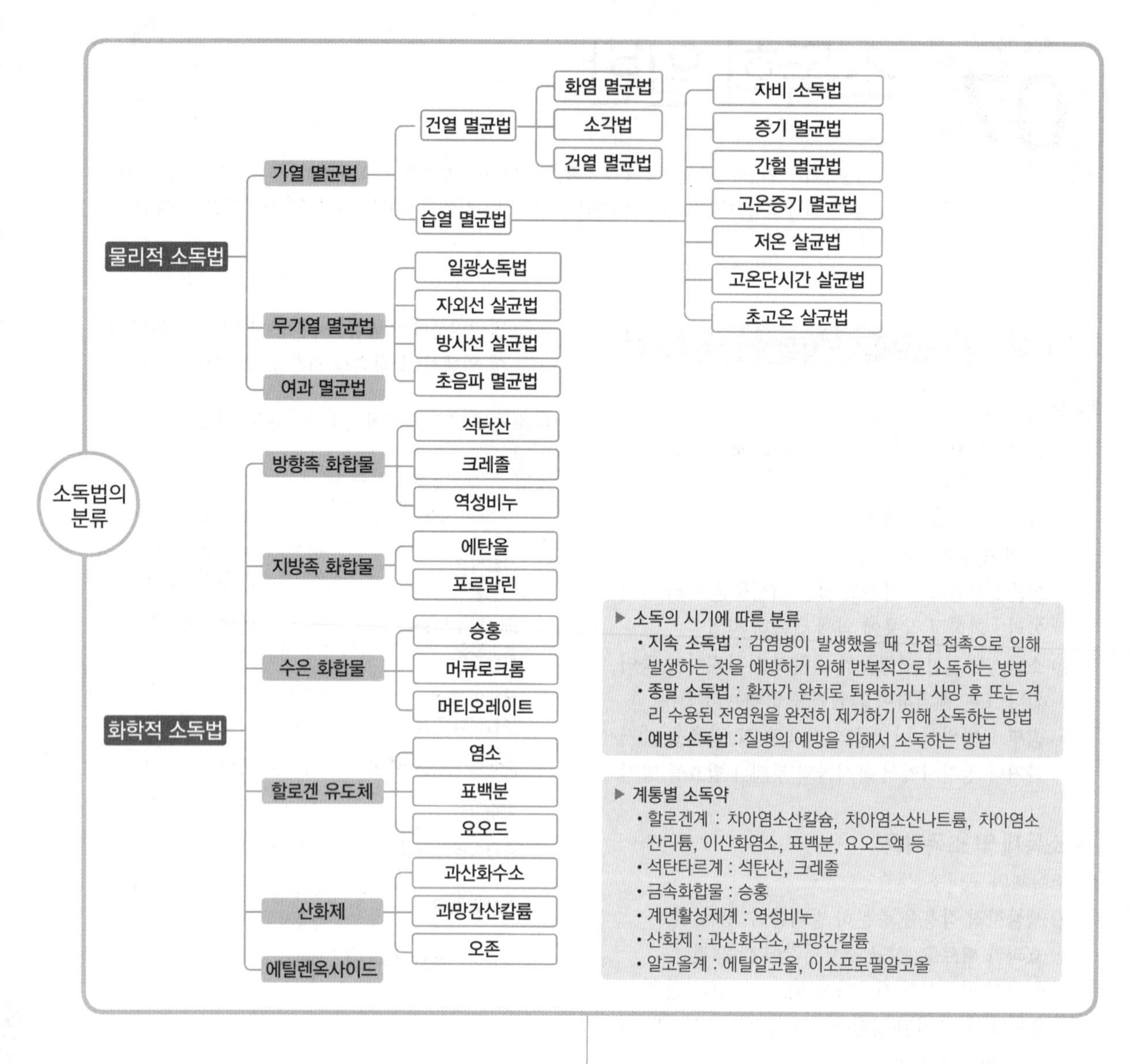

③ 이 · 미용업소에서 손님으로부터 나온 객담이 묻은 휴지 등을 소독하는 방법

(3) 선열멸균법

① 건열멸균기(dry oven)에서 고온으로 멸균

② 165~170℃의 건열멸균기에 1~2시간 동안 멸균하는 방법

③ 유리기구, 금속기구, 자기제품, 주사기, 분말 등의 멸균에 이용

④ 습기가 침투하기 어려운 바세린, 글리세린 등의 멸균도 효과

2 습열멸균법

(1) 자비(열탕)소독법

① 100℃의 끓는 물속에서 20~30분간 가열하는 방법

② 물에 탄산나트륨 1~2%를 넣으면 살균력이 강해진다.

③ 유리제품, 소형기구, 스테인리스 용기, 도자기, 수건 등의 소독법으로 적합

④ 끝이 날카로운 금속기구 소독 시 날이 무뎌질 수 있으므로 거즈나 소독포에 싸서 소독

⑤ 금속제품은 물이 끓기 시작한 후, 유리제품은 찬물에 투입

⑥ 보조제 : 탄산나트륨, 붕산, 크레졸액, 석탄산

⑦ 아포형성균, B형 간염 바이러스에는 부적합

(2) 간헐멸균법

① 100℃의 유통증기 속에서 30~60분간 멸균시킨 다음 20℃ 이상의 실온에서 24시간 방치하는 방법을 3회 반복하는 멸균법

② 코흐멸균기 사용

③ **아포를 형성하는 미생물 멸균** 시 사용

(3) 증기멸균법

① 물이 끓을 때 생기는 수증기를 이용하여 병원균을 멸균시키는 방법

② 100℃에서 30분간 처리

(4) 고압증기 멸균법

① 고압증기 멸균기를 이용하여 소독하는 방법

② 소독 방법 중 완전 멸균으로 가장 **빠르고 효과적**인 방법

③ 포자를 형성하는 세균을 멸균

④ 수증기가 통과하므로 용해되는 물질은 멸균할 수 없다.

> **열원으로 수증기를 사용하는 이유**
> - 일정 온도에서 쉽게 열을 방출하기 때문
> - 미세한 공간까지 침투성이 높기 때문
> - 열 발생에 소요되는 비용이 저렴하기 때문

⑤ 의료기구, 유리기구, 금속기구, 의류, 고무제품, 미용기구, 무균실 기구, 약액 등에 사용

⑥ 소독 시간

- 10LBs(파운드) : 115℃에서 30분간
- 15LBs(파운드) : 121℃에서 20분간
- 20LBs(파운드) : 126℃에서 15분간

(5) 저온살균법

① 62~63℃에서 30분간 실시

② 우유 속의 결핵균 등의 오염 방지 목적

③ 파스퇴르가 발명

(6) 초고온살균법

① 130~150℃에서 0.75~2초간 가열 후 급랭

② 우유의 내열성 세균의 포자를 완전 사멸

3 여과멸균법

① 열이나 화학약품을 사용하지 않고 여과기를 이용하여 세균을 제거하는 방법

② 혈청이나 약제, 백신 등 열에 불안정한 액체의 멸균에 주로 이용되는 멸균법

③ Chamberland 여과기, Barkefeld 여과기, Seiz 여과기, 세균여과막 사용

4 무가열 멸균법

일광 소독법	• 태양광선 중의 자외선을 이용하는 방법 • 결핵균, 페스트균, 장티푸스균 등의 사멸에 사용
자외선 살균법	• 무균실, 실험실, 조리대 등의 표면적 멸균 효과를 얻기 위한 방법 • 자외선은 260~280nm에서 살균력이 가장 강함
방사선 살균법	• 코발트나 세슘 등의 감마선을 이용한 방법 • 포장 식품이나 약품의 멸균 등에 이용 • 단점 : 시설비가 비싸다.
초음파 멸균법	• 8,800cycle 음파의 강력한 교반작용을 이용한 미생물 살균 방법

03 화학적 소독법

1 석탄산(페놀)

(1) 특성

① 승홍수 1,000배의 살균력

② 조직에 독성이 있어서 인체에는 잘 사용되지 않고 **소독제의 평가기준**으로 사용

③ 고온일수록 소독력이 우수

④ 유기물에 약화되지 않고 취기와 독성이 강함

⑤ 안정성이 높고 화학적 변화가 적음

⑥ 금속 부식성이 있음

⑦ 단백질 응고작용으로 살균기능

⑧ 삼투압 변화 작용

⑨ 효소의 불활성화 작용

⑩ 소독의 원리 : 균체 원형질 중의 단백질 변성

chapter 05

(2) 용도

① 고무제품, 의류, 가구, 배설물 등의 소독에 적합

② 넓은 지역의 방역용 소독제로 적합

③ 세균포자나 바이러스에는 작용력이 없음

(3) 사용 방법

① 3% 농도의 석탄산에 97%의 물을 혼합하여 사용

② 소독력 강화를 위해 식염이나 염산 첨가

▶ 석탄산 계수
- 5% 농도의 석탄산을 사용하여 장티푸스균에 대한 살균력과 비교하여 각종 소독제의 효능을 표시
- 어떤 소독약의 석탄산 계수가 2.0이면 살균력이 석탄산의 2배를 의미
- 석탄산 계수 $= \frac{\text{소독액의 희석배수}}{\text{석탄산의 희석배수}}$

2 크레졸

① 페놀화합물로 3%의 수용액을 주로 사용 (손 소독에는 1~2%)

② 석탄산에 비해 2배의 소독력을 가짐

③ 물에 잘 녹지 않음

④ 용도 : 손, 오물, 배설물 등의 소독 및 이 · 미용실의 실내소독용으로 사용

3 역성비누

① 양이온 계면활성제의 일종으로 세정력은 거의 없으며 살균작용이 강하다.

② 냄새가 거의 없고 자극이 적다.

③ 물에 잘 녹고 흔들면 거품이 난다.

④ 일반비누와 혼용할 경우 살균력이 없어진다.

⑤ 용도 : 수지 · 기구 · 식기 및 손 소독

4 에탄올(에틸알코올)

① 70%의 에탄올이 살균력이 가장 강력

② 포자 형성 세균에는 살균효과가 없음

③ 탈수 및 응고작용에 의한 살균작용

④ 용도 : 칼, 가위, 유리제품 등의 소독에 사용

5 포르말린

① 포름알데히드 36% 수용액으로 약물소독제 중 유일한 가스 소독제

② 수증기를 동시에 혼합하여 사용

③ 온도가 높을수록 소독력이 강함

④ 용도 : 무균실, 병실, 거실 등의 소독 및 금속제품, 고무제품, 플라스틱 등의 소독에 적합

6 승홍(염화제2수은)

① 1,000배(0.1%)의 수용액을 사용

② 수용액 온도가 높을수록 살균력이 강함

③ 금속 부식성이 있어 금속류의 소독에는 적당하지 않음

④ 상처가 있는 피부에는 적합하지 않음

⑤ 유기물에 대한 완전한 소독이 어려움

⑥ 피부점막에 자극성이 강함

⑦ 염화칼륨 첨가 시 자극성 완화

⑧ 무색의 결정 또는 백색의 결정성 분말이므로 적색 또는 청색으로 착색하여 보관

⑨ 무색, 무취이며, 맹독성이 강하므로 보관에 주의

⑩ 조제법 - 승홍(1) : 식염(1) : 물(998)

⑪ 염화칼륨 또는 식염을 첨가하면 용액이 중성으로 변하여 자극성이 완화됨

⑫ 용도 : 손 및 피부 소독

7 염소

① 살균력은 강하며, 자극성과 부식성이 강해 상수 또는 하수의 소독에 주로 이용

② 잔류효과가 크며 소독력이 강함

③ 음용수 소독에 사용 시 : 잔류염소가 0.1~0.2ppm이 되게 한다.

④ 과일, 채소, 기구 등에 사용 시 : 유효염소량 50~100ppm으로 2분 이상 소독

⑤ 세균 및 바이러스에도 작용

⑥ 저렴하다.

⑦ 자극적인 냄새가 난다.

8 과산화수소

① 3%의 과산화수소 수용액 사용

② 피부 상처 부위나 구내염, 인두염 및 구강세척제 등에 사용

③ 살균 · 탈취 및 표백에 효과

④ 일반 세균, 바이러스, 결핵균, 진균, 아포에 모두 효과

9 생석회

① 산화칼슘을 98% 이상 함유한 백색의 분말

② 용도 : 화장실 분변, 하수도 주위의 소독

⑩ 에틸렌옥사이드(Ethylene Oxide, EO)

① 50~60℃의 저온에서 멸균하는 방법
② 멸균시간이 비교적 길다.
③ 고압증기 멸균법에 비해 보존기간이 길다.
④ 비용이 비교적 많이 듦
⑤ 가열로 인해 변질되기 쉬운 것들을 대상으로 함
⑥ 일반세균은 물론 아포까지 불활성화 가능
⑦ 폭발 위험을 감소하기 위해 이산화탄소 또는 프레온을 혼합하여 사용
⑧ 용도 : 플라스틱 및 고무제품 등의 멸균에 이용

⑪ 오존

① 반응성이 풍부하고 산화작용이 강하여 물의 살균에 이용
② 습도가 높은 공기보다 건조한 공기에서 안정적임

⑫ 요오드 화합물

① 세균, 포자, 곰팡이, 원충류 및 조류 등과 같이 광범위한 미생물에 대해 살균력을 가짐
② 페놀에 비해 강한 살균력을 갖는 반면, 독성은 훨씬 적음

⑬ 대상물에 따른 소독 방법

대상물 종류	소독법
대소변, 배설물, 토사물	소각법, 석탄산, 크레졸, 생석회 분말
침구류, 모직물, 의류	석탄산, 크레졸, 일광소독, 증기소독, 자비소독
초자기구, 목죽제품, 자기류	석탄산, 크레졸, 승홍, 포르말린, 증기소독, 자비소독
모피, 칠기, 고무·피혁제품	석탄산, 크레졸, 포르말린
병실	석탄산, 크레졸, 포르말린
환자	석탄산, 크레졸, 승홍, 역성비누

04 미용기구의 소독 방법

① 시술용 테이블 : 70% 에탄올로 깨끗이 닦는다.
② 가위
- 70% 에탄올 사용
- 고압증기 멸균기 사용 시에는 소독 전에 수건으로 이물질을 제거한 후 거즈에 싸서 소독

③ 니퍼, 램가위, 메탈 푸셔 : 70%의 에탄올에 20분간 담갔다가 흐르는 물에 헹구고 마른 수건으로 닦은 후 자외선 소독기에 보관하면서 사용
④ 핑거볼 : 1회용을 사용하거나 소독 후 사용
⑤ 타월 : 1회용을 사용하거나 소독 후 사용
⑥ 가운 : 사용 후 세탁 및 일광 소독 후 사용
⑦ 시술 전후 시술자와 고객의 손을 70% 알코올로 소독
⑧ 바닥에 떨어진 도구는 반드시 소독 후 사용한다.

▶ 농도 표시 방법

❶ 퍼센트(%) : 용액 100g(ml) 속에 포함된 용질의 양을 표시한 수치

- $\% \text{ 농도} = \frac{\text{용질량}}{\text{용액량}} \times 100(\%) = \frac{\text{원액}}{\text{물+원액}} \times 100(\%)$

❷ 피피엠(ppm) : 용액 100만g(ml) 속에 포함된 용질의 양을 표시한 수치

- $\text{ppm 농도} = \frac{\text{용질량}}{\text{용액량}} \times 10^6(\text{ppm})$

- **용액** : 두 종류 이상의 물질이 섞여있는 혼합물
- **용질** : 용액 속에 용해되어 있는 물질

출제예상문제 | 단원별 구성의 문제 유형 파악!

01. 소독 일반

★★★
1 소독과 멸균에 관련된 용어의 설명 중 틀린 것은?

① 살균 : 생활력을 가지고 있는 미생물을 여러 가지 물리·화학적 작용에 의해 급속히 죽이는 것을 말한다.
② 방부 : 병원성 미생물의 발육과 그 작용을 제거하거나 정지시켜서 음식물의 부패나 발효를 방지하는 것을 말한다.
③ 소독 : 사람에게 유해한 미생물을 파괴시켜 감염의 위험성을 제거하는 비교적 강한 살균작용으로 세균의 포자까지 사멸하는 것을 말한다.
④ 멸균 : 병원성 또는 비병원성 미생물 및 포자를 가진 것을 전부 사멸 또는 제거하는 것을 말한다.

소독은 비교적 약한 살균력을 작용시켜 병원 미생물의 생활력을 파괴하여 감염의 위험성을 없애는 방법이다.

★★★★★
2 소독의 정의로서 옳은 것은?

① 모든 미생물 일체를 사멸하는 것
② 모든 미생물을 열과 약품으로 완전히 죽이거나 또는 제거하는 것
③ 병원성 미생물의 생활력을 파괴하여 죽이거나 또는 제거하여 감염력을 없애는 것
④ 균을 적극적으로 죽이지 못하더라도 발육을 저지하고 목적하는 것을 변화시키지 않고 보존하는 것

병원성 또는 비병원성 미생물을 사멸하는 것은 멸균에 해당되며, 소독은 병원성 미생물을 죽이거나 제거하여 감염력을 없애는 것을 말한다.

★★★★★
3 미생물을 대상으로 한 작용이 강한 것부터 순서대로 옳게 배열된 것은?

① 멸균 > 소독 > 살균 > 청결 > 방부
② 멸균 > 살균 > 소독 > 방부 > 청결
③ 살균 > 멸균 > 소독 > 방부 > 청결
④ 소독 > 살균 > 멸균 > 청결 > 방부

★★★
4 비교적 약한 살균력을 작용시켜 병원 미생물의 생활력을 파괴하여 감염의 위험성을 없애는 조작은?

① 소독 ② 고압증기멸균
③ 방부처리 ④ 냉각처리

비교적 약한 살균력으로 병원 미생물의 감염 위험을 없애는 것은 소독에 해당하며, 병원성 또는 비병원성 미생물 및 포자를 가진 것을 전부 사멸 또는 제거하는 것을 멸균이라 한다.

★★★
5 소독에 대한 설명으로 가장 옳은 것은?

① 감염의 위험성을 제거하는 비교적 약한 살균작용이다.
② 세균의 포자까지 사멸한다.
③ 아포형성균을 사멸한다.
④ 모든 균을 사멸한다.

소독은 병원성 또는 비병원성 미생물 및 포자까지 사멸하는 멸균보다 약한 살균작용이다.

★★★
6 병원성 또는 비병원성 미생물 및 아포를 가진 것을 전부 사멸 또는 제거하는 것을 무엇이라 하는가?

① 멸균(Sterilization) ② 소독(Disinfection)
③ 방부(Antiseptic) ④ 정균(Microbiostasis)

멸균은 병원성 또는 비병원성 미생물 및 포자를 가진 것을 전부 사멸 또는 제거하는 무균 상태를 의미한다.

★★★★
7 소독에 대한 설명으로 가장 적합한 것은?

① 병원 미생물의 성장을 억제하거나 파괴하여 감염의 위험성을 없애는 것이다.
② 소독은 무균상태를 말한다.
③ 소독은 병원 미생물의 발육과 그 작용을 제지 및 정지시키며 특히 부패 및 발효를 방지시키는 것이다.
④ 소독은 포자를 가진 것 전부를 사멸하는 것을 말한다.

②, ④는 멸균, ③은 방부에 대한 설명이다.

정답 **1** 1③ 2③ 3② 4① 5① 6① 7①

★★★
8 멸균의 의미로 가장 옳은 표현은?

① 병원성 균의 증식억제
② 병원성 균의 사멸
③ 아포를 포함한 모든 균의 사멸
④ 모든 세균의 독성만의 파괴

★★★★★
9 소독약의 구비조건으로 틀린 것은?

① 값이 비싸고 위험성이 없다.
② 인체에 해가 없으며 취급이 간편하다.
③ 살균하고자 하는 대상물을 손상시키지 않는다.
④ 살균력이 강하다.

> 소독약은 값이 저렴해야 한다.

★★★★★
10 소독약품으로서 갖춰야 할 구비조건이 아닌 것은?

① 안전성이 높을 것 ② 독성이 낮을 것
③ 부식성이 강할 것 ④ 용해성이 높을 것

★★★
11 미생물의 발육과 그 작용을 제거하거나 정지시켜 음식물의 부패나 발효를 방지하는 것은?

① 방부 ② 소독
③ 살균 ④ 살충

> • 소독 : 병원성 미생물의 생활력을 파괴하여 죽이거나 또는 제거하여 감염력을 없애는 것
> • 살균 : 생활력을 가지고 있는 미생물을 여러 가지 물리·화학적 작용에 의해 급속히 죽이는 것

★★★★★
12 이상적인 소독제의 구비조건과 거리가 먼 것은?

① 생물학적 작용을 충분히 발휘할 수 있어야 한다.
② 빨리 효과를 내고 살균 소요시간이 짧을수록 좋다.
③ 독성이 적으면서 사용자에게도 자극성이 없어야 한다.
④ 원액 혹은 희석된 상태에서 화학적으로는 불안정된 것이라야 한다.

> 소독제는 화학적으로 안정된 것이어야 한다.

★★★★★
13 화학적 약제를 사용하여 소독 시 소독약품의 구비조건으로 옳지 않은 것은?

① 용해성이 낮아야 한다.
② 살균력이 강해야 한다.
③ 부식성, 표백성이 없어야 한다.
④ 경제적이고 사용방법이 간편해야 한다.

> 소독약품은 용해성이 높아야 한다.

★★★★★
14 화학적 소독제의 조건으로 잘못된 것은?

① 독성 및 안전성이 약할 것
② 살균력이 강할 것
③ 용해성이 높을 것
④ 가격이 저렴할 것

★★★
15 소독약의 보존에 대한 설명 중 부적합한 것은?

① 직사일광을 받지 않도록 한다.
② 냉암소에 둔다.
③ 사용하다 남은 소독약은 재사용을 위해 밀폐시켜 보관한다.
④ 식품과 혼돈하기 쉬운 용기나 장소에 보관하지 않도록 한다.

> 소독약은 시간이 지나면 변질의 우려가 있기 때문에 희석 즉시 사용하고 남은 소독약은 보관하지 않는다.

★★★★
16 소독약에 대한 설명 중 적합하지 않은 것은?

① 소독시간이 적당한 것
② 소독 대상물을 손상시키지 않는 소독약을 선택할 것
③ 인체에 무해하며 취급이 간편할 것
④ 소독약은 항상 청결하고 밝은 장소에 보관할 것

> 소독약은 밀폐시켜 햇빛이 들지 않는 냉암소에 보관해야 한다.

정답 8 ③ 9 ① 10 ③ 11 ① 12 ④ 13 ① 14 ① 15 ③ 16 ④

★★★
17 소독법의 구비 조건에 부적합한 것은?

① 장시간에 걸쳐 소독의 효과가 서서히 나타나야 한다.
② 소독대상물에 손상을 입혀서는 안 된다.
③ 인체 및 가축에 해가 없어야 한다.
④ 방법이 간단하고 비용이 적게 들어야 한다.

소독은 즉시 효과를 낼 수 있어야 한다.

★★
18 소독에 영향을 미치는 인자가 아닌 것은?

① 온도 ② 수분
③ 시간 ④ 풍속

소독에 영향을 주는 인자
온도, 시간, 수분, 열, 농도, 자외선

★★★
19 살균작용 기전으로 산화작용을 주로 이용하는 소독제는?

① 오존 ② 석탄산
③ 알코올 ④ 머큐로크롬

산화작용 : 과산화수소, 오존, 염소 및 그 유도체, 과망간산칼륨

★★★★
20 알코올 소독의 미생물 세포에 대한 주된 작용기전은?

① 할로겐 복합물 형성
② 단백질 변성
③ 효소의 완전 파괴
④ 균체의 완전 융해

★★★
21 석탄산의 소독작용과 관계가 가장 먼 것은?

① 균체 단백질 응고작용
② 균체 효소의 불활성화 작용
③ 균체의 삼투압 변화작용
④ 균체의 가수분해작용

균체의 가수분해작용 : 강산, 강알칼리, 중금속염

★★★★
22 석탄산, 알코올, 포르말린 등의 소독제가 가지는 소독의 주된 원리는?

① 균체 원형질 중의 탄수화물 변성
② 균체 원형질 중의 지방질 변성
③ 균체 원형질 중의 단백질 변성
④ 균체 원형질 중의 수분 변성

살균작용의 기전

구분	종류
산화작용	과산화수소, 오존, 염소 및 그 유도체, 과망간산칼륨
균체의 단백질 응고작용	석탄산, 크레졸, 승홍, 알코올, 포르말린, 생석회
균체의 효소 불활성화 작용	석탄산, 알코올, 역성비누, 중금속염
균체의 가수분해작용	강산, 강알칼리, 중금속염
탈수작용	알코올, 포르말린, 식염, 설탕
중금속염의 형성	승홍, 머큐로크롬, 질산은
핵산에 작용	자외선, 방사선, 포르말린, 에틸렌옥사이드
균체의 삼투성 변화작용	석탄산, 역성비누, 중금속염

★★★
23 반응성이 풍부하고 산화작용이 강하여 수년 동안 물의 소독에 사용되어 왔던 소독기제는 무엇인가?

① 과산화수소 ② 오존
③ 메틸브로마이드 ④ 에틸렌옥사이드

★★★
24 각종 살균제와 그 기전을 연결하였다. 틀린 항은?

① 과산화수소(H_2O_2) – 가수분해
② 생석회(CaO) – 균체 단백질 변성
③ 알코올(C_2H_5OH) – 대사저해 작용
④ 페놀(C_6H_5OH) – 단백질 응고

과산화수소 : 산화작용

★★★
25 다음 중 세균의 단백질 변성과 응고작용에 의한 기전을 이용하여 살균하고자 할 때 주로 이용되는 방법은?

① 가열 ② 희석 ③ 냉각 ④ 여과

단백질은 열을 가하거나 양이온 용액을 넣으면 응고되어 세균의 기능이 상실된다.

정답 17 ① 18 ④ 19 ① 20 ② 21 ④ 22 ③ 23 ② 24 ① 25 ①

02. 물리적 소독법

★★★★★
1 다음 중 물리적 소독법에 해당하는 것은?

① 승홍소독
② 크레졸소독
③ 건열소독
④ 석탄산소독

건열소독은 물체 표면의 미생물을 화염으로 직접 태워 살균하는 방법으로 물리적 소독법에 해당한다.

★★★★★
2 다음 중 물리적 소독법에 속하지 않는 것은?

① 건열멸균법
② 고압증기멸균법
③ 크레졸 소독법
④ 자비소독법

크레졸 소독법은 화학적 소독법에 속한다.

★★★★★
3 물리적 소독법으로 사용하는 것이 아닌 것은 ?

① 알코올 ② 초음파
③ 일광 ④ 자외선

알코올은 화학적 소독법에 해당한다.

★★★★★
4 다음 중 화학적 소독법에 해당되는 것은?

① 알코올 소독법 ② 자비소독법
③ 고압증기멸균법 ④ 간헐멸균법

알코올 소독법은 화학적 소독법에 속한다.

★★★★
5 다음 중 건열멸균법이 아닌 것은?

① 화염멸균법 ② 자비소독법
③ 건열멸균법 ④ 소각소독법

자비소독법은 습열멸균법에 해당한다.

★★★★★
6 다음 중 화학적 소독법은?

① 건열 소독법 ② 여과세균 소독법
③ 포르말린 소독법 ④ 자외선 소독법

★★★★★
7 다음 중 화학적 소독 방법이라 할 수 없는 것은?

① 포르말린 ② 석탄산
③ 크레졸 비누액 ④ 고압증기

고압증기를 이용한 소독 방법은 물리적 소독 방법이다.

★★★★
8 다음 중 할로겐계에 속하지 않는 것은?

① 차아염소산나트륨 ② 표백분
③ 석탄산 ④ 요오드액

할로겐계 살균제 : 차아염소산칼슘, 차아염소산나트륨, 차아염소산리튬, 이산화염소, 표백분, 요오드액 등

★★★
9 다음 중 건열멸균에 관한 내용이 아닌 것은?

① 화학적 살균 방법이다.
② 주로 건열멸균기(dry oven)를 사용한다.
③ 유리기구, 주사침 등의 처리에 이용된다.
④ 160℃에서 1시간 30분 정도 처리한다.

건열멸균은 물리적 소독 방법이다.

★★★
10 유리제품의 소독방법으로 가장 적합한 것은?

① 끓는 물에 넣고 10분간 가열한다.
② 건열멸균기에 넣고 소독한다.
③ 끓는 물에 넣고 5분간 가열한다.
④ 찬물에 넣고 75℃까지만 가열한다.

건열멸균법은 유리기구, 금속기구, 자기제품, 주사기, 분말 등의 멸균에 이용된다.

정답 2 1 ③ 2 ③ 3 ① 4 ① 5 ② 6 ③ 7 ④ 8 ③ 9 ① 10 ②

11 ★★★ 병원에서 감염병 환자가 퇴원 시 실시하는 소독법은?

① 반복소독 ② 수시소독
③ 지속소독 ④ 종말소독

> **소독의 시기에 따른 분류**
> - 지속소독법 : 감염병이 발생했을 때 간접 접촉으로 인해 발생하는 것을 예방하기 위해 반복적으로 소독하는 방법
> - 종말소독법 : 환자가 완치로 퇴원하거나 사망 후 또는 격리 수용된 전염원을 완전히 제거하기 위해 소독하는 방법
> - 예방소독법 : 질병의 예방을 위해서 소독하는 방법

12 ★★★ 다음 중 습열멸균법에 속하는 것은?

① 자비소독법
② 화염멸균법
③ 여과멸균법
④ 소각소독법

> **습열멸균법** : 자비소독법, 증기멸균법, 간헐멸균법, 고압증기멸균법 등

13 ★★★★★ 다음 중 이·미용업소에서 손님에게서 나온 객담이 묻은 휴지 등을 소독하는 방법으로 가장 적합한 것은?

① 소각소독법
② 자비소독법
③ 고압증기멸균법
④ 저온소독법

> **소각법** : 병원체를 불꽃으로 태우는 방법으로 결핵환자의 객담 처리 또는 감염병 환자의 배설물 등의 처리 방법으로 주로 사용된다.

14 ★★★★★ 이·미용업소에서 일반적 상황에서의 수건 소독법으로 가장 적합한 것은?

① 석탄산 소독
② 크레졸 소독
③ 자비소독
④ 직외선 소독

> 일반적으로 수건의 소독은 끓는 물을 이용한 자비소독법이 적합하다.

15 ★★★ 자비소독법에 대한 설명 중 틀린 것은?

① 아포형성균에는 부적당하다.
② 물에 탄산나트륨 1~2%를 넣으면 살균력이 강해진다.
③ 금속기구 소독 시 날이 무디어질 수 있다.
④ 물리적 소독법에서 가장 효과적이다.

> 소독 방법 중 완전 멸균으로 가장 빠르고 효과적인 방법은 고압증기 멸균법이다.

16 ★★★ 금속성 식기, 면 종류의 의류, 도자기의 소독에 적합한 소독방법은?

① 화염멸균법 ② 건열멸균법
③ 소각소독법 ④ 자비소독법

17 ★★★ 일반적으로 자비소독법으로 사멸되지 않는 것은?

① 아포형성균
② 콜레라균
③ 임균
④ 포도상구균

> 자비소독은 아포형성균, B형 간염바이러스에는 적합하지 않다.

18 ★★★★★ 이·미용업소에서 사용하는 수건의 소독방법으로 적합하지 않은 것은?

① 건열소독 ② 자비소독
③ 역성비누소독 ④ 증기소독

> 건열소독은 유리기구, 금속기구, 자기제품 등에 사용되며, 수건의 소독방법으로는 적당하지 않다.

19 ★★★ 금속제품의 자비소독 시 살균력을 강하게 하고 금속의 녹을 방지하는 효과를 나타낼 수 있도록 첨가하는 약품은?

① 1~2%의 염화칼슘
② 1~2%의 탄산나트륨
③ 1~2%의 알코올
④ 1~2%의 승홍수

정답 11 ④ 12 ① 13 ① 14 ③ 15 ④ 16 ④ 17 ① 18 ① 19 ②

20 ★★★ 자비소독 시 살균력 상승과 금속의 상함을 방지하기 위해서 첨가하는 물질(약품)로 알맞은 것은?

① 승홍수 ② 알코올
③ 염화칼슘 ④ 탄산나트륨

자비소독 시 살균력을 높이기 위해 탄산나트륨, 붕산, 크레졸액 등의 보조제를 사용한다.

21 ★★★★ 자비소독 시 살균력을 강하게 하고 금속기자재가 녹스는 것을 방지하기 위하여 첨가하는 물질이 아닌 것은?

① 2% 중조 ② 2% 크레졸 비누액
③ 5% 승홍수 ④ 5% 석탄산

승홍수는 강력한 살균력이 있어 기물(器物)의 살균이나 피부 소독에는 0.1% 용액, 매독성 질환에는 0.2% 용액을 쓰며, 점막이나 금속 기구를 소독하는 데는 적당하지 않다.

22 ★★★ 자비소독 시 금속제품이 녹스는 것을 방지하기 위하여 첨가하는 물질이 아닌 것은?

① 2% 붕소 ② 2% 탄산나트륨
③ 5% 알코올 ④ 2~3% 크레졸 비누액

자비소독 시 보조제로서 탄산나트륨, 붕산, 크레졸액을 사용한다.

23 ★★★ 다음 중 자비소독에서 자비효과를 높이고자 일반적으로 사용하는 보조제가 아닌 것은?

① 탄산나트륨 ② 붕산
③ 크레졸액 ④ 포르말린

자비소독의 효과를 높이기 위해 탄산나트륨, 붕산, 크레졸액 등을 사용한다.

24 ★★★ 금속제품을 자비소독할 경우 언제 물에 넣는 것이 가장 좋은가?

① 가열 시작 전 ② 가열시작 직후
③ 끓기 시작한 후 ④ 수온이 미지근할 때

금속제품은 물이 끓기 시작한 후, 유리제품은 찬물에 투입한다.

25 ★★★ 내열성이 강해서 자비소독으로는 멸균이 되지 않는 것은?

① 이질 아메바 영양형 ② 장티푸스균
③ 결핵균 ④ 포자형성 세균

26 ★★★★ 다음 중 열에 대한 저항력이 커서 자비소독법으로 사멸되지 않는 균은?

① 콜레라균
② 결핵균
③ 살모넬라균
④ B형 간염 바이러스

B형 간염 바이러스의 예방을 위해서는 고압증기 멸균법을 이용한 살균이 효과적이다.

27 ★★★ 100℃의 유통증기 속에서 30분 내지 60분간 멸균시킨 다음 20℃ 이상의 실온에서 24시간 방치하는 방법을 3회 반복하는 멸균법은?

① 열탕소독법
② 간헐멸균법
③ 건열멸균법
④ 고압증기멸균법

간헐멸균법은 100℃의 유통증기 속에서 30~60분간 멸균시킨 다음 20℃ 이상의 실온에서 24시간 방치하는 방법을 3회 반복하는 멸균법으로 아포를 형성하는 미생물의 멸균에 적합하다.

28 ★★★ 코흐(koch) 멸균기를 사용하는 소독법은?

① 간헐멸균법
② 자비소독법
③ 저온살균법
④ 건열멸균법

29 ★★★ 100℃ 이상 고온의 수증기를 고압상태에서 미생물, 포자 등과 접촉시켜 멸균할 수 있는 것은?

① 자외선 소독기
② 건열 멸균기
③ 고압증기 멸균기
④ 자비소독기

정답 20 ④ 21 ③ 22 ③ 23 ④ 24 ③ 25 ④ 26 ④ 27 ② 28 ① 29 ③

★★★
30 고압증기 멸균법을 실시할 때 온도, 압력, 소요시간으로 가장 알맞은 것은?

① 71℃에 10 lbs 30분간 소독
② 105℃에 15 lbs 30분간 소독
③ 121℃에 15 lbs 20분간 소독
④ 211℃에 10 lbs 10분간 소독

> 소독 시간
> • 10LBs : 115℃에 30분간
> • 15LBs : 121℃에 20분간
> • 20LBs : 126℃에 15분간

★★★★★
31 다음 중 아포를 형성하는 세균에 대한 가장 좋은 소독법은?

① 적외선 소독 ② 자외선 소독
③ 고압증기멸균 소독 ④ 알코올 소독

★★★
32 다음 소독 방법 중 완전 멸균으로 가장 빠르고 효과적인 방법은?

① 유통증기법 ② 간헐살균법
③ 고압증기법 ④ 건열 소독

> **고압증기법**은 고압증기 멸균기를 이용하여 소독하는 방법으로 가장 빠르고 효과적인 소독 방법이며, 포자를 형성하는 세균을 멸균하는 데 적합하다.

★★★
33 고압증기 멸균법에 있어 20LBs, 126.5C의 상태에서 몇 분간 처리하는 것이 가장 좋은가?

① 5분 ② 15분
③ 30분 ④ 60분

★★★
34 고압증기 멸균법의 압력과 처리시간이 틀린 것은?

① 10LB(파운드)에서 30분
② 15LB(파운드)에서 20분
③ 20LB(파운드)에서 15분
④ 30LB(파운드)에서 3분

★★★★
35 고압증기 멸균법에서 20파운드(Lbs)의 압력에서는 몇 분간 처리하는 것이 가장 적절한가?

① 40분 ② 30분
③ 15분 ④ 5분

★★★
36 고압증기 멸균법의 대상물로 가장 부적당한 것은?

① 의료기구 ② 의류
③ 고무제품 ④ 음용수

> **고압증기 멸균법**은 의료기구, 유리기구, 금속기구, 의류, 고무제품, 미용기구, 무균실 기구, 약액 등에 사용된다.

★★★
37 고압멸균기를 사용하여 소독하기에 가장 적합하지 않은 것은?

① 유리기구 ② 금속기구
③ 약액 ④ 가죽제품

★★★
38 고압증기 멸균기의 열원으로 수증기를 사용하는 이유가 아닌 것은?

① 일정 온도에서 쉽게 열을 방출하기 때문
② 미세한 공간까지 침투성이 높기 때문
③ 열 발생에 소요되는 비용이 저렴하기 때문
④ 바세린(vaseline)이나 분말 등도 쉽게 통과할 수 있기 때문

> 고압증기 멸균기의 수증기는 용해되는 물질은 멸균할 수 없다.

★★★
39 AIDS나 B형 간염 등과 같은 질환의 전파를 예방하기 위한 이·미용기구의 가장 좋은 소독방법은?

① 고압증기 멸균기
② 자외선 소독기
③ 음이온계면활성제
④ 알코올

> 고압증기 멸균기를 이용한 소독은 완전 멸균으로 가장 빠르고 효과적인 방법이다.

정답 30 ③ 31 ③ 32 ③ 33 ② 34 ④ 35 ③ 36 ④ 37 ④ 38 ④ 39 ①

★★★
40 고압증기 멸균법에 해당하는 것은?

① 멸균 물품에 잔류독성이 많다.
② 포자를 사멸시키는 데 멸균시간이 짧다.
③ 비경제적이다.
④ 많은 물품을 한꺼번에 처리할 수 없다.

> ① 멸균 물품에 잔류독성이 없다.
> ③ 고압증기 멸균법은 경제적인 소독 방법이다.
> ④ 많은 물품을 한꺼번에 처리할 수 있다.

★★★
41 무균실에서 사용되는 기구의 가장 적합한 소독법은?

① 고압증기 멸균법 ② 자외선 소독법
③ 자비 소독법 ④ 소각 소독법

★★★
42 고압증기 멸균기의 소독대상물로 적합하지 않은 것은?

① 금속성 기구 ② 의류
③ 분말제품 ④ 약액

★★★
43 고압증기 멸균법의 단점은?

① 멸균비용이 많이 든다.
② 많은 멸균 물품을 한꺼번에 처리할 수 없다.
③ 멸균물품에 잔류독성이 있다.
④ 수증기가 통과하므로 용해되는 물질은 멸균할 수 없다.

> ① 멸균비용이 적게 들어 경제적인 소독 방법이다.
> ② 많은 멸균 물품을 한꺼번에 처리할 수 있다.
> ③ 멸균물품에 잔류독성이 없다.

★★★
44 최근에 많이 이용되고 있는 우유의 초고온 순간멸균법으로 140℃에서 가장 적절한 처리시간은?

① 1~3초 ② 30~60초
③ 1~3분 ④ 5~6분

> 초고온 순간멸균법은 130~150℃에서 0.75~2초간 가열 후 급랭하는 방법으로 우유의 내열성 세균의 포자를 완전 사멸하는 방법으로 사용된다.

★★
45 파스퇴르가 발명한 살균방법은?

① 저온살균법 ② 증기살균법
③ 여과살균법 ④ 자외선 살균법

> 저온살균법은 파스퇴르가 발명한 살균방법으로 62~63℃에서 30분간 소독을 실시하며, 우유 속의 결핵균 등의 오염 방지 목적으로 사용된다.

★★★
46 저온소독법(Pasteurization)에 이용되는 적절한 온도와 시간은?

① 50~55℃, 1시간
② 62~63℃, 30분
③ 65~68℃, 1시간
④ 80~84℃, 30분

★★★
47 일광소독법은 햇빛 중의 어떤 영역에 의해 소독이 가능한가?

① 적외선 ② 자외선
③ 가시광선 ④ 감마선

> 일광소독법은 태양광선 중의 자외선을 이용하는 방법으로 결핵균, 페스트균, 장티푸스균 등의 사멸에 사용된다.

★★★
48 자외선의 파장 중 가장 강한 범위는?

① 200~220nm ② 260~280nm
③ 300~320nm ④ 360~380nm

> 자외선의 파장 중 260~280nm에서 살균력이 가장 강하다.

★★
49 다음 중 일광소독법의 가장 큰 장점인 것은?

① 아포도 죽는다.
② 산화되지 않는다.
③ 소독효과가 크다.
④ 비용이 적게 든다.

> 일광소독법은 태양광선 중의 자외선을 이용하는 방법으로 결핵균, 페스트균, 장티푸스균 등의 사멸에 사용되며 소독효과가 큰 방법은 아니다. 비용이 적게 들면서 가장 간편하게 소독할 수 있는 방법이다.

정답 40 ② 41 ① 42 ③ 43 ④ 44 ① 45 ① 46 ② 47 ② 48 ② 49 ④

★★★
50 자외선의 인체에 대한 작용으로 관계가 없는 것은?

① 비타민D 형성 ② 멜라닌 색소 침착
③ 체온상승 ④ 피부암 유발

★★★
51 코발트나 세슘 등을 이용한 방사선 멸균법의 단점이라 할 수 있는 것은?

① 시설설비에 소요되는 비용이 비싸다.
② 투과력이 약해 포장된 물품에 소독효과가 없다.
③ 소독에 소요되는 시간이 길다.
④ 고온하에서 적용되기 때문에 열에 약한 기구소독이 어렵다.

> **방사선 멸균법**
> • 코발트나 세슘 등의 감마선을 이용한 방법
> • 포장 식품이나 약품의 멸균 등에 이용
> • 시설비가 비싼 단점이 있다.

★★★
52 결핵환자가 사용한 침구류 및 의류의 가장 간편한 소독 방법은?

① 일광 소독 ② 자비소독
③ 석탄산 소독 ④ 크레졸 소독

★★★
53 자외선의 살균에 대한 설명으로 가장 적절한 것은?

① 투과력이 강해서 매우 효과적인 살균법이다.
② 직접 쪼여져 노출된 부위만 소독된다.
③ 짧은 시간에 충분히 소독된다.
④ 액체의 표면을 통과하지 못하고 반사한다.

> 자외선 살균은 효과적인 살균 방법은 아니며 표면적인 멸균 효과를 얻기 위한 방법이다.

★★★★
54 당이나 혈청과 같이 열에 의해 변성되거나 불안정한 액체의 멸균에 이용되는 소독법은?

① 저온살균법 ② 여과멸균법
③ 간헐멸균법 ④ 건열멸균법

> 여과멸균법은 열이나 화학약품을 사용하지 않고 여과기를 이용하여 세균을 제거하는 방법이다.

03. 화학적 소독법

★★★
1 소독약을 사용하여 균 자체에 화학반응을 일으켜 세균의 생활력을 빼앗아 살균하는 것은?

① 물리적 멸균법 ② 건열 멸균법
③ 여과 멸균법 ④ 화학적 살균법

> 화학적 살균법은 화학적 반응을 이용하는 방법이며, 석탄산, 크레졸, 역성비누, 포르말린, 승홍 등이 주로 사용된다.

★★★
2 화학적 소독법에 가장 많은 영향을 주는 것은?

① 순수성 ② 융점
③ 빙점 ④ 농도

> 일반적으로 소독제의 농도가 높을수록 소독제의 효과도 높아진다.

★★★
3 소독제로서 석탄산에 관한 설명이 틀린 것은?

① 유기물에도 소독력은 약화되지 않는다.
② 고온일수록 소독력이 커진다.
③ 금속 부식성이 없다.
④ 세균단백에 대한 살균작용이 있다.

> 석탄산은 금속 부식성이 있다.

★★★
4 다음 중 방역용 석탄산수의 알맞은 사용 농도는?

① 1% ② 3% ③ 5% ④ 70%

> 석탄산수 = 석탄수 3% + 물 97%

★★★
5 소독약으로서의 석탄산에 관한 내용 중 틀린 것은?

① 사용농도는 3% 수용액을 주로 쓴다.
② 고무제품, 의류, 가구, 배설물 등의 소독에 적합하다.
③ 단백질 응고작용으로 살균기능을 가진다.
④ 세균포자나 바이러스에 효과적이다.

> 석탄산은 고무제품, 의류, 가구, 배설물 등의 소독에 적합하며, 세균포자나 바이러스에는 작용력이 없다.

정답 50 ③ 51 ① 52 ① 53 ② 54 ② 3 1 ④ 2 ④ 3 ③ 4 ② 5 ④

★★★★
6 소독제의 살균력을 비교할 때 기준이 되는 소독약은?

① 요오드 ② 승홍
③ 석탄산 ④ 알코올

★★★★★
7 소독제의 살균력 측정검사의 지표로 사용되는 것은?

① 알코올 ② 크레졸
③ 석탄산 ④ 포르말린

★★★
8 다음 중 넓은 지역의 방역용 소독제로 적당한 것은?

① 석탄산 ② 알코올
③ 과산화수소 ④ 역성비누액

> 석탄산의 용도
> • 고무제품, 의류, 가구, 배설물 등의 소독에 적합
> • 넓은 지역의 방역용 소독제로 적합

★★★
9 다음 소독약 중 할로겐계의 것이 아닌 것은?

① 표백분 ② 석탄산
③ 차아염소산나트륨 ④ 요오드

> 석탄산은 방향족 화합물이다. 할로겐계 소독약에는 염소, 표백분, 요오드 등이 있다.

★★★
10 석탄산 계수가 2인 소독약 A를 석탄산 계수 4인 소독약 B와 같은 효과를 내려면 그 농도를 어떻게 조정하면 되는가?(단, A, B의 용도는 같다)

① A를 B보다 2배 묽게 조정한다.
② A를 B보다 4배 묽게 조정한다.
③ A를 B보다 2배 짙게 조정한다.
④ A를 B보다 4배 짙게 조정한다.

> 소독약 A는 석탄산보다 살균력이 2배 높고, 소독약 B는 석탄산보다 4배 높으므로 소독약 A를 B보다 2배 짙게 조정해야 한다.

★★★
11 다음 중 석탄산 소독의 장점은?

① 안정성이 높고 화학변화가 적다.
② 바이러스에 대한 효과가 크다.
③ 피부 및 점막에 자극이 없다.
④ 살균력이 크레졸 비누액보다 높다.

> ② 세균포자나 바이러스에는 작용력이 없다.
> ③ 조직에 독성이 있어 인체에 잘 사용하지 않는다.
> ④ 크레졸 비누액은 석탄산에 비해 2배의 소독력을 가진다.

★★★
12 다음 중 석탄산의 설명으로 가장 거리가 먼 것은?

① 저온일수록 소독효과가 크다.
② 살균력이 안정하다.
③ 유기물에 약화되지 않는다.
④ 취기와 독성이 강하다.

> 석탄산은 고온일수록 소독효과가 크다.

★★★
13 석탄산 계수(페놀 계수)가 5일 때 의미하는 살균력은?

① 페놀보다 5배 높다.
② 페놀보다 5배 낮다.
③ 페놀보다 50배 높다.
④ 페놀보다 50배 낮다.

> 석탄산 계수가 5라는 의미는 살균력이 삭탄산의 5배라는 의미이다.

★★★★
14 어떤 소독약의 석탄산 계수가 2.0이라는 것은 무엇을 의미하는가?

① 석탄산의 살균력이 2이다.
② 살균력이 석탄산의 2배이다.
③ 살균력이 석탄산의 2%이다.
④ 살균력이 석탄산의 120%이다.

★★★
15 석탄산의 희석배수 90배를 기준으로 할 때 어떤 소독약의 석탄산 계수가 4이었다면 이 소독약의 희석배수는?

① 90배 ② 94배
③ 360배 ④ 400배

> 어떤 소독약의 석탄산 계수가 4라면 살균력이 석탄산의 4배라는 의미이므로, 90×4배 = 360배이다.

정답 6 ③ 7 ③ 8 ① 9 ② 10 ③ 11 ① 12 ① 13 ① 14 ② 15 ③

★★★★
16 이·미용실 바닥 소독용으로 가장 알맞은 소독약품은?

① 알코올 ② 크레졸
③ 생석회 ④ 승홍수

크레졸은 손, 오물, 배설물 등의 소독 및 이·미용실의 실내소독용으로 사용된다.

★★★
17 어느 소독약의 석탄산 계수가 1.5이었다면 그 소독약의 적당한 희석배율은 몇 배인가? (단, 석탄산의 희석배율은 90배이었다)

① 60배 ② 135배
③ 150배 ④ 180배

$1.5 = \frac{x}{90}$, $x = 1.5 \times 90 = 135$

★★★
18 다음 중 크레졸의 설명으로 틀린 것은?

① 3%의 수용액을 주로 사용한다.
② 석탄산에 비해 2배의 소독력이 있다.
③ 손, 오물 등의 소독에 사용된다.
④ 물에 잘 녹는다.

크레졸은 물에 잘 녹지 않는다.

★★★★
19 3%의 크레졸 비누액 900 mL를 만드는 방법으로 옳은 것은?

① 크레졸 원액 270 mL에 물 630 mL를 가한다.
② 크레졸 원액 27 mL에 물 873 mL를 가한다.
③ 크레졸 원액 300 mL에 물 600 mL를 가한다.
④ 크레졸 원액 200 mL에 물 700 mL를 가한다.

• 크레졸 원액 = 900 mL의 3% = 900×0.03 = 27mL
• 물 = 900 mL − 27 mL = 873mL

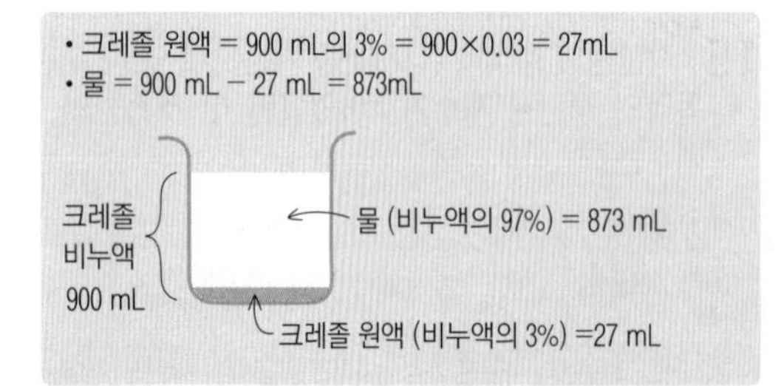

★★★
20 객담 등의 배설물 소독을 위한 크레졸 비누액의 가장 적합한 농도는?

① 0.1% ② 1%
③ 3% ④ 10%

크레졸은 페놀화합물로 3%의 수용액을 주로 사용하며, 손 소독에는 1~2%의 수용액을 사용한다.

★★★
21 다음 중 배설물의 소독에 가장 적당한 것은?

① 크레졸 ② 오존
③ 염소 ④ 승홍

크레졸은 손, 오물, 배설물 등의 소독 및 이·미용실의 실내소독용으로 사용된다.

★★★
22 다음 소독제 중에서 페놀화합물에 속하는 것은?

① 포르말린
② 포름알데히드
③ 이소프로판올
④ 크레졸

★★★
23 역성비누액에 대한 설명으로 틀린 것은?

① 냄새가 거의 없고 자극이 적다.
② 소독력과 함께 세정력이 강하다.
③ 수지·기구·식기소독에 적당하다.
④ 물에 잘 녹고 흔들면 거품이 난다.

역성비누는 소독력은 강하지만 세정력은 약하다.

★★★★
24 이·미용업 종사자가 손을 씻을 때 많이 사용하는 소독약은?

① 크레졸 수
② 페놀 수
③ 과산화수소
④ 역성비누

역성비누는 수지·기구·식기 및 손 소독에 주로 사용된다.

정답 16 ② 17 ② 18 ④ 19 ② 20 ③ 21 ① 22 ④ 23 ② 24 ④

★★★
25 다음 중 소독 실시에 있어 수증기를 동시에 혼합하여 사용할 수 있는 것은?

① 승홍수 소독
② 포르말린수 소독
③ 석회수 소독
④ 석탄산수 소독

★★★★
26 일반적으로 사용하는 소독제로서 에탄올의 적정 농도는?

① 30% ② 50%
③ 70% ④ 90%

70%의 에탄올이 살균력이 가장 강력하다.

★★★
27 다음 소독약 중 가장 독성이 낮은 것은?

① 석탄산 ② 승홍수
③ 에틸알코올 ④ 포르말린

에틸알코올은 독성이 약하며 칼, 가위, 유리제품 등의 소독에 사용된다.

★★★
28 비교적 가격이 저렴하고 살균력이 있으며 쉽게 증발되어 잔여량이 없는 살균제는?

① 알코올 ② 요오드
③ 크레졸 ④ 페놀

알코올은 탈수 및 응고작용에 의한 살균작용을 하며 쉽게 증발되는 성질이 있다.

★★★
29 다음 중 에탄올에 의한 소독 대상물로서 가장 적합한 것은?

① 유리제품 ② 셀룰로이드 제품
③ 고무제품 ④ 플라스틱 제품

에탄올은 칼, 가위, 유리제품 등의 소독에 사용된다.

★★★
30 포르말린 소독법 중 올바른 설명은?

① 온도가 낮을수록 소독력이 강하다.
② 온도가 높을수록 소독력이 강하다.
③ 온도가 높고 낮음에 관계없다.
④ 포르말린은 가스상으로는 작용하지 않는다.

포르말린은 가스 소독제로서 온도가 높을수록 소독력이 강하다.

★★★
31 다음 중 포르말린수 소독에 가장 적합하지 않은 것은?

① 고무제품 ② 배설물
③ 금속제품 ④ 플라스틱

포르말린은 무균실, 병실, 거실 등의 소독 및 금속제품, 고무제품, 플라스틱 등의 소독에 적합하다. 배설물 소독은 크레졸이 적합하다.

★★★
32 훈증소독법으로도 사용할 수 있는 약품인 것은?

① 포르말린 ② 과산화수소
③ 염산 ④ 나프탈렌

★★★
33 훈증소독법에 대한 설명 중 틀린 것은?

① 분말이나 모래, 부식되기 쉬운 재질 등을 멸균할 수 있다.
② 가스(gas)나 증기(fume)를 사용한다.
③ 화학적 소독방법이다.
④ 위생해충 구제에 많이 이용된다.

훈증소독법은 식품에 살균가스를 뿌려 미생물과 해충을 죽이는 방법으로 과일을 오래 보관하기 위해 주로 사용한다.

★★★★
34 승홍에 관한 설명으로 틀린 것은?

① 액 온도가 높을수록 살균력이 강하다.
② 금속 부식성이 있다.
③ 0.1% 수용액을 사용한다.
④ 상처 소독에 적당한 소독약이다.

상처 소독에는 과산화수소가 주로 사용된다.

정답 25 ② 26 ③ 27 ③ 28 ① 29 ① 30 ② 31 ② 32 ① 33 ① 34 ④

★★★
35 다음 중 소독약품과 적정 사용농도의 연결이 가장 거리가 먼 것은?

① 승홍수 – 1%　　② 알코올 – 70%
③ 석탄산 – 3%　　④ 크레졸 – 3%

승홍수는 0.1% 농도의 수용액을 사용한다.

★★★
36 승홍을 희석하여 소독에 사용하고자 한다. 경제적 희석 배율은 어느 정도로 되는가? (단, 아포살균 제외)

① 500배　　② 1,000배
③ 1,500배　　④ 2,000배

★★★
37 다음 소독제 중 상처가 있는 피부에 가장 적합하지 않은 것은?

① 승홍수　　② 과산화수소
③ 포비돈　　④ 아크리놀

승홍수는 손 및 피부 소독에 사용되는데 상처가 있는 피부에는 적합하지 않다.

★★★
38 다음 중 금속제품 기구소독에 가장 적합하지 않은 것은?

① 알코올　　② 역성비누
③ 승홍수　　④ 크레졸수

승홍수는 금속 부식성이 있어 금속류의 소독에는 적당하지 않다.

★★★
39 승홍수의 설명으로 틀린 것은?

① 금속을 부식시키는 성질이 있다.
② 피부소독에는 0.1%의 수용액을 사용한다.
③ 염화칼륨을 첨가하면 자극성이 완화된다.
④ 살균력이 일반적으로 약한 편이다.

승홍수는 강력한 살균력이 있다.

★★★
40 소독제로서 승홍수의 장점인 것은?

① 금속의 부식성이 강하다.
② 냄새가 없다.
③ 유기물에 대한 완전한 소독이 어렵다.
④ 피부점막에 자극성이 강하다.

①, ③, ④는 승홍수의 단점에 해당한다.

★★★
41 다음 중 음료수 소독에 사용되는 소독 방법과 가장 거리가 먼 것은?

① 염소소독　　② 표백분 소독
③ 자비소독　　④ 승홍액 소독

승홍수는 손 및 피부 소독에 주로 사용되며, 음료수 소독에는 적합하지 않다.

★★★
42 승홍에 소금을 섞었을 때 일어나는 현상은?

① 용액이 중성으로 되고 자극성이 완화된다.
② 용액의 기능을 2배 이상 증대시킨다.
③ 세균의 독성을 중화시킨다.
④ 소독대상물의 손상을 막는다.

승홍에 염화칼륨 또는 식염을 첨가하면 용액이 중성으로 변하여 자극이 완화된다.

★★★
43 음용수 소독에 사용할 수 있는 소독제는?

① 요오드　　② 페놀
③ 염소　　④ 승홍수

★★★
44 살균력은 강하지만 자극성과 부식성이 강해서 상수 또는 하수의 소독에 주로 이용되는 것은?

① 알코올　　② 질산은
③ 승홍　　④ 염소

염소는 상수 및 하수의 소독에 주로 이용되며, 음용수 소독에 사용 시 잔류염소가 0.1~0.2ppm이 되게 한다.

정답 35 ① 36 ② 37 ① 38 ③ 39 ④ 40 ② 41 ④ 42 ① 43 ③ 44 ④

45 ★★★ 보통 상처의 표면에 소독하는 데 이용하며 발생기 산소가 강력한 산화력으로 미생물을 살균하는 소독제는?

① 석탄산 ② 과산화수소수
③ 크레졸 ④ 에탄올

> 과산화수소의 소독 효과
> • 피부 상처 부위나 구내염, 인두염 및 구강세척제 등에 사용
> • 살균·탈취 및 표백에 효과
> • 일반세균, 바이러스, 결핵균, 진균, 아포에 모두 효과

46 ★★★ 3% 수용액으로 사용하며, 자극성이 적어서 구내염, 인두염, 입안세척, 상처 등에 사용되는 소독약은?

① 승홍수 ② 과산화수소
③ 석탄산 ④ 알코올

47 ★★★ 다음 소독제 중 피부 상처 부위나 구내염 소독 시에 가장 적당한 것은?

① 과산화수소 ② 크레졸수
③ 승홍수 ④ 메틸알코올

48 ★★★ 다음 중 피부 자극이 적어 상처 표면의 소독에 가장 적당한 것은?

① 10% 포르말린 ② 3% 과산화수소
③ 15% 염소화합물 ④ 3% 석탄산

> 과산화수소는 피부 상처 부위나 구내염, 인두염 및 구강세척제 등에 사용된다.

49 ★★★ 살균 및 탈취뿐만 아니라 특히 표백의 효과가 있어 구발 탈색제와도 관계가 있는 소독제는?

① 알코올 ② 석탄수
③ 크레졸 ④ 과산화수소

50 ★★★★ 살균력과 침투성은 약하지만 자극이 없고 발포작용에 의해 구강이나 상처 소독에 주로 사용되는 소독제는?

① 페놀 ② 염소
③ 과산화수소수 ④ 알코올

51 ★★★ 에틸렌 옥사이드가스(Ethylene Oxide : E.O) 멸균법에 대한 설명 중 틀린 것은?

① 고압증기 멸균법에 비해 장기보존이 가능하다.
② 50~60℃의 저온에서 멸균된다.
③ 경제성이 고압증기 멸균법에 비해 저렴하다.
④ 가열에 변질되기 쉬운 것들이 멸균대상이 된다.

> 에틸렌 옥사이드는 비용이 비교적 많이 든다.

52 ★★★ 구내염, 입안 세척 및 상처 소독에 발포작용으로 소독이 가능한 것은?

① 알코올 ② 과산화수소
③ 승홍수 ④ 크레졸 비누액

53 ★★★★ 생석회 분말소독의 가장 적절한 소독 대상물은?

① 감염병 환자실 ② 화장실 분변
③ 채소류 ④ 상처

> 생석회는 산화칼슘을 98% 이상 함유한 백색의 분말로 화장실 분변, 하수도 주위의 소독에 주로 사용된다.

54 ★★★ 에틸렌 옥사이드(Ethylene Oxide) 가스의 설명으로 적합하지 않은 것은?

① 50~60℃의 저온에서 멸균된다.
② 멸균 후 보존기간이 길다.
③ 비용이 비교적 비싸다.
④ 멸균 완료 후 즉시 사용 가능하다.

> 에틸렌 옥사이드 가스는 독성가스이므로 소독 후 허용치 이하로 떨어질 때까지 장시간 공기에 노출시킨 후 사용해야 한다.

55 ★★★ E.O 가스의 폭발 위험성을 감소시키기 위하여 흔히 혼합하여 사용하게 되는 물질은?

① 질소 ② 산소
③ 아르곤 ④ 이산화탄소

> E.O 가스는 폭발 위험성을 감소시키기 위해 이산화탄소 또는 프레온을 혼합하여 사용한다.

정답 45 ② 46 ② 47 ① 48 ② 49 ④ 50 ③ 51 ③ 52 ② 53 ② 54 ④ 55 ④

56 ★★★ E.O(Ethylene Oxide) 가스 소독이 갖는 장점이라 할 수 있는 것은?

① 소독에 드는 비용이 싸다.
② 일반세균은 물론 아포까지 불활성화시킬 수 있다.
③ 소독 절차 및 방법이 쉽고 간단하다.
④ 소독 후 즉시 사용이 가능하다.

E.O 가스 소독은 멸균시간이 비교적 길고 비용이 많이 드는 소독 방법이다.

57 ★★★ 고무장갑이나 플라스틱의 소독에 가장 적합한 것은?

① E.O 가스 살균법
② 고압증기 멸균법
③ 자비 소독법
④ 오존 멸균법

E.O 가스 살균법은 50~60℃의 저온에서 멸균하는 방법으로 가열로 인해 변질되기 쉬운 플라스틱 및 고무제품 등의 멸균에 이용되며, 일반세균은 물론 아포까지 불활성화시킬 수 있는 방법이다.

58 ★★★ 플라스틱. 전자기기, 열에 불안정한 제품들을 소독하기에 가장 효과적인 방법은?

① 열탕소독
② 건열소독
③ 가스소독
④ 고압증기 소독

59 ★★★ 오존(O_3)을 살균제로 이용하기에 가장 적절한 대상은?

① 빌폐된 실내 공간
② 물
③ 금속기구
④ 도자기

오존은 반응성이 풍부하고 산화작용이 강하여 물의 살균에 이용된다.

60 ★★ 다음 중 섭씨 100도에서도 살균되지 않는 균은?

① 결핵균
② 장티푸스균
③ 대장균
④ 아포형성균

섭씨 100도에서는 일반 균은 살균할 수 있지만 아포형성균이나 B형 간염 바이러스 살균에는 부적합하다.

61 ★★★ 다음 내용 중 틀린 것은?

① 식기 소독에는 크레졸수가 적당하다.
② 승홍은 객담이 묻은 도구나 기구류 소독에는 사용할 수 없다.
③ 역성비누는 세정력은 강하지만 살균작용은 하지 못한다.
④ 역성비누는 보통비누와 병용해서는 안 된다.

역성비누는 세정력은 거의 없으며 살균작용이 강하다.

62 ★★★ 살균력이 좋고 자극성이 적어서 상처소독에 많이 사용되는 것은?

① 승홍수 ② 과산화수소
③ 포르말린 ④ 석탄산

63 ★★★★ 다음 중 소독방법과 소독대상이 바르게 연결된 것은?

① 화염멸균법 – 의류나 타월
② 자비소독법 – 아마인유
③ 고압증기멸균법 – 예리한 칼날
④ 건열멸균법 – 바세린(vaseline) 및 파우더

① 화염멸균법 – 금속기구, 유리기구, 도자기 등
② 자비소독법 – 수건, 소형기구, 용기 등
③ 고압증기멸균법 – 의료기구, 의류, 고무제품, 미용기구, 무균실 기구 등

정답 56 ② 57 ① 58 ③ 59 ② 60 ④ 61 ③ 62 ② 63 ④

04. 미용기구의 소독 방법

★★★★
1 이·미용업소에서 B형 간염의 전염을 방지하려면 다음 중 어느 기구를 가장 철저히 소독하여야 하는가?

① 수건 ② 머리빗
③ 면도칼 ④ 클리퍼(전동형)

B형 간염은 면도칼이나 손톱깎기 등 상처가 날 수 있는 기구 사용 시 감염의 위험이 있기 때문에 특별히 사용에 주의해야 한다.

★★★★
2 이·미용업소에서 종업원이 손을 소독할 때 가장 보편적이고 적당한 것은?

① 승홍수 ② 과산화수소
③ 역성비누 ④ 석탄수

역성비누는 수지·기구·식기 및 손 소독에 주로 사용된다.

★★★★
3 이·미용실의 기구(가위, 레이저) 소독으로 가장 적당한 약품은?

① 70~80%의 알코올
② 100~200배 희석 역성비누
③ 5% 크레졸 비누액
④ 50%의 페놀액

에탄올은 칼, 가위, 유리제품 등의 소독에 사용되며 약 70%의 에탄올이 살균력이 가장 강력하다.

★★★★
4 미용용품이나 기구 등을 일차적으로 청결하게 세척하는 것은 다음의 소독방법 중 어디에 해당되는가?

① 희석 ② 방부
③ 정균 ④ 여과

★★★★
5 이·미용실에 사용하는 타월류는 다음 중 어떤 소독법이 가장 좋은가?

① 포르말린 소독
② 석탄산 소독
③ 건열소독
④ 증기 또는 자비소독

★★★★
6 다음 중 플라스틱 브러시의 소독방법으로 가장 알맞은 것은?

① 0.5%의 역성비누에 1분 정도 담근 후 물로 씻는다.
② 100℃의 끓는 물에 20분 정도 자비소독을 행한다.
③ 세척 후 자외선 소독기를 사용한다.
④ 고압증기 멸균기를 이용한다.

플라스틱 브러시의 경우 세척 후 자외선 소독기를 사용해서 소독하는 것이 가장 좋다.

★★★
7 유리제품의 소독방법으로 가장 적당한 것은?

① 끓는 물에 넣고 10분간 가열한다.
② 건열멸균기에 넣고 소독한다.
③ 끓는 물에 넣고 5분간 가열한다.
④ 찬물에 넣고 75℃까지만 가열한다.

건열멸균법은 유리기구, 금속기구, 자기제품, 주사기, 분말 등의 멸균에 이용된다.

★★★
8 레이저(Razor) 사용 시 헤어살롱에서 교차 감염을 예방하기 위해 주의할 점이 아닌 것은?

① 매 고객마다 새로 소독된 면도날을 사용해야 한다.
② 면도날을 매번 고객마다 갈아 끼우기 어렵지만, 하루에 한 번은 반드시 새것으로 교체해야만 한다.
③ 레이저 날이 한 몸체로 분리가 안 되는 경우 70% 알코올을 적신 솜으로 반드시 소독 후 사용한다.
④ 면도날을 재사용해서는 안 된다.

면도날을 재사용할 경우 감염의 우려가 있으므로 반드시 매 고객마다 갈아 끼우도록 한다.

정답 4 1③ 2③ 3① 4① 5④ 6③ 7② 8②

★★
9 다음 중 올바른 도구 사용법이 아닌 것은?

① 시술도중 바닥에 떨어뜨린 빗을 다시 사용하지 않고 소독한다.
② 더러워진 빗과 브러시는 소독해서 사용해야 한다.
③ 에머리보드는 한 고객에게만 사용한다.
④ 일회용 소모품은 경제성을 고려하여 재사용한다.

일회용 소모품은 사용 후 반드시 버리도록 한다.

★★★
10 소독액을 표시할 때 사용하는 단위로 용액 100ml 속에 용질의 함량을 표시하는 수치는?

① 푼 ② 퍼센트
③ 퍼밀리 ④ 피피엠

퍼센트는 용액 100ml 속에 용질의 함량을 표시하는 수치로 $\frac{\text{용질량}}{\text{용액량}} \times 100$의 식으로 구한다.

★★★
11 소독액의 농도표시법에 있어서 소독액 1,000,000 ml 중에 포함되어 있는 소독약의 양을 나타내는 단위는?

① 밀리그램(mg)
② 피피엠(ppm)
③ 퍼릴리(0/00)
④ 퍼센트(%)

피피엠은 용액 100만g(ml) 속에 포함된 용질의 양을 표시한 수치로 $\frac{\text{용질량}}{\text{용액량}} \times 10^6$의 식으로 구한다.

★★★
12 다음 중 일회용 면도기를 사용함으로써 예방 가능한 질병은? (단, 정상적인 사용의 경우를 말한다)

① 옴(개선)병
② 일본뇌염
③ B형 간염
④ 무좀

B형 간염은 바이러스에 감염된 혈액 등의 체액, 성적 접촉, 수혈, 오염된 주사기 등의 재사용 등을 통해 감염된다.

★★★★
13 이·미용업소에서 소독하지 않은 면체용 면도기로 주로 전염될 수 있는 질병에 해당되는 것은?

① 파상풍 ② B형 간염
③ 트라코마 ④ 결핵

★★★
14 다음 중 중량 백만분율을 표시하는 단위는?

① ppm ② ppt
③ ppb ④ ‰

ppm은 Parts Per Million의 약자로 백만분율을 표시하는 단위로 쓰인다.

★★★
15 소독약이 고체인 경우 1% 수용액이란?

① 소독약 0.1g을 물 100ml에 녹인 것
② 소독약 1g을 물 100ml에 녹인 것
③ 소독약 10g을 물 100ml에 녹인 것
④ 소독약 10g을 물 990ml에 녹인 것

★★★
16 무수알코올(100%)을 사용해서 70%의 알코올 1,800 mL를 만드는 방법으로 옳은 것은?

① 무수알코올 700mL에 물 1,100mL를 가한다.
② 무수알코올 70mL에 물 1,730mL를 가한다.
③ 무수알코올 1,260mL에 물 540mL를 가한다.
④ 무수알코올 126mL에 물 1,674mL를 가한다.

1,800mL의 70%는 1,260mL이므로 무수알코올 1,260mL에 물 540mL를 첨가해서 만든다.
$1,800 \times 0.7 = 1,260$
$1,800 - 1,260 = 540$

★★★★
17 소독약 10mL를 용액(물) 40mL에 혼합시키면 몇 %의 수용액이 되는가?

① 2% ② 10%
③ 20% ④ 50%

$$\text{농도}(\%) = \frac{\text{용질량(소독약)}}{\text{용액량(물+소독약)}} \times 100(\%) = \frac{10}{10+40} \times 100(\%) = 20\%$$

정답 9 ④ 10 ② 11 ② 12 ③ 13 ② 14 ① 15 ② 16 ③ 17 ③

★★★★
18 용질 6g이 용액 300㎖에 녹아 있을 때 이 용액은 몇 % 용액인가?

① 500%　② 50%
③ 20%　④ 2%

> 농도(%) = $\frac{\text{용질량}}{\text{용액량}}$ × 100(%) = $\frac{6}{300}$ × 100(%) = 2%

★★★★
19 순도 100% 소독약 원액 2mL에 증류수 98mL를 혼 합하여 100mL의 소독약을 만들었다면 이 소독약의 농도는?

① 2%　② 3%
③ 5%　④ 98%

> 농도(%) = $\frac{\text{용질량(소독약)}}{\text{용액량(물+소독약)}}$ × 100(%)= $\frac{2}{100}$ × 100(%) = 2%

★★★
20 3% 소독액 1,000mL를 만드는 방법으로 옳은 것은? (단, 소독액 원액의 농도는 100%이다)

① 원액 300mL에 물 700mL를 가한다.
② 원액 30mL에 물 970mL를 가한다.
③ 원액 3mL에 물 997mL를 가한다.
④ 원액 3mL에 물 1,000mL를 가한다.

> 1,000mL의 3%는 1,000×0.03 = 30mL이므로
> 여기에 물 970mL를 섞으면 된다.

★★★★★
21 100%의 알코올을 사용해서 70%의 알코올 400mL를 만드는 방법으로 옳은 것은?

① 물 70mL와 100% 알코올 330mL 혼합
② 물 100mL와 100% 알코올 300mL 혼합
③ 물 120mL와 100% 알코올 280mL 혼합
④ 물 330mL와 100% 알코올 70mL 혼합

> 400mL의 70%는 280mL이므로 알코올 280mL에 물 120mL를 첨가한다.
> • 알코올 : 400×0.7 = 280mL
> • 물 : 400 − 280 = 120mL

★★★★
22 70%의 희석 알코올 2L를 만들려면 무수알코올(알코올 원액) 몇 mL가 필요한가?

① 700 mL
② 1,400 mL
③ 1,600 mL
④ 1,800 mL

> 농도란 물(용액)에 알코올 원액(용질)을 희석시켰을 때, 이 혼합물에서 알코올 원액이 얼마만큼인지를 나타낸다.
> 희석 알코올이란 '알코올 원액+물'을 의미한다.
>
> 농도(%) = $\frac{\text{용질량(원액)}}{\text{용액량(물+원액)}}$ × 100(%)에서
>
> 70 = $\frac{\alpha}{2}$ × 100 = 1.4L, '1L = 1,000 mL'이므로 1,400 mL이다.

★★★
23 95% 농도의 소독약 200mL가 있다. 이것을 70% 정도로 농도를 낮추어 소독용으로 사용하고자 할 때 얼마의 물을 더 첨가하면 되는가?

① 약 25 mL
② 약 50 mL
③ 약 70 mL
④ 약 140 mL

> 농도(%) = $\frac{\text{용질량(원액)}}{\text{용액량(물+원액)}}$ × 100(%)에서
>
> 먼저 소독약 원액의 용량을 먼저 구하면,
>
> 95(%) = $\frac{\alpha}{200}$ × 100 이므로 소독약 원액(α)은 190 mL이다.
>
> 따라서, 물은 200−190 = 10 mL이다.
>
> 그리고 70%의 소독약에 필요한 물(β) 용량을 구하면
>
> 70(%) = $\frac{190}{\beta+190}$ × 100, β = 81.428이다.
>
> 따라서 첨가되어야 할 물의 용량은
> 70%의 물 용량 − 90%의 물 용량 = 81.428−10 ≒ 71.428 mL 이다.

chapter 05

정답 18 ④ 19 ① 20 ② 21 ③ 22 ② 23 ③

NAIL Technician Certification

미생물 총론

이 섹션에서는 호기성 세균, 혐기성 세균, 통성혐기성균의 의미와 해당 세균들을 구분할 수 있도록 합니다. 아울러 병원성 미생물의 특징과 미생물의 구조에 대해서도 학습하도록 합니다.

01 미생물의 분류

1 비병원성 미생물과 병원성 미생물

구분	의미	종류
비병원성 미생물	인체 내에서 병적인 반응을 일으키지 않는 미생물	발효균, 효모균, 곰팡이균, 유산균 등
병원성 미생물	인체 내에서 병적인 반응을 일으키며 증식하는 미생물	세균(구균, 간균, 나선균), 바이러스, 리케차, 진균 등

▶ 미생물의 정의
- 미생물이란 육안의 가시한계를 넘어선 0.1mm 이하의 미세한 생물체를 총칭하는 것
- 단일세포 또는 균사로 구성되어 있다.
- 최초 발견 : 레벤후크

2 병원성 미생물의 종류 및 특징

(1) 세균

① 구균 : 둥근 모양의 세균

종류	특징
포도상구균	• 손가락 등의 화농성 질환의 병원균 • 식중독의 원인균
연쇄상구균	• 편도선염 및 인후염의 원인균
임균	• 임질의 병원균
수막염균	• 유행성 수막염의 병원균

② 간균 : 긴 막대기 모양의 세균
- 종류 : 탄저균, 파상풍균, 결핵균, 나균, 디프테리아균 등

▶ 결핵균의 특징
- 지방성분이 많은 세포벽에 둘러싸여 있는데, 이 세포벽이 보호막 구실을 하므로 건조한 상태에서도 살아남을 수 있다.
- 강산성이나 알칼리에도 잘 견딘다.
- 햇볕이나 열에 약하다.

③ 나선균 : S자 또는 나선 모양의 세균
- 종류 : 매독균, 렙토스피라균, 콜레라균 등

(2) 바이러스

① 가장 작은 크기의 미생물

② 주요 질환 : 홍역, 뇌염, 폴리오, 인플루엔자, 간염 등

(3) 리케차

① 바이러스와 세균의 중간 크기

② 주로 진핵생물체의 세포 내에 기생

③ 벼룩, 진드기, 이 등의 절지동물과 공생

④ 주요 질환 : 큐열, 참호열, 티푸스열 등

(4) 진균

① 종류 : 곰팡이, 효모, 버섯 등

② 무좀, 백선 등의 피부병 유발

▶ 미생물의 크기 비교
곰팡이 > 효모 > 스피로헤타 > 세균 > 리케차 > 바이러스

02 미생물의 생장에 영향을 미치는 요인

1 온도

① 미생물의 성장과 사멸에 가장 큰 영향을 미치는 환경요인

② 분류

구분	온도	종류
저온균	15~20℃	해양성 미생물
중온균	28~45℃	곰팡이, 효모 등
고온균	50~80℃	토양 및 온천에 증식하는 미생물

2 산소

호기성 세균	미생물의 생장을 위해 반드시 산소가 필요한 균(결핵균, 백일해, 디프테리아 등)
혐기성 세균	산소가 없어야만 증식할 수 있는 균(파상풍균, 보툴리누스균 등)
통성혐기성균	산소가 있으면 증식이 더 잘 되는 균(대장균, 포도상구균, 살모넬라균 등)

3 수소이온농도(pH)

가장 증식이 잘되는 pH 범위 : 6.5~7.5(중성)

4 수분

미생물의 생육에 필요한 수분량은 40% 이상이며, 40% 미만이면 증식이 억제됨

5 영양

미생물의 생장을 위해 탄소, 질소원, 무기염류 등의 영양이 충분히 공급되어야 한다.

▶ 미생물 증식의 3대 조건
영양소, 수분, 온도

출제예상문제 | 단원별 구성의 문제 유형 파악!

★★★
1 다음 ( ) 안에 알맞은 것은?

> 미생물이란 일반적으로 육안의 가시 한계를 넘어선 ( )mm 이하의 미세한 생물체를 총칭하는 것이다.

① 0.01 ② 0.1 ③ 1 ④ 10

★★★★
2 일반적인 미생물의 번식에 가장 중요한 요소로만 나열된 것은?

① 온도, 적외선, pH
② 온도, 습도, 자외선
③ 온도, 습도, 영양분
④ 온도, 습도, 시간

미생물의 번식에 가장 큰 영향을 미치는 요인은 온도이며 수분, 영양, 산소, 수소이온농도 등이 중요한 요인이다.

★★★
3 다음 미생물 중 크기가 가장 작은 것은?

① 세균 ② 곰팡이
③ 리케차 ④ 바이러스

바이러스는 가장 작은 크기의 미생물로 홍역, 뇌염, 폴리오, 인플루엔자, 간염 등의 질환을 일으킨다.

★★★
4 미생물의 종류에 해당하지 않는 것은?

① 벼룩 ② 효모
③ 곰팡이 ④ 세균

★★★
5 미생물의 성장과 사멸에 주로 영향을 미치는 요소로 가장 거리가 먼 것은?

① 영양 ② 빛
③ 온도 ④ 호르몬

★★★
6 다음 중 미생물의 종류에 해당하지 않는 것은?

① 편모 ② 세균
③ 효모 ④ 곰팡이

편모는 가늘고 긴 돌기 모양의 세포 소기관이다.

★★★★
7 병원성 미생물이 일반적으로 증식이 가장 잘 되는 pH의 범위는?

① 3.5~4.5 ② 4.5~5.5
③ 5.5~6.5 ④ 6.5~7.5

정답 1② 2③ 3④ 4① 5④ 6① 7④

★★★★
8 세균 증식에 가장 적합한 최적 수소이온농도는?

① pH 3.5~5.5 ② pH 6.0~8.0
③ pH 8.5~10.0 ④ pH 10.5~11.5

세균은 중성인 pH 6~8의 농도에서 가장 잘 번식한다.

★★★
9 다음 중 세균이 가장 잘 자라는 최적 수소이온(pH) 농도에 해당되는 것은?

① 강산성 ② 약산성
③ 중성 ④ 강알칼리성

★★★
10 세균의 형태가 S자형 혹은 가늘고 길게 만곡되어 있는 것은?

① 구균 ② 간균
③ 구간균 ④ 나선균

나선균은 S자 또는 나선 모양의 세균으로 매독균, 렙토스피라균, 콜레라균 등이 이에 속한다.

★★★
11 손가락 등의 화농성 질환의 병원균이며 식중독의 원인균으로 될 수 있는 것은?

① 살모넬라균 ② 포도상구균
③ 바이러스 ④ 곰팡이독소

포도상구균은 식중독, 피부의 화농·중이염 등 화농성질환을 일으키는 원인균이다.

★★
12 빌딩이나 건물의 냉온방 및 환기시스템을 통해 전파 가능한 질환은?

① 레지오넬라증 ② B형간염
③ 농가진 ④ AIDS

레지오넬라증은 물에서 서식하는 레지오넬라균으로 인해 발생하는데, 에어컨의 냉각수나 공기가 세균에 의해 오염되어 분무입자의 형태로 호흡기를 통해 감염될 수 있다.

★★★
13 다음의 병원성 세균 중 공기의 건조에 견디는 힘이 가장 강한 것은?

① 장티푸스균 ② 콜레라균
③ 페스트균 ④ 결핵균

결핵균은 긴 막대기 모양의 간균으로 지방성분이 많은 세포벽에 둘러싸여 있는데, 이 세포벽이 보호막 구실을 하므로 건조한 상태에서도 살아남을 수 있다.

★★★
14 다음 중 호기성 세균이 아닌 것은?

① 결핵균 ② 백일해균
③ 보툴리누스균 ④ 녹농균

- 호기성 세균 : 미생물의 생장을 위해 반드시 산소가 필요한 균으로 결핵균, 백일해, 디프테리아, 녹농균 등이 이에 해당한다.
- 보툴리누스균은 산소가 없어야만 증식할 수 있는 혐기성 세균이다.

★★★
15 다음 중 산소가 없는 곳에서만 증식을 하는 균은?

① 파상풍균 ② 결핵균
③ 디프테리아균 ④ 백일해균

산소가 없어야만 증식할 수 있는 균을 혐기성 세균이라 하며 파상풍균, 보툴리누스균 등이 이에 속한다.

★★★
16 다음 중 100℃에서도 살균되지 않는 균은?

① 대장균 ② 결핵균
③ 파상풍균 ④ 장티푸스균

곰팡이, 탄저균, 파상풍균, 기종저균, 아포균 등은 100℃에서도 살균되지 않는다.

★★★
17 산소가 있어야만 잘 성장할 수 있는 균은?

① 호기성균 ② 혐기성균
③ 통기혐기성균 ④ 호혐기성균

- 호기성 세균 : 미생물의 생장을 위해 반드시 산소가 필요한 균(결핵균, 백일해, 디프테리아 등)
- 혐기성 세균 : 산소가 없어야만 증식할 수 있는 균(파상풍균, 보툴리누스균 등)
- 통성혐기성균 : 산소가 있으면 증식이 더 잘 되는 균(대장균, 포도상구균, 살모넬라균 등)

정답 8 ② 9 ③ 10 ④ 11 ② 12 ① 13 ④ 14 ③ 15 ① 16 ③ 17 ①

★★★★
18 다음 중 이·미용실에서 사용하는 수건을 철저하게 소독하지 않았을 때 주로 발생할 수 있는 감염병은?

① 장티푸스 ② 트라코마
③ 페스트 ④ 일본뇌염

트라코마는 환자의 안분비물 접촉, 환자가 사용하던 타월 등을 통해 전파되므로 위험지역에서는 손과 얼굴을 자주 씻고, 더러운 손가락으로 눈을 만지지 않아야 한다.

★★★★
19 다음 중 이 · 미용업소에서 시술과정을 통하여 전염될 수 있는 가능성이 가장 큰 질병 2가지는?

① 뇌염, 소아마비 ② 피부병, 발진티푸스
③ 결핵, 트라코마 ④ 결핵, 장티푸스

결핵은 호흡기를 통해 감염되며, 트라코마는 환자가 사용한 수건, 세면기 등을 통해 감염된다.

★★★
20 다음 중 여드름 짜는 기계를 소독하지 않고 사용했을 때 감염 위험이 가장 큰 질환은?

① 후천성면역결핍증 ② 결핵
③ 장티푸스 ④ 이질

후천성면역결핍증은 환자의 혈액이나 체액을 통해 감염될 수 있는 질환이다.

★★★
21 음식물을 냉장하는 이유가 아닌 것은?

① 미생물의 증식억제 ② 자기소화의 억제
③ 신선도 유지 ④ 멸균

음식물을 냉장하는 것으로 멸균의 효과를 가질 수는 없다.

★★★★
22 이 · 미용업소에서 공기 중 비말전염으로 가장 쉽게 옮겨질 수 있는 감염병은?

① 인플루엔자 ② 대장균
③ 뇌염 ④ 장티푸스

인플루엔자는 비말을 통한 호흡기 감염병으로 오한, 근육통, 두통, 기침이 동반된다.

★★★
23 세균들은 외부환경에 대하여 저항하기 위해서 아포를 형성하는데 다음 중 아포를 형성하지 않는 세균은?

① 탄저균 ② 젖산균
③ 파상풍균 ④ 보툴리누스균

아포를 형성하는 균에는 탄저균, 파상풍균, 보툴리누스균, 기종저균 등이 있다.

★★★
24 세균이 영양부족, 건조, 열 등의 증식 환경이 부적당한 경우 균의 저항력을 키우기 위해 형성하게 되는 형태는?

① 섬모 ② 세포벽
③ 아포 ④ 핵

세균은 증식 환경이 적당하지 않을 경우 아포를 형성함으로써 강한 내성을 지니게 된다.

★★★
25 균(菌)의 내성을 가장 잘 설명한 것은?

① 균이 약에 대하여 저항성이 있는 것
② 균이 다른 균에 대하여 저항성이 있는 것
③ 인체가 약에 대하여 저항성을 가진 것
④ 약이 균에 대하여 유효한 것

세균이 약제에 대하여 저항성이 강한 균주로 변했을 경우 그 세균은 내성을 가졌다고 한다.

★★★
26 자신이 제작한 현미경을 사용하여 미생물의 존재를 처음으로 발견한 미생물학자는?

① 파스퇴르
② 히포크라테스
③ 제너
④ 레벤후크

현미경을 발명해서 미생물의 존재를 처음으로 발견한 사람은 네덜란드의 직물 상인이었던 안톤 판 레벤후크이다.

정답 18 ② 19 ③ 20 ① 21 ④ 22 ① 23 ② 24 ③ 25 ① 26 ④

NAIL Technician Certification

SECTION 09

공중위생관리법

공중위생관리법 섹션에서는 7문제 정도가 출제됩니다. 가장 까다롭게 느껴지는 과목이지만 최대한 학습하기 편하도록 정리했으므로 관련 용어 정의 및 법령 내용은 가급적 모두 암기하도록 합니다. 신고의 주체에 대해서는 별도로 정리했으니 혼동하지 않도록 하고, 과태료와 벌금은 모두 암기하기 어렵다면 출제문제 위주로 학습하기 바랍니다.

01 공중위생관리법의 목적 및 정의

1 목적

공중이 이용하는 영업의 위생관리 등에 관한 사항을 규정함으로써 위생수준을 향상시켜 국민의 건강증진에 기여

2 정의

① 공중위생영업 : 다수인을 대상으로 위생관리서비스를 제공하는 영업으로서 **숙박업 · 목욕장업 · 이용업 · 미용업 · 세탁업 · 건물위생관리업**을 말한다.

② 공중이용시설 : 다수인이 이용함으로써 이용자의 건강 및 공중위생에 영향을 미칠 수 있는 건축물 또는 시설로서 대통령령이 정하는 것

③ 이용업 : 손님의 머리카락(또는 수염)을 깎거나 다듬는 등의 방법으로 손님의 용모를 단정하게 하는 영업

④ 미용업 : 손님의 얼굴·머리·피부 및 손톱·발톱 등을 손질하여 손님의 외모를 아름답게 꾸미는 영업

⑤ 건물위생관리업 : 공중이 이용하는 건축물·시설물 등의 청결유지와 실내공기정화를 위한 청소 등을 대행하는 영업

02 영업신고 및 폐업신고

1 영업신고 (주체 : 시장·군수·구청장)

① 공중위생영업의 종류별 시설 및 설비기준에 적합한 시설을 갖춘 후 별지 제1호서식의 신고서에 다음 서류를 첨부하여 시장·군수·구청장(자치구의 구청장을 말함)에게 제출

> ▶ **첨부서류** : 영업시설 및 설비개요서, 교육수료증 (미리 교육을 받은 사람만 해당)

② 신고서를 제출받은 시장·군수·구청장은 행정정보의 공동이용을 통하여 **건축물대장, 토지이용계획확인서, 면허증**을 확인해야 한다.

③ 신고인이 확인에 동의하지 않을 경우에는 그 서류를 첨부

④ 신고를 받은 시장·군수·구청장은 즉시 영업신고증을 교부하고, 신고관리대장을 작성·관리해야 한다.

⑤ 신고를 받은 시장·군수·구청장은 해당 영업소의 시설 및 설비에 대한 확인이 필요 시 영업신고증을 교부한 후 **30일** 이내에 확인

⑥ 재교부 신청

- 영업신고증의 분실 또는 훼손 시
- 신고인의 성명이나 생년월일이 변경 시

※ 면허증을 잃어버린 후 재교부받은 자가 그 잃어버린 면허증을 찾은 때에는 지체없이 반납

2 변경신고

① 변경신고 사항

> ▶ 보건복지부령이 정하는 중요사항
> - 영업소의 명칭 또는 상호
> - 영업소의 소재지
> - 신고한 영업장 면적의 3분의 1 이상의 증감
> - 대표자의 성명 또는 생년월일
> - 미용업 업종 간 변경

② 변경신고 시 제출서류

영업신고사항 변경신고서에 다음의 서류를 첨부하여 시장·군수·구청장에게 제출

- 영업신고증(신고증을 분실하여 영업신고사항 변경신고서에 분실 사유를 기재하는 경우에는 첨부하지 않음)
- 변경사항을 증명하는 서류

③ 시장·군수·구청장이 확인해야 할 서류
- 건축물대장, 토지이용계획확인서, 면허증
- 전기안전점검확인서(신고인이 동의하지 않는 경우 서류 첨부)

④ 신고를 받은 시장·군수·구청장은 영업신고증을 고쳐 쓰거나 재교부하여야 한다.

⑤ 미용업 업종 간 변경인 경우의 확인 기간 : 영업소의 시설 및 설비 등의 변경신고를 받은 날부터 30일 이내

3 폐업 신고

폐업한 날부터 20일 이내에 시장·군수·구청장에게 신고

03 영업의 승계

1 승계 가능한 사람

① 양수인 : 미용업을 양도한 때

② 상속인 : 미용업 영업자가 사망한 때

③ 법인 : 합병 후 존속하는 법인 또는 합병에 의해 설립되는 법인

④ 경매, 환가, 압류재산의 매각 그 밖에 이에 준하는 절차에 따라 미용업 영업 관련시설 및 설비의 전부를 인수한 자

2 승계의 제한 및 신고

① 제한 : 이용업과 미용업의 경우 **면허를 소지한 자**에 한하여 승계 가능

② 신고 : 공중위생영업자의 지위를 승계한 자는 1월 이내에 시장·군수 또는 구청장에게 신고

▶ 제출서류 : 영업자지위승계신고서에 다음 서류를 첨부한다.
- 영업양도의 경우 : 양도·양수를 증명할 수 있는 서류사본 및 양도인의 인감증명서
  ※ 예외) 양도인의 행방불명 등으로 양도인의 인감증명서를 첨부하지 못할 경우, 시장·군수·구청장이 사실확인 등을 통한 양도·양수가 인정된 경우 또는 양도인과 양수인이 신고관청에 함께 방문하여 신고할 경우
- 상속의 경우 : 가족관계증명서 및 상속인 증명 서류
- 기타의 경우 : 해당 사유별로 영업자의 지위를 승계하였음을 증명 서류

▶ 공중위생 영업자단체의 설립
공중위생영업자는 공중위생과 국민보건의 향상을 기하고 그 영업의 건전한 발전을 도모하기 위하여 영업의 종류별로 전국적인 조직을 가지는 영업자단체를 설립할 수 있다.

04 면허 발급 및 취소

1 면허 발급 대상자

① **전문대학** 또는 이와 동등 이상의 학력이 있다고 교육부장관이 인정하는 학교에서 **미용에 관한 학과를 졸업한 자**

② **대학 또는 전문대학**을 졸업한 자와 동등 이상의 학력이 있는 것으로 인정되어 **미용에 관한 학위를 취득한 자**

③ **고등학교** 또는 교육부장관이 인정하는 학교에서 **미용에 관한 학과를 졸업한 자**

④ 특성화고등학교, 고등기술학교나 고등학교 또는 고등기술학교에 준하는 각종학교에서 1년 이상 **미용에 관한 소정의 과정을 이수한 자**

⑤ 국가기술자격법에 의해 **미용사의 자격을 취득한 자**

2 면허 결격 사유자

① 피성년후견인(질병, 장애, 노령 등의 사유로 인한 정신적 제약으로 사무처리 능력이 지속적으로 결여된 사람)

② 정신질환자(전문의가 미용사로서 적합하다고 인정하는 사람은 예외)

③ 공중의 위생에 영향을 미칠 수 있는 감염병환자로서 결핵환자(비감염성 제외)

④ 약물 중독자

⑤ 공중위생관리법의 규정에 의한 명령 위반 또는 면허증 불법 대여의 사유로 면허가 취소된 후 1년이 경과되지 않은 자

3 면허 신청 절차 (시장·군수·구청장)

(1) 서류 제출

면허 신청서에 다음의 서류를 첨부하여 시장·군수·구청장에게 제출

구분	종류
전문대학 또는 이와 동등 이상의 학력이 있다고 교육부장관이 인정하는 학교에서 미용에 관한 학과를 졸업한 자	• 졸업증명서 또는 학위증명서 1부
대학 또는 전문대학을 졸업한 자와 동등 이상의 학력이 있는 것으로 인정되어 미용에 관한 학위를 취득한 자	
고등학교 또는 이와 동등의 학력이 있다고 교육부장관이 인정하는 학교에서 미용에 관한 학과를 졸업한 자	

chapter 05

특성화고등학교, 고등기술학교나 고등학교 또는 고등기술학교에 준하는 각종 학교에서 1년 이상 미용에 관한 소정의 과정을 이수한 자	• 이수증명서 1부

• 정신질환자가 아님을 증명하는 최근 6개월 이내의 의사 또는 전문의의 진단서 1부
• 감염병 환자 또는 약물중독자가 아님을 증명하는 최근 6개월 이내의 의사의 진단서 1부
• 최근 6개월 이내에 찍은 가로 3cm, 세로 4cm의 탈모 정면 상반신 사진 2매

(2) 서류 확인 (주체 : 시장·군수·구청장)
행정정보의 공동이용을 통하여 다음의 서류를 확인(신청인이 확인에 동의하지 않는 경우 해당 서류를 첨부)
• 학점은행제학위증명(해당하는 사람만)
• 국가기술자격취득사항확인서(해당하는 사람만)

(3) 면허증 교부 (주체 : 시장·군수·구청장)
신청내용이 요건에 적합하다고 인정되는 경우 면허증을 교부하고, 면허등록관리대장을 작성·관리해야 한다.

4 면허증의 재교부

(1) 재교부 신청 요건
① 면허증의 기재사항 변경 시
② 면허증 분실 또는 훼손 시

(2) 서류 제출
① 면허증 원본(기재사항 변경 또는 훼손 시)
② 최근 6월 이내에 찍은 3×4cm의 사진 1매

▶ 미용업에 종사하고 있는 자는 영업소를 관할하는 시장·군수·구청장에게, 미용업에 종사하고 있지 않은 자는 면허를 받은 시장·군수·구청장에게 서류를 제출한다.

5 면허 취소 (시장·군수·구청장)

다음의 경우 면허를 취소하거나 6월 이내의 기간을 정하여 그 면허의 정지를 명할 수 있다.

① '2 면허 결격 사유자' 중 ①~④에 해당하게 된 때
② 국가기술자격법에 따라 자격이 취소된 때
③ 이중으로 면허를 취득한 때(나중에 발급받은 면허를 말함)
④ 면허정지처분을 받고도 그 정지 기간 중에 업무를 한 때
⑤ 면허증을 다른 사람에게 대여한 때
⑥ 국가기술자격법에 따라 자격정지처분을 받은 때(자격정지처분 기간에 한정)
⑦ 「성매매알선 등 행위의 처벌에 관한 법률」이나 「풍속영업의 규제에 관한 법률」을 위반하여 관계 행정기관의 장으로부터 그 사실을 통보받은 때

※ ①~④ : 면허취소에만 해당

6 면허증의 반납

면허 취소 또는 정지명령을 받을 시 : 관할 시장·군수·구청장에게 면허증 반납

※ 면허 정지명령을 받은 자가 반납한 면허증은 그 면허정지기간 동안 관할 시장·군수·구청장이 보관

05 영업자 준수사항

1 위생관리의무

공중위생영업자는 영업관련 시설 및 설비를 위생적이고 안전하게 관리해야 한다.

2 미용업 영업자의 준수사항(보건복지부령)

① 의료기구와 의약품을 사용하지 않는 순수한 화장 또는 피부미용을 할 것
② 미용기구는 소독을 한 기구와 소독을 하지 않은 기구로 분리하여 보관할 것
③ 면도기는 1회용 면도날만을 손님 1인에 한하여 사용할 것
④ 영업소 내부에 미용업 신고증 및 개설자의 면허증 원본을 게시할 것
⑤ 피부미용을 위해 의약품 또는 의료기기를 사용하지 말 것
⑥ 점빼기·귓불뚫기·쌍꺼풀수술·문신·박피술 등의 의료행위를 하지 말 것
⑦ 영업장 안의 조명도는 75룩스 이상이 되도록 유지
⑧ 영업소 내부에 최종지불요금표를 게시 또는 부착

▶ 영업소 외부에도 부착하는 경우
• 영업장 면적이 66m² 이상인 영업소인 경우
• 요금표에는 일부항목만 표시 가능(5개 이상)

▶ 영업소 내에 게시해야 할 사항
미용업 신고증, 개설자의 면허증 원본, 최종지불요금표

3 시설 및 설비기준

(1) 미용업 공통

① 미용기구는 소독을 한 기구와 소독을 하지 않은 기구를 구분하여 보관할 수 있는 용기를 비치

② 소독기·자외선살균기 등 미용기구를 소독하는 장비를 구비

③ 공중위생영업장은 독립된 장소이거나 공중위생영업 외의 용도로 사용되는 시설 및 설비와 분리(벽이나 층 등으로 구분하는 경우) 또는 구획(칸막이·커튼 등으로 구분하는 경우)되어야 한다.

④ 공중위생영업장을 별도로 분리 또는 구획하지 않아도 되는 경우 – 미용업을 2개 이상 함께 하는 경우(해당 미용업자의 명의로 각각 영업신고를 하거나 공동신고를 하는 경우 포함)로서 각각의 영업에 필요한 시설 및 설비기준을 모두 갖추고 있으며, 각각의 시설이 선·줄 등으로 서로 구분되어 있음

(2) 이용업

① 이용기구는 소독을 한 기구와 소독을 하지 아니한 기구를 구분하여 보관할 수 있는 용기를 비치하여야 한다.

② 소독기·자외선살균기 등 이용기구를 소독하는 장비를 갖추어야 한다.

③ 영업소 안에는 별실 그 밖에 이와 유사한 시설을 설치하여서는 안 된다.

▶ 이·미용기구의 소독기준 및 방법(보건복지부령)
(1) 일반기준
① 자외선소독 : 1cm²당 85㎼ 이상의 자외선을 20분 이상 쬐임
② 건열멸균소독 : 100℃ 이상의 건조한 열에 20분 이상 쐬임
③ 증기소독 : 100℃ 이상의 습한 열에 20분 이상 쐬임
④ 열탕소독 : 100℃ 이상의 물속에 10분 이상 끓임
⑤ 석탄산수소독 : 석탄산수(석탄산 3%, 물 97%의 수용액)에 10분 이상 담가둔다.
⑥ 크레졸소독 : 크레졸수(크레졸 3%, 물 97%의 수용액)에 10분 이상 담가둔다.
⑦ 에탄올소독 : 에탄올수용액(에탄올이 70%인 수용액)에 10분 이상 담가두거나 에탄올수용액을 머금은 면 또는 거즈로 기구의 표면을 닦아준다.
(2) 개별기준
이용기구 및 미용기구의 종류, 재질 및 용도에 따른 구체적인 소독기준 및 방법은 보건복지부장관이 정하여 고시한다.

4 위생관리기준

(1) 공중이용시설의 실내공기 위생관리기준(보건복지부령)

① 24시간 평균 실내 미세먼지의 양이 150㎍/m³을 초과하는 경우에는 실내공기정화시설(덕트) 및 설비를 교체 또는 청소를 해야 한다.

② 청소를 해야 하는 실내공기정화시설 및 설비
- 공기정화기(이에 연결된 급·배기관)
- 중앙집중식 냉·난방시설의 급·배기구
- 실내공기의 단순배기관
- 화장실용 또는 조기실용 배기관

(2) 오염물질의 종류와 오염허용기준(보건복지부령)

오염물질의 종류	오염허용기준
미세먼지(PM-10)	24시간 평균치 150㎍/m³ 이하
일산화탄소(CO)	1시간 평균치 25ppm 이하
이산화탄소(CO_2)	1시간 평균치 1,000ppm 이하
포름알데이드(HCHO)	1시간 평균치 120㎍/m³ 이하

06 미용사의 업무

1 업무범위

① 미용업을 개설하거나 그 업무에 종사하려면 반드시 면허를 받아야 한다.

▶ 미용사의 감독을 받아 미용 업무의 보조를 행하는 경우에는 면허가 없어도 된다.

② 영업소 외의 장소에서 행할 수 없다(보건복지부령이 정하는 특별한 사유가 있는 경우에는 예외).

▶ 보건복지부령이 정하는 특별한 사유
- 질병이나 그 밖의 사유로 영업소에 나올 수 없는 자에 대하여 미용을 하는 경우
- 혼례나 그 밖의 의식에 참여하는 자에 대하여 그 의식 직전에 미용을 하는 경우
- 사회복지시설에서 봉사활동으로 미용을 하는 경우
- 방송 등의 촬영에 참여하는 사람에 대하여 그 촬영 직전에 이용 또는 미용을 하는 경우
- 기타 특별한 사정이 있다고 시장·군수·구청장이 인정하는 경우

③ 이용사 및 미용사의 업무범위에 관하여 필요한 사항은 보건복지부령으로 정한다.

2 구체적 업무

미용에 관한 학과를 졸업한 자 및 학위를 받은 자와 2007년 12월 31일 국가기술자격법에 따라 미용사 자격을 취득한 자로서 미용사면허를 받은 자 : 미용업(종합)에 해당하는 업무

3 미용업의 세분

세분	업무
미용업(일반)	파마, 머리카락 자르기, 머리카락 모양내기, 머리피부 손질, 머리카락 염색, 머리감기, 의료기기나 의약품을 사용하지 않는 눈썹손질을 하는 영업
미용업(피부)	의료기기나 의약품을 사용하지 않은 피부상태분석, 피부관리, 제모, 눈썹손질을 하는 영업
미용업(손톱·발톱)	손톱과 발톱을 손질·화장하는 영업
미용업(화장·분장)	얼굴 등 신체의 화장, 분장 및 의료기기나 의약품을 사용하지 않는 눈썹손질을 하는 영업
미용업(종합)	위의 업무를 모두 하는 영업

07 행정지도감독

1 보고 및 출입·검사
(주체 : 시·도지사 또는 시장·군수·구청장)

① 공중위생영업자 및 공중이용시설의 소유자 등에 대하여 필요한 보고를 하게 함

② 소속공무원으로 하여금 영업소·사무소 등에 출입하여 공중위생영업자의 위생관리의무이행 등에 대하여 검사하게 하거나 필요에 따라 공중위생영업장부나 서류를 열람하게 함

2 검사 의뢰

소속 공무원이 공중위생영업소 또는 공중이용시설의 위생관리실태를 검사하기 위하여 검사대상물을 수거한 경우에는 수거증을 공중위생영업자 또는 공중이용시설의 소유자·점유자·관리자에게 교부하고 검사를 의뢰하여야 한다.

▶ 검사의뢰 기관
- 특별시·광역시·도의 보건환경연구원
- 국가표준기본법의 규정에 의하여 인정을 받은 시험·검사기관
- 시·도지사 또는 시장·군수·구청장이 검사능력이 있다고 인정하는 검사기관

3 영업의 제한 (주체 : 시·도지사)

공익상 또는 선량한 풍속 유지를 위해 필요 시 영업시간 및 영업행위에 관해 제한 가능

4 위생지도 및 개선명령
(주체 : 시·도지사 또는 시장·군수·구청장)

(1) 개선명령

다음에 해당하는 자에 대해 보건복지부령으로 정하는 바에 따라 그 개선을 명할 수 있다.

① 공중위생영업의 종류별 **시설 및 설비기준을 위반한** 공중위생영업자

② **위생관리의무** 등을 위반한 공중위생영업자

③ 위생관리의무를 위반한 **공중위생시설의 소유자**

(2) 개선기간

공중위생영업자 및 공중이용시설의 소유자 등에게 개선명령 시 : 위반사항의 개선에 소요되는 기간 등을 고려하여 **즉시 또는 6개월**의 범위 내에서 기간을 정하여 개선을 명하여야 한다.

※ 연장을 신청한 경우 6개월의 범위 내에서 개선기간을 연장할 수 있다.

(3) 개선명령 시의 명시사항

① 위생관리기준

② 발생된 오염물질의 종류

③ 오염허용기준을 초과한 정도

④ 개선기간

5 영업소 폐쇄 (주체 : 시장·군수·구청장)

(1) 폐쇄 명령

① 다음에 해당하는 공중위생영업자에게 6월 이내의 기간을 정하여 영업의 정지 또는 일부 시설의 사용중지를 명하거나 영업소폐쇄 등을 명할 수 있다.
- 공중위생 영업신고를 하지 않거나 시설과 설비기준을 위반한 경우
- 보건복지부령이 정하는 중요사항의 변경신고를 하지 않은 경우

- 공중위생영업자의 지위승계 신고를 하지 않은 경우
- 공중위생영업자의 위생관리의무 등을 지키지 않은 경우
- 영업소 외의 장소에서 이용 또는 미용 업무를 한 경우
- 공중위생관리상 필요한 보고를 하지 않거나 거짓으로 보고한 경우 또는 관계 공무원의 출입, 검사 또는 공중위생영업 장부 또는 서류의 열람을 거부·방해하거나 기피한 경우
- 위생관리에 관한 개선명령을 이행하지 않은 경우
- 성매매알선 등 행위의 처벌에 관한 법률, 풍속영업의 규제에 관한 법률, 청소년 보호법 또는 의료법을 위반하여 관계 행정기관의 장으로부터 그 사실을 통보받은 경우

② 영업정지처분을 받고도 영업정지 기간에 영업을 한 경우에는 영업소 폐쇄를 명할 수 있다.

③ 영업소 폐쇄를 명할 수 있는 경우
- 공중위생영업자가 정당한 사유 없이 6개월 이상 계속 휴업하는 경우
- 공중위생영업자가 관할 세무서장에게 폐업신고를 하거나 관할 세무서장이 사업자 등록을 말소한 경우

④ 위 ①에 따른 행정처분의 세부기준은 그 위반행위의 유형과 위반 정도 등을 고려하여 보건복지부령으로 정한다.

(2) 폐쇄를 위한 조치

영업소 폐쇄 명령을 받고도 계속하여 영업을 한 공중위생영업자에게 영업소 폐쇄를 위해 다음의 조치를 하게 할 수 있다.

① 간판 기타 영업표지물의 제거
② 위법한 영업소임을 알리는 게시물 등의 부착
③ 영업을 위하여 필수불가결한 기구 또는 시설물을 사용할 수 없게 하는 봉인

(3) 영업소 폐쇄 봉인 해제 가능한 경우

① 영업소 폐쇄를 위한 봉인을 한 후 봉인을 계속할 필요가 없다고 인정되는 때
② 영업자 등이나 그 대리인이 당해 영업소를 폐쇄할 것을 약속하는 때
③ 정당한 사유를 들어 봉인의 해제를 요청하는 때
※ 위법 영업소임을 알리는 게시물 등의 제거를 요청하는 경우도 같다.

6 공중위생감시원

(1) 공중위생감시원의 설치

관계 공무원의 업무를 행하게 하기 위하여 특별시·광역시·도 및 시·군·구(자치구에 한함)에 공중위생감시원을 둔다.

(2) 공중위생감시원의 자격 · 임명(대통령령)

① 자격 및 임명 : 시·도지사 또는 시장·군수·구청장은 아래의 소속 공무원 중에서 임명한다.
- 위생사 또는 환경기사 2급 이상의 자격증이 있는 자
- 대학에서 화학·화공학·환경공학 또는 위생학 분야를 전공하고 졸업한 자 또는 이와 동등 이상의 자격이 있는 자
- 외국에서 위생사 또는 환경기사 면허를 받은 자
- 1년 이상 공중위생 행정에 종사한 경력이 있는 자

② 추가 임명 : 공중위생감시원의 인력 확보가 곤란하다고 인정되는 때에는 공중위생 행정에 종사하는 자 중 공중위생 감시에 관한 교육훈련을 2주 이상 받은 자를 공중위생 행정에 종사하는 기간 동안 공중위생감시원으로 임명할 수 있다.

(3) 공중위생감시원의 업무범위

① 관련 시설 및 설비의 확인 및 위생상태 확인·검사
② 공중위생영업자의 위생관리의무 및 영업자준수사항 이행 여부의 확인
③ 공중이용시설의 위생관리상태의 확인·검사
④ 위생지도 및 개선명령 이행 여부의 확인
⑤ 공중위생영업소의 영업의 정지, 일부 시설의 사용중지 또는 영업소 폐쇄명령 이행 여부의 확인
⑥ 위생교육 이행 여부의 확인

(4) 명예공중위생감시원(주체 : 시 · 도지사)

① 공중위생의 관리를 위한 지도·계몽 등을 행하게 하기 위하여 명예공중위생감시원을 둘 수 있다.
② 명예공중위생감시원의 자격
- 공중위생에 대한 지식과 관심이 있는 자
- 소비자단체, 공중위생관련 협회 또는 단체의 소속직원 중에서 당해 단체 등의 장이 추천하는 자

③ 명예감시원의 업무
- 공중위생감시원이 행하는 검사대상물의 수거 지원
- 법령 위반행위에 대한 신고 및 자료 제공
- 그 밖에 공중위생에 관한 홍보·계몽 등 공중위생관리업무와 관련하여 시·도지사가 따로 정하여 부여하는 업무

08 업소 위생등급 및 위생교육

1 위생서비스수준의 평가

(1) 평가 목적 (주체 : 시·도지사)

공중위생영업소의 위생관리수준 향상을 위해 위생서비스평가계획을 수립하여 시장·군수·구청장에게 통보

(2) 평가 방법 (주체 : 시장·군수·구청장)

① 평가계획에 따라 관할지역별 세부평가계획을 수립한 후 평가

② 관련 전문기관 및 단체로 하여금 위생서비스평가를 실시 가능

(3) 평가 주기 : 2년마다 실시

※ 공중위생영업소의 보건·위생관리를 위하여 필요한 경우 공중위생영업의 종류 또는 위생관리등급별로 평가 주기를 달리할 수 있다.

(4) 위생관리등급의 구분(보건복지부령)

구분	등급
최우수업소	녹색등급
우수업소	황색등급
일반관리대상 업소	백색등급

▶ 위생서비스평가의 주기·방법, 위생관리등급의 기준, 기타 평가에 관하여 필요한 사항은 보건복지부령으로 정한다.

(5) 위생등급관리 공표 (주체 : 시장·군수·구청장)

① 보건복지부령이 정하는 바에 의하여 위생서비스평가의 결과에 따른 위생관리등급을 해당 공중위생영업자에게 통보 및 공표

② 공중위생영업자는 통보받은 위생관리등급의 표지를 영업소의 명칭과 함께 영업소의 출입구에 부착 가능

(6) 위생 감시 (주체 : 시·도지사 또는 시장·군수·구청장)

① 위생서비스평가의 결과에 따른 위생관리등급별로 영업소에 대한 위생 감시를 실시

② 영업소에 대한 출입·검사와 위생 감시의 실시 주기 및 횟수 등 위생관리등급별 위생감시기준은 보건복지부령으로 정함

2 위생교육

(1) 교육 횟수 및 시간 : 매년 3시간

(2) 교육 대상 및 시기

① 영업 신고를 하려면 미리 위생교육을 받아야 한다.

▶ 이·미용업 종사자는 위생교육 대상자가 아니다.

② 영업개시 후 6개월 이내에 위생교육을 받을 수 있는 경우
- 천재지변, 본인의 질병·사고, 업무상 국외출장 등의 사유로 교육을 받을 수 없는 경우
- 교육을 실시하는 단체의 사정 등으로 미리 교육을 받기 불가능한 경우

(3) 교육내용

① 공중위생관리법 및 관련 법규

② 소양교육(친절 및 청결에 관한 사항 포함)

③ 기술교육

④ 기타 공중위생에 관하여 필요한 내용

(4) 교육 대체

위생교육 대상자 중 보건복지부장관이 고시하는 도서·벽지지역에서 영업을 하고 있거나 하려는 자에 대하여는 교육교재를 배부하여 이를 익히고 활용하도록 함으로써 교육에 갈음할 수 있다.

(5) 영업장별 교육

위생교육을 받아야 하는 자 중 영업에 직접 종사하지 않거나 2 이상의 장소에서 영업을 하는 자는 종업원 중 영업장별로 공중위생에 관한 책임자를 지정하고 그 책임자로 하여금 위생교육을 받게 하여야 한다.

(6) 교육기관

보건복지부장관이 허가한 단체 또는 공중위생영업자 단체

▶ 위생교육 실시단체의 업무
- 교육 교재를 편찬하여 교육 대상자에게 제공
- 위생교육을 수료한 자에게 수료증 교부 : 위생교육 실시단체의 장
- 교육실시 결과를 교육 후 1개월 이내에 시장·군수·구청장에게 통보
- 수료증 교부대장 등 교육에 관한 기록을 2년 이상 보관·관리

(7) 교육의 면제

위생교육을 받은 자가 위생교육을 받은 날부터 2년 이내에 위생교육을 받은 업종과 같은 업종의 영업을 하려는 경우에는 해당 영업에 대한 위생교육을 받은 것으로 본다.

09 위임 및 위탁 (주체 : 보건복지부장관)

1 권한 위임

권한의 일부를 대통령령이 정하는 바에 의하여 시·도지사 또는 시장·군수·구청장에게 위임할 수 있다.

2 업무 위탁

대통령령이 정하는 바에 의하여 관계전문기관 등에 그 업무의 일부를 위탁할 수 있다.

▶ 주체별 주요업무

주체	업무
시·도지사	• 영업시간 및 영업행위 제한 • 위생서비스 평가계획 수립
시장·군수·구청장	• 영업신고, 변경신고, 폐업신고 및 영업신고증 교부 • 면허 신청·취소 및 면허증 교부·반납, 폐쇄명령 • 위생서비스평가 • 위생등급관리 공표 • 과태료 및 과징금 부과·징수 • 청문
보건복지부장관	• 업무 위탁
보건복지부령	• 위생기준 및 소독기준 • 미용사의 업무범위 • 위생서비스 수준의 평가주기와 방법, 위생관리등급
대통령령	공중위생감시원의 자격·임명·업무·범위

10 행정처분, 벌칙, 양벌규정 및 과태료

1 면허취소·정지처분의 세부기준

위반사항	행정처분기준			
	1차 위반	2차 위반	3차 위반	4차 위반
미용사의 면허에 관한 규정을 위반한 때				
① 국가기술자격법에 따라 미용사자격 취소 시	면허취소			
② 국가기술자격법에 따라 미용사자격정지처분을 받을 시	면허정지	(국가기술자격법에 의한 자격정지처분기간에 한한다)		
③ 금치산자, 정신질환자, 결핵환자, 약물중독자에 의한 결격사유에 해당한 때	면허취소			
④ 이중으로 면허 취득 시	면허취소	(나중에 발급받은 면허를 말한다)		
⑤ 면허증을 타인에게 대여 시	면허정지 3월	면허정지 6월	면허취소	
⑥ 면허정지처분을 받고 그 정지기간중 업무를 행한 때	면허취소			

위반사항	행정처분기준			
	1차 위반	2차 위반	3차 위반	4차 위반
법 또는 법에 의한 명령에 위반한 때				
① 시설 및 설비기준을 위반 시	개선명령	영업정지 15일	영업정지 1개월	영업장 폐쇄명령
② 신고를 하지 않고 영업소의 명칭 및 상호 또는 영업장 면적의 1/3 이상 변경 시	경고 또는 개선명령	영업정지 15일	영업정지 1개월	영업장 폐쇄명령
③ 신고를 하지 않고 영업소의 소재지 변경 시	영업정지 1개월	영업정지 2개월	영업장 폐쇄명령	
④ 영업자의 지위를 승계한 후 1월 이내에 신고하지 않을 시	경고	영업정지 10일	영업정지 1개월	영업장 폐쇄명령
⑤ 소독한 기구와 소독하지 않은 기구를 각기 다른 용기에 보관하지 않거나 1회용 면도날을 2인 이상의 손님에게 사용 시	경고	영업정지 5일	영업정지 10일	영업장 폐쇄명령
⑥ 피부미용을 위하여 「약사법」에 따른 의약품 또는 「의료기기법」에 따른 의료기기를 사용 시	영업정지 2월	영업정지 3월	영업장 폐쇄명령	
⑦ 점빼기·귓볼뚫기·쌍꺼풀수술·문신·박피술 그 밖에 유사한 의료행위를 할 시	영업정지 2월	영업정지 3월	영업장 폐쇄명령	
⑧ 미용업 신고증 및 면허증 원본을 게시하지 않거나 업소내 조명도를 준수하지 않을 시	경고 또는 개선명령	영업정지 5일	영업정지 10일	영업장 폐쇄명령
⑨ 영업소 외의 장소에서 업무를 행할 시	영업정지 1개월	영업정지 2개월	영업장 폐쇄명령	
⑩ 시·도지사, 시장·군수·구청장이 하도록 한 필요한 보고를 하지 아니하거나 거짓으로 보고한 때 또는 관계공무원의 출입·검사를 거부·기피하거나 방해 시	영업정지 10일	영업정지 20일	영업정지 1개월	영업장 폐쇄명령
⑪ 시·도지사 또는 시장·군수·구청장의 개선명령을 이행하지 않을 시	경고	영업정지 10일	영업정지 1개월	영업장 폐쇄명령
⑫ 영업정지처분을 받고 그 영업정지기간 중 영업 시	영업장 폐쇄명령			
「성매매알선 등 행위의 처벌에 관한 법률」·「풍속영업의 규제에 관한 법률」·「의료법」에 위반하여 관계행정기관의 장의 요청이 있는 때				
① 손님에게 성매매알선등행위(또는 음란행위)를 하게 하거나 이를 알선 또는 제공 시				
• 영업소	영업정지 3개월	영업장 폐쇄명령		
• 미용사(업주)	면허정지 3개월	면허취소		
② 손님에게 도박 그 밖에 사행행위를 하게 할 시	영업정지 1개월	영업정지 2개월	영업장 폐쇄명령	
③ 음란한 물건을 관람·열람하게 하거나 진열 또는 보관 시	경고	영업정지 15일	영업정지 1월	영업장 폐쇄명령
④ 무자격 안마사로 하여금 안마 행위를 하게 할 시	영업정지 1월	영업정지 2월	영업장 폐쇄명령	

2 벌칙(징역 또는 벌금)

(1) 1년 이하의 징역 또는 1천만원 이하의 벌금

① 영업신고를 하지 않을 시

② 영업정지명령(또는 일부 시설의 사용중지명령)을 받고도 그 기간 중에 영업을 하거나 그 시설을 사용 시

③ 영업소 폐쇄명령을 받고도 계속하여 영업 시

(2) 6월 이하의 징역 또는 500만원 이하의 벌금

① 변경신고를 하지 않을 시

② 공중위생영업자의 지위를 승계한 경우 지위승계 신고를 하지 않을 시

③ 건전한 영업질서를 위하여 공중위생영업자가 준수하여야 할 사항을 준수하지 않을 시

(3) 300만원 이하의 벌금

① 다른 사람에게 미용사 면허증을 빌려주거나 빌린 사람

② 미용사 면허증을 빌려주거나 빌리는 것을 알선한 사람

③ 면허의 취소 또는 정지 중에 미용업을 한 사람

④ 면허를 받지 않고 미용업을 개설하거나 그 업무에 종사한 사람

3 양벌규정

법인의 대표자나 법인 또는 개인의 대리인, 사용인, 그 밖의 종업원이 그 법인(또는 개인)의 업무에 관하여 위 벌칙에 해당하는 행위 위반 시 그 행위자 외에 법인(또는 개인)에게도 해당 조문의 벌금형을 부과한다.

※ 법인(또는 개인)이 그 위반행위를 방지하기 위해 주의와 감독을 게을리하지 않은 경우에는 벌금형을 과하지 않음

4 과태료

(1) 300만원 이하의 과태료

① 공중위생 관리상 필요한 보고를 하지 않거나 관계공무원의 출입·검사 기타 조치를 거부·방해 또는 기피 시

② 위생관리의무에 대한 개선명령 위반 시

③ 시설 및 설비기준에 대한 개선명령 위반 시

(2) 200만원 이하의 과태료

① 영업소 외의 장소에서 미용업무를 행한 자

② 위생교육을 받지 않은 자

③ 다음의 위생관리의무를 지키지 않은 자

- 의료기구와 의약품을 사용하지 아니하는 순수한 화장 또는 피부미용을 할 것
- 미용기구는 소독을 한 기구와 소독을 하지 아니한 기구로 분리하여 보관하고, 면도기는 1회용 면도날만을 손님 1인에 한하여 사용할 것
- 미용사면허증을 영업소안에 게시할 것

(3) 과태료의 부과 · 징수

과태료는 대통령령으로 정하는 바에 따라 보건복지부장관 또는 시장·군수·구청장이 부과·징수

▶ **과태료 부과기준**

㉠ 일반기준 : 시장·군수·구청장은 위반행위의 정도, 위반 횟수, 위반행위의 동기와 그 결과 등을 고려하여 그 해당 금액의 2분의 1의 범위에서 경감하거나 가중할 수 있다.

㉡ 개별기준

위반행위	과태료
미용업소의 위생관리 의무 불이행 시	80만원
영업소 외의 장소에서 미용업무를 행할 시	80만원
공중위생 관리상 필요한 보고를 하지 않거나 관계공무원의 출입·검사, 기타 조치를 거부·방해 또는 기피 시	150만원
위생관리업무에 대한 개선명령 위반 시	150만원
위생교육 미수료시	60만원

5 과징금 처분

(1) 과징금 부과(주체 : 시장·군수·구청장)

영업정지가 이용자에게 심한 불편을 주거나 그 밖에 공익을 해할 우려가 있는 경우에는 영업정지 처분에 갈음하여 1억원 이하의 과징금을 부과할 수 있다 (예외 : 성매매알선 등 행위의 처벌에 관한 법률, 풍속영업의 규제에 관한 법률 또는 이에 상응하는 위반행위로 인하여 처분을 받게 되는 경우).

(2) 과징금을 부과할 위반행위의 종별과 과징금의 금액

① 과징금의 금액은 위반행위의 종별·정도 등을 감안하여 보건복지부령이 정하는 영업정지기간에 과징금 산정기준을 적용하여 산정한다.

▶ **과징금 산정기준**

- 영업정지 1월은 30일로 계산
- 과징금 부과의 기준이 되는 매출금액은 처분일이 속한 연도의 전년도의 1년간 총 매출금액을 기준
- 신규사업·휴업 등으로 인하여 1년간의 총 매출금액을 산출할 수 없거나 1년간의 매출금액을 기준으로 하는 것이 불합리하다고 인정되는 경우에는 분기별·월별 또는 일별 매출금액을 기준으로 산출 또는 조정

chapter 05

② 시장·군수·구청장(자치구 구청장)은 공중위생영업자의 사업규모·위반행위의 정도 및 횟수 등을 참작하여 과징금 금액의 1/2 범위 안에서 가중 또는 감경할 수 있다.

※ 가중하는 경우에도 과징금의 총액이 1억원을 초과할 수 없다.

(3) 과징금 납부

통지를 받은 날부터 20일 이내에 시장·군수·구청장이 정하는 수납기관에 납부

※ 천재지변 및 부득이한 사유가 있는 경우 : 사유가 없어진 날부터 7일 이내

(4) 과징금 징수

① 과징금 미납부시 시장·군수·구청장은 과징금 부과 처분을 취소하고, 영업정지 처분을 하거나 지방세외수입금의 징수 등에 관한 법률에 따라 징수

② 부과·징수한 과징금은 당해 시·군·구에 귀속됨

③ 과징금의 징수를 위하여 필요한 경우 다음 사항을 기재한 문서로 관할 세무관서의 장에게 과세정보의 제공을 요청할 수 있다.

- 납세자의 인적사항
- 사용 목적
- 과징금 부과기준이 되는 매출금액

④ 과징금의 징수절차에 관하여는 국고금관리법 시행규칙을 준용한다. 이 경우 납입고지서에는 이의신청의 방법 및 기간 등을 함께 적어야 한다.

(5) 청문

보건복지부장관 또는 시장·군수·구청장이 청문을 실시해야 하는 처분

① 면허취소·면허정지

② 공중위생영업의 정지

③ 일부 시설의 사용중지

④ 영업소폐쇄명령

⑤ 공중위생영업 신고사항의 직권 말소

▶ 참고) 벌금, 과태료, 과징금의 차이

구분	의미
벌금	재산형 형벌(금전 박탈)로 미부과 시 노역 유치 가능
과료	벌금과 같은 재산형으로 일정한 금액의 지불의무를 강제하지만 경범죄처벌법과 같이 벌금형에 비해 주로 경미한 범죄에 대해 부과
과태료	행정법상 의무 위반(불이행)에 대한 제재로 부과 징수하는 금전부담(형벌의 성질을 가지지 않음)
과징금	행정법상 의무 위반(불이행) 시 발생된 경제적 이익에 대해 징수하는 금전부담(형벌의 성질을 가지지 않음)

※ 부과주체 : 벌금과 과료는 판사, 과태료와 과징금은 해당 행정관청이 부과

출제예상문제 | 단원별 구성의 문제 유형 파악!

01. 공중위생관리법의 목적 및 정의

★★★★

1 다음은 법률상에서 정의되는 용어이다. 바르게 서술된 것은 다음 중 어느 것인가?

① 건물위생관리업이란 공중이 이용하는 시설물의 청결유지와 실내공기정화를 위한 청소 등을 대행하는 영업을 말한다.

② 미용업이란 손님의 얼굴과 피부를 손질하여 모양을 단정하게 꾸미는 영업을 말한다.

③ 이용업이란 손님의 머리, 수염, 피부 등을 손질하여 외모를 꾸미는 영업을 말한다.

④ 공중위생영업이란 미용업, 숙박업, 목욕장업, 수영장업, 유기영업 등을 말한다.

- 미용업 : 손님의 얼굴·머리·피부 및 손톱 · 발톱 등을 손질하여 손님의 외모를 아름답게 꾸미는 영업
- 이용업 : 손님의 머리카락 또는 수염을 깎거나 다듬는 등의 방법으로 손님의 용모를 단정하게 하는 영업
- 공중위생영업 : 다수인을 대상으로 위생관리서비스를 제공하는 영업으로서 숙박업·목욕장업·이용업·미용업·세탁업·건물위생관리업을 말한다.

★★★★★

2 다음 중 공중위생관리법의 궁극적인 목적은?

① 공중위생영업 종사자의 위생 및 건강관리

② 공중위생영업소의 위생 관리

③ 위생수준을 향상시켜 국민의 건강증진에 기여

④ 공중위생영업의 위상 향상

정답 1 1① 2③

공중위생관리법의 목적
공중이 이용하는 영업의 위생관리 등에 관한 사항을 규정함으로써 위생수준을 향상시켜 국민의 건강증진에 기여함을 목적으로 한다.

★★
3 공중위생관리법상 ( ) 속에 가장 적합한 것은?

> 공중위생관리법은 공중이 이용하는 영업의 ( ) 등에 관한 사항을 규정함으로써 위생수준을 향상시켜 국민의 건강증진에 기여함을 목적으로 한다.

① 위생 ② 위생관리
③ 위생과 소독 ④ 위생과 청결

★★
4 공중위생관리법의 목적을 적은 아래 조항 중 ( ) 속에 알맞은 말은?

> 제1조(목적) 이 법은 공중이 이용하는 ( )의 위생관리 등에 관한 사항을 규정함으로써 위생수준을 향상시켜 국민의 건강증진에 기여함을 목적으로 한다.

① 영업소 ② 영업장
③ 위생영업소 ④ 영업

★★★
5 다음 중 공중위생관리법에서 정의되는 공중위생영업을 가장 잘 설명한 것은?

① 공중에게 위생적으로 관리하는 영업
② 다수인을 대상으로 위생관리서비스를 제공하는 영업
③ 다수인에게 공중위생을 준수하여 시행하는 영업
④ 공중위생서비스를 전달하는 영업

★★★
6 공중위생관리법에서 공중위생영업이란 다수인을 대상으로 무엇을 제공하는 영업으로 정의되고 있는가?

① 위생관리서비스 ② 위생서비스
③ 위생안전서비스 ④ 공중위생서비스

공중위생영업 : 다수인을 대상으로 위생관리서비스를 제공하는 영업

★★★★
7 이용업 및 미용업은 다음 중 어디에 속하는가?

① 공중위생영업 ② 위생관련영업
③ 위생처리업 ④ 건물위생관리업

공중위생영업 : 다수인을 대상으로 위생관리서비스를 제공하는 영업으로서 숙박업·목욕장업·이용업·미용업·세탁업·건물위생관리업을 말한다.

★★
8 다음 중 ( ) 안에 가장 적합한 것은?

> 공중위생관리법상 "미용업"의 정의는 손님의 얼굴, 머리, 피부 및 손톱 · 발톱 등을 손질하여 손님의 ( )를(을) 아름답게 꾸미는 영업이다.

① 모습 ② 외양
③ 외모 ④ 신체

★★★
9 공중위생영업에 해당하지 않는 것은?

① 세탁업 ② 위생관리업
③ 미용업 ④ 목욕장업

공중위생영업의 종류 : 숙박업·목욕장업·이용업·미용업·세탁업·건물위생관리업

★★★
10 공중위생영업에 속하지 않는 것은?

① 식당조리업 ② 숙박업
③ 이·미용업 ④ 세탁업

★★★★
11 공중위생관리법상 미용업의 정의로 가장 올바른 것은?

① 손님의 얼굴 등에 손질을 하여 손님의 용모를 아름답고 단정하게 하는 영업
② 손님의 머리를 손질하여 손님의 용모를 아름답고 단정하게 하는 영업
③ 손님의 머리카락을 다듬거나 하는 등의 방법으로 손님의 용모를 단정하게 하는 영업
④ 손님의 얼굴·머리·피부 및 손톱·발톱 등을 손질하여 손님의 외모를 아름답게 꾸미는 영업

정답 3② 4④ 5② 6① 7① 8③ 9② 10① 11④

★★★★
12 공중위생관리법상에서 미용업이 손질할 수 있는 손님의 신체범위를 가장 잘 나타낸 것은?

① 얼굴, 손, 머리
② 손, 발, 얼굴, 머리
③ 머리, 피부
④ 얼굴, 피부, 머리, 손톱, 발톱

미용업 : 손님의 얼굴 · 머리 · 피부 및 손톱 · 발톱 등을 손질하여 손님의 외모를 아름답게 꾸미는 영업

★★★★
13 "공중위생 영업자는 그 이용자에게 건강상 (　　)이 발생하지 아니하도록 영업 관련 시설 및 설비를 안전하게 관리해야 한다." (　　) 안에 들어갈 단어는?

① 질병　② 사망
③ 위해요인　④ 감염병

02. 영업신고 및 폐업신고

★★★
1 공중위생영업을 하고자 하는 자가 필요로 하는 것은?

① 통보　② 인가
③ 신고　④ 허가

공중위생영업을 하고자 하는 자는 공중위생영업의 종류별로 보건복지부령이 정하는 시설 및 설비를 갖추고 시장·군수·구청장에게 신고하여야 한다. 보건복지부령이 정하는 중요사항을 변경하고자 하는 때에도 또한 같다.

★★★
2 공중위생영업자가 중요사항을 변경하고자 할 때 시장, 군수, 구청장에게 어떤 절차를 취해야 하는가?

① 통보　② 통고
③ 신고　④ 허가

★★★★
3 이·미용업의 신고에 대한 설명으로 옳은 것은?

① 이·미용사 면허를 받은 사람만 신고할 수 있다.
② 일반인 누구나 신고할 수 있다.
③ 1년 이상의 이·미용업무 실무경력자가 신고할 수 있다.
④ 미용사 자격증을 소지하여야 신고할 수 있다.

★★★
4 다음 중 이·미용업을 개설할 수 있는 경우는?

① 이·미용사 면허를 받은 자
② 이·미용사의 감독을 받아 이·미용을 행하는 자
③ 이·미용사의 자문을 받아서 이·미용을 행하는 자
④ 위생관리 용역업 허가를 받은 자로서 이·미용에 관심이 있는 자

이·미용사 면허를 받은 사람만 이·미용업을 개설할 수 있다.

★★★
5 이·미용 영업을 개설할 수 있는 자의 자격은?

① 자기 자금이 있을 때
② 이·미용의 면허증이 있을 때
③ 이·미용의 자격이 있을 때
④ 영업소 내에 시설을 완비하였을 때

★★★
6 공중위생영업을 하고자 하는 자가 시설 및 설비를 갖추고 다음 중 누구에게 신고해야 하는가?

① 보건복지부장관
② 안전행정부장관
③ 시·도지사
④ 시장·군수·구청장(자치구의 구청장)

★★★
7 이·미용사가 되고자 하는 자는 누구의 면허를 받아야 하는가?

① 보건복지부장관
② 시·도지사
③ 시장·군수·구청장
④ 대통령

★★★
8 다음 중 이·미용사의 면허를 발급하는 기관이 아닌 것은?

① 서울시 마포구청장
② 제주도 서귀포시장
③ 인천시 부평구청장
④ 경기도지사

면허 발급은 시장, 군수, 구청장이 한다.

정답 12 ④ 13 ③ 2 1 ③ 2 ③ 3 ① 4 ① 5 ② 6 ④ 7 ③ 8 ④

★★★★★
9 이·미용업의 영업신고를 하려는 자가 제출하여야 하는 첨부서류로 옳게 짝지어진 것은?

> ㉠ 영업시설 및 설비개요서
> ㉡ 교육수료증(법 제17조제2항에 따라 미리 교육을 받은 경우에만 해당한다.)
> ㉢ 면허증 원본
> ㉣ 위생서비스수준의 평가계획서

① ㉡, ㉢, ㉣
② ㉠, ㉡, ㉣
③ ㉠, ㉡, ㉢, ㉣
④ ㉠, ㉡

면허증은 제출하지 않고 담당자가 확인만 한다.

★★★★
10 다음 중 이·미용업 영업자가 변경신고를 해야 하는 것을 모두 고른 것은?

> ㉠ 영업소의 소재지
> ㉡ 영업소 바닥면적의 3분의 1 이상의 증감
> ㉢ 종사자의 변동사항
> ㉣ 영업자의 재산변동사항

① ㉠　　② ㉠, ㉡
③ ㉠, ㉡, ㉢　　④ ㉠, ㉡, ㉢, ㉣

변경신고 사항
- 영업소의 명칭 또는 상호
- 영업소의 소재지
- 영업장 면적의 3분의 1 이상의 증감
- 대표자의 성명 또는 생년월일
- 미용업 업종 간 변경

★★★★
11 공중위생관리법상 이·미용업자의 변경신고사항에 해당되지 않는 것은?

① 영업소의 명칭 또는 상호변경
② 영업소의 소재지 변경
③ 영업정지 명령 이행
④ 대표자의 성명 또는 생년월일

★★★
12 이·미용업자가 신고한 영업장 면적의 ( ) 이상의 증감이 있을 때 변경신고를 하여야 하는가?

① 5분의 1　　② 4분의 1
③ 3분의 1　　④ 2분의 1

03. 영업의 승계

★★★★
1 이·미용업을 승계할 수 있는 경우가 아닌 것은? (단, 면허를 소지한 자에 한함)

① 이·미용업을 양수한 경우
② 이·미용업 영업자의 사망에 의한 상속에 의한 경우
③ 공중위생관리법에 의한 영업장폐쇄명령을 받은 경우
④ 이·미용업 영업자의 파산에 의해 시설 및 설비의 전부를 인수한 경우

이·미용업 승계 가능한 사람
- 양수인 : 이·미용업 영업자가 이·미용업을 양도한 때
- 상속인 : 이·미용업 영업자가 사망한 때
- 법인 : 합병 후 존속하는 법인 또는 합병에 의해 설립되는 법인
- 경매, 환가, 압류재산의 매각 그 밖에 이에 준하는 절차에 따라 이·미용업 영업 관련시설 및 설비의 전부를 인수한 자

★★★
2 이·미용사 영업자의 지위를 승계 받을 수 있는 자의 자격은?

① 자격증이 있는 자　　② 면허를 소지한 자
③ 보조원으로 있는 자　　④ 상속권이 있는 자

이용업과 미용업의 경우 면허를 소지한 자에 한하여 승계 가능하다.

★★★★
3 이·미용업의 상속으로 인한 영업자 지위승계 신고 시 구비서류가 아닌 것은?

① 영업자 지위승계 신고서
② 가족관계증명서
③ 양도계약서 사본
④ 상속자임을 증명할 수 있는 서류

양도계약서 사본은 영업양도인 경우 필요한 서류이다.

정답 9 ④ 10 ② 11 ③ 12 ③ 3 1 ③ 2 ② 3 ③

chapter 05

★★★★★
4 이·미용업 영업자의 지위를 승계한 자는 얼마의 기간 이내에 관계기관장에게 신고해야 하는가?

① 7일 이내
② 15일 이내
③ 1월 이내
④ 2월 이내

공중위생영업자의 지위를 승계한 자는 1월 이내에 시장·군수 또는 구청장에게 신고해야 한다.

★★★★★
5 다음 ( ) 안에 적합한 것은?

법이 준하는 절차에 따라 공중영업 관련시설을 인수하여 공중위생영업자의 지위를 승계한 자는 ( )월 이내에 보건복지부령이 정하는 바에 따라 시장 · 군수 또는 구청장에게 신고하여야 한다.

① 1 ② 2
③ 3 ④ 6

★★★
6 영업자의 지위를 승계한 후 누구에게 신고하여야 하는가?

① 보건복지부장관
② 시·도지사
③ 시장·군수·구청장
④ 세무서장

04. 면허 발급 및 취소

★★★★
1 다음 중 이·미용사의 면허를 받을 수 없는 자는?

① 전문대학의 이·미용에 관한 학과를 졸업한 자
② 교육부장관이 인정하는 고등기술학교에서 1년 이상 미용에 관한 소정의 과정을 이수한 자
③ 국가기술자격법에 의해 미용사의 자격을 취득한 자
④ 외국의 유명 이·미용학원에서 2년 이상 기술을 습득한 자

★★★★
2 다음 중 이·미용사 면허를 받을 수 있는 자가 아닌 것은?

① 고등학교에서 이용 또는 미용에 관한 학과를 졸업한 자
② 국가기술자격법에 의한 이용사 또는 미용사 자격을 취득한자
③ 보건복지부장관이 인정하는 외국의 이용사 또는 미용사 자격 소지자
④ 전문대학에서 이용 또는 미용에 관한 학과 졸업자

★★★★
3 이용사 또는 미용사의 면허를 받을 수 없는 자는?

① 전문대학 또는 이와 동등 이상의 학력이 있다고 교육부장관이 인정하는 학교에서 미용에 관한 학과를 졸업한 자
② 고등학교 또는 이와 동등의 학력이 있다고 교육부장관이 인정하는 학교에서 미용에 관한 학과를 졸업한 자
③ 교육부장관이 인정하는 고등기술학교에서 6월 이상 미용에 관한 소정의 과정을 이수한 자
④ 국가기술자격법에 의해 미용사의 자격을 취득한 자

면허 발급 대상자
- 전문대학 또는 이와 동등 이상의 학력이 있다고 교육부장관이 인정하는 학교에서 미용에 관한 학과를 졸업한 자
- 대학 또는 전문대학을 졸업한 자와 동등 이상의 학력이 있는 것으로 인정되어 미용에 관한 학위를 취득한 자
- 고등학교 또는 이와 동등의 학력이 있다고 교육부장관이 인정하는 학교에서 미용에 관한 학과를 졸업한 자
- 특성화고등학교, 고등기술학교나 고등학교 또는 고등기술학교에 준하는 각종학교에서 1년 이상 미용에 관한 소정의 과정을 이수한 자
- 국가기술자격법에 의해 미용사의 자격을 취득한 자

★★★
4 다음 중 이·미용사의 면허를 받을 수 있는 사람은?

① 공중위생영업에 종사자로 처음 시작하는 자
② 공중위생영업에 6개월 이상 종사자
③ 공중위생영업에 2년 이상 종사자
④ 공중위생영업을 승계한 자

정답 4③ 5① 6③ 4 1④ 2③ 3③ 4④

★★
5 다음 중 이용사 또는 미용사의 면허를 취소할 수 있는 대상에 해당되지 않는 자는?

① 정신질환자
② 감염병 환자
③ 피성년후견인
④ 당뇨병 환자

당뇨병환자는 이용사 또는 미용사 영업을 할 수 있다.

★★★
6 이·미용사의 면허는 누가 취소할 수 있는가?

① 대통령
② 보건복지부장관
③ 시장·군수·구청장
④ 시·도지사

★★★★
7 이·미용사 면허증을 분실하였을 때 누구에게 재교부 신청을 하여야 하는가?

① 보건복지부장관
② 시·도지사
③ 시장·군수·구청장
④ 협회장

★★★★
8 이·미용사가 면허증 재교부 신청을 할 수 없는 경우는?

① 면허증을 잃어버린 때
② 면허증 기재사항의 변경이 있는 때
③ 면허증이 못쓰게 된 때
④ 면허증이 더러운 때

재교부 신청을 할 수 있는 경우
• 신고증 분실 또는 훼손 시
• 신고인의 성명이나 생년월일이 변경된 때

★★★
9 이·미용사의 면허증을 재교부 신청할 수 없는 경우는?

① 국가기술자격법에 의한 이·미용사 자격증이 취소된 때
② 면허증의 기재사항에 변경이 있을 때
③ 면허증을 분실한 때
④ 면허증이 못쓰게 된 때

★★★
10 미용사 면허증의 재교부 사유가 아닌 것은?

① 성명 또는 주민등록번호 등 면허증의 기재사항에 변경이 있을 때
② 영업장소의 상호 및 소재지가 변경될 때
③ 면허증을 분실했을 때
④ 면허증이 헐어 못쓰게 된 때

★★★
11 이·미용사 면허증을 분실하여 재교부를 받은 자가 분실한 면허증을 찾았을 때 취하여야 할 조치로 옳은 것은?

① 시·도지사에게 찾은 면허증을 반납한다.
② 시장·군수에게 찾은 면허증을 반납한다.
③ 본인이 모두 소지하여도 무방하다.
④ 재교부 받은 면허증을 반납한다.

면허증 분실 후 재교부받으면 그 잃어버린 면허증을 찾은 경우 지체없이 재교부 받은 시장·군수·구청장에게 반납해야 한다.

★★★
12 이·미용사의 면허증을 재교부 받을 수 있는 자는 다음 중 누구인가?

① 공중위생관리법의 규정에 의한 명령을 위반한 자
② 간질병자
③ 면허증을 다른 사람에게 대여한 자
④ 면허증이 헐어 못쓰게 된 자

★★
13 다음 중 이용사 또는 미용사의 면허를 받을 수 있는 자는?

① 약물 중독자 ② 암환자
③ 정신질환자 ④ 금치산자

암환자도 이용사 또는 미용사의 면허를 받을 수 있다.

★★★
14 다음 중 이·미용사의 면허를 받을 수 있는 사람은?

① 전과기록이 있는 자
② 금치산자
③ 마약, 기타 대통령령으로 정하는 약물중독자
④ 정신질환자

전과기록이 있는 자는 결격사유에 해당하지 않는다.

정답 5 ④ 6 ③ 7 ③ 8 ④ 9 ① 10 ② 11 ② 12 ④ 13 ② 14 ①

★★★
15 다음 중 이·미용사 면허를 취득할 수 없는 자는?

① 면허 취소 후 1년 경과자
② 독감환자
③ 마약중독자
④ 전과기록자

약물 중독자는 면허 결격 사유자에 해당된다.

★★★
16 이·미용사의 면허가 취소되었을 경우 몇 개월이 경과되어야 또 다시 그 면허를 받을 수 있는가?

① 3개월 ② 6개월
③ 9개월 ④ 12개월

★★★
17 다음 중 이용사 또는 미용사의 면허를 받을 수 있는 경우는?

① 금치산자 ② 벌금형이 선고된 자
③ 정신병자 ④ 간질병자

벌금형이 선고되었더라도 이용사 또는 미용사의 면허를 받을 수 있다.

★★★
18 이·미용사가 간질병자에 해당하는 경우의 조치로 옳은 것은?

① 이환기간 동안 휴식하도록 한다.
② 3개월 이내의 기간을 정하여 면허정지 한다.
③ 6개월 이내의 기간을 정하여 면허정지 한다.
④ 면허를 취소한다.

정신질환자(전문의가 미용사로서 적합하다고 인정하는 사람은 예외)는 면허 결격 사유자에 해당한다.

★★★
19 다음 중 이·미용사의 면허정지를 명할 수 있는 자는?

① 안전행정부장관 ② 시·도지사
③ 시장·군수·구청장 ④ 경찰서장

시장·군수·구청장은 면허 취소 또는 정지 사유가 있는 경우 면허를 취소하거나 6월 이내의 기간을 정하여 그 면허의 정지를 명할 수 있다.

★★★
20 면허의 정지명령을 받은 자는 그 면허증을 누구에게 제출해야 하는가?

① 보건복지부장관
② 시·도지사
③ 시장·군수·구청장
④ 이미용 협회회장

면허가 취소되거나 면허의 정지명령을 받은 자는 지체없이 관할 시장·군수·구청장에게 면허증을 반납해야 한다.

05. 영업자 준수사항

★★★★
1 공중위생관리법규에서 규정하고 있는 이·미용영업자의 준수사항이 아닌 것은?

① 소독을 한 기구와 소독을 하지 아니한 기구는 각각 다른 용기에 넣어 보관하여야 한다.
② 손님의 피부에 닿는 수건은 악취가 나지 않아야 한다.
③ 이·미용 요금표를 업소 내에 게시하여야 한다.
④ 이·미용업 신고증 개설자의 면허증 원본 등은 업소 내에 게시하여야 한다.

이·미용영업자의 준수사항에 수건의 악취에 대한 내용은 없다.

★★★★
2 이·미용업자의 준수사항 중 옳은 것은?

① 업소 내에서는 이·미용 보조원의 명부만 비치하고 기록·관리하면 된다.
② 업소 내 게시물에는 준수사항이 포함된다.
③ 면도기는 1회용 면도날을 손님 1인에게 사용해야 한다.
④ 손님이 사용하는 앞가리개는 반드시 흰색이어야 한다.

영업소 내부에 게시해야 할 사항
이·미용업 신고증, 개설자의 면허증 원본, 최종지불요금표

정답 15③ 16④ 17② 18④ 19③ 20③ 5 1② 2③

★★★★
3 이·미용업자가 준수하여야 하는 위생관리기준에 대한 설명으로 틀린 것은?

① 영업장 안의 조명도는 100룩스 이상이 되도록 유지해야 한다.
② 업소 내에 이·미용업 신고증, 개설자의 면허증 원본 및 이·미용 요금표를 게시하여야 한다.
③ 1회용 면도날은 손님 1인에 한하여 사용하여야 한다.
④ 이·미용 기구 중 소독을 한 기구와 소독을 하지 아니한 기구는 각각 다른 용기에 넣어 보관하여야 한다.

> 영업장 안의 조명도는 75룩스 이상이 되도록 유지해야 한다.

★★★★
4 이·미용업 영업자가 준수하여야 하는 위생관리기준으로 틀린 것은?

① 손님이 보기 쉬운 곳에 준수사항을 게시하여야 한다.
② 이·미용요금표를 게시하여야 한다.
③ 영업장 안의 조명도는 75룩스 이상이어야 한다.
④ 일회용 면도날은 손님 1인에 한하여 사용하여야 한다.

> 이·미용영업자의 준수사항을 영업장 내에 게시할 필요는 없다.

★★★
5 이·미용업소에 반드시 게시하여야 할 것은?

① 이·미용 요금표
② 이·미용업소 종사자 인적사항표
③ 면허증 사본
④ 준수 사항 및 주의사항

> **영업소 내에 게시해야 할 사항**
> 이·미용업 신고증, 개설자의 면허증 원본, 최종지불요금표

★★★
6 이·미용 업소 내에 게시하지 않아도 되는 것은?

① 이·미용업 신고증
② 개설자의 면허증 원본
③ 근무자의 면허증 원본
④ 이·미용요금표

★★★
7 이·미용업소 내 반드시 게시하여야 할 사항으로 옳은 것은?

① 요금표 및 준수사항만 게시하면 된다.
② 이·미용업 신고증만 게시하면 된다.
③ 이·미용업 신고증 및 면허증사본, 요금표를 게시하면 된다.
④ 이·미용업 신고증, 면허증원본, 요금표를 게시하여야 한다.

★★★★
8 공중이용시설의 위생관리 기준이 아닌 것은?

① 소독을 한 기구와 소독을 하지 아니한 기구를 각각 다른 용기에 보관한다.
② 1회용 면도날을 손님 1인에 한하여 사용하여야 한다.
③ 업소 내에 요금표를 게시하여야 한다.
④ 업소 내에 화장실을 갖추어야 한다.

> 업소 내 화장실의 유무는 위생관리기준이 아니다.

★★★★
9 이·미용업소에 손님이 보기 쉬운 곳에 게시하지 않아도 되는 것은?

① 면허증 원본 ② 신고필증
③ 요금표 ④ 사업자등록증

★★★★
10 미용업소의 시설 및 설비 기준으로 적합한 것은?

① 소독을 한 기구와 소독을 하지 아니한 기구를 구분하여 보관할 수 있는 용기를 비치하여야 한다.
② 소독기, 적외선 살균기 등 기구를 소독하는 장비를 갖추어야 한다.
③ 미용업(피부)의 경우 작업장소 내 베드와 베드 사이에는 칸막이를 설치할 수 없다.
④ 작업장소와 응접장소, 상담실, 탈의실 등을 분리하여 칸막이를 설치하려는 때에는 각각 전체 벽면적의 2분의 1이상은 투명하게 하여야 한다.

> ② 소독기, 자외선 살균기 등 기구를 소독하는 장비를 갖추어야 한다(적외선이 아니라 자외선).
> ③ 작업장소 내 베드와 베드 사이에 칸막이를 설치할 수 있다.
> ④ 관련 규정이 삭제되어 칸막이 기준에 대한 제한이 없다.

정답 3① 4① 5① 6③ 7④ 8④ 9④ 10①

★★★★
11 미용업(손톱, 발톱)을 하는 영업소의 시설과 설비기준에 적합하지 않은 것은?

① 탈의실, 욕실, 욕조 및 샤워기를 설치해야 한다.
② 소독기, 자외선 살균기 등 기구를 소독하는 장비를 갖춘다.
③ 미용기구는 소독을 한 기구와 소독을 하지 않은 기구를 구분하여 보관할 수 있는 용기를 비치한다.
④ 작업장소, 응접장소, 상담실 등을 분리하기 위해 칸막이를 설치할 수 있다.

탈의실, 욕실, 욕조 등은 목욕장업의 시설기준에 해당한다.

★★★
12 이·미용업소에서의 면도기 사용에 대한 설명으로 가장 옳은 것은?

① 매 손님마다 소독한 정비용 면도기 교체 사용
② 정비용 면도기를 소독 후 계속 사용
③ 정비용 면도기를 손님 1인에 한하여 사용
④ 1회용 면도날만을 손님 1인에 한하여 사용

면도기는 1회용 면도날만을 손님 1인에 한하여 사용해야 한다.

★★★
13 이용사 또는 미용사의 업무 등에 대한 설명 중 맞는 것은?

① 이용사 또는 미용사의 업무범위는 보건복지부령으로 정하고 있다.
② 이용 또는 미용의 업무는 영업소 이외 장소에서도 보편적으로 행할 수 있다.
③ 미용사의 업무범위는 파마, 면도, 머리피부 손질, 피부미용 등이 포함된다.
④ 이용사 또는 미용사의 면허를 받은 자가 아닌 경우, 일정기간의 수련과정을 마쳐야만 이용 또는 미용업무에 종사할 수 있다.

② 이용 또는 미용의 업무는 영업소 이외 장소에서는 행할 수 없다(보건복지부령이 정하는 특별한 사유가 있는 경우에는 예외).
③ 면도는 미용사의 업무에 포함되지 않는다.
④ 면허를 받은 자가 아닌 경우 이용 또는 미용업무에 종사할 수 없다.

★★★
14 다음 중 미용업자가 갖추어야 할 시설 및 설비, 위생관리 기준에 관련된 사항이 아닌 것은?

① 이·미용사 및 보조원이 착용해야 하는 깨끗한 위생복
② 소독기, 자외선 살균기 등 미용기구 소독장비
③ 면도기는 1회용 면도날만을 손님 1인에 한하여 사용할 것
④ 영업장 안의 조명도는 75룩스 이상이 되도록 유지할 것

위생관리기준에 위생복에 관한 기준은 없다.

★★★
15 미용업소의 시설 및 설비기준으로 적당한 것은?

① 소독을 한 기구와 소독을 하지 아니한 기구를 구분하여 보관할 수 있는 용기를 비치하여야 한다.
② 적외선 살균기를 갖추어야 한다.
③ 작업 장소 및 탈의실의 출입문은 투명하게 해야 한다.
④ 먼지, 일산화탄소, 이산화탄소를 측정하는 측정장비를 갖추어야 한다.

② 소독기, 자외선 살균기 등의 소독장비를 갖추어야 한다.
③ 탈의실의 출입문은 투명하게 해서는 안 된다.
④는 위생관리용역업의 시설 및 설비기준에 해당한다.

★★★
16 영업소 안에 면허증을 게시하도록 위생관리 기준으로 명시한 경우는?

① 세탁업을 하는 자
② 목욕장업을 하는 자
③ 이·미용업을 하는 자
④ 위생관리용역업을 하는 자

이·미용업을 하는 자는 영업소 내에 미용업 신고증, 개설자의 면허증 원본, 최종지불요금표를 게시해야 한다.

정답 11 ① 12 ④ 13 ① 14 ① 15 ① 16 ③

17 ★★★★ 이·미용업자의 준수사항 중 틀린 것은?

① 소독한 기구와 하지 아니한 기구는 각각 다른 용기에 넣어 보관할 것
② 조명은 75룩스 이상 유지되도록 할 것
③ 신고증과 함께 면허증 사본을 게시할 것
④ 1회용 면도날은 손님 1인에 한하여 사용할 것

영업장 내에 신고증과 함께 면허증 원본을 게시해야 한다.

18 ★★★★★ 이·미용소의 조명시설은 얼마 이상이어야 하는가?

① 50룩스 ② 75룩스
③ 100룩스 ④ 125룩스

19 ★★★★★ 이·미용기구의 소독기준 및 방법을 정한 것은?

① 대통령령 ② 보건복지부령
③ 환경부령 ④ 보건소령

20 ★★ 이·미용 업소의 위생관리기준으로 적합하지 않은 것은?

① 소독한 기구와 소독을 하지 아니한 기구를 분리하여 보관한다.
② 1회용 면도날을 손님 1인에 한하여 사용한다.
③ 피부 미용을 위한 의약품은 따로 보관한다.
④ 영업장 안의 조명도는 75룩스 이상이어야 한다.

피부미용을 위해 의약품 또는 의료기기를 사용하면 안 된다.

21 ★★★★★ 공중위생영업자가 준수하여야 할 위생관리기준은 다음 중 어느 것으로 정하고 있는가?

① 대통령령 ② 국무총리령
③ 고용노동부령 ④ 보건복지부령

22 ★★★★ 다음 이·미용기구의 소독기준 중 잘못된 것은?

① 열탕소독은 100℃ 이상의 물속에 10분 이상 끓여준다.
② 자외선소독은 1㎝²당 85㎼ 이상의 자외선을 20분 이상 쬐어준다.
③ 건열멸균소독은 100℃ 이상의 건조한 열에 20분 이상 쐬어준다.
④ 증기소독은 100℃ 이상의 습한 열에 10분 이상 쐬어준다.

증기소독은 100℃ 이상의 습한 열에 20분 이상 쐬어준다.

23 ★★★★ 이·미용 기구 소독 시의 기준으로 틀린 것은?

① 자외선 소독 : 1㎝²당 85㎼ 이상의 자외선을 10분 이상 쬐어준다.
② 석탄산수소독 : 석탄산 3% 수용액에 10분 이상 담가둔다.
③ 크레졸소독 : 크레졸 3% 수용액에 10분 이상 담가둔다.
④ 열탕소독 : 100℃ 이상의 물속에 10분 이상 끓여준다.

자외선소독 : 1cm²당 85㎼ 이상의 자외선을 20분 이상 쬐어준다.

24 ★★★ 공중위생관리법 시행규칙에 규정된 이·미용기구의 소독기준으로 적합한 것은?

① 1㎠ 당 85㎼ 이상의 자외선을 10분 이상 쬐어준다.
② 100℃ 이상의 건조한 열에 10분 이상 쐬어준다.
③ 석탄산수(석탄산 3%, 물 97%)에 10분 이상 담가둔다.
④ 100℃ 이상의 습한 열에 10분 이상 쐬어준다.

① 1cm² 당 85㎼ 이상의 자외선을 20분 이상 쬐어준다.
② 100℃ 이상의 건조한 열에 20분 이상 쐬어준다.
④ 100℃ 이상의 습한 열에 20분 이상 쐬어준다.

25 ★★★ 다음 중 공중이용시설의 위생관리 항목에 속하는 것은?

① 영업소 실내공기
② 영업소 실내 청소상태
③ 영업소 외부 환경상태
④ 영업소에서 사용하는 수돗물

공중이용시설의 위생관리 항목에는 실내공기 기준과 오염물질 허용기준이 있다.

정답 17 ③ 18 ② 19 ② 20 ③ 21 ④ 22 ④ 23 ① 24 ③ 25 ①

chapter 05

06. 미용사의 업무

★★★★
1 영업소 외의 장소에서 이·미용 업무를 행할 수 있는 경우가 아닌 것은?

① 질병으로 영업소에 나올 수 없는 경우
② 결혼식 등의 의식 직전인 경우
③ 손님의 간곡한 요청이 있을 경우
④ 시장·군수·구청장이 인정하는 경우

영업소 외의 장소에서 이·미용 업무를 행할 수 있는 경우
- 질병 등의 이유로 영업소에 방문할 수 없는 자에게 미용을 하는 경우
- 혼례나 그 밖의 행사(의식) 참여자에게 행사 직전 미용을 하는 경우
- 사회복지시설에서 봉사활동으로 미용을 하는 경우
- 방송 등의 촬영에 참여하는 사람에 대하여 그 촬영 직전에 이용 또는 미용을 하는 경우
- 기타 특별한 사정이 있다고 시장·군수·구청장이 인정하는 경우

★★★★★
2 다음 중 이용사 또는 미용사의 업무범위에 관한 필요한 사항을 정한 것은?

① 대통령령
② 국무총리령
③ 보건복지부령
④ 노동부령

이용사 및 미용사의 업무범위에 관하여 필요한 사항은 보건복지부령으로 정한다.

★★★
3 이용사 또는 미용사의 면허를 받지 아니한 자 중 이용사 또는 미용사 업무에 종사할 수 있는 자는?

① 이·미용 업무에 숙달된 자로 이·미용사 자격증이 없는 자
② 이·미용사로서 업무정지 처분 중에 있는 자
③ 이·미용업소에서 이·미용사의 감독을 받아 이·미용업무를 보조하고 있는 자
④ 학원 설립·운영에 관한 법률에 의하여 설립된 학원에서 3월 이상 이용 또는 미용에 관한 강습을 받은 자

미용사의 감독을 받아 미용 업무의 보조를 행하는 경우에는 면허가 없어도 된다.

★★★
4 이·미용업무의 보조를 할 수 있는 자는?

① 이·미용사의 감독을 받는 자
② 이·미용사 응시자
③ 이·미용학원 수강자
④ 시·도지사가 인정한 자

미용사의 감독을 받아 미용 업무의 보조를 행하는 경우에는 면허가 없어도 된다.

★★★★
5 영업소 외의 장소에서 이용 및 미용의 업무를 할 수 있는 경우가 아닌 것은?

① 질병으로 영업소에 나올 수 없는 경우
② 혼례 직전에 이용 또는 미용을 하는 경우
③ 야외에서 단체로 이용 또는 미용을 하는 경우
④ 사회복지시설에서 봉사활동으로 이용 또는 미용을 하는 경우

★★★★
6 영업소 외에서의 이용 및 미용업무를 할 수 없는 경우는?

① 관할 소재 동지역 내에서 주민에게 이·미용을 하는 경우
② 질병, 기타의 사유로 인하여 영업소에 나올 수 없는 자에 대하여 미용을 하는 경우
③ 혼례나 기타 의식에 참여하는 자에 대하여 그 의식의 직전에 미용을 하는 경우
④ 특별한 사정이 있다고 인정하여 시장·군수·구청장이 인정하는 경우

★★★★
7 이·미용사는 영업소 외의 장소에서는 이·미용업무를 할 수 없다. 그러나 특별한 사유가 있는 경우에는 예외가 인정되는데 다음 중 특별한 사유에 해당하지 않는 것은?

① 질병으로 영업소까지 나올 수 없는 자에 대한 이·미용
② 혼례 기타 의식에 참여하는 자에 대하여 그 의식 직전에 행하는 이·미용
③ 긴급히 국외에 출타하려는 자에 대한 이·미용
④ 시장·군수·구청장이 특별한 사정이 있다고 인정하는 경우에 행하는 이·미용

정답 6 1③ 2③ 3③ 4① 5③ 6① 7③

★★★★
8 보건복지부령이 정하는 특별한 사유가 있을 시 영업소 외의 장소에서 이·미용업무를 행할 수 있다. 그 사유에 해당하지 않는 것은?

① 기관에서 특별히 요구하여 단체로 이·미용을 하는 경우
② 질병으로 인하여 영업소에 나올 수 없는 자에 대하여 이·미용을 하는 경우
③ 혼례에 참여하는 자에 대하여 그 의식 직전에 이·미용을 하는 경우
④ 시장·군수·구청장이 특별한 사정이 있다고 인정한 경우

★★★★
9 다음 중 신고된 영업소 이외의 장소에서 이·미용 영업을 할 수 있는 곳은?

① 생산 공장 ② 일반 가정
③ 일반 사무실 ④ 거동이 불가한 환자 처소

★★
10 미용사의 업무가 아닌 것은?

① 파마
② 면도
③ 머리카락 모양내기
④ 손톱의 손질 및 화장

07. 행정지도감독

★★
1 영업소 출입·검사 관련공무원이 영업자에게 제시해야 하는 것은?

① 주민등록증 ② 위생검사 통지서
③ 위생감시 공무원증 ④ 위생검사 기록부

출입·검사하는 관계공무원은 그 권한을 표시하는 증표를 지녀야 하며, 관계인에게 이를 내보여야 한다.

★★★
2 위생지도 및 개선을 명할 수 있는 대상에 해당하지 않는 것은?

① 공중위생영업의 종류별 시설 및 설비기준을 위반한 공중위생영업자
② 위생관리의무 등을 위반한 공중위생영업자
③ 공중위생영업의 승계규정을 위반한 자
④ 위생관리의무를 위반한 공중위생시설의 소유자

★★★
3 공중위생업자에게 개선명령을 명할 수 없는 것은?

① 보건복지부령이 정하는 공중위생업의 종류별 시설 및 설비기준을 위반한 경우
② 공중위생업자는 그 이용자에게 건강상 위해 요인이 발생하지 아니하도록 영업 관련 시설 및 설비를 위생적이고 안전하게 관리해야 하는 위생관리 의무를 위반한 경우
③ 면도기는 1회용 면도날만을 손님 1인에 한하여 사용한 경우
④ 이·미용기구는 소독을 한 기구와 소독을 하지 아니한 기구로 분리하여 보관해야 하는 위생관리 의무를 위반한 경우

★★★
4 공익상 또는 선량한 풍속유지를 위하여 필요하다고 인정하는 경우에 이·미용업의 영업시간 및 영업행위에 관한 필요한 제한을 할 수 있는 자는?

① 관련 전문기관 및 단체장
② 보건복지부장관
③ 시·도지사
④ 시장·군수·구청장

시·도지사는 공익상 또는 선량한 풍속을 유지하기 위하여 필요하다고 인정하는 때에는 공중위생영업자 및 종사원에 대하여 영업시간 및 영업행위에 관한 필요한 제한을 할 수 있다.

★★★★
5 공중위생영업자가 위생관리 의무사항을 위반한 때의 당국의 조치사항으로 옳은 것은?

① 영업정지
② 자격정지
③ 업무정지
④ 개선명령

시·도지사 또는 시장·군수·구청장은 다음에 해당하는 자에 대하여 보건복지부령으로 정하는 바에 따라 그 개선을 명할 수 있다.
- 공중위생영업의 종류별 시설 및 설비기준을 위반한 공중위생영업자
- 위생관리의무 등을 위반한 공중위생영업자
- 위생관리의무를 위반한 공중위생시설의 소유자 등

정답 8① 9④ 10② 7 1③ 2③ 3③ 4③ 5④

★★★
6 공중 이용시설의 위생관리 규정을 위반한 시설의 소유자에게 개선명령을 할 때 명시하여야 할 것에 해당되는 것은? (모두 고를 것)

> ㉠ 위생관리기준　　㉡ 개선 후 복구 상태
> ㉢ 개선기간　　㉣ 발생된 오염물질의 종류

① ㉠, ㉢　　② ㉡, ㉣
③ ㉠, ㉢, ㉣　　④ ㉠, ㉡, ㉢, ㉣

개선명령 시의 명시사항
위생관리기준, 발생된 오염물질의 종류, 오염허용기준을 초과한 정도, 개선기간

★★★★
7 공중위생업소가 의료법을 위반하여 폐쇄명령을 받았다. 최소한 어느 정도의 기간이 경과되어야 동일 장소에서 동일 영업이 가능한가?

① 3개월　　② 6개월
③ 9개월　　④ 12개월

같은 종류의 영업 금지
① 영업소 불법카메라 설치 조항, 성매매알선 등 행위의 처벌에 관한 법률, 아동·청소년의 성보호에 관한 법률, 풍속영업의 규제에 관한 법률, 청소년 보호법을 위반하여 영업소 폐쇄명령을 받은 자는 2년 경과 후 같은 종류의 영업 가능
② 위 ① 외의 법률을 위반하여 영업소 폐쇄명령을 받은 자는 1년 경과 후 같은 종류의 영업 가능
③ 위 ①의 법률을 위반하여 영업소 폐쇄명령을 받은 영업장소에서는 1년 경과 후 같은 종류의 영업 가능
④ 위 ① 외의 법률을 위반하여 영업소 폐쇄명령을 받은 영업장소에서는 6개월 경과 후 같은 종류의 영업 가능

★★★
8 이·미용 영업소 폐쇄의 행정처분을 받고도 계속하여 영업을 할 때에는 당해 영업소에 대하여 어떤 조치를 할 수 있는가?

① 폐쇄 행정처분 내용을 재통보한다.
② 언제든지 폐쇄 여부를 확인만 한다.
③ 당해 영업소 출입문을 폐쇄하고, 벌금을 부과한다.
④ 당해 영업소가 위법한 영업소임을 알리는 게시물 등을 부착한다.

영업소 폐쇄 조치
- 당해 영업소의 간판 기타 영업표지물의 제거
- 당해 영업소가 위법한 영업소임을 알리는 게시물 등의 부착
- 영업을 위하여 필수불가결한 기구 또는 시설물을 사용할 수 없게 하는 봉인

★★★
9 다음 (　) 안에 알맞은 내용은?

> 이·미용업 영업자가 공중위생관리법을 위반하여 관계행정기관의 장의 요청이 있는 때에는 (　) 이내의 기간을 정하여 영업의 정지 또는 일부시설의 사용중지 혹은 영업소 폐쇄 등을 명할 수 있다.

① 3개월　　② 6개월
③ 1년　　④ 2년

★★★
10 영업소의 폐쇄명령을 받고도 계속하여 영업을 하는 때에 관계공무원으로 하여금 영업소를 폐쇄할 수 있도록 조치를 하게 할 수 있는 자는?

① 보건복지부장관
② 시·도지사
③ 시장·군수·구청장
④ 보건소장

시장·군수·구청장은 공중위생영업자가 영업소 폐쇄 명령을 받고도 계속하여 영업을 하는 때에는 관계공무원으로 하여금 당해 영업소를 폐쇄하기 위하여 조치를 하게 할 수 있다.

★★★★
11 영업소의 폐쇄명령을 받고도 계속하여 영업을 하는 때에 영업소를 폐쇄하기 위해 관계공무원이 행할 수 있는 조치가 아닌 것은?

① 영업소의 간판 기타 영업표지물의 제거
② 위법한 영업소임을 알리는 게시물 등의 부착
③ 영업을 위하여 필수불가결한 기구 또는 시설물을 사용할 수 없게 하는 봉인
④ 출입문의 봉쇄

★★★
12 영업소 폐쇄명령을 받고도 계속하여 영업을 하는 경우 해당 공무원으로 하여금 당해 영업소를 폐쇄하기 위하여 할 수 있는 조치가 아닌 것은?

① 당해 영업소의 간판 기타 영업표지물의 제거
② 당해 영업소가 위법한 것임을 알리는 게시물 등의 부착
③ 영업을 위하여 필수불가결한 기구 또는 시설물을 이용할 수 없게 하는 봉인
④ 영업시설물의 철거

정답 6 ③ 7 ② 8 ④ 9 ② 10 ③ 11 ④ 12 ④

13 ★★★★ 영업허가 취소 또는 영업장 폐쇄명령을 받고도 계속하여 이·미용 영업을 하는 경우에 시장, 군수, 구청장이 취할 수 있는 조치가 아닌 것은?

① 당해 영업소의 간판 기타 영업표지물의 제거 및 삭제
② 당해 영업소가 위법한 것임을 알리는 게시물 등의 부착
③ 영업을 위하여 필수불가결한 기구 또는 시설물 봉인
④ 당해 영업소의 업주에 대한 손해 배상 청구

14 ★★★ 이·미용 영업소 폐쇄의 행정처분을 한 때에는 당해 영업소에 대하여 어떻게 조치하는가?

① 행정처분 내용을 통보만 한다.
② 언제든지 폐쇄 여부를 확인만 한다.
③ 행정처분 내용을 행정처분 대장에 기록, 보관만 하게 된다.
④ 영업소 폐쇄의 행정처분을 받은 업소임을 알리는 게시물 등을 부착한다.

15 ★★★ 대통령령이 정하는 바에 의하여 관계전문기관 등에 공중위생관리 업무의 일부를 위탁할 수 있는 자는?

① 시·도지사 ② 시장·군수·구청장
③ 보건복지부장관 ④ 보건소장

16 ★★★ 위생서비스 평가의 전문성을 높이기 위하여 필요하다고 인정하는 경우에 관련 전문기관 및 단체로 하여금 위생 서비스 평가를 실시하게 할 수 있는 자는?

① 시장·군수·구청장 ② 대통령
③ 보건복지부장관 ④ 시·도지사

17 ★★★ 공중위생영업소의 위생관리수준을 향상시키기 위하여 위생서비스 평가계획을 수립하는 자는?

① 대통령
② 보건복지부장관
③ 시·도지사
④ 공중위생관련협회 또는 단체

18 ★★★ 공중위생감시원의 자격·임명·업무·범위 등에 필요한 사항을 정한 것은?

① 법률
② 대통령령
③ 보건복지부령
④ 당해 지방자치단체 조례

> 공중위생감시원의 자격·임명·업무범위 기타 필요한 사항은 대통령령으로 정한다.

19 ★★★ 이·미용업 영업소에 대하여 위생관리의무 이행검사 권한을 행사할 수 없는 자는?

① 도 소속 공무원
② 국세청 소속 공무원
③ 시·군·구 소속 공무원
④ 특별시·광역시 소속 공무원

> 시·도지사 또는 시장·군수·구청장이 소속 공무원 중에서 임명한다.

20 ★★★ 이용 또는 미용의 영업자에게 공중위생에 관하여 필요한 보고 및 출입·검사 등을 할 수 있게 하는 자가 아닌 것은?

① 보건복지부장관 ② 구청장
③ 시·도지사 ④ 시장

21 ★★★ 시·도지사 또는 시장·군수·구청장은 공중위생관리상 필요하다고 인정하는 때에 공중위생영업자 등에 대하여 필요한 조치를 취할 수 있다. 이 조치에 해당하는 것은?

① 보고 ② 청문
③ 감독 ④ 협의

> 시·도지사 또는 시장·군수·구청장의 권한
> • 공중위생관리상 필요하다고 인정하는 때에는 공중위생영업자 및 공중이용시설의 소유자 등에 대하여 필요한 보고를 하게 함
> • 소속공무원으로 하여금 영업소·사무소·공중이용시설 등에 출입하여 공중위생영업자의 위생관리의무이행 및 공중이용시설의 위생관리실태 등에 대하여 검사하게 함.
> • 필요에 따라 공중위생영업장부나 서류의 열람 가능

정답 13 ④ 14 ④ 15 ③ 16 ① 17 ③ 18 ② 19 ② 20 ① 21 ①

22 ★★★ 공중위생영업소의 위생관리수준을 향상시키기 위하여 위생 서비스 평가계획을 수립하여야 하는 자는?

① 안전행정부장관
② 보건복지부장관
③ 시·도지사
④ 시장·군수·구청장

23 ★★★ 공중위생감시원의 자격에 해당되지 않는 자는?

① 위생사 자격증이 있는 자
② 대학에서 미용학을 전공하고 졸업한 자
③ 외국에서 환경기사의 면허를 받은 자
④ 1년 이상 공중위생 행정에 종사한 경력이 있는 자

24 ★★★ 공중위생감시원에 관한 설명으로 틀린 것은?

① 특별시·광역시·도 및 시·군·구에 둔다.
② 위생사 또는 환경기사 2급 이상의 자격증이 있는 소속 공무원 중에서 임명한다.
③ 자격·임명·업무범위, 기타 필요한 사항은 보건복지부령으로 정한다.
④ 위생지도 및 개선명령 이행 여부의 확인 등의 업무가 있다.

> 자격·임명·업무범위, 기타 필요한 사항은 대통령령으로 정한다.

25 ★★★ 다음 중 법에서 규정하는 명예공중위생감시원의 위촉대상자가 아닌 것은?

① 공중위생관련 협회장이 추천하는 자
② 소비자 단체장이 추천하는 자
③ 공중위생에 대한 지식과 관심이 있는 자
④ 3년 이상 공중위생 행정에 종사한 경력이 있는 공무원

> 명예공중위생감시원의 위촉대상자
> - 공중위생에 대한 지식과 관심이 있는 자
> - 소비자단체, 공중위생관련 협회 또는 단체의 소속직원 중에서 당해 단체 등의 장이 추천하는 자

26 ★★★ 다음 중 공중위생감시원의 업무범위가 아닌 것은?

① 공중위생 영업 관련 시설 및 설비의 위생상태 확인 및 검사에 관한 사항
② 공중위생영업소의 위생서비스 수준평가에 관한 사항
③ 공중위생영업소 개설자의 위생교육 이행여부 확인에 관한 사항
④ 공중위생영업자의 위생관리의무 영업자준수 사항 이행여부의 확인에 관한 사항

> 공중위생감시원의 업무범위
> - 관련 시설 및 설비의 확인 및 위생상태 확인·검사, 공중위생영업자의 위생관리의무 및 영업자준수사항 이행 여부의 확인
> - 공중이용시설의 위생관리상태의 확인·검사
> - 위생지도 및 개선명령 이행 여부의 확인
> - 공중위생영업소의 영업의 정지, 일부 시설의 사용중지 또는 영업소 폐쇄명령 이행 여부의 확인
> - 위생교육 이행 여부의 확인

27 ★★★ 공중위생감시원 업무범위에 해당되지 않는 것은?

① 시설 및 설비의 확인
② 시설 및 설비의 위생상태 확인·검사
③ 위생관리의무 이행여부 확인
④ 위생관리 등급 표시 부착 확인

28 ★★★ 공중위생감시원을 둘 수 없는 곳은?

① 특별시 ② 광역시·도
③ 시·군·구 ④ 읍·면·동

> 관계 공무원의 업무를 행하게 하기 위하여 특별시·광역시·도 및 시·군·구(자치구에 한한다)에 공중위생감시원을 둔다.

29 ★★★ 공중위생의 관리를 위한 지도, 계몽 등을 행하게 하기 위하여 둘 수 있는 것은?

① 명예공중위생감시원
② 공중위생조사원
③ 공중위생평가단체
④ 공중위생전문교육원

> 시·도지사는 공중위생의 관리를 위한 지도·계몽 등을 행하게 하기 위하여 명예공중위생감시원을 둘 수 있다.

정답 22 ③ 23 ② 24 ③ 25 ④ 26 ② 27 ④ 28 ④ 29 ①

★★★
30 공중위생영업자 단체의 설립에 관한 설명 중 관계가 먼 것은?

① 영업의 종류별로 설립한다.
② 영업의 단체이익을 위하여 설립한다.
③ 전국적인 조직을 갖는다.
④ 국민보건 향상의 목적을 갖는다.

> 공중위생영업자는 공중위생과 국민보건의 향상을 기하고 그 영업의 건전한 발전을 도모하기 위하여 영업의 종류별로 전국적인 조직을 가지는 영업자단체를 설립할 수 있다.

★★★
31 위생영업단체의 설립 목적으로 가장 적합한 것은?

① 공중위생과 국민보건 향상을 기하고 영업종류별 조직을 확대하기 위하여
② 국민보건의 향상을 기하고 공중위생 영업자의 정치·경제적 목적을 향상시키기 위하여
③ 영업의 건전한 발전을 도모하고 공중위생 영업의 종류별 단체의 이익을 옹호하기 위하여
④ 공중위생과 국민보건 향상을 기하고 영업의 건전한 발전을 도모하기 위하여

> 공중위생영업자는 공중위생과 국민보건의 향상을 기하고 그 영업의 건전한 발전을 도모하기 위하여 영업의 종류별로 전국적인 조직을 가지는 영업자단체를 설립할 수 있다.

★★★
32 공중위생감시원의 업무범위에 해당하는 것은?

① 위생서비스 수준의 평가계획 수립
② 공중위생 영업자와 소비자 간의 분쟁조정
③ 공중위생 영업소의 위생관리상태의 확인
④ 위생서비스 수준의 평가에 따른 포상실시

★★★
33 다음 중 공중위생감시원의 직무가 아닌 것은?

① 시설 및 설비의 확인에 관한 사항
② 영업자의 준수사항 이행 여부에 관한 사항
③ 위생지도 및 개선명령 이행 여부에 관한 사항
④ 세금납부의 적정 여부에 관한 사항

08. 업소 위생등급 및 위생교육

★★★
1 위생서비스평가의 결과에 따른 위생관리 등급은 누구에게 통보하고 이를 공표하여야 하는가?

① 해당 공중위생영업자
② 시장·군수·구청장
③ 시·도지사
④ 보건소장

> 시장·군수·구청장은 보건복지부령이 정하는 바에 의하여 위생서비스평가의 결과에 따른 위생관리등급을 해당 공중위생영업자에게 통보하고 이를 공표하여야 한다.

★★★★
2 다음의 위생서비스 수준의 평가에 대한 설명 중 맞는 것은?

① 평가의 전문성을 높이기 위해 관련 전문기관 및 단체로 하여금 평가를 실시하게 할 수 있다.
② 평가주기는 3년마다 실시한다.
③ 평가주기와 방법, 위생관리등급은 대통령령으로 정한다.
④ 위생관리 등급은 2개 등급으로 나뉜다.

> ② 평가주기는 2년마다 실시한다.
> ③ 평가주기와 방법, 위생관리등급은 보건복지부령으로 정한다.
> ④ 위생관리 등급은 3개 등급으로 나뉜다.

★★★
3 위생관리 등급 공표사항으로 틀린 것은?

① 시장·군수·구청장은 위생서비스 평가결과에 따른 위생 관리등급을 공중위생영업자에게 통보하고 공표한다.
② 공중위생영업자는 통보받은 위생관리등급의 표지를 영업소 출입구에 부착할 수 있다.
③ 시장, 군수, 구청장은 위생서비스 결과에 따른 위생 관리등급 우수업소에는 위생감시를 면제할 수 있다.
④ 시장, 군수, 구청장은 위생서비스평가의 결과에 따른 위생관리등급별로 영업소에 대한 위생감시를 실시하여야 한다.

> 시·도지사 또는 시장·군수·구청장은 위생서비스평가의 결과 위생서비스의 수준이 우수하다고 인정되는 영업소에 대하여 포상을 실시할 수 있다.

chapter 05

정답 30 ② 31 ④ 32 ③ 33 ④ 8 1 ① 2 ① 3 ③

★★★
4 위생서비스 평가의 결과에 따른 조치에 해당되지 않는 것은?

① 이·미용업자는 위생관리 등급 표지를 영업소 출입구에 부착할 수 있다.
② 시·도지사는 위생서비스의 수준이 우수하다고 인정되는 영업소에 대한 포상을 실시할 수 있다.
③ 시장·군수는 위생관리 등급별로 영업소에 대한 위생 감시를 실시할 수 있다.
④ 구청장은 위생관리 등급의 결과를 세무서장에게 통보할 수 있다.

위생관리 등급의 결과는 해당 공중위생영업자에게 통보한다.

★★★★★
5 공중위생영업소 위생관리 등급의 구분에 있어 최우수 업소에 내려지는 등급은 다음 중 어느 것인가?

① 백색등급 ② 황색등급
③ 녹색등급 ④ 청색등급

위생관리등급의 구분(보건복지부령)

구분	등급
최우수업소	녹색등급
우수업소	황색등급
일반관리대상 업소	백색등급

★★★★
6 공중위생영업소의 위생서비스수준의 평가는 몇 년마다 실시하는가?

① 4년 ② 2년 ③ 6년 ④ 5년

★★★
7 공중위생서비스평가를 위탁받을 수 있는 기관은?

① 보건소
② 동사무소
③ 소비자단체
④ 관련 전문기관 및 단체

시장·군수·구청장은 위생서비스평가의 전문성을 높이기 위하여 필요하다고 인정하는 경우에는 관련 전문기관 및 단체로 하여금 위생서비스평가를 실시하게 할 수 있다.

★★★
8 위생서비스평가의 결과에 따른 위생관리등급별로 영업소에 대한 위생 감시를 실시할 때의 기준이 아닌 것은?

① 위생교육 실시 횟수
② 영업소에 대한 출입·검사
③ 위생 감시의 실시 주기
④ 위생 감시의 실시 횟수

위생 감시의 기준
- 영업소에 대한 출입·검사
- 위생 감시의 실시 주기 및 횟수 등

★★★
9 보건복지부장관은 공중위생관리법에 의한 권한의 일부를 무엇이 정하는 바에 의해 시·도지사에게 위임할 수 있는가?

① 대통령령
② 보건복지부령
③ 공중위생관리법 시행규칙
④ 안전행정부령

★★★★★
10 부득이한 사유가 없는 한 공중위생영업소를 개설할 자는 언제 위생교육을 받아야 하는가?

① 영업개시 후 2월 이내
② 영업개시 후 1월 이내
③ 영업개시 전
④ 영업개시 후 3월 이내

★★★
11 관련법상 이·미용사의 위생교육에 대한 설명 중 옳은 것은?

① 위생교육 대상자는 이·미용업 영업자이다.
② 위생교육 대상자에는 이·미용사의 면허를 가지고 이·미용업에 종사하는 모든 자가 포함된다.
③ 위생교육은 시·군·구청장만이 할 수 있다.
④ 위생교육 시간은 매년 4시간이다.

② 위생교육 대상자는 이·미용업에 종사하는 자가 아니라 신고하고자 하는 영업자이다.
③ 위생교육은 보건복지부장관이 허가한 단체 또는 공중위생 영업자단체가 실시할 수 있다.
④ 위생교육 시간은 매년 3시간이다.

정답 4④ 5③ 6② 7④ 8① 9① 10③ 11①

★★★★★
12 이·미용업의 업주가 받아야 하는 위생교육 기간은 몇 시간인가?

① 매년 3시간 ② 분기별 3시간
③ 매년 6시간 ④ 분기별 6시간

★★★
13 위생교육을 실시한 전문기관 또는 단체가 교육에 관한 기록을 보관·관리하여야 하는 기간은?

① 1월 ② 6월
③ 1년 ④ 2년

★★★
14 공중위생관리법상의 위생교육에 대한 설명 중 옳은 것은?

① 위생교육 대상자는 이·미용업 영업자이다.
② 위생교육 대상자는 이·미용사이다.
③ 위생교육 시간은 매년 8시간이다.
④ 위생교육은 공중위생관리법 위반자에 한하여 받는다.

②, ④ 위생교육 대상자는 영업을 위해 신고를 하고자 하는 자이다. ③ 위생교육 시간은 매년 3시간이다.

★★★★
15 보건복지부령으로 정하는 위생교육을 반드시 받아야 하는 자에 해당되지 않는 것은?

① 공중위생관리법에 의한 명령을 위반한 영업소의 영업주
② 공중위생영업의 신고를 하고자 하는 자
③ 공중위생영업소에 종사하는 자
④ 공중위생영업을 승계한 자

공중위생영업소에 종사하는 자는 위생교육 대상자가 아니다.

★★★★
16 이·미용업 종사자로 위생교육을 받아야 하는 자는?

① 공중위생 영업에 종사자로 처음 시작하는 자
② 공중위생 영업에 6개월 이상 종사자
③ 공중위생 영업에 2년 이상 종사자
④ 공중위생 영업을 승계한 자

위생교육 대상자는 이·미용업 종사자가 아니라 영업을 하기 위해 신고하려는 자이다.

★★★★
17 위생교육 대상자가 아닌 것은?

① 공중위생영업의 신고를 하고자 하는 자
② 공중위생영업을 승계한 자
③ 공중위생영업자
④ 면허증 취득 예정자

★★★
18 위생교육에 대한 설명으로 틀린 것은?

① 공중위생 영업자는 매년 위생교육을 받아야 한다.
② 위생교육 시간은 3시간으로 한다.
③ 위생교육에 관한 기록을 1년 이상 보관·관리하여야 한다.
④ 위생교육을 받지 아니한 자는 200만원 이하의 과태료에 처한다.

위생교육에 관한 기록을 2년 이상 보관·관리하여야 한다.

★★★
19 위생교육에 대한 내용 중 틀린 것은?

① 위생교육을 받은 자가 위생교육을 받은 날부터 1년 이내에 위생교육을 받은 업종과 같은 업종의 변경을 하려는 경우에는 해당 영업에 대한 위생교육을 받은 것으로 본다.
② 위생교육의 내용은 공중위생관리법 및 관련법규, 소양교육, 기술교육, 그 밖에 공중위생에 관하여 필요한 내용으로 한다.
③ 영업신고 전에 위생교육을 받아야 하는 자 중 천재지변, 본인의 질병, 사고, 업무상 국외출장 등의 사유로 교육을 받을 수 없는 자는 영업신고를 한 후 6개월 이내에 위생교육을 받을 수 있다.
④ 위생교육실시 단체는 교육교재를 편찬하여 교육대상자에게 제공해야 한다.

위생교육을 받은 자가 위생교육을 받은 날부터 2년 이내에 위생교육을 받은 업종과 같은 업종의 영업을 하려는 경우에는 해당 영업에 대한 위생교육을 받은 것으로 본다.

정답 12 ① 13 ④ 14 ① 15 ③ 16 ④ 17 ④ 18 ③ 19 ①

10. 행정처분, 벌칙, 양벌규정 및 과태료

★★★
1 이·미용사 면허가 일정기간 정지되거나 취소되는 경우는?

① 영업하지 아니한 때
② 해외에 장기 체류 중일 때
③ 다른 사람에게 대여해주었을 때
④ 교육을 받지 아니한 때

면허증을 다른 사람에게 대여한 때의 행정처분기준
- 1차 위반 : 면허정지 3개월
- 2차 위반 : 면허정지 6개월
- 3차 위반 : 면허취소

★★★
2 이·미용 영업소에서 1회용 면도날을 손님 2인에게 사용한 때의 1차 위반 시 행정처분은?

① 시정명령　　② 개선명령
③ 경고　　④ 영업정지 5일

- 1차 위반 : 경고
- 2차 위반 : 영업정지 5일
- 3차 위반 : 영업정지 10일
- 4차 위반 : 영업장 폐쇄명령

★★★
3 행정처분사항 중 1차 처분이 경고에 해당하는 것은?

① 귓볼 뚫기 시술을 한 때
② 시설 및 설비기준을 위반한 때
③ 신고를 하지 아니하고 영업소 소재를 변경한 때
④ 위생교육을 받지 아니한 때

① 영업정지 2개월, ② 개선명령, ③ 영업정지 1개월

★★★★★
4 신고를 하지 않고 영업소 명칭(상호)을 바꾼 경우에 대한 1치 위반 시의 행정처분은?

① 주의
② 경고 또는 개선명령
③ 영업정지 15일
④ 영업정지 1개월

- 1차 위반 : 경고 또는 개선명령
- 2차 위반 : 영업정지 15일
- 3차 위반 : 영업정지 1개월
- 4차 위반 : 영업장 폐쇄명령

★★★
5 이·미용업 영업자가 업소 내 조명도를 준수하지 않았을 때에 대한 1차 위반 시 행정처분 기준은?

① 개선명령 또는 경고　　② 영업정지 5일
③ 영업정지 10일　　④ 영업정지 15일

- 1차 위반 : 경고 또는 개선명령
- 2차 위반 : 영업정지 5일
- 3차 위반 : 영업정지 10일
- 4차 위반 : 영업장 폐쇄명령

★★★★
6 1회용 면도날을 2인 이상의 손님에게 사용한 때에 대한 1차 위반 시 행정처분 기준은?

① 시정명령　　② 경고
③ 영업정지 5일　　④ 영업정지 10일

- 1차 위반 : 경고
- 2차 위반 : 영업정지 5일
- 3차 위반 : 영업정지 10일
- 4차 위반 : 영업장 폐쇄명령

★★★
7 이·미용 영업소 안에 면허증 원본을 게시하지 않은 경우 1차 행정처분 기준은?

① 개선명령 또는 경고
② 영업정지 5일
③ 영업정지 10일
④ 영업정지 15일

- 1차 위반 : 경고 또는 개선명령
- 2차 위반 : 영업정지 5일
- 3차 위반 : 영업정지 10일
- 4차 위반 : 영업장 폐쇄명령

★★★
8 소독을 한 기구와 소독을 하지 아니한 기구를 각각 다른 용기에 넣어 보관하지 아니한 때에 대한 2차 위반 시의 행정처분 기준에 해당하는 것은?

① 경고　　② 영업정지 5일
③ 영업정지 10일　　④ 영업장 폐쇄명령

- 1차 위반 : 경고
- 2차 위반 : 영업정지 5일
- 3차 위반 : 영업정지 10일
- 4차 위반 : 영업장 폐쇄명령

정답 10 1③ 2③ 3④ 4② 5① 6② 7① 8②

★★★
9 1회용 면도날을 2인 이상의 손님에게 사용한 때에 대한 2차 위반 시 행정처분 기준은?

① 시정명령 ② 경고
③ 영업정지 5일 ④ 영업정지 10일

- 1차 위반 : 경고
- 2차 위반 : 영업정지 5일
- 3차 위반 : 영업정지 10일
- 4차 위반 : 영업장 폐쇄명령

★★★
10 신고를 하지 않고 이·미용업소의 면적을 3분의 1이상 변경한 때의 1차 위반 행정처분 기준은?

① 경고 또는 개선명령
② 영업정지 15일
③ 영업정지 1개월
④ 영업장 폐쇄명령

- 1차 위반 : 경고 또는 개선명령
- 2차 위반 : 영업정지 15일
- 3차 위반 : 영업정지 1개월
- 4차 위반 : 영업장 폐쇄명령

★★★
11 이·미용업 영업소에서 손님에게 음란한 물건을 관람·열람하게 한 때에 대한 1차 위반 시 행정처분 기준은?

① 영업정지 15일 ② 영업정지 1개월
③ 영업장 폐쇄명령 ④ 경고

- 1차 위반 : 경고
- 2차 위반 : 영업정지 15일
- 3차 위반 : 영업정지 1개월
- 4차 위반 : 영업장 폐쇄명령

★★★★
12 미용사가 손님에게 도박을 하게 했을 때 2차 위반 시 적절한 행정처분 기준은?

① 영업정지 15일 ② 영업정지 1개월
③ 영업정지 2개월 ④ 영업장 폐쇄명령

- 1차 위반 : 영업정지 1개월
- 2차 위반 : 영업정지 2개월
- 3차 위반 : 영업장 폐쇄명령

★★★
13 영업소에서 무자격 안마사로 하여금 손님에게 안마행위를 하였을 때 1차 위반 시 행정처분은?

① 경고 ② 영업정지 15일
③ 영업정지 1개월 ④ 영업장 폐쇄

- 1차 위반 : 영업정지 1개월
- 2차 위반 : 영업정지 2개월
- 3차 위반 : 영업장 폐쇄명령

★★★
14 이·미용사가 이·미용업소 외의 장소에서 이·미용을 했을 때 1차 위반 행정처분 기준은?

① 영업정지 1개월 ② 개선 명령
③ 영업정지 10일 ④ 영업정지 20일

- 1차 위반 : 영업정지 1개월
- 2차 위반 : 영업정지 2개월
- 3차 위반 : 영업장 폐쇄명령

★★★★
15 이·미용업소에서 음란행위를 알선 또는 제공 시 영업소에 대한 1차 위반 행정처분 기준은?

① 경고
② 영업정지 1개월
③ 영업정지 3개월
④ 영업장 폐쇄명령

구분	1차 위반	2차 위반
영업소	영업정지 3월	영업장 폐쇄명령
미용사(업주)	면허정지 3월	면허취소

★★★
16 미용업자가 점빼기, 귓볼뚫기, 쌍꺼풀수술, 문신, 박피술 기타 이와 유사한 의료행위를 하여 1차 위반했을 때의 행정처분은 다음 중 어느 것인가?

① 면허취소
② 경고
③ 영업장 폐쇄명령
④ 영업정지 2개월

- 1차 위반 : 영업정지 2개월
- 2차 위반 : 영업정지 3개월
- 3차 위반 : 영업장 폐쇄명령

정답 9 ③ 10 ① 11 ④ 12 ③ 13 ③ 14 ① 15 ③ 16 ④

chapter 05

17 ★★★★ 이·미용사의 면허증을 대여한 때의 1차 위반 행정처분 기준은?

① 면허정지 3개월　② 면허정지 6개월
③ 영업정지 3개월　④ 영업정지 6개월

- 1차 위반 : 면허정지 3개월
- 2차 위반 : 면허정지 6개월
- 3차 위반 : 면허취소

18 ★★★★ 면허증을 다른 사람에게 대여한 때의 2차 위반 행정처분 기준은?

① 면허정지 6개월
② 면허정지 3개월
③ 영업정지 3개월
④ 영업정지 6개월

19 ★★ 이·미용업에 있어 위반행위의 차수에 따른 행정처분 기준은 최근 어느 기간 동안 같은 위반행위로 행정처분을 받은 경우에 적용하는가?

① 6개월　② 1년
③ 2년　④ 3년

20 ★★★ 1차 위반 시의 행정처분이 면허취소가 아닌 것은?

① 국가기술자격법에 의하여 이·미용사 자격이 취소된 때
② 공중의 위생에 영향을 미칠 수 있는 감염병환자로서 보건복지부령이 정하는 자
③ 면허정지처분을 받고 그 정지 기간 중 업무를 행한 때
④ 국가기술자격법에 의하여 미용사자격 정지처분을 받을 때

국가기술자격법에 의하여 미용사자격 정지처분을 받을 때 1차 위반 시 면허정지의 행정처분을 받게 된다.

21 ★★ 공중위생영업자가 풍속관련법령 등 다른 법령에 위반하여 관계 행정기관장의 요청이 있을 때 당국이 취할 수 있는 조치사항은?

① 개선명령
② 국가기술자격 취소
③ 일정기간 동안의 업무정지
④ 6월 이내 기간의 영업정지

22 ★★★ 이·미용사가 면허정지 처분을 받고 업무 정지 기간 중 업무를 행한 때 1차 위반 시 행정처분 기준은?

① 면허정지 3월　② 면허정지 6월
③ 면허취소　④ 영업장 폐쇄

1차 위반 시 면허취소가 되는 경우
- 국가기술자격법에 따라 미용사 자격이 취소된 때
- 결격사유에 해당한 때
- 이중으로 면허를 취득한 때
- 면허정지처분을 받고 그 정지기간 중 업무를 행한 때

23 ★★★ 국가기술자격법에 의하여 이·미용사 자격이 취소된 때의 행정처분은?

① 면허취소　② 업무정지
③ 50만원 이하의 과태료　④ 경고

24 ★★★ 이중으로 이·미용사 면허를 취득한 때의 1차 행정처분 기준은?

① 영업정지 15일
② 영업정지 30일
③ 영업정지 6월
④ 나중에 발급받은 면허의 취소

25 ★★★★ 미용업 영업소에서 영업정지처분을 받고 그 영업정지 중 영업을 한 때에 대한 1차 위반 시의 행정처분 기준은?

① 영업정지 1개월　② 영업정지 3개월
③ 영업장 폐쇄 명령　④ 면허취소

26 ★★★★ 영업신고를 하지 아니하고 영업소의 소재지를 변경한 때 3차 위반 행정처분 기준은?

① 경고　② 면허정지
③ 면허취소　④ 영업장 폐쇄명령

정답 17 ① 18 ① 19 ② 20 ④ 21 ④ 22 ③ 23 ① 24 ④ 25 ③ 26 ④

27 ★★★ 이·미용사가 이·미용업소 외의 장소에서 이·미용을 한 경우 3차 위반 행정처분 기준은?

① 영업장 폐쇄명령 ② 영업정지 10일
③ 영업정지 1월 ④ 영업정지 2월

- 1차 위반 : 영업정지 1개월
- 2차 위반 : 영업정지 2개월
- 3차 위반 : 영업장 폐쇄명령

28 ★★★ 일부시설의 사용중지 명령을 받고도 그 기간 중에 그 시설을 사용한 자에 대한 벌칙은?

① 3년 이하의 징역 또는 3천만원 이하의 벌금
② 2년 이하의 징역 또는 2백만원 이하의 벌금
③ 1년 이하의 징역 또는 1천만원 이하의 벌금
④ 5백만원 이하의 벌금

29 ★★★ 다음 위법사항 중 가장 무거운 벌칙기준에 해당하는 자는?

① 신고를 하지 아니하고 영업한 자
② 변경신고를 하지 아니하고 영업한 자
③ 면허정지처분을 받고 그 정지 기간 중 업무를 행한 자
④ 관계 공무원 출입, 검사를 거부한 자

위법사항에 따른 벌칙 및 과태료

구분	벌칙 및 과태료
신고하지 않고 영업한 자	1년 이하의 징역 또는 1천만원 이하의 벌금
변경신고를 하지 않고 영업한 자	6월 이하의 징역 또는 500만원 이하의 벌금
면허정지처분을 받고 그 정지 기간 중 업무를 행한 자	300만원 이하의 벌금
관계 공무원 출입, 검사를 거부한 자	300만원 이하의 과태료

30 ★★★ 이·미용 영업의 영업정지 기간 중에 영업을 한 자에 대한 벌칙은?

① 2년 이하의 징역 또는 1,000만원 이하의 벌금
② 2년 이하의 징역 또는 300만원 이하의 벌금
③ 1년 이하의 징역 또는 1,000만원 이하의 벌금
④ 1년 이하의 징역 또는 300만원 이하의 벌금

31 ★★★ 공중위생관리법에 규정된 벌칙으로 1년 이하의 징역 또는 1천만원 이하의 벌금에 해당하는 것은?

① 영업정지명령을 받고도 그 기간 중에 영업을 행한 자
② 변경신고를 하지 아니한 자
③ 공중위생영업자의 지위를 승계하고도 변경신고를 아니한 자
④ 건전한 영업질서를 위반하여 공중위생영업자가 지켜야 할 사항을 준수하지 아니한 자

②, ③, ④ 6월 이하의 징역 또는 500만원 이하의 벌금

32 ★★★ 이·미용사의 면허증을 다른 사람에게 대여한 때의 법적 행정처분 조치 사항으로 옳은 것은?

① 시·도지사가 그 면허를 취소하거나 6월 이내의 기간을 정하여 업무정지를 명할 수 있다.
② 시·도지사가 그 면허를 취소하거나 1년 이내의 기간을 정하여 업무정지를 명할 수 있다.
③ 시장, 군수, 구청장은 그 면허를 취소하거나 6월 이내의 기간을 정하여 업무정지를 명할 수 있다.
④ 시장, 군수, 구청장은 그 면허를 취소하거나 1년 이내의 기간을 정하여 업무정지를 명할 수 있다.

33 ★★★★ 건전한 영업질서를 위하여 공중위생영업자가 준수하여야 할 사항을 준수하지 아니한 자에 대한 벌칙 기준은?

① 1년 이하의 징역 또는 1천만원 이하의 벌금
② 6월 이하의 징역 또는 500만원 이하의 벌금
③ 3월 이하의 징역 또는 300만원 이하의 벌금
④ 300만원의 과태료

34 ★★★★ 영업소의 폐쇄명령을 받고도 영업을 하였을 시에 대한 벌칙기준은?

① 2년 이하의 징역 또는 3천만원 이하의 벌금
② 1년 이하의 징역 또는 1천만원 이하의 벌금
③ 200만원 이하의 벌금
④ 100만원 이하의 벌금

chapter 05

정답 27 ① 28 ③ 29 ① 30 ③ 31 ① 32 ③ 33 ② 34 ②

35 ★★★ 다음 사항 중 1년 이하의 징역 또는 1천만원 이하의 벌금에 처할 수 있는 것은?

① 이·미용업 허가를 받지 아니하고 영업을 한 자
② 이·미용업 신고를 하지 아니하고 영업을 한 자
③ 음란행위를 알선 또는 제공하거나 이에 대한 손님의 요청에 응한 자
④ 면허 정지 기간 중 영업을 한 자

③ 면허정지 또는 취소
④ 300만원 이하의 벌금

36 ★★★ 영업자의 지위를 승계한 자로서 신고를 하지 아니하였을 경우 해당하는 처벌기준은?

① 1년 이하의 징역 또는 1천만원 이하의 벌금
② 6월 이하의 징역 또는 500만원 이하의 벌금
③ 200만원 이하의 벌금
④ 100만원 이하의 벌금

37 ★★★ 이용사 또는 미용사가 아닌 사람이 이용 또는 미용의 업무에 종사할 때에 대한 벌칙은?

① 1년 이하의 징역 또는 1천만원 이하의 벌금
② 6월 이하의 징역 또는 5백만원 이하의 벌금
③ 300만원 이하의 벌금
④ 100만원 이하의 벌금

38 ★★★★ 이용 또는 미용의 면허가 취소된 후 계속하여 업무를 행한 자에 대한 벌칙사항은?

① 6월 이하의 징역 또는 300만원 이하의 벌금
② 500만원 이하의 벌금
③ 300만원 이하의 벌금
④ 200만원 이하의 벌금

39 ★★★ 이용사 또는 미용사의 면허를 받지 아니한 자가 이·미용 영업업무를 행하였을 때의 벌칙사항은?

① 6월 이하의 징역 또는 500만원 이하의 벌금
② 300만원 이하의 벌금
③ 500만원 이하의 벌금
④ 400만원 이하의 벌금

40 ★★★ 법인의 대표자나 법인 또는 개인의 대리인, 사용인 기타 총괄하여 그 법인 또는 개인의 업무에 관하여 벌금형에 행하는 위반행위를 한 때에 행위자를 벌하는 외에 그 법인 또는 개인에 대하여도 동조의 벌금형을 과하는 것을 무엇이라 하는가?

① 벌금 ② 과태료
③ 양벌규정 ④ 위암

41 ★★★ 이·미용업자에게 과태료를 부과·징수할 수 있는 처분권자에 해당되지 않는 자는?

① 행정자치부장관 ② 시장
③ 군수 ④ 구청장

과태료는 시장·군수·구청장이 부과·징수한다.

42 ★★★ 과태료는 누가 부과 징수하는가?

① 행정자치부장관
② 시·도지사
③ 시장·군수·구청장
④ 세무서장

43 ★★★★ 관계공무원의 출입·검사 기타 조치를 거부·방해 또는 기피했을 때의 과태료 부과기준은?

① 300만원 이하 ② 200만원 이하
③ 100만원 이하 ④ 50만원 이하

44 ★★★ 다음 중 과태료 처분 대상에 해당되지 않는 자는?

① 관계공무원의 출입·검사 등 업무를 기피한 자
② 영업소 폐쇄명령을 받고도 영업을 계속한 자
③ 이·미용업소 위생관리 의무를 지키지 아니한 자
④ 위생교육 대상자 중 위생교육을 받지 아니한 자

영업소 폐쇄명령을 받고도 계속하여 영업을 한 자는 1년 이하의 징역 또는 1천만원 이하의 벌금에 처한다.

정답 35 ② 36 ② 37 ③ 38 ③ 39 ② 40 ③ 41 ① 42 ③ 43 ① 44 ②

45 ★★★ 이·미용 영업자가 이·미용사 면허증을 영업소 안에 게시하지 않아 당국으로부터 개선명령을 받았으나 이를 위반한 경우의 법적 조치는?

① 100만원 이하의 벌금
② 100만원 이하의 과태료
③ 200만원 이하의 벌금
④ 300만원 이하의 과태료

46 ★★★ 이·미용사의 면허를 받지 않은 자가 이·미용의 업무를 하였을 때의 벌칙기준은?

① 100만원 이하의 벌금
② 200만원 이하의 벌금
③ 300만원 이하의 벌금
④ 500만원 이하의 벌금

47 ★★★★ 공중위생영업에 종사하는 자가 위생교육을 받지 아니한 경우에 해당되는 벌칙은?

① 300만원 이하의 벌금
② 300만원 이하의 과태료
③ 200만원 이하의 벌금
④ 200만원 이하의 과태료

48 ★★★ 이·미용의 업무를 영업장소 외에서 행하였을 때 이에 대한 처벌기준은?

① 3년 이하의 징역 또는 1천만원 이하의 벌금
② 500만원 이하의 과태료
③ 200만원 이하의 과태료
④ 100만원 이하의 벌금

49 ★★★ 영업정지에 갈음한 과징금 부과의 기준이 되는 매출금액은?

① 처분일이 속한 연도의 전년도의 1년간 총 매출액
② 처분일이 속한 연도의 전년 2년간 총 매출액
③ 처분일이 속한 연도의 전년 3년간 총 매출액
④ 처분일이 속한 연도의 전년 4년간 총 매출액

50 ★★★ 시장·군수·구청장이 영업정지가 이용자에게 심한 불편을 주거나 그 밖에 공익을 해할 우려가 있는 경우에 영업정지처분에 갈음한 과징금을 부과할 수 있는 금액기준은?

① 1천만원 이하
② 2천만원 이하
③ 1억원 이하
④ 4천만원 이하

51 ★★★ 공중위생관리법령에 따른 과징금의 부과 및 납부에 관한 사항으로 틀린 것은?

① 과징금을 부과하고자 할 때에는 위반행위의 종별과 해당 과징금의 금액을 명시하여 이를 납부할 것을 서면으로 통지하여야 한다.
② 통지를 받은 자는 통지를 받은 날부터 20일 이내에 과징금을 납부해야 한다.
③ 과징금액이 클 때는 과징금의 2분의 1 범위에서 각각 분할 납부가 가능하다.
④ 과징금의 징수절차는 보건복지부령으로 정한다.

> 시장·군수·구청장은 공중위생영업자의 사업규모·위반행위의 정도 및 횟수 등을 참작하여 과징금 금액의 2분의 1의 범위 안에서 이를 가중 또는 감경할 수 있다.

52 ★★★★ 다음 중 청문을 실시하는 사항이 아닌 것은?

① 공중위생영업의 정지처분을 하고자 하는 경우
② 정신질환자 또는 간질병자에 해당되어 면허를 취소하고자 하는 경우
③ 공중위생영업의 일부시설의 사용중지 및 영업소 폐쇄처분을 하고자 하는 경우
④ 공중위생영업의 폐쇄처분 후 그 기간이 끝난 경우

> 청문을 실시하는 사항
> ① 면허취소·면허정지
> ② 공중위생영업의 정지
> ③ 일부 시설의 사용중지
> ④ 영업소 폐쇄명령
> ⑤ 공중위생영업 신고사항의 직권 말소

chapter 05

정답 45 ④ 46 ③ 47 ④ 48 ③ 49 ① 50 ③ 51 ③ 52 ④

53 ★★★★ 행정처분 대상자 중 중요처분 대상자에게 청문을 실시할 수 있다. 그 청문대상이 아닌 것은?

① 면허정지 및 면허취소
② 영업정지
③ 영업소 폐쇄 명령
④ 자격증 취소

54 ★★★★ 이·미용 영업과 관련된 청문을 실시하여야 할 경우에 해당되는 것은?

① 폐쇄명령을 받은 후 재개업을 하려 할 때
② 공중위생영업의 일부 시설의 사용중지처분을 하고자 할 때
③ 과태료를 부과하려 할 때
④ 영업소의 간판 기타 영업표지물을 제거 처분하려 할 때

55 ★★★★ 이·미용업에 있어 청문을 실시하여야 하는 경우가 아닌 것은?

① 면허취소 처분을 하고자 하는 경우
② 면허정지 처분을 하고자 하는 경우
③ 일부시설의 사용중지 처분을 하고자 하는 경우
④ 위생교육을 받지 아니하여 1차 위반한 경우

56 ★★★ 다음 ( ) 안에 알맞은 것은?

> 시장·군수·구청장은 공중위생영업의 정지 또는 일부 시설의 사용중지 등의 처분을 하고자 하는 때에는 ( )을(를) 실시하여야 한다.

① 위생서비스 수준의 평가
② 공중위생감사
③ 청문
④ 열람

57 ★★★ 법령 위반자에 대해 행정처분을 하고자 하는 때는 청문을 실시하여야 하는데 다음 중 청문대상이 아닌 것은?

① 면허를 취소하고자 할 때
② 면허를 정지하고자 할 때
③ 영업소 폐쇄명령을 하고자 할 때
④ 벌금을 책정하고자 할 때

58 ★★★★ 다음 중 미용사의 청문을 실시하는 경우가 아닌 것은?

① 영업의 정지
② 일부 시설의 사용중지
③ 영업소 폐쇄명령
④ 위생등급 결과 이의

59 ★★ 이·미용 영업에 있어 청문을 실시하여야 할 대상이 되는 행정처분 내용은?

① 시설개수 ② 경고
③ 시정명령 ④ 영업정지

60 ★★★ 다음 중 청문을 거치지 않아도 되는 행정처분은?

① 영업장의 개선명령
② 이·미용사의 면허취소
③ 공중위생영업의 정지
④ 영업소 폐쇄명령

61 ★★★ 이·미용 영업상 잘못으로 관계기관에서 청문을 하고자 하는 경우 그 대상이 아닌 것은?

① 면허취소
② 면허정지
③ 영업소 폐쇄
④ 1,000만원 이하 벌금

62 ★★★ 다음 중 청문을 실시하여야 할 경우에 해당되는 것은?

① 영업소의 필수불가결한 기구의 봉인을 해제하려 할 때
② 폐쇄명령을 받은 후 폐쇄명령을 받은 영업과 같은 종류의 영업을 하려 할 때
③ 벌금을 부과 처분하려 할 때
④ 영업소 폐쇄명령을 처분하고자 할 때

정답 53 ④ 54 ② 55 ④ 56 ③ 57 ④ 58 ④ 59 ④ 60 ① 61 ④ 62 ④

NAIL Beauty

Nailist Technician Certification

CHAPTER

06

CBT 시험대비
실전모의고사

출제빈도가 높은 문제만 엄선 수록

최종점검 – 출제 가능성이 높은 문제를 통해 마무리하자!

CBT실전모의고사 제1회

▶ 정답 : 328쪽

01 손톱의 특성으로 틀린 것은?

① 손톱의 손상으로 조갑이 탈락되고 회복되는 데는 약 6개월 정도 걸린다.
② 손톱의 성장은 겨울보다 여름이 잘 자란다.
③ 엄지손톱의 성장이 가장 느리며, 새끼손톱이 가장 빠르다.
④ 손톱은 피부의 부속기관으로 케라틴이 주요 구성성분이다.

01 중지손톱의 성장이 가장 빠르며, 새끼손톱이 가장 느리다.

02 1회용 면도날을 2인 이상의 손님에게 사용한 때에 대한 1차 위반 시 행정처분 기준은?

① 영업정지 5일　② 경고
③ 시정명령　④ 영업정지 10일

02 • 1차 위반 : 경고
• 2차 위반 : 영업정지 5일
• 3차 위반 : 영업정지 10일
• 4차 위반 : 영업장 폐쇄명령

03 손·발톱과 주변 피부가 건조해졌을 때 생길 수 있는 이상 증세로 틀린 것은?

① 손·발톱의 프리에지 부분이 가로로 겹겹이 갈라지거나 부서진다.
② 백색 반점이 생성된다.
③ 손·발톱에 세로방향의 주름이 생성된다.
④ 손거스러미가 생긴다.

03 손·발톱의 백색 반점은 아연이 부족할 경우 생길 수 있다.

04 감염병 유행의 요인 중 전파경로와 가장 관계가 깊은 것은?

① 개인의 감수성　② 인종
③ 환경요인　④ 영양상태

04 전파경로는 환경요인과 가장 관계가 깊다.

05 하반신 비만에 대한 설명으로 틀린 것은?

① 정맥류의 증상이 올 수 있고 셀룰라이트 증세가 많다.
② 주로 남성에게 많고 성인병 발병률이 높다.
③ 전신에 피로감이 쉽게 오고 손발이 자주 저린다.
④ 지방의 세포수가 많아 체중 조절이 매우 어렵다.

05 하반신 비만은 주로 여성에게 많이 나타난다.

06 네일 루트(조근)에 대한 설명으로 가장 옳은 것은?

① 손톱이 자라기 시작하는 곳이다.
② 연분홍색의 반달 모양이다.
③ 손톱의 수분 공급을 담당한다.
④ 손톱을 보호하는 역할을 한다.

06 네일 루트는 손톱이 자라기 시작하는 곳으로 손톱의 아랫부분에 묻혀있는 얇고 부드러운 부분을 말한다.

07 E.O 가스의 폭발 위험성을 감소시키기 위하여 흔히 혼합하여 사용하는 것은?

① 산소 ② 이산화탄소
③ 질소 ④ 아르곤

08 다음 중 속발진에 해당하는 병소는?

① 종양 ② 반점
③ 가피 ④ 구진

09 베이스코트와 탑코트의 기능에 대한 설명으로 틀린 것은?

① 베이스코트는 손톱에 색소가 착색되는 것을 방지한다.
② 탑코트는 손톱에 영양을 주어 컬러의 유지를 도와준다.
③ 베이스코트는 네일 폴리시가 매끈하게 발리는 것을 도와준다.
④ 탑코트는 네일 폴리시에 광택을 더하여 색을 돋보이게 한다.

10 원톤 스컬프처 완성 시 인조네일의 이상적인 구조에 대한 설명으로 틀린 것은?

① 옆선이 네일의 사이드 월 부분과 자연스럽게 연결되어야 한다.
② 하이포인트의 위치는 스트레스 포인트 부근에 위치해야 한다.
③ 인조네일의 길이는 길수록 아름답다.
④ 컨벡스와 컨케이브 형태의 균형이 균일해야 한다.

11 피부에서 건조, 갈라짐과 허물 벗겨짐의 증상을 보이는 것은?

① 습진 ② 무좀
③ 지루성 피부염 ④ 사마귀

12 이·미용업소에서 사용한 헤어브러시를 청결하게 소독하여 사용하는 방법으로 가장 거리가 먼 것은?

① 헤어브러시는 오염도가 높고 소독하기 어려우므로 액성비누나 세제를 미온수에 풀어 담근 후 물로 잘 헹군 다음 자외선 소독기에 넣어 소독한다.
② 플라스틱제 브러시는 열소독을 하는 경우 녹아버릴 수 있기에 주의를 요한다.
③ 동물 섬유제 브러시는 염소계의 소독제를 사용하면 털 부분이 손상되기 쉬우므로 주의를 요한다.
④ 엉겨 붙어 있는 머리털은 미생물의 온상이 되므로 완전히 제거해야 하며 사용 도중 바닥에 떨어뜨린 경우 잘 털어서 사용한다.

해설

07 E.O 가스는 폭발 위험성을 감소시키기 위해 이산화탄소 또는 프레온을 혼합하여 사용한다.

08 종양, 반점, 구진은 원발진에 해당한다.

09 탑코트는 폴리시를 바른 후 마지막 단계에 네일에 광택을 주고 폴리시를 보호하기 위해 바르는 것으로 영양 공급과는 거리가 멀다.

10 인조네일은 적당한 길이를 유지해야 아름답다.

11 피부가 건조해지거나 갈라지고 허물이 벗겨짐의 증상을 보이는 것은 습진이다.

12 헤어 브러시 사용 도중 바닥에 떨어진 경우에는 소독을 한 후 사용한다.

13 젤이 경화하는 데 미치는 요인 중 틀린 것은?

① 램프 기기 안에서 손톱의 위치
② 젤의 두께
③ 젤 컬러의 종류(투명, 불투명)
④ 손톱의 잔여물 제거 상태

14 다음의 유화제품 중 O/W형(수중유형) 에멀전은?

① 모이스처라이징 로션 ② 클렌징 크림
③ 나이트 크림 ④ 헤어 크림

15 페디큐어 작업 시 올바른 방법은?

① 발톱의 양쪽 가장자리를 파고드는 현상을 방지하기 위해 둥글게 조형한다.
② 가벼운 각질이라도 크레도를 사용하도록 한다.
③ 발 냄새를 방지하기 위해 토우 세퍼레이터를 사용한다.
④ 페디 파일의 작업 시 족문의 방향은 중요하다.

16 소독에 대한 설명으로 가장 타당한 것은?

① 병원 미생물의 생활력을 파괴하여 감염력을 없애는 것
② 병원 미생물의 발육과 그 작용을 제지 또는 정지시키는 것
③ 미생물이나 병원균이 없는 상태
④ 모든 미생물의 생활력은 물론 미생물 자체를 없애는 것

17 인조 네일 작업 시 손톱을 연장할 때 필요한 재료와 도구가 아닌 것은?

① 레귤러 팁 ② 아크릴 판넬
③ 아크릴 파우더 ④ 네일 랩

18 습식 매니큐어 관리에 대한 설명으로 틀린 것은?

① 큐티클은 죽은 각질피부이므로 반드시 모두 제거하는 것이 좋다.
② 자연 손톱 파일링 시 한 방향으로 작업한다.
③ 손톱 질환이 심각할 경우 의사의 진료를 권한다.
④ 고객의 취향과 기호에 맞게 네일 프리에지 모양을 조절한다.

19 다음 중 알코올 소독의 대상물로서 적당하지 않은 것은?

① 주사바늘 ② 플라스틱 용품
③ 가위 ④ 면도칼

해설

13 손톱의 위치, 젤 두께, 젤 컬러의 종류는 큐어링에 영향을 미친다.

14 • W/O형(유중수형) : 헤어크림, 클렌징 크림, 영양크림, 선크림 등
• O/W형(수중유형) : 보습로션, 클렌징 로션, 모이스처라이징 로션 등

15 페디 파일은 발바닥 각질 제거 후 매끄럽게 마무리할 수 있는 효과를 내기 위해 사용하는데, 족문 방향으로 사용해야 한다.

16 병원성 또는 비병원성 미생물을 사멸하는 것은 멸균에 해당되며, 소독은 병원성 미생물을 죽이거나 제거하여 감염력을 없애는 것을 말한다.

17 아크릴 판넬은 인조네일 연장 시 필요 없다.

18 큐티클을 완전히 제거하게 되면 출혈이 생길 수 있으므로 모두 제거하는 것은 좋지 않다.

19 알코올은 칼, 가위, 유리제품 등의 소독에 사용된다.

20 공중위생관리법에 규정된 사항으로 옳은 것은?(단, 예외 사항은 제외한다)

① 일정한 수련 과정을 거친 자는 면허가 없어도 이용 또는 미용 업무에 종사할 수 있다.
② 이·미용사의 업무범위에 관하여 필요한 사항은 보건복지부령으로 정한다.
③ 이·미용사의 면허를 가진 자가 아니어도 이·미용업을 개설할 수 있다.
④ 미용사(일반)의 업무범위에는 파마, 아이론, 면도, 머리피부 손질, 피부미용 등이 포함된다.

21 고대 이집트에서 네일의 색은 사회적 지위를 나타내는 수단이었는데, 이때 사용된 관목은?

① 헤나 ② 장미
③ 난초 ④ 국화

22 인조네일 작업에 대한 설명으로 틀린 것은?

① 인조네일의 표면을 옆에서 볼 때 옆의 평행선을 사이드 스트레이트라고 한다.
② 인조네일 정면에서 본 곡선의 모양을 C-커브라고 한다.
③ 핀칭은 컨벡스 조형과 관계하지 않는다.
④ 인조네일 표면을 옆에서 볼 때 가장 높은 위치를 하이포인트라고 한다.

23 이·미용 업소 내에 게시하지 않아도 되는 것은?

① 개설자의 면허증 원본
② 최종지불요금표
③ 이·미용업 신고증
④ 근무자(개설자 제외)의 면허증 원본

24 네일 랩 화장물의 종류에 속하지 않는 것은?

① 필러 ② 프리 프라이머
③ 필러 파우더 ④ 네일 랩

25 고객 상담 서비스를 위해 작성해야 하는 고객관리 내용으로 옳은 것은?

① 동료들과의 업무자세
② 직원의 업무수행 능력자세
③ 직원의 면접에 대한 자세
④ 고객응대 및 상담

해설

20 ①, ③ 이용사 또는 미용사의 면허를 받은 자가 아니면 이용업 또는 미용업을 개설하거나 그 업무에 종사할 수 없다.
④ 아이론, 면도는 이용사의 업무범위에 해당되며, 피부미용은 미용업(피부)의 업무범위에 해당된다.

21 고대 이집트에서는 헤나라는 붉은 오렌지색 염료로 손톱을 염색했다.

22 컨벡스는 볼록곡선을 의미하는데, 핀칭과 관계있는 요소이다.

23 근무자의 면허증은 업소 내에 게시하지 않아도 된다.

24 필러는 네일 랩 시술과는 무관하다.

25 ①, ②, ③ 모두 직원에 관한 내용이다.

26 다음 중 원발진에 해당하는 것은?

① 가피 ② 비듬
③ 흉터 ④ 면포

27 호흡기계 감염병이 아닌 것은?

① 홍역 ② 백일해
③ 풍진 ④ 세균성이질

28 세계보건기구에서 보건수준 평가방법으로 종합건강지표로 제시한 내용이 아닌 것은?

① 의료봉사자 수 ② 비례사망지수
③ 보통사망률 ④ 평균수명

29 표피의 가장 바깥층으로 각질이 되어 탈락하게 되는 피부층은?

① 투명층 ② 기저층
③ 각질층 ④ 과립층

30 소독제의 보존에 대한 설명으로 틀린 것은?

① 냉암소에 둔다.
② 식품과 혼돈하기 쉬운 용기나 장소에 보관하지 않도록 한다.
③ 사용하다 남은 소독약은 재사용을 위해 밀폐시켜 보관한다.
④ 직사일광을 받지 않도록 한다.

31 네일 폴리시에 대한 설명으로 틀린 것은?

① 대부분 니트로셀룰로오스를 주성분으로 한다.
② 피막 형성제로 톨루엔이 함유되어 있다.
③ 손톱에 광택을 부여하고 아름답게 할 목적으로 사용하는 화장품이다.
④ 안료가 배합되어 손톱에 아름다운 색채를 부여하기 때문에 네일 컬러라고도 한다.

32 고객관리에 대한 설명으로 적합한 것은?

① 피부 습진이 있는 고객은 처치를 하면서 서비스한다.
② 알레르기 원인이 되는 제품의 사용을 멈추도록 한다.
③ 주어진 업무수행을 자유롭게 한다.
④ 진한 메이크업을 하고 고객을 응대한다.

해설

26 면포는 얼굴, 이마, 콧등에 나타나는 나사 모양의 굳어진 피지덩어리로 원발진에 해당한다.

27 세균성이질은 소화기계 감염병에 해당한다.

28 세계보건기구에서 보건수준 평가방법으로 종합건강지표로 제시한 내용은 비례사망지수, 보통사망률(조사망률), 평균수명이다.

29 표피의 가장 바깥층은 각질층이다.

30 사용하다 남은 소독약은 재사용하지 않도록 한다.

31 피막 형성제로 니트로셀룰로오스, 토실라미드, 디부틸프탈레이트가 사용된다.

32 피부 습진 치료는 의료행위이므로 네일숍에서는 처치를 하면 안되며, 고객 응대를 할 때는 너무 진하지 않은 자연스러운 메이크업이 좋다.

33 일반적으로 손톱이 완전하게 재생되는 데에 소요되는 기간으로 옳은 것은?

① 5~6개월 ② 8~9개월
③ 2~3개월 ④ 1~2개월

34 페디큐어 관리 시 가장 적당한 발톱의 프리에지 형태로 옳은 것은?

① 오벌형 ② 스퀘어형
③ 포인트형 ④ 라운드형

35 손가락 전체적으로 분포되어 있는 신경은?

① 노신경(요골신경)
② 정강신경(경골신경)
③ 손가락뼈신경(수지골신경)
④ 정중신경

36 발목과 발가락의 굽힘을 지배하는 신경으로 옳은 것은?

① 정강신경(경골신경) ② 노신경(요골신경)
③ 자신경(척골신경) ④ 겨드랑신경(액와신경)

37 수인성 감염병이 아닌 것은?

① 장티푸스 ② 콜레라
③ 결핵 ④ 이질

38 라이트 큐어드 젤의 종류가 아닌 것은?

① 폴리시 젤 ② 하드 젤
③ 소프트 젤 ④ 노 라이트 젤

39 일산화탄소의 환경기준은 8시간 기준으로 얼마인가?

① 1ppm ② 9ppm
③ 0.03ppm ④ 25ppm

40 같은 조건에서 살균이 가장 어려운 균은?

① 대장균 ② 아포형성균
③ 포도상구균 ④ 연쇄상구균

41 자외선 B는 자외선 A보다 홍반 발생 능력이 약 몇 배 정도인가?

① 10,000배 ② 10배
③ 100배 ④ 1,000배

해설

33 손톱이 완전히 재생되는 데 소요되는 시간은 일반적으로 5~6개월이 걸린다.

34 페디큐어 관리 시에는 스퀘어형이 가장 적당하다.

35 손가락에 분포되어 있는 신경은 손가락뼈신경이다.

36 정강신경은 장딴지 근육에 분포하면서 발목과 발가락의 굽힘을 지배하는 신경이다.

37 수인성 감염병 : 콜레라, 장티푸스, 이질, 파라티푸스, 소아마비, A형간염 등

38 라이트 큐어드 젤은 특수광선이나 할로겐 램프의 빛을 이용하여 굳어지게 하는 방법이고, 노 라이트 큐어드 젤은 응고제인 글루 드라이를 스프레이 형태로 뿌리거나 브러시로 바르고 굳어지게 하는 방법이다.

39 일산화탄소의 8시간 평균치는 9ppm 이하이며, 1시간 평균치는 25ppm 이하이다.

40 아포형성균은 저항성이 아주 강한 균으로 살균이 가장 어려운 균이다.

41 자외선 B는 자외선 A보다 홍반 발생 능력이 약 1,000배 정도 강하다.

42 대상포진의 특징에 대한 설명으로 옳은 것은?

① 지각신경 분포를 따라 군집 수포성 발진이 생기며, 통증이 동반된다.
② 바이러스를 갖고 있지 않다.
③ 비감염성 피부질환이다.
④ 목과 눈꺼풀에 나타나는 감염성 비대 증식 현상이다.

43 피부의 산성도가 파괴되어 본래의 pH로 환원시키는 표피의 능력을 의미하는 것은?

① 알칼리 중화능력 ② 산 중화능력
③ 아미노산 중화능력 ④ 카르복실 중화능력

44 다음 중 피부 노화를 억제하는 성분으로 가장 거리가 먼 것은?

① 비타민 C ② 비타민 E
③ 베타-카로틴 ④ 왁스

45 네일 관리 시 작업자와 고객의 손을 소독하는 데 사용되는 소독용 알코올의 희석농도는?

① 50% ② 70% ③ 30% ④ 10%

46 이·미용 영업자가 일정한 법률을 위반한 경우 관계행정기관의 장의 요청으로 시장·군수·구청장은 영업소 폐쇄 등을 명할 수 있다. 이에 해당하는 법률이 아닌 것은?

① 공중위생관리법
② 청소년 보호법
③ 근로기준법
④ 성매매알선등 행위의 처벌에 관한 법률

47 모발에 흡착하여 유연효과나 대전방지효과를 나타내기 때문에 헤어린스에 이용되는 계면성활성제는?

① 양쪽성 계면활성제
② 음이온성 계면활성제
③ 비이온성 계면활성제
④ 양이온성 계면활성제

48 감귤을 많이 먹어 손바닥이 황색으로 변하는 원인은?

① 산화헤모글로빈 ② 클로로필
③ 크산틴 ④ 카로틴

해설

42 대상포진은 지각신경 분포를 따라 군집 수포성 발진이 생기며, 통증이 동반된다.

43 피부의 산성도는 화장품, 햇빛 등에 의해 영향을 받게 되는데, 알칼리성에 의해 피부의 산성도가 파괴된 후 약 2시간 후 산성도가 회복되는데, 본래의 pH로 환원시키는 표피의 능력을 알칼리 중화능력이라 한다.

44 왁스는 광택, 윤활작용, 방부 효과를 얻기 위해 기초화장품, 색조화장품 등의 원료로 사용된다.

45 소독용 알코올은 70%의 농도가 가장 적당하다.

46 공중위생관리법에 따라 성매매알선등 행위의 처벌에 관한 법률, 풍속영업의 규제에 관한 법률, 청소년 보호법, 의료법을 위반하여 관계 행정기관의 장으로부터 그 사실을 통보받은 경우 영업소 폐쇄 등을 명할 수 있다.

47 양이온성 계면활성제는 살균 및 소독작용이 우수해 헤어린스, 헤어트리트먼트 등에 사용된다.

48 감귤을 많이 먹으면 다량의 베타카로틴이 각질층이 두꺼운 손발에 쌓여 피부가 황색으로 변한다.

49 인조네일 작업 시 자연네일과 네일 팁의 턱을 효과적으로 메꾸어줄 수 있는 제품은?

① 랩 ② 필러 파우더
③ 아크릴 리퀴드 ④ 파츠

50 손에 있는 뼈로서 총 14개로 구성되어 있는 뼈는?

① 자뼈(척골) ② 손가락뼈(수지골)
③ 노뼈(요골) ④ 손목뼈(수근골)

51 향수의 유형별에서 15~30%의 향료를 함유하고 지속시간이 6~7시간인 것은?

① 오데 코롱 ② 오데 퍼퓸
③ 퍼퓸 ④ 오데 토일렛

52 스마일 라인에 대한 설명으로 틀린 것은?

① 깨끗하고 선명한 라인을 만들어야 한다.
② 빠른 시간에 시술해서 얼룩지지 않도록 해야 한다.
③ 손톱의 상태에 따라 라인의 깊이를 조절할 수 있다.
④ 좌우대칭의 균형보다 자연스러움을 강조해야 한다.

53 기능성 화장품에 속하지 않는 것은?

① 미백에 도움을 주는 제품
② 여드름 치료에 도움을 주는 제품
③ 자외선 차단에 도움을 주는 제품
④ 주름 개선에 도움을 주는 제품

54 각 나라 네일 미용의 역사에 대한 설명으로 잘못 연결된 것은?

① 인도 - 상류 여성들은 손톱의 뿌리 부분에 문신바늘로 색소를 주입하여 상류층임을 과시하였다.
② 그리스·로마 - 네일 관리로써 '마누스 큐라'라는 단어가 시작되었다.
③ 미국 - 노크 행위는 예의에 어긋난 행동으로 여겨 손톱을 길게 길러 문을 긁도록 하였다.
④ 중국 - 특권층의 신분을 드러내기 위해 홍화의 재배가 유행하였고, 손톱에도 바르며 이를 '조홍'이라 하였다.

55 이·미용업소의 위생관리 의무를 지키지 아니한 자의 과태료 기준은?

① 300만원 이하 ② 200만원 이하
③ 500만원 이하 ④ 100만원 이하

해설

49 네일 팁 부착 시 자연네일과 인조네일의 턱을 다듬어 준 후 필러 파우더를 이용해 메워준다.

50 수지골은 엄지손가락이 기절골과 말절골 2개, 나머지 손가락이 기절골, 중절골, 말절골 3개씩 총 14개로 구성되어 있다.

51 희석 정도에 따라 향수를 분류할 때 부향률이 15~30%이고 6~7시간의 지속시간을 가진 것은 퍼퓸이다.

52 스마일 라인을 그릴 때는 좌우대칭의 균형도 잘 맞추어야 한다.

53 기능성 화장품
- 피부의 미백에 도움을 주는 제품
- 피부의 주름개선에 도움을 주는 제품
- 피부를 곱게 태워주거나 자외선으로부터 피부를 보호하는 데에 도움을 주는 제품
- 모발의 색상 변화·제거 또는 영양공급에 도움을 주는 제품
- 피부나 모발의 기능 약화로 인한 건조함, 갈라짐, 빠짐, 각질화 등을 방지하거나 개선하는 데에 도움을 주는 제품

55 위생관리 의무를 지키지 않은 경우 200만원 이하의 과태료 처분을 받는다.

56 위생교육의 내용과 가장 거리가 먼 것은?

① 시사·상식 교육
② 친절 및 청결에 관한 교육
③ 기술교육
④ 공중위생관리법 및 관련 법규

57 이·미용업의 영업신고 및 폐업신고에 대한 설명 중 틀린 것은?

① 폐업신고의 방법 및 절차 등에 관하여 필요한 사항은 보건복지부령으로 정한다.
② 변경신고의 절차 등에 관하여 필요한 사항은 대통령령으로 정한다.
③ 폐업한 날부터 20일 이내에 시장, 군수, 구청장에게 신고하여야 한다.
④ 보건복지부령이 정하는 시설 및 설비를 갖추고 시장, 군수, 구청장에게 신고하여야 한다.

58 건강한 손톱의 특성으로 가장 거리가 먼 것은?

① 약 5~10%의 수분을 함유하고 있다.
② 매끄럽고 광택이 나며 반투명하다.
③ 모양이 고르고 표면이 균일하다.
④ 탄력이 있고 내구성이 있다.

59 아크릴 네일의 보수 과정에 대한 설명으로 가장 거리가 먼 것은?

① 들뜬 부분에 오일 도포 후 큐티클을 정리한다.
② 들뜬 부분의 경계를 파일링한다.
③ 아크릴 네일의 표면이 단단하게 굳은 후에 파일링한다.
④ 새로 자라난 자연 손톱 부분에 프라이머를 도포한다.

60 건열 멸균법에 적용되는 온도로 가장 적합한 것은?

① 90~100℃ ② 160~180℃
③ 100~110℃ ④ 80~90℃

해설

56 위생교육의 내용
- 공중위생관리법 및 관련 법규
- 소양교육(친절 및 청결에 관한 교육)
- 기술교육
- 기타 공중위생에 관하여 필요한 내용

57 변경신고의 절차 등에 관하여 필요한 사항은 보건복지부령으로 정한다.

58 건강한 손톱은 12~18%의 수분을 함유하고 있어야 한다.

59 들뜬 부분에 오일을 도포하게 되면 리프팅이 더 일어나게 된다.

60 건열 멸균법은 160~180℃의 건열멸균기에 1~2시간 동안 멸균하는 방법이다.

CBT 실전문제 모의고사 제1회 / 정답

01 ③	02 ②	03 ②	04 ③	05 ②	06 ①	07 ②	08 ③	09 ②	10 ③
11 ①	12 ④	13 ④	14 ①	15 ④	16 ①	17 ②	18 ①	19 ②	20 ②
21 ①	22 ③	23 ④	24 ①	25 ④	26 ④	27 ④	28 ①	29 ③	30 ③
31 ②	32 ②	33 ①	34 ②	35 ③	36 ①	37 ③	38 ④	39 ②	40 ②
41 ④	42 ①	43 ①	44 ④	45 ②	46 ③	47 ④	48 ④	49 ②	50 ②
51 ③	52 ④	53 ②	54 ③	55 ②	56 ①	57 ②	58 ①	59 ①	60 ②

최종점검 – 출제 가능성이 높은 문제를 통해 마무리하자!

CBT실전모의고사 제2회

해설

▶ 정답 : 337쪽

01 분해에 의한 발생기 산소가 강력한 산화력을 갖는 소독액은?

① 페놀　② 과산화수소
③ 크레졸　④ 알코올

02 바이러스에 대한 일반적인 설명으로 옳은 것은?

① 핵산 DNA와 RNA 둘 다 가지고 있다.
② 바이러스는 살아있는 세포 내에서만 증식 가능하다.
③ 광학 현미경으로 관찰이 가능하다.
④ 항생제에 감수성이 있다.

03 네일 폴리시를 도포할 때 주의점으로 틀린 것은?

① 네일 폴리시 브러시의 각도는 90° 정도로 세워서 바른다.
② 네일 폴리시를 섞을 때는 좌우로 흔들어 섞어준다.
③ 네일 폴리시는 프리에지를 포함한 네일 바디에 최대한 채워 바른다.
④ 네일 폴리시는 균일하게 펴 바른다.

04 하수 처리법 중 호기성 처리법에 속하지 않는 것은?

① 활성 오니법　② 부패조법
③ 살수 여과법　④ 산화지법

05 위생서비스 평가의 결과에 따른 위생관리 등급별로 영업소에 대한 위생감시를 실시하여야 하는 자는?

① 시·도지사 또는 시장·군수·구청장
② 행정자치부장관
③ 고용노동부장관
④ 보건복지부장관

06 적외선을 피부에 조사시킬 때 나타나는 생리적 영향의 설명으로 틀린 것은?

① 혈관을 확장시켜 순환에 영향을 미친다.
② 식균작용에 영향을 미친다.
③ 신진대사에 영향을 미친다.
④ 전신의 체온저하에 영향을 미친다.

해설

01 과산화수소의 분해에 의한 발생기 산소는 강력한 산화력, 살균력을 가진다.

02 ① 바이러스는 가장 작은 크기의 미생물로, 핵산 DNA나 RNA 중 한 가지만 가지고 있다.
③ 광학 현미경으로는 관찰이 불가능하다.
④ 항생제에 감수성이 없다.

03 네일 폴리시 브러시의 각도는 45° 정도로 세워서 바른다.

04 부패조법은 임호프조법과 함께 혐기성 처리법에 해당한다.

05 시·도지사 또는 시장·군수·구청장은 위생서비스 평가의 결과에 따른 위생관리 등급별로 영업소에 대한 위생감시를 실시하여야 한다.

06 적외선이 미치는 영향
- 피부 깊숙이 침투하여 혈액순환 촉진
- 신진대사 촉진
- 근육 이완
- 피부에 영양분 침투
- 식균작용

07 페스트, 살모넬라증 등을 전염시킬 가능성이 가장 큰 것은?

① 쥐 ② 말 ③ 소 ④ 개

08 매니큐어를 가장 잘 설명한 것은?

① 손 매뉴얼테크닉과 네일 폴리시를 바르는 것이다.
② 손톱모양을 다듬고 큐티클 정리, 컬러링 등을 포함한 관리이다.
③ 손톱모양을 다듬고 색깔을 칠하는 것이다.
④ 네일 폴리시를 바르는 것이다.

09 생명표의 작성에 사용되는 인자들을 모두 나열한 것은?

㉠ 생존수 ㉡ 사망수 ㉢ 생존률 ㉣ 평균여명

① ㉠, ㉢ ② ㉡, ㉣
③ ㉠, ㉡, ㉢, ㉣ ④ ㉠, ㉡, ㉢

10 영아사망률의 계산공식으로 옳은 것은?

① $\frac{\text{연간 출생아 수}}{\text{인구}} \times 1000$

② $\frac{\text{그 해의 1\textasciitilde4세 사망자 수}}{\text{어느 해의 1\textasciitilde4세 인구}} \times 1000$

③ $\frac{\text{그 해의 1세 미만 사망자 수}}{\text{어느 해의 연간 출생아 수}} \times 1000$

④ $\frac{\text{그 해의 생후 28일 이내의 사망자 수}}{\text{어느 해의 연간 출생아 수}} \times 1000$

11 프라이머에 대한 설명으로 틀린 것은?

① 손톱 pH에 영향을 준다.
② 광택의 향상을 위해서 바른다.
③ 피부에 닿지 않도록 조심해야 한다.
④ 아크릴이 잘 접착되도록 한다.

12 네일미용 작업이 불가능한 네일의 병변은?

① 오니코크립토시스 ② 오니코렉시스
③ 오니코마이코시스 ④ 오니코파지

13 일반적인 전염병 생성 및 전파과정 중 인간 병원소로부터의 병원체의 탈출경로로 가장 거리가 먼 것은?

① 신경계 ② 호흡기계
③ 소화기계 ④ 비뇨기계

해설

07 페스트, 살모넬라증, 발진열, 재귀열 등은 쥐에 의해 감염된다.

08 매니큐어는 손과 손톱을 건강하고 아름답게 가꾸는 미용 기술을 말하는데, 큐티클 정리, 컬러링 등을 포함한다.

09 생명표 작성 시 생존수, 사망수, 생존률, 평균여명 모두 사용된다.

11 프라이머는 손톱의 유수분을 없애주어 아크릴이 잘 접착될 수 있도록 발라주는 촉매제로서 광택과는 거리가 멀다.

12 오니코마이코시스(조갑진균증)은 네일이 두꺼워지거나 울퉁불퉁해지는 증상으로 네일미용 작업이 불가능한 병변이다.

13 병원체의 탈출경로 : 호흡기계, 소화기계, 비뇨기계, 개방병소, 기계적 탈출

14 네일 재료에 대한 설명으로 틀린 것은?

① 베이스 코트 – 니트로셀룰로오스 함유
② 네일 에센스 – 포름알데히드 함유
③ 큐티클 오일 – 토코페롤, 글리세린 함유
④ 네일 폴리시 리무버 – 에틸아세톤 함유

15 영업소 폐쇄명령을 받고도 계속하여 영업을 한 자에게 적용되는 벌칙 기준은?

① 6월 이하의 징역 또는 1천만원 이하의 벌금
② 3월 이하의 징역 또는 500만원 이하의 벌금
③ 3월 이하의 징역 또는 300만원 이하의 벌금
④ 1년 이하의 징역 또는 1천만원 이하의 벌금

16 기생충과 인체 감염 원인식품과의 연결이 틀린 것은?

① 폐흡충 – 가재
② 광절열두조충 – 송어
③ 유구조충 – 쇠고기
④ 간흡충 – 민물고기

17 인조 네일 제거 방법으로 틀린 것은?

① 마무리 작업 시 큐티클 오일을 사용할 수 없다.
② 알루미늄 포일을 사용할 수 있다.
③ 두께를 파일링으로 제거할 때는 손톱 주변피부에 상처가 나지 않도록 한다.
④ 자연 네일 파일링 시 한 방향으로 파일링 한다.

18 다음 중 <보기>의 설명에 적합한 유화형태의 판별법은?

> 물을 첨가해 보았더니 물에 잘 섞이지 않고 분리되어 W/O형으로 판별되었다.

① 질량분석법
② 색소첨가법
③ 희석법
④ 전기전도도법

19 이·미용사 면허의 정지를 명할 수 있는 자는?

① 행정자치부 장관
② 시·도지사
③ 시장·군수·구청장
④ 경찰서장

20 컬러 도포 방법의 종류가 아닌 것은?

① 아몬드 네일(Almond nail)
② 헤어라인 팁(hairline tip)
③ 풀 코트(full coat)
④ 프리에지(free edge)

해설

14 네일에센스에는 포름알데히드가 함유되지 않는다.

15 영업소 폐쇄명령을 받고도 계속하여 영업을 한 자에게는 1년 이하의 징역 또는 1천만원 이하의 벌금에 처한다.

16 유구조충은 돼지고기가 원인식품이다.

17 인조 네일 제거 시 마무리 작업으로 큐티클 오일을 사용할 수 있다.

18 유화형태의 판별법에는 희석법, 전기전도도법, 색소첨가법이 있다.
- 희석법 : 에멀전에 상용성이 있는 액체를 혼합하여 판별하는 방법
- 전기전도도법 : 물과 기름의 전기 저항의 차이를 이용하는 방법
- 색소첨가법 : 에멀전에 유성염료 또는 수성염료의 분말을 섞어 판별하는 방법

19 시장·군수·구청장은 면허를 취소하거나 6월 이내의 기간을 정하여 면허의 정지를 명할 수 있다.

20 아몬드 네일은 1800년대에 유행한 손톱의 모양에 해당한다.

21 공중위생관리법령에 따른 이·미용 기구의 소독기준으로 틀린 것은?

① 크레졸소독 : 크레졸수(크레졸 3%, 물 97%의 수용액)에 10분 이상 담가둔다.
② 열탕소독 : 섭씨 100℃ 이상의 물속에 10분 이상 끓여준다.
③ 증기소독 : 섭씨 100℃ 이상의 습한 열에 10분 이상 쐬어준다.
④ 석탄산수소독 : 석탄산수(석탄산 3%, 물 97%의 수용액)에 10분 이상 담가둔다.

22 다음 중 여성에게 안드로겐의 영향으로 피부, 가슴, 사지 등에 남성형의 모발분포를 나타내는 질환은?

① 다모증 ② 탈모증
③ 백모증 ④ 조모증

23 세척제(ABS 등)를 사용할 경우 호수 등에 부영양화 현상을 일으키는 것은?

① 질소 ② 산
③ 벤젠 ④ 카드뮴

24 아로마 오일에 대한 설명으로 가장 적합한 것은?

① 아로마 오일은 공기 중의 산소나 빛에 안정하기 때문에 주로 투명용기에 보관하여 사용한다.
② 아로마 오일은 주로 향기식물의 줄기나 뿌리 부위에서만 추출된다.
③ 아로마 오일은 주로 베이스노트(base note)이다.
④ 수증기 증류법에 의해 얻어진 아로마 오일이 주로 사용되고 있다.

25 손목을 구성하는 뼈의 개수로 옳은 것은?

① 7개 ② 8개
③ 5개 ④ 6개

26 다음 중 자비소독법으로 적합하지 않은 것은?

① 금속성 식기 ② 도자기
③ 면 종류의 의류 ④ 면도기류

27 다음의 소독제 중에서 계면활성제는?

① 역성비누 ② 승홍수
③ 과산화수소 ④ 크레졸

해설

21 증기소독 : 섭씨 100℃ 이상의 습한 열에 20분 이상 쐬어준다.

22 모발이 수년 이상 남성 호르몬의 일종인 안드로겐에 노출된 여성에게 피부, 가슴, 사지 등에 남성형의 모발분포를 나타내는 질환을 조모증이라 한다.

23 부영양화 현상의 주 원인물질은 인과 질소이다.

24 ① 아로마 오일은 갈색용기에 보관하여 사용한다.
② 아로마 오일은 허브의 꽃, 잎, 줄기, 열매 등에서 추출한다.
③ 아로마 오일은 주로 탑노트이다.

25 수근골(손목뼈)은 8개의 짧은 뼈로 구성되어 있다.

26 자비소독법은 100℃의 끓는 물속에서 20~30분간 가열하는 방법으로, 금속성 식기, 도자기, 면 종류의 의류, 수건, 유리제품 등의 소독에 적당하다.

27 역성비누는 양이온 계면활성제의 일종으로 세정력은 거의 없으며, 살균작용이 강하다.

해설

28 작업 테이블 세팅 시 소독용기에 소독하는 도구로 작업하는 동안 소독을 유지하는 도구가 아닌 것은?

① 클리퍼　② 큐티클 니퍼
③ 오렌지 우드스틱　④ 팁 커터

28 팁 커터는 피부에 직접 닿는 도구가 아니므로 소독용기에 담가 둘 필요는 없다.

29 네일숍의 안전 사항으로 틀린 것은?

① 각종 화학제품과 소독제품은 밝은 곳에 노출한다.
② 직접조명이 좋으며 환하고 밝아야 한다.
③ 화학제품의 사용 시 개인보호구를 착용한다.
④ 실내는 청결하고 통풍이 잘 되어야 한다.

29 화학제품과 소독제품은 직사광선에 노출되지 않는 곳에 보관한다.

30 건전한 영업질서를 위하여 공중위생영업자가 준수하여야 할 사항을 위반한 자에 대한 벌칙기준은?

① 1년 이하의 징역 또는 1천만원 이하의 벌금
② 300만원 이하의 벌금
③ 3월 이하의 징역 또는 300만원 이하의 벌금
④ 6월 이하의 징역 또는 500만원 이하의 벌금

30 건전한 영업질서를 위하여 공중위생영업자가 준수하여야 할 사항을 위반한 자에 대해서는 6월 이하의 징역 또는 500만원 이하의 벌금에 처한다.

31 네일 팁 작업 시 글루와 액티베이터의 과도한 사용으로 열이 발생되어 통증을 느끼는 부위는?

① 네일 그루브　② 프리에지
③ 네일 베드　④ 큐티클

31 네일 베드는 네일 바디를 받치고 있는 밑부분으로 네일 팁 작업 시 열이 발생되어 통증을 느낄 수 있는 부위이다.

32 손·발톱과 주변 피부가 건조해졌을 때 생길 수 있는 이상 증세로 틀린 것은?

① 손거스러미가 생긴다.
② 백색 반점이 생성된다.
③ 손·발톱에 세로방향의 주름이 생성된다.
④ 손·발톱의 프리에지 부분이 가로로 겹겹이 갈라지거나 부서진다.

32 백색 반점은 조상과 조모 사이에 공기가 들어가 기포가 형성되면서 생기는 것으로 피부 건조와는 거리가 멀다.

33 청문을 실시하여야 하는 처분이 아닌 것은?

① 면허 정지　② 위반사실 공표
③ 영업 정지　④ 영업소 폐쇄

33 청문을 실시해야 하는 처분
- 면허 취소 및 면허 정지
- 공중위생영업의 정지
- 일부 시설의 사용중지
- 영업소 폐쇄명령
- 공중위생영업 신고사항의 직권 말소

34 페디큐어 작업 시 사용되는 족욕기의 설명으로 틀린 것은?

① 피로를 풀어주며 각질을 부드럽게 한다.
② 족욕기의 온수의 온도는 40~43℃가 적당하다.
③ 피로 회복 시에는 10분, 각질 연화시에는 30분 정도 사용한다.
④ 족욕기에 소독비누, 아로마오일 등을 첨가할 수 있다.

34 족욕기를 사용할 때는 약 40℃의 온도에 20분 정도가 적당하며, 30분 이상은 하지 않도록 한다.

35 자신경의 지배를 받지 않는 근육신경은?

① 엄지맞섬근(무지대립근)
② 새끼벌림근(소지외전근)
③ 새끼맞섬근(소지대립근)
④ 엄지모음근(무지내전근)

36 의복 중 함기성이 가장 낮은 것은?

① 모직 ② 마직
③ 무명 ④ 모피

37 필-오프(peel-off) 타입의 팩에 대한 설명으로 틀린 것은?

① 주성분인 피막형성제로 폴리비닐알코올이 14% 정도 배합되어 있다.
② 건조와 피부의 청량감을 부여하기 위해 에탄올이 8% 정도 배합되어 있다.
③ 물을 사용하여 씻어 내므로 상쾌한 사용감을 느낄 수 있다.
④ 적절한 보습성을 위해 글리세린 등이 첨가되어 있다.

38 탄수화물의 최종 분해산물은?

① 지방산 ② 포도당
③ 글리세롤 ④ 아미노산

39 네일 폴리시를 도포하는 방법으로 네일을 좁아 보이게 하는 것은?

① 루눌라 ② 프리에지
③ 프리 월 ④ 프렌치

40 누룩의 발효를 통해 얻은 물질로 멜라닌 활성을 도와주는 티로시나아제 효소의 작용을 억제하는 미백화장품의 성분은?

① 코직산 ② AHA
③ 비타민 C ④ 감마-오리자놀

41 화장품의 4대 품질 조건에 대한 설명이 옳은 것은?

① 유효성 - 보습, 자외선차단, 세정, 노화억제, 색채효과를 부여할 것
② 안정성 - 피부에 대한 자극·알러지·독성이 없을 것
③ 사용성 - 질병 치료 및 진단에 사용할 수 있을 것
④ 안전성 - 변색·변취·미생물의 오염이 없을 것

해설

35 자신경의 지배를 받는 근육신경은 새끼벌림근, 새끼굽힘근, 새끼맞섬근, 엄지모음근 등이 있으며, 엄지맞섬근은 정중신경의 지배를 받는다.
※노신경의 지배를 받는 근육신경 : 긴엄지폄근, 검지폄근
정중신경의 지배를 받는 근육신경 : 짧은엄지벌림근, 짧은엄지굽힘근, 엄지맞섬근
벌레근은 정중신경과 자신경의 지배를 받는다.

36 ① 모직 : 90%
② 마직 : 50%
③ 무명 : 70~80%
④ 모피 : 98%

37 물을 사용하여 씻어 내는 형태의 팩은 워시오프(wash-off) 타입이다.

38 영양소의 최종 분해산물
• 탄수화물 : 포도당
• 단백질 : 아미노산
• 지방 : 지방산, 글리세롤

39 프리 월(슬림라인)은 손톱의 양쪽 옆면을 1.5mm 정도 남기고 컬러링하는 방법으로 손톱이 가늘고 길어 보이도록 하는 컬러링 방법이다.

40 누룩의 발효를 통해 얻은 물질은 코직산으로 티로시나아제 효소의 작용을 억제하는 미백화장품 성분 중 하나이다.

41 ② 안정성 - 변색, 변취, 미생물의 오염이 없을 것
③ 사용성 - 피부에 사용감이 좋고 잘 스며들 것
④ 안전성 - 피부에 대한 자극, 알러지, 독성이 없을 것

42 건강한 손톱의 특성으로 가장 거리가 먼 것은?

① 모양이 고르고 표면이 균일하다.
② 약 5~10%의 수분을 함유하고 있다.
③ 탄력이 있고 내구성이 있다.
④ 매끄럽고 광택이 나며 반투명하다.

43 다음 중 열을 가하지 않는 살균방법은?

① 간헐멸균법 ② 초음파멸균법
③ 고압증기멸균법 ④ 유통증기멸균법

44 페디큐어 작업 순서를 바르게 나열한 것은?

① 슬리퍼 착용 → 토우 세퍼레이터 → 유분기 제거 → 베이스 코트 → 네일 폴리시
② 유분기 제거 → 슬리퍼 착용 → 베이스 코트 → 네일 폴리시 → 토우 세퍼레이터
③ 슬리퍼 착용 → 네일 폴리시 → 유분기 제거 → 베이스 코트 → 토우 세퍼레이터
④ 유분기 제거 → 베이스 코트 → 슬리퍼 착용 → 토우 세퍼레이터 → 네일 폴리시

45 헤어린스에 대한 설명으로 가장 거리가 먼 것은?

① 모발을 부드럽게 한다.
② 치료한다는 의미의 트리트먼트제로 두피에 영양을 준다.
③ 두발을 윤기있게 한다.
④ 두발이 엉키는 것을 막아준다.

46 세균의 구조를 현미경으로 볼 때 관찰할 수 있는 특징이 아닌 것은?

① 세균이 잘 증식하는 온도
② 세균의 크기
③ 세균의 배열상태
④ 세균의 색깔

47 피부면역에 관련된 설명 중 옳은 것은?

① 표피에서는 랑게르한스 세포가 항원을 인식하여 림프구로 전달한다.
② 피부의 각질층도 피부면역작용을 한다.
③ 미생물은 피부로 침투하지 못한다.
④ 우리 몸의 모든 면역세포는 기억능력이 있어서 기억에 의해 반응한다.

해설

42 건강한 손톱은 12~18%의 수분을 함유하고 있다.

43 초음파멸균법은 8,800cycle 음파의 강력한 교반작용을 이용한 방법으로 열을 이용한 살균방법이 아니다.

45 헤어린스는 머리카락 표면을 코팅해서 모발을 부드럽고 윤기있게 해주고 엉킴을 방지해주는 역할을 해주는 것으로 모발에 영양을 주는 트리트먼트와는 구분해야 한다.

46 세균은 투명하고 색깔이 없으므로 현미경으로 관찰하기 위해서는 세균을 특수한 약품으로 염색해야 한다.

47 ② 피부면역작용은 랑게르한스 세포가 담당하는데, 유극층에 존재한다.
③ 미생물은 땀샘 분비선, 피지 분비선을 통해 피부 깊숙이 침투할 수 있다.
④ 모든 면역세포가 기억능력을 가지고 있는 것은 아니다.

48 네일 매니큐어 제품 중 제품과 기능의 연결이 잘못된 것은?

① 탑 코트 - 손톱착색 방지 및 미적 완성
② 네일 트리트먼트 - 손톱 및 손가락 끝의 손질, 유·수분 보급
③ 네일보강제 - 손톱 보강과 손톱이 갈라지는 것을 방지
④ 베이스 코트 - 손톱의 굴곡을 메워 접착성 향상

49 하드 젤에 대한 설명으로 가장 적합한 것은?

① 하드 젤은 아세톤에 용해된다.
② 하드 젤은 점도가 낮고 흐름이 좋아 젤 폴리시로 사용한다.
③ 하드 젤은 광택을 내기에 적합한 톱젤을 사용한다.
④ 하드 젤은 쏙-오프 젤보다 강도가 낮다.

50 뼈의 기능으로 틀린 것은?

① 보호작용 ② 지렛대 역할
③ 흡수기능 ④ 조혈작용

51 이·미용업의 시설 및 설비기준 중 틀린 것은?

① 미용업(종합)의 경우, 피부미용업무에 필요한 베드(온열장치 포함), 미용기구, 화장품, 수건, 온장고, 사물함 등을 갖추어야 한다.
② 소독을 한 기구와 소독을 하지 아니한 기구는 구분하여 보관할 수 있는 용기를 비치하여야 한다.
③ 이용실에는 별실 또는 이와 유사한 시설을 설치할 수 있다.
④ 소독기·자외선 살균기 등 기구를 소독하는 장비를 갖추어야 한다.

52 겨드랑이 냄새는 어떤 분비물의 증가가 이상이 있기 때문인가?

① 콜레스테롤 ② 에크린선
③ 스테로이드 ④ 아포크린선

53 두드러기의 특징으로 틀린 것은?

① 국부적 혹은 전신적으로 나타난다.
② 급성과 만성이 있다.
③ 크기가 다양하며 소양증을 동반하기도 한다.
④ 주로 여자보다는 남자에게 많이 나타난다.

54 다음 중 이·미용실의 실내소독법으로 가장 적당한 방법은?

① 석탄산소독 ② 승홍수소독
③ 크레졸소독 ④ 역성비누소독

해설

48 손톱의 착색을 방지하는 기능을 하는 것은 베이스 코트로 폴리시를 바르기 전에 발라준다.

49 하드 젤은 단독으로 광택이 나지 않아 톱젤을 사용하여 광택을 내주어야 한다.
① 하드 젤은 아세톤에 용해되지 않는다.
② 점도가 낮고 흐름이 좋아 젤 폴리시로 사용되는 것은 소프트 젤이다. 하드 젤은 점도가 높아 잘 흘러내리지 않아 연장이나 아트에 사용된다.
④ 하드 젤은 쏙-오프 젤보다 강도가 높다.

50 뼈의 기능 : 보호, 지지(지렛대), 운동, 저장, 조혈 기능

51 이용실에는 별실 또는 이와 유사한 시설을 설치할 수 없다.

52 땀샘에는 에크린선과 아포크린선이 있는데, 에크린선은 냄새가 거의 없으며, 아포크린선이 냄새의 원인이 된다.

53 두드러기는 남녀 구분없이 나타난다.

54 이·미용실의 실내소독용으로 사용되는 것은 크레졸이다.

55 수인성(水因性) 감염병이 아닌 것은?

① 장티푸스 ② 이질
③ 일본뇌염 ④ 콜레라

56 건강한 손톱에 대한 조건으로 틀린 것은?

① 표면이 굴곡이 없고 매끈하며 윤기가 나야 한다.
② 반월(루눌라)이 크고 두께가 두꺼워야 한다.
③ 반투명하며 아치형을 이루고 있어야 한다.
④ 단단하고 탄력 있어야 하며 끝이 갈라지지 않아야 한다.

57 네일 니퍼의 올바른 사용 방법으로 틀린 것은?

① 니퍼의 날을 최대한 세워서 사용한다.
② 니퍼를 잡지 않은 반대 손으로 지지대를 형성하여 사용한다.
③ 멸균거즈와 함께 사용한다.
④ 큐티클 제거에 사용한다.

58 네일숍 고객관리 방법으로 틀린 것은?

① 고객의 잘못된 관리방법을 제품판매로 연결한다.
② 고객의 질문에 경청하며 성의 있게 대답한다.
③ 고객의 직무와 취향 등을 파악하여 관리방법을 제시한다.
④ 고객의 대화를 바탕으로 고객 요구사항을 파악한다.

59 손가락 골격에 해당하지 않는 것은?

① 첫마디뼈(기절골) ② 끝마디뼈(말절골)
③ 노뼈(요골) ④ 중간마디뼈(중절골)

60 다음의 유화 제품 중 O/W형(수중유형) 에멀젼은?

① 헤어크림 ② 클렌징 크림
③ 모이스처라이징 로션 ④ 나이트 크림

해설

55 수인성 감염병 : 콜레라, 장티푸스, 이질, 파라티푸스, 소아마비, A형간염 등

56 반월의 크기나 두께는 손톱의 건강과는 무관하다.

57 큐티클 제거 시에 푸셔와 니퍼를 사용하는데, 니퍼는 날이 날카로워 45° 각도를 유지하면서 안전하게 사용해야 한다.

58 고객의 잘못된 관리로 네일에 문제가 발생했을 경우에는 제대로 된 관리방법을 주지시켜 주는 것이 중요하다.

59 노뼈는 아래팔뼈의 바깥에 위치해 있는 뼈이다.

60 • W/O형(유중수형) : 헤어크림, 클렌징 크림, 영양크림, 선크림 등
• O/W형(수중유형) : 보습로션, 클렌징 로션, 모이스처라이징 로션 등

CBT 실전문제 모의고사 제2회 / 정답

01 ②	02 ②	03 ①	04 ②	05 ①	06 ④	07 ①	08 ②	09 ③	10 ③
11 ②	12 ③	13 ①	14 ②	15 ④	16 ③	17 ①	18 ③	19 ③	20 ①
21 ③	22 ④	23 ①	24 ④	25 ②	26 ④	27 ①	28 ④	29 ①	30 ④
31 ③	32 ②	33 ②	34 ③	35 ①	36 ②	37 ③	38 ②	39 ③	40 ①
41 ①	42 ②	43 ②	44 ①	45 ②	46 ④	47 ①	48 ①	49 ③	50 ③
51 ③	52 ④	53 ④	54 ③	55 ③	56 ②	57 ①	58 ①	59 ③	60 ③

CBT실전모의고사 제3회

▶ 정답 : 346쪽

01 소독의 정의를 가장 잘 표현한 것은?

① 모든 균을 사멸시키는 것을 말한다.
② 병원균의 감염을 예방하는 것을 말한다.
③ 병원균을 파괴하여 감염성을 없게 하는 것을 말한다.
④ 병원균의 발육 성장을 억제시키는 것을 말한다.

02 표피상 진균증 중 네일 몰드는 습기, 열, 공기에 의해 균이 번식되어 발생한다. 이 때 몰드가 발생한 수분 함유율로 옳은 것은?

① 7~10% ② 12~18%
③ 23~25% ④ 2~5%

03 손을 구성하는 골격으로 틀린 것은?

① 첫마디뼈(기절골) ② 손허리뼈(중수골)
③ 두덩뼈(치골) ④ 끝마디뼈(말절골)

04 공중보건학의 목적으로 틀린 것은?

① 질병예방
② 육체적, 정신적 건강 및 효율의 증진
③ 수명연장
④ 물질적 풍요

05 손목뼈(수근골)가 아닌 것은?

① 대능형골(큰마름뼈) ② 삼각골(세모뼈)
③ 유두골(알머리뼈) ④ 입방골(입방뼈)

06 손톱 밑의 구조 중 틀린 것은?

① 조상(네일 베드) ② 반달(루놀라)
③ 조모(매트릭스) ④ 조근(네일 루트)

07 감염병의 예방 및 관리에 관한 법률상 보건소를 통하여 정기 예방접종을 실시하여야 하는 자는?

① 의료원장 ② 도지사
③ 보건복지부장관 ④ 시장, 군수, 구청장

해설

01 소독이란 병원성 미생물의 생활력을 파괴하여 죽이거나 또는 제거하여 감염력을 없애는 것을 말한다.

02 습기, 열, 공기에 의해 균이 번식되어 발생하는 네일 몰드의 수분 함유율은 23~25%이다.

03 수지골(손가락뼈)은 기절골, 중수골, 말절골로 구성되어 있다.

04 공중보건학의 목적은 질병예방, 수명연장, 신체적·정신적 건강 증진이다.

05 • 근위수근골 : 주상골, 월상골, 삼각골, 두상골
• 원위수근골 : 대능형골, 소능형골, 유두골, 유구골

06 조근은 손톱의 아랫부분에 묻혀있는 얇고 부드러운 부분으로 손톱의 구조에 해당한다.

07 특별자치도지사 또는 시장·군수·구청장은 다음 디프테리아, 폴리오, 백일해 등의 질병에 대하여 관할 보건소를 통하여 정기예방접종을 실시하여야 한다.

08 에센셜오일의 기본적인 효능이 아닌 것은?

① 항균작용　　② 방향작용
③ 박리작용　　④ 약리작용

09 다음 중 금속제품 기구소독에 적합하지 않은 것은?

① 크레졸　　② 알코올
③ 역성비누액　　④ 승홍수

10 의류와 침구류 등의 소독에 좋은 자연소독법은?

① 석탄산　　② 알코올
③ 일광소독　　④ 표백

11 인조 네일을 제거하는 방법으로 가장 적합한 것은?

① 아세톤을 적셔가며 제거한다.
② 알코올에 담가서 녹인다.
③ 니퍼로 뜯어 낸 다음 샌딩 파일로 처리한다.
④ 끝까지 자라나올 때까지 기다린다.

12 다음 중 일광파장에 대한 설명으로 옳은 것은?

① UV A는 피부 홍반현상을 주로 유발한다.
② 자외선은 피부질환의 치료에 이용된다.
③ 주로 적외선에 의해 피부암이 발생한다.
④ UV B는 UV A보다 파장이 길어 차유리를 투과한다.

13 페디큐어를 하기 위한 준비로 틀린 것은?

① 미사용된 샌딩 파일을 준비하여야 한다.
② 페디큐어 시 작업자의 손 소독은 불필요하다.
③ 족욕기를 준비한다.
④ 페디큐어용 큐티클 니퍼를 준비한다.

14 화장품이 갖추어야 할 기본 4대 요건이 아닌 것은?

① 유효성　　② 패션성
③ 안정성　　④ 안전성

15 대상포진에 대한 설명으로 옳은 것은?

① 바이러스를 가지고 있지 않다.
② 목과 눈꺼풀에 나타나는 감염성 비대 증식현상이다.
③ 지각신경 분포를 따라 군집 수포성 발진이 생기며 통증이 동반된다.
④ 비감염성 피부질환이다.

해설

08 에센셜오일의 효능에는 면역강화, 항염작용, 항균작용, 방향작용, 피부미용, 피부진정작용, 여드름 및 염증 치유 등이 있다.

09 승홍수는 금속 부식성이 있어 금속제품의 소독에는 적합하지 않다.

10 의류, 침구류, 가구 등의 소독에는 석탄산, 일광소독이 효과적이지만 자연소독법은 일광소독이다.

11 인조 네일을 제거하는 방법은 아세톤을 적셔가며 제거하는 것이 가장 적합하다.

12 ① UV B는 홍반 방생능력이 UV A의 1,000배이다.
② 자외선은 건선, 백반증 등 피부 질환 치료에 도움이 된다.
③ 주로 자외선에 의해 피부암이 발생한다.
④ UV B보다 UV A의 파장이 길다.

13 페디큐어 작업을 하기 전에 작업자는 손을 소독한다.

14 화장품이 갖추어야 할 기본 요건은 안전성, 안정성, 사용성, 유효성이다.

15 대상포진은 대상포진바이러스에 의해 생기는 감염성 피부질환으로 지각신경 분포를 따라 군집 수포성 발진이 생기며 통증이 동반된다.

16 가정용 락스를 사용한 소독법의 적용에 적절하지 않은 것은?

① 유리 그릇 ② 금속가위
③ 플라스틱 빗 ④ 타월

17 다음 화장품의 원료 중 동물성 추출물이 아닌 것은?

① 플라센타(placenta extract)
② 실크 추출물(silk extract)
③ 로얄젤리 추출물(royal jelly extract)
④ 스테비아 추출물(stevia extract)

18 영업소의 냉·난방에 대한 설명으로 적합하지 않은 것은?

① 26℃ 이상에서는 냉방을 하는 것이 좋다.
② 국소 난방 시에는 특별히 유해가스 발생에 대한 환기 대책이 필요하다.
③ 10℃ 이하에서는 난방을 하는 것이 좋다.
④ 냉·난방기에 의한 실내·외의 온도차는 3~4℃ 범위가 가장 적당하다.

19 지용성 비타민으로 노화방지 효능을 지닌 것은?

① 비타민 E ② 비타민 B_6
③ 비타민 C ④ 비타민 B_1

20 네일 팁 오버레이의 시술과정에 대한 설명으로 틀린 것은?

① 프리프라이머를 자연손톱에만 도포한다.
② 네일 팁의 접착력을 높여주기 위해 자연 손톱의 에칭 작업을 한다.
③ 네일 팁 접착 시 자연손톱 길이의 1/2 이상 덮지 않는다.
④ 자연 손톱이 넓은 경우, 좁게 보이게 하기 위하여 작은 사이즈의 네일 팁을 붙인다.

21 다음 ( )에 알맞은 것은?

자외선 차단지수(Sun Protection Factor, SPF)란 자외선 차단 제품을 사용했을 때와 사용하지 않았을 때의 ( ) 비율을 말한다.

① 최대 흑화량 ② 최소 홍반량
③ 최소 흑화량 ④ 최대 홍반량

22 손톱의 주요 구성성분은?

① 헤모글로빈 ② 멜라닌
③ 케라틴 ④ 콜라겐

해설

16 락스는 부식력이 강해 금속에 장시간 접촉하면 녹이 생긴다.

17 스테비아는 식물성 추출물이다.

18 적정 실내외 온도차는 5~7℃이다.

19 비타민 E는 노화방지 효능이 있는 지용성 비타민이다.

20 네일 팁은 자연 손톱의 크기보다 약간 큰 것을 사용한다.

21 자외선 차단지수란 자외선 차단 제품을 사용했을 때와 사용하지 않았을 때의 최소 홍반량 비율을 말한다.

22 손톱은 케라틴이라는 섬유 단백질로 구성되어 있다.

23 아크릴 네일의 기본 화학물질이 아닌 것은?

① 모노머　　② 카탈리스트
③ 폴리머　　④ 올리고머

24 우리나라에서 미용사 자격증(네일)이 국가기술자격 종목으로 시행된 시기는

① 2010년　　② 2014년
③ 2012년　　④ 2016년

25 실내에 다수인이 밀집한 상태에서 실내공기의 변화는?

① 기온 하강 - 습도 증가 - 이산화탄소 감소
② 기온 상승 - 습도 증가 - 이산화탄소 증가
③ 기온 상승 - 습도 감소 - 이산화탄소 증가
④ 기온 상승 - 습도 증가 - 이산화탄소 감소

26 행정처분을 하기 위하여 청문을 실시하여야 하는 경우에 해당되는 것은?

① 과태료를 부과하려 할 때
② 공중위생영업의 일부 시설의 사용중지처분을 하고자 할 때
③ 영업장 폐쇄명령을 받은 자가 재개업을 하려 할 때
④ 영업소의 간판 기타 영업표지물을 제거하려 할 때

27 일반적으로 손톱이 완전하게 재생되는 데에 소요되는 기간으로 옳은 것은?

① 5~6개월　　② 8~9개월
③ 2~3개월　　④ 1~2개월

28 네일 샵의 안전관리를 위한 대처방법으로 가장 적합하지 않은 것은?

① 작업 시 마스크를 착용하여 가루의 흡입을 막는다.
② 가능하면 스프레이 형태의 화학물질을 사용한다.
③ 작업공간에서는 음식물이나 음료, 흡연을 금한다.
④ 화학물질을 사용할 때는 반드시 뚜껑이 있는 용기를 이용한다.

29 국가기술자격법에 의하여 이·미용사 자격정지처분을 받은 때에 대한 1차 위반 행정처분 기준은?

① 면허정지　　② 업무정지
③ 영업장폐쇄　　④ 면허취소

해설

23 아크릴 네일에 사용되는 기본 화학물질은 모노머, 폴리머, 카탈리스트이다.

24 우리나라에서 네일 미용사 자격증이 국가기술자격 종목으로 처음 시행된 것은 2014년도이다.

25 실내에 다수인이 밀집한 상태에서의 실내 공기는 기온 상승 - 습도 증가 - 이산화탄소 증가의 변화를 가진다.

26 보건복지부장관 또는 시장·군수·구청장이 청문을 실시해야 하는 경우
- 면허취소 및 면허정지
- 공중위생영업의 정지
- 일부 시설의 사용중지
- 영업소 폐쇄명령
- 공중위생영업 신고사항의 직권 말소

27 손톱은 하루에 0.1~0.15mm 정도 자라며, 손톱이 완전히 자라서 대체되는 기간은 5~6개월이다.

28 스프레이 형태의 화학물질은 코나 입으로 들어갈 수 있으므로 좋지 않다.

29 국가기술자격법에 따라 이·미용사 자격정지처분을 받은 때에 대한 1차 위반 행정처분 기준은 면허정지에 해당한다.

30 푸른 곰팡이에서 추출한 항생물질인 페니실린을 발견한 사람은 누구인가?

① 리스터 ② 파스퇴르
③ 플레밍 ④ 제너

31 네일숍 고객관리 방법으로 틀린 것은?

① 고객의 대화를 바탕으로 고객 요구사항을 파악한다.
② 고객의 잘못된 관리방법을 제품판매로 연결한다.
③ 고객의 직무와 취향 등을 파악하여 관리방법을 제시한다.
④ 고객의 질문에 경청하며 성의 있게 대답한다.

32 수분함량이 가장 높은 파운데이션은?

① 리퀴드 파운데이션
② 크림 파운데이션
③ 스틱 파운데이션
④ 스킨 커버

33 면역의 종류에 대한 설명으로 틀린 것은?

① 자연수동면역 - 태반을 통해서 항체가 태아에 전달되는 경우나 모유를 통해 항체를 얻어서 획득하게 되는 면역
② 인공능동면역 - 백신을 통해 획득하게 되는 면역
③ 인공수동면역 - 인위적으로 항원을 인체에 넣어서 항체가 생성되게 하는 방법의 면역
④ 자연능동면역 - 감염병 등 질병에 감염된 후 획득하게 되는 면역

34 고객을 맞이하는 네일 미용사의 자세로 틀린 것은?

① 모든 고객 서비스를 해야 한다.
② 고객에게 적합한 서비스를 해야 한다.
③ 안전 규정을 준수하고 청결한 환경을 유지한다.
④ 집객 메뉴얼로 고객관리 카드를 활용하지 않는다.

35 손톱의 구조에 대한 설명으로 옳은 것은?

① 네일 베드(조상) - 손톱의 끝부분에 해당되며 손톱의 모양을 만들 수 있다.
② 네일 플레이트(조체) - 가장 예민한 곳으로 손상을 입으면 네일이 비정상적으로 자랄 수 있다.
③ 루눌라(반월) - 육안으로 보이는 네일 매트릭스이다.
④ 네일 바디(조체) - 손톱 측면으로 손톱과 피부를 밀착시킨다.

해설

30 항생물질인 페니실린을 발견한 사람은 영국의 미생물학자인 플레밍이다.

32 리퀴드 파운데이션의 수분함량이 가장 높다.

33 인위적으로 항원을 인체에 넣어서 항체가 생성되게 하는 방법의 면역은 인공능동면역이다.

35 ① 네일 베드(조상) - 네일 바디를 받치고 있는 밑부분
②, ④ 네일 플레이트(조체, 네일바디) - 손톱의 몸체 부분

36 장기간에 걸쳐서 반복하여 긁거나 비벼서 표피가 건조하고 가죽처럼 두꺼워진 상태는?

① 반흔 ② 낭종
③ 가피 ④ 태선화

37 손톱의 병변에 대한 설명으로 틀린 것은?

① 펑거스(Fungus) - 자연 네일 자체에서 생기는 진균으로 '백선'이라고도 불린다.
② 조갑박리증(Onycholysis) - 조체(네일 바디)와 조상(네일 베드) 사이에 틈이 생기며, 손톱이 떨어져 나가지는 않는다.
③ 사상균증(Mold) - 인조 네일과 자연 네일 사이 틈으로 습기가 스며들어 생겨난다.
④ 화농성 육아종(Pyogenic granuloma) - 조체(네일 바디)가 불균형적으로 얇아진다.

38 위생서비스 평가 결과 위생서비스의 수준이 우수하다고 인정되는 영업소에 대하여 포상을 실시할 수 있는 자에 해당하지 않는 것은?

① 구청장 ② 시·도지사
③ 군수 ④ 보건소장

39 면허증을 시장·군수·구청장에게 반납하여야 하는 사항에 해당하지 않는 것은?

① 면허정지 명령을 받은 때
② 면허증을 잃어버려 재교부 받은 후 그 잃었던 면허증을 찾은 때
③ 면허가 취소된 때
④ 기재사항에 변경이 있는 때

40 이·미용 업소 내에 게시하지 않아도 되는 것은?

① 개설자의 면허증 원본 ② 이·미용업 신고증
③ 최종지불요금표 ④ 영업시간표

41 우리나라의 식중독 발생에 대한 설명으로 가장 거리가 먼 것은?

① 과거와는 다르게 세균성 식중독은 근절되었고, 희귀사건의 식중독 발생 사례만 나타나고 있다.
② 식중독을 예방하기 위해 위생관리행정을 철저히 한다.
③ 세균성 식중독은 대개 5~9월에 가장 많이 발생하는 경향이다.
④ 냉장, 냉동기구의 보급으로도 세균성 식중독은 근절되지 않고 있다.

해설

36 장기간에 걸쳐서 반복하여 긁거나 비벼서 표피가 건조하고 가죽처럼 두꺼워진 상태를 태선화라 한다.

37 진균에 의한 감염으로 네일 바디가 불균형적으로 얇아지면서 떨어져나가는 병변은 백선이다.

38 시·도지사 또는 시장·군수·구청장은 위생서비스평가의 결과 위생서비스의 수준이 우수하다고 인정되는 영업소에 대하여 포상을 실시할 수 있다.

39 기재사항에 변경이 있을 때는 면허증을 재교부 받는다.

40 영업시간표는 영업소 내에 게시하지 않아도 된다.

41 현재도 세균성 식중독은 근절되지 않고 계속 발생하고 있다.

42 피부 기저층(stratum germinativum)에 관한 설명으로 알맞은 것은?

① 무핵 세포로 케라틴(Keratin)으로 채워져 있다.
② 표피의 가장 바깥층이다.
③ 12~20개의 층으로 되어 있으며 두께는 부위에 따라 다양하다.
④ 세포분열이 가장 왕성한 층이다.

43 이·미용업소의 일부시설의 사용중지 명령을 받고도 계속하여 그 시설을 사용한 자에 대한 벌칙사항은?

① 6월 이하의 징역 또는 5백만원 이하의 벌금
② 1년 이하의 징역 또는 5백만원 이하의 벌금
③ 3백만원 이하의 벌금
④ 1년 이하의 징역 또는 1천만원 이하의 벌금

44 네일 폴리시를 손톱 전체에 도포한 후, 프리에지의 일부를 지워주어 네일 끝의 손상을 사전에 방지하는 컬러 도포 방법은?

① 헤어라인 팁(Hairline tip) ② 프리에지(Free edge)
③ 하프 문(Half moon) ④ 프리 웰(Free wall)

45 그러데이션 네일 기법을 설명한 것으로 적절하지 않은 것은?

① 젤 브러시를 이용하여 그라데이션 할 수 있다.
② 다양한 젤(통젤, 젤 네일 폴리시)을 이용하여 그러데이션 할 수 있다.
③ 젤 네일은 글리터 젤을 사용하여 그러데이션을 할 수 없다.
④ 네일 폴리시를 이용한 그러데이션 기법과 동일한 방법으로 스폰지를 이용할 수 있다.

46 세정작용과 기포형성 작용이 우수하여 비누, 샴푸, 클렌징폼 등에 주로 사용되는 계면활성제는?

① 양이온성 계면활성제 ② 음이온성 계면활성제
③ 비이온성 계면활성제 ④ 양쪽성 계면활성제

47 우리나라의 암 발생자 중 사망자 수가 가장 많은 것은?

① 폐암 ② 자궁암 ③ 유방암 ④ 췌장암

48 일반적인 프렌치 네일에 대한 설명으로 옳은 것은?

① 프리에지의 손톱의 너비는 규격화되어 있다.
② 프리에지의 컬러 색상은 흰색으로 규정되어 있다.
③ 옐로우 라인에 맞추어 완만한 스마일 라인으로 컬러를 도포한다.
④ 프리에지 부분만을 제외하고 컬러를 도포한다.

해설

42 기저층은 표피의 가장 아래층으로 새로운 세포가 형성되는 층인데, 세포 분열이 가장 왕성하다.

43 일부시설의 사용중지 명령을 받고도 계속하여 그 시설을 사용한 자에 대한 벌칙사항은 1년 이하의 징역 또는 1천만원 이하의 벌금이다.

44 손톱 전체를 바른 후 손톱 끝 1.5mm 정도를 지워주는 컬러링 방법을 헤어라인 팁이라고 한다.

45 글리터 젤을 사용하여 그러데이션을 할 수 있다.

46 세정작용 및 기포형성 작용이 우수한 계면활성제는 음이온성 계면활성제이며, 비누, 샴푸, 클렌징폼 등에 주로 사용된다.

47 우리나라 암 발생자 중 사망자 수가 가장 많은 것은 폐암이다.

49 네일 관리 시 프리에지 형태의 특징으로 잘못된 것은?

① 라운드형 네일 - 남성의 손톱에 적용된다.
② 오발형 네일 - 우아하고 여성스럽다.
③ 아몬드형 네일 - 손가락이 두꺼워 보이는 단점이 있다.
④ 스퀘어 오프형 네일 - 생활마찰에 견고하여 내구성이 높다.

50 세계보건기구의 기준으로 저체중아는 출생 당시의 체중이 몇 kg 이하를 말하는가?

① 3.0kg 이하 ② 3.2kg 이하
③ 2.5kg 이하 ④ 2kg 이하

51 컬러 도포 방법의 종류가 아닌 것은?

① 풀 코트(full coat)
② 아몬드 네일(Almond nail)
③ 헤어라인 팁(hairline tip)
④ 프리에지(free edge)

52 이·미용업자의 지위승계신고에 관한 사항으로 잘못된 것은?

① 이·미용사 면허를 소지하지 아니하여도 영업자의 지위는 승계할 수 있다.
② 지위를 승계한 자는 1월 이내에 신고하여야 한다.
③ 영업자가 영업을 양도한 때 양수인은 영업자의 지위를 승계한다.
④ 영업자가 사망한 때 상속인은 영업자의 지위를 승계한다.

53 보건교육의 내용과 관계가 가장 먼 것은?

① 미용정보 및 최신기술 : 산업관련기술 내용
② 성인병 및 노인성 질병 : 질병관련 내용
③ 기호품 및 의약품의 외용·남용 : 건강관련 내용
④ 생활환경위생 : 보건위생 관련 내용

54 손톱의 주요 구성성분은 무엇인가?

① 엘라스틴 ② 콜라겐
③ 케라틴 ④ 칼슘

55 습열멸균과 건열멸균을 비교한 설명으로 옳은 것은?

① 습열멸균은 초고온 시에만 소독효과가 나타난다.
② 건열멸균은 아포소독에 효과적이다.
③ 건열멸균은 저온에서 능률적이고 효과적이다.
④ 습열멸균이 건열멸균보다 능률적이고 효과적이다.

해설

49 손가락이 두꺼워 보이는 손톱 모양은 스퀘어형이다.

50 • 저체중아 : 2.5kg 이하
• 과제중아 : 4kg 이상

51 아몬드 네일은 손톱 모양을 일컫는 용어이다.

52 이용업 또는 미용업의 경우 면허를 소지한 자에 한하여 공중위생영업자의 지위를 승계할 수 있다.

53 산업관련기술은 보건교육과는 거리가 멀다.

54 손톱의 주요 구성성분은 케라틴이다.

55 건열멸균은 고온에서 효과적인 방법이며, 아포 소독에는 효과가 없다. 습열멸균이 건열멸균보다 효과적이다.

56 손톱에 대한 설명으로 옳은 것은?

① 손톱은 2층의 층상구조이다.
② 손톱은 5~10%의 수분을 함유한다.
③ 손톱의 주성분은 경단백질이다.
④ 손톱의 주성분은 인이다.

57 화장실, 하수도, 쓰레기 등의 소독에 가장 적합한 것은?

① 알코올 ② 염소
③ 생석회 ④ 승홍수

58 아크릴 작업 시 네일 폼 사용에 대한 설명으로 틀린 것은?

① 물어뜯은 손톱의 경우 네일 폼을 끼우기 위해 먼저 연장한다.
② 하이포니키움이 다치지 않도록 네일 폼을 깊게 끼우지 않는다.
③ 손톱과 네일 폼 사이 약간의 공간이 생기는 경우 시술해도 무방하다.
④ 손톱 상태에 맞게 네일 폼을 재단하여 사용한다.

59 손가락과 손가락 사이가 붙지 않고 멀리 가쪽으로 벌어지게 하는 외향에 작용하는 손등의 근육은?

① 뒤침근(회외근) ② 맞섬근(대립근)
③ 모음근(내전근) ④ 벌림근(외전근)

60 페디큐어 과정이다. ( ) 안을 옳게 연결한 것은?

> 손 소독하기 → 네일 폴리시 제거 → 모양잡기 → (㉠) → 물기제거 → 큐티클 정리 → (㉡) → 페디 파일링 → 발 씻기 → 매뉴얼 테크닉 → 컬러링(베이스 코트, 네일 폴리시(2회), 톱 코트 순)

① ㉠ 족욕기 담그기, ㉡ 유분기 제거
② ㉠ 잡티 제거, ㉡ 유분기 제거
③ ㉠ 라운드 패드, ㉡ 샌딩 블럭
④ ㉠ 족욕기 담그기, ㉡ 콘커트로 굳은살 제거

해설

56 ① 얇은 판상의 각층세포가 밀착되어 있는 층상구조이다.
② 손톱은 12~18%의 수분을 함유한다.
④ 손톱의 주성분은 케라틴이다.

57 화장실, 하수도, 쓰레기 등의 소독에는 생석회가 적당하다.

58 손톱과 네일 폼 사이에 공간이 생기지 않도록 주의한다.

59 손가락과 손가락 사이를 벌어지게 하는 근육을 외전근이라 한다.

CBT 실전문제 모의고사 제3회 / 정답

01 ③	02 ③	03 ③	04 ④	05 ④	06 ④	07 ④	08 ③	09 ④	10 ③
11 ①	12 ②	13 ②	14 ②	15 ③	16 ②	17 ④	18 ④	19 ①	20 ④
21 ②	22 ③	23 ④	24 ②	25 ②	26 ②	27 ①	28 ②	29 ①	30 ③
31 ②	32 ①	33 ③	34 ④	35 ③	36 ④	37 ④	38 ④	39 ④	40 ④
41 ①	42 ④	43 ④	44 ①	45 ③	46 ②	47 ①	48 ③	49 ③	50 ③
51 ②	52 ①	53 ①	54 ③	55 ④	56 ③	57 ③	58 ③	59 ④	60 ④

최종점검 – 출제 가능성이 높은 문제를 통해 마무리하자!

CBT실전모의고사 제4회

▶ 정답 : 355쪽

01 1998년 우리나라 네일 미용에 대한 설명으로 옳은 것은?

① 대학에서 네일관리학 수업이 최초로 신설되었다.
② 미국 키스사제품이 국내에 소개되었다.
③ 세씨네일, 헐리우드 네일 등의 네일 전문 살롱이 압구정동에 개설되었다.
④ 미국 크리에이티브 네일사가 전문가 용품 등 다양한 제품을 국내에 대량으로 보급하였다.

02 미국 식약청이 메틸메타아크릴릭레이트 등의 아크릴릭 화학제품 사용을 금지한 시기는?

① 1975년 ② 1980년
③ 1985년 ④ 1990년

03 네일 바디를 받치고 있는 밑부분으로 네일의 신진대사와 수분을 공급하는 부위는 어디인가?

① 조근(Nail Root) ② 조체(Nail Body)
③ 자유연(Free Edge) ④ 조상(Nail Bed)

04 임신 기간에 따른 손톱의 형성 과정에 대한 설명이다. 잘못된 것은?

① 임신 8~9주경 : 손톱의 태동
② 임신 10주 : 손가락 끝에 손톱이 형성되어 자라기 시작
③ 임신 14주 : 손톱이 자라는 모습 확인 가능
④ 임신 15주 : 손톱이 완전히 자라는 시기

05 고객이 가장 선호하는 세련된 형태로 스퀘어보다 부드러운 느낌을 주는 네일 모양은?

① 스퀘어형 ② 라운드 스퀘어형
③ 라운드형 ④ 오벌형

06 조연화증 네일의 관리 방법으로 잘못된 것은?

① 네일 강화제를 사용한다.
② 실크 또는 린넨으로 보강한다.
③ 부드러운 파일로 파일링한다.
④ 항생 연고를 발라준다.

해설

01 • ②, ③ 1996년 • ④ 1997년

03 조상은 영어로 Nail Bed라고 하며, 네일 바디를 받치고 있는 밑부분이다.

04 손톱이 완전히 자라는 시기는 임신 17~20주이다.

05 라운드 스퀘어형은 스퀘어형보다 부드러운 느낌을 주며, 스퀘어형과 같은 모양으로 다듬은 후 양쪽 모서리 부분만 둥글게 다듬어서 모양을 만든다.

06 조연화증은 네일이 전체적으로 부드럽고 가늘며 하얗게 되어 네일 끝이 휘어지는 증상으로 항생 연고와는 거리가 멀다.

07 아세톤이나 알코올 등을 담아 펌프식으로 사용할 수 있는 기구의 명칭은?

① 디펜디쉬　　② 핑거볼
③ 디스펜서　　④ 스파출라

08 다음 (　)에 맞는 내용으로 짝지어진 것은?

> 식품위생이란 식품, 식품 첨가물, (　) 또는 (　), (　)을 대상으로 하는 음식에 관한 위생이다. [식품위생법 제2조 제1호]

① 기계, 기구, 용기
② 재료, 기계, 용기
③ 유통, 저장, 가공
④ 기구, 용기, 포장

09 뼈의 바깥 면을 덮고 있는 골막과 관계가 없는 것은?

① 뼈의 운동　　② 뼈의 보호
③ 뼈의 영양　　④ 뼈의 재생

10 손가락을 나란히 붙이거나 모을 수 있게 하는 근육은?

① 외전근　　② 내전근
③ 대립근　　④ 굴근

11 표피에서 촉감을 감지하는 세포는?

① 멜라닌 세포　　② 머켈 세포
③ 각질형성 세포　　④ 랑게르 한스 세포

12 인체에 있어 피지선이 전혀 없는 곳은?

① 이마　　② 코
③ 귀　　④ 손바닥

13 세안 후 이마, 볼 부위가 당기며, 잔주름이 많고 화장이 잘 들뜨는 피부유형은?

① 복합성 피부　　② 건성 피부
③ 노화 피부　　④ 민감 피부

14 다음 중 피부의 각질, 털, 손톱, 발톱의 구성성분인 케라틴을 가장 많이 함유한 것은?

① 동물성 단백질　　② 동물성 지방질
③ 식물성 지방질　　④ 탄수화물

해설

07 ① 디펜디쉬 : 아크릴릭 용액을 담을 수 있는 용기
② 핑거볼 : 습식 매니큐어 서비스 과정에서 손의 큐티클을 부풀릴 때 사용
④ 스파출라 : 크림 등의 제품을 덜어 낼 때 사용

08 식품위생이란 식품, 식품첨가물, 기구 또는 용기 · 포장을 대상으로 하는 음식에 관한 위생을 말한다.

09 골막은 뼈의 바깥 면을 덮고 있는 두꺼운 결합조직층으로 혈관이 많이 분포하고 있으며, 뼈의 보호, 뼈의 영양, 성장 및 재생에 관여한다.

10 ① 외전근 : 손가락 사이를 벌어지게 하는 근육
③ 대립근 : 물건을 잡을 때 사용하는 근육
④ 굴근 : 손목을 굽히고 내외향에 작용하며 손가락을 구부리게 하는 근육

11 머켈세포는 표피의 기저층에 위치하며 신경세포와 연결되어 촉각을 감지한다.

12 피지선은 피지가 분비되는 곳으로, 손바닥과 발바닥에는 존재하지 않는다.

13 건성피부는 피지와 땀의 분비 저하로 유 · 수분의 균형이 정상적이지 못하고 세안 후 이마, 볼 부위가 당기며, 화장이 잘 들뜨고 잔주름이 많은 특징이 있다.

14 케라틴은 동물성 단백질로 각질, 손톱, 발톱의 구성성분이다.

15 산과 합쳐지면 레티놀산이 되고, 피부의 각화작용을 정상화시키며, 피지 분비를 억제하므로 각질 연화제로 많이 사용되는 비타민은?

① 비타민 A ② 비타민 B 복합체
③ 비타민 C ④ 비타민 D

16 체내에서 근육 및 신경의 자극 전도, 삼투압 조절 등의 작용을 하며, 식욕에 관계가 깊기 때문에 부족하면 피로감, 노동력의 저하 등을 일으키는 것은?

① 구리(Cu) ② 식염(NaCl)
③ 요오드(I) ④ 인(P)

17 성층권의 오존층을 파괴시키는 대표적인 가스는?

① 이산화탄소(CO_2) ② 일산화탄소(CO)
③ 염화불화탄소(CFC) ④ 아황산가스(SO_2)

18 화장품의 사용 목적과 가장 거리가 먼 것은?

① 인체를 청결, 미화하기 위하여 사용한다.
② 용모를 변화시키기 위하여 사용한다.
③ 피부, 모발의 건강을 유지하기 위하여 사용한다.
④ 인체에 대한 약리적인 효과를 주기 위해 사용한다.

19 다음 중 기초화장품에 해당하는 것은?

① 파운데이션 ② 네일 폴리시
③ 볼연지 ④ 스킨로션

20 다음 오일의 종류 중 사용성 및 화학적 안정성이 우수한 것은?

① 올리브유 ② 실리콘 오일
③ 난황유 ④ 바셀린

21 천연보습인자(NMF)의 구성 성분 중 40%를 차지하는 중요 성분은?

① 요소 ② 젖산염
③ 무기염 ④ 아미노산

22 다음 중 피부상재균의 증식을 억제하는 항균기능을 가지고 있고, 발생한 체취를 억제하는 기능을 가진 것은?

① 바디샴푸 ② 데오도란트
③ 샤워코롱 ④ 오데토일렛

해설

15 카로틴이 다량 함유되어 있는 비타민 A는 피부의 각화작용을 정상화시키고 피지의 분비를 억제하는 역할을 하며, 결핍 시에는 피부표면이 경화된다.

16 식염은 삼투압 조절 등의 작용을 하며 결핍 시 피로감을 느끼게 되며, 노동력이 저하된다.

17 성층권의 오존층을 파괴시키는 대표적인 가스는 프레온 가스로 알려진 염화불화탄소이다.

18 인체에 대한 약리적인 효과를 주기 위해 사용하는 것은 의약품이다.

19 스킨로션, 크림, 에센스, 화장수 등은 기초화장품에 속한다.

20 실리콘 오일은 합성 오일로서 천연 오일보다 사용성 및 화학적 안정성이 우수하다.

21 천연보습인자의 구성 성분 중 아미노산이 40%로 가장 많이 차지하며 젖산 12%, 요소 7% 등으로 이루어져 있다.

22 데오도란트는 액취 방지용 바디 화장품이다.

해설

23 메이크업 베이스 색상이 잘못 연결된 것은?

① 그린색 : 모세혈관이 확장되어 붉은 피부
② 핑크색 : 푸석푸석해 보이는 창백한 피부
③ 화이트색 : 어둡고 칙칙해 보이는 피부
④ 연보라 : 생기가 없고 어두운 피부

23 연보라색은 노란 기가 많은 피부에 사용된다.

24 공중보건의 3대 요소에 속하지 않는 것은?

① 감염병 치료 ② 수명 연장
③ 건강과 능률의 향상 ④ 감염병 예방

24 공중보건학의 목적은 질병치료가 아니라 질병예방에 있다.

25 의료급여 대상자로 옳지 않은 것은?

① 해외근로자 중 질병으로 후송된 자
② 국가유공자
③ 의상자 및 의사자 유족
④ 북한 이탈 주민

25 해외근로자는 의료급여 대상자가 아니다.

26 예방접종(vaccine)으로 획득되는 면역의 종류는?

① 인공능동면역 ② 인공수동면역
③ 자연능동면역 ④ 자연수동면역

26
- **인공능동면역** : 예방접종을 통해 형성되는 면역
- **인공수동면역** : 항독소 등 인공제제를 접종하여 형성되는 면역
- **자연능동면역** : 감염병에 감염된 후 형성되는 면역
- **자연수동면역** : 모체로부터 태반이나 수유를 통해 형성되는 면역

27 다음 법정 감염병 중 제2급 감염병이 아닌 것은?

① 장티푸스 ② 콜레라
③ 세균성이질 ④ 파상풍

27 파상풍은 제3급 감염병에 속한다.

28 어류인 송어, 연어 등을 날로 먹었을 때 주로 감염될 수 있는 것은?

① 갈고리촌충 ② 긴촌충
③ 페디스토마 ④ 선모충

28 긴촌충은 광절열두조충이라고도 하며, 송어, 연어 등을 제2중간숙주로 한다.

29 다음 중 일반적으로 활동하기 가장 적합한 실내의 적정 온도는?

① 15±2℃ ② 18±2℃
③ 22±2℃ ④ 24±2℃

29 인간이 활동하기 좋은 온도와 습도
- 온도 : 18±2℃
- 습도 : 40~70%

30 다음 중 직업병에 해당하는 것은?

㉠ 잠함병 ㉡ 규폐증 ㉢ 소음성 난청 ㉣ 식중독

① ㉠, ㉡, ㉢, ㉣ ② ㉠, ㉡, ㉢
③ ㉠, ㉢ ④ ㉡, ㉣

30 식중독은 음식물 섭취와 관련된 것이므로 직업병과는 무관하다.

31 비교적 약한 살균력을 작용시켜 병원 미생물의 생활력을 파괴하여 감염의 위험성을 없애는 조작은?

① 소독
② 고압증기멸균
③ 방부처리
④ 냉각처리

32 알코올 소독의 미생물 세포에 대한 주된 작용기전은?

① 할로겐 복합물 형성
② 단백질 변성
③ 효소의 완전 파괴
④ 균체의 완전 융해

33 소독에 사용되는 약제의 이상적인 조건은?

① 살균하고자 하는 대상물을 손상시키지 않아야 한다.
② 취급 방법이 복잡해야 한다.
③ 용매에 쉽게 용해해야 한다.
④ 향기로운 냄새가 나야 한다.

34 면역과 관련된 설명으로 틀린 것은?

① 인공혈청제제를 주사하여 얻는 방법은 수동면역이다.
② 랑게르한스 세포는 수지상세포이다.
③ 피부의 진피는 1차 방어선이다.
④ 능동면역은 예방접종에 의해 형성된다.

35 방역용 석탄산의 가장 적당한 희석농도는?

① 0.1%　　② 0.3%
③ 3.0%　　④ 75%

36 3%의 크레졸 비누액 900ml를 만드는 방법으로 옳은 것은?

① 크레졸 원액 270ml 에 물 630ml를 가한다.
② 크레졸 원액 27ml에 물 873ml를 가한다.
③ 크레졸 원액 300ml에 물 600ml를 가한다.
④ 크레졸 원액 200ml에 물 700ml를 가한다.

37 고무장갑이나 플라스틱의 소독에 가장 적합한 것은?

① E.O 가스 살균법
② 고압증기 멸균법
③ 자비 소독법
④ 오존 멸균법

해설

31 비교적 약한 살균력으로 병원 미생물의 감염 위험을 없애는 것은 소독에 해당하며, 병원성 또는 비병원성 미생물 및 포자를 가진 것을 전부 사멸 또는 제거하는 것을 멸균이라 한다.

32 알코올 소독의 작용기전
균체의 효소 불활성화 작용, 균체의 단백질 응고작용

33 소독약은 살균력이 강하면서도 대상물을 손상시키지 않아야 한다.

34 피부의 1차 방어선의 역할을 하는 것은 표피이다.

35 석탄산은 3% 농도의 석탄산에 97%의 물을 혼합하여 사용한다.

36 900ml의 3%는 27ml이므로 크레졸 원액 27ml에 물 873ml를 첨가해서 900ml를 만든다.

37 E.O 가스 살균법은 50~60℃의 저온에서 멸균하는 방법으로 가열로 인해 변질되기 쉬운 플라스틱 및 고무제품 등의 멸균에 이용되며, 일반세균은 물론 아포까지 불활성화시킬 수 있는 방법이다.

해설

38 영업소 출입·검사 관련공무원이 영업자에게 제시해야 하는 것은?

① 주민등록증
② 위생검사 통지서
③ 위생감시 공무원증
④ 위생검사 기록부

39 다음은 법률상에서 정의되는 용어이다. 바르게 서술된 것은 다음 중 어느 것인가?

① 위생관리 용역업이란 공중이 이용하는 시설물의 청결유지와 실내공기정화를 위한 청소 등을 대행하는 영업을 말한다.
② 미용업이란 손님의 얼굴과 피부를 손질하여 모양을 단정하게 꾸미는 영업을 말한다.
③ 이용업이란 손님의 머리, 수염, 피부 등을 손질하여 외모를 꾸미는 영업을 말한다.
④ 공중위생영업이란 미용업, 숙박업, 목욕장업, 수영장업, 유기영업 등을 말한다.

40 공중위생감시원의 업무범위에 해당하는 것은?

① 위생서비스 수준의 평가계획 수립
② 공중위생 영업자와 소비자 간의 분쟁조정
③ 공중위생 영업소의 위생관리상태의 확인
④ 위생서비스 수준의 평가에 따른 포상 실시

41 공중이용시설의 위생관리 기준이 아닌 것은?

① 소독을 한 기구와 소독을 하지 아니한 기구를 각각 다른 용기에 보관한다.
② 1회용 면도날을 손님 1인에 한하여 사용하여야 한다.
③ 업소 내에 요금표를 게시하여야 한다.
④ 업소 내에 화장실을 갖추어야 한다.

42 다음 이·미용기구의 소독기준 중 잘못된 것은?

① 열탕소독은 100℃ 이상의 물속에 10분 이상 끓여준다.
② 자외선소독은 1㎠당 85㎼ 이상의 자외선을 20분 이상 쬐어준다.
③ 건열멸균소독은 100℃ 이상의 건조한 열에 20분 이상 쐬어준다.
④ 증기소독은 100℃ 이상의 습한 열에 10분 이상 쐬어준다.

38 출입 · 검사하는 관계공무원은 그 권한을 표시하는 증표를 지녀야 하며, 관계인에게 이를 내보여야 한다.

39
- **미용업** : 손님의 얼굴 · 머리 · 피부 및 손톱 · 발톱 등을 손질하여 손님의 외모를 아름답게 꾸미는 영업
- **이용업** : 손님의 머리카락 또는 수염을 깎거나 다듬는 등의 방법으로 손님의 용모를 단정하게 하는 영업
- **공중위생영업** : 다수인을 대상으로 위생관리서비스를 제공하는 영업으로서 숙박업·목욕장업·이용업·미용업·세탁업·위생관리용역업을 말한다.

40 공중위생감시원의 업무범위
- 관련 시설 및 설비의 확인
- 관련 시설 및 설비의 위생상태 확인·검사, 공중위생영업자의 위생관리의무 및 영업자준수사항 이행 여부의 확인
- 공중이용시설의 위생관리상태의 확인·검사
- 위생지도 및 개선명령 이행 여부의 확인
- 공중위생영업소의 영업의 정지, 일부 시설의 사용중지 또는 영업소 폐쇄명령 이행 여부의 확인
- 위생교육 이행 여부의 확인

41 업소 내 화장실의 유무는 위생관리기준이 아니다.

42 증기소독은 100℃ 이상의 습한 열에 20분 이상 쐬어준다.

43 이·미용사가 면허정지 처분을 받고 업무 정지 기간 중 업무를 행한 때 1차 위반 시 행정처분 기준은?

① 면허정지 3월
② 면허정지 6월
③ 면허취소
④ 영업장 폐쇄

44 이·미용 영업상 잘못으로 관계기관에서 청문을 하고자 하는 경우 그 대상이 아닌 것은?

① 면허취소
② 면허정지
③ 영업소 폐쇄
④ 1,000만원 이하 벌금

45 시·도지사 또는 시장·군수·구청장은 공중위생관리상 필요하다고 인정하는 때에 공중위생영업자 등에 대하여 필요한 조치를 취할 수 있다. 이 조치에 해당하는 것은?

① 보고 ② 청문
③ 감독 ④ 협의

46 매니큐어에 대한 설명으로 옳은 것은?

① 큐티클 관리를 말한다.
② 손과 손톱의 총체적인 관리를 의미한다.
③ Manus와 Cura가 합성된 말로 스페인에서 유래되었다.
④ 매니큐어는 중세부터 행해졌다.

47 프렌치 매니큐어에 대한 설명으로 옳지 않은 것은?

① 프렌치를 이용해 다양한 아트를 만들 수 있다.
② 개인 취향에 따라 여러 가지 컬러로 표현할 수 있다.
③ 프리에지를 화이트로 바르면 두꺼워 보이므로 삼가야 한다.
④ 보통 왼쪽에서 오른쪽 방향으로 바른다.

48 핫오일 매니큐어 시 히터에서 데우는 데 적당한 시간은?

① 5~10분 ② 7~12분
③ 10~15분 ④ 15~20분

49 루눌라 부분만 남기고 컬러링하는 방법을 무엇이라 하는가?

① 하프문 ② 슬림라인
③ 프리에지 ④ 풀 코트

해설

43 1차 위반 시 면허취소가 되는 경우
- 국가기술자격법에 따라 미용사자격이 취소된 때
- 결격사유에 해당한 때
- 이중으로 면허를 취득한 때
- 면허정지처분을 받고 그 정지기간중 업무를 행한 때

44 시장 · 군수 · 구청장은 다음의 처분을 하고자 하는 경우 청문을 실시하여야 한다.
- 면허취소·면허정지
- 공중위생영업의 정지
- 일부 시설의 사용중지
- 영업소폐쇄명령

45 시 · 도지사 또는 시장 · 군수 · 구청장은 공중위생관리상 필요하다고 인정하는 때에는 공중위생영업자 및 공중이용시설의 소유자 등에 대하여 필요한 보고를 하게 하거나 소속공무원으로 하여금 영업소 · 사무소 · 공중이용시설 등에 출입하여 공중위생영업자의 위생관리의무이행 및 공중이용시설의 위생관리실태 등에 대하여 검사하게 하거나 필요에 따라 공중위생영업장부나 서류를 열람하게 할 수 있다.

46 ① 매니큐어는 큐티클 관리뿐만 아니라 전체적인 손톱 및 손 관리를 말한다.
③ 매니큐어는 라틴어에서 유래되었다.
④ 매니큐어는 고대시대부터 행해졌다.

47 프리에지를 화이트로 발랐을 경우 손톱이 두꺼워 보이므로 폭이 좁은 손톱에는 화이트를 발라 두꺼워 보이게 하는 것이 좋다.

48 핫오일 매니큐어 시 10~15분 정도 히터에서 데우는 것이 좋다.

49 루눌라 부분만 남기고 컬러링하는 방법을 반달형 또는 하프문이라 한다.

해설

50 손의 색깔과 네일 컬러의 연결이 서로 어울리지 않는 것은?

① 붉은색의 손 – 노란 계열
② 어두운 손 – 딥퍼플, 초콜릿색 등 강한 컬러
③ 하얀색의 손 – 어떤 컬러와도 잘 어울리는 편이다.
④ 노란색의 손 – 파스텔 핑크, 화이트 펄, 브라운 계열

50 붉은색 손에는 붉은 계열이나 노란 계열의 색은 피하는 것이 좋으며, 블랙이나 블루, 퍼플과 같이 차가운 컬러가 어울린다.

51 건강한 발의 조건이 아닌 것은?

① 발바닥 색이 분홍색을 띠어야 한다.
② 발의 온도가 차가워야 한다.
③ 발뒷꿈치가 일직선이 되어야 한다.
④ 발바닥이 아치 형태이어야 한다.

51 차갑지 않고 따뜻한 발이 건강한 발이다.

52 네일을 불려서 팁 연장을 하게 되면 안 되는 이유는?

① 파일링이 쉬워지므로
② 인조네일의 리프팅이 잘되므로
③ 습기를 먹은 자연네일에 곰팡이나 균이 잘 번식하므로
④ 글루가 잘 묻지 않으므로

52 팁 연장을 하기 전에 네일을 불리게 되면 습기로 인해 곰팡이나 균이 번식하는 환경을 만들어 주게 된다.

53 네일 래핑 시 사용하지 않는 재료는?

① 젤 글루
② 네일 글루
③ 아크릴릭 리퀴드
④ 페이퍼 랩

53 아크릴릭 리퀴드는 아크릴릭 스컬프처 또는 오버레이 시술 시 사용된다.

54 네일랩의 문제점 중 벗겨짐(Peeling)이란?

① 네일 랩이 부러지는 현상
② 손톱의 프리에지 부분에서 랩이 일어나는 현상
③ 손톱의 프리에지 부분의 색깔이 변하는 현상
④ 네일 랩이 분리되는 현상

54 네일 랩에서 필링은 손톱의 길이를 자를 때 클리퍼를 너무 깊게 넣어 자연손톱에 틈이 생기거나 손톱의 유 · 수분으로 인해 가장 많이 쓰는 손톱 끝부분이 벗겨지는 현상이다.

55 아크릴릭이 자연손톱에 잘 접착되도록 사용하는 재료는?

① 프라이머 ② 폴리머
③ 글루 ④ 젤

55 프라이머는 아크릴릭이 자연손톱에 잘 접착될 수 있도록 빌라주는 촉매제이며, 프라이머 작업 시에는 반드시 보안경, 비닐장갑, 마스크를 착용하도록 한다.

56 물어뜯은 네일에 아크릴릭 네일을 하기 위해 먼저 해야 하는 것은?

① 아크릴릭 사용 전에 래핑을 한다.
② 네일 팁을 아크릴릭 손톱에 붙인다.
③ 자연네일을 팁으로 먼저 연장한다.
④ 프라이머를 바른다.

56 폼을 사용하기 전에 물어뜯어 손상된 손톱에 팁으로 먼저 연장을 한 뒤 아크릴릭 네일 시술을 한다.

해설

57 아크릴릭 네일에 대한 설명으로 옳은 것은?

① 필러 파우더와 같이 사용한다.
② 인조손톱에만 시술이 가능하다.
③ 자연손톱에만 시술이 가능하다.
④ 손톱의 모양을 교정할 수 있다.

57 아크릴릭 네일 시술을 통해 물어뜯은 손톱, 들뜬 손톱 등의 교정이 가능하다.

58 프라이머에 대한 설명으로 옳지 않은 것은?

① 피부나 눈에 닿으면 안 된다.
② 프라이머 작업 시 반드시 보안경과 비닐장갑, 마스크를 착용한다.
③ 프라이머는 강산이므로 투명한 유리병에 보관한다.
④ 프라이머에 이물질이 들어가는 것을 막기 위해 작은 용기에 보관한다.

58 프라이머는 빛에 노출되면 변질될 우려가 있으므로 어두운 색의 유리 용기에 넣어둔다.

59 젤을 굳게 할 수 있는 자외선 또는 할로겐 전구가 들어 있는 전기용품의 이름은?

① 젤 탑코트
② 큐어링 라이트
③ 글루 드라이
④ 젤 폴리시

59 큐어링 라이트는 자외선 또는 할로겐 전구를 이용해 젤을 굳게 하는 기능을 한다.

60 손상된 네일을 보수하기 위한 랩 서비스로 맞는 것은?

① 보수용 패치를 잘라서 손상된 부위를 보수한다.
② 글루만 이용해서 수리한다.
③ 필러만 이용해서 수리한다.
④ 젤을 이용해서 채운다.

60 손상된 네일의 보수에는 젤을 사용하지 않고 필러와 글루를 이용하여 래핑을 한다.

CBT 실전문제 모의고사 제4회 / 정답

01 ①	02 ①	03 ④	04 ④	05 ②	06 ④	07 ③	08 ④	09 ①	10 ②
11 ②	12 ④	13 ②	14 ①	15 ①	16 ②	17 ③	18 ④	19 ④	20 ②
21 ④	22 ②	23 ④	24 ①	25 ①	26 ①	27 ④	28 ②	29 ②	30 ②
31 ①	32 ②	33 ①	34 ③	35 ③	36 ②	37 ①	38 ③	39 ①	40 ③
41 ④	42 ④	43 ③	44 ④	45 ①	46 ②	47 ③	48 ③	49 ①	50 ①
51 ②	52 ③	53 ③	54 ②	55 ①	56 ③	57 ④	58 ③	59 ②	60 ①

최종점검 – 출제 가능성이 높은 문제를 통해 마무리하자!

CBT실전모의고사 제5회

▶ 정답 : 365쪽

01 다음 중 200만원 이하의 과태료에 처할 수 있는 대상자는?

① 면허가 취소된 후 계속하여 업무를 행한 자
② 영업장소 외의 장소에서 이용 또는 미용업무를 행한 자
③ 면허정지기간 중에 업무를 행한 자
④ 영업자의 지위를 승계한 자로서 신고를 하지 아니한 자

02 한 나라의 보건수준을 측정하는 지표로서 가장 대표적인 것은?

① 국민소득 ② 의과대학 설치 수
③ 영아사망률 ④ 감염병 발생률

03 에탄올이 화장품 원료로 사용되는 이유가 아닌 것은?

① 에탄올은 유기용매로서 물에 녹지 않는 비극성 물질을 녹이는 성질이 있다.
② 공기 중의 습기를 흡수해서 피부표면 수분을 유지시켜 피부나 털의 건조방지를 한다.
③ 소독작용이 있어 수렴화장수, 스킨로션, 남성용 애프터쉐이브 등으로 쓰인다.
④ 탈수 성질이 있어 건조 목적이 있다.

04 프라이머의 역할에 대한 설명으로 틀린 것은?

① 주요 성분인 메타아크릴산은 네일 표면의 단백질을 미세하게 녹인다.
② 프라이머는 강 알칼리성으로 자연네일 표면의 단백질을 변성시킨다.
③ 인조네일 작업 시 인조네일 화장물이 잘 고착되도록 사용한다.
④ 손톱의 pH에 영향을 주며 인조네일의 유지력을 향상시킨다.

05 피부에 손상을 미치는 활성산소는?

① 비타민
② 글리세린
③ 슈퍼옥사이드
④ 히아루론산

해설

01 ① ③ 벌금 300만원
④ 6월 이하의 징역 또는 500만원 이하의 벌금

02 한 나라의 보건수준을 측정하는 지표로서 가장 대표적인 것은 영아사망률이다.

03 공기 중의 습기를 흡수해서 피부표면 수분을 유지시켜 피부나 털의 건조방지를 하는 성분은 글리세린이다.

04 프라이머는 강산성이다.

05 활성산소의 종류 : 슈퍼옥사이드 라디칼, 하이드록시 라디칼, 퍼옥시 라디칼, 과산화수소 등

06 일반적으로 네일숍에서 사용하는 금속도구들은 약 몇 분간 소독액에 담가 소독하는 것이 가장 적절한가?

① 5분 ② 10분
③ 20분 ④ 15분

07 생균 및 사균, 순화독소 등 예방접종에 의해 획득된 면역을 무엇이라 하는가?

① 자연능동면역 ② 자연수동면역
③ 인공능동면역 ④ 인공수동면역

08 자외선 차단 성분의 기능이 아닌 것은?

① 미백작용 활성화 ② 일광화상 방지
③ 과색소 침착 방지 ④ 노화 방지

09 미백 화장품의 메커니즘이 아닌 것은?

① 자외선 차단
② 도파(DOPA) 산화 억제
③ 티로시나제 활성화
④ 멜라닌 합성 저해

10 네일의 길이와 모양을 자유롭게 조절할 수 있는 곳은?

① 에포니키움(조상피)
② 네일 그루브(조구)
③ 네일 폴드(조주름)
④ 프리에지(자유연)

11 네일숍의 안전수칙 중 틀린 것은?

① 깨끗한 수건과 가운 등은 사용한 것과 사용하지 않은 것을 밀폐된 장에 분리하여 보관한다.
② 화학성분의 용액을 흘렸을 경우는 즉시 닦아준다.
③ 소독 및 세제용 화학물질은 서늘하고 건조한 곳에 보관한다.
④ 작업 공간은 조도가 낮고 온·냉방이 되어야 하며, 환기가 잘 되어야 한다.

12 이·미용사의 면허증을 다른 사람에게 대여한 때에 대한 1차 위반 시 행정처분 기준은?

① 면허정지 3월 ② 면허정지 1월
③ 영업정지 3월 ④ 영업정지 1월

해설

06 금속도구들은 약 20분간 소독액에 담가 소독하는 것이 좋다.

07 예방접종에 의해 획득된 면역을 인공능동면역이라고 한다.

08 자외선 차단 성분이 미백작용을 활성화시키지는 않는다.

09 티로시나아제 효소의 활성을 억제함으로써 미백 기능을 가진다.

10 프리에지는 손톱의 끝부분을 지칭하는데, 네일의 길이와 모양을 자유롭게 조절할 수 있다.

11 네일숍은 조도가 높고 밝기가 유지되어야 한다.

12
- 1차 위반 : 면허정지 3개월
- 2차 위반 : 면허정지 6개월
- 3차 위반 : 면허취소

13 복합 지성 피부에 관한 설명으로 틀린 것은?

① 세안 시 자극이 없는 제품을 사용하고, 심하게 문지르지 말아야 한다.
② 보통 여드름이나 지루성 피부염이 동반되어 있는 경우가 많다.
③ 화장 시 유분감이 있는 화장품을 사용하는 것이 좋다.
④ 단순 지성 피부와는 달리 피부에 쉽게 염증이 생기고 외부 자극에도 민감한 편이다.

14 기미의 유형이 아닌 것은?

① 표피형 기미
② 피하조직형 기미
③ 혼합형 기미
④ 진피형 기미

15 피부의 면역반응에 대한 설명 중 틀린 것은?

① 피부는 다양한 면역 반응이 일어나는 면역기관의 하나이다.
② 피부에는 랑게르한스 세포, 대식세포, 조직구 등 다양한 면역세포가 존재한다.
③ 각질형성세포는 외부 항원을 탐식하여 처리하는 중요한 세포이다.
④ 면역과 다양한 염증반응을 매개하는 화학물질을 사이토카인이라 한다.

16 다음 ( ) 안에 알맞은 말을 순서대로 옳게 나열한 것은?

> 세계보건기구(WHO)의 본부는 스위스 제네바에 있으며, 6개의 지역사무소를 운영하고 있다. 이 중 우리나라는 ( ) 지역에, 북한은 ( ) 지역에 소속되어 있다.

① 서태평양, 서태평양
② 동남아시아, 동남아시아
③ 동남아시아, 동남아시아
④ 서태평양, 동남아시아

17 이·미용업소의 폐쇄 명령을 받고도 계속하여 영업을 하는 때 관계공무원이 취할 수 있는 조치로 틀린 것은?

① 해당 영업소가 위법한 영업소임을 알리는 게시물 등의 부착
② 해당 영업소 시설 등의 개선명령
③ 영업을 위하여 필수불가결한 기구 또는 시설물을 사용할 수 없게 하는 봉인
④ 해당 영업소의 간판 기타 영업표지물의 제거

해설

13 화장 시 과도하게 유분감이 많은 화장품을 피하고 여드름을 유발하는 성분들이 들어 있는 제품을 피해야 한다.

14 기미의 유형 : 표피형, 혼합형, 진피형

15 외부 항원을 탐식하여 처리하는 세포는 대식세포이다.

16 6개의 WHO 지역사무소 중 우리나라는 서태평양 지역에 소속되어 있으며, 북한은 동남아시아 지역에 소속되어 있다.

17 영업소 폐쇄 명령을 받고도 계속하여 영업을 한 공중위생영업자에게 영업소 폐쇄를 위해 ①, ③, ④에 해당하는 조치를 취할 수 있다.

18 문제성 네일에 대한 설명으로 옳은 것은?

① 조갑 사상균증 - 초기에 황녹색 반점이 생겨 차츰 검게 변하며 네일이 약해지면서 냄새도 나다가 결국은 떨어져나가는 증상이다.
② 조갑박리증 - 손톱 주위가 세균에 감염되어 급성화농성 염증이 생기며 감염된다.
③ 조갑염 - 네일이 심하게 두꺼워지는 증상으로서 손·발가락 끝에 심한 구부러짐이 생긴다.
④ 조갑구만증 - 네일 폴드가 세균에 의해 감염되어 네일바디의 중앙을 중심으로 갈라지는 형상이 생긴다.

19 이·미용업소에서 공기 중 비말전염으로 가장 쉽게 옮겨질 수 있는 감염병은?

① 인플루엔자
② 뇌염
③ 장티푸스
④ 대장균

20 다음 기생충 중 중간숙주와의 연결이 틀리게 된 것은?

① 사상충 - 모기
② 무구조충 - 소
③ 회충 - 채소
④ 요코가와흡충 - 은어

21 메이크업 화장품에서 색상의 커버력을 조절하기 위해 주로 배합하는 것은?

① 펄 안료
② 계절 안료
③ 착색 안료
④ 백색 안료

22 젤 네일과 아크릴릭 네일을 비교·설명한 것이다. 옳지 않은 것은?

① 젤 네일은 아크릴릭 네일보다 냄새가 많이 심하다.
② 젤 네일은 아크릴릭 네일보다 손톱에 주는 손상이 더 심하다.
③ 젤 네일은 아크릴릭 네일보다 아트의 수정이 더 쉽다.
④ 젤 네일은 아크릴릭 네일보다 제거가 어렵다.

해설

18 ② 조갑주위염, ③ 조갑구만증, ④ 조갑염

19 기침이나 재채기 등을 통해 나오는 침방울이 타인의 코나 입으로 들어가면서 감염되는 것을 비말감염이라 하는데, 인플루엔자, 결핵, 백일해, 디프테리아 등이 이에 속한다.

20 회충과 같이 채소류를 통해 감염되는 기생충은 중간숙주가 없다.

21 색상의 커버력을 조절하기 위해 주로 배합하는 것은 백색 안료이다.

22 젤 네일은 냄새가 거의 없다.

23 공중위생 영업소를 개설하고자 하는 자가 부득이한 사유가 없는 한 위생교육을 받아야 하는 시기는?

① 개설 통보한 후 1개월 내
② 신고하기 전 미리
③ 신고한 후 1개월 내
④ 개설 허가 받은 후 3개월 내

24 인조네일이 처음 등장한 시기는?

① 1950년
② 1910년
③ 1930년
④ 1935년

25 손가락이 나란히 붙게 하거나 모으는 내향에 작용하는 손의 근육은?

① 폄근(신근)
② 맞섬근(대립근)
③ 모음근(내전근)
④ 벌림근(외전근)

26 패브릭 랩의 4주 후의 보수에 대한 설명으로 옳지 않은 것은?

① 자연스럽게 보일 수 있도록 보수한다.
② 별다른 이상이 없으면 글루를 이용한다.
③ 자라난 부위의 턱을 매끄럽게 갈아내고 나머지 부분도 가볍게 갈아낸다.
④ 깨진 부위는 파일로 갈지 않고 글루만 이용한다.

27 항산화성 비타민으로 불리는 지용성 비타민은?

① 비타민 E
② 비타민 D
③ 비타민 C
④ 비타민 B

28 이·미용사가 아니면 이·미용업무에 종사할 수 없는데 예외로 인정되는 경우는?

① 질병 기타의 사유로 이·미용업소에 나올 수 없는 자에 대한 이·미용행위
② 보건복지부령이 정하는 장소에서의 이·미용 행위
③ 보조원이 이·미용사의 감독을 받아 그 업무를 행하는 행위
④ 학생의 후생복지를 위해 교내에 설치한 이·미용업소에서의 행위

해설

23 공중위생 영업소를 개설하고자 하는 자는 미리 위생교육을 받아야 한다.

24 인조네일이 처음 등장한 시기는 1935년이다.

25 손가락이 나란히 붙게 하거나 모으는 내향에 작용하는 손의 근육은 모음근(내전근)이다.

26 깨진 부위를 파일링을 하지 않고 그냥 두면 곰팡이나 각종 병균이 생길 수 있다.

27 항산화성 비타민 : 비타민 A, E, C 등
지용성 비타민 : 비타민 A, D, E, K 등

28 이용사 또는 미용사의 면허를 받은 자가 아니면 이용업 또는 미용업을 개설하거나 그 업무에 종사할 수 없다. 다만, 이용사 또는 미용사의 감독을 받아 이용 또는 미용 업무의 보조를 행하는 경우에는 그러하지 아니하다.

29 다음 중 투베르쿨린 반응이 양성인 경우는?

① 건강 보균자
② 나병 보균자
③ 결핵 감염자
④ AIDS 감염자

30 다음 중 비말전염과 가장 관계가 큰 것은?

① 상해 ② 피로
③ 영양불량 ④ 과밀집

31 UV 젤의 특징 중 틀린 것은?

① 경화 후 미경화 젤이 남을 수도 있다.
② 투명감과 광택 효과가 오랫동안 유지된다.
③ 자외선 램프기기에서 경화된다.
④ 상온중합으로 경화된다.

32 피지선과 한선에서 나온 분비물이 피부에 윤기를 주어서 건강과 아름다움을 지니게 해주는 피부의 생리작용은?

① 침투작용 ② 흡수작용
③ 분비작용 ④ 조절작용

33 매니큐어 작업 시에 미관상 제거의 대상이 되는 손톱을 덮고 있는 각질세포는?

① 큐티클(조소피)
② 네일 플레이트(조체)
③ 네일 그루브(조구)
④ 네일 프리에지(자유연)

34 발허리뼈(중족골) 관절을 굴곡시키고 외측 4개 발가락의 발가락뼈관절(지골간관절)을 펴는 근육은?

① 짧은새끼굽힘근(단소지굴근)
② 짧은엄지굽힘근(단무지굴근)
③ 새끼벌림근(소지외전근)
④ 벌레근(충양근)

35 화장품에서 요구되는 4대 품질 특성의 설명으로 옳은 것은?

① 안전성 : 미생물 오염이 없을 것
② 사용성 : 사용이 편리해야 할 것
③ 보습성 : 피부표면의 건조함을 막아줄 것
④ 안정성 : 독성이 없을 것

해설

29 투베르쿨린 반응은 결핵균 감염 유무를 검사하는 방법이다.

30 비말전염은 과밀집과 관련이 있다.

31 상온중합은 열이나 빛 등의 에너지가 없이 실온에서 반응 가능한 방법이며, UV 젤은 광중합 반응을 이용해 경화된다.

32 피지선과 한선에서 나온 분비물이 피부에 윤기를 주어서 건강과 아름다움을 지니게 해주는 피부의 생리작용은 분비작용이다.

33 손톱을 덮고 있는 각질세포는 큐티클이다.

34 발의 근육 중 중수근에 해당하는 충양근은 발허리뼈 관절을 굴곡시키고 외측 4개 발가락의 지골간관절을 신전시키는 기능을 한다.

35 화장품에서 요구되는 4대 품질 특성
- 안전성 : 피부에 대한 자극, 알레르기, 독성이 없을 것
- 안정성 : 변색, 변취, 미생물의 오염이 없을 것
- 사용성 : 피부에 사용감이 좋고 잘 스며들 것, 사용이 편리할 것
- 유효성 : 미백, 주름개선, 자외선 차단 등의 효과가 있을 것

36 세균, 포자, 곰팡이, 원충류 및 조류 등과 같이 광범위한 미생물에 대한 살균력을 갖고 페놀에 비해 강한 살균력을 갖는 반면, 독성은 훨씬 적은 소독제는?

① 수은 화합물 ② 요오드 화합물
③ 유기염소 화합물 ④ 무기염소 화합물

37 이·미용업 영업자의 변경 신고사항 중 틀린 것은?

① 영업소의 소재지 변경
② 영업소의 명칭 또는 상호 변경
③ 신고한 영업장 면적의 3분의 1 미만의 변경
④ 대표자의 성명(법인의 경우에 한함)

38 사람이 서 있는 자세를 유지할 때 작용하는 근육은?

① 짧은종아리근(단비골근)
② 장딴지근(비복근)
③ 긴종아리근(장비골근)
④ 오금근(슬와근)

39 다음 중 감염병 관리상 가장 중요하게 취급해야 할 대상자는?

① 회복기보균자 ② 건강보균자
③ 잠복기 환자 ④ 현성환자

40 라이트 큐어드 젤의 종류가 아닌 것은?

① 폴리시 젤 ② 노 라이트 젤
③ 소프트 젤 ④ 하드 젤

41 모기를 매개곤충으로 하여 일으키는 감염병이 아닌 것은?

① 일본뇌염 ② 발진티푸스
③ 사상충염 ④ 말라리아

42 고압증기 멸균기의 소독대상물로 적합하지 않은 것은?

① 분말제품 ② 금속성 기구
③ 의류 ④ 약액

43 아크릴 파우더의 화학적 상태를 나타내는 용어는?

① 폴리머 ② 카탈리스트
③ 프라이머 ④ 모노머

해설

36 요오드 화합물은 세균, 포자, 곰팡이, 원충류 및 조류 등과 같이 광범위한 미생물에 대한 살균력을 가진다.

37 변경신고사항
- 영업소의 명칭 또는 상호
- 영업소의 소재지
- 신고한 영업장 면적의 3분의 1 이상의 증감
- 대표자의 성명(법인의 경우만 해당)
- 미용업 업종 간 변경

38 서 있는 자세를 유지하기 위해 작용하는 근육을 '항중력근' 또는 '자세유지근'이라 하는데, 넙다리근막긴장근, 넙다리두갈래근(대퇴이두근), 장딴지근(비복근), 앞정강근(전경골근), 가자미근, 종아리세갈래근 등이 있다.

39 건강보균자는 병원체를 보유하고 있으나 증상이 없으며, 체외로 이를 배출하고 있는 자를 말한다. 색출 및 격리가 어렵고 활동영역이 넓기 때문에 감염병 관리상 가장 중요하게 취급해야 한다.

40 라이트 큐어드 젤은 특수광선이나 할로겐 램프의 빛을 이용하여 굳어지게 하는 방법이고, 노 라이트 큐어드 젤은 응고제인 글루 드라이를 스프레이 형태로 뿌리거나 브러시로 바르고 굳어지게 하는 방법이다.

41 발진티푸스는 이를 매개로 감염된다.

42 고압증기 멸균기는 의료기구, 유리기구, 금속기구, 의류, 고무제품, 미용기구, 무균실 기구, 약액 등에 사용된다.

43 아크릴 파우더는 폴리머이고, 아크릴 리퀴드는 모노머이다.

해설

44 향장품을 선택할 때에 검토해야 하는 조건이 아닌 것은?

① 구성 성분이 균일한 성상으로 혼합되어 있지 않는 것
② 피부나 점막, 모발 등에 손상을 주거나 알레르기 등을 일으킬 염려가 없는 것
③ 보존성이 좋아서 잘 변질되지 않는 것
④ 사용 중이나 사용 후에 불쾌감이 없고, 사용감이 산뜻한 것

44 향장품을 선택할 때는 구성 성분이 균일한 성상으로 혼합되어 있는 것을 선택한다.

45 네일 팁 선택 시 고려해야 할 내용으로 가장 거리가 먼 것은?

① 웰 부분의 크기가 너무 클 경우는 파일로 갈거나 잘라서 맞추도록 한다.
② 팁 접착 시 자연 손톱 바디의 1/2 이상을 덮어야 한다.
③ 자연 네일의 너비 양쪽 끝을 모두 커버해야 한다.
④ 손님 손톱의 모양과 어울리는 팁 모양을 고른다.

45 팁 접착 시 자연 손톱 바디의 1/2 이상을 덮지 않도록 한다.

46 페디큐어 작업에 대한 설명으로 가장 적합한 것은?

① 컬러링 전 토우 세퍼레이터를 사용한다.
② 발톱 표면이 울퉁불퉁할 경우 푸셔를 사용하여 긁어낸다.
③ 발의 큐티클은 정리하지 않는다.
④ 발톱 모양은 라운드 혹은 오벌형을 선택한다.

46 ② 발톱 표면이 울퉁불퉁할 경우 푸셔를 사용하여 긁어내는 것은 좋지 않다.
③ 발의 큐티클도 정리를 해준다.
④ 발톱 모양은 스퀘어형을 선택한다.

47 무열광선이면서 살균작용이 있으며, 비타민 D의 형성을 돕는 것은?

① 자외선 ② 적외선
③ 형광선 ④ 가시광선

47 자외선은 살균작용이 있으며, 비타민 D의 형성을 돕는다.

48 인조 네일 제거 작업 시 화장물에 따른 선택 방법으로 틀린 것은?

① 하드 젤은 네일 파일이나 네일 드릴기기로 제거한다.
② 고객의 기 적용된 화장물의 상태에 따라 어떤 방법으로 제거할지 결정한다.
③ 모든 인조네일 화장물 제거 시에는 고객과 작업자를 위해 흡진기를 준비한다.
④ 네일 드릴기기는 모든 화장물에 적용하기에 가장 적합하다.

48 네일 드릴기기는 모든 화장물에 가장 적합한 것은 아니다.

49 이·미용업 영업자의 공중위생관리법규 위반사항이 아닌 것은?

① 피부미용을 위해 의료용구를 사용한 경우
② 면허증을 타인에게 대여한 경우
③ 영업정지 기간이 지난 후 영업을 재개하지 아니한 경우
④ 영업소 내에 요금표를 게시하지 않은 경우

49 영업정지 기간이 지난 후 반드시 영업을 재개해야 하는 것은 아니다.

50 네일 미용 서비스 담당자의 용모에 대한 설명으로 틀린 것은?

① 손·발톱, 머리 상태 등이 청결해야 한다.
② 담당자는 명찰을 착용한다.
③ 음식물, 땀 냄새 등이 나지 않도록 한다.
④ 화려한 액세서리로 장식해야 한다.

51 내추럴 팁 위드 랩 작업에 대한 설명으로 가장 적합한 것은?

① 프라이머를 도포해야 한다.
② 팁 턱을 제거해서는 안 된다.
③ 글루는 피부에 닿지 않도록 주의한다.
④ 팁은 네일보다 약간 작은 사이즈를 선택한다.

52 '매니큐어'의 어원은?

① 그리스어 ② 중국어
③ 라틴어 ④ 이집트어

53 다음 중 일반적인 소독용 알코올의 가장 적합한 사용 농도는?

① 70% ② 50%
③ 30% ④ 95%

54 노화피부의 설명으로 틀린 것은?

① 광노화의 경우 각질층의 두께가 증가한다.
② 콜라겐과 엘라스틴이 감소한다.
③ 모공이 섬세하며, 탄력성이 좋다.
④ 광노화는 색소가 증가하며, 면역기능은 감소한다.

55 혈액응고에 관여하고 비타민 P와 함께 모세혈관 벽을 튼튼하게 하는 것은?

① 비타민 B
② 비타민 E
③ 비타민 C
④ 비타민 K

56 네일 관리 서비스 시 손톱 프리에지 형태의 설명으로 틀린 것은?

① 오벌형 네일 - 우아하고 여성스럽다.
② 아몬드형 네일 - 손가락이 두꺼워 보이는 단점이 있다.
③ 스퀘어 오프형 네일 - 생화마찰에 견고하여 내구성이 높다.
④ 라운드형 네일 - 남성의 손톱에 적용된다.

해설

50 네일 미용 서비스 시 화려한 액세서리는 지양한다.

51 ① 내추럴 팁 위드 랩 작업 시에는 프라이머를 도포할 필요가 없다.
② 팁 턱을 제거해야 한다.
④ 팁은 자연 네일 양 측면을 완전히 덮을 수 있는 크기로 선택하고 맞는 팁이 없을 경우 자연 네일보다 약간 큰 팁을 선택한다.

52 매니큐어(manicure)는 손을 뜻하는 라틴어인 'manus'와 돌봄, 관리 등을 뜻하는 라틴어인 cura가 합쳐진 단어이다.

53 일반적인 소독용 알코올의 가장 적합한 사용 농도는 70%이다.

54 노화피부는 모공이 커지고, 탄력이 줄어든다.

55 혈액응고에 관여하고 비타민 P와 함께 모세혈관 벽을 튼튼하게 하는 것은 비타민 K이다.

56 손가락이 두꺼워 보이는 손톱 모양은 스퀘어형이다.

57 주기적으로 네일의 일부 또는 전체가 손가락에서 떨어져 나가는 네일의 병변으로 옳은 것은?

① 오니콥토시스(조갑탈락증)
② 파로니키아(주갑주위염)
③ 오니코그라이포시스(조갑구만증)
④ 오니코리시스(조갑박리증)

57 네일의 일부 또는 전체가 주기적으로 손가락에서 떨어져 나가는 증상은 오니콥토시스(조갑탈락증)이다.

58 다음 중 이·미용업소의 실내 바닥을 닦을 때 가장 적합한 소독제는?

① 과산화수소 ② 염소
③ 크레졸수 ④ 알코올

58 크레졸은 손, 오물, 배설물 등의 소독 및 이·미용실의 실내소독용으로 사용된다.

59 이상적인 네일의 설명으로 틀린 것은?

① 매끄럽고 광택이 난다.
② 유연성과 강도가 있다.
③ 네일 베드에 단단히 부착되어 있어야 한다.
④ 수분을 5~7% 함유한다.

59 12~18%의 수분을 함유하고 있어야 한다.

60 석탄산계수가 2인 소독제 A 를 석탄산계수 4인 소독제 B와 같은 효과를 내게 하려면 그 농도를 어떻게 조정하면 되는가? (단, A, B의 용도는 같다)

① A를 B 보다 4배 짙게 조정한다.
② A를 B 보다 50% 묽게 조정한다.
③ A를 B 보다 2배 짙게 조정한다.
④ A를 B 보다 25% 묽게 조정한다.

60 소독제 A를 B 보다 2배 짙게 조정해야 한다.

CBT 실전문제 모의고사 제5회 / 정답

01 ②	02 ③	03 ②	04 ②	05 ③	06 ③	07 ③	08 ①	09 ③	10 ④
11 ④	12 ①	13 ③	14 ②	15 ③	16 ④	17 ②	18 ①	19 ①	20 ③
21 ④	22 ①	23 ②	24 ④	25 ③	26 ④	27 ①	28 ③	29 ③	30 ④
31 ④	32 ③	33 ①	34 ④	35 ②	36 ②	37 ③	38 ②	39 ②	40 ②
41 ②	42 ①	43 ①	44 ①	45 ②	46 ①	47 ①	48 ④	49 ③	50 ④
51 ③	52 ③	53 ①	54 ③	55 ④	56 ②	57 ①	58 ③	59 ④	60 ③

CBT실전모의고사 제6회

▶ 정답 : 375쪽

01 인체에 발생하는 사마귀의 주요 원인은?

① 곰팡이 ② 바이러스
③ 박테리아 ④ 악성증식

02 화장품의 용기 또는 포장에 기재하여야 할 사항이 아닌 것은?

① 식품의약품안전처장이 정하는 바코드가 기재되어야 한다.
② 전 제조공정, 위탁 제조 시 수탁자의 이름이 기재되어야 한다.
③ 성분명을 제품 명칭의 일부로 사용한 경우 그 성분명과 함량이 기재되어야 한다.
④ 기능성화장품의 경우 심사받거나 보고한 효능·효과, 용법·용량이 기재되어야 한다.

03 외국 네일미용 산업의 변천과 관련하여 그 시기와 내용의 연결이 적절하지 않은 것은?

① 1800년대 – 오렌지우드스틱을 네일관리에 사용하였다.
② 1900년대 – 폴리시의 필름형성제인 니트로셀룰로오스가 개발되었다.
③ 1800년대 – 손톱 끝이 뾰족한 아몬드형 네일이 유행하였다.
④ 1900년대 – 인조손톱 관리가 본격적으로 시작되었으며 네일관리와 네일아트가 유행하기 시작했다.

04 피부색에 대한 설명으로 가장 적합한 것은?

① 적외선은 멜라닌 생성에 큰 영향을 미친다.
② 피부의 색은 건강상태와 관계없다.
③ 피부의 황색은 카로틴에서 유래한다.
④ 남성보다 여성, 고령층보다 젊은 층에 색소가 많다.

05 네일미용 서비스 시 고객응대에 대한 설명으로 틀린 것은?

① 작업의 순서는 예약 고객을 우선으로 한다.
② 고객에게 소지품과 옷 보관함을 제공하고 바뀌는 일이 없도록 한다.
③ 고객이 도착하기 전에 필요한 물건과 도구를 준비해야 한다.
④ 작업 중에는 고객과 대화를 나누지 않는다.

해설

01 사마귀는 바이러스에 의한 피부질환이다.

02 전 제조공정, 위탁 제조 시 수탁자의 이름은 화장품의 용기 또는 포장에 기재하여야 할 사항이 아니다.

03 폴리시의 필름형성제인 니트로셀룰로오스가 개발된 것은 1800년대이다.

04 ① 멜라닌 생성에 큰 영향을 미치는 것은 자외선이다.
② 피부의 색은 건강상태와도 관계가 있다.
④ 일반적으로 여성보다 남성, 젊은 층보다 고령층이 색소가 더 많다.

05 관리 중에 고객에게 너무 많은 말을 하는 것은 좋지 않지만 적당한 대화를 나누는 것은 좋다.

06 공중위생영업자가 관계공무원의 출입·검사를 거부·기피하거나 방해한 때의 1차 위반결정 처분기준은?

① 영업정지 20일
② 영업정지 10일
③ 영업정지 15일
④ 영업정지 5일

07 피부가 느낄 수 있는 감각 중에서 가장 예민한 감각은?

① 압각
② 냉각
③ 촉각
④ 통각

08 페디큐어 작업 방법에 대한 설명으로 틀린 것은?

① 족탕기에는 항균비누를 넣고 사용하도록 한다.
② 토우 세퍼레이터 대신 페이퍼 타월을 사용해도 된다.
③ 페디파일은 바깥에서 안쪽으로 사용하도록 한다.
④ 족탕기는 반드시 소독하고 사용한다.

09 고객을 응대하는 네일 미용사의 자세로 가장 거리가 먼 것은?

① 모든 고객에게 공평한 서비스를 해야 한다.
② 안전 규정을 준수하고 청결한 환경을 유지한다.
③ 접객 매뉴얼로 고객관리 카드를 전혀 활용하지 않는다.
④ 고객에게 적합한 서비스를 해야 한다.

10 네일숍의 안전관리에 대한 설명으로 틀린 것은?

① 외부인과 접촉이 쉬운 카운터는 출입구와 먼 곳에 배치한다.
② 소방서, 종합병원 응급실, 119 구급대의 전화번호를 누구나 볼 수 있도록 기입한다.
③ 소화기를 눈에 잘 띄고 사용하기 편한 곳에 비치한다.
④ 경찰이나 사설 경비회사와 연결될 수 있는 비상버튼을 설치한다.

11 네일미용 역사의 시대별 연결이 틀린 것은?

① 중세 - 금색이나 은색 또는 검정색이나 흑적색 등을 색상으로 특권층을 표시하였다.
② 이집트 - '헤나'라는 관목에서 색상을 추출하였다.
③ BC 3000년경 - 이집트와 중국의 상류층에서 최초로 네일관리가 시작되었다.
④ 중국 - 홍화, 밀납, 난백을 사용하였다.

해설

06 • 1차 : 영업정지 10일
• 2차 : 영업정지 20일
• 3차 : 영업정지 1개월
• 4차 : 영업장 폐쇄명령

07 피부가 느낄 수 있는 가장 예민한 감각은 통각이며, 가장 둔한 감각은 온각이다.

08 페디파일은 족문 방향으로 사용한다.

09 접객 매뉴얼로 고객관리 카드를 활용한다.

10 카운터는 출입구와 멀지 않은 곳에 배치한다.

11 중국에서 금색이나 은색을 사용한 시기는 BC 600년이다.

12 다음에서 설명하는 화장품 성분은?

> 오일, 지방, 당의 분해에 의해 형성되는 단맛 · 무색 · 무향의 시럽상 피부유연제이며, 큐티클 오일, 크림, 로션의 주요 성분이다.

① 콜라겐　② 윤활제
③ 에센셜 오일　④ 글리세린

13 자연 네일 보강으로 네일 랩을 사용하여 작업할 때 설명으로 옳은 것은?

① 자연 네일의 길이를 연장할 때 사용한다.
② 자연 네일의 손상된 부분에 적합하지 않다.
③ 손상된 손톱의 두께와 길이를 보강한다.
④ 자연 네일의 전체 보강과 부분 보강을 할 수 있다.

14 선충류 중 회충증에 대한 설명으로 가장 옳은 것은?

① 가족이나 집단 일원에 쉽게 감염되므로 집단 구충을 실시하여야 한다.
② 분변으로 탈출한 수정란은 잠복기를 거쳐 오염된 채소, 파리, 불결한 손에 의해 전염된다.
③ 산란기가 되면 항문 주위로 기어나와 산란하며, 이때 전염력을 가진다.
④ 인체 기생 부위는 주로 십이지장이면서 성충이 되면 대장에서 생활한다.

15 살균 및 탈취뿐만 아니라 특히 표백의 효과가 있어 두발 탈색제와도 관계가 있는 소독제는?

① 알코올　② 크레졸
③ 석탄산　④ 과산화수소

16 아크릴 네일 작업 시 네일 폼 사용방법에 대한 설명으로 틀린 것은?

① 하이포니키움이 다치지 않도록 네일 폼을 깊게 끼우지 않는다.
② 손톱과 네일 폼 사이 약간의 공간이 생기는 경우 작업해도 무방하다.
③ 물어뜯은 손톱의 경우 네일 폼을 끼우기 위해 먼저 연장한다.
④ 손톱 상태에 맞게 네일 폼을 재단하여 사용한다.

17 페디파일의 사용 방향으로 가장 적합한 것은?

① 바깥쪽에서 안쪽으로　② 사선 방향으로
③ 족문 방향으로　④ 왼쪽에서 오른쪽으로

해설

12 글리세린은 오일, 지방, 당의 분해에 의해 형성되는 단맛·무색·무향의 시럽상 피부유연제이다.

13 자연 네일의 보강은 약해지거나 손상되거나 찢어진 네일을 다양한 재료를 이용하여 두께를 보강하는 것을 의미하며, 전체 보강 또는 부분 보강이 가능하다.

14 회충증은 수정란이 분변으로 탈출하여 잠복기를 거쳐 오염된 채소, 파리, 불결한 손에 의해 전염된다.

15 살균 및 탈취뿐만 아니라 특히 표백의 효과가 있는 소독제는 과산화수소이다.

16 손톱과 네일 폼 사이에 공간이 생기지 않도록 주의한다.

17 페디파일은 발바닥 각질 제거 후 매끄럽게 마무리할 수 있는 효과를 위해 사용하는 도구로 족문 방향으로 사용한다.

18 화장품법상 화장품의 정의와 관련한 내용으로 틀린 것은?

① 일정기간을 사용하고 특정 부위만 바른다.
② 화장품은 인체를 대상으로 사용하는 것이다.
③ 용모를 밝게 변화시키거나 피부 또는 모발의 건강을 유지시킨다.
④ 인체를 청결·미화하여 매력을 더한다.

19 공중위생감시원의 업무 중 틀린 것은?

① 공중위생영업 관련 시설 및 설비의 위생상태 확인·검사
② 이·미용업의 개선 향상에 필요한 조사연구 및 지도
③ 위생지도 및 개선명령 이행 여부의 확인
④ 위생교육 이행 여부의 확인

20 대장균이나 포도상구균 등은 산소의 존재 유무에 관계없이 증식이 가능한데 이러한 세균을 무엇이라고 하는가?

① 통성호기성균 ② 통성혐기성균
③ 편성호기성균 ④ 혐기성균

21 항산화 비타민과 가장 거리가 먼 것은?

① 비타민 A ② 비타민 C
③ 비타민 E ④ 비타민 D

22 네일 랩을 작업하는 작업자가 숙지할 사항으로 틀린 것은?

① 실크 랩을 지문을 사용하여 문지르지 않는다.
② 팁 위에 적용하여 네일의 유연성을 높이기 위해 사용한다.
③ 재단한 네일 랩은 큐티클에서 1mm 여유를 두어 부착한다.
④ 실크 랩은 먼지에 취약하므로 상자에 보관한다.

23 손의 근육에 대한 설명으로 가장 거리가 먼 것은?

① 모음근(내전근) : 손가락과 손가락이 서로 붙게 하거나 모으는 내향에 작용한다.
② 벌림근(외전근) : 새끼손가락과 엄지손가락을 벌리는 작용을 한다.
③ 맞섬근(대립근) : 엄지손가락을 손바닥 쪽으로 향하게 작용하여 물건을 잡을 수 있게 한다.
④ 가시아래근(극하근) : 안쪽으로 손을 회전시켜 손등이 위, 손바닥이 아래를 향하게 작용한다.

24 젤 스컬프처 작업 시 필요한 재료가 아닌 것은?

① 톱젤 ② 네일 폼
③ 베이스 젤 ④ 리퀴드

해설

18 특정 부위에만 바르는 것은 의약품에 해당한다.

19 이·미용업의 개선 향상에 필요한 조사연구 및 지도는 공중위생감시원의 업무에 해당하지 않는다.

20 대장균이나 포도상구균 등과 같이 산소의 존재 유무에 관계없이 증식이 가능한 세균을 통성혐기성균이라 한다.

21 대표적인 항산화 비타민은 비타민 A, C, E이다.

22 네일 랩을 팁 위에 적용하는 것은 팁으로 자연 네일의 길이를 연장한 후 네일 랩을 덧입혀 견고하게 만들기 위해 사용한다.

23 가시아래근은 어깨회전근개근육 중 하나로 견관절의 안정성과 외회전을 담당한다.

24 젤 스컬프처 작업 시 리퀴드는 필요하지 않다.

25 물체의 겉 표면 소독은 가능하지만, 침투성이 약한 물리적 소독법은?

① 간헐소독법 ② 증기소독법
③ 일광소독법 ④ 화염멸균법

26 자외선 차단지수를 의미하는 것은?

① WHO ② SCI
③ SPF ④ FDA

27 뼈의 형태 중 짧은뼈(단골, Short bone)에 해당되는 부위는?

① 머리뼈(두개골, Skull)
② 발목뼈(족근골, Tarsal)
③ 무릎뼈(슬개골, Patella)
④ 종아리뼈(비골, Fibula)

28 이용사 또는 미용사의 면허를 받을 수 없는 자가 아닌 것은?

① 감염성 결핵환자
② 마약 등 약물 중독자
③ 법령에 의한 정신질환자
④ 전과자

29 위생교육 대상자가 아닌 것은?

① 면허증 취득 예정자
② 공중위생영업자
③ 공중위생영업을 승계한 자
④ 공중위생영업의 신고를 하고자 하는 자

30 발등 굽힘에 관여하는 근육은?

① 짧은소지굽힘근(단소지굴근)
② 새끼발가락벌림근(소지외전근)
③ 짧은엄지굽힘근(단무지굴근)
④ 긴발가락폄근(장지신근)

31 이·미용업자가 준수하여야 하는 위생관리 기준 중 거리가 가장 먼 것은?

① 피부미용을 위하여 약사법에 따른 의약품을 사용하여서는 아니 된다.
② 발한실 안에는 온도계를 비치하고 주의사항을 게시하여야 한다.
③ 영업장 안의 조명도는 75룩스 이상이 되도록 유지하여야 한다.
④ 영업소 내부에 개설자의 면허증 원본을 게시하여야 한다.

해설

25 일광소독법은 태양광선 중의 자외선을 이용하는 방법으로 겉 표면 소독은 가능하지만, 침투성이 약하다.

26 자외선 차단지수는 Sun Protection Factor, 즉 SPF이다.

27 단골에는 수근골, 족근골이 있다.

28 전과자는 면허 결격 사유에 해당하지 않는다.

29 위생교육은 영업 신고를 하려는 사람이 받는다.

30 발등 굽힘에 관여하는 근육은 긴발가락폄근과 짧은 발가락폄근이다.

31 발한실 주의사항은 목욕장업의 위생관리 기준이다.

32 간접 조명에 대한 설명이 아닌 것은?

① 균일한 조도를 얻기 힘들다.
② 눈의 보호를 위해 가장 좋다.
③ 조명 효율이 낮다.
④ 비용이 많이 든다.

33 다음 중 이·미용업 영업자가 변경신고를 해야 하는 것을 모두 고른 것은?

㉠ 영업소의 주소
㉡ 신고한 영업소 면적의 3분의 1 이상의 증감
㉢ 종사자의 변동사항
㉣ 영업자의 재산변동사항

① ㉠, ㉡, ㉢, ㉣ ② ㉠
③ ㉠, ㉡, ㉢ ④ ㉠, ㉡

34 아크릴 프렌치 스컬프처 올리는 방법에 대한 설명으로 틀린 것은?

① 네일 폼을 끼운 후 화이트 파우더로 화이트 아크릴 볼을 만들어 프리에지 부분에 올린다.
② 옐로라인의 중심에서 스트레스 포인트 쪽으로 스마일 라인을 만들고 반대쪽도 동일하게 만든다.
③ 아크릴 브러시의 손잡이로 두드려 둔탁한 소리가 나면 미건조된 것이므로 네일 폼을 떼어낸다.
④ 아크릴이 완전히 건조되기 전에 스트레스 포인트 부분부터 프리에지까지 양 엄지손톱으로 핀칭(눌러주기)을 준다.

35 다음 중 예방법으로 생균백신을 사용하는 것은?

① 홍역 ② 콜레라
③ 디프테리아 ④ 파상풍

36 보건행정의 제 원리에 관한 설명으로 옳은 것은?

① 보건행정에서는 생태학이나 역학적 고찰이 필요 없다.
② 보건행정은 공중보건학에 기초한 과학적 기술이 필요하다.
③ 의사결정과정에서 미래를 예측하고 행동하기 전의 행동계획을 결정한다.
④ 일방 행정원리의 관리과정적 특성과 기획과정은 적용되지 않는다.

해설

32 간접조명은 균일한 조도 확보가 가능하다.

33 변경신고 사항
- 영업소의 명칭 또는 상호
- 영업소의 소재지
- 신고한 영업장 면적의 3분의 1 이상의 증감
- 대표자의 성명 또는 생년월일
- 미용업 업종 간 변경

34 둔탁한 소리가 나면 건조가 덜 된 것이므로 더 기다렸다가 네일 폼을 떼어낸다.

35
- 생균백신 : 결핵, 홍역, 폴리오(경구)
- 사균백신 : 장티푸스, 콜레라, 백일해, 폴리오(경피)
- 순화독소 : 파상풍, 디프테리아

36 ① 보건행정에서는 생태학이나 역학적 고찰이 필요하다.
③ 보건기획과정에서 미래를 예측하고 행동하기 전의 행동계획을 결정한다.
④ 일반 행정원리의 관리과정적 특성과 기획과정이 적용된다.

37 석탄산 90배 희석액과 어느 소독제 135배 희석액이 같은 살균력을 나타낸다면 이 소독제의 석탄산계수는?

① 2.0 ② 1.5
③ 0.5 ④ 1.0

38 성매개 감염병이 아닌 것은?

① 레지오넬라증 ② 임질
③ 클라미디아감염증 ④ 연성하감

39 젤 네일 폴리시의 색상을 결정하는 성분은?

① 가소제 ② 광중합개시제
③ 안료 ④ 용제

40 다음에서 설명하는 분자구조를 의미하는 것은?

> 젤(Gel)은 액체인 모노머(Monome)를 화학적으로 증폭시켜 라이트 큐어드 방법으로 만들어진 제품으로, 그물 모양의 분자 구조를 갖는다.

① 카탈리스트(Catalyst) ② 올리고머(Oligomer)
③ 뉴 모노머(New-Monomer) ④ 폴리머(Polymer)

41 손님과의 상담이 필요한 이유를 설명한 것 중 가장 거리가 먼 것은?

① 고객에게 알맞은 서비스를 시행할 수 있다.
② 사후관리에 대한 조언과 대처방법이 쉬워진다.
③ 기술력의 향상을 위한 준비가 가능하다.
④ 고객의 요구하는 네일서비스 정보를 얻는 일이다.

42 노화피부의 상태를 설명한 내용으로 틀린 것은?

① 수분 손실의 증가
② 피지 생성의 감소
③ 멜라닌 세포수의 증가
④ 콜라겐의 감소

43 화장수에 대한 설명 중 틀린 것은?

① 유연화장수는 건성 또는 노화피부에 효과적으로 사용된다.
② 수렴화장수는 지성, 복합성 피부에 효과적으로 사용된다.
③ 수렴화장수는 아스트린젠트라고 불린다.
④ 유연화장수는 모공을 수축시켜 피부결을 섬세하게 정리해 준다.

해설

37 석탄산 계수 = $\frac{\text{소독액의 희석배수}}{\text{석탄산의 희석배수}} = \frac{135}{90} = 1.5$

38 레지오넬라증은 물에서 서식하는 레지오넬라균에 의해 발생하는 감염성 질환이다.

39 젤 네일 폴리시의 색상을 결정하는 성분은 안료이다.

40 미세한 그물 모양의 분자 구조를 '올리고머'라고 한다.

41 고객 상담은 기술력 향상과는 거리가 멀다.

42 피부는 노화하면서 멜라닌 세포의 수가 감소한다.

43 모공을 수축시켜 주는 것은 수렴화장수의 기능이다.

44 파고드는 발톱을 예방하기 위한 발톱 모양으로 가장 적합한 것은?

① 아몬드형 ② 오벌형
③ 스퀘어형 ④ 라운드형

45 실크 익스텐션 보수 방법에 대한 설명 중 틀린 것은?

① 최소 2~3주에 한 번씩 꼭 보수한다.
② 실크 랩이 손상되지 않도록 비아세톤계의 폴리시리무버를 사용하여 네일 폴리시를 깨끗하게 지운다.
③ 들뜬 부분의 면적이 손톱의 1/2 이상인 경우에는 완전히 제거하고 다시 작업한다.
④ 들뜬 부분의 면적이 클 경우 클리퍼를 사용하여 제거한다.

46 호흡기계 감염병에 속하지 않는 것은?

① 디프테리아 ② 백일해
③ 유행성 간염 ④ 홍역

47 네일의 근원이 되는 곳으로 피부 밑에 묻혀 있으며 얇고 부드러우며 네일이 자라기 시작하는 부분의 명칭은?

① 네일 바디 ② 네일 베드
③ 프리에지 ④ 네일 루트

48 이·미용업자가 1회용 면도날을 2인 이상의 손님에게 사용한 경우의 1차 위반 시 행정처분기준은?

① 폐쇄명령 ② 영업정지 10일
③ 영업정지 5일 ④ 경고

49 다음 중 금속제품 기구소독에 가장 적합하지 않은 것은?

① 크레졸수 ② 알코올
③ 승홍수 ④ 역성비누

50 풀코트 컬러링에 대한 설명 중 틀린 것은?

① 컬러 도포 시에는 표면의 균일한 폴리시 도포가 중요하다.
② 프리에지에서 큐티클 부분까지 손톱 전체를 꽉 채워 도포한다.
③ 사이드 월 주변은 1mm~2mm 정도 간격을 띄워 도포한다.
④ 피부에 묻은 네일 폴리시는 폴리시 리무버로 제거한다.

51 향수의 향취 중 나무나 동물의 방향인 것은?

① 시트러스 ② 그린
③ 오리엔탈 ④ 플로랄

해설

44 파고드는 발톱을 예방하기 위해서는 발톱 모양을 스퀘어형으로 한다.

45 들뜬 부분의 면적이 클 경우 니퍼를 사용하여 들뜬 부분만 제거한다.

46 호흡기계 감염병 : 백일해, 디프테리아, 결핵, 홍역 등

47 네일의 근원이 되는 곳으로 네일이 자라기 시작하는 부분은 네일 루트(조근)이다.

48 1회용 면도날을 2인 이상의 손님에게 사용한 경우의 1차 위반 시 행정처분기준은 경고이다.

49 승홍수는 금속 부식성이 있어 금속제품의 소독에는 적합하지 않다.

50 사이드 월 주변을 1~2mm 정도 띄워 도포하는 방법은 슬림라인 컬러링이다.

51 ① 시트러스 - 오렌지, 레몬, 라임 등의 감귤류
② 그린 - 과일, 라벤더, 허브 등
③ 오리엔탈 - 사향(사향노루), 영묘향(사향고양이), 해리향(비버), 용연향(고래), 향신료 등
④ 플로랄 - 꽃

해설

52 아크릴 프렌치 스컬프처 작업 시 자연 네일에 폼을 끼우는 설명으로 틀린 것은?

① 자연네일에 종이 폼의 장착, 형태가 중심에 있는지 확인한다.
② 손톱과 경사지게 프리에지에 끝에 맞춰서 끼운다.
③ 손톱 모양에 맞는 폼으로 프리에지 끝에 맞춰서 끼운다.
④ 프리에지 바로 밑에 종이 폼 사이를 공간 없이 잘 끼운다.

52 자연 네일에 폼을 끼울 때는 손톱과 수평이 되게 끼운다.

53 공중위생보건학의 범위 중 질병관리 분야로 가장 적합한 것은?

① 환경위생　② 보건행정
③ 역학　④ 산업보건

53 ① 환경위생 – 환경보건 분야
② 보건행정 – 보건관리 분야
④ 산업보건 – 환경보건 분야

54 조갑의 기능이 아닌 것은?

① 손끝과 발끝을 보호
② 방한, 방서작용으로 체온조절 및 유지
③ 물건을 집을 때나 걸을 때 받침대의 역할
④ 손톱과 발톱 아래 신경과 혈관을 보호

54 조갑(손톱, 발톱)이 체온조절 기능을 하지는 않는다.

55 자연 손톱에 네일 팁을 접착 시 가장 적합한 작업 각도는?

① 0°　② 90°
③ 45°　④ 15°

55 네일 팁 접착 시 45° 각도로 작업한다.

56 바이러스에 관한 설명으로 틀린 것은?

① 살아있는 세포 내에서만 증식한다.
② 열에 의해 쉽게 죽지 않는다.
③ 보통 현미경으로 볼 수 없다.
④ 콜레라는 바이스러에 속하지 않는다.

56 바이러스는 열에 의해 쉽게 죽는다.

57 네일숍의 고객에게 안전하고 청결한 환경을 유지하기 위한 설명으로 틀린 것은?

① 네일숍의 경우는 오렴된 장소를 소독하기 위해 소독제를 선택할 때에는 높은 수준의 소독제는 사용하지 않는다.
② 소독제는 구입 후 사용하기 전에 미리 희석용액을 만들어 놓고 같은 농도로 사용한다.
③ 네일숍은 청소에 대한 계획과 절차를 만들어 주기적으로 실시한다.
④ 화학제품 및 소독제의 사용과 관리는 MSDS와 같은 전문 설명서에 따른다.

57 소독제는 사용할 때마다 희석 용액을 새로 만들어 사용해야 한다.

58 공기의 감각온도를 결정짓는 3대 인자는?

① 기압, 기류, 복사열
② 기온, 기습, 기류
③ 기압, 기습, 복사열
④ 기온, 기습, 기압

59 다음에서 설명하는 것은?

> 활성(talc)이 주성분이며 탄산마그네슘, 규산, 칼슘 등을 첨가해 땀과 피지를 흡수한다.

① 스킨커버
② 파운데이션
③ 파우더
④ 메이크업베이스

60 단순 지성피부와 관련한 내용으로 틀린 것은?

① 지성 피부에서는 여드름이 쉽게 발생할 수 있다.
② 세안 후에는 충분하게 헹구어 주는 것이 좋다.
③ 일반적으로 외부의 자극에 영향이 많아 관리가 어려운 편이다.
④ 다른 지방 성분에는 영향을 주지 않으면서 과도한 피지를 제거하는 것이 원칙이다.

해설

58 감각온도란 기온, 기습, 기류의 3인자가 종합적으로 작용하여 인체에 주는 온감을 의미한다.

59 땀과 피지를 흡수하는 것은 파우더이다.

60 단순 지성피부는 일반적으로 외부의 자극에 영향이 적고, 비교적 피부 관리가 용이하다.

CBT 실전문제 모의고사 제6회 / 정답

01 ②	02 ②	03 ②	04 ③	05 ④	06 ②	07 ④	08 ③	09 ③	10 ①
11 ①	12 ④	13 ④	14 ②	15 ④	16 ②	17 ③	18 ①	19 ②	20 ②
21 ④	22 ②	23 ④	24 ④	25 ③	26 ③	27 ②	28 ④	29 ①	30 ④
31 ②	32 ①	33 ④	34 ③	35 ①	36 ②	37 ②	38 ①	39 ③	40 ②
41 ③	42 ③	43 ④	44 ③	45 ④	46 ③	47 ④	48 ④	49 ③	50 ③
51 ③	52 ②	53 ③	54 ②	55 ③	56 ②	57 ②	58 ②	59 ③	60 ③

Nailist

NAIL Beauty

Nailist Technician Certification

CHAPTER

07

3년간 공개기출문제

2014–2016년

공개기출문제 – 2014년 1회

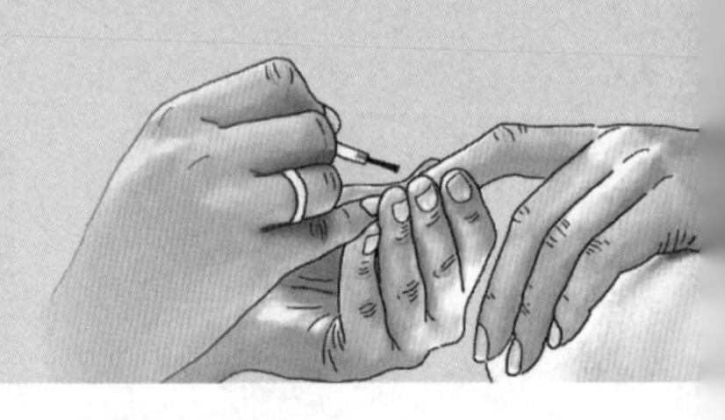

▶ 정답 : 385쪽

01 세계보건기구에서 규정한 보건행정의 범위에 속하지 않는 것은?

① 보건관계 기록의 보존
② 환경위생과 감염병 관리
③ 보건통계와 만성병 관리
④ 모자보건과 보건간호

보건행정의 범위 : 보건관계 기록의 보존, 대중에 대한 보건교육, 환경위생, 감염병 관리, 모자보건, 의료 및 보건간호

02 공기의 자정작용현상이 아닌 것은?

① 산소, 오존, 과산화수소 등에 의한 산화작용
② 태양광선 중 자외선에 의한 살균작용
③ 식물의 탄소동화작용에 의한 CO_2의 생산작용
④ 공기 자체의 희석작용

공기의 자정 작용 : 산화작용, 희석작용, 세정작용, 살균작용, CO_2와 O_2의 교환 작용

03 법정감염병 중 제4급 감염병에 속하는 것은?

① 쯔쯔가무시증
② 신증후군출혈열
③ 인플루엔자
④ 뎅기열

①, ②, ④ 모두 제3급 감염병에 속한다.

04 다음 중 감염병 관리상 가장 중요하게 취급해야 할대상자는?

① 건강보균자
② 잠복기환자
③ 현성환자
④ 회복기보균자

건강보균자는 병원체를 보유하고 있으나 증상이 없으며, 체외로 이를 배출하고 있는 자를 말한다. 색출 및 격리가 어렵고 활동영역이 넓기 때문에 감염병 관리상 가장 중요하게 취급해야 한다.

05 절지동물에 의해 매개되는 감염병이 아닌 것은?

① 유행성 일본뇌염
② 발진티푸스
③ 탄저
④ 페스트

절지동물 매개 감염병 : 페스트, 발진티푸스, 일본뇌염, 발진열, 말라리아, 사상충증, 양충병, 황열, 유행성 출혈열 등
탄저는 소, 말, 양 등에 의해 감염된다.

06 다음 기생충 중 송어, 연어 등의 생식으로 주로 감염될 수 있는 것은?

① 유구낭충증　② 유구조충증
③ 무구조충증　④ 긴촌충증

긴촌충은 광절열두조충이라고도 하며, 송어, 연어 등을 제2중간숙주로 한다.

07 영아사망률의 계산공식으로 옳은 것은?

① $\frac{\text{연간출생아수}}{\text{인구}} \times 1,000$

② $\frac{\text{그해의 1~4세 사망아수}}{\text{어느해의 1~4세 인구}} \times 1,000$

③ $\frac{\text{그해의 1세 미만 사망아수}}{\text{어느해의 연간출생아수}} \times 1,000$

④ $\frac{\text{그해의 생후 28일 이내의 사망아수}}{\text{어느해의 연간출생아수}} \times 1,000$

영아사망률은 한 국가의 보건수준을 나타내는 지표로 생후 1년 안에 사망한 영아의 사망률을 의미한다.

08 호기성 세균이 아닌 것은?

① 결핵균　② 백일해균
③ 파상풍균　④ 녹농균

파상풍균은 산소가 없는 곳에서만 증식을 하는 혐기성 세균에 속한다.

09 석탄산 소독에 대한 설명으로 틀린 것은?

① 단백질 응고작용이 있다.
② 저온에서는 살균효과가 떨어진다.
③ 금속기구 소독에 부적합하다.
④ 포자 및 바이러스에 효과적이다.

석탄산은 3% 농도의 석탄산에 97%의 물을 혼합하여 사용하는데, 고무제품, 의류, 가구, 배설물 등의 소독에 적합하며, 세균포자나 바이러스에는 작용력이 없다.

10 석탄산 10% 용액 200mL를 2% 용액으로 만들고자 할 때 첨가해야 하는 물의 양은?

① 200mL ② 400mL
③ 800mL ④ 1,000mL

석탄산 10% 용액 200mL : 석탄산 20mL + 물 180mL
20mL의 석탄산이 2% 용액이 되기 위해서는 물의 양이 총 980mL가 필요하므로 기존 180mL에 800mL의 물을 더 첨가하면 된다.

$$농도 = \frac{용질량(소독약)}{용액량(물+소독약)} \times 100,\ 10\% = \frac{x}{200} \times 100,\ x = 20g$$

$$2\% = \frac{20}{200+x} \times 100,\ 2(200+x) = 2000,\ 200+x = 1000$$

$\therefore x = 800$

11 자비소독법 시 일반적으로 사용하는 물의 온도와 시간은?

① 150℃에서 15분간
② 135℃에서 20분간
③ 100℃에서 20분간
④ 80℃에서 30분간

자비소독법은 100℃의 끓는 물속에서 20~30분간 가열하는 방법으로 유리제품, 소형기구, 스테인리스 용기, 도자기, 수건 등의 소독법으로 적합하다.

12 다음 중 이·미용실에서 사용하는 타월을 철저하게 소독하지 않았을 때 주로 발생할 수 있는 감염병은?

① 장티푸스 ② 트라코마
③ 페스트 ④ 일본뇌염

트라코마는 환자의 안분비물 접촉, 환자가 사용하던 타월 등을 통해 전파되므로 위험지역에서는 손과 얼굴을 자주 씻고, 더러운 손가락으로 눈을 만지지 않아야 한다.

13 소독용 승홍수의 희석 농도로 적합한 것은?

① 10~20% ② 5~7%
③ 2~5% ④ 0.1~0.5%

승홍수는 1,000배(0.1%)의 수용액을 사용한다.

14 세균 증식에 가장 적합한 최적 수소이온 농도는?

① pH 3.5~5.5
② pH 6.0~8.0
③ pH 8.5~10.0
④ pH 10.5~11.5

세균은 중성인 pH 6~8의 농도에서 가장 잘 번식한다.

15 피부의 면역에 관한 설명으로 옳은 것은?

① 세포성 면역에는 보체, 항체 등이 있다.
② T림프구는 항원전달세포에 해당한다.
③ B림프구는 면역글로불린이라고 불리는 항체를 생성한다.
④ 표피에 존재하는 각질형성세포는 면역조절에 작용하지 않는다.

① 세포성 면역은 세포 대 세포의 접촉을 통해 직접 항원을 공격하며, 체액성 면역이 항체를 생성한다.
② T림프구는 항원전달세포에 해당하지 않는다.
④ 각질형성세포는 면역조절 작용을 한다.

16 멜라노사이트가 주로 분포되어 있는 곳은?

① 투명층 ② 과립층
③ 각질층 ④ 기저층

기저층은 진피의 유두층으로부터 영양분을 공급받는 층으로 멜라닌 형성세포인 멜라노사이트가 분포되어 있다.

17 다음 중 원발진(primary lesions)에 해당하는 피부 질환은?

① 면포 ② 미란
③ 가피 ④ 반흔

면포는 얼굴, 이마, 콧등에 나타나는 나사 모양의 굳어진 피지덩어리를 말하는 것으로 원발진에 해당하며, 미란, 가피, 반흔은 속발진에 해당한다.

18 다음 중 자외선 B(UV-B)의 파장 범위는?

① 100~190nm ② 200~280nm
③ 290~320nm ④ 300~400nm

자외선의 파장 범위
- UV A : 320~400nm
- UV B : 290~320nm
- UV C : 200~290nm

19 바이러스성 피부질환은?

① 모낭염
② 절종
③ 용종
④ 단순포진

단순포진은 입술 주위에 주로 생기는 수포성 질환으로 재발이 잘 된다.

20 비타민에 대한 설명 중 틀린 것은?

① 비타민 A가 결핍되면 피부가 건조해지고 거칠어진다.
② 비타민 C는 교원질 형성에 중요한 역할을 한다.
③ 레티노이드는 비타민 A를 통칭하는 용어이다.
④ 비타민 A는 많은 양이 피부에서 합성된다.

피부에서 합성되는 것은 비타민 D이다.

21 피부의 기능과 그 설명이 틀린 것은?

① 보호기능 - 피부 표면의 산성막은 박테리아의 감염과 미생물의 침입으로부터 피부를 보호한다.
② 흡수기능 - 피부는 외부의 온도를 흡수, 감지한다.
③ 영양분 교환기능 - 프로비타민 D가 자외선을 받으면 비타민 D로 전환된다.
④ 저장기능 - 진피조직은 신체 중 가장 큰 저장기관으로 각종 영양분과 수분을 보유하고 있다.

피부는 영양물질을 에너지원으로 사용하고 남은 물질을 저장하는데, 특히 피하조직에 많이 저장된다.

22 공중위생관리법상 이·미용업자의 변경신고 사항에 해당되지 않는 것은?

① 업소의 소재지 변경
② 영업소의 명칭 또는 상호 변경
③ 대표자의 성명(법인의 경우에 한함)
④ 영업정지 명령 이행

변경신고사항
- 영업소의 명칭 또는 상호
- 영업소의 소재지
- 신고한 영업장 면적의 3분의 1 이상의 증감
- 대표자의 성명(법인의 경우만 해당)
- 미용업 업종 간 변경

23 이·미용업 영업과 관련하여 과태료 부과대상이 아닌 사람은?

① 위생관리 의무를 위반한 자
② 위생교육을 받지 않은 자
③ 무신고 영업자
④ 관계공무원 출입·검사 방해자

영업신고를 하지 않을 시에는 1년 이하의 징역 또는 1천만원 이하의 벌금에 해당한다.

24 과징금을 기한 내에 납부하지 아니한 경우에 이를 징수하는 방법은?

① 지방세외 수입금의 징수 등에 관한 법률에 따라 징수
② 부가가치세 체납처분의 예에 의하여 징수
③ 법인세 체납처분의 예에 의하여 징수
④ 소득세 체납처분의 예에 의하여 징수

과징금 미납부 시 시장·군수·구청장은 지방세 체납처분의 예에 의하여 징수한다. 기존에는 지방세 체납처분의 예에 의하여 징수했지만 법률이 변경되어 지방세외 수입금의 징수 등에 관한 법률에 따라 징수한

25 피부 표면에 물리적인 장벽을 만들어 자외선을 반사하고 분산하는 자외선 차단 성분은?

① 옥틸메톡시신나메이트
② 파라아미노안식향산(PABA)
③ 이산화티탄
④ 벤조페논

자외선 차단제의 성분
이산화티탄, 산화아연, 티타늄디옥사이드, 징크옥사이드, 카오린 등

26 이·미용업소 내에 게시하지 않아도 되는 것은?

① 이·미용업 신고증
② 개설자의 면허증 원본
③ 근무자의 면허증 원본
④ 이·미용 요금표

근무자의 면허증은 업소 내에 게시할 필요가 없다.

27 공중위생영업소의 위생서비스 평가계획을 수립하는 자는?

① 시·도지사
② 안전행정부장관
③ 대통령
④ 시장·군수·구청장

시·도지사는 공중위생영업소의 위생관리수준을 향상시키기 위하여 위생서비스 평가계획을 수립하여 시장·군수·구청장에게 통보하여야 한다.

28 다음 중 공중위생감시원을 두는 곳을 모두 고른 것은?

【보기】

㉠ 특별시　　㉡ 광역시
㉢ 도　　㉣ 군

① ㉡, ㉢　　② ㉠, ㉢
③ ㉠, ㉡, ㉢　　④ ㉠, ㉡, ㉢, ㉣

공중위생감시원의 설치
관계 공무원의 업무를 행하게 하기 위하여 특별시·광역시·도 및 시·군·구(자치구에 한한다)에 공중위생감시원을 둔다.

29 다음 중 이·미용사 면허를 받을 수 없는 자는?

① 교육부장관이 인정하는 고등기술학교에서 6개월 이상 이·미용에 관한 소정의 과정을 이수한 자
② 전문대학에서 이·미용에 관한 학과를 졸업한 자
③ 국가기술자격법에 의한 이·미용사의 자격을 취득한 자
④ 고등학교에서 이·미용에 관한 학과를 졸업한 자

면허 발급 대상자
- 전문대학 또는 이와 동등 이상의 학력이 있다고 교육부장관이 인정하는 학교에서 미용에 관한 학과를 졸업한 자
- 대학 또는 전문대학을 졸업한 자와 동등 이상의 학력이 있는 것으로 인정되어 미용에 관한 학위를 취득한 자
- 고등학교 또는 이와 동등의 학력이 있다고 교육부장관이 인정하는 학교에서 미용에 관한 학과를 졸업한 자
- 특성화고등학교, 고등기술학교나 고등학교 또는 고등기술학교에 준하는 각종학교에서 1년 이상 미용에 관한 소정의 과정을 이수한 자
- 국가기술자격법에 의해 미용사의 자격을 취득한 자

30 다량의 유성 성분을 물에 일정기간 동안 안정한 상태로 균일하게 혼합시키는 화장품 제조기술은?

① 유화
② 경화
③ 분산
④ 가용화

물에 오일 성분이 계면활성제에 의해 우윳빛으로 섞여있는 상태를 유화 또는 에멀전이라고 하며, O/W 에멀전, W/O 에멀전, W/O/W 에멀전 등의 종류가 있다.

31 기초 화장품을 사용하는 목적이 아닌 것은?

① 세안
② 피부정돈
③ 피부보호
④ 피부결점 보완

기초 화장품의 기능은 세안, 피부정돈, 피부보호이다.

32 화장품의 원료로서 알코올의 작용에 대한 설명으로 틀린 것은?

① 다른 물질과 혼합해서 그것을 녹이는 성질이 있다.
② 소독작용이 있어 화장수, 양모제 등에 사용된다.
③ 흡수작용이 강하기 때문에 건조의 목적으로 사용한다.
④ 피부에 자극을 줄 수도 있다.

알코올은 흡수작용이 강한 것이 아니라 휘발성이 강하다.

33 네일 에나멜(nail enamel)에 대한 설명으로 틀린 것은?

① 손톱에 광택을 부여하고 아름답게 할 목적으로 사용하는 화장품이다.
② 피막형성제로 톨루엔이 함유되어 있다.
③ 대부분 니트로셀룰로오스를 주성분으로 한다.
④ 안료가 배합되어 손톱에 아름다운 색채를 부여하기 때문에 네일 컬러(nail color)라고도 한다.

피막형성제의 성분으로 니트로셀룰로오스가 있다.

34 다음 중 화장품의 4대 요건이 아닌 것은?

① 안전성 ② 안정성
③ 유효성 ④ 기능성

화장품의 4대 요건 : 안전성, 안정성, 사용성, 유효성

35 다음 중 햇빛에 노출했을 때 색소침착의 우려가 있어 사용 시 유의해야 하는 에센셜 오일은?

① 라벤더
② 티트리
③ 제라늄
④ 레몬

라임, 오렌지, 레몬, 그레이프프루트, 버가못 등의 감귤류 오일은 색소침착의 우려가 있어 사용 시 유의해야 한다.

36 네일의 길이와 모양을 자유롭게 조절할 수 있는 것은?

① 프리에지(자유연)
② 네일 그루브(조구)
③ 네일 폴드(조주름)
④ 에포니키움(조상피)

프리에지는 손톱의 끝부분을 지칭하는데, 네일의 길이와 모양을 자유롭게 조절할 수 있다.

37 신경조직과 관련된 설명으로 옳은 것은?

① 말초신경은 외부나 체내에 가해진 자극에 의해 감각기에 발생한 신경흥분을 중추신경에 전달한다.
② 중추신경계의 체성신경은 12쌍의 뇌신경과 31쌍의 척수신경으로 이루어져 있다.
③ 중추신경계는 뇌신경, 척수신경 및 자율신경으로 구성된다.
④ 말초신경은 교감신경과 부교감신경으로 구성된다.

② 체성신경은 중추신경계가 아닌 말초신경계에 해당한다.
③ 중추신경계는 뇌와 척수로 구성된다.
④ 말초신경은 체성신경계와 자율신경계로 구성된다.

38 하이포니키움(하조피)에 대한 설명으로 옳은 것은?

① 네일 매트릭스를 병원균으로부터 보호한다.
② 손톱 아래 살과 연결된 끝부분으로 박테리아의 침입을 막아준다.
③ 손톱 측면의 피부로 네일 베드와 연결된다.
④ 매트릭스 윗부분으로 손톱을 성장시킨다.

① 네일 매트릭스를 보호하는 곳은 큐티클이다.
③ 손톱 측면의 피부를 네일 월(조벽)이라 한다.
④ 네일 루트는 네일 매트릭스 위에 위치하며 손톱의 성장이 시작되는 곳이다.

39 손톱의 생리적인 특성에 대한 설명으로 틀린 것은?

① 일반적으로 1일 평균 0.1~0.15mm 정도 자란다.
② 손톱의 성장은 조소피의 조직이 경화되면서 오래된 세포를 밀어내는 현상이다.
③ 손톱의 본체는 각질층이 변형된 것으로 얇은 층이 겹으로 이루어져 단단한 층을 이루고 있다.
④ 주로 경단백질인 케라틴과 이를 조성하는 아미노산 등으로 구성되어 있다.

조소피(큐티클)는 손톱 주위를 덮고 있는 부분을 말하며 병원균의 침입으로부터 보호하는 역할을 하는데, 조소피가 경화되어 손톱이 되지는 않는다.

40 손톱의 구조에 대한 설명으로 옳은 것은?

① 매트릭스(조모) : 손톱의 성장이 진행되는 곳으로 이상이 생기면 손톱의 변형을 가져온다.
② 네일 베드(조상) : 손톱의 끝부분에 해당되며 손톱의 모양을 만들 수 있다.
③ 루눌라(반월) : 매트릭스와 네일 베드가 만나는 부분으로 미생물 침입을 막는다.
④ 네일 바디(조체) : 손톱 측면으로 손톱과 피부를 밀착시킨다.

② 네일 베드(조상) : 네일 바디를 받치고 있는 밑부분
③ 루눌라가 미생물의 침입을 막지는 않는다.
④ 네일 바디(조체) : 손톱의 몸체 부분

41 고객을 위한 네일 미용인의 자세가 아닌 것은?

① 고객의 경제 상태 파악
② 고객의 네일 상태 파악
③ 선택 가능한 시술방법 설명
④ 선택 가능한 관리방법 설명

42 변색된 손톱(discolored nails)의 특성이 아닌 것은?

① 네일 바디에 퍼런 멍이 반점처럼 나타난다.
② 혈액순환이나 심장이 좋지 못한 상태에서 나타날 수 있다.
③ 베이스 코트를 바르지 않고 유색 네일 폴리시를 바를 경우 나타날 수 있다.
④ 손톱의 색상이 청색, 황색, 검푸른색, 자색 등으로 나타난다.

변색된 손톱은 손톱이 전체적으로 황색, 청색, 검푸른색, 자색 등으로 변하는 현상을 말한다.

43 큐티클이 과잉 성장하여 손톱 위로 자라는 질병은?

① 표피조막(테리지움)
② 교조증(오니코파지)
③ 조갑비대증(오니콕시스)
④ 고랑 파진 손톱(퓌로우 네일)

테리지움이라고 불리는 표피조막은 큐티클의 과잉 성장으로 네일판을 덮는 현상을 말한다.

44 둘째~다섯째 손가락에 작용을 하며 손허리뼈의 사이를 메워주는 손의 근육은?

① 벌레근(충양근)
② 뒤침근(회외근)
③ 손가락폄근(지신근)
④ 엄지맞섬근(무지대립근)

충양근은 제2~제5 중수지절관절의 굴곡에 관여하는 근육으로 손허리뼈의 사이를 메워준다.

45 건강한 손톱의 특성이 아닌 것은?

① 매끄럽고 광택이 나며 반투명한 핑크빛을 띤다.
② 약 8~12%의 수분을 함유하고 있다.
③ 모양이 고르고 표면이 균일하다.
④ 탄력이 있고 단단하다.

건강한 손톱은 15~18%의 수분을 함유하고 있다.

46 젤 램프기기와 관련한 설명으로 틀린 것은?

① LED 램프는 400~700nm 정도의 파장을 사용한다.
② UV 램프는 UV-A 파장 정도를 사용한다.
③ 젤 네일에 사용되는 광선은 자외선과 적외선이다.
④ 젤 네일의 광택이 떨어지거나 경화속도가 떨어지면 램프를 교체함이 바람직하다.

젤 네일에는 UV 램프 또는 LED 램프를 사용하는데, UV 램프는 자외선을, LED 램프는 가시광선을 사용한다.

47 매니큐어의 어원으로 손을 지칭하는 라틴어는?

① 페디스(Pedis)
② 마누스(Manus)
③ 큐라(Cura)
④ 매니스(Manis)

매니큐어(manicure)의 어원
manicure = manus(hand, 손) + cura(cure, 관리)

48 손톱의 특징에 대한 설명으로 틀린 것은?

① 네일바디와 네일루트는 산소를 필요로 한다.
② 지각 신경이 집중되어 있는 반투명의 각질판이다.
③ 손톱의 경도는 함유된 수분의 함량이나 각질의 조성에 따라 다르다.
④ 네일베드의 모세혈관으로부터 산소를 공급받는다.

네일루트는 산소를 필요로 하지만, 네일바디는 죽은 각질세포로 되어 있어 신경이나 혈관이 없으며, 산소를 필요로 하지 않는다.

49 네일관리의 유래와 역사에 대한 설명으로 틀린 것은?

① 중국에서는 네일에도 연지를 발라 '조홍'이라 하였다.
② 기원전 시대에는 관목이나 음식물, 식물 등에서 색상을 추출하였다.
③ 고대 이집트에서는 왕족은 짙은색으로, 낮은 계층의 사람들은 옅은 색만을 사용하게 하였다.
④ 중세시대에는 금색이나 은색 또는 검정이나 흑적색 등의 색상으로 특권층의 신분을 표시했다.

> 귀족들이 금색과 은색을 사용한 것은 BC 600년의 일이다.

50 몸쪽 손목뼈(근위 수근골)가 아닌 것은?

① 손배뼈(주상골)　② 앞머리뼈(유두골)
③ 세모뼈(삼각골)　④ 콩알뼈(두상골)

> **수근골(손목뼈)**
> • 근위 수근골 : 주상골(손배뼈), 월상골(반달뼈), 삼각골(세모뼈), 두상골(콩알뼈)
> • 원위 수근골 : 대능형골(큰마름뼈), 소능형골(작은마름뼈), 유두골 (알머리뼈), 유구골(갈고리뼈)

51 파고드는 발톱을 예방하기 위한 발톱 모양으로 적합한 것은?

① 라운드형　② 스퀘어형
③ 포인트형　④ 오발형

> 파고드는 발톱을 예방하기 위해서는 발톱 모양을 스퀘어형으로 한다.

52 매니큐어 시술에 관한 설명으로 옳은 것은?

① 손톱 모양을 만들 때 양쪽 방향으로 파일링한다.
② 큐티클은 상조피 바로 밑부분까지 깨끗하게 제거한다.
③ 네일 폴리시를 바르기 전에 유분기는 깨끗하게 제거한다.
④ 자연 네일이 약한 고객은 네일 컬러링 후 탑코트(top coat)를 2회 바른다.

> ① 손톱 모양을 만들 때 한쪽 방향으로 파일링한다.
> ② 큐티클은 상조의 바로 밑부분까지 제거하지 않도록 한다.
> ④ 자연 네일이 약한 고객은 베이스코트를 바르기 전에 네일강화제를 발라준다.

53 아크릴릭 네일의 시술과 보수에 관련한 내용으로 틀린 것은?

① 공기방울이 생긴 인조 네일은 촉촉하게 젖은 브러시의 사용으로 인해 나타날 수 있는 현상이다.
② 노랗게 변색되는 인조 네일은 제품과 시술하는 과정에서 발생한 것으로 보수를 해야 한다.
③ 적절한 온도 이하에서 시술했을 경우 인조 네일에 금이 가거나 깨지는 현상이 나타날 수 있다.
④ 기존에 시술되어진 인조 네일과 새로 자라나온 자연 네일을 자연스럽게 연결해 주어야 한다.

> 리퀴드의 양이 적거나 붓터치를 많이 해서 이물질이 들어갔을 경우 인조 네일에 공기방울이 생기게 된다.

54 자연 네일의 형태 및 특성에 따른 네일 팁 적용 방법으로 옳은 것은?

① 넓적한 손톱에는 끝이 좁아지는 내로우 팁을 적용한다.
② 아래로 향한 손톱(claw nail)에는 커브 팁을 적용한다.
③ 위로 솟아 오른 손톱(spoon nail)에는 옆선에 커브가 없는 팁을 적용한다.
④ 물어뜯는 손톱에는 팁을 적용할 수 없다.

> ② 아래로 향한 손톱에 커브 팁을 부착하게 되면 더욱 구부러지게 되며, 위로 솟아 오른 손톱에 적당하다.
> ③ 위로 솟아 오른 손톱에는 커브 팁을 적용한다.
> ④ 물어뜯는 손톱에 팁을 적용하면 물어뜯는 습관을 없애는 데 도움이 된다.

55 그라데이션 기법의 컬러링에 대한 설명으로 틀린 것은?

① 색상 사용의 제한이 없다.
② 스폰지를 사용하여 시술할 수 있다.
③ UV 젤의 적용 시에도 활용할 수 있다.
④ 일반적으로 큐티클 부분으로 갈수록 컬러링 색상이 자연스럽게 진해지는 기법이다.

> 일반적으로 큐티클 부분으로 갈수록 컬러링 색상이 자연스럽게 연해지는 기법이다.

56 아크릴릭 네일 재료인 프라이머에 대한 설명으로 틀린 것은?

① 손톱 표면의 유·수분을 제거해주고 건조시켜 주어 아크릴의 접착력을 강하게 해준다.
② 산성 제품으로 피부에 화상을 입힐 수 있으므로 최소량만을 사용한다.
③ 인조 네일 전체에 사용하며 방부제 역할을 해준다.
④ 손톱 표면의 pH 밸런스를 맞춰준다.

프라이머는 자연 손톱의 유·수분을 제거하고 아크릴의 접착력을 높여주기 위해 바른다.

57 손톱의 프리에지 부분을 유색 폴리시로 칠해주는 컬러링 테크닉은?

① 프렌치 매니큐어(French Manicure)
② 핫오일 매니큐어(Hot oil Manicure)
③ 레귤러 매니큐어(Regular Manicure)
④ 파라핀 매니큐어(Paraffin Manicure)

손톱의 프리에지 부분을 칠해주는 컬러링 방법은 프렌치 매니큐어이다.

58 오렌지 우드스틱의 사용 용도로 적합하지 않은 것은?

① 큐티클을 밀어 올릴 때
② 폴리시의 여분을 닦아낼 때
③ 네일 주위의 굳은살을 정리할 때
④ 네일 주위의 이물질을 제거할 때

네일 주위의 굳은살은 니퍼로 정리하고 난 뒤 파일로 매끈하게 마무리한다.

59 투톤 아크릴 스컬프처의 시술에 대한 설명으로 틀린 것은?

① 프렌치 스컬프처(French sculputre)라고도 한다.
② 화이트 파우더 특성상 프리에지가 퍼져 보일 수 있으므로 핀칭에 유의해야 한다.
③ 스트레스 포인트에 화이트 파우더가 얇게 시술되면 떨어지기 쉬우므로 주의한다.
④ 스퀘어 모양을 잡기 위해 파일은 30° 정도 살짝 기울여 파일링한다.

스퀘어 모양을 잡기 위해서는 파일을 90°로 해서 파일링한다.

60 젤 네일에 관한 설명으로 틀린 것은?

① 아크릴릭에 비해 강한 냄새가 없다.
② 일반 네일 폴리시에 비해 광택이 오래 지속된다.
③ 소프트 젤(Soft Gel)은 아세톤에 녹지 않는다.
④ 젤 네일은 하드 젤(Hard Gel)과 소프트 젤(Soft Gel)로 구분된다.

소프트 젤은 아세톤에 녹아 지우기 쉬우며, 하드 젤은 아세톤에 잘 녹지 않아 파일이나 드릴로 갈아내야 한다.

2014년 1회 정답

01 ③	02 ③	03 ③	04 ①	05 ③
06 ④	07 ③	08 ③	09 ④	10 ③
11 ③	12 ②	13 ④	14 ②	15 ③
16 ④	17 ①	18 ③	19 ④	20 ④
21 ④	22 ④	23 ③	24 ①	25 ③
26 ③	27 ①	28 ④	29 ①	30 ①
31 ④	32 ③	33 ②	34 ④	35 ④
36 ①	37 ①	38 ②	39 ②	40 ①
41 ①	42 ①	43 ①	44 ①	45 ②
46 ③	47 ②	48 ①	49 ④	50 ②
51 ②	52 ③	53 ①	54 ①	55 ④
56 ③	57 ①	58 ③	59 ④	60 ③

공개기출문제 – 2015년 2회

▶ 정답 : 393쪽

01 다음 중 감염병 유행의 3대 요소는?

① 병원체, 숙주, 환경
② 환경, 유전, 병원체
③ 숙주, 유전, 환경
④ 감수성, 환경, 병원체

감염병 유행의 3대 요소는 병인(병원체), 숙주, 환경이다.

02 일반적으로 이 · 미용업소의 실내 쾌적 습도 범위로 가장 알맞은 것은?

① 10~20%
② 20~40%
③ 40~70%
④ 70~90%

일반적으로 이·미용업소의 실내 습도는 40~70%가 적당하다.

03 자력으로 의료문제를 해결할 수 없는 생활무능력자 및 저소득층을 대상으로 공적으로 의료를 보장하는 제도는?

① 의료보험
② 의료보호
③ 실업보험
④ 연금보험

의료보험은 일반 국민들의 각종 사고와 질병으로부터 건강을 보장하는 제도이며, 생활무능력자 및 저소득층을 대상으로 공적으로 의료를 보장하는 제도는 의료보호이다.

04 공중보건학의 범위 중 보건 관리 분야에 속하지 않는 사업은?

① 보건 통계
② 사회보장제도
③ 보건 행정
④ 산업 보건

산업 보건은 환경보건 분야에 속한다.

05 다음 중 수인성 감염병에 속하는 것은?

① 유행성 출혈열
② 성홍열
③ 세균성 이질
④ 탄저병

수인성 감염병 : 콜레라, 장티푸스, 파라티푸스, 세균성 이질, 소아마비, A형 간염 등

06 인공조명을 할 때 고려사항 중 틀린 것은?

① 광색은 주광색에 가깝고, 유해가스의 발생이 없어야 한다.
② 열의 발생이 적고, 폭발이나 발화의 위험이 없어야 한다.
③ 균등한 조도를 위해 직접조명이 되도록 해야 한다.
④ 충분한 조도를 위해 빛이 좌상방에서 비춰줘야 한다.

균등한 조도를 위해서는 간접조명이 되도록 해야 한다.

07 솔라닌이 원인이 되는 식중독과 관계 깊은 것은?

① 버섯
② 복어
③ 감자
④ 조개

자연독의 종류
- 버섯 : 무스카린, 팔린, 아마니타톡신
- 복어 : 테트로도톡신
- 감자 : 솔라닌, 셉신
- 모시조개 : 색시톡신

08 미생물의 발육과 그 작용을 제거하거나 정지시켜 음식물의 부패나 발효를 방지하는 것은?

① 방부
② 소독
③ 살균
④ 살충

- 소독 : 병원성 미생물의 생활력을 파괴하여 죽이거나 또는 제거하여 감염력을 없애는 것
- 살균 : 생활력을 가지고 있는 미생물을 여러 가지 물리 · 화학적 작용에 의해 급속히 죽이는 것

09 물의 살균에 많이 이용되고 있으며 산화력이 강한 것은?

① 포름알데히드
② 오존
③ E.O 가스
④ 에탄올

오존은 반응성이 풍부하고 산화작용이 강하여 물의 살균에 이용된다.

10 소독제를 수돗물로 희석하여 사용할 경우 가장 주의해야 할 점은?

① 물의 경도
② 물의 온도
③ 물의 취도
④ 물의 탁도

희석하는 물의 경도나 수소이온농도(pH) 등은 소독의 효과에 영향을 주므로 주의해야 한다.

11 소독제를 사용할 때 주의사항이 아닌 것은?

① 취급 방법
② 농도 표시
③ 소독제 병의 세균 오염
④ 알코올 사용

소독제를 사용할 때는 소독제의 취급 방법, 농도 표시, 소독제 병의 세균 오염 등을 잘 숙지하고 난 뒤 사용해야 한다.

12 다음 중 금속제품 기구소독에 가장 적합하지 않은 것은?

① 알코올
② 역성비누
③ 승홍수
④ 크레졸수

승홍수는 금속 부식성이 있어 금속류의 소독에는 적합하지 않다.

13 다음 중 하수도 주위에 흔히 사용되는 소독제는?

① 생석회
② 포르말린
③ 역성비누
④ 과망간산칼륨

생석회는 산화칼슘을 98% 이상 함유한 백색의 분말로 화장실 분변, 하수도 주위의 소독에 주로 사용된다.

14 개달전염(介達傳染)과 무관한 것은?

① 의복　② 식품
③ 책상　④ 장난감

개달전염이란 환자가 사용했던 물건 등에 의해 전염되는 것을 말하므로 식품과는 거리가 멀다.

15 피부구조에서 지방세포가 주로 위치하고 있는 곳은?

① 각질층　② 진피
③ 피하조직　④ 투명층

지방세포는 주로 피하조직에 위치하고 있다.

16 다음 중 기미의 생성 유발 요인이 아닌 것은?

① 유전적 요인
② 임신
③ 갱년기 장애
④ 갑상선 기능 저하

기미는 임신, 경구 피임약 복용 후 주로 발생하며, 이 외에도 태양광선에의 노출, 내분비 이상, 유전적 요인, 갱년기 장애 등에 의해서도 발생한다.

17 외인성 피부질환의 원인과 가장 거리가 먼 것은?

① 유전인자 ② 산화
③ 피부건조 ④ 자외선

유전인자는 외인성 질환과는 거리가 멀다.

18 다음 중 원발진에 해당하는 피부 변화는?

① 가피 ② 미란
③ 위축 ④ 구진

- 원발진의 종류 : 반점, 반, 팽진, 구진, 결절, 수포, 농포, 낭종, 판, 면포, 종양
- 속발진의 종류 : 인설, 가피, 표피박리, 미란, 균열, 궤양, 농양, 변지, 반흔, 위축, 태선화

19 자외선으로부터 어느 정도 피부를 보호하며 진피 조직에 투여하면 피부주름과 처짐 현상에 가장 효과적인 것은?

① 콜라겐 ② 엘라스틴
③ 무코다당류 ④ 멜라닌

콜라겐은 피부주름과 처짐 현상에 효과적이다.

20 정상피부와 비교하여 점막으로 이루어진 피부의 특징으로 옳지 않은 것은?

① 혀와 경구개를 제외한 입안의 점막은 과립층을 가지고 있다.
② 당김미세섬유사의 발달이 미약하다.
③ 미세융기가 잘 발달되어 있다.
④ 세포에 다량의 글리코겐이 존재한다.

구강점막에는 과립층과 각질층이 없다.

21 성장기 어린이의 대사성 질환으로 비타민 D 결핍 시 발육에 변형을 일으키는 것은?

① 석회결석 ② 골막파열증
③ 괴혈증 ④ 구루병

구루병은 4개월~2세의 아기들에게 주로 발생하는 비타민 D 결핍증으로, 머리, 가슴, 팔다리 뼈의 변형과 성장 장애를 일으키는 질환이다.

22 시·도지사 또는 시장·군수·구청장은 공중위생관리상 필요하다고 인정하는 때에 공중위생영업자 등에 대하여 필요한 조치를 취할 수 있다. 이 조치에 해당하는 것은?

① 보고
② 청문
③ 감독
④ 협의

시·도지사 또는 시장·군수·구청장의 권한
- 공중위생관리상 필요하다고 인정하는 때에는 공중위생영업자 및 공중이용시설의 소유자 등에 대하여 필요한 보고를 하게 함
- 소속공무원으로 하여금 영업소·사무소·공중이용시설 등에 출입하여 공중위생영업자의 위생관리의무이행 및 공중이용시설의 위생관리실태 등에 대하여 검사하게 함
- 필요에 따라 공중위생영업장부나 서류의 열람 가능

23 법령상 위생교육에 대한 기준으로 ( ) 안에 적합한 것은?

【보기】
공중위생관리법령상 위생교육을 받은 자가 위생교육을 받은 날부터 ( ) 이내에 위생교육을 받은 업종과 같은 업종의 영업을 하려는 경우에는 해당 영업에 대한 위생교육을 받은 것으로 본다.

① 2년 ② 2년 6개월
③ 3년 ④ 3년 6개월

위생교육을 받은 자가 위생교육을 받은 날부터 2년 이내에 위생교육을 받은 업종과 같은 업종의 영업을 하려는 경우에는 해당 영업에 대한 위생교육을 받은 것으로 본다.

24 다음 중 이·미용업에 있어서 과태료 부과대상이 아닌 사람은?

① 위생관리 의무를 지키지 아니한 자
② 영업소 외의 장소에서 이용 또는 미용업무를 행한 자
③ 보건복지부령이 정하는 중요사항을 변경하고도 변경 신고를 하지 아니한 자
④ 관계 공무원의 출입·검사를 거부·기피·방해한 자

보건복지부령이 정하는 중요사항을 변경하고도 변경 신고를 하지 아니한 자는 6월 이하의 징역 또는 500만원 이하의 벌금에 처한다.

25 미용사에게 금지되지 않는 업무는 무엇인가?

① 얼굴의 손질 및 화장을 행하는 업무
② 의료기기를 사용하는 피부관리 업무
③ 의약품을 사용하는 눈썹손질 업무
④ 의약품을 사용하는 제모

미용사는 의약품이나 의료기기를 사용할 수 없다.

26 손님에게 음란행위를 알선한 사람에 대한 관계행정기관의 장의 요청이 있는 때, 1차 위반에 대하여 행할 수 있는 행정처분으로 영업소와 업주에 대한 행정 처분기준이 바르게 짝지어진 것은?

① 영업정지 1월 - 면허정지 1월
② 영업정지 1월 - 면허정지 2월
③ 영업정지 2월 - 면허정지 2월
④ 영업정지 3월 - 면허정지 3월

손님에게 음란행위를 알선한 사람에 대한 관계행정기관의 장의 요청이 있는 때, 1차 위반에 대하여 영업소는 영업정지 3월, 업주는 면허정지 3개월의 행정 처분을 받게 된다.

27 이·미용업 영업장 안의 조명도 기준은?

① 50룩스 이상 ② 75룩스 이상
③ 100룩스 이상 ④ 125룩스 이상

이·미용업 영업장 안의 조명도는 75룩스 이상이 되도록 유지해야 한다.

28 이·미용업 영업신고를 하면서 신고인이 확인에 동의하지 아니하는 때에 첨부하여야 하는 서류가 아닌 것은?(단, 신고인이 전자정부법에 따른 행정정보의 공동이용을 통한 확인에 동의하지 아니하는 경우임)

① 영업시설 및 설비개요서
② 교육수료증
③ 이·미용사 자격증
④ 면허증

영업신고 신청 시 영업시설 및 설비개요서, 교육수료증을 제출해야 하며, 건축물대장, 토지이용계획확인서, 면허증은 행정정보의 공동이용을 통하여 확인해야 한다. 신고인이 확인에 동의하지 않는 경우에는 그 서류를 첨부하도록 해야 한다.

29 동물성 단백질의 일종으로 피부의 탄력 유지에 매우 중요한 역할을 하며 피부의 파열을 방지하는 스프링 역할을 하는 것은?

① 아줄렌 ② 엘라스틴
③ 콜라겐 ④ DNA

① 아줄렌은 모세혈관 확장, 홍반, 붓기, 항염·항균, 피부진정에 효과가 있다.
② 엘라스틴은 콜라겐과 함께 결합조직에 존재하는 신축성이 있는 단백질이며, 피부의 탄력 및 주름 방지에 중요한 역할을 한다.
③ 콜라겐은 진피층을 구성하고 있는 주요 단백질로 우수한 보습 능력을 지니어 피부관리 제품에도 많이 함유되어 있다.

30 식물의 꽃, 잎, 줄기, 뿌리, 씨, 과피, 수지 등에서 방향성이 높은 물질을 추출한 휘발성 오일은?

① 동물성 오일 ② 에센셜 오일
③ 광물성 오일 ④ 밍크 오일

에센셜 오일은 식물의 꽃, 잎, 줄기 등 다양한 부위에서 추출한 방향성이 높은 물질을 말하는데, 인체 내에서 분비되는 호르몬과 같은 역할을 한다.

31 화장품의 피부 흡수에 관한 설명으로 옳은 것은?

① 분자량이 적을수록 피부흡수율이 높다.
② 수분이 많을수록 피부흡수율이 높다.
③ 동물성 오일 〈 식물성 오일 〈 광물성 오일 순으로 피부흡수력이 높다.
④ 크림류 〈 로션류 〈 화장수류 순으로 피부흡수력이 높다.

화장품의 피부흡수율은 제형에 따라 달라지며, 분자량이 적을수록 피부흡수율이 높다. 광물성 오일, 동물성 오일, 식물성 오일 순으로 피부흡수력이 높다.

32 여드름 피부에 맞는 화장품 성분으로 가장 거리가 먼 것은?

① 캄퍼
② 로즈마리 추출물
③ 알부틴
④ 하마멜리스

알부틴은 미백 효과를 가진 화장품 성분으로 여드름 피부에는 적합하지 않다.

33 보습제가 갖추어야 할 조건으로 틀린 것은?

① 다른 성분과 혼용성이 좋을 것
② 모공수축을 위해 휘발성이 있을 것
③ 적절한 보습능력이 있을 것
④ 응고점이 낮을 것

보습제가 갖추어야 할 조건
- 적절한 보습능력이 있을 것
- 보습력이 환경의 변화에 쉽게 영향을 받지 않을 것
- 피부 친화성이 좋을 것
- 다른 성분과의 혼용성이 좋을 것
- 응고점이 낮을 것
- 휘발성이 없을 것

34 메이크업 화장품에 주로 사용되는 제조방법은?

① 유화 ② 가용화
③ 겔화 ④ 분산

분산은 물 또는 오일에 미세한 고체입자가 계면활성제에 의해 균일하게 혼합되어 있는 상태를 말하며, 립스틱, 마스카라, 아이섀도, 아이라이너, 파운데이션 등의 메이크업 화장품의 제조에 주로 사용된다.

35 화장품법상 기능성 화장품에 속하지 않는 것은?

① 미백에 도움을 주는 제품
② 여드름 완화에 도움을 주는 제품
③ 주름개선에 도움을 주는 제품
④ 자외선으로부터 피부를 보호하는 데 도움을 주는 제품

기능성 화장품
- 미백에 도움을 주는 제품
- 주름개선에 도움을 주는 제품
- 자외선으로부터 피부를 보호하는 데 도움을 주는 제품

36 손톱이 니빠지는 후천적 요인이 아닌 것은?

① 잘못된 푸셔와 니퍼 사용에 의한 손상
② 손톱 강화제 사용 빈도수
③ 과도한 스트레스
④ 잘못된 파일링에 의한 손상

손톱 강화제를 사용하면 손톱 건강이 좋아진다.

37 손톱의 특성이 아닌 것은?

① 손톱은 피부의 일종이며, 머리카락과 같은 케라틴과 칼슘으로 만들어져 있다.
② 손톱의 손상으로 조갑이 탈락되고 회복되는 데는 6개월 정도 걸린다.
③ 손톱의 성장은 겨울보다 여름이 잘 자란다.
④ 엄지손톱의 성장이 가장 느리며, 중지손톱이 가장 빠르다.

소지의 성장이 가장 느리다.

38 고객을 응대할 때 네일아티스트의 자세로 틀린 것은?

① 고객에게 알맞은 서비스를 하여야 한다.
② 모든 고객은 공평하게 하여야 한다.
③ 진상고객은 단념하여야 한다.
④ 안전 규정을 준수하고 충실히 하여야 한다.

진상고객이라 하더라도 친절하게 끝까지 서비스를 마치도록 한다.

39 손톱에 색소가 침착되거나 변색되는 것을 방지하고 네일 표면을 고르게 하여 폴리시의 밀착성을 높이는 데 사용되는 네일미용 화장품은?

① 탑코트
② 베이스코트
③ 폴리시 리무버
④ 큐티클 오일

베이스코트는 폴리시를 바르기 전에 손톱에 도포하는 것으로 색소가 침착되거나 변색되는 것을 방지하고 네일 표면을 고르게 하여 폴리시의 밀착성을 높이는 역할을 한다.

40 에나멜을 바르는 방법으로 손톱을 가늘어 보이게 하는 것은?

① 프리에지
② 루눌라
③ 프렌치
④ 프리 월

프리 월 또는 슬림라인은 손톱을 좁고 가늘게 보이게 하기 위해 손톱의 양 측면을 1.5mm 정도 남기고 바르는 방법이다.

41 골격근에 대한 설명으로 틀린 것은?

① 인체의 약 60%를 차지한다.
② 횡문근이라고도 한다.
③ 수의근이라고도 한다.
④ 대부분이 골격에 부착되어 있다.

> 골격근은 골격에 부착해 있는 뼈를 움직이는 수의근으로 체중의 약 40%를 차지한다.

42 매니큐어를 가장 잘 설명한 것은?

① 네일 에나멜을 바르는 것이다.
② 손톱 모양을 다듬어 색깔을 칠하는 것이다.
③ 손매뉴얼 테크닉과 네일 에나멜을 바르는 것이다.
④ 손톱 모양을 다듬고 큐티클 정리, 컬러링 등을 포함한 관리이다.

> 매니큐어란 손과 손톱을 건강하고 아름답게 가꾸는 미용 기술로 손톱 모양 만들기, 큐티클 정리, 컬러링, 손마사지 등을 포함한 관리를 말한다.

43 매니큐어의 유래에 관한 설명 중 틀린 것은?

① 중국은 특권층의 신분을 드러내기 위해 홍화를 손톱에 바르기 시작했다.
② 매니큐어는 고대 희랍어에서 유래된 말로 마누와 큐라의 합성어이다.
③ 17세기경 인도의 상류층 여성들은 손톱의 뿌리 부분에 신분을 나타내는 목적으로 문신을 했다.
④ 건강을 기원하는 주술적 의미에서 손톱에 빨간색을 물들이게 되었다.

> 매니큐어는 마누스와 큐라라는 라틴어에서 유래되었다.

44 다음 중 하지의 신경에 속하지 않는 것은?

① 총비골 신경
② 액와신경
③ 복재신경
④ 배측신경

> 액와신경은 소원근과 삼각근의 운동 및 삼각근 상부에 있는 피부 감각을 지배하는 신경으로 손의 신경에 해당한다.

45 표피성 진균증 중 네일몰드는 습기, 열, 공기에 의해 균이 번식되어 발생한다. 이때 몰드가 발생한 수분 함유율이 옳게 표기된 것은?

① 2~5%　② 7~10%
③ 12~18%　④ 23~25%

> 자연손톱의 습도는 15~18%이지만 몰드는 23~25% 정도의 습도가 있을 때 번식하는데, 전염성은 높지만 위험하지는 않은 질환이다.

46 손톱의 역할 및 기능과 가장 거리가 먼 것은?

① 물건을 잡거나 성상을 구별하는 기능
② 작은 물건을 들어 올리는 기능
③ 방어와 공격의 기능
④ 몸을 지탱해주는 기능

> 몸을 지탱해주는 기능은 골격의 기능이다.

47 네일 재료에 대한 설명으로 적합하지 않은 것은?

① 네일 에나멜 시너 – 에나멜을 묽게 해주기 위해 사용한다.
② 큐티클 오일 – 글리세린을 함유하고 있다.
③ 네일 폴리시 – 20볼륨 과산화수소를 함유하고 있다.
④ 네일보강제 – 자연네일이 강한 고객에게 사용하면 효과적이다.

> 네일보강제는 자연네일이 약한 고객에게 사용했을 때 효과적이다.

48 뼈의 기능이 아닌 것은?

① 지렛대 역할
② 흡수기능
③ 보호작용
④ 무기질 저장

> **뼈의 기능**
> • 보호기능 : 뇌 및 내장기관 보호
> • 저장기능 : 칼슘, 인 등의 무기질 저장
> • 지지기능 : 인체를 지지
> • 운동기능 : 근육의 운동
> • 조혈기능 : 골수에서 혈액 생성

49 매니큐어 시술 시에 미관상 제거의 대상이 되는 손톱을 덮고 있는 각질세포는?

① 네일 큐티클
② 네일 플레이트
③ 네일 프리에지
④ 네일 그루브

손톱을 덮고 있는 각질세포는 큐티클이다.

50 다음 (　　) 안의 ㉠과 ㉡에 알맞은 단어를 바르게 짝지은 것은?

【보기】
- (　㉠　)는 폴리시 리무버나 아세톤을 담아 펌프식으로 편리하게 사용할 수 있다.
- (　㉡　)는 아크릴 리퀴드를 덜어 담아 사용할 수 있는 용기이다.

	㉠	㉡
①	다크디쉬	작은종지
②	디스펜서	다크디쉬
③	다크디쉬	디스펜서
④	디스펜서	디펜디쉬

디스펜서는 펌프식으로 사용할 수 있는 용기이며, 디펜디쉬는 아크릴 리퀴드를 덜어 담아 사용할 수 있는 용기를 말한다.

51 페디큐어 시술 과정에서 베이스코트를 바르기 전 발가락이 서로 닿지 않게 하기 위해 사용하는 도구는?

① 액티베이터
② 콘커터
③ 클리퍼
④ 토우 세퍼레이터

페디큐어 시술 시 베이스코트를 바르기 전에 발가락이 서로 닿지 않게 하기 위해 토우 세퍼레이터를 사용한다.
① 엑티베이터 : 글루나 젤을 건조시킬 때 사용하는 활성제
② 콘커터 : 발의 각질을 제거할 때 사용
③ 클리퍼 : 인조네일을 제거할 때 사용

52 큐티클 정리 및 제거 시 필요한 도구로 알맞은 것은?

① 파일, 탑코트
② 라운드 패드, 니퍼
③ 샌딩블럭, 핑거볼
④ 푸셔, 니퍼

푸셔를 이용해 큐티클을 밀고, 니퍼를 이용해 큐티클을 제거한다.

53 네일 팁 접착 방법에 대한 설명으로 틀린 것은?

① 네일 팁 접착 시 자연 네일의 1/2 이상 덮지 않는다.
② 올바른 각도의 팁 접착으로 공기가 들어가지 않도록 유의한다.
③ 손톱과 네일 팁 전체에 프라이머를 도포한 후 접착한다.
④ 네일 팁을 접착할 때 5~10초 동안 누르면서 기다린 후 팁의 양쪽 꼬리부분을 살짝 눌러준다.

프라이머는 자연손톱에만 도포한다.

54 UV 젤 네일 시술 시 리프팅이 일어나는 이유로 적절하지 않은 것은?

① 네일의 유수분기를 제거하지 않고 시술했다.
② 젤을 프리에지까지 시술하지 않았다.
③ 젤을 큐티클 라인에 닿지 않게 시술했다.
④ 큐어링 시간을 잘 지키지 않았다.

리프팅 방지
- 기본케어에서 유·수분기를 알코올로 충분히 제거
- 손톱의 먼지를 완전히 제거
- 프리에지와 큐티클 사이드 부분까지 충분한 샌딩작업
- 적절한 큐어링(경화) 시간
- 프리에지까지 젤을 완전히 도포

55 습식매니큐어 시술에 관한 설명 중 틀린 것은?

① 베이스코트를 가능한 한 얇게 1회 전체에 바른다.
② 벗겨짐을 방지하기 위해 도포한 폴리시를 완전히 커버하여 탑코트를 바른다.
③ 프리에지 부분까지 깔끔하게 바른다.
④ 손톱의 길이 정리는 클리퍼를 사용할 수 없다.

손톱의 길이를 정리할 때는 클리퍼를 사용한다.

56 아크릴릭 네일의 설명으로 맞는 것은?

① 두꺼운 손톱 구조로만 완성되며 다양한 형태는 만들 수 없다.
② 투톤 스컬프처인 프렌치 스컬프처에 적용할 수 없다.
③ 물어뜯는 손톱에 사용하여서는 안 된다.
④ 네일 폼을 사용하여 다양한 형태로 조형이 가능하다.

> 아크릴릭 네일은 네일 폼을 사용하여 다양한 형태로 조형이 가능하며 투톤 스컬프처 등에도 적용할 수 있다. 물어뜯는 손톱에 아크릴 시술을 하면 물어뜯는 습관을 고치는 데 도움이 된다.

57 아크릴릭 스컬프처 시술 시 손톱에 부착해 길이를 연장하는 데 받침대 역할을 하는 재료로 옳은 것은?

① 네일 폼
② 리퀴드
③ 모노머
④ 아크릴 파우더

> 아크릴릭 스컬프처는 손톱에 네일 폼을 부착해 길이를 연장하는 시술이다.

58 다른 셰입보다 강한 느낌을 주며, 대회용으로 많이 사용되는 손톱 모양은?

① 오벌 셰입
② 라운드 셰입
③ 스퀘어 셰입
④ 아몬드형 셰입

> 다른 셰입보다 강한 느낌을 주는 손톱 모양은 스퀘어 셰입이다.

59 발톱의 셰입으로 가장 적절한 것은?

① 라운드형
② 오발형
③ 스퀘어형
④ 아몬드형

> 발톱의 모양은 스퀘어형이 가장 적합하다.

60 아크릴릭 보수 과정 중 옳지 않은 것은?

① 심하게 들뜬 부분은 파일과 니퍼를 적절히 사용하여 세심히 잘라내고 경계가 없도록 파일링한다.
② 새로 자라난 손톱 부분에 에칭을 주고 프라이머를 바른다.
③ 적절한 양의 비드로 큐티클 부분에 자연스러운 라인을 만든다.
④ 새로 비드를 얹은 부위는 파일링이 필요하지 않다.

> 새로 비드를 얹은 부위에도 파일링이 필요하다.

2015년 2회 정답

01 ①	02 ③	03 ②	04 ④	05 ③
06 ③	07 ③	08 ①	09 ②	10 ①
11 ④	12 ③	13 ①	14 ②	15 ③
16 ④	17 ①	18 ④	19 ①	20 ①
21 ④	22 ①	23 ①	24 ③	25 ①
26 ④	27 ②	28 ③	29 ②	30 ②
31 ①	32 ③	33 ②	34 ④	35 ②
36 ②	37 ④	38 ③	39 ②	40 ④
41 ①	42 ④	43 ②	44 ②	45 ④
46 ④	47 ④	48 ②	49 ①	50 ④
51 ④	52 ④	53 ③	54 ③	55 ④
56 ④	57 ①	58 ③	59 ③	60 ④

최종점검 2 – 기출문제로 출제유형을 파악하자!

공개기출문제 – 2015년 4회

▶ 정답 : 400쪽

01 세계보건기구에서 정의하는 보건행정의 범위에 속하지 않는 것은?

① 산업행정 ② 모자보건
③ 환경위생 ④ 감염병 관리

보건행정의 범위
보건관계 기록의 보존, 대중에 대한 보건교육, 환경위생, 감염병 관리, 모자보건, 의료 및 보건간호

02 질병 발생의 3대 요소는?

① 숙주, 환경, 병명 ② 병인, 숙주, 환경
③ 숙주, 체력, 환경 ④ 감정, 체력, 숙주

감염병 유행의 3대 요소는 병인(병원체), 숙주, 환경이다.

03 상수(上水)에서 대장균 검출의 주된 의미는?

① 소독상태가 불량하다.
② 환경위생 상태가 불량하다.
③ 오염의 지표가 된다.
④ 전염병 발생의 우려가 있다.

음용수의 일반적인 오염지표로 사용되는 것은 대장균 수이다.

04 결핵 예방접종으로 사용하는 것은?

① DPT ② MMR
③ PPD ④ BCG

출생 후 4주 이내에 BCG 접종을 함으로써 결핵를 예방할 수 있다.

05 폐흡충 감염이 발생할 수 있는 경우는?

① 가재를 생식했을 때
② 우렁이를 생식했을 때
③ 은어를 생식했을 때
④ 소고기를 생식했을 때

- 제1중간숙주 : 다슬기
- 제2중간숙주 : 가재, 게

06 한 나라의 건강수준을 다른 국가들과 비교할 수 있는 지표로 세계보건기구가 제시한 것은?

① 인구증가율, 평균수명, 비례사망지수
② 비례사망지수, 조사망률, 평균수명
③ 평균수명, 조사망률, 국민소득
④ 의료시설, 평균수명, 주거상태

한 나라의 건강수준을 다른 국가들과 비교할 수 있는 지표로 세계보건기구가 제시한 것은 비례사망지수, 조사망률, 평균수명이다.

07 장티푸스, 결핵, 파상풍 등의 예방접종으로 얻어지는 면역은?

① 인공 능동면역
② 인공 수동면역
③ 자연 능동면역
④ 자연 수동면역

인공능동면역
- 생균백신 : 결핵, 홍역, 폴리오(경구)
- 사균백신 : 장티푸스, 콜레라, 백일해, 폴리오(경피)
- 순화독소 : 파숭풍, 디프테리아

08 계면활성제 중 가장 살균력이 강한 것은?

① 음이온성 ② 양이온성
③ 비이온성 ④ 양쪽이온성

양이온성 계면활성제는 살균 및 소독작용이 우수하며, 음이온성 계면활성제는 세정작용 및 기포 형성 작용이 우수하다.

09 미생물의 증식을 억제하는 영양의 고갈과 건조 등이 불리한 환경 속에서 생존하기 위하여 세균이 생성하는 것은?

① 아포 ② 협막
③ 세포벽 ④ 점질층

세균은 증식 환경이 적당하지 않을 경우 아포를 형성함으로써 강한 내성을 지니게 된다.

10 물리적 소독법에 속하지 않는 것은?

① 건열 멸균법
② 고압증기 멸균법
③ 크레졸 소독법
④ 자비소독법

페놀화합물로 3% 수용액을 주로 사용하는 크레졸 소독법은 화학적 소독법에 해당한다.

11 소독제인 석탄산의 단점이라 할 수 없는 것은?

① 유기물 접촉 시 소독력이 약화된다.
② 피부에 자극성이 있다.
③ 금속에 부식성이 있다.
④ 독성과 취기가 강하다.

석탄산은 유기물에 접촉한다 해도 소독력이 약화되지 않는다.

12 소독제의 구비조건에 해당하지 않는 것은?

① 높은 살균력을 가질 것
② 인체에 해가 없을 것
③ 저렴하고 구입과 사용이 간편할 것
④ 용해성이 낮을 것

소독제는 용해성이 높아야 한다.

13 미생물의 종류에 해당하지 않는 것은?

① 벼룩 ② 효모
③ 곰팡이 ④ 세균

미생물의 종류에는 세균, 바이러스, 리케아, 진균이 있으며, 벼룩은 곤충에 해당한다.

14 재질에 관계없이 빗이나 브러시 등의 소독방법으로 가장 적합한 것은?

① 70% 알코올 솜으로 닦는다.
② 고압증기 멸균기에 넣어 소독한다.
③ 락스액에 담근 후 씻어낸다.
④ 세제를 풀어 세척한 후 자외선 소독기에 넣는다.

미용실에서 사용하는 빗이나 브러시는 세척 후 자외선 소독기를 이용해 소독한다.

15 표피와 진피의 경계선의 형태는?

① 직선 ② 사선
③ 물결상 ④ 점선

표피와 진피의 경계선은 물결모양이다.

16 건강한 피부를 유지하기 위한 방법이 아닌 것은?

① 적당한 수분을 항상 유지해 주어야 한다.
② 두꺼운 각질층은 제거해 주어야 한다.
③ 일광욕을 많이 해야 건강한 피부가 된다.
④ 충분한 수면과 영양을 공급해 주어야 한다.

건강한 피부를 유지하기 위해서는 적당한 일광욕이 필요하며, 지나치면 피부에 좋지 않다.

17 다음 중 영양소와 그 최종분해의 연결이 옳은 것은?

① 탄수화물 - 지방산
② 단백질 - 아미노산
③ 지방 - 포도당
④ 비타민 - 미네랄

18 자외선차단지수의 설명으로 옳지 않은 것은?

① SPF라 한다.
② SPF 1이란 대략 1시간을 의미한다.
③ 자외선의 강약에 따라 차단제의 효과시간이 변한다.
④ 색소침착부위에는 가능하면 1년 내내 차단제를 사용하는 것이 좋다.

SPF 뒤의 숫자는 자외선 차단지수를 말하며, 수치가 높을수록 자외선 차단지수가 높은 것을 의미한다.

19 백반증에 관한 내용 중 틀린 것은?

① 멜라닌 세포의 과다한 증식으로 일어난다.
② 백색반점이 피부에 나타난다.
③ 후천적 탈색소 질환이다.
④ 원형, 타원형 또는 부정형의 흰색 반점이 나타난다.

백반증은 멜라닌 색소의 부족으로 생기는 원형, 타원형 또는 부정형의 흰색 반점이다.

20 기계적 손상에 의한 피부질환이 아닌 것은?

① 굳은살　② 티눈
③ 종양　④ 욕창

기계적 손상에 의한 피부질환은 외부의 마찰이나 압력에 의해 생기는 피부질환을 말하며, 굳은살, 티눈, 욕창, 마찰성 수포가 여기에 해당한다.

21 사람의 피부 표면은 주로 어떤 형태인가?

① 삼각 또는 마름모꼴의 다각형
② 삼각 또는 사각형
③ 삼각 또는 오각형
④ 사각 또는 오각형

사람의 피부 표면은 삼각 또는 마름모꼴의 다각형 모양이다.

22 이·미용업 영업신고를 하지 않고 영업을 한 자에 해당하는 벌칙기준은?

① 6월 이하의 징역 또는 100만원 이하의 벌금
② 6월 이하의 징역 또는 300만원 이하의 벌금
③ 1년 이하의 징역 또는 500만원 이하의 벌금
④ 1년 이하의 징역 또는 1천만원 이하의 벌금

이·미용업 영업신고를 하지 않고 영업을 한 자는 1년 이하의 징역 또는 1천만원 이하의 벌금에 처한다.

23 공중위생관리법상 위생교육에 관한 설명으로 틀린 것은?

① 위생교육은 교육부장관이 허가한 단체가 실시할 수 있다.
② 공중위생영업의 신고를 하고자 하는 자는 원칙적으로 미리 위생교육을 받아야 한다.
③ 공중위생영업자는 매년 위생교육을 받아야 한다.
④ 위생교육을 받아야 하는 자 중 영업에 직접 종사하지 아니하거나 2 이상의 장소에서 영업을 하는 자는 종업원 중 영업장별로 공중위생에 관한 책임자를 지정하고 그 책임자로 하여금 위생교육을 받게 하여야 한다.

위생교육은 보건복지부장관이 허가한 단체가 실시할 수 있다.

24 과태료 처분에 불복이 있는 자는 그 처분의 고지를 받은 날부터 얼마의 기간 이내에 처분권자에게 이의를 제기할 수 있는가?

① 10일　② 20일
③ 30일　④ 3개월

과태료 처분에 불복이 있는 자는 그 처분의 고지를 받은 날부터 30일 이내에 처분권자에게 이의를 제기할 수 있다.

25 이·미용업자는 신고한 영업장 면적을 얼마 이상 증감하였을 때 변경신고를 하여야 하는가?

① 5분의 1　② 4분의 1
③ 3분의 1　④ 2분의 1

이·미용업자는 신고한 영업장 면적의 3분의 1 이상의 증감이 있을 때 변경신고를 하여야 한다.

26 공중위생영업자가 영업소 폐쇄명령을 받고도 계속하여 영업을 하는 때에 대한 조치사항으로 옳은 것은?

① 당해 영업소가 위법한 영업소임을 알리는 게시물 등의 부착
② 당해 영업소의 출입자 통제
③ 당행 영업소의 출입금지구역 설정
④ 당해 영업소의 강제 폐쇄집행

영업소 폐쇄 조치
- 당해 영업소의 간판 기타 영업표지물의 제거
- 당해 영업소가 위법한 영업소임을 알리는 게시물 등의 부착
- 영업을 위하여 필수불가결한 기구 또는 시설물을 사용할 수 없게 하는 봉인

27 공중위생관리법상 이·미용업 영업장 안의 조명도는 얼마 이상이어야 하는가?

① 50룩스　② 75룩스
③ 100룩스　④ 125룩스

공중위생관리법상 이·미용업 영업장 안의 조명도는 75룩스 이상이어야 한다.

28 화장품의 분류에 관한 설명 중 틀린 것은?

① 샴푸, 헤어린스는 모발용 화장품에 속한다.
② 팩, 마사지 크림은 스페셜 화장품에 속한다.

③ 퍼퓸, 오데코롱은 방향 화장품에 속한다.
④ 자외선차단제나 태닝제품은 기능성 화장품에 속한다.

팩, 마사지 크림은 기초화장품에 속한다.

29 다음 중 이·미용사 면허를 발급할 수 있는 사람만으로 짝지어진 것은?

【보기】
㉠ 특별 · 광역시장　㉡ 도지사
㉢ 시장　㉣ 구청장
㉤ 군수

① ㉠, ㉡　② ㉠, ㉡, ㉢
③ ㉠, ㉡, ㉢, ㉣　④ ㉢, ㉣, ㉤

이·미용사 면허를 발급할 수 있는 사람은 시장, 군수, 구청장이다.

30 일반적으로 많이 사용하고 있는 화장수의 알코올 함유량은?

① 70% 전후　② 10% 전후
③ 30% 전후　④ 50% 전후

화장수는 피부의 각질층에 수분을 공급하는 역할을 하는 기초 화장품으로 10% 전후의 알코올을 함유하고 있다.

31 AHA에 대한 설명으로 옳은 것은?

① 물리적으로 각질을 제거하는 기능을 한다.
② 글리콜산은 사탕수수에 함유된 것으로 침투력이 좋다.
③ pH 3.5 이상에서 15% 농도가 각질 제거에 가장 효과적이다.
④ AHA보다 안전성은 떨어지나 효과가 좋은 BHA가 많이 사용된다.

① AHA는 화학적으로 각질을 제거하는 기능을 한다.
③ pH 3.5 이상에서 10% 이하의 농도로 사용한다.
④ BHA는 AHA보다 각질 제거효과는 떨어지지만 안전성이 좋아 많이 사용된다.

32 손을 대상으로 하는 제품 중 알코올을 주 베이스로 하며, 청결 및 소독을 주된 목적으로 하는 제품은?

① 핸드워시(hand wash)
② 새니타이저(sanitizer)
③ 비누(soap)
④ 핸드크림(hand cream)

새니타이저는 알코올을 주 베이스로 하면서 청결 및 소독을 주된 목적으로 하는 핸드케어 제품으로 사용 시 물을 사용하지 않고 손에 직접 발라 피부 청결 및 소독효과를 얻는 제품이다.

33 피부의 미백을 돕는 데 사용되는 화장품 성분이 아닌 것은?

① 플라센타, 비타민 C
② 레몬추출물, 감초추출물
③ 코직산, 구연산
④ 캄퍼, 카모마일

피부 미백제로는 알부틴, 코직산, 구연산, 플라센타, 비타민 C 유도체, 닥나무 추출물, 뽕나무 추출물, 감초 추출물, 레몬 추출물 등이 있다. 캄퍼는 녹나무 추출물로서 지성 피부 및 여드름 치료에 효과적이며, 카모마일은 피부보습 및 피부 진정 효과가 있는 국화과 식물이다.

34 라벤더 에센셜 오일의 효능에 대한 설명으로 가장 거리가 먼 것은?

① 재생작용　② 화상치유작용
③ 이완작용　④ 모유생성작용

라벤더 에센셜 오일은 여드름성 피부, 습진, 화상 등에 효과가 있으며, 피부 재생 및 이완작용을 한다.

35 SPF에 대한 설명으로 틀린 것은?

① Sun Protection Factor의 약자로서 자외선차단지수라 불리어진다.
② 엄밀히 말하면 UV-B 방어효과를 나타내는 지수라고 볼 수 있다.
③ 오존층으로부터 자외선이 차단되는 정도를 알아보기 위한 목적으로 이용된다.
④ 자외선 차단제를 바른 피부에 최소한의 홍반을 일어나게 하는 데 필요한 자외선 양을 바르지 않은 피부에 최소한의 홍반을 일어나게 하는 데 필요한 자외선 양으로 나눈 값이다.

자외선 차단지수는 피부로부터 자외선이 차단되는 정도를 알아보기 위한 목적으로 이용된다.

36 마누스(Manus)와 큐라(Cura)라는 말에서 유래된 용어는?

① 네일 팁(Nail Tip)
② 매니큐어(Manicure)
③ 페디큐어(Pedicure)
④ 아크릴릭(Acrylic)

매니큐어는 손을 의미하는 마누스와 관리를 의미하는 큐라라는 라틴어에서 유래되었다.

37 손목을 굽히고 손가락을 구부리는 데 작용하는 근육은?

① 회내근 ② 회외근
③ 장근 ④ 굴근

굴근은 손목을 굽히고 내외향에 작용하며 손가락을 구부리게 하는 근육이다.

38 네일 역사에 대한 설명으로 잘못 연결된 것은?

① 1930년대 – 인조네일 개발
② 1950년대 – 페디큐어 등장
③ 1970년대 – 아몬드형 네일 유행
④ 1990년대 – 네일시장의 급성장

아몬드형 네일이 유행한 것은 1800년대의 일이다.

39 에포니키움과 관련한 설명으로 틀린 것은?

① 네일 매트릭스를 보호한다.
② 에포니키움 위에는 큐티클이 존재한다.
③ 에포니키움 아래편은 끈적한 형질로 되어 있다.
④ 에포니키움의 부상은 영구적인 손상을 초래한다.

에포니키움은 표피의 연장으로 네일의 베이스에 있는 피부의 가는 선으로 루눌라의 일부를 덮고 있고 있으며, 매트릭스를 보호하는 역할을 한다. 큐티클은 에포니키움의 아래에 존재한다.

40 자율신경에 대한 설명으로 틀린 것은?

① 복재신경 – 종아리 뒤 바깥쪽을 내려와 발 뒤꿈치의 바깥쪽 뒤에 분포
② 배측신경 – 발등에 분포
③ 요골신경 – 손등의 외측과 요골에 분포
④ 수지골신경 – 손가락에 분포

복재신경은 하퇴의 내측부터 무릎 아래까지 분포한다.

41 네일 샵에서 시술이 불가능한 손톱 병변에 해당하는 것은?

① 조갑박리증(오니코리시스)
② 조갑위축증(오니케트로피아)
③ 조갑비대증(오니콕시스)
④ 조갑익상편(테리지움)

조갑박리증은 손톱과 네일 베드 사이에 틈이 생겨 점점 벌어지는 증상으로 네일 샵에서는 시술이 불가능하다.

42 다음 중 손톱 밑의 구조에 포함되지 않는 것은?

① 반월(루눌라) ② 조모(매트릭스)
③ 조근(네일 루트) ④ 조상(네일 베드)

손톱 밑의 구조에 해당하는 것은 조상, 조모, 반월이며, 조근은 손톱의 구조에 속한다.

43 손톱의 구조에 대한 설명으로 가장 거리가 먼 것은?

① 네일 플레이트(조판)는 단단한 각질 구조물로 신경과 혈관이 없다.
② 네일 루트(조근)는 손톱이 자라나기 시작하는 곳이다.
③ 프리에지(자유연)는 손톱의 끝부분으로 네일 베드와 분리되어 있다.
④ 네일 베드(조상)는 네일 플레이트(조판) 위에 위치하며 손톱의 신진대사를 돕는다.

네일 베드는 네일 바디를 받치고 있는 밑부분에 위치하여 네일의 신진대사와 수분을 공급하는 역할을 한다.

44 다음 중 고객관리카드의 작성 시 기록해야 할 내용과 가장 거리가 먼 것은?

① 손발의 질병 및 이상증상
② 시술 시 주의사항
③ 고객이 원하는 서비스의 종류 및 시술내용
④ 고객의 학력여부 및 가족사항

고객관리카드에 고객의 사적인 내용은 기록하지 않는다.

45 네일의 구조에서 모세혈관, 림프 및 신경조직이 있는 것은?

① 매트릭스 ② 에포니키움

③ 큐티클 ④ 네일 바디

매트릭스는 네일 루트 밑에 위치하여 각질세포의 생산과 성장을 조절하는 역할을 하며, 모세혈관, 림프 및 신경이 분포한다.

46 네일 큐티클에 대한 설명으로 옳은 것은?

① 살아있는 각질 세포이다.
② 완전히 제거가 가능하다.
③ 네일 베드에서 자라나온다.
④ 손톱 주위를 덮고 있다.

큐티클은 손톱 주위를 덮고 있는 신경이 없는 부분을 말한다.

47 손과 발의 뼈 구조에 대한 설명으로 틀린 것은?

① 한 손은 손목뼈 8개, 손바닥뼈 5개, 손가락 뼈 14개로 총 27개의 뼈로 구성되어 있다.
② 한 발은 발목뼈 7개, 발바닥뼈 5개, 발가락뼈 14개로 총 26개의 뼈로 구성되어 있다.
③ 손목뼈는 손목을 구성하는 뼈로 8개의 작고 다른 뼈들이 두 줄로 손목에 위치하고 있다.
④ 발목뼈는 몸의 무게를 지탱하는 5개의 길고 가는 뼈로 체중을 지탱하기 위해 튼튼하고 길다.

발목뼈는 거골, 종골, 주상골, 제1설상골, 제2설상골, 제3설상골, 입방골 총 7개의 뼈로 구성되어 있다.

48 건강한 네일의 조건에 대한 설명으로 틀린 것은?

① 건강한 네일은 유연하고 탄력성이 좋아서 튼튼하다.
② 건강한 네일은 네일 베드에 단단히 잘 부착되어야 한다.
③ 건강한 네일은 연한 핑크빛을 띠며 내구력이 좋아야 한다.
④ 건강한 네일은 25~30%의 수분과 10%의 유분을 함유해야 한다.

건강한 네일은 15~18%의 수분을 함유하고 있어야 한다.

49 다음 중 네일 팁의 재질이 아닌 것은?

① 아세테이트 ② 플라스틱
③ 아크릴 ④ 나일론

네일 팁은 플라스틱, 나일론, ABS수지, 아세테이트 등의 재질로 되어 있다.

50 다음은 조갑종렬증(오니코렉시스)에 관한 설명으로 옳은 것은?

① 손톱의 색이 푸르스름하게 변하는 증상이다.
② 멜라닌 색소가 착색되어 일어나는 증상이다.
③ 손톱이 갈라지거나 부서지는 증상이다.
④ 큐티클이 과잉성장하여 네일 플레이트 위로 자라는 증상이다.

조갑종렬증은 손톱이 세로로 갈라지거나 찢어지는 증상을 말하는데, 강알칼리성 비누나 에나멜 리무버를 과다 사용할 경우 발생한다.

51 아크릴릭 네일의 제거 방법으로 가장 적합한 것은?

① 드릴머신으로 갈아준다.
② 솜에 아세톤을 적셔 호일로 감싸 30분 정도 불린 후 오렌지 우드스틱으로 밀어서 떼어준다.
③ 100그릿 파일로 파일링하여 제거한다.
④ 솜에 알코올을 적셔 호일로 감싸 30분 정도 불린 후 오렌지 우드스틱으로 밀어서 떼어준다.

아크릴 네일 제거 시에는 아세톤을 적신 솜을 손톱에 올려 호일로 감싼 뒤 적당한 시간이 지나면 오렌지 우드스틱으로 밀어서 떼어낸다.

52 프렌치 컬러링에 대한 설명으로 옳은 것은?

① 옐로우 라인에 맞추어 완만한 U자 형태로 컬러링한다.
② 프리에지의 컬러링의 너비는 규격화되어 있다.
③ 프리에지의 컬러링 색상은 흰색으로 규정되어 있다.
④ 프리에지 부분만을 제외하고 컬러링한다.

프렌치 컬러링은 프리에지 부분만 컬러링하는 방법으로 옐로우 라인에 맞추어 완만한 U자 형태로 컬러링한다.

53 아크릴릭 시술에서 핀칭을 하는 주된 이유는?

① 리프팅 방지에 도움이 된다.
② C 커브에 도움이 된다.
③ 하이포인트 형성에 도움이 된다.
④ 에칭에 도움이 된다.

아크릴릭 시술에서 적당한 C 커브를 만들기 위해 핀칭을 해준다.

54 네일 종이 폼의 적용에 대한 설명으로 틀린 것은?

① 다양한 스컬프처 네일 시술 시에 사용한다.
② 자연스런 네일의 연장을 만들 수 있다.
③ 디자인 UV젤 팁 오버레이 시에 사용한다.
④ 일회용이며 프렌치 스컬프처에 적용한다.

종이 폼은 젤, 아크릴 등 다양한 스컬프처 네일 시술 시 사용하며, 팁 오버레이 시에는 사용하지 않는다.

55 페디큐어 시술 시 굳은살을 제거하는 도구는?

① 푸셔　　② 토우 세퍼레이터
③ 콘커터　　④ 클리퍼

콘커터는 발바닥의 굳은살이나 각질을 제거할 때 사용하는 도구로 일회용 면도날을 끼워서 사용한다.

56 페디큐어 시술 순서로 가장 적합한 것은?

① 소독하기 - 폴리시 지우기 - 발톱 모양 만들기 - 큐티클 오일 바르기 - 큐티클 정리하기
② 폴리시 지우기 - 소독하기 - 발톱 표면 정리하기 - 큐티클 오일 바르기 - 큐티클 정리하기
③ 소독하기 - 발톱 표면 정리하기 - 폴리시 지우기 - 발톱 모양 만들기 - 큐티클 정리하기
④ 폴리시 지우기 - 소독하기 - 발톱 모양 만들기 - 큐티클 오일 바르기 - 큐티클 정리하기

페디큐어 시술 시 시술자와 모델의 손을 소독한 뒤 미리 시술되어 진 폴리시를 리무버로 지우고 원하는 발톱 모양을 만든 뒤 표면을 정리하고 큐티클 오일을 바르고 나서 푸셔와 니퍼를 이용하여 큐티클을 정리한 뒤 소독을 한다.

57 푸셔로 큐티클을 밀어 올릴 때 가장 적합한 각도는?

① 15°　　② 30°
③ 45°　　④ 60°

큐티클을 밀어 올릴 때 푸셔는 네일 표면과 45° 각도를 유지하도록 한다.

58 팁 위드 랩 시술 시 사용하지 않는 재료는?

① 글루 드라이
② 실크
③ 젤 글루
④ 아크릴 파우더

아크릴 파우더는 아크릴 연장 시술 시에 사용하는 재료이다.

59 UV 젤의 특징이 아닌 것은?

① 올리고머 형태의 분자구조를 가지고 있다.
② 탑젤의 광택은 인조네일 중 가장 좋다.
③ 젤은 농도에 따라 묽기가 약간씩 다르다.
④ UV젤은 상온에서 경화가 가능하다.

UV젤은 상온에서 경화가 되지 않으므로 젤 램프를 이용해 경화한다.

60 컬러링에 대한 설명으로 틀린 것은?

① 베이스 코트는 폴리시의 착색을 방지한다.
② 폴리시 브러시의 각도는 90°로 잡는 것이 가장 적합하다.
③ 폴리시는 얇게 바르는 것이 빨리 건조되고 색상이 오래 유지된다.
④ 탑코트는 폴리시의 광택을 더해주고 지속력을 높인다.

네일에 폴리시를 바를 때 브러시의 각도는 45°를 유지하는 것이 좋다.

2015년 4회 정답

01 ①	02 ②	03 ③	04 ④	05 ①
06 ②	07 ①	08 ②	09 ①	10 ③
11 ①	12 ④	13 ①	14 ④	15 ③
16 ③	17 ②	18 ②	19 ①	20 ③
21 ①	22 ④	23 ①	24 ③	25 ③
26 ①	27 ②	28 ②	29 ④	30 ②
31 ②	32 ②	33 ④	34 ④	35 ③
36 ②	37 ④	38 ③	39 ②	40 ①
41 ①	42 ③	43 ④	44 ④	45 ①
46 ④	47 ④	48 ④	49 ③	50 ③
51 ②	52 ①	53 ②	54 ③	55 ③
56 ①	57 ③	58 ④	59 ④	60 ②

공개기출문제 – 2015년 5회

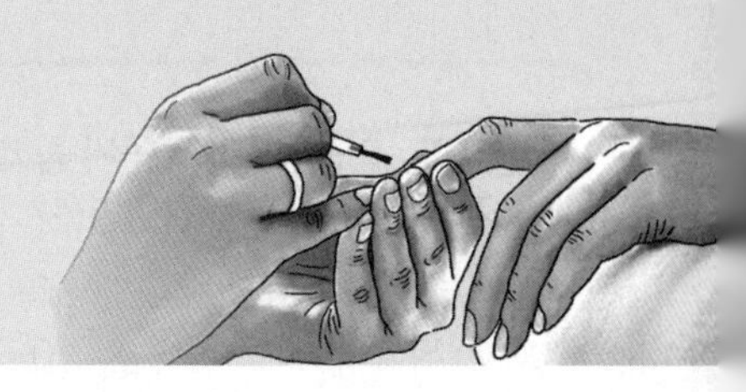

▶ 정답 : 408쪽

01 영양소의 3대 작용으로 틀린 것은?

① 신체의 생리기능 조절
② 에너지 열량 감소
③ 신체의 조직구성
④ 열량공급 작용

영양소의 3대 작용
• 신체의 열량공급작용 – 탄수화물, 지방, 단백질
• 신체의 조직구성 작용 – 단백질, 무기질, 물
• 신체의 생리기능조절 작용 – 비타민, 무기질, 물

02 다음 중 식물에게 가장 피해를 많이 줄 수 있는 기체는?

① 일산화탄소 ② 이산화탄소
③ 탄화수소 ④ 이산화황

식물이 이산화황에 오래 노출되면 엽맥 또는 잎의 가장자리의 색이 변하게 되며, 해면조직과 표피조직의 세포가 얇아지게 된다.

03 ( ) 안에 들어갈 알맞은 것은?

( )(이)란 감염병 유행지역의 입국자에 대하여 감염병 감염이 의심되는 사람의 강제격리로서 "건강격리"라고도 한다.

① 검역 ② 감금
③ 감시 ④ 전파예방

감염병 유행지역의 입국자에 대하여 감염병 감염이 의심되는 사람의 강제격리를 검역이라 한다.

04 감염병을 옮기는 질병과 그 매개곤충을 연결한 것으로 옳은 것은?

① 말라리아 - 진드기
② 발진티푸스 - 모기
③ 양충병(쯔쯔가무시) - 진드기
④ 일본뇌염 - 체체파리

① 말라리아 – 모기
② 발진티푸스 – 이
④ 일본뇌염 – 모기

05 사회보장의 종류에 따른 내용의 연결이 옳은 것은?

① 사회보험 - 기초생활보장, 의료보장
② 사회보험 - 소득보장, 의료보장
③ 공적부조 - 기초생활보장, 보건의료서비스
④ 공적부조 - 의료보장, 사회복지서비스

사회보장의 종류

사회보험	• 소득보장 : 국민연금, 고용보험, 산재보험 • 의료보장 : 건강보험, 산재보험
공적부조	최저생활보장, 의료급여
사회복지서비스	노인복지서비스, 아동복지서비스, 장애인복지서비스, 가정복지서비스
관련복지제도	보건, 주거, 교육, 고용

06 일명 도시형, 유입형이라고도 하며 생산층 인구가 전체인구의 50% 이상이 되는 인구구성의 유형은?

① 별형(star form)
② 항아리형(pot form)
③ 농촌형(guitar form)
④ 종형(bell form)

별형은 도시형, 인구유입형으로서 생산층의 인구가 증가하는 형태의 인구 구성 형태이다.

07 다음 감염병 중 호흡기계 감염병에 속하는 것은?

① 발진티푸스
② 파라티푸스
③ 디프테리아
④ 황열

호흡기계 감염병 : 백일해, 디프테리아, 조류독감, 결핵 등

08 이 · 미용업소에서 공기 중 비말감염으로 가장 쉽게 옮겨질 수 있는 감염병은?

① 인플루엔자　② 대장균
③ 뇌염　④ 장티푸스

기침이나 재채기 등을 통해 나오는 침방울이 타인의 코나 입으로 들어가면서 감염되는 것을 비말감염이라 하는데, 인플루엔자, 결핵, 백일해, 디프테리아 등이 이에 속한다.

09 소독약의 살균력 지표로 가장 많이 이용되는 것은?

① 알코올　② 크레졸
③ 석탄산　④ 포름알데히드

석탄산은 소독약의 살균 지표로 많이 이용된다.

10 소독제의 구비조건과 가장 거리가 먼 것은?

① 높은 살균력을 가질 것
② 인축에 해가 없어야 할 것
③ 저렴하고 구입과 사용이 간편할 것
④ 냄새가 강할 것

소독제는 냄새가 없는 것이 좋다.

11 다음 소독 방법 중 완전 멸균으로 가장 빠르고 효과적인 방법은?

① 유통증기법　② 간헐살균법
③ 고압증기법　④ 건열소독

고압증기멸균법은 고압증기멸균기를 이용하여 소독하는 방법으로 가장 빠르고 효과적인 완전멸균 방법이며, 포자를 형성하는 세균의 멸균도 가능하다.

12 인체에 질병을 일으키는 병원세 중 대체로 살아있는 세포에서만 증식하고 크기가 가장 작아 전자현미경으로만 관찰할 수 있는 것은?

① 구균　② 간균
③ 바이러스　④ 원생동물

바이러스는 크기가 가장 작은 병원체로서 살아있는 세포에서만 증식한다.

13 다음 중 아포(포자)까지도 사멸시킬 수 있는 멸균 방법은?

① 자외선조사법
② 고압증기멸균법
③ P.O(Propylene Oxide)가스 멸균법
④ 자비소독법

아포를 형성하는 세균에 가장 좋은 소독법은 고압증기멸균법이다.

14 이·미용업소 쓰레기통, 하수구 소독으로 효과적인 것은?

① 역성비누, 승홍수
② 승홍수, 포르말린수
③ 생석회, 석회유
④ 역성비누액, 생석회

쓰레기통 소독은 석회유, 하수구 소독은 생석회·석회유 등이 사용된다.

15 여드름을 유발하는 호르몬은?

① 인슐린
② 안드로겐
③ 에스트로겐
④ 티록신

남성호르몬인 안드로겐의 영향으로 피지가 증가하게 되고 이 피지가 충분히 배출되지 못하면서 여드름이 생기게 된다.

16 멜라닌 세포가 주로 위치하는 곳은?

① 각질층　② 기저층
③ 유극층　④ 망상층

기저층은 원주형의 세포가 단층으로 이어져 있으며 각질형성세포와 색소형성세포가 존재한다.

17 사춘기 이후 성호르몬의 영향을 받아 분비되기 시작하는 땀샘으로 체취선이라고 하는 것은?

① 소한선　② 대한선
③ 갑상선　④ 피지선

대한선은 성호르몬의 영향을 받아 분비되기 시작하는 땀샘으로 겨드랑이, 유두 배꼽 등에 존재한다.

18 일광화상의 주된 원인이 되는 자외선은?

① UV-A ② UV-B
③ UV-C ④ 가시광선

UV-B는 290~320nm의 영역에서 나오는 자외선으로 파장이 짧아 피부 깊숙이 침투하지는 못하지만 과다하게 노출될 경우 일광화상을 일으킬 수 있다.

19 노화 피부에 대한 전형적인 증세는?

① 피지가 과다 분비되어 번들거린다.
② 항상 촉촉하고 매끈하다.
③ 수분이 80% 이상이다.
④ 유분과 수분이 부족하다.

노화 피부는 유분과 수분이 부족하여 피부가 건조하고 탄력이 떨어진다.

20 다음 중 뼈와 치아의 주성분이며, 결핍되면 혈액의 응고현상이 나타나는 영양소는?

① 인(P) ② 요오드(I)
③ 칼슘(Ca) ④ 철분(Fe)

칼슘은 뼈 및 치아를 형성하는 영양소이며, 결핍 시 구루병, 골다공증, 충치, 신경과민증 등이 나타난다.

21 피지, 각질세포, 박테리아가 서로 엉겨서 모공이 막힌 상태를 무엇이라 하는가?

① 구진 ② 면포
③ 반점 ④ 결절

얼굴, 이마, 콧등에 나타나는 나사모양의 굳어진 피지덩어리를 면포라 하는데, 피지, 각질세포, 박테리아 등이 서로 엉겨서 모공을 막으면서 생긴다.

22 과태료의 부과·징수 절차에 관한 설명으로 틀린 것은?

① 시장·군수·구청장이 부과·징수한다.
② 과태료 처분의 고지를 받은 날부터 30일 이내에 이의를 제기할 수 있다.
③ 과태료 처분을 받은 자가 이의를 제기한 처분권자는 보건복지부장관에게 이를 통보한다.
④ 기간 내 이의제기 없이 과태료를 납부하지 아니한 때에는 지방세 체납처분의 예에 따른다.

과태료 처분을 받은 자가 이의를 제기한 때에는 시장·군수·구청장은 지체없이 관할법원에 그 사실을 통보하여야 한다.

23 면허의 정지명령을 받은 자가 반납한 면허증은 정지기간 동안 누가 보관하는가?

① 관할 시·도지사
② 관할 시장·군수·구청장
③ 보건복지부장관
④ 관할 경찰서장

면허의 정지명령을 받은 자는 그 면허증을 관할 시장·군수·구청장에게 제출해야 한다.

24 공중위생업자가 매년 받아야 하는 위생교육 시간은?

① 5시간
② 4시간
③ 3시간
④ 2시간

공중위생업자가 받아야 하는 위생교육 시간은 매년 3시간이다.

25 다음 중 청문의 대상이 아닌 때는?

① 면허취소 처분을 하고자 하는 때
② 면허정지 처분을 하고자 하는 때
③ 영업소 폐쇄명령의 처분을 하고자 하는 때
④ 벌금으로 처벌하고자 하는 때

청문을 실시하는 사항
면허취소·면허정지, 공중위생영업의 정지, 일부 시설의 사용중지, 영업소 폐쇄명령

26 신고를 하지 아니하고 영업소의 소재지를 변경한 때에 대한 1차 위반 시 행정처분 기준은?

① 영업정지 1월
② 영업정지 6월
③ 영업정지 3월
④ 영업정지 2월

신고를 하지 아니하고 영업소의 소재지를 변경한 때에 대한 1차 위반 시 행정처분 기준은 영업정지 1월이다.

27 이·미용업 영업신고 신청 시 필요한 구비서류에 해당하는 것은?

① 이·미용사 자격증 원본
② 교육수료증
③ 호적등본 및 주민등록등본
④ 건축물 대장

영업신고 신청 시 영업시설 및 설비개요서, 교육수료증을 제출해야 하며, 건축물대장, 토지이용계획확인서, 면허증은 행정정보의 공동이용을 통하여 확인해야 한다.

28 공중위생관리법상 이·미용 기구의 소독기준 및 방법으로 틀린 것은?

① 건열멸균소독 : 섭씨 100℃ 이상의 건조한 열에 10분 이상 쐬어준다.
② 증기소독 : 섭씨 100℃ 이상의 습한 열에 20분 이상 쐬어준다.
③ 열탕소독 : 섭씨 100℃ 이상의 물속에 10분 이상 끓여준다.
④ 석탄산수소독 : 석탄산수(석탄산 3%, 물 97%의 수용액)에 10분 이상 담가둔다.

건열멸균소독 : 100℃ 이상의 건조한 열에 20분 이상 쐬어준다.

29 다음 중 미백 기능과 가장 거리가 먼 것은?

① 비타민 C ② 코직산
③ 캠퍼 ④ 감초

피부 미백제 성분 : 알부틴, 코직산, 비타민 C 유도체, 닥나무 추출물, 뽕나무 추출물, 감초 추출물

30 린스의 기능으로 틀린 것은?

① 정전기를 방지한다.
② 모발 표면을 보호한다.
③ 자연스러운 광택을 준다.
④ 세정력이 강하다.

세정력은 샴푸의 주목적에 해당한다.

31 화장수에 대한 설명 중 올바르지 않은 것은?

① 수렴화장수는 아스트린젠트라고 불린다.
② 수렴화장수는 지성, 복합성 피부에 효과적으로 사용된다.
③ 유연화장수는 건성 또는 노화피부에 효과적으로 사용된다.
④ 유연화장수는 모공을 수축시켜 피부결을 섬세하게 정리해준다.

모공을 수축시켜 주는 것은 수렴화장수의 기능이다.

32 화장품 성분 중 기초화장품이나 메이크업 화장품에 널리 사용되는 고형의 유성성분으로 화학적으로는 고급지방산에 고급 알코올이 결합된 에스테르이며, 화장품의 굳기를 증가시켜주는 원료에 속하는 것은?

① 왁스
② 폴리에틸렌글리콜
③ 피마자유
④ 바셀린

기초화장품이나 메이크업 화장품에 널리 사용되는 고형의 유성성분은 왁스이다.

33 향수에 대한 설명으로 옳은 것은?

① 퍼퓸(perfume extract) – 알코올 70%와 향수원액을 30% 포함하며, 향이 3일 정도 지속된다.
② 오드 퍼퓸(eau de perfume) – 알코올 95% 이상, 향수원액 2~3%로 30분 정도 향이 지속된다.
③ 샤워코롱(shower cologne) – 알코올 80%와 물 및 향수원액 15%가 함유된 것으로 5시간 정도 향이 지속된다.
④ 헤어 토닉(hair tonic) – 알코올 85~95%와 향수원액 8% 가량이 함유된 것으로 향이 2~3시간 정도 지속된다.

- 오드 퍼퓸 : 알코올 80%와 물 및 향수원액 15%가 함유된 것으로 5시간 정도 향이 지속된다.
- 오드 토일렛 : 알코올 85~95%와 향수원액 8% 가량이 함유된 것으로 향이 2~3시간 정도 지속된다.
- 오드 코롱 : 알코올 95% 이상, 향수원액 2~3%로 30분 정도 향이 지속된다.

34 화장품의 4대 요건에 속하지 않는 것은?

① 안전성
② 안정성
③ 치유성
④ 유효성

화장품의 4대 요건 : 안전성, 안정성, 사용성, 유효성

35 아줄렌은 어디에서 얻어지는가?

① 카모마일(Camomile)
② 로얄젤리(Royal Jelly)
③ 아르니카(Arnica)
④ 조류(Algae)

아줄렌은 국화과 식물인 카모마일을 증류하여 추출한 것으로 피부 진정, 알레르기, 염증 치유 등의 효과가 있다.

36 손톱의 구조 중 조근에 대한 설명으로 가장 적합한 것은?

① 손톱 모양을 만든다.
② 연분홍의 반달모양이다.
③ 손톱이 자라기 시작하는 곳이다.
④ 손톱의 수분공급을 담당한다.

조근은 새로운 세포가 만들어져 손톱의 성장이 시작되는 부위이다.

37 네일 샵의 안전관리를 위한 대처방법으로 가장 적합하지 않은 것은?

① 화학물질을 사용할 때는 반드시 뚜껑이 있는 용기를 이용한다.
② 작업 시 마스크를 착용하여 가루의 흡입을 막는다.
③ 작업공간에서는 음식물이나 음료, 흡연을 금한다.
④ 가능하면 스프레이 형태의 화학물질을 사용한다.

스프레이 형태의 화학물질을 사용하게 되면 코나 입으로 들어갈 수 있기 때문에 사용하지 않도록 한다.

38 네일 질환 중 교조증(오니코파지)의 원인과 관리방법 중 가장 적합한 것은?

① 유전에 의하여 손톱의 끝이 두껍게 자라는 것이 원인으로 매니큐어나 페디큐어가 증상을 완화시킨다.
② 멜라닌 색소가 착색되어 일어나는 증상이 원인이며 손톱이 자라면서 없어지기도 한다.
③ 손톱을 심하게 물어뜯을 경우 원인이 되며 인조손톱을 붙여서 교정할 수 있다.
④ 식습관이나 질병에서 비롯된 증상이 원인이며 부드러운 파일을 사용하여 관리한다.

교조증은 손톱을 물어뜯는 습관으로 인해 생기며, 인조손톱을 하게 되면 물어뜯는 습관을 없애는 데 도움이 된다.

39 네일미용 관리 중 고객관리에 대한 응대로 지켜야 할 사항이 아닌 것은?

① 시술의 우선순위에 대한 논쟁을 막기 위해서 예약 고객을 우선으로 한다.
② 고객이 도착하기 전에 필요한 물건과 도구를 준비해야 한다.
③ 관리 중에는 고객과 대화를 나누지 않는다.
④ 고객에게 소지품과 옷 보관함을 제공하고 바뀌는 일이 없도록 한다.

관리 중에 고객에게 너무 많은 말을 하는 것은 좋지 않지만 적당한 대화를 나누는 것은 좋다.

40 다음 중 손톱의 역할과 가장 거리가 먼 것은?

① 손끝과 발끝을 외부 자극으로부터 보호한다.
② 미적·장식적 기능이 있다.
③ 방어와 공격의 기능이 있다.
④ 분비기능이 있다.

분비기능은 손톱의 역할과는 거리가 멀다.

41 한국의 네일미용의 역사에 관한 설명 중 틀린 것은?

① 우리나라 네일 장식의 시작은 봉선화 꽃물을 들이는 것이라 할 수 있다.
② 한국의 네일 산업이 본격화되기 시작한 것은 1960년대 중반으로 미국과 일본의 영향으로 네일산업이 급성장하면서 대중화되기 시작했다.
③ 1990년대부터 대중화되어왔고, 1998년에는 민간자격증이 도입되었다.
④ 화장품 회사에서 다양한 색상의 폴리시를 판매하면서 일반인들이 네일에 대해 관심을 갖기 시작했다.

한국의 네일 산업이 본격화되기 시작한 것은 1990년대이다.

42 다음 중 네일미용 시술이 가능한 경우는?

① 사상균증 ② 조갑구만증
③ 조갑탈락증 ④ 행네일

행네일은 네일의 가장자리가 갈라지는 증상으로 거스러미 네일이라고도 하는데, 핫크림 매니큐어나 파라핀 매니큐어로 보습처리를 해주면 좋다.

43 화학물질로부터 자신과 고객을 보호하는 방법으로 틀린 것은?

① 화학물질은 피부에 닿아도 되기 때문에 신경쓰지 않아도 된다.
② 통풍이 잘 되는 작업장에서 작업을 한다.
③ 공중 스프레이 제품보다 찍어 바르거나 솔로 바르는 제품을 선택한다.
④ 콘택트렌즈의 사용을 제한한다.

화학물질은 피부에 닿지 않도록 주의한다.

44 손가락과 손가락 사이가 붙지 않고 벌어지게 하는 외향에 작용하는 손등의 근육은?

① 외전근 ② 내전근
③ 대립근 ④ 회외근

손가락 사이를 벌어지게 하는 손등의 근육을 외전근이라 한다.

45 고객관리에 대한 설명으로 옳은 것은?

① 피부 습진이 있는 고객은 처치를 하면서 서비스한다.
② 진한 메이크업을 하고 고객을 응대한다.
③ 네일제품으로 인한 알레르기 반응이 생길 수 있으므로 원인이 되는 제품의 사용을 멈추도록 한다.
④ 문제성 피부를 지닌 고객에게 주어진 업무수행을 자유롭게 한다.

46 네일미용의 역사에 대한 설명으로 틀린 것은?

① 최초의 네일미용은 기원전 3000년경에 이집트에서 시작되었다.
② 고대 이집트에서는 헤나를 이용하여 붉은 오렌지색으로 손톱을 물들였다.
③ 그리스에서는 계란 흰자와 아라비아산 고무나무 수액을 섞어 손톱에 칠하였다.
④ 15세기 중국의 명 왕조에서는 흑색과 적색으로 손톱에 칠하여 장식하였다.

계란 흰자와 아라비아산 고무나무 수액을 섞어 손톱에 칠한 것은 고대 중국이다.

47 손톱의 구조에서 자유연(프리에지) 밑부분의 피부를 무엇이라 하는가?

① 하조피(하이포니키움)
② 조구(네일 그루브)
③ 큐티클
④ 조상연(페리오니키움)

프리에지 밑부분의 피부를 하조피 또는 하이포니키움이라 한다.

48 네일 도구의 설명으로 틀린 것은?

① 큐티클 니퍼 : 손톱 위에 거스러미가 생긴 살을 제거할 때 사용한다.
② 아크릴릭 브러시 : 아크릴릭 파우더로 볼을 만들어 인조손톱을 만들 때 사용한다.
③ 클리퍼 : 인조팁을 잘라 길이를 조절할 때 사용한다.
④ 아크릴릭 폼지 : 팁 없이 아크릴릭 파우더만을 가지고 네일을 연장할 때 사용하는 일종의 받침대 역할을 한다.

인조팁을 잘라 길이를 조절할 때는 팁커터를 사용한다.

49 다음 중 발의 근육에 해당하는 것은?

① 비복근 ② 대퇴근
③ 장골근 ④ 족배근

발바닥 근육을 족척근, 발등 근육을 족배근이라 한다.

50 다음 중 손가락의 수지골 뼈의 명칭이 아닌 것은?

① 기절골 ② 말절골
③ 중절골 ④ 요골

손가락의 수지골은 기절골, 중절골, 말절골로 구성되어 있으며, 요골은 아래팔뼈 중 바깥쪽에 있는 뼈를 말한다.

51 폴리시를 바르는 방법 중 손톱이 길고 가늘게 보이도록 하기 위해 양쪽 사이드 부위를 남겨두는 컬러링 방법은?

① 프리에지(free edge) ② 풀코트(full coat)
③ 슬림라인(slim line) ④ 루눌라(lunula)

슬림라인은 손톱의 양쪽 옆면을 1.5mm 정도 남기고 컬러링하는 방법으로 손톱이 가늘고 길어 보이도록 하는 방법이다.

52 UV-젤 네일의 설명으로 옳지 않은 것은?

① 젤은 끈끈한 점성을 가지고 있다.
② 파우더와 믹스되었을 때 단단해진다.
③ 네일 리무버로 제거되지 않는다.
④ 투명도와 광택이 뛰어나다.

젤의 묽기에 따라 조금씩 특성이 다르기는 하지만 손톱에 따라 두께감을 조절하여 단단하게 만들 수 있다. 파우더와 젤의 믹스는 가능하지만 파우더와 젤이 믹스되어 단단해지지는 않는다.

53 페디큐어의 시술방법으로 맞는 것은?

① 파고드는 발톱의 예방을 위하여 발톱의 모양은 일자형으로 한다.
② 혈압이 높거나 심장병이 있는 고객은 마사지를 더 강하게 해준다.
③ 모든 각질 제거에는 콘커터를 사용하여 완벽하게 제거한다.
④ 발톱의 모양은 무조건 고객이 원하는 형태로 잡아준다.

발톱이 살 안쪽으로 파고드는 내향성 발톱을 예방하기 위해 일자형으로 잘라야 한다.

54 습식매니큐어 시술에 관한 설명으로 틀린 것은?

① 고객의 취향과 기호에 맞게 손톱 모양을 잡는다.
② 자연손톱 파일링 시 한 방향으로 시술한다.
③ 손톱 질환이 심각할 경우 의사의 진료를 권한다.
④ 큐티클은 죽은 각질피부이므로 반드시 모두 제거하는 것이 좋다.

큐티클을 너무 깔끔하게 정리하면 출혈이 생길 수 있으므로 적당하게 정리하도록 한다.

55 페디파일의 사용 방향으로 가장 적합한 것은?

① 바깥쪽에서 안쪽으로
② 왼쪽에서 오른쪽으로
③ 족문 방향으로
④ 사선 방향으로

페디파일은 발바닥 각질 제거 후 매끄럽게 마무리할 수 있는 효과를 위해 사용하는 도구로 족문 방향으로 사용한다.

56 네일 팁에 대한 설명으로 틀린 것은?

① 네일 팁 접착 시 손톱의 1/2 이상 커버해서는 안 된다.
② 네일 팁은 손톱의 크기에 너무 크거나 작지 않은 가장 잘 맞는 사이즈의 팁을 사용한다.
③ 웰 부분의 형태에 따라 풀웰과 하프웰이 있다.
④ 자연 손톱이 크고 납작한 경우 커브 타입의 팁이 좋다.

자연 손톱이 크고 납작한 경우 끝이 좁은 내로우 팁을 사용한다.

57 큐티클을 정리하는 도구의 명칭으로 가장 적합한 것은?

① 핑거볼
② 니퍼
③ 핀셋
④ 클리퍼

큐티클을 정리할 때는 푸셔로 큐티클을 밀어올리고 니퍼로 잘라낸다.

58 네일 팁 오버레이의 시술과정에 대한 설명으로 틀린 것은?

① 네일 팁 접착 시 자연손톱 길이의 1/2 이상 덮지 않는다.
② 자연 손톱이 넓은 경우, 좁게 보이게 하기 위하여 작은 사이즈의 네일 팁을 붙인다.
③ 네일 팁의 접착력을 높여주기 위해 자연 손톱의 에칭 작업을 한다.
④ 프리프라이머를 자연손톱에만 도포한다.

> 네일 팁을 선택할 때는 자연손톱과 동일한 크기의 팁을 선택한다.

59 아크릴릭 시술 시 바르는 프라이머에 대한 설명 중 틀린 것은?

① 단백질을 화학작용으로 녹여준다.
② 아크릴릭 네일이 손톱에 잘 부착되도록 도와준다.
③ 피부에 닿으면 화상을 입힐 수 있다.
④ 충분한 양으로 여러 번 도포해야 한다.

> 프라이머는 피부에 닿으면 화상을 입을 수 있기 때문에 소량으로 한두 번만 도포하여야 한다.

60 아크릴릭 네일의 보수 과정에 대한 설명으로 가장 거리가 먼 것은?

① 들뜬 부분의 경계를 파일링한다.
② 아크릴릭 표면이 단단하게 굳은 후에 파일링한다.
③ 새로 자라난 자연손톱 부분에 프라이머를 바른다.
④ 들뜬 부분에 오일 도포 후 큐티클을 정리한다.

> 들뜬 부분에 오일을 도포하게 되면 오일이 스며들게 되어 리프팅의 원인이 될 수 있기 때문에 건식으로 큐티클 정리를 하는 게 바람직하다.

2015년 5회 정답

01 ②	02 ④	03 ①	04 ③	05 ②
06 ①	07 ③	08 ①	09 ③	10 ④
11 ③	12 ③	13 ②	14 ③	15 ②
16 ②	17 ②	18 ②	19 ④	20 ③
21 ②	22 ③	23 ②	24 ③	25 ④
26 ①	27 ②	28 ①	29 ③	30 ④
31 ④	32 ①	33 ①	34 ③	35 ①
36 ③	37 ④	38 ③	39 ③	40 ④
41 ②	42 ④	43 ①	44 ①	45 ③
46 ③	47 ①	48 ③	49 ④	50 ④
51 ③	52 ②	53 ①	54 ④	55 ③
56 ④	57 ②	58 ②	59 ④	60 ④

공개기출문제 – 2016년 1회

▶ 정답 : 416쪽

01 야채를 고온에서 요리할 때 가장 파괴되기 쉬운 비타민은?

① 비타민 A ② 비타민 C
③ 비타민 D ④ 비타민 K

비타민 C는 고온에서 파괴되기 쉽다.

02 다음 중 병원소에 해당하지 않는 것은?

① 흙 ② 물
③ 가축 ④ 보균자

병원소의 종류
- 인간 병원소 : 환자, 보균자 등
- 동물 병원소 : 개, 소, 말, 돼지 등
- 토양 병원소 : 파상풍, 오염된 토양 등

03 일반폐기물 처리방법 중 가장 위생적인 방법은?

① 매립법 ② 소각법
③ 투기법 ④ 비료화법

소각법은 폐기물을 불에 태우는 것을 의미하는데, 가장 위생적인 방법이라고 할 수 있다.

04 인구통계에서 5~9세 인구란?

① 만4세 이상 ~ 만8세 미만 인구
② 만5세 이상 ~ 만10세 미만 인구
③ 만4세 이상 ~ 만9세 미만 인구
④ 4세 이상 ~ 9세 이하 인구

인구통계에서 5~9세 인구는 만5세 ~ 만9세 인구를 말한다.

05 모유수유에 대한 설명으로 옳지 않은 것은?

① 수유 전 산모의 손을 씻어 감염을 예방하여야 한다.
② 모유수유를 하면 배란을 촉진시켜 임신을 예방하는 효과가 없다.
③ 모유에는 림프구, 대식세포 등의 백혈구가 들어 있어 각종 감염으로부터 장을 보호하고 설사를 예방하는 데 큰 효과를 갖고 있다.
④ 초유는 영양가가 높고 면역체가 있으므로 아기에게 반드시 먹이도록 한다.

모유수유를 하면 배란이 억제돼 피임 효과가 있다.

06 감염병 감염 후 얻어지는 면역의 종류는?

① 인공능동면역
② 인공수동면역
③ 자연능동면역
④ 자연수동면역

면역의 종류

구분		의미
능동면역	자연능동면역	감염병에 감염된 후 형성되는 면역
	인공능동면역	예방접종을 통해 형성되는 면역
수동면역	자연수동면역	모체로부터 태반이나 수유를 통해 형성되는 면역
	인공수동면역	항독소 등 인공제제를 접종하여 형성되는 면역

07 다음 중 출생 후 아기에게 가장 먼저 실시하게 되는 예방접종은?

① 파상풍 ② B형 간염
③ 홍역 ④ 폴리오

파상풍	B형 간염	홍역	폴리오
생후 2개월	생후 1~2개월	생후 12~15개월	생후 2개월

08 바이러스의 특성으로 가장 거리가 먼 것은?

① 생체 내에서만 증식이 가능하다.
② 일반적으로 병원체 중에서 가장 작다.
③ 황열바이러스가 인간질병 최초의 바이러스이다.
④ 항생제에 감수성이 있다.

바이러스는 항생제에 감수성이 없다.

09 소독제의 적정 농도로 틀린 것은?

① 석탄산 1~3%　② 승홍수 0.1%
③ 크레졸수 1~3%　④ 알코올 1~3%

알코올은 약 70%의 농도로 사용한다.

10 병원성 · 비병원성 미생물 및 포자를 가진 미생물 모두를 사멸 또는 제거하는 것은?

① 소독　② 멸균
③ 방부　④ 정균

멸균은 병원성 또는 비병원성 미생물 및 포자를 가진 미생물 전부를 사멸 또는 제거하는 무균 상태를 의미한다.

11 다음 중 이 · 미용업소에서 가장 쉽게 옮겨질 수 있는 질병은?

① 소아마비　② 뇌염
③ 비활동성 결핵　④ 전염성 안질

이·미용업소에서 소독되지 않은 수건을 사용할 경우 전염성 안질에 감염될 수 있다.

12 다음 중 음용수 소독에 사용되는 소독제는?

① 석탄산　② 액체염소
③ 승홍　④ 알코올

음용수 소독에는 염소를 사용하는데, 잔류염소가 0.1~0.2ppm이 되게 해서 사용한다.

13 소독제의 사용 및 보존상의 주의점으로 틀린 것은?

① 일반적으로 소독제는 밀폐시켜 일광이 직사되지 않는 곳에 보존해야 한다.
② 부식과 상관이 없으므로 보관 장소의 제한이 없다.
③ 승홍이나 석탄산 같은 것은 인체에 유해하므로 특별히 주의 취급하여야 한다.
④ 염소제는 일광과 열에 의해 분해되지 않도록 냉암소에 보존하는 것이 좋다.

소독제는 밀폐시켜 일광이 직사되지 않는 곳에 보존하고 사용하다 남은 소독약은 변질의 우려가 있으므로 보관하지 않는다.

14 다음 중 미생물학의 대상에 속하지 않는 것은?

① 세균
② 바이러스
③ 원충
④ 원시동물

동물은 미생물에 포함되지 않는다.

15 리보플라빈이라고도 하며, 녹색 채소류, 밀의 배아, 효모, 계란, 우유 등에 함유되어 있고 결핍되면 피부염을 일으키는 것은?

① 비타민 B_2
② 비타민 E
③ 비타민 K
④ 비타민 A

리보플라빈이라고도 불리는 비타민 B_2는 결핍 시 피부병, 구순염, 백내장 등의 원인이 될 수 있으며, 우유, 치즈, 달걀, 녹색 채소류 등에 함유되어 있다.

16 다음 태양광선 중 파장이 가장 짧은 것은?

① UV-A
② UV-B
③ UV-C
④ 가시광선

자외선의 파장 범위

구분	파장 범위
UV A	320~400nm
UV B	290~320nm
UV C	200~290nm

17 멜라닌 색소 결핍의 선천적 질환으로 쉽게 일광화상을 입는 피부병변은?

① 주근깨
② 기미
③ 백색증
④ 노인성 반점(검버섯)

백색증은 멜라닌 색소 결핍증으로 쉽게 일광화상을 입으므로 각별한 관리가 필요하다.

18 진균에 의한 피부병변이 아닌 것은?

① 족부백선 ② 대상포진
③ 무좀 ④ 두부백선

대상포진은 바이러스성 피부질환이다.

19 피부에 대한 자외선의 영향으로 피부의 급성반응과 가장 거리가 먼 것은?

① 홍반반응 ② 화상
③ 비타민 D 합성 ④ 광노화

광노화는 햇빛, 바람, 추위, 공해 등의 요인으로 피부가 노화되는 현상으로 급성반응에 해당되지 않는다.

20 얼굴에서 피지선이 가장 발달된 곳은?

① 이마 부분 ② 코 옆 부분
③ 턱 부분 ④ 뺨 부분

피지선은 진피의 망상층에 위치하는 것으로 손바닥과 발바닥을 제외한 전신에 분포하는데, 얼굴에서는 코 옆 부분이 가장 발달되어 있다.

21 에크린 땀샘(소한선)이 가장 많이 분포된 곳은?

① 발바닥 ② 입술
③ 음부 ④ 유두

소한선은 입술과 생식기를 제외한 전신에 분포하는데, 특히 손바닥, 발바닥, 겨드랑이에 많이 분포되어 있다.

22 이·미용업소 내에 반드시 게시하지 않아도 무방한 것은?

① 이·미용업 신고증
② 개설자의 면허증 원본
③ 최종지불요금표
④ 이·미용사 자격증

영업장 내에 게시해야 할 사항
이·미용업 신고증, 개설자의 면허증 원본, 최종지불요금표

23 영업자의 위생관리 의무가 아닌 것은?

① 영업소에서 사용하는 기구를 소독한 것과 소독하지 아니한 것을 분리 보관한다.
② 영업소에서 사용하는 1회용 면도날은 손님 1인에 한하여 사용한다.
③ 자격증을 영업소 안에 게시한다.
④ 면허증을 영업소 안에 게시한다.

영업소 내에 게시해야 하는 것은 미용업 신고증, 개설자의 면허증 원본, 최종지불요금표이다.

24 풍속관련법령 등 다른 법령에 의하여 관계행정기관의 장의 요청이 있을 때 공중위생영업자를 처벌할 수 있는 자는?

① 시·도지사
② 시장·군수·구청장
③ 보건복지부장관
④ 행정자치부장관

시장·군수·구청장은 공중위생영업자가 성매매알선 등 행위의 처벌에 관한 법률, 풍속영업의 규제에 관한 법률, 청소년 보호법, 의료법에 위반하여 관계행정기관의 장의 요청이 있는 때에는 6월 이내의 기간을 정하여 영업의 정지 또는 일부 시설의 사용중지를 명하거나 영업소폐쇄 등을 명할 수 있다.

25 1차 위반 시의 행정처분이 면허취소가 아닌 것은?

① 국가기술자격법에 따라 이·미용사 자격이 취소된 때
② 이중으로 면허를 취득한 때
③ 면허정지처분을 받고 그 정지기간 중 업무를 행한 때
④ 국가기술자격법에 의하여 이·미용사 자격정지처분을 받을 때

국가기술자격법에 의하여 이·미용사 자격정지처분을 받을 때 1차 위반 시 면허정지의 행정처분을 받게 된다.

26 다음 중 영업소 외에서 이용 또는 미용업무를 할 수 있는 경우는?

㉠ 중병에 걸려 영업소에 나올 수 없는 자의 경우
㉡ 혼례 기타 의식에 참여하는 자에 대한 경우
㉢ 이용장의 감독의 받은 보조원이 업무를 하는 경우
㉣ 미용사가 손님 유치를 위하여 통행이 빈번한 장소에서 업무를 하는 경우

① ㉢ ② ㉠, ㉡
③ ㉠, ㉡, ㉢ ④ ㉠, ㉡, ㉢, ㉣

영업소 외의 장소에서 이용 또는 미용업무를 할 수 있는 경우
- 중병에 걸려 영업소에 나올 수 없는 자의 경우
- 혼례 기타 의식에 참여하는 자에 대한 경우
- 특별한 사정이 있다고 인정하여 시장·군수·구청장이 인정하는 경우

27 공중위생영업의 승계에 대한 설명으로 틀린 것은?

① 공중위생영업자가 그 공중위생영업을 양도하거나 사망한 때 또는 법인의 합병이 있는 때에는 그 양수인·상속인 또는 합병 후 존속하는 법인이나 합병에 의하여 설립되는 법인은 그 공중위생영업자의 지위를 승계한다.
② 이용업 또는 미용업의 경우에는 규정에 의한 면허를 소지한 자에 한하여 공중위생영업자의 지위를 승계할 수 있다.
③ 민사집행법에 의한 경매, 채무자 회생 및 파산에 관한 법률에 의한 환가나 국제징수법·관세법 또는 지방세기본법에 의한 압류재산의 매각 그 밖에 이에 준하는 절차에 따라 공중위생영업 관련 시설 및 설비의 전부를 인수한 자는 이 법에 의한 그 공중위생영업자의 지위를 승계한다.
④ 공중위생영업자의 지위를 승계한 자는 1월 이내에 보건복지부령이 정하는 바에 따라 보건복지부장관에게 신고하여야 한다.

공중위생영업자의 지위를 승계한 자는 1월 이내에 보건복지부령이 정하는 바에 따라 시장·군수·구청장에게 신고하여야 한다.

28 처분기준이 2백만원 이하의 과태료가 아닌 것은?

① 규정을 위반하여 영업소 이외 장소에서 이·미용 업무를 행한 자
② 위생교육을 받지 아니한 자
③ 위생 관리 의무를 지키지 아니한 자
④ 관계 공무원의 출입·검사·기타 조치를 거부·방해 또는 기피한 자

관계 공무원의 출입·검사·기타 조치를 거부·방해 또는 기피한 자는 3백만원 이하의 과태료가 부과된다.

29 향수의 부향률이 높은 순에서 낮은 순으로 바르게 정렬된 것은?

① 퍼퓸 〉 오데 퍼퓸 〉 오데 토일렛 〉 오데 코롱
② 퍼퓸 〉 오데 토일렛 〉 오데 퍼퓸 〉 오데 코롱
③ 오데 코롱 〉 오데 퍼퓸 〉 오데 토일렛 〉 퍼퓸
④ 오데 코롱 〉 오데 토일렛 〉 오데 퍼퓸 〉 퍼퓸

향수의 부향률 비교

구분	부향률
퍼퓸	15~30%
오데퍼퓸	9~12%
오데토일렛	6~8%
오데코롱	3~5%
샤워코롱	1~3%

30 화장품의 요건 중 제품이 일정기간 동안 변질되거나 분리되지 않는 것을 의미하는 것은 무엇인가?

① 안전성 ② 안정성
③ 사용성 ④ 유효성

화장품의 4대 요건

안전성	피부에 대한 자극, 알레르기, 독성이 없을 것
안정성	변색, 변취, 미생물의 오염이 없을 것
사용성	피부에 사용감이 좋고 잘 스며들 것
유효성	미백, 주름개선, 자외선 차단 등의 효과가 있을 것

31 자외선 차단 성분의 기능이 아닌 것은?

① 노화를 막는다.
② 과색소를 막는다.
③ 일광화상을 막는다.
④ 미백작용을 한다.

자외선으로부터 피부를 보호하는 이산화티탄, 산화아연, 카오린 등의 자외선 차단 성분은 피부노화, 과색소 침착, 일광화상 방지 등의 기능을 하며, 미백기능을 하는 성분으로는 알부틴, 코직산, 비타민 C 유도체 등이 있다.

32 다음 중 화장수의 역할이 아닌 것은?

① 피부의 수렴작용을 한다.
② 피부 노폐물의 분비를 촉진시킨다.
③ 각질층에 수분을 공급한다.
④ 피부의 pH 균형을 유지시킨다.

화장수의 주요기능
- 피부의 각질층에 수분 공급
- 피부에 청량감 부여
- 피부에 남은 클렌징 잔여물 제거 작용
- 피부의 pH 밸런스 조절 작용
- 피부 수렴작용

33 양모에서 추출한 동물성 왁스는?

① 라놀린
② 스쿠알렌
③ 레시틴
④ 리바이탈

양의 털에서 추출한 동물성 왁스는 라놀린이다. 스쿠알렌은 상어의 간유에서 추출한 동물성 오일이며, 레시틴은 난황, 콩기름, 간, 뇌 등에 존재하는 복합지질이다.

34 세정제에 대한 설명으로 옳지 않은 것은?

① 가능한 한 피부의 생리적 균형에 영향을 미치지 않는 제품을 사용하는 것이 바람직하다.
② 대부분의 비누는 알칼리성의 성질을 가지고 있어서 피부의 산, 염기 균형에 영향을 미치게 된다.
③ 피부노화를 일으키는 활성산소로부터 피부를 보호하기 위해 비타민 C, 비타민 E를 사용한 기능성 세정제를 사용할 수도 있다.
④ 세정제는 피지선에서 분비되는 피지와 피부장벽의 구성요소인 지질성분을 제거하기 위하여 사용된다.

세정제는 피부의 노폐물 및 화장품의 잔여물을 제거하기 위해 사용한다.

35 바디샴푸가 갖추어야 할 이상적인 성질과 거리가 먼 것은?

① 각질의 제거 능력
② 적절한 세정력
③ 풍부한 거품과 거품의 지속성
④ 피부에 대한 높은 안정성

바디샴푸는 세정력이 필요한 것이지 각질 제거 능력을 갖출 필요는 없다.

36 파일의 거칠기 정도를 구분하는 기준은?

① 파일의 두께
② 그릿 숫자
③ 소프트 숫자
④ 파일의 길이

파일의 거칠기 정도를 구분하는 기준은 그릿 수이며, 그릿의 숫자가 높을수록 부드러운 파일이다.

37 부드럽고 가늘며 하얗게 되어 네일 끝이 굴곡진 상태의 증상으로 질병, 다이어트, 신경성 등에서 기인되는 네일 병변으로 옳은 것은?

① 위축된 네일(onychatrophia)
② 파란 네일(onychocyanosis)
③ 계란껍질 네일(onychomalacia)
④ 거스러미 네일(hang nail)

조연화증이라고도 불리는 계란껍질 네일은 네일이 전체적으로 부드럽고 가늘며 하얗게 되어 네일 끝이 휘어지는 증상을 말하는데, 질병, 신경성, 과도한 다이어트 등으로 인해 생긴다.

38 인체를 구성하는 생태학적 단계로 바르게 나열한 것은?

① 세포 - 조직 - 기관 - 계통 - 인체
② 세포 - 기관 - 조직 - 계통 - 인체
③ 세포 - 계통 - 조직 - 기관 - 인체
④ 인체 - 계통 - 기관 - 세포 - 조직

인체의 기능적 기본단위를 세포라 하며, 각 세포들이 모여서 조직을 이루고, 조직은 체내에서 일정한 기능을 가진 기관을 구성하고, 기관이 모여 골격계, 근육계, 신경계, 소화기계 등의 계통을 만들어 인체를 구성한다.

39 네일의 역사에 대한 설명으로 틀린 것은?

① 최초의 네일관리는 기원전 3,000년경에 이집트와 중국의 상류층에서 시작되었다.
② 고대 이집트에서는 헤나라는 관목에서 빨간색과 오렌지색을 추출하였다.
③ 고대 이집트에서는 남자들도 네일관리를 하였다.
④ 네일관리는 지금까지 5,000년에 걸쳐 변화되어 왔다.

BC 3000년 고대 이집트에서는 사회적 신분을 나타내기 위해 헤나라는 붉은 오렌지색 염료로 손톱을 염색하였으며, 남자들은 네일관리를 하지 않았다.

40 고객의 홈케어 용도로 큐티클 오일을 사용 시 주된 사용 목적으로 옳은 것은?

① 네일 표면에 광택을 주기 위해서
② 네일과 네일 주변의 피부에 트리트먼트 효과를 주기 위해서
③ 네일 표면에 변색과 오염을 방지하기 위해서
④ 찢어진 손톱을 보강하기 위해서

큐티클 오일은 네일과 네일 주변 피부를 부드럽게 하고 트리트먼트 효과를 주기 위해 발라준다.

41 폴리시 바르는 방법 중 네일을 가늘어 보이게 하는 것은?

① 프리에지 ② 루눌라
③ 프렌치 ④ 프리월

• 프리에지 : 프리에지 부분은 비워두고 컬러링하는 방법
• 프렌치 : 프리에지 부분만 컬러링하는 방법

42 다음 중 네일의 병변과 그 원인의 연결이 잘못된 것은?

① 모반점(니버스) - 네일의 멜라닌 색소 작용
② 과잉성장으로 두꺼운 네일 - 유전, 질병, 감염
③ 고랑 파진 네일 - 아연 결핍, 과도한 푸셔링, 순환계 이상
④ 붉거나 검붉은 네일 - 비타민, 레시틴 부족, 만성질환 등

비타민, 레시틴 부족, 만성질환 등으로 생기는 네일 질환은 얇고 잘 찢어지는 네일이다.

43 네일 매트릭스에 대한 설명 중 틀린 것은?

① 손·발톱의 세포가 생성되는 곳이다.
② 네일 매트릭스의 세로 길이는 네일 플레이트의 두께를 결정한다.
③ 네일 매트릭스의 가로 길이는 네일 베드의 길이를 결정한다.
④ 네일 매트릭스는 네일 세포를 생성시키는 데 필요한 산소를 모세혈관을 통해서 공급받는다.

네일 매트릭스는 네일 루트 밑에 위치하여 각질세포의 생산과 성장을 조절하는 역할을 하며, 네일 매트릭스의 크기, 세로길이, 두께에 따라 네일 플레이트의 가로길이 및 두께가 결정된다.

44 다음 중 손의 중간근(중수근)에 속하는 것은?

① 엄지맞섬근(무지대립근)
② 엄지모음근(무지내전근)
③ 벌레근(충양근)
④ 작은원근(소원근)

손의 근육 중 중수근에는 배측골간근, 장측골간근, 충양근이 있다.

45 다음 중 뼈의 구조가 아닌 것은?

① 골막 ② 골질
③ 골수 ④ 골조직

뼈는 골막, 골 조직, 골수강, 골단으로 구성되어 있다.

46 건강한 손톱의 조건으로 틀린 것은?

① 12~18%의 수분을 함유하여야 한다.
② 네일 베드에 단단히 부착되어 있어야 한다.
③ 루눌라(반월)가 선명하고 커야 한다.
④ 유연성과 강도가 있어야 한다.

루눌라의 크기는 손톱의 건강과 관련이 없다.

47 일반적인 손·발톱 성장에 관한 설명 중 틀린 것은?

① 소지 손톱이 가장 빠르게 자란다.
② 여성보다 남성의 경우 성장 속도가 빠르다.
③ 여름철에 더 빨리 자란다.
④ 발톱의 성장 속도는 손톱의 성장 속도보다 1/2 정도 늦다.

중지가 가장 빨리 자라고 소지가 가장 느리게 자란다.

48 다음 중 소독방법에 대한 설명으로 틀린 것은?

① 과산화수소 3% 용액을 피부 상처의 소독에 사용한다.
② 포르말린 1~1.5% 수용액을 도구 소독에 사용한다.
③ 크레졸 3% 물 97% 수용액을 도구 소독에 사용한다.
④ 알코올 30%의 용액을 손, 피부 상처에 사용한다.

알코올은 약 70%의 농도로 사용한다.

49 한국 네일미용의 역사와 가장 거리가 먼 것은?

① 고려시대부터 주술적 의미로 시작하였다.
② 1990년대부터 네일산업이 점차 대중화되어 갔다.
③ 1998년 민간자격시험 제도가 도입 및 시행되었다.
④ 상류층 여성들은 손톱 뿌리부분에 문신 바늘로 색소를 주입하여 상류층임을 과시하였다.

17세기 인도의 상류층 여성들이 문신바늘을 이용해 조모에 색소를 넣어 신분을 표시했다.

50 네일 도구를 제대로 위생처리하지 않고 사용했을 때 생기는 질병으로 시술할 수 없는 손톱의 병변은?

① 오니코렉시스(조갑종렬증)
② 오니키아(조갑염)
③ 에그쉘 네일(조갑연화증)
④ 니버스(모반점)

오니키아는 비위생적인 도구 사용 시 상처를 통해 네일 폴드가 감염되는 증상인데, 네일숍에서는 시술이 불가능하다.

51 젤 큐어링 시 발생하는 히팅 현상과 관련한 내용으로 가장 거리가 먼 것은?

① 손톱이 얇거나 상처가 있을 경우에 히팅 현상이 나타날 수 있다.
② 젤 시술이 두껍게 되었을 경우에 히팅 현상이 나타날 수 있다.
③ 히팅 현상 발생 시 경화가 잘 되도록 잠시 참는다.
④ 젤 시술 시 얇게 여러 번 발라 큐어링하여 히팅 현상에 대처한다.

젤 큐어링 도중에 열이 발생하는 것을 히팅 현상이라고 하는데 히팅 현상이 발생하면 손을 꺼내도록 한다. 젤을 얇게 여러 번 바르면 히팅 현상을 방지할 수 있다.

52 스마일 라인에 대한 설명 중 틀린 것은?

① 손톱의 상태에 따라 라인의 깊이를 조절할 수 있다.
② 깨끗하고 선명한 라인을 만들어야 한다.
③ 좌우 대칭의 밸런스보다 자연스러움을 강조해야 한다.
④ 빠른 시간에 시술해서 얼룩지지 않도록 해야 한다.

스마일 라인은 좌우 대칭의 밸런스를 맞추는 것이 중요하다.

53 프라이머의 특징이 아닌 것은?

① 아크릴릭 시술 시 자연손톱에 잘 부착되도록 돕는다.
② 피부에 닿으면 화상을 입힐 수 있다.
③ 자연손톱 표면의 단백질을 녹인다.
④ 알칼리 성분으로 자연손톱을 강하게 한다.

프라이머는 강산성이므로 피부에 닿지 않도록 주의해야 한다.

54 가장 기본적인 네일 관리법으로 손톱모양 만들기, 큐티클 정리, 마사지, 컬러링 등을 포함하는 네일 관리법은?

① 습식매니큐어
② 페디아트
③ UV 젤네일
④ 아크릴 오버레이

습식매니큐어는 가장 기본적이고 보편적인 네일 서비스로 손톱 모양뿐만 아니라 큐티클 정리, 컬러링 등을 포함하는 서비스이다.

55 다음 중 원톤 스캅춰 제거에 대한 설명으로 틀린 것은?

① 니퍼로 뜯는 행위는 자연손톱에 손상을 주므로 피한다.
② 표면에 에칭을 주어 아크릴 제거가 수월하도록 한다.
③ 100% 아세톤을 사용하여 아크릴을 녹여준다.
④ 파일링만으로 제거하는 것이 원칙이다.

원톤 스캅춰 제거 시에는 100% 아세톤을 사용하여 아크릴을 녹여주도록 하고 니퍼로 뜯을 경우 자연손톱에 손상을 줄 수 있으므로 조심하도록 한다.

56 페디큐어 과정에서 필요한 재료로 가장 거리가 먼 것은?

① 니퍼
② 콘커터
③ 액티베이터
④ 토우 세퍼레이터

니퍼는 큐티클 정리할 때, 콘커터는 발바닥의 굳은살이나 각질을 제거할 때, 토우 세퍼레이터는 폴리시를 바를 때 발가락 사이에 끼우는 도구이다.

57 자연손톱에 인조 팁을 붙일 때 유지하는 가장 적합한 각도는?

① 35°　② 45°
③ 90°　④ 95°

자연손톱에 인조 팁을 붙일 때는 45° 각도를 유지하는 것이 좋다.

58 원톤 스컬프처의 완성 시 인조네일의 아름다운 구조 설명으로 틀린 것은?

① 옆선이 네일의 사이드 월 부분과 자연스럽게 연결되어야 한다.
② 컨벡스와 컨케이브의 균형이 균일해야 한다.
③ 하이포인트의 위치가 스트레스 포인트 부근에 위치해야 한다.
④ 인조네일의 길이는 길어야 아름답다.

인조네일의 길이가 길다고 예쁜 것은 아니며, 적당한 길이를 유지하는 것이 좋다.

59 네일 폼의 사용에 관한 설명으로 옳지 않은 것은?

① 측면에서 볼 때 네일 폼은 항상 20° 하향하도록 장착한다.
② 자연 네일과 네일 폼 사이가 멀어지지 않도록 장착한다.
③ 하이포니키움이 손상되지 않도록 주의하며 장착한다.
④ 네일 폼이 틀어지지 않도록 균형을 잘 조절하여 장착한다.

측면에서 볼 때 네일 폼은 수평을 유지하도록 한다.

60 페디큐어의 정의로 옳은 것은?

① 발톱을 관리하는 것을 말한다.
② 발과 발톱을 관리, 손질하는 것을 말한다.
③ 발을 관리하는 것을 말한다.
④ 손상된 발톱을 교정하는 것을 말한다.

페디큐어는 발과 발톱을 건강하고 아름답게 가꾸는 것을 말하며, 각질 및 굳은살 제거, 발톱모양 정리, 큐티클 정리, 발마사지, 네일아트 등이 포함된다.

2016년 1회 정답

01 ②	02 ②	03 ②	04 ②	05 ②
06 ③	07 ②	08 ④	09 ④	10 ②
11 ④	12 ②	13 ②	14 ④	15 ①
16 ③	17 ③	18 ②	19 ④	20 ②
21 ①	22 ④	23 ③	24 ②	25 ④
26 ②	27 ④	28 ④	29 ①	30 ②
31 ④	32 ②	33 ①	34 ④	35 ①
36 ②	37 ③	38 ①	39 ③	40 ②
41 ④	42 ④	43 ③	44 ③	45 ②
46 ③	47 ①	48 ④	49 ④	50 ②
51 ③	52 ③	53 ④	54 ①	55 ④
56 ③	57 ②	58 ④	59 ①	60 ②

최종점검 2 – 기출문제로 출제유형을 파악하자!

공개기출문제 – 2016년 2회

▶ 정답 : 423쪽

01 자연적 환경요소에 속하지 않는 것은?

① 기온 ② 기습
③ 소음 ④ 위생시설

• 자연적 환경 : 기후, 기온, 기습, 공기, 물, 소음 등
• 사회적 환경 : 식생활, 주택, 의복, 위생시설 등

02 역학에 대한 내용으로 옳은 것은?

① 인간 개인을 대상으로 질병 발생 현상을 설명하는 학문 분야이다.
② 원인과 경과보다 결과 중심으로 해석하여 질병 발생을 예방한다.
③ 질병 발생 현상을 생물학과 환경적으로 이분하여 설명한다.
④ 인간 집단을 대상으로 질병 발생과 그 원인을 탐구하는 학문이다.

역학이란 인간 집단 내에서 발생하는 질병의 원인을 규명하는 학문을 말한다.

03 파리가 매개할 수 있는 질병과 거리가 먼 것은?

① 아메바성 이질
② 장티푸스
③ 발진티푸스
④ 콜레라

파리가 매개할 수 있는 질병에는 콜레라, 장티푸스, 이질, 파라티푸스 등이 있으며, 발진티푸스는 이가 흡혈해 상처를 통해 침입 또는 먼지를 통해 호흡기계로 감염되는 질병이다.

04 인구구성 중 14세 이하가 65세 이상 인구의 2배 정도이며 출생률과 사망률이 모두 낮은 형은?

① 피라미드형
② 종형
③ 항아리형
④ 별형

출생률과 사망률이 모두 낮은 인구의 구성 형태는 종형이다.

05 식생활이 탄수화물이 주가 되며, 단백질과 무기질이 부족한 음식물을 장기적으로 섭취함으로써 발생되는 단백질 결핍증은?

① 펠라그라(pellagra)
② 각기병
③ 콰시오르코르증(kwashiorkor)
④ 괴혈병

단백질의 섭취를 극단적으로 제한했을 때 생기는 영양 불균형 상태를 콰시오르코르증이라 한다. 펠라그라는 니코틴산(나아신) 결핍으로 생기는 병을 의미한다.

06 제1급 감염병에 해당하는 것은?

① 페스트, 탄저
② 결핵, 수두
③ 홍역, 콜레라
④ 파상풍, 말라리아

②, ③ : 제2급 감염병, ④ : 제3급 감염병

07 흡연이 인체에 미치는 영향으로 가장 적합한 것은?

① 구강암, 식도암 등의 원인이 된다.
② 피부 혈관을 이완시켜서 피부 온도를 상승시킨다.
③ 소화촉진, 식욕증진 등에 영향을 미친다.
④ 폐기종에는 영향이 없다.

폐기종은 흡연이 가장 큰 원인으로 생기며, 흡연이 피부 온도를 상승시키거나 소화를 촉진하지는 않는다.

08 대장균이 사멸되지 않는 경우는?

① 고압증기멸균
② 저온소독
③ 방사선멸균
④ 건열멸균

저온소독법은 우유 속의 결핵균 등의 오염을 방지할 목적으로 사용되며, 대장균을 사멸하지는 못한다.

09 다음 중 자외선 소독기의 사용으로 소독효과를 기대할 수 없는 경우는?

① 여러 개의 머리빗
② 날이 열린 가위
③ 염색용 볼
④ 여러 장의 겹쳐진 타월

> 자외선 소독기는 표면의 멸균 효과를 얻기 위해 사용되며, 여러 장 겹쳐진 타월에는 소독효과를 기대할 수 없다.

10 다음 중 가위를 끓이거나 증기소독한 후 처리방법으로 가장 적합하지 않은 것은?

① 소독 후 수분을 잘 닦아낸다.
② 수분 제거 후 엷게 기름칠을 한다.
③ 자외선 소독기에 넣어 보관한다.
④ 소독 후 탄산나트륨을 발라둔다.

> 탄산나트륨은 자비소독법으로 소독 시 물에 1~2%를 넣어 살균력을 높이기 위해 사용된다.

11 다음 중 미생물의 종류에 해당하지 않는 것은?

① 진균 ② 바이러스
③ 박테리아 ④ 편모

> 편모는 운동성을 지닌 세균의 사상부속기관에 해당한다.

12 금속성 식기, 면 종류의 의류, 도자기의 소독에 적합한 소독방법은?

① 화염멸균법 ② 건열멸균법
③ 소각소독법 ④ 자비소독법

> 자비소독법은 100℃의 끓는 물속에서 20~30분간 가열하는 방법으로 유리제품, 도자기, 금속성 식기 등의 소독에 사용된다.

13 100℃에서 30분간 가열하는 처리를 24시간마다 3회 반복하는 멸균법은?

① 고압증기멸균법 ② 건열멸균법
③ 고온멸균법 ④ 간헐멸균법

> 간헐멸균법은 100℃의 유통증기 속에서 30~60분간 멸균시킨 다음 20℃ 이상의 실온에서 24시간 방치하는 방법을 3회 반복하는 멸균법으로 아포를 형성하는 미생물의 멸균에 적합하다.

14 여러 가지 물리화학적 방법으로 병원성 미생물을 가능한 한 제거하여 사람에게 감염의 위험이 없도록 하는 것은?

① 멸균 ② 소독
③ 방부 ④ 살충

> 병원성 미생물의 생활력을 파괴하여 죽이거나 제거하여 감염력을 없애는 것을 소독이라 한다.

15 피지선에 대한 설명으로 틀린 것은?

① 피지를 분비하는 선으로 진피 중에 위치한다.
② 피지선은 손바닥에는 없다.
③ 피지의 1일 분비량은 10~20g 정도이다
④ 피지선이 많은 부위는 코 주위이다.

> 피지의 1일 분비량은 1~2g이다.

16 다음 중 입모근과 가장 관련 있는 것은?

① 수분 조절 ② 체온 조절
③ 피지 조절 ④ 호르몬 조절

> 입모근은 피부에 소름을 돋게 하는 근육을 말하는데, 체온 조절과 관련이 있다.

17 적외선이 피부에 미치는 작용이 아닌 것은?

① 온열 작용
② 비타민 D 형성 작용
③ 세포증식 작용
④ 모세혈관 확장 작용

> 비타민 D 형성 작용을 하는 것은 자외선이다.

18 얼굴에 있어 T존 부위는 번들거리고, 볼 부위는 당기는 피부 유형은?

① 건성피부 ② 정상(중성)피부
③ 지성피부 ④ 복합성피부

> 복합성피부는 유분이 많아 T존 부위는 번들거리지만 세안 후 볼 부위가 당기는 피부 유형이다.

19 다음 중 기미의 유형이 아닌 것은?

① 표피형 기미 ② 진피형 기미
③ 피하조직형 기미 ④ 혼합형 기미

기미에는 표피에 침착되는 표피형 기미, 진피까지 깊숙이 침착되는 진피형 기미, 표피와 진피에 침착되는 혼합형 기미 3가지가 있다.

20 지용성 비타민이 아닌 것은?

① Vitamin D ② Vitamin A
③ Vitamin E ④ Vitamin B

• 지용성 비타민 : 비타민 A, E, D, K(암기법 : 에이디크)
• 수용성 비타민 : 비타민 B, C

21 단순포진이 나타나는 증상으로 가장 거리가 먼 것은?

① 통증이 심하여 다른 부위로 통증이 퍼진다.
② 홍반이 나타나고 곧이어 수포가 생긴다.
③ 상체에 나타나는 경우 얼굴과 손가락에 잘 나타난다.
④ 하체에 나타나는 경우 성기와 둔부에 잘 나타난다.

단순포진은 수포성 질환으로 다른 부위로 통증이 퍼지지는 않는다.

22 공중위생관리법에서 사용하는 용어의 정의로 틀린 것은?

① "공중위생영업"이라 함은 다수인을 대상으로 위생관리서비스를 제공하는 영업으로서 숙박업, 목욕장업, 이용업, 미용업, 세탁업, 위생관리용역업을 말한다.
② "숙박업"이라 함은 손님이 잠을 자고 머물 수 있도록 시설 및 설비 등의 서비스를 제공하는 영업을 말한다.
③ "위생관리용역업"이라 함은 공중이 이용하는 건축물, 시설물 등의 청결유지와 실내공기정화를 위한 청소 등을 대행하는 영업을 말한다.
④ "미용업"이라 함은 손님의 머리카락 또는 수염을 깎거나 다듬는 등의 방법으로 손님의 용모를 단정하게 하는 영업을 말한다.

"미용업"이라 함은 손님의 얼굴·머리·피부 및 손톱·발톱 등을 손질하여 손님의 외모를 아름답게 꾸미는 영업을 말한다.

23 공중위생관리법상의 규정에 위반하여 위생교육을 받지 아니한 때 부과되는 과태료의 기준은?

① 300만원 이하 ② 500만원 이하
③ 400만원 이하 ④ 200만원 이하

위생교육을 받지 아니한 때에는 200만원 이하의 과태료가 부과된다.

24 이·미용사의 면허가 취소되거나 면허의 정지명령을 받은 자는 누구에게 면허증을 반납하여야 하는가?

① 보건복지부장관
② 시·도지사
③ 시장·군수·구청장
④ 보건소장

이·미용사의 면허가 취소되거나 면허의 정지명령을 받은 자는 시장·군수·구청장에게 면허증을 반납하여야 한다.

25 개선을 명할 수 있는 경우에 해당하지 않는 사람은?

① 공중위생영업의 종류별 시설 및 설비기준을 위반한 공중위생영업자
② 위생관리의무 등을 위반한 공중위생영업자
③ 공중위생영업자의 지위를 승계한 자로서 이에 관한 신고를 하지 아니한 자
④ 위생관리의무를 위반한 공중위생시설의 소유자 등

시·도지사 또는 시장·군수·구청장은 다음에 해당하는 자에 대해 즉시 또는 일정한 기간 그 개선을 명할 수 있다.
• 공중위생영업의 종류별 시설 및 설비기준을 위반한 공중위생영업자
• 위생관리의무 등을 위한 공중위생영업자
• 위생관리의무를 위반한 공중위생시설의 소유자 등

26 위생서비스 평가 결과 위생서비스의 수준이 우수하다고 인정되는 영업소에 대하여 포상을 실시할 수 있는 자에 해당하지 않는 것은?

① 구청장 ② 시·도지사
③ 군수 ④ 보건소장

시·도지사 또는 시장·군수·구청장은 위생서비스평가의 결과 위생서비스의 수준이 우수하다고 인정되는 영업소에 대하여 포상을 실시할 수 있다.

27 이·미용업자의 위생관리 기준에 대한 내용 중 틀린 것은?

① 요금표 외의 요금을 받지 않을 것
② 의료행위를 하지 않을 것
③ 의료용구를 사용하지 않을 것
④ 1회용 면도날은 손님 1인에 한하여 사용할 것

> **이·미용업자의 위생관리 기준**
> - 영업소 내부에 최종지불요금표를 게시 또는 부착하여야 한다.
> - 점빼기·귓볼뚫기·쌍꺼풀수술·문신·박피술 그 밖에 이와 유사한 의료행위를 해서는 안 된다.
> - 피부미용을 위하여 의약품 또는 에 따른 의료기기를 사용해서는 안 된다.
> - 1회용 면도날은 손님 1인에 한하여 사용하여야 한다.

28 손님에게 도박 그 밖에 사행행위를 하게 한 때에 대한 1차 위반 시 행정처분기준은?

① 영업정지 1월 ② 영업정지 2월
③ 영업정지 3월 ④ 영업장 폐쇄명령

> 손님에게 도박 등 사행행위를 하게 한 경우 행정처분기준
> - 1차 위반 : 영업정지 1개월
> - 2차 위반 : 영업정지 2개월
> - 3차 위반 : 영업장 폐쇄명령

29 에멀전의 형태를 가장 잘 설명한 것은?

① 지방과 물이 불균일하게 섞인 것이다
② 두 가지 액체가 같은 농도의 한 액체로 섞여있다.
③ 고형의 물질이 아주 곱게 혼합되어 균일한 것처럼 보인다.
④ 두 가지 또는 그 이상의 액상물질이 균일하게 혼합되어 있는 것이다.

> 에멀전(유화)은 물과 기름처럼 일반적인 상태에서는 혼합되지 않는 두 종류의 액체가 유화제를 사용하여 균일하게 혼합되어 있는 것을 말한다.

30 다음 중 피부 상재균의 증식을 억제하는 항균기능을 가지고 있고, 발생한 체취를 억제하는 기능을 가진 것은?

① 바디샴푸 ② 데오도란트
③ 샤워코롱 ④ 오데토일렛

> 데오도란트는 액취 방지용 화장품으로 체취를 방지하고 항균 기능이 있는 바디 관리화장품이다.

31 기능성화장품에 사용되는 원료와 그 기능의 연결이 틀린 것은?

① 비타민 C - 미백효과
② AHA(Alpha-hydroxy acid) - 각질 제거
③ DHA(dihydroxy acetone) - 자외선 차단
④ 레티노이드(retinoid) - 콜라겐과 엘라스틴의 회복을 촉진

> DHA(dihydroxy acetone)는 태닝 제품으로 피부의 아미노산을 갈색의 색소로 만들어 주는 기능을 한다.

32 방부제가 갖추어야 할 조건이 아닌 것은?

① 독특한 색상과 냄새를 지녀야 한다.
② 적용 농도에서 피부에 자극을 주어서는 안 된다.
③ 방부제로 인하여 효과가 상실되거나 변해서는 안 된다.
④ 일정 기간 동안 효과가 있어야 한다.

> 방부제는 독특한 색상과 냄새를 가지면 안 되고, 무색, 무취의 성질을 지녀야 한다.

33 화장품법상 화장품이 인체에 사용되는 목적 중 틀린 것은?

① 인체를 청결하게 한다.
② 인체를 미화한다.
③ 인체의 매력을 증진시킨다.
④ 인체의 용모를 치료한다.

> 화장품이란 인체를 청결·미화하여 매력을 더하고 용모를 밝게 변화시키거나 피부·모발의 건강을 유지 또는 증진하기 위하여 인체에 바르고 문지르거나 뿌리는 등 이와 유사한 방법으로 사용되는 물품으로서 인체에 대한 작용이 경미한 것을 말한다.

34 에센셜 오일의 보관 방법에 관한 내용으로 틀린 것은?

① 뚜껑을 닫아 보관해야 한다.
② 직사광선을 피하는 것이 좋다.
③ 통풍이 잘되는 곳에 보관해야 한다.
④ 투명하고 공기가 통할 수 있는 용기에 보관하여야 한다.

> 에센셜 오일은 갈색병에 넣어 냉암소에 보관해야 한다.

35 기초화장품의 기능이 아닌 것은?

① 피부 세정 ② 피부 정돈
③ 피부 보호 ④ 피부결점 커버

기초화장품의 기능 : 세안, 피부정돈, 피부보호

36 발허리뼈(중족골) 관절을 굴곡시키고 외측 4개 발가락의 지골간관절을 신전시키는 발의 근육은?

① 벌레근(충양근)
② 새끼벌림근(소지외전근)
③ 짧은새끼굽힘근(단소지굴근)
④ 짧은엄지굽힘근(단무지굴근)

발의 근육 중 중수근에 해당하는 충양근은 발허리뼈 관절을 굴곡시키고 외측 4개 발가락의 지골간관절을 신전시키는 기능을 한다.

37 한국네일미용에서 부녀자와 처녀들 사이에서 염지갑화라고 하는 봉선화 물들이기 풍습이 이루어졌던 시기로 옳은 것은?

① 신라시대 ② 고구려시대
③ 고려시대 ④ 조선시대

여성들이 봉선화과의 한해살이 풀인 지갑화를 물들이기 시작한 것은 고려시대이다.

38 네일 매트릭스에 대한 설명으로 옳은 것은?

① 네일 베드를 보호하는 기능을 한다.
② 네일 바디를 받쳐주는 역할을 한다.
③ 모세혈관, 림프, 신경조직이 있다.
④ 손톱이 자라기 시작하는 곳이다.

네일 매트릭스(조모)는 네일 루트 밑에 위치하여 각질세포의 생산과 성장을 조절하는 역할을 하며, 혈관, 림프, 신경이 분포해 있다.

39 손톱의 성장과 관련한 내용 중 틀린 것은?

① 겨울보다 여름이 빨리 자란다.
② 임신기간 동안에는 호르몬의 변화로 손톱이 빨리 자란다.
③ 피부유형 중 지성피부의 손톱이 더 빨리 자란다.
④ 연령이 젊을수록 손톱이 더 빨리 자란다.

손톱의 성장은 피부유형과는 관련이 없다.

40 손톱의 특성에 대한 설명으로 가장 거리가 먼 것은?

① 조체(네일 바디)는 약 5% 수분을 함유하고 있다.
② 아미노산과 시스테인이 많이 함유되어 있다.
③ 조상(네일 베드)은 혈관에서 산소를 공급받는다.
④ 피부의 부속물로 신경, 혈관, 털이 없으며 반투명의 각질판이다.

조체는 12~18%의 수분을 함유하고 있다.

41 손톱과 발톱을 너무 짧게 자를 경우 발생할 수 있는 것은?

① 오니코렉시스 ② 오니코아트로피
③ 오니코파이마 ④ 오니코크립토시스

오니코크립토시스는 조내성증이라고도 하며, 네일이 살 속으로 파고 들어가는 증상인데, 너무 꽉 조이는 신발을 신거나 네일 모서리 부분을 너무 깊게 잘랐을 때 발생한다.

42 다음 중 손의 근육이 아닌 것은?

① 바깥쪽뼈사이근(장측골간근)
② 등쪽뼈사이근(배측골간근)
③ 새끼맞섬근(소지대립근)
④ 반힘줄근(반건양근)

반건양근은 허벅지 뒤쪽 근육을 말한다.

43 자연네일이 매끄럽게 되도록 손톱 표면의 거칠음과 기복을 제거하는 데 사용하는 도구로 가장 적합한 것은?

① 100그릿 네일 파일 ② 에머리 보드
③ 네일 클리퍼 ④ 샌딩 파일

손톱 표면의 거칠음과 기복을 제거하는 데 사용하는 도구는 샌딩파일이다.

44 손톱 밑의 구조가 아닌 것은?

① 조근(네일 루트) ② 반월(루놀라)
③ 조모(매트릭스) ④ 조상(네일 베드)

조근은 손톱의 아랫부분에 묻혀 있는 얇고 부드러운 부분으로 손톱의 성장이 시작되는 곳이다.

45 네일 미용관리 후 고객이 불만족할 경우 네일 미용인이 우선적으로 해야 할 대처 방법으로 가장 적합한 것은?

① 만족할 수 있는 주변의 네일 샵 소개
② 불만족 부분을 파악하고 해결방안 모색
③ 샵 입장에서의 불만족 해소
④ 할인이나 서비스 티켓으로 상황 마무리

고객이 서비스에 만족하지 못할 경우 불만족 부분을 잘 파악해서 해결방안 모색하도록 해야 한다.

46 손톱의 주요 기능 및 역할과 가장 거리가 먼 것은?

① 물건을 잡거나 긁을 때 또는 성상을 구별하는 기능이 있다.
② 방어와 공격의 기능이 있다.
③ 노폐물의 분비기능이 있다.
④ 손끝을 보호한다.

손톱이 노폐물을 분비하지는 않는다.

47 외국의 네일미용 변천과 관련하여 그 시기와 내용의 연결이 옳은 것은?

① 1885년 : 폴리시의 필름형성제인 니트로셀룰로즈가 개발되었다.
② 1892년 : 손톱 끝이 뾰족한 아몬드형 네일이 유행하였다.
③ 1917년 : 도구를 이용한 케어가 시작되었으며 유럽에서 네일관리가 본격적으로 시작되었다.
④ 1960년 : 인조손톱 시술이 본격적으로 시작되었으며 네일관리와 아트가 유행하기 시작하였다.

② 손톱 끝이 뾰족한 아몬드형 네일이 유행한 시기는 1800년대이다.
③ 1917년에는 도구나 기구를 사용하지 않는 닥터 고르니 네일 홈케어 제품이 보그잡지에 소개되었다.
④ 1960년에는 실크와 린넨을 이요한 래핑이 사용되었으며, 네일팁과 아크릴릭 네일 등의 인조손톱 시술이 본격적으로 시작된 것은 1970년이다.

48 손톱의 이상증상 중 손톱을 심하게 물어뜯어 생기는 증상으로 인조손톱 관리나 매니큐어를 통해 습관을 개선할 수 있는 것은?

① 고랑진 손톱 ② 교조증
③ 조갑위축증 ④ 조내성증

손톱을 물어뜯는 습관으로 인해 생기는 증상을 교조증 또는 오니코파지라 한다.

49 손가락 마디에 있는 뼈로서 총 14개로 구성되어 있는 뼈는?

① 손가락뼈(수지골) ② 손목뼈(수근골)
③ 노뼈(요골) ④ 자뼈(척골)

손가락뼈를 수지골이라고 하는데, 엄지손가락은 2개, 나머지 손가락은 3개씩 총 14개로 구성되어 있다.

50 손톱에 대한 설명 중 옳은 것은?

① 손톱에는 혈관이 있다.
② 손톱의 주성분은 인이다.
③ 손톱의 주성분은 단백질이며, 죽은 세포로 구성되어 있다.
④ 손톱에는 신경과 근육이 존재한다.

손톱은 케라틴이라는 섬유 단백질로 구성되어 있으며, 죽은 각질 세포로 되어 있어 신경이나 혈관이 없다.

51 인조네일을 보수하는 이유로 틀린 것은?

① 깨끗한 네일 미용의 유지
② 녹황색균의 방지
③ 인조네일의 견고성 유지
④ 인조네일의 원활한 제거

인조네일은 정기적인 보수를 받아야하는데, 깨지거나 부러지거나 떨어지는 것을 미연에 방지하고 곰팡이나 병균 감염을 미연에 방지할 수 있다.

52 페디큐어 컬러링 시 작업 공간 확보를 위해 발가락 사이에 끼워주는 도구는?

① 페디파일 ② 푸셔
③ 토우세퍼레이터 ④ 콘커터

페디큐어 컬러링 시 발가락 사이에 끼워주는 도구는 토우세퍼레이터이다.

53 자연 네일을 오버레이하여 보강할 때 사용할 수 없는 재료는?

① 실크 ② 아크릴 ③ 젤 ④ 파일

자연네일 오버레이 시술에 사용되는 재료는 실크, 젤, 아크릴 등이다. 파일은 네일 길이를 조절하거나 표면을 다듬을 때 사용하는 도구이다.

54 남성 매니큐어 시 자연 네일의 손톱모양 중 가장 적합한 형태는?

① 오발형 ② 아몬드형
③ 둥근형 ④ 사각형

둥근형 손톱은 손톱이 짧은 경우나 남성의 경우 가장 선호하고 누구에게나 어울리는 형태이다.

55 페디큐어 작업과정 중 ( )에 해당하는 것은?

> 손 · 발소독 – 폴리시 제거 – 길이 및 모양잡기 – ( ) – 큐티클 정리 – 각질 제거하기

① 매뉴얼테크닉 ② 족욕기에 발 담그기
③ 페디파일링 ④ 탑코트 바르기

페디큐어 작업과정에서 큐티클을 정리하기 전에 족욕기에 발을 담가 큐티클을 부드럽게 해주어야 한다.

56 라이트 큐어드 젤에 대한 설명이 옳은 것은?

① 공기 중에 노출되면 자연스럽게 응고된다.
② 특수한 빛에 노출시켜 젤을 응고시키는 방법이다.
③ 경화 시 실내온도와 습도에 민감하게 반응한다.
④ 글루 사용 후 글루드라이를 분사시켜 말리는 방법이다.

특수 광선이나 할로겐 램프의 빛을 이용하여 젤을 응고시키는 방법을 라이트 큐어드 젤이라 하며, 노라이트 큐어드 젤은 응고제인 글루 드라이를 스프레이 형태로 뿌리거나 브러시로 바르고 굳어지게 하는 방법이다.

57 네일 팁 작업에서 팁을 접착하는 올바른 방법은?

① 자연네일보다 한 사이즈 정도 작은 팁을 접착한다.
② 큐티클에 최대한 가깝게 부착한다.
③ 45° 각도로 네일 팁을 접착한다.
④ 자연네일의 절반 이상을 덮도록 한다.

팁을 고를 때는 자연네일보다 약간 큰 팁을 고르고 자연네일의 1/2 이상을 덮지 않아야 한다.

58 베이스코트와 탑코트의 주된 기능에 대한 설명으로 가장 거리가 먼 것은?

① 베이스코트는 손톱에 색소가 착색되는 것을 방지한다.
② 베이스코트는 폴리시가 곱게 발리는 것을 도와준다.
③ 탑코트는 폴리시에 광택을 더하여 컬러를 돋보이게 한다.
④ 탑코트는 손톱에 영양을 주어 손톱을 튼튼하게 해준다.

탑코트는 손톱에 광택을 주고 폴리시가 빨리 벗겨지는 것을 방지하는 역할을 하며, 손톱에 영양을 주는 기능을 하지는 않는다.

59 습식매니큐어 작업 과정에서 가장 먼저 해야 할 절차는?

① 컬러 지우기 ② 손톱 모양 만들기
③ 손 소독하기 ④ 핑거볼에 손 담그기

습식매니큐어 작업 시 가장 먼저 해야 하는 일은 시술자와 고객의 손을 소독하는 일이다.

60 아크릴 프렌치 스컬프처 시술 시 형성되는 스마일 라인의 설명으로 틀린 것은?

① 선명한 라인 형성 ② 일자 라인 형성
③ 균일한 라인 형성 ④ 좌우 라인 대칭

스마일라인은 일자가 아니라 완만한 곡선을 이루어야 한다.

2016년 2회 정답

01 ④	02 ④	03 ③	04 ②	05 ③
06 ①	07 ①	08 ②	09 ④	10 ④
11 ④	12 ④	13 ④	14 ②	15 ③
16 ②	17 ②	18 ④	19 ③	20 ④
21 ①	22 ④	23 ④	24 ③	25 ③
26 ④	27 ①	28 ①	29 ④	30 ②
31 ③	32 ①	33 ④	34 ④	35 ④
36 ①	37 ③	38 ③	39 ③	40 ①
41 ④	42 ④	43 ④	44 ①	45 ②
46 ③	47 ①	48 ②	49 ①	50 ③
51 ④	52 ③	53 ④	54 ③	55 ②
56 ②	57 ③	58 ④	59 ③	60 ②

공개기출문제 – 2016년 4회

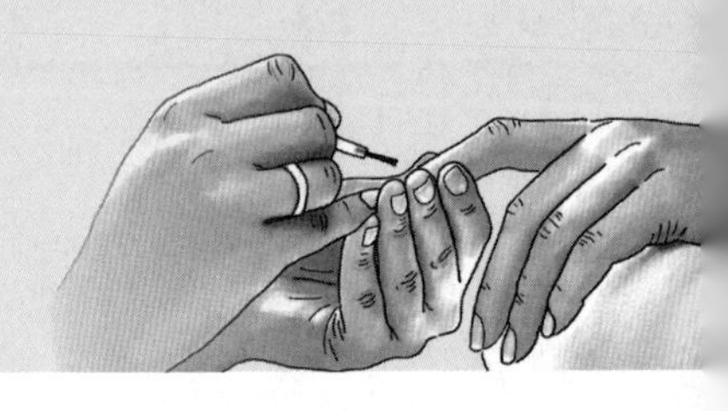

▶ 정답 : 431쪽

01 다음 중 실내공기 오염의 지표로 널리 사용되는 것은?

① CO_2 ② CO
③ Ne ④ NO

> 실내공기 오염의 지표로 사용되는 것은 이산화탄소(CO_2)이다.
> ※ CO : 일산화탄소, Ne : 네온, NO : 일산화질소

02 다음 중 감염병이 아닌 것은?

① 폴리오 ② 풍진
③ 성병 ④ 당뇨병

> 당뇨병은 감염병에 해당하지 않는다.

03 오늘날 인류의 생존을 위협하는 대표적인 3대 요소는?

① 인구 – 환경오염 – 교통문제
② 인구 – 환경오염 – 인간관계
③ 인구 – 환경오염 – 빈곤
④ 인구 – 환경오염 – 전쟁

> 3P(Population : 인구, Pollution : 환경오염, Poverty : 빈곤)는 인류의 생존을 위협하는 3대 요소에 해당한다.

04 출생 시 모체로부터 받는 면역은?

① 인공능동면역 ② 인공수동면역
③ 자연능동면역 ④ 자연수동면역

> 모체로부터 태반이나 수유 등을 통해 형성되는 면역을 자연수동면역이라 한다.

05 다음 중 제2급 감염병이 아닌 것은?

① 폴리오 ② 브루셀라증
③ 백일해 ④ 성홍열

> 브루셀라증은 제3급 감염병에 속한다.

06 다음 5대 영양소 중 신체의 생리기능조절에 주로 작용하는 것은?

① 단백질, 탄수화물 ② 비타민, 무기질
③ 지방, 비타민 ④ 탄수화물, 무기질

> **영양소의 3대 작용**
> • 신체의 열량 공급 작용 : 탄수화물, 지방, 단백질
> • 신체의 조직구성 작용 : 단백질, 무기질, 물
> • 신체의 생리기능조절 작용 : 비타민, 무기질, 물

07 보건행정의 특성과 거리가 먼 것은?

① 공공성과 사회성
② 과학성과 기술성
③ 조장성과 교육성
④ 독립성과 독창성

> 보건행정의 특성 : 공공성, 사회성, 교육성, 기술성, 봉사성, 조장성 등

08 이·미용실의 기구(가위, 레이저) 소독으로 가장 적합한 소독제는?

① 70~80%의 알코올
② 100~200배 희석 역성비누
③ 5% 크레졸 비누액
④ 50%의 페놀액

> 이·미용실의 기구 소독은 70~80%의 알코올을 이용하면 된다.

09 이·미용 작업 시 시술자의 손 소독 방법으로 가장 거리가 먼 것은?

① 흐르는 물에 비누로 깨끗이 씻는다.
② 락스액에 충분히 담갔다가 깨끗이 헹군다.
③ 시술 전 70% 농도의 알코올을 적신 솜으로 깨끗이 닦는다.
④ 세척액을 넣은 미온수와 솔을 이용하여 깨끗하게 닦는다.

> 이·미용 작업 시 시술자의 손을 70% 농도의 알코올을 적신 솜으로 깨끗이 닦거나 흐르는 물에 비누로 깨끗이 씻으면서 소독한다. 손 소독에는 락스를 사용하지 않도록 한다.

10 세균의 단백질 변성과 응고작용에 의한 기전을 이용하여 살균하고자 할 때 주로 이용하는 방법은?

① 가열 ② 희석
③ 냉각 ④ 여과

세균의 단백질 변성과 응고작용에 의한 기전을 이용하여 살균하고자 할 때 이용하는 방법은 가열이다.

11 살균작용의 기전 중 산화에 의하지 않는 소독제는?

① 오존 ② 알코올
③ 과망간산칼륨 ④ 과산화수소

산화작용 : 과산화수소, 오존, 염소 및 그 유도체, 과망간산칼륨 등

12 다음 중 이학적(물리적) 소독법에 속하는 것은?

① 크레졸 소독
② 생석회 소독
③ 열탕 소독
④ 포르말린 소독

크레졸, 생석회, 포르말린 모두 화학적 소독법에 속한다.

13 다음 중 살균효과가 가장 높은 소독방법은?

① 염소소독
② 일광소독
③ 저온소독
④ 고압증기멸균

고압증기 멸균법은 고압증기 멸균기를 이용하여 소독하는 방법으로 소독 방법 중 완전 멸균으로 가장 빠르고 효과적인 방법이다.

14 소독용 과산화수소(H_2O_2) 수용액의 적당한 농도는?

① 2.5~3.5%
② 3.5~5.0%
③ 5.0~6.0%
④ 6.5~7.5%

과산화수소는 피부상처 부위나 구내염, 인두염 및 구강세척제 등에 사용되는데 약 3% 내외의 과산화수소 수용액을 사용한다.

15 피부 관리가 가능한 여드름의 단계로 가장 적절한 것은?

① 결절 ② 구진
③ 흰면포 ④ 농포

피지선에서 생긴 피지가 표면으로 빠져 나오지 못하고 고여 있는 상태로 굳어져 밖으로 돌출되기 시작해 1~2mm 정도의 흰색 알갱이가 도돌도돌하게 생기는 상태로서 여드름의 시초라 할 수 있는데, 피부 관리가 가능한 단계이다.

16 흡연이 인체에 미치는 영향에 대한 설명으로 적절하지 않은 것은?

① 간접흡연은 인체에 해롭지 않다.
② 흡연은 암을 유발할 수 있다.
③ 흡연은 피부의 표피를 얇아지게 해서 피부의 잔주름 생성을 증가시킨다.
④ 흡연은 비타민 C를 파괴한다.

간접흡연도 직접흡연 못지않게 인체에 해로우니 간접흡연의 피해를 입지 않도록 주의해야 한다.

17 다음에서 설명하는 피부병변은?

> 신진대사의 저조가 원인으로 중년여성 피부의 유핵층에 자리하며, 안면의 상반부에 위치한 기름샘과 땀구멍에 주로 생성하며 모래알 크기의 각질세포로서 특히 눈아래 부분에 생긴다.

① 매상 혈관종
② 비립종
③ 섬망성 혈관종
④ 섬유종

비립종은 직경 1~2mm의 둥근 백색 구진으로 눈 아래 모공과 땀구멍에 주로 발생한다.

18 인체에 있어 피지선이 존재하지 않는 곳은?

① 이마
② 코
③ 귀
④ 손바닥

손바닥과 발바닥에는 피지선이 존재하지 않는다.

19 피부 상피세포조직의 성장과 유지 및 점막 손상방지에 필수적인 비타민은?

① 비타민 A　② 비타민 D
③ 비파민 E　④ 비타민 K

비타민 A에는 카로틴이 다량 함유되어 있으며, 피부의 각화작용을 정상화시키는 기능을 하는데, 상피세포조직의 성장과 유지 및 점막 손상방지에 필수적인 비타민이다.

20 다한증과 관련한 설명으로 가장 거리가 먼 것은?

① 더위에 견디기 어렵다.
② 땀이 지나치게 많이 분비된다.
③ 스트레스가 악화요인이 될 수 있다.
④ 손바닥의 다한증은 악수 등의 일상생활에서 불편함을 초래한다.

21 다음 중 체모의 색상을 좌우하는 멜라닌이 가장 많이 함유되어 있는 곳은?

① 모표피　② 모피질
③ 모수질　④ 모유두

모피질은 모표피의 안쪽 부분으로 멜라닌 색소를 가장 많이 함유하고 있다.

22 이·미용업 영업자가 시설 및 설비기준을 위반한 경우 1차 위반에 대한 행정처분기준은?

① 경고
② 개선명령
③ 영업정지 5일
④ 영업정지 10일

• 1차 : 개선명령　• 2차 : 영업정지 15일
• 3차 : 영업정지 1개월　• 4차 : 영업장 폐쇄명령

23 법에 따라 이·미용업 영업소 안에 게시하여야 하는 게시물에 해당하지 않는 것은?

① 이·미용업 신고증
② 개설정의 면허증 원본
③ 최종지불요금표
④ 이·미용사 국가기술자격증

국가기술자격증은 영업소 안에 게시할 필요가 없다.

24 이·미용업 위생교육에 관한 내용으로 맞는 것은?

① 위생교육 대상자는 이·미용업 영업자이다.
② 이·미용사의 면허를 받은 사람은 모두 위생교육을 받아야 한다.
③ 위생교육은 시·군·구청장이 실시한다.
④ 위생교육 시간은 매년 4시간으로 한다.

② 위생교육 대상자는 이·미용사의 면허를 받은 사람이 아니라 영업자이다.
③ 위생교육은 보건복지부장관이 허가한 단체 또는 공중위생영업자 단체가 실시한다.
④ 위생교육 시간은 매년 3시간으로 한다.

25 공중위생감시원의 업무에 해당하지 않는 것은?

① 공중위생영업 신고 시 시설 및 설비의 확인에 관한 사항
② 공중위생영업자 준수사항 이행 여부의 확인에 관한 사항
③ 위생지도 및 개선명령 이행 여부의 확인에 관한 사항
④ 세금납부 적정 여부의 확인에 관한 사항

세금납부 적정 여부의 확인에 관한 사항은 공중위생감시원의 업무에 해당하지 않는다.

26 이·미용사의 면허를 받을 수 없는 자는?

① 전문대학에서 이용 또는 미용에 관한 학과를 졸업한 자
② 교육부장관이 인정하는 이·미용고등학교에서 이용 또는 미용에 관한 학과를 졸업한 자
③ 교육부장관이 인정하는 고등기술학교에서 6개월 과정의 이용 또는 미용에 관한 소정의 과정을 이수한 자
④ 국가기술자격법에 의한 이·미용사의 자격을 취득한 자

교육부장관이 인정하는 고등기술학교에서 1년 이상 이용 또는 미용에 관한 소정의 과정을 이수한 자가 면허를 받을 수 있다.

27 영업정지처분을 받고 그 영업정지기간 중 영업을 할 때, 1차 위반 시 행정처분기준은?

① 경고 또는 개선명령
② 영업정지 1월
③ 영업장 폐쇄명령
④ 영업정지 2월

영업정지처분을 받고 그 영업정지기간 중 영업을 한 경우 1차 위반으로도 영업장 폐쇄명령의 처분을 받게 된다.

28 과태료 처분에 불복이 있는 자는 그 처분의 고지를 받은 날부터 며칠 이내에 처분권자에게 이의를 제기할 수 있는가?

① 7일 이내 ② 10일 이내
③ 15일 이내 ④ 30일 이내

과태료처분에 불복이 있는 자는 그 처분의 고지를 받은 날부터 30일 이내에 처분권자에게 이의를 제기할 수 있다.

29 다음 중 립스틱의 성분으로 가장 거리가 먼 것은?

① 색소 ② 라놀린
③ 알란토인 ④ 알코올

- 라놀린 : 피부의 수분 손실을 방지해주는 유화제
- 알란토인 : 곡물의 눈이나 밤나무 껍질에서 얻을 수 있는데 보습력이 우수

30 다음에서 설명하는 것은?

> 비타민 A유도체로 콜라겐 생성을 촉진, 케라티노사이트의 증식 촉진, 표피의 두께 증가, 히아루론산 생성을 촉진하여 피부 주름을 개선시키고 탄력을 증대시키는 성분이다.

① 코엔자임 Q10
② 레티놀
③ 알부틴
④ 세라마이드

레티놀은 비타민 A의 유도체로 피부주름 개선과 노화 예방, 표피 재생의 기능을 하는 성분이다.

31 계면활성제에 대한 설명으로 옳은 것은?

① 계면활성제는 일반적으로 둥근 머리모양의 소수성기와 막대꼬리모양의 친수성기를 가진다.
② 계면활성제의 피부에 대한 자극은 양쪽성 > 양이온성 > 음이온성 > 비이온성의 순으로 감소한다.
③ 비이온성 계면활성제는 피부에 대한 안전성이 높고 유화력이 우수하여 에멀전의 유화제로 사용된다.
④ 양이온성 계면활성제는 세정작용이 우수하여 비누, 샴푸 등에 사용된다.

① 계면활성제는 일반적으로 둥근 머리모양의 친수성기와 막대꼬리모양의 소수성기를 가진다.
② 계면활성제의 피부에 대한 자극은 양이온성 > 음이온성 > 양쪽성 > 비이온성의 순으로 감소한다.
④ 음이온성 계면활성제는 세정작용이 우수하여 비누, 샴푸 등에 사용된다.

32 자외선 차단제의 올바른 사용법은?

① 자외선 차단제는 아침에 한 번만 바르는 것이 중요하다.
② 자외선 차단제는 도포 후 시간이 경과되면 덧바르는 것이 좋다.
③ 자외선 차단제는 피부에 자극이 되므로 되도록 사용하지 않는다.
④ 자외선 차단제는 자외선이 강한 여름에만 사용하면 된다.

자외선 차단제는 도포 후 시간이 지나면 차단효과가 떨어지므로 어느 정도 시간이 경과되면 덧바르는 것이 좋다.

33 화장품의 사용 목적과 가장 거리가 먼 것은?

① 인체를 청결, 미화하기 위하여 사용한다.
② 용모를 변화시키기 위하여 사용한다.
③ 피부, 모발의 건강을 유지하기 위하여 사용한다.
④ 인체에 대한 약리적인 효과를 주기 위해 사용한다.

인체에 대한 약리적인 효과를 주는 것은 의약품에 해당한다.

34 화장품 제조와 판매 시 품질의 특성으로 틀린 것은?

① 효과성 ② 유효성
③ 안전성 ④ 안정성

화장품에서 요구되는 4대 품질 특성 : 안전성, 안정성, 사용성, 유효성

35 향수의 구비 요건으로 가장 거리가 먼 것은?

① 향에 특징이 있어야 한다.
② 향은 적당히 강하고 지속성이 좋아야 한다.
③ 향은 확산성이 낮아야 한다.
④ 시대성에 부합되는 향이어야 한다.

향수의 향은 확산성이 높아야 한다.

36 각 나라 네일 미용 역사의 설명으로 틀리게 연결된 것은?

① 그리스·로마 – 네일 관리로서 '마누스 큐라'라는 단어가 시작되었다.
② 미국 – 노크 행위는 예의에 어긋난 행동으로 여겨 손톱을 길게 길러 문을 긁도록 하였다.
③ 인도 – 상류 여성들은 손톱의 뿌리 부분에 문신바늘로 색소를 주입하여 상류층임을 과시하였다.
④ 중국 – 특권층의 신분을 드러내기 위해 '홍화'의 재배가 유행하였고, 손톱에도 바르며 이를 '조홍'이라 하였다.

37 네일숍 고객관리 방법으로 틀린 것은?

① 고객의 질문에 경청하며 성의 있게 대답한다.
② 고객의 잘못된 관리방법을 제품판매로 연결한다.
③ 고객의 대화를 바탕으로 고객 요구사항을 파악한다.
④ 고객의 직무와 취향 등을 파악하여 관리방법을 제시한다.

네일숍에서 제품 판매를 위해 홍보를 하게 되면 고객이 불쾌할 수 있으므로 주의한다.

38 손가락 뼈의 기능으로 틀린 것은?

① 지지기능 ② 흡수기능
③ 보호작용 ④ 운동기능

뼈에는 흡수기능이 없다.

39 네일 기기 및 도구류의 위생관리로 틀린 것은?

① 타월은 1회 사용 후 세탁·소독한다.
② 소독 및 세제용 화학제품은 서늘한 곳에 밀폐 보관한다.
③ 큐티클 니퍼 및 네일 푸셔는 자외선 소독기에 소독할 수 없다.
④ 모든 도구는 70% 알코올을 이용하여 20분 동안 담근 후 건조시켜 사용한다.

큐티클 니퍼 및 네일 푸셔는 자외선 소독기로 소독 가능하다.

40 건강한 손톱에 대한 조건으로 틀린 것은?

① 반투명하며 아치형을 이루고 있어야 한다.
② 반월(루눌라)이 크고 두께가 두꺼워야 한다.
③ 표면이 굴곡이 없고 매끈하며 윤기가 나야 한다.
④ 단단하고 탄력 있어야 하며 끝이 갈라지지 않아야 한다.

루눌라의 크기와 두께는 손톱의 건강과 관련이 없다.

41 손 근육의 역할에 대한 설명으로 틀린 것은?

① 물건을 잡는 역할을 한다.
② 손으로 세밀하고 복잡한 운동을 한다.
③ 손가락을 벌리거나 모으는 역할을 한다.
④ 자세를 유지하기 위해 지지대 역할을 한다.

손 근육이 지지대 역할을 해주지는 않는다.

42 손의 근육과 가장 거리가 먼 것은?

① 벌림근(외전근) ② 모음근(내전근)
③ 맞섬근(대립근) ④ 엎침근(회내근)

엎침근은 손바닥을 뒤쪽으로 돌리는 작용을 하는 팔의 근육을 말한다.

43 매니큐어 작업 시 알코올 소독 용기에 담가 소독하는 도구로 적절하지 못한 것은?

① 네일 파일
② 네일 클리퍼
③ 오렌지우드스틱
④ 네일 더스트 브러시

네일 파일은 소독 용기에 담그면 젖은 상태가 되어 손톱 모양을 다듬기 어렵다.

44 손·발톱에 함유량이 가장 높은 성분은?

① 칼슘
② 철분
③ 케라틴
④ 콜라겐

네일은 케라틴이라는 섬유 단백질로 주로 구성되어 있다.

45 네일숍에서의 감염 예방 방법으로 가장 거리가 먼 것은?

① 작업 장소에서 음식을 먹을 때는 환기에 유의해야 한다.
② 네일 서비스를 할 때는 상처를 내지 않도록 항상 조심해야 한다.
③ 감기 등 감염 가능성이 있거나 감염이 된 상태에서는 시술하지 않는다.
④ 작업 전, 후에는 70% 알코올이나 소독용액으로 작업자와 고객의 손을 닦는다.

감염병은 실내 공기 환기와는 거리가 멀다.

46 마누스(Manus)와 큐라(Cura)라는 단어에서 유래된 용어는?

① 네일 팁(Nail Tip)
② 매니큐어(Manicure)
③ 페디큐어(Pedicure)
④ 아크릴(Acrylic)

매니큐어는 마누스와 큐라라는 단어에서 유래된 용어이다.

47 네일미용 작업 시 실내 공기 환기방법으로 틀린 것은?

① 작업장 내에 설치된 커튼은 장기적으로 관리한다.
② 자연환기와 신선한 공기의 유입을 고려하여 창문을 설치한다.
③ 공기보다 무거운 성분이 있으므로 환기구를 아래쪽에도 설치한다.
④ 겨울과 여름에는 냉·난방을 고려하여 공기청정기를 준비한다.

작업장 내에 설치된 커튼은 자주 관리해야 하며, 네일 제품의 화학성분은 대부분 공기보다 무거워 오랫동안 노출 시 호흡기 질환 또는 알레르기 등의 부작용이 있을 수 있으므로 창문을 설치하여 자주 환기하며, 환기구를 아래쪽에도 설치하는 것이 좋다.

48 네일서비스 고객관리카드에 기재하지 않아도 되는 것은?

① 예약 가능한 날짜와 시간
② 손톱의 상태와 선호하는 색상
③ 은행 계좌정보와 고객의 월수입
④ 고객의 기본인적 사항

49 네일 기본 관리 작업과정으로 옳은 것은?

① 손 소독 → 프리에지 모양 만들기 → 네일 폴리시 제거 → 큐티클 정리하기 → 컬러 도포하기 → 마무리하기
② 손 소독 → 네일 폴리시 제거 → 프리에지 모양 만들기 → 큐티클 정리하기 → 컬러 도포하기 → 마무리하기
③ 손 소독 → 프리에지 모양 만들기 → 큐티클 정리하기 → 네일 폴리시 제거 → 컬러 도포하기 → 마무리하기
④ 프리에지 모양 만들기 → 네일 폴리시 제거 → 큐티클 정리하기 → 컬러 도포하기 → 마무리하기 → 손 소독

네일 폴리시를 제거한 후 손토 모양을 만들고 핑거볼에 손을 담근 뒤 큐티클을 정리하고 컬러를 도포한다.

50 잘못된 습관으로 손톱을 물어뜯어 손톱이 자라지 못하는 증상은?

① 교조증(Onychophagy)
② 조갑비대증(Onychauxis)
③ 조갑위축증(Onychatrophy)
④ 조내성증(Onychocryptosis)

> 네일을 물어뜯는 습관으로 인한 손상을 교조증이라 하며, 인조네일을 하면 손톱을 물어뜯는 습관을 없애는 데 도움을 준다.

51 자외선 램프 기기에 조사해야만 경화되는 네일 재료는?

① 아크릴릭 모노머
② 아크릴릭 폴리머
③ 아크릴릭 올리고머
④ UV젤

> UV젤은 자외선 램프 기기에 조사해서 경화시킨다.

52 내추럴 프렌치 스컬프처의 설명으로 틀린 것은?

① 자연스러운 스마일라인을 형성한다.
② 네일 프리에지가 내추럴 파우더로 조형된다.
③ 네일 바디 전체가 내추럴 파우더로 오버레이된다.
④ 네일 베드는 핑크 파우더 또는 클리어 파우더로 작업한다.

> 프렌치 스컬프처는 폼지를 이용해서 연장한 후 2가지 색으로 컬러를 도포하는 방법이다.

53 큐티클 정리 시 유의사항으로 가장 적합한 것은?

① 큐티클 푸셔는 90°의 각도를 유지해 준다.
② 에포니키움의 밑부분까지 깨끗하게 정리한다.
③ 큐티클은 외관상 지저분한 부분만을 정리한다.
④ 에포니키움과 큐티클 부분은 힘을 주어 밀어준다.

> 큐티클은 외관상 지저분한 부분만 정리하고 에포니키움의 밑부분까지 정리하게 되면 출혈이 날 수 있으므로 주의해야 한다. 큐티클 푸셔는 45°의 각도를 유지해 준다.

54 네일 팁의 사용과 관련하여 가장 적합한 것은?

① 팁 접착부분에 공기가 들어갈수록 손톱의 손상을 줄일 수 있다.
② 팁을 부착할 시 유지력을 높이기 위해 모든 네일에 하프웰팁을 적용한다.
③ 팁을 부착할 시 네일팁이 자연손톱의 1/2 이상 덮어야 유지력을 높이는 기준이다.
④ 팁을 선택할 때에는 자연손톱의 사이즈와 동일하거나 한 사이즈 큰 것을 선택한다.

> 팁 부착 시 공기가 들어가지 않도록 주의하고 자연손톱의 1/3 이상을 덮는 것이 적당하다.

55 네일 폴리시 작업 방법으로 가장 적합한 것은?

① 네일 폴리시는 1회 도포가 이상적이다.
② 네일 폴리시를 섞을 때는 위·아래로 흔들어 준다.
③ 네일 폴리시가 굳었을 때는 네일 리무버를 혼합한다.
④ 네일 폴리시는 손톱 가장자리 피부에 최대한 가깝게 도포한다.

> ① 네일 폴리시는 2회 정도 도포하는 것이 좋다.
> ② 네일 폴리시를 흔들면 거품이 생길 수 있으므로 주의한다.
> ③ 네일 폴리시가 굳었을 때는 시너를 1~2방울 섞어준다.

56 새로 성장한 손톱과 아크릴 네일 사이의 공간을 보수하는 방법으로 옳은 것은?

① 들뜬 부분은 니퍼나 다른 도구를 이용하여 강하게 뜯어낸다.
② 손톱과 아크릴 네일 사이의 턱을 거친 파일로 강하게 파일링한다.
③ 아크릴 네일 보수 시 프라이머를 손톱과 인조 네일 전체에 바른다.
④ 들뜬 부분을 파일로 갈아내고 손톱 표면에 프라이머를 바른 후 아크릴 화장물을 올려준다.

> 아크릴 네일 보수 시 들뜬 아크릴을 무리하게 자르면 네일이 상하기 쉬우며 심하게 들떴다면 제거하고 새로 하는 것이 좋다. 들뜬 부분을 파일로 갈아내고 손톱 표면에 프라이머를 바른 후 아크릴 화장물을 올려준다.

57 손톱에 네일 폴리시가 착색되었을 때 착색을 제거하는 제품은?

① 네일 화이트너
② 네일 표백제
③ 네일 보강제
④ 폴리시 리무버

네일 폴리시가 착색되었을 때는 네일 표백제를 사용하여 착색을 제거한다.

58 매니큐어 과정으로 ( ) 안에 들어 갈 가장 적합한 작업과정은?

소독하기 – 네일 폴리시 지우기 – ( ) – 샌딩 파일 사용하기 – 핑거볼 담그기 – 큐티클 정리하기

① 손톱 모양 만들기
② 큐티클 오일 바르기
③ 거스러미 제거하기
④ 네일 표백하기

네일 폴리시를 지운 후 파일을 이용하여 손톱 모양을 만들어 준 뒤 손톱 표면을 정리해 준다.

59 매니큐어와 관련한 설명으로 틀린 것은?

① 일반 매니큐어와 파라핀 매니큐어는 함께 병행할 수 있다.
② 큐티클 니퍼와 네일 푸셔는 하루에 한번 오전에 소독해서 사용한다.
③ 손톱의 파일링은 한 방향으로 해야 자연네일의 손상을 줄일 수 있다.
④ 과도한 큐티클 정리는 고객에게 통증을 유발하거나 출혈이 발생하므로 주의한다.

니퍼와 푸셔는 사용 전후 소독을 하도록 한다.

60 UV 젤 스컬프처 보수 방법으로 가장 적합하지 않은 것은?

① UV 젤과 자연네일의 경계 부분을 파일링한다.
② 투웨이 젤을 이용하여 두께를 만들고 큐어링한다.
③ 파일링 시 너무 부드럽지 않은 파일을 사용한다.
④ 거친 네일 표면 위에 UV젤 탑코트를 바른다.

투웨이젤은 젤글루를 의미한다. UV 젤 스컬프처 보수에는 클리어 젤과 탑젤을 이용해 두께를 만들고 큐어링한다.

2016년 4회 정답

01 ①	02 ④	03 ③	04 ④	05 ②
06 ②	07 ④	08 ①	09 ②	10 ①
11 ②	12 ③	13 ④	14 ①	15 ③
16 ①	17 ②	18 ④	19 ①	20 ①
21 ②	22 ②	23 ④	24 ①	25 ④
26 ③	27 ③	28 ④	29 ④	30 ②
31 ③	32 ②	33 ④	34 ①	35 ③
36 ②	37 ②	38 ②	39 ③	40 ②
41 ④	42 ④	43 ①	44 ③	45 ①
46 ②	47 ①	48 ③	49 ②	50 ①
51 ④	52 ③	53 ③	54 ④	55 ④
56 ④	57 ②	58 ①	59 ②	60 ②

Nailist

CHAPTER 08

최신경향 핵심 빈출문제

– 시험 전 반드시 체크해야 할 최신빈출 160제 –

1 한국의 네일 미용의 역사에 관한 설명 중 옳은 것은?

① 1990년대 중반 백화점에 네일 샵이 입점하면서 일반인에게 알려지기 시작하였다.
② 봉선화로 물을 들이는 풍습이 생겼으며, 이것을 "염지갑화" 또는 "지갑화"라 하였다.
③ 1980년대부터 대중화되어 왔고, 1988년에는 민간자격증이 도입되었다.
④ 우리나라 네일 장식의 시작은 헤나 꽃물을 들이는 것이라 할 수 있다.

2 네일도구 및 재료가 개발된 순서대로 바르게 나열된 것은?

① 오렌지 우드스틱 → 네일 파일 → 네일 팁 → 네일 폼 → 라이트 큐어드 젤 시스템
② 오렌지 우드스틱 → 네일 폼 → 라이트 큐어드 젤 시스템 → 네일 파일
③ 오렌지 우드스틱 → 네일 폼 → 네일 파일 → 라이트 큐어드 젤 시스템
④ 오렌지 우드스틱 → 네일 파일 → 네일 폼 → 네일 팁 → 라이트 큐어드 젤 시스템

3 외국 네일 미용의 발전 과정을 설명한 것으로 옳은 것은?

① 1900년대 인조 네일 조형 시 사용되는 네일 폼이 토마스 슬랙에 의해 특허, 개발되었다.
② 1900년대 네일 에나멜 필름형성제인 니트로셀룰로오스가 개발되었다.
③ 1800년대 미국의 식약청인 FDA에서는 아크릴화학제품 원료인 폴리머의 사용을 금지하였다.
④ 색료가 들어간 네일 폴리시가 개발되어 네일 케어에 대한 수요를 증가시켰다.

4 고객에 대한 네일 미용사의 올바른 상담 자세로 틀린 것은?

① 네일 관리에 대한 전문성을 위해 전문용어만을 사용한다.
② 대화는 예의바르게 한다.
③ 단정한 옷차림으로 고객을 맞이한다.
④ 편안한 자세와 미소로 고객을 맞이한다.

5 네일숍의 안전관리를 위한 대처방법으로 가장 거리가 먼 것은?

① 화학물질을 사용할 때는 반드시 덮개가 있는 용기를 이용한다.
② 작업 시 마스크를 착용하여 가루의 흡입을 막는다.
③ 가능하면 스프레이 형태의 화학물질을 사용한다.
④ 작업공간에는 음식물이나 음료, 흡연을 금한다.

6 네일숍에서 발생할 수 있는 악취의 원인으로 가장 거리가 먼 것은?

① 외부 화장실의 청결 상태
② 사용한 타월이나 젖은 타월
③ 네일 화장물(화학)의 특유의 향
④ 열어 놓은 네일 화장물

7 건강한 손톱의 조건으로 틀린 것은?

① 루눌라가 선명하고 커야 한다.
② 네일 베드에 단단히 부착되어 있어야 한다.
③ 하루 평균 0.1~0.15mm 정도 자란다.
④ 유연성과 강도가 있어야 한다.

8 손톱에 관한 설명으로 틀린 것은?

① 건강한 손톱은 탄력이 있으며 유연하다.
② 케라틴이라는 조단백질로 이루어졌다.
③ 건강한 손톱은 부드럽고 광택이 나며 핑크빛을 띤다.
④ 손톱은 땀을 배출하지 않는다.

9 네일 구조 중 각 부위와 역할에 대한 설명으로 옳은 것은?

① 매트릭스는 조모라고 하며 네일 루트 밑에 위치하여 네일의 세포를 생성한다.
② 네일 베드는 조상이라고 하며 산소를 필요로 하지 않고 여러 개의 겹으로 이루어져 있다.
③ 루눌라는 반월이라고도 하며 새롭게 자라난 네일 위를 덮고 있는 피부이고 매트릭스 부분에 해당된다.
④ 하이포니키움은 하조피라고 하며 그 길이와 모양을 자유롭게 조형할 수 있다.

10 네일미용 서비스를 할 수 있는 네일의 병변은?

① 오니코리시스
② 오니키아
③ 파로니키아
④ 오니코크립토시스

11 인조 네일의 잘못된 관리로 나타날 수 있는 네일의 병변이 아닌 것은?

① 조갑구만증
② 조갑종렬증
③ 조갑박리증
④ 몰드

12 화장이나 향에 의해 자신감, 일의 능률을 향상시키는 효과 등을 연구하는 유용성 분야는?

① 물리학적 유용성
② 심리학적 유용성
③ 화학적 유용성
④ 생리학적 유용성

13 습식 매니큐어 과정으로 틀린 것은?

① 고객의 오래된 네일 폴리시를 제거한다.
② 작업자의 손 소독을 먼저 한 후 고객의 손을 소독한다.
③ 손톱의 양쪽 가장자리에서 중심으로 우드파일을 비벼서 사용한다.
④ 손톱에 굴곡이 있는 경우 샌딩 파일을 사용하여 매끈하게 한다.

14 페디큐어의 작업방법으로 옳은 것은?

① 혈압이 높거나 심장병이 있는 고객은 매뉴얼테크닉을 더 강하게 해준다.
② 모든 각질 제거에는 콘커터를 사용하여 완벽하게 제거한다.
③ 파고 드는 발톱의 예방을 위하여 발톱의 모양은 일자형으로 한다.
④ 발톱의 모양은 무조건 고객이 원하는 형태로 잡아준다.

15 페디큐어 작업 방법으로 가장 적합한 것은?

① 발톱의 양쪽 가장자리를 파고드는 현상을 방지하기 위해 둥글게 조형한다.
② 페디파일의 작업 시 족문의 방향으로 파일링한다.
③ 가벼운 각질이라도 크레도를 사용하도록 한다.
④ 발 냄새를 방지하기 위해 토우세퍼레이터를 끼운다.

16 손톱이 약한 고객에게 네일 보강제를 사용하는 방법으로 옳은 것은?

① 톱 코트를 바른 후에 도포한다.
② 베이스 코트를 바르기 전에 도포한다.
③ 베이스 코트를 바른 후에 도포한다.
④ 톱 코트를 바르기 전에 도포한다.

17 네일 컬러링에 대한 설명으로 틀린 것은?

① 그라데이션 컬러링은 컬러가 자연스럽게 연해지면서 큐티클 부분에는 투명감을 표현하는 방법이다.
② 루눌라 컬러링은 큐티클 부분 밑에 반달부분만 둥글게 남기고 바르는 방법이다.
③ 프렌치 컬러링은 옐로우 라인의 둥근 선에 맞추어 스마일라인으로 표현하는 방법이다.
④ 프리에지 컬러링은 손톱에 풀코트 후 프리에지 끝부분만 지우는 방법이다.

18 큐티클 보습제의 종류별 사용방법에 대한 설명 중 가장 거리가 먼 것은?

① 큐티클 오일 – 스프레이 타입 : 솜에 분사하여 사용
② 큐티클 크림 – 병 타입 : 스파출라로 덜어서 사용
③ 큐티클 오일 – 스포이트 타입 : 방울을 떨어뜨려 사용
④ 큐티클 크림 – 튜브 타입 : 큐티클에 직접 짜서 사용

19 자연 손톱의 프리에지 부분에 부착하여 아크릴 스컬프처가 완성되도록 틀이 되어 주는 재료로 가장 적합한 것은?

① 네일 팁
② 네일 필름
③ 네일 텅
④ 네일 폼

20 네일 팁에 대한 설명으로 틀린 것은?

① 네일 팁은 손톱의 크기에 비해 너무 크거나 작지 않은 가장 잘 맞는 사이즈의 팁을 사용한다.
② 웰 부분의 형태에 따라 풀 웰과 하프 웰이 있다.
③ 자연 손톱이 크고 납작한 경우 커브 타입의 팁이 좋다.
④ 네일 팁 접착 시 손톱의 1/2 이상 커버하면 안 된다.

21 네일 폼의 사용 방법으로 틀린 것은?

① 하이포니키움이 아프지 않도록 손톱에서 3mm 띄어서 폼을 끼워야 한다.
② 자연 손톱과 폼 사이에 틈이 없도록 폼을 끼워 줄 수 있다.
③ 조형된 인조 손톱의 손상 없이 네일 폼을 제거할 수 있다.
④ 자연 손톱과 수평이 되도록 정확하게 폼을 끼울 수 있다.

22 인조 네일 팁에 대한 설명으로 틀린 것은?

① 가장 적당한 모양과 사이즈의 팁을 선택하는 것이 중요하다.
② 손톱 끝이 위로 솟은 손톱(Sky jump nail)은 커브 팁을 선택한다.
③ 양쪽 측면이 움푹 들어갔거나 각진 손톱인 경우 풀 팁의 두꺼운 팁을 선택한다.
④ 손톱이 크고 납작한 경우에는 약간 끝이 좁은 내로우 팁을 선택한다.

23 팁 위드 랩 작업 시 사용하지 않는 재료는?

① 아크릴 파우더
② 실크
③ 젤 글루
④ 글루 드라이

24 네일 재료의 설명으로 틀린 것은?

① 젤램프 기기는 젤의 경화를 위해 사용한다.
② 파일은 그릿 단위가 작을수록 거칠다.
③ 아크릴 모노머는 아크릴 폴리머와 함께 사용한다.
④ 프라이머는 꼼꼼하게 여러 번 발라줘야 한다.

25 아크릴 네일 화장물의 제거방법으로틀린 것은?

① 드릴을 사용하여 아크릴 네일 화장물을 제거할 수 있다.
② 아세톤을 사용하여 아크릴 네일 화장물을 제거할 수 있다.
③ 알코올을 사용하여 아크릴 네일 화장물을 제거할 수 있다.
④ 네일 파일을 사용하여 아크릴 네일 화장물을 제거할 수 있다.

26 젤 네일 폴리시 제거 시 주의사항으로 틀린 것은?

① 네일 파일을 전부 갈아내서 제거하는 경우는 젤 네일 폴리시 중 제거제로 제거가 되지 않는 제품인 경우에 해당된다.
② 네일 드릴기기로 제거하기도 한다.
③ 일반적인 제품일 경우에는 제거제만을 사용하여 제거하는 것이 좋다.
④ 젤 네일 폴리시는 제거제만 사용하여 완전히 제거하는 방법과 네일 파일로 전부 갈아서 제거하는 방법이 있다.

27 네일 팁 오버레이 작업 중 사용하는 실크 랩 접착 시 주의할 점이 아닌 것은?

① 고객 네일 크기에 꽉 채워 랩을 재단한다.
② 네일 표면정리를 통하여 제품의 밀착력을 높인다.
③ 네일 랩의 접착력을 높이기 위해 전처리한다.
④ 실크 랩을 손톱 표면에 완전히 밀착시킨다.

28 스컬프처 작업 시 네일 폼을 잘못 끼울 경우 생길 수 있는 현상으로 틀린 것은?

① 스트레스 포인트 부분이 채워져 있지 않거나 얼룩이 생길 수 있다.
② 컨벡스, 컨 케이브의 불균형과 전체 네일의 구조가 틀어질 수 있다.
③ 프리에지 밑에 믹스처가 스며들어 하이포니키움을 압박할 수 있다.
④ 접착제가 고르지 않은 분포로 인하여 공기가 들어갈 수 있다.

29 스컬프처 작업 시 네일 폼의 부착 방법으로 틀린 것은?

① 사이드 스트레이트에 맞추어 일직선으로 접착한다.
② 자연 네일과 네일 폼 사이가 벌어져서는 안 된다.
③ 컨벡스와 컨 케이브의 중심을 맞추어 네일 폼을 접착한다.
④ 네일 폼은 네일과 수직이 되도록 접착한다.

30 아크릴 네일이나 스컬프처 네일 작업 시 가장 얇아야 하는 곳은?

① 하이포인트
② 큐티클 부분
③ 네일 바디
④ 프리에지

31 아크릴 네일 브러시에 관련한 설명으로 틀린 것은?

① 브러시의 시작 부분을 베이직이라고 한다.
② 중간부분은 평면을 맞추는 작업 시 사용한다.
③ 끝부분을 팁 또는 플래그라고 한다.
④ 끝부분은 섬세한 작업 시 사용한다.

32 아크릴 브러시의 각 명칭과 사용법에 대한 설명으로 틀린 것은?

① Base – 형태와 길이를 조절하는 역할로 브러시의 상단부이다.
② Belly – 형태를 고르게 만드는 역할로 브러시의 중간 부분이다.
③ Back – 누르거나 길이를 조절해 주는 역할로 브러시의 상단부를 말한다.
④ Tip – 미세한 작업과 스마일 라인을 만들거나 큐티클 라인에 사용하는 역할로 브러시의 하단부이다.

33 젤 네일의 쏙 오프 작업 절차를 설명한 것 중 틀린 것은?

① 적당한 힘을 주며 비비듯이 파일링을 하여 발열감을 올려준다.
② 퓨어 아세톤을 상온에서 사용하여 용해하는 작업을 한다.
③ 100그릿의 네일 파일을 사용하여 톱젤과 컬러 젤을 제거한다.
④ 표면 파일링 시 화장물의 제거 상태를 수시로 체크한다.

34 피부의 표피에서 면역학적 기능을 하는 세포로 알맞게 짝지어진 것은?

① 각질형성세포 : 표피 세포의 약 13%를 차지하며, 멜라닌을 생성해 내어 염증반응 및 면역반응을 매개한다.
② 멜라닌 세포 : 표피 세포의 약 80%를 차지하며, 표피의 최외각에 케라틴이라는 물질을 형성하여 면역반응을 일으킨다.
③ 머켈 세포 : 표피에서 촉감을 감지하여 다양한 면역학적 반응을 조절하며 림프절, 흉선에서 발견된다.
④ 랑게르한스 세포 : 표피 세포의 약 2~8%를 차지하며, 골수에서 유래하는 세포로 항원을 탐지하여 세포성 면역을 유발하게 한다.

35 젤 원톤 스컬프처로 완성한 인조 네일의 일반적인 구조에 대한 설명으로 가장 적합한 것은?

① 손톱의 측면 구조 중 옆선부분을 아래로 처지게 완성한다.
② 손톱의 C커브는 원형의 50% 이상으로 완성한다.
③ 손톱의 C커브는 원형의 20% 미만으로 완성한다.
④ 프리에지 두께는 1mm 이하로 일정하게 완성한다.

36 네일 미용 전문 숍에서 많이 사용되는 아세톤의 중요한 역할은?

① 접착력
② 용해력
③ 소독력
④ 중합력

37 네일 도구의 설명으로 틀린 것은?

① 클리퍼 – 인조 팁을 잘라 길이를 조절할 때에만 사용한다.
② 아크릴 브러시 – 아크릴 피우더로 볼을 만들어 인조 손톱을 만들 때 사용한다.
③ 아크릴 폼 – 팁 없이 아크릴 파우더를 가지고 손톱을 연장할 때 사용하는 일종의 받침대 역할을 하는 것이다.
④ 큐티클 니퍼 – 손톱 위에 생긴 거스러미를 제거할 때 사용한다.

38 화장품은 인체를 청결, 미화하는 효능이 있다. 이러한 효능과 가장 거리가 먼 것은?

① 피부를 유연하게 한다.
② 자외선으로부터 피부를 보호한다.
③ 피부 노폐물을 제거한다.
④ 여드름을 치료한다.

39 사용대상과 목적을 짝지은 것 중 틀린 것은?

① 기능성화장품 – 정상인, 청결과 미화
② 의약외품 – 환자, 위생과 미화
③ 화장품 – 정상인, 청결과 미화
④ 의약품 – 환자, 질병의 치료

40 화장품 전성분 표기에 관한 설명이 아닌 것은?

① 화장품에 들어간 모든 함량을 표시하는 것이다.
② 50ml 이상의 제품에만 전성분을 의무적으로 표기한다.
③ 1% 이하로 사용된 성분은 순서에 상관없이 기재된다.
④ 성분은 함량이 많은 순서로 기재된다.

41 클렌징 시 가장 먼저 사용해야 될 화장품은?

① 컨실러
② 클렌징 폼
③ 아스트린젠트
④ 포인트 메이크업 리무버

42 화장품 제조업자의 의무로 옳은 것은?

① 특정 화장품 성분에 대한 과민반응이 있는 고객은 예외적으로 생각한다.
② 고객이 불만을 제기할 경우 1차적으로 제품의 품질과 안전성을 책임진다.
③ 화장품에 관련된 법률과 규정을 실행하는 경우 올바른 해석은 고객에게 맡긴다.
④ 화장품 라벨에는 고객의 편의를 위해 최소한의 사항만 기재한다.

43 태양광선의 특징에 대한 설명으로 옳은 것은?

① UVB는 UVA보다 파장이 길어 자동차 유리를 투과한다.
② 주로 적외선에 의해 피부암이 발생한다.
③ UVA는 피부에 홍반현상을 주로 유발한다.
④ 자외선은 피부 노화를 유발한다.

44 계면활성제의 설명으로 틀린 것은?

① 계면에 흡착하여 계면장력을 저하시킨다.
② 친수성기는 이온성과 비이온성으로 크게 구별된다.
③ 용도에 따라 유화제, 가용화제, 습윤제, 세정제라고 불린다.
④ 소수기는 물에 대하여 친화성을 나타낸다.

45 피부의 노화방지 작용과 생식작용에 주로 관여하는 것은?

① 비타민 K
② 비타민 C
③ 비타민 D
④ 비타민 E

46 오일과 물처럼 서로 다른 두 개의 액체를 미세하게 분산시켜 놓은 상태는?

① 레이크
② 에멀젼
③ 파우더
④ 아로마

47 크림의 유화형태에 대한 설명으로 틀린 것은?

① W/O형 : 수분 손실이 많아 지속성이 낮다.
② O/W형 : 물 중에 기름이 분산된 형태이다.
③ O/W형 : 사용감이 산뜻하고 퍼짐성이 좋다.
④ W/O형 : 기름 중에 물이 분산된 형태이다.

48 성인의 1일 평균 정상적 땀의 분비량은?

① 1~5L
② 0.6~1.2L
③ 0.2~0.5L
④ 5~10L

49 산소라디칼의 방어에서 가장 중심적인 역할을 하는 효소는?

① SOD
② SPF
③ FDA
④ NMF

50 연골에 관한 설명으로 가장 거리가 먼 것은?

① 뼈와 뼈 사이를 결합해 준다.
② 신축성이 있는 연골 기질로 되어 있다.
③ 코와 귀의 형태를 잡아주는 역할을 한다.
④ 연골에는 신경과 혈관이 분포되어 있다.

51 다음 중 연결이 맞지 않는 것은?

① 뢰벤후크 – 현미경 발견
② 로버트 코흐 – 결핵균 발견
③ 파스퇴르 – 자온 살균법 개발
④ 쉼멜부시 – 고압멸균기 개발

52 발바닥의 피부와 근육에 분포되어 있는 신경은?

① 넙다리신경(대퇴신경)
② 궁둥신경(좌골신경)
③ 엉치신경(천골신경)
④ 가쪽발바닥신경(외측족저신경)

53 요골신경의 지배를 받는 근육이 아닌 것은?

① 팔꿈치근(주근)
② 윗팔노근(완요근)
③ 윗팔세갈래근(상완삼두근)
④ 윗팔두갈래근(상완이두근)

54 1개의 신경세포와 다른 신경세포를 연결해주는 접촉부위는?

① 신경원
② 축삭
③ 뉴런
④ 시냅스

55 이·미용실 기구에 대한 소독법이 틀린 것은?

① 가위 : 고압 증기 멸균기를 사용할 때는 소독포에 싸서 소독한다.
② 헤어클리퍼 : 잔 머리카락은 브러시나 헝겊으로 닦아내고 70% 알코올 솜으로 소독한다.
③ 면도날 : 염소계 소독제를 사용하여 소독한다.
④ 빗 : 세척 후 자외선 소독기를 사용한다.

56 「성매매알선 등 행위의 처벌에 관한 법률」 등을 위반하여 영업장 폐쇄명령을 받은 이·미용업 영업자가 같은 종류의 영업을 할 수 없는 기간으로 맞는 것은?

① 2년
② 3개월
③ 6개월
④ 1년

57 환자나 보균자의 분뇨 또는 음식물이나 식수, 개달물을 매개로 하여 경구감염 되는 감염병은?

① 유행성이하선염, 결핵
② 유행성이하선염, 간염
③ 장티푸스, 세균성이질
④ 뇌염, 공수병

58 이·미용업의 영업신고를 하려는 자가 제출하여야 하는 첨부서류로 옳게 짝지어진 것은?

【보기】
㉠ 영업시설 및 설비개요서
㉡ 교육수료증(법 제17조제2항에 따라 미리 교육을 받은 경우에만 해당한다.)
㉢ 면허증 원본
㉣ 위생서비스수준의 평가계획서

① ㉡, ㉢, ㉣
② ㉠, ㉡, ㉣
③ ㉠, ㉡, ㉢, ㉣
④ ㉠, ㉡

59 다음 ( ) 안에 들어갈 용어로 틀린 것은?

【보기】
공중위생영업자는 (㉠)과 (㉡)의 향상을 기하고 그 영업의 건전한 발전을 도모하기 위하여 영업의 (㉢)(으)로 전국적인 조직을 가지는 (㉣)을/를 설립할 수 있다.

① ㉠ : 공중위생
② ㉡ : 국민보건
③ ㉢ : 시도별
④ ㉣ : 영업자단체

60 공중감시원을 둘 수 없는 곳은?

① 광역시, 도
② 특별시
③ 읍, 면, 동
④ 시, 군, 구

61 화장품 원료로 심해 상어의 간유에서 추출한 성분은?

① 레시틴
② 스쿠알렌
③ 파라핀
④ 라놀린

62 자외선 차단제와 관련한 설명으로 틀린 것은?

① 자외선의 강약에 따라 차단제의 효과시간이 변한다.
② 기초제품 마무리 단계 시 차단제를 사용하는 것이 좋다.
③ SPF라 한다.
④ SPF 1 이란 대략 1시간을 의미한다.

63 화장품을 선택할 때에 검토해야 하는 조건이 아닌 것은?

① 보존성이 좋아서 잘 변질되지 않는 것
② 피부나 점막, 모발 등에 손상을 주거나 알레르기 등을 일으킬 염려가 없는 것
③ 사용 중이나 사용 후에 불쾌감이 없고 사용감이 산뜻한 것
④ 구성 성분이 균일한 성상으로 혼합되어 있지 않은 것

64 에탄올이 화장품 원료로 사용되는 이유가 아닌 것은?

① 에탄올은 유기용매로서 물에 녹지 않는 비극성 물질을 녹이는 성질이 있다.
② 탈수 성질이 있어 건조 목적이 있다.
③ 공기 중의 습기를 흡수해서 피부 표면 수분을 유지시켜 피부나 털의 건조 방지를 한다.
④ 소독작용이 있어 수렴화장수, 스킨로션, 남성용 애프터쉐이브 등으로 쓰인다.

65 자외선 차단 성분의 기능이 아닌 것은?

① 미백작용 활성화
② 일광화상 방지
③ 노화방지
④ 과색소 침착방지

66 화장품에서 요구되는 4대 품질 특성의 설명으로 옳은 것은?

① 안전성 : 미생물 오염이 없을 것
② 보습성 : 피부표면의 건조함을 막아줄 것
③ 안정성 : 독성이 없을 것
④ 사용성 : 사용이 편리해야 할 것

67 화장품의 피부 흡수에 대한 설명으로 옳은 것은?

① 세포간지질에 녹아 흡수되는 경로가 가장 중요한 흡수경로이다.
② 피지선이나 모낭을 통한 흡수는 시간이 지나면서 점차 증가하게 된다.
③ 분자량이 높을수록 피부 흡수가 잘 된다.
④ 피지에 잘 녹는 지용성 성분은 피부 흡수가 안 된다.

68 화장품의 정의로 옳은 것은?

① 인체를 청결·미화하여 인체의 질병 치료를 위해 인체에 사용되는 물품으로서 인체에 대해 작용이 강력한 것을 말한다.
② 인체를 청결·미화하여 인체의 질병 치료를 위해 인체에 사용되는 물품으로서 인체에 대해 작용이 경미한 것을 말한다.
③ 인체를 청결·미화하여 인체의 질병 진단을 위해 인체에 사용되는 물품으로서 인체에 대해 작용이 경미한 것을 말한다.
④ 인체를 청결·미화하여 피부·모발 건강을 유지 또는 증진하기 위하여 인체에 사용되는 물품으로서 인체에 대해 작용이 경미한 것을 말한다.

69 자외선 차단제의 성분이 아닌 것은?

① 벤조페논-3
② 파라아미노안식향산
③ 알파하이드록시산
④ 옥틸디메틸파바

70 피지분비의 과잉을 억제하고 피부를 수축시켜 주는 것은?

① 영양 화장수
② 수렴 화장수
③ 소염 화장수
④ 유연 화장수

71 일반적으로 여드름의 발생 가능성이 가장 적은 것은?

① 코코바 오일
② 호호바 오일
③ 라놀린
④ 미네랄 오일

72 메이크업 화장품에서 색상의 커버력을 조절하기 위해 주로 배합하는 것은?

① 체질 안료
② 펄 안료
③ 백색 안료
④ 착색 안료

73 혈액 응고에 관여하고 비타민 P와 함께 모세혈관 벽을 튼튼하게 하는 것은?

① 비타민 C
② 비타민 K
③ 비타민 B
④ 비타민 E

74 우리나라의 건강보험제도의 성격으로 가장 적합한 것은?

① 의료비의 과중 부담을 경감하는 제도
② 공공기관의 의료비 부담
③ 의료비를 면제해 주는 제도
④ 의료비의 전액 국가 부담

75 인구의 사회증가를 나타낸 것은?

① 고정인구 – 전출인구
② 출생인구 – 사망인구
③ 전입인구 – 전출인구
④ 생산인구 – 소비인구

76 인구 구성 중 14세 이하가 65세 이상 인구의 2배 정도이며 출생률과 사망률이 모두 낮은 형은?

① 피라미드형(pyramid form)
② 별형(accessive form)
③ 종형(bell form)
④ 항아리형(pot form)

77 Winslow가 정의한 공중보건학의 학습내용에 포함되는 것으로만 구성된 것은?

① 환경위생향상 – 개인위생교육 – 질병예방 – 생명연장
② 환경위생향상 – 전염병 치료 – 질병치료 – 생명연장
③ 환경위생향상 – 개인위생교육 – 질병치료 – 생명연장
④ 환경위생향상 – 개인위생교육 – 생명연장 – 사후처치

78 일산화탄소(CO)에 대한 설명으로 틀린 것은?

① 헤모글로민과의 결합능력이 뛰어나다.
② 물체가 불완전 연소할 때 많이 발생된다.
③ 확산성과 침투성이 강하다.
④ 공기보다 무겁다.

79 보건행정의 특성과 거리가 먼 것은?

① 과학성과 기술성
② 조장성과 교육성
③ 독립성과 독창성
④ 공공성과 사회성

80 피부에 손상을 미치는 활성산소는?

① 히아루론산
② 글리세린
③ 비타민
④ 슈퍼옥사이드

81 성층권의 오존층을 파괴시키는 대표적인 가스는?

① 이산화탄소(CO_2)
② 일산화탄소(CO)
③ 아황산가스(SO_2)
④ 염화불화탄소(CFC)

82 다음 중 물의 일시경도를 나타내는 원인 물질은?

① 염화물
② 중탄산염
③ 황산염
④ 질산염

83 다음 중 이·미용업소의 실내 바닥을 닦을 때 가장 적합한 소독제는?

① 크레졸수
② 과산화수소
③ 알코올
④ 염소

84 소독약의 검증 혹은 살균력의 비교에 가장 흔하게 이용되는 방법은?

① 석탄산계수 측정법
② 최소 발육저지농도 측정법
③ 시험관 희석법
④ 균수 측정법

85 고압증기멸균기의 소독대상물로 적합하지 않은 것은?

① 의류
② 분말 제품
③ 약액
④ 금속성 기구

86 할로겐계에 속하지 않는 소독제는?

① 표백분
② 염소 유기화합물
③ 석탄산
④ 차아염소산 나트륨

87 대기 중의 고도가 상승함에 따라 기온도 상승하여 상부의 기온이 하부보다 높게 되는 현상을 무엇이라 하는가?

① 열섬 현상
② 기온 역전
③ 지구 온난화
④ 오존층 파괴

88 석탄산 90배 희석액과 어느 소독제 135배 희석액이 같은 살균력을 나타낸다면 이 소독제의 석탄산계수는?

① 2.0
② 1.5
③ 0.5
④ 1.0

89 공중위생관리법상 이·미용기구 소독 방법의 일반기준에 해당하지 않는 것은?

① 방사선소독
② 증기소독
③ 크레졸소독
④ 자외선소독

90 세균, 포자, 곰팡이, 원충류 및 조류 등과 같이 광범위한 미생물에 대한 살균력을 갖고 페놀에 비해 강한 살균력을 갖는 반면, 독성은 훨씬 적은 소독제는?

① 수은 화합물
② 무기염소 화합물
③ 유기염소 화합물
④ 요오드 화합물

91 석탄산계수가 2인 소독제 A 를 석탄산계수 4인 소독제 B와 같은 효과를 내게 하려면 그 농도를 어떻게 조정하면 되는가? (단, A, B의 용도는 같다)

① A를 B보다 4배 짙게 조정한다.
② A를 B보다 50% 묽게 조정한다.
③ A를 B보다 2배 짙게 조정한다.
④ A를 B보다 25% 묽게 조정한다.

92 환자 및 병원체 보유자와 직접 또는 간접접촉을 통해서 혹은 균에 오염된 식품, 바퀴벌레, 파리 등을 매개로 하는 경구감염으로 전파되는 것은?

① 이질
② B형 간염
③ 결핵
④ 파상풍

93 다음 중 투베르쿨린 반응이 양성인 경우는?

① 건강 보균자
② 나병 보균자
③ 결핵 감염자
④ AIDS 감염자

94 우리나라에서 일반적으로 세균성 식중독이 가장 많이 발생할 수 있는 때는?

① 5~9월
② 9~11월
③ 1~3월
④ 계절과 관계없음

95 미생물의 증식을 억제하는 영향의 고갈과 건조 등의 불리한 환경 속에서 생존하기 위하여 세균이 생성하는 것은?

① 점질층
② 세포벽
③ 아포
④ 협막

96 감염병 유행조건에 해당되지 않는 것은?

① 감염경로
② 감염원
③ 감수성숙주
④ 예방인자

97 세균성 식중독의 특성이 아닌 것은?

① 감염병보다 잠복기가 길다.
② 다량의 균에 의해 발생한다.
③ 수인성 전파는 드물다.
④ 2차 감염률이 낮다.

98 감염병의 예방 및 관리에 관한 법률상 즉시 신고해야 하는 감염병이 아닌 것은?

① 두창
② 디프테리아
③ 중증급성호흡기증후군(SARS)
④ 말라리아

99 다음 감염병 중 감수성(접촉감염) 지수가 가장 큰 것은?

① 디프테리아
② 성홍열
③ 백일해
④ 홍역

100 이·미용업소에서 공기 중 비말전염으로 가장 쉽게 옮겨질 수 있는 감염병은?

① 장티푸스
② 인플루엔자
③ 뇌염
④ 대장균

101 공중위생감시원의 업무 중 틀린 것은?

① 공중위생영업 관련시설 및 설비의 위생 상태 확인·검사
② 위생교육 이행 여부의 확인
③ 이·미용업의 개선 향상에 필요한 조사 연구 및 지도
④ 위생지도 및 개선명령 이행 여부의 확인

102 개인(또는 법인)의 대리인, 사용인 기타 종업원이 그 개인의 업무에 관하여 벌칙에 해당하는 위반행위를 한 때에 행위자를 벌하는 외에 그 개인에 대하여도 동조의 벌금형을 과할 수 있는 제도는?

① 양벌규정 제도
② 형사처벌 규정
③ 과태료처분 제도
④ 위임제도

103 이·미용사가 되고자 하는 자는 누구의 면허를 받아야 하는가?

① 고용노동부장관
② 시·도지사
③ 시장·군수·구청장
④ 보건복지부장관

104 이·미용사가 면허정지 처분을 받고 정지 기간 중 업무를 한 경우 1차 위반 시 행정처분 기준은?

① 면허정지 3월
② 면허취소
③ 영업장 폐쇄
④ 면허정지 6월

105 위생서비스 평가 결과 위생서비스의 수준이 우수하다고 인정되는 영업소에 포상을 실시할 수 있는 자로 틀린 것은?

① 보건소장
② 군수
③ 구청장
④ 시·도지사

106 공중위생영업에 관한 설명으로 맞는 것은?

① 공중위생영업이라 함은 숙박업, 목욕장업, 미용업, 이용업, 세탁업, 위생관리용역업, 의료용품관련업 등을 말한다.
② 공중위생영업의 양수인 상속인 또는 합병에 의하여 설립되는 법인 등은 공중위생영업자의 지위를 승계하지 못한다.
③ 공중위생영업을 하고자 하는 자는 시장·군수·구청장에게 신고 후 시장 등이 지정하는 시설 및 설비를 구비해도 된다.
④ 공중위생영업을 위한 설비와 시설은 물론 신고의 방법 및 절차는 보건복지부령으로 정한다.

107 이·미용업자가 준수하여야 하는 위생관리 기준 중 거리가 가장 먼 것은?

① 피부미용을 위하여 약사법에 따른 의약품을 사용하여서는 아니 된다.
② 영업소 내부에 개설자의 면허증 원본을 게시하여야 한다.
③ 발한실 안에는 온도계를 비치하고 주의사항을 게시하여야 한다.
④ 영업장 안의 조명도는 75럭스 이상이 되도록 유지하여야 한다.

108 이·미용업을 하는 자가 지켜야 하는 사항으로 맞는 것은?

① 이·미용사면허증을 영업소 안에 게시하여야 한다.
② 부작용이 없는 의약품을 사용하여 순수한 화장과 피부미용을 하여야 한다.
③ 이·미용기구는 소독하여야 하며 소독하지 않은 기구와 함께 보관하는 때에는 반드시 소독한 기구라고 표시하여야 한다.
④ 1회용 면도날은 사용 후 정해진 소독기준과 방법에 따라 소독하여 재사용하여야 한다.

109 이·미용 영업소 폐쇄명령을 받고도 계속 영업을 할 때 관계공무원으로 하여금 조치하는 사항이 아닌 것은?

① 이·미용사 면허증을 부착할 수 없게 하는 봉인
② 해당 영업소의 간판 기타 영업표지물의 제거
③ 해당 영업소가 위법한 영업소임을 알리는 게시물의 부착
④ 영업을 위하여 필수불가결한 기구 또는 시설물을 사용할 수 없게 하는 봉인

110 공중위생감시원의 자격으로 틀린 것은?

① 위생사 이상의 자격증이 있는 사람
② 「고등교육법」에 따른 대학에서 화학·화공학·환경공학 또는 위생학 분야를 전공하고 졸업한 사람
③ 6개월 이상 공중위생 행정에 종사한 경력이 있는 사람
④ 외국에서 환경기사의 면허를 받은 사람

111 명예공중위생감시원의 위촉대상자가 아닌 자는?

① 소비자단체장이 추천하는 소속직원
② 공중위생관련 협회장이 추천하는 소속지원
③ 공중위생에 대한 지식과 관심이 있는 자
④ 3년 이상 공중위생 행정에 종사한 경력이 있는 공무원

112 공중위생관리법상 이용업과 미용업은 다룰 수 있는 신체범위가 구분이 되어 있다. 다음 중 법령상에서 미용업이 손질할 수 있는 손님의 신체 범위를 가장 잘 정의한 것은?

① 머리, 피부, 손톱, 발톱
② 얼굴, 손, 머리
③ 얼굴, 머리, 피부 및 손톱, 발톱
④ 손, 발, 얼굴, 머리

113 영업소 이외의 장소라 하더라도 이·미용의 업무를 행할 수 있는 경우 중 맞는 것은?

① 학교 등 단체의 인원을 대상으로 할 경우
② 영업상 특별한 서비스가 필요할 경우
③ 혼례에 참석하는 자에 대하여 그 의식 직전에 행할 경우
④ 일반 가정에서 초청이 있을 경우

114 공중위생 영업소의 위생서비스 평가 계획을 수립하는 자는?

① 대통령
② 시·도지사
③ 행정자치부장관
④ 시장·군수·구청장

115 이용 또는 미용의 면허가 취소된 후 계속하여 업무를 행한 자에 대한 벌칙으로 맞는 것은?

① 300만원 이하의 벌금
② 200만원 이하의 벌금
③ 6월 이하의 징역 또는 500만원 이하의 벌금
④ 500만원 이하의 벌금

116 이·미용 영업소에서 소독한 기구와 소독하지 아니한 기구를 각각 다른 용기에 보관하지 아니한 때의 1차 위반 행정처분기준은?

① 개선명령
② 경고
③ 영업정지 5일
④ 시정명령

117 공중위생영업자가 관계공무원의 출입·검사를 거부·기피하거나 방해한 때의 1차 위반 행정처분은?

① 영업정지 20일
② 영업정지 10일
③ 영업정지 15일
④ 영업정지 5일

118 단순 지성피부와 관련한 내용으로 틀린 것은?

① 지성 피부에서는 여드름이 쉽게 발생할 수 있다.
② 세안 후에는 충분하게 헹구어 주는 것이 좋다.
③ 일반적으로 외부의 자극에 영향이 많아 관리가 어려운 편이다.
④ 다른 지방 성분에는 영향을 주지 않으면서 과도한 피지를 제거하는 것이 원칙이다.

119 공중위생영업자는 공중위생영업을 폐업한 날로부터 며칠 이내에 신고해야 하는가?

① 20일
② 15일
③ 30일
④ 7일

120 위생교육에 관한 설명으로 틀린 것은?

① 위생교육 실시단체의 장은 위생교육을 수료한 자에게 수료증을 교부하고, 교육실시 결과를 교육 후 즉시 시장·군수·구청장에게 통보하여야 하며, 수료증 교부대장 등 교육에 관한 기록을 1년 이상 보관·관리하여야 한다.
② 위생교육의 내용은 「공중위생관리법」 및 관련 법규, 소양교육(친절 및 청결에 관한 사항을 포함한다.), 기술교육, 그 밖에 공중위생에 관하여 필요한 내용으로 한다.
③ 위생교육을 받아야 하는 자 중 영업에 직접 종사하지 아니하거나 2 이상의 장소에서 영업을 하는 자는 종업원 중 영업장별로 공중위생에 관한 책임자를 지정하고 그 책임자로 하여금 위생교육을 받게 하여야 한다.
④ 위생교육 대상자 중 보건복지부장관이 고시하는 섬·벽지 지역에서 영업을 하고 있거나 하려는 자에 대하여는 위생교육 실시단체가 편찬한 교육교재를 배부하여 이를 익히고 활용하도록 함으로써 교육에 갈음할 수 있다.

121 딥 프렌치 컬러링에 대한 설명으로 틀린 것은?

① 색상의 침착을 막기 위해 베이스 코트를 도포한다.
② 브러시의 각도는 손톱 표면과 45° 이상을 유지한다.
③ 왼손잡이 기준으로 왼쪽 월을 1/3 지점에서 사선을 긋기 시작한다.
④ 두 마주보선 사선을 스마일라인으로 만들면서 연결한다.

122 네일 랩의 재단과 접착 방법으로 틀린 것은?

① 완 재단한 네일랩을 큐티클 라인에서 약 0.1~0.2cm 정도 남기고 접착한다.
② 반 재단한 네일 랩의 한쪽 면을 접착한 후 나머지 면은 자연네일 위에서 실크가위로 재단한다.
③ 재단한 실크 랩이 클 경우 가위의 방향을 피부 쪽으로 기울게 하여 폭을 좁게 만든다.
④ 반 재단한 네일 랩을 왼쪽 큐티클 라인에서 약 0.1~0.2cm 정도 남기고 왼쪽을 중심으로 접착한다.

123 젤 네일 폴리시 마무리 작업 시 작업자의 필요 지식으로 틀린 것은?

① 젤 와이퍼는 사용 시 네일 표면에 잔여물이 남지 않는 것을 사용한다.
② 젤 클렌저는 미 경화젤을 닦아내는 용제로 알코올 성분이다.
③ 톱젤 도포 후 네일 주변과 피부 주변의 잔여 젤을 제거하고 경화한다.
④ 톱젤 경화 후 피부에 넘친 톱젤을 제거할 시에는 니퍼로 정리한다.

124 아크릴 프렌치 스컬프처의 스마일 라인의 조형에 대한 설명으로 가장 거리가 먼 것은?

① 아크릴 볼을 작게 만들어 양쪽 사이드의 라인을 섬세하게 조형한다.
② 양쪽 사이드 라인의 균형이 맞지 않으면 샌딩 파일로 처리한다.
③ 화이트 파우더로 프리에지를 만든 후 스마일 라인을 만든다.
④ 스마일 라인을 만들 때 브러시의 각도는 네일 베드 쪽으로 눕혀서 조형한다.

125 원톤 스컬프처 완성 시 인조네일의 이상적인 구조의 설명으로 가장 거리가 먼 것은?

① 인조네일의 길이는 길수록 아름답다.
② 하이포인트의 위치가 스트레스 포인트 부근에 위치해야 한다.
③ 옆선이 네일의 사이드 월 부분과 자연스럽게 연결되어야 한다.
④ 컨벡스와 컨케이브 형태의 균형이 균일해야 한다.

126 아크릴 네일 작업 후 리프팅의 원인이 아닌 것은?

① 큐티클 부분 위까지 아크릴이 작업된 경우
② 네일바디에 유분기를 깨끗하게 정리하지 못한 경우
③ 리퀴드와 파우더의 양이 적절하지 못한 경우
④ 핀칭을 제때에 하지 못한 경우

127 네일 팁에 대한 설명으로 틀린 것은?

① 자연네일의 길이 연장 시 사용된다.
② 접착부분을 네일 웰(well)이라 한다.
③ 하프 웰 팁은 풀 웰 팁보다 접착 부분이 작다.
④ 접착 부분이 클수록 좋은 팁이다.

128 젤 네일 화장물 보강작업 방법에 대한 설명으로 틀린 것은?

① 자연 네일 상태에 따라 하드 젤과 소프트 젤을 선택적으로 적용한다.
② 젤을 이용하여 자연 네일 보강 시에는 베이스 젤을 사용하지 않는다.
③ 베이스 젤, 클리어 젤, 탑젤을 순서대로 사용할 수 있다.
④ 열 발생을 막기 위하여 젤을 한꺼번에 올리지 않는다.

129 젤 네일 폴리시 아트에 대한 설명으로 가장 거리가 먼 것은?

① 그라데이션은 브러시로 경계 부분을 톡톡 두드려 자연스럽게 연결하고 경화한다.
② 디자인을 잘 표현하기 위해 글리터가 포함된 색으로 풀코트 후 경화한다.
③ 팁 모양을 정리하고 베이스 젤을 도포한 후 경화한다.
④ 디자인에 맞게 통젤 또는 폴리시 젤을 선택하여 사용한다.

130 아크릴 스컬프처 작업 시 모노머와 폴리머를 섞었을 때 일어나는 화학반응을 뜻하는 것은?

① 카탈리스트
② 포름알데히드
③ 시아노아크릴레이트
④ 폴리머제이션

131 외부 충격에 가장 약한 프리에지 모양은?

① 라운드 형태
② 포인트 형태
③ 오발 형태
④ 스퀘어 오프 형태

132 여드름을 유발하지 않는 화장품 성분은?

① 라우린산
② 올리브 오일
③ 올레인산
④ 솔비톨

133 습식매니큐어의 큐티클 정리 과정에 대한 설명으로 가장 적합한 것은?

① 큐티클은 반드시 잘라내어 깨끗하게 한다.
② 네일 푸셔의 각도는 네일 바디와 90°를 유지한다.
③ 큐티클 연화제를 발라 큐티클을 부드럽게 한다.
④ 푸셔를 강하게 밀어 큐티클을 제거한다.

134 염소 소독의 장점이 아닌 것은?

① 냄새가 없다.
② 잔류효과가 크다.
③ 조작이 간편하다.
④ 소독력이 강하다.

135 화학물질에 과다 노출 시 나타나는 증상으로 틀린 것은?

① 가벼운 두통 증상이 발생한다.
② 피부 충혈과 호흡장애가 생긴다.
③ 머리카락이 빠진다.
④ 목이 마르고 아프다.

136 네일 폴리시의 성분 중 초산에틸의 역할로 옳은 것은?

① 상온에서 증발이 쉬워 빨리 건조시키는 역할을 한다.
② 무기안료이며 내광성과 내열성을 높여준다.
③ 끓는점이 높아 상온에서 빨리 굳는 역할을 한다.
④ 피막을 형성하며 표면을 단단하게 한다.

137 한국 네일미용의 역사와 가장 거리가 먼 것은?

① 1998년 민간자격시험 제도가 도입 및 시행되었다.
② 1990년대부터 네일 산업이 점차 대중화되어 갔다.
③ 상류층 여성들은 손톱 뿌리부분에 문신 바늘로 색소를 주입하여 상류층임을 과시하였다.
④ 고려시대부터 봉숭아물들이기 풍습에서부터 시작하였다.

138 인체의 불결한 체취를 방지하기 위해 사용하는 방취용 화장품의 역할이 아닌 것은?

① 피부상재균 증식 억제
② 보습
③ 체취 제거
④ 땀분비 억제

139 피부의 멜라닌 색소의 형성에 가장 밀접한 작용을 나타내는 효소는?

① 프로테아제
② 콜라게나아제
③ 리파제
④ 티로시나아제

140 건성피부에 사용하는 제제의 특징으로 옳은 것은?

① 보습제는 적절한 흡습능력이 있어야 하며 외부 환경에 의해 영향을 받지 않아야 한다.
② 보습제는 다양한 지성물질의 유액으로 피부표면을 매끄럽고 부드럽게 하는 제품이다.
③ 밀폐제는 수분에 강한 친화성을 가진 물질로서 표면의 각질세포의 탈락을 도와주는 효과가 있다.
④ 연화제는 피부 표면에 불투과성 막을 형성하여 수분 소실을 방지한다.

141 손과 발의 5개로 이루어진 길고 가느다란 뼈의 연결로 옳은 것은?

① 손가락뼈(수지골) – 발가락뼈(족지골)
② 손바닥뼈(중수골) – 발허리뼈(중족골)
③ 손허리뼈(지궁) – 발허리뼈(족궁)
④ 손목뼈(수근골) – 발목뼈(족근골)

142 다음 중 혐기성 세균에 가장 효과가 큰 소독제는?

① 알코올
② 과산화수소
③ 염소
④ 머큐로크롬

143 모발의 생장주기에서 모발이 제거되는 휴지기의 기간은?

① 약 3년
② 약 6년
③ 약 3개월
④ 약 3주

144 이·미용사의 면허를 받을 수 있는 자격요건을 갖춘 자가 아닌 것은?

① 국가기술자격법에 의한 이용사 또는 미용사의 자격을 취득한 자
② 교육부장관이 인정하는 고등기술학교에서 6개월 동안 이용 또는 미용에 관한 소정의 과정을 이수한 자
③ 전문대학 또는 이와 같은 수준 이상의 학력이 있다고 교육부장관이 인정하는 학교에서 이용 또는 미용에 관한 학과를 졸업한 자
④ 고등학교 또는 이와 같은 수준의 학력이 있다고 교육부장관이 인정하는 학교에서 이용 또는 미용에 관한 학과를 졸업한 자

145 모발화장품에서 정전기 방지제, 헤어트리트먼트제로 사용되는 계면활성제의 종류는?

① 비이온성 계면활성제
② 양쪽성 계면활성제
③ 양이온성 계면활성제
④ 음이온성 계면활성제

146 건전한 영업질서를 위하여 이·미용업영업자가 준수하여야 할 사항을 준수하지 아니한 자에 대한 벌칙은?

① 3월 이하의 징역 또는 300만원 이하의 벌금
② 6월 이하의 징역 또는 500만원 이하의 벌금
③ 3월 이하의 징역 또는 500만원 이하의 벌금
④ 1년 이하의 징역 또는 1천만원 이하의 벌금

147 아스코르빅 산(Ascorbic acid)이라 불리는 것은?

① 비타민 A
② 비타민 P
③ 비타민 C
④ 비타민 K

148 노화와 관련한 내용으로 틀린 것은?

① 노폐물 축적으로 표피가 두꺼워진다.
② 개방형 면포와 폐쇄형 면포가 발달한다.
③ 피부면역기능이 매우 떨어진다.
④ 피부가 악건성화 또는 민감화 된다.

149 다음 중 산성비를 증가시키는 주원인은?

① 황산화물질
② 일산화탄소
③ 이산화탄소
④ 메탄가스

150 감염성이 매우 강하며 발바닥 전체 또는 발가락 사이에 붉은색의 물집(수포)이 생기며 가려움이 수반되는 증상은?

① 조갑진균증(오니코마이코시스)
② 조갑염(오니키아)
③ 발진균증(티니아페디스)
④ 조갑주위염(파로니키아)

151 손톱의 기능에 대한 설명으로 틀린 것은?

① 공격의 기능
② 방어의 기능
③ 장식적 기능
④ 용해의 기능

152 사회보장기본법상 국가와 지방자치단체의 책임하에 생활 유지 능력이 없거나 생활이 어려운 국민의 최저생활을 보장하고 자립을 지원하는 제도는?

① 평생사회안전망
② 사회서비스
③ 공공부조
④ 사회보험

153 감염병환자등을 발견한 경우 감염병의 예방 및 관리에 관한 법률상 7일 이내에 질병관리청장 또는 관할 보건소장에게 신고해야 할 감염병은?

① 디프테리아
② 파상풍
③ 콜레라
④ 연성하감

154 후천적 면역의 특징으로 옳은 것은?

① 식세포들이 세균과 같은 이물질을 세포 내로 흡수하여 소화효소를 통해 분해한다.
② 항원에 대한 2차 대처시간이 길다.
③ 특정 병원체에 노출된 후 그 병원체에만 선별적으로 방어기전이 작용한다.
④ 모든 이물질에 대해 저항하는 비특이적 면역이다.

155 고급지방산에 고급알코올이 결합된 에스테르 상태로 화장품의 굳기를 증가시켜주는 화장품 성분은?

① 정제수
② 계면활성제
③ 왁스
④ 알코올

156 유럽 전문의인 시트(Sitts)에 의해서 발명된 네일미용 도구는?

① 네일 폼
② 네일 팁
③ 네일 클리퍼
④ 오렌지 우드스틱

157 손의 골격의 명칭이 아닌 것은?

① 알머리뼈(유두골)
② 손허리뼈(중수골)
③ 손목뼈(수근골)
④ 쐐기뼈(설상골)

158 아크릴의 기본 화학성분으로 옳은 것은?

① 폴리머 – 카탈리스트 – 프라이머
② 모노머 – 폴리머 – 카탈리스트
③ 모노머 – 카탈리스트 – 프라이머
④ 폴리머 – 모노머 – 프라이머

159 이·미용 작업 시 시술자의 손 소독 방법으로 가장 거리가 먼 것은?

① 락스액에 충분히 담갔다가 깨끗이 헹군다.
② 세척액을 넣은 미온수와 솔을 이용하여 깨끗하게 닦는다.
③ 흐르는 물에 비누로 깨끗이 씻는다.
④ 시술 전 70% 농도의 알코올을 적신 솜으로 깨끗이 닦는다.

160 가위를 끓이거나 증기소독한 후 처리방법으로 적합하지 않은 것은?

① 소독 후 수분을 잘 닦아낸다.
② 자외선 소독기에 넣어 보관한다.
③ 소독 후 탄산나트륨을 발라둔다.
④ 수분제거 후 엷게 기름칠을 한다.

161 분뇨의 위생적 처리로 감소시킬 수 있는 질병은?

① 발진티푸스
② 뇌열
③ 발진열
④ 장티푸스

162 바이러스가 일으키는 질병이 아닌 것은?

① 홍역
② 일본뇌염
③ 장티푸스
④ 광견병(공수병)

163 피부의 구조 중 각화현상이 나타나며 무핵층과 유핵층으로 구별되는 것은?

① 표피
② 진피
③ 피부 부속기관
④ 피하조직

164 화장수에 가장 널리 배합되는 알코올 성분은?

① 프로판올(propanol)
② 부탄올(butanol)
③ 에탄올(ethanol)
④ 메탄올(methanol)

165 일반 네일 폴리시에 포함되지 않는 화학성분으로 옳은 것은?

① 초산부틸(Butyl acetate)
② MMA(Methyl methacrylate)
③ 초산에틸(Ethyl acetate)
④ 니트로셀룰로오스(Nitrocellulose)

166 무스카린(muscarine)은 어느 식품의 독소인가?

① 모시조개
② 독버섯
③ 감자
④ 복어

167 보건지표와 그 설명의 연결이 잘못된 것은?

① 비례사망지수(PMI)는 총 사망자수에 대한 50세 이상의 사망자수의 백분율을 나타내는 것이다.
② 총재생산율은 15~49세까지 1명의 여자 당 낳은 여아의 수이다.
③ 조사망률은 보통 사망률이라고도 하며 인구 1000명 당 1년간의 발생 사망수로 표시하는 것이다.
④ α-index가 1에 가까울수록 건강수준이 낮다는 것을 나타낸다.

168 손가락을 구성하는 뼈로 틀린 것은?

① 중간마디뼈(중절골)
② 중간쐐기뼈(중간설상골)
③ 끝마디뼈(말절골)
④ 첫마디뼈(기절골)

169 손등과 손가락의 엄지 쪽에 분포하여 손등의 감각을 지배하는 신경으로 옳은 것은?

① 자뼈신경(척골신경)
② 정강신경(경골신경)
③ 노뼈신경(요골신경)
④ 두렁신경(복재신경)

170 발목뼈(족근골)들 중 가장 큰 뼈는?

① 입방뼈(입방골)
② 목말뼈(거골)
③ 발배뼈(주상골)
④ 발꿈치뼈(종골)

171 샴푸가 갖추어야 할 요건이 아닌 것은?

① 모발의 표면을 보호하고 정전기를 방지할 것
② 거품이 섬세하고 풍부하여 지속성을 가질 것
③ 세발 중 마찰에 의한 모발의 손상이 없을 것
④ 두피, 모발 및 눈에 대한 자극이 없을 것

172 오목한 부분(Concave)의 위치 설명으로 옳은 것은?

① C-형태 곡선의 위쪽 볼록한 부분
② C-형태 곡선의 아래쪽 볼록한 부분
③ C-형태 곡선의 안쪽 오목한 부분
④ C-형태 곡선의 겉쪽 오목한 부분

173 네일 폴리시 성분 중 디부틸 프탈레이트의 역할로 옳은 것은?

① 피막을 형성하여 표면을 강하게 한다.
② 흐름이 용이하여 안전성을 부여한다.
③ 부스러지거나 갈라지는 것을 방지하여 준다.
④ 혼합을 쉽게 하며 색깔 변색을 막아준다.

174 아크릴릭 프렌치 스컬프쳐 작업 시 자연손톱 준비 과정에서 가장 거리가 먼 것은?

① 자연손톱을 가벼운 파일링으로 에칭을 준다.
② 프리 프라이머와 프라이머를 소량 도포한다.
③ 메탈 푸셔를 사용하여 손톱 주변의 큐티클을 밀어준다.
④ 핑거볼을 이용하여 습식으로 큐티클을 정리한다.

175 젤 램프 기기의 설명으로 가장 거리가 먼 것은?

① UV램프 기기는 UV-A 파장 내의 광선을 사용한다.
② LED 램프기기는 405nm 정도의 파장을 사용한다.
③ 사용되는 광선은 자외선과 가시광선이다.
④ UV-C 단파장 자외선을 사용한다.

최신경향 핵심 빈출문제 정답 및 해설

1 정답 ①

② 봉선화로 물을 들이는 풍습이 생긴 것은 고려시대이다.
③ 민간자격증이 도입된 건 1998년이다.
④ 고대 이집트 시대에 헤나라는 붉은 오렌지색 염료로 손톱을 염색하기 시작했다.

2 정답 ①

오렌지 우드스틱(1830년) → 네일 파일(1900년) → 네일 팁(1935년) → 네일 폼(1957년) → 라이트 큐어드 젤 시스템(1994년)

3 정답 ①

② 네일 에나멜 필름형성제인 니트로셀룰로오스가 개발된 건 1885년이다.
③ FDA에서는 아크릴화학제품 원료인 폴리머의 사용을 금지한 것은 1970년대이다.

4 정답 ①

고객이 이해할 수 있는 쉬운 용어를 사용하는 것이 좋다.

5 정답 ③

스프레이 형태의 화학물질은 공기 중에 퍼지므로 좋지 않다.

6 정답 ①

외부 화장실의 청결 상태는 네일숍의 악취와는 다소 거리가 멀다.

7 정답 ①

루눌라의 크기는 손톱의 건강과 관련이 없다.

8 정답 ②

손톱은 케라틴이라는 섬유단백질로 이루어졌다.

9 정답 ①

② 네일 베드에는 혈관과 신경이 분포하고 있으며, 혈관에서 산소를 공급받는다.
③ 루눌라는 반달 모양의 손톱 아래 부분으로 매트릭스와 네일 베드가 만나는 부분이다.
④ 하이포니키움은 프리에지 밑부분의 피부이므로 길이와 모양을 자유롭게 조형할 수 없다.

10 정답 ④

오니코크립토시스는 발톱이 살 속으로 파고 들어가는 증상을 말하는 것으로 네일미용 서비스가 가능하다.

11 정답 ①

조갑구만증은 손발톱이 두꺼워지고 심하게 구부러지는 증상으로 원인은 정확히 밝혀지지 않았지만, 말초혈관 장애에 의해 생길 수 있다.

12 정답 ②

화장이나 향에 의해 자신감, 일의 능률을 향상시키는 효과 등을 연구하는 유용성 분야는 심리학적 유용성이다.

13 정답 ③

자연 네일을 비벼서 파일링할 경우 손상될 수 있으므로 반드시 한 방향으로 파일을 사용해야 한다.

14 정답 ③

① 혈압이 높거나 심장병이 있는 고객은 매뉴얼테크닉을 강하게 하면 좋지 않다.
② 각질을 완벽하게 제거하면 피부가 손상될 수 있으므로 주의해야 한다.
④ 발톱의 모양은 일자형으로 한다.

15 정답 ②

페디 파일은 발바닥 각질 제거 후 매끄럽게 마무리할 수 있는 효과를 내기 위해 사용하는데, 족문 방향으로 사용해야 한다.

16 정답 ②

네일 보강제는 베이스 코트를 바르기 전에 도포한다.

17 정답 ④

손톱에 풀코트 후 프리에지 끝부분만 지우는 방법은 헤어라인 팁이다.

18 정답 ①

스프레이 타입은 큐티클 부분에 직접 분사한다.

19 정답 ④

자연 손톱의 프리에지 부분에 부착하여 아크릴 스컬프처가 완성되도록 틀이 되어 주는 재료를 '네일 폼'이라 한다.

20 정답 ③

자연 손톱이 크고 납작한 경우 끝이 좁은 내로우 팁이 좋다.

21 정답 ①

네일 폼을 끼울 때는 네일과 폼 사이에 벌어진 틈이 있으면 안 된다.

22 정답 ③

양쪽 측면이 움푹 들어갔거나 각진 손톱인 경우 하프웰의 얇은 팁을 선택한다.

23 정답 ①

팁 위드 랩 작업 시 아크릴 파우더는 필요하지 않다.

24 정답 ④

프라이머는 골고루 한 번만 발라주면 된다.

25 정답 ③

알코올로 아크릴 네일 화장물을 제거할 수는 없다.

26 정답 ③

일반적인 제품일 경우에는 젤 네일 폴리시 자체의 두께감이 있어 제거를 용이하게 하기 위해 네일 파일을 활용하여 일정부분의 두께를 제거한 후 제거제를 사용하여 제거한다.

27 정답 ①

실크 랩 접착 시 네일 크기보다 약간 넉넉한 길이로 재단한다.

28. 정답 ④

스컬프처 작업 시에는 접착제가 사용되지 않는다.

29 정답 ④

네일 폼은 네일과 수평이 되도록 접착한다.

30 정답 ②

아크릴 네일이나 스컬프처 네일 작업 시 큐티클 부분을 가장 얇게 한다.

31 정답 ①

브러시의 시작 부분을 백(Back)이라고 한다.

32 정답 ①

아크릴 브러시의 상단부의 명칭은 Back이다.

33 정답 ①

최대한 부드럽게 파일링하여 발열감을 줄여야 한다.

34 정답 ④

표피 세포의 약 2~8%를 차지하는 랑게르한스 세포는 골수에서 유래하는 세포로 항원을 탐지하여 세포성 면역을 유발하게 하며, 림프절, 흉선에서 발견된다.

35 정답 ④

프리에지 두께는 0.5~1mm 정도가 되도록 일정하게 완성하고 C커브는 20~40%가 되도록 옆면 직선 부분과 프리에지를 조형한다.

36 정답 ②

아세톤은 젤, 아크릴, 네일 팁 등의 인조 네일 제거에 사용되는 용매제이다.

37 정답 ①

클리퍼는 자연 네일 또는 인조 네일의 길이를 재단하거나 형태를 조절할 때 사용되고, 글루 입구를 재단할 때에도 사용된다.

38 정답 ④

여드름을 치료하는 것은 의약품이다.

39 정답 ②

의약외품은 미화를 목적으로 사용되지 않는다.

40 정답 ②

10ml 이상의 제품에만 전성분을 의무적으로 표기한다.

41 정답 ④

클렌징 시 포인트 메이크업 리무버를 가장 먼저 사용한다.

42 정답 ②

① 특정 화장품 성분에 대한 과민반응이 있는 고객도 고려하여 제품을 만들어야 한다.
③ 화장품에 관련된 법률과 규정을 실행하는 경우 올바른 해석은 전문가에게 맡긴다.
④ 화장품 라벨에는 법률에 정한 기재사항을 모두 기재해야 한다.

43 정답 ④

① UVB는 UVA보다 파장이 짧다.
② 자외선에 의해 피부암이 발생한다.
③ UVB는 홍반 발생 능력이 UVA의 1,000배에 달한다.

44 정답 ④

소수기는 기름과의 친화성이 강하다.

45 정답 ④

피부의 노화방지 작용과 생식작용에 주로 관여하는 비타민은 비타민 E이다.

46 정답 ②

서로 다른 두 개의 액체를 미세하게 분산시켜 놓은 상태를 에멀젼이라 한다.

47 정답 ①

W/O형은 기름 중에 물이 분산된 형태로 퍼짐성이 낮으나 수분의 손실이 적어 지속성이 좋다.

48 정답 ②

성인의 1일 평균 정상적 땀의 분비량은 0.6~1.2L이다.

49 정답 ①

대표적인 항산화 효소 : SOD(Superoxide Dismutase), 카탈라아제, 글루타치온
산소라디칼 = 활성산소

50 정답 ④

연골에는 신경과 혈관이 분포되어 있지 않다.

51 정답 ④

쉼멜부시는 외과용 재료에 증기소독을 실시했으며, 고압멸균기를 개발한 사람은 언더우드이다.

52 정답 ④

① 넙다리신경(대퇴신경) : 허벅지 앞
② 궁둥신경(좌골신경) : 다리
③ 엉치신경(천골신경) : 고관절

53 정답 ④

위팔두갈래근은 팔꿈치 굽힘, 아래팔의 뒤침, 어깨관절 굽힘에 관여하는 근육으로 근육피부신경의 지배를 받는다.

54 정답 ④

시냅스는 뉴런의 신경돌기 말단으로 다른 신경세포에 접합하여 정보를 상호 교환하는 기능을 한다.

55 정답 ③

이·미용실에서는 1회용 면도기를 사용해야 하며, 소독해서 사용하지 않는다.

56 정답 ①

「성매매알선 등 행위의 처벌에 관한 법률」 등을 위반하여 영업장 폐쇄명령을 받은 자는 2년 경과 후 같은 종류의 영업이 가능하다.

57 정답 ③

환자나 보균자의 분뇨 또는 음식물이나 식수, 개달물을 매개로 하여 경구감염 되는 감염병은은 장티푸스, 세균성이질, 콜레라 등이다.

58 정답 ④

제출서류는 영업시설 및 설비개요서, 교육수료증이며, 면허증은 담당공무원이 전산망으로 확인한다.

59 정답 ③

공중위생영업자는 공중위생과 국민보건의 향상을 기하고 그 영업의 건전한 발전을 도모하기 위하여 영업의 종류별로 전국적인 조직을 가지는 영업자단체를 설립할 수 있다.

60 정답 ③

관계공무원의 업무를 행하게 하기 위하여 특별시 · 광역시 · 도 및 시 · 군 · 구에 공중위생감시원을 둔다.

61 정답 ②

스쿠알렌은 심해 상어의 간유에서 추출한 불포화탄화수소로 피부에 대한 항산화 효과가 있어 화장품의 원료로 많이 사용된다.

62 정답 ④

SPF 뒤의 숫자는 자외선 차단지수를 말하며, 수치가 높을수록 자외선 차단지수가 높은 것을 의미한다.

63 정답 ④

구성 성분이 균일한 성상으로 혼합되어 있을 것

64 정답 ③

공기 중의 습기를 흡수해서 피부표면 수분을 유지시켜 피부나 털의 건조 방지를 하는 성분은 글리세린이다.

65 정답 ①

자외선 차단 성분이 미백작용을 활성화시키지는 않는다.

66 정답 ④

▶ 화장품에서 요구되는 4대 품질 특성
- 안전성 : 피부에 대한 자극, 알레르기, 독성이 없을 것
- 안정성 : 변색, 변취, 미생물의 오염이 없을 것
- 사용성 : 피부에 사용감이 좋고 잘 스며들 것, 사용이 편리할 것
- 유효성 : 미백, 주름개선, 자외선 차단 등의 효과가 있을 것

67 정답 ①

② 피지선이나 모낭을 통한 흡수는 시간이 지나면서 점차 줄어들게 된다.
③ 분자량이 작을수록 피부흡수가 잘 된다.
④ 지용성 성분은 피부 흡수가 잘 된다.

68 정답 ④

"화장품"이란 인체를 청결 · 미화하여 매력을 더하고 용모를 밝게 변화시키거나 피부 · 모발의 건강을 유지 또는 증진하기 위하여 인체에 바르고 문지르거나 뿌리는 등 이와 유사한 방법으로 사용되는 물품으로서 인체에 대한 작용이 경미한 것을 말한다.

69 정답 ③

알파하이드록시산은 자외선 차단 성분이 아니다.

70 정답 ②

수렴 화장수는 피부에 수분을 공급하고 모공 수축 및 피지 과잉 분비를 억제한다.

71 정답 ②

호호바 오일은 보습 및 피지 조절 효과가 뛰어난 천연캐리어 오일로 여드름 치료, 습진, 건선피부 등에 사용된다.

72 정답 ③

색상의 커버력을 조절하기 위해 주로 배합하는 것은 백색 안료이다.

73 정답 ②

비타민 K는 지용성 비타민으로 혈액 응고에 필수적인 비타민으로 항출혈성 비타민으로 불리며, 비타민 P와 함께 모세혈관벽을 튼튼하게 한다.

74 정답 ①

우리나라의 건강보험제도는 의료비의 과중 부담을 경감하는 제도이다.

75 정답 ③

- 자연증가 = 출생인구 − 사망인구
- 사회증가 = 전입인구 − 전출인구

76 정답 ③

14세 이하가 65세 이상 인구의 2배 정도이며 출생률과 사망률이 모두 낮은 형은 종형이다.

77 정답 ①

질병치료 및 사후처치는 공중보건학의 목적이 아니다.

78 정답 ④

일산화탄소는 공기보다 가볍다.

79 정답 ③

보건행정의 특성 : 공공성, 사회성, 교육성, 과학성, 기술성, 봉사성, 조장성 등

80 정답 ④

슈퍼옥사이드는 몸속에서 가장 많이 발생하는 활성산소로 대부분은 체내에서 해독되나, 해독되지 못한 것들은 세포를 노화시킨다.

81 정답 ④

성층권의 오존층을 파괴시키는 대표적인 가스는 프레온 가스로 알려진 염화불화탄소이다.

82 정답 ②

- 일시경도의 원인물질 : 탄산염, 중탄산염 등
- 영구경수의 원인물질 : 황산염, 질산염, 염화염 등

83 정답 ①

크레졸은 손, 오물, 배설물 등의 소독 및 이·미용실의 실내소독용으로 사용된다.

84 정답 ①

소독약의 검증 혹은 살균력의 비교에 가장 흔하게 이용되는 방법은 석탄산계수 측정법이다.

85 정답 ②

고압증기 멸균기는 의료기구, 유리기구, 금속기구, 의류, 고무제품, 미용기구, 무균실 기구, 약액 등에 사용된다.

86 정답 ③

석탄산은 페놀계 소독제에 해당한다.

87 정답 ②

기온역전 현상 : 고도가 높은 곳의 기온이 하층부보다 높은 경우 주로 발생하는 대기오염현상

88 정답 ②

$$\text{석탄산 계수} = \frac{\text{소독액의 희석배수}}{\text{석탄산의 희석배수}} = \frac{135}{90} = 1.5$$

89 정답 ①

이·미용기구 소독방법의 일반기준에 해당하는 소독방법은 자외선소독, 건열멸균소독, 증기소독, 열탕소독, 석탄산수소독, 크레졸소독, 에탄올소독이다.

90 정답 ④

요오드 화합물은 세균, 포자, 곰팡이, 원충류 및 조류 등과 같이 광범위한 미생물에 대한 살균력을 가진다.

91 정답 ③

소독제 A를 B보다 2배 짙게 조정해야 한다.

92 정답 ①

이질은 바퀴벌레, 파리 등을 매개로 하는 경구 감염으로 전파되며, 적은 양의 세균으로도 감염될 수 있어 환자 및 병원체 보유자와 직접 또는 간접접촉을 통해서도 감염 가능하다.

93 정답 ③

투베르쿨린 반응은 결핵 감염유무를 검사하는 방법이다.

94 정답 ①

세균성 식중독은 세균 증식에 알맞은 여름철에 많이 발생한다.

95 정답 ③

세균은 증식 환경이 적당하지 않을 경우 아포를 형성함으로써 강한 내성을 지니게 된다.

96 정답 ④

감염병의 유행조건 : 감염원(병인), 감염경로(환경), 감수성 숙주

97 정답 ①

세균성 식중독은 잠복기가 아주 짧다.

98 정답 ④

즉시 신고해야 하는 감염병은 제1급 감염병이며, 두창, 디프테리아, 중증급성호흡기증후군은 여기에 해당된다. 말라리아는 제3급 감염병으로 24시간 이내에 신고해야 한다.

99 정답 ④

두창·홍역(95%), 백일해(60~80%), 성홍열(40%), 디프테리아(10%), 폴리오(0.1%)

100 정답 ②

인플루엔자는 바이러스로 인한 호흡기계 감염병으로 공기 중 비말전염으로 쉽게 감염될 수 있다.

101 정답 ③

▶ 공중위생감시원의 업무범위
- 관련시설 및 설비의 확인 및 위생 상태 확인·검사
- 공중위생 영업자의 위생관리의무 및 영업자준수사항 이행 여부의 확인
- 공중이용시설의 위생관리상태의 확인·검사
- 위생지도 및 개선명령 이행 여부의 확인
- 공중위생영업소의 영업의 정지, 일부 시설의 사용중지 또는 영업소 폐쇄명령 이행 여부의 확인
- 위생교육 이행 여부의 확인

102 정답 ①

양벌규정에 대한 설명이다.

103 정답 ③

이용사 또는 미용사가 되고자 하는 자는 시장 · 군수 · 구청장의 면허를 받아야 한다.

104 정답 ②

▶ 1차 위반 시 면허취소가 되는 경우
- 국가기술자격법에 따라 미용사 자격이 취소된 때
- 결격사유에 해당한 때
- 이중으로 면허를 취득한 때
- 면허정지처분을 받고 그 정지기간 중 업무를 행한 때

105 정답 ①

시·도지사 또는 시장·군수·구청장은 위생서비스평가의 결과 위생서비스의 수준이 우수하다고 인정되는 영업소에 대하여 포상을 실시할 수 있다.

106 정답 ④

① 공중위생영업이라 함은 숙박업·목욕장업·이용업·미용업·세탁업·건물위생관리업을 말한다.
② 공중위생영업의 양수인 상속인 또는 합병에 의하여 설립되는 법인 등은 공중위생영업자의 지위를 승계할 수 있다.
③ 시설 및 설비를 갖추고 신고한다.

107 정답 ③

발한실에 관한 기준은 목욕장업에 적용되는 기준이다.

108 정답 ①

② 이·미용실에서는 의약품을 사용할 수 없다.
③ 소독한 기구와 소독하지 않은 기구는 분리하여 보관하여야 한다.
④ 1회용 면도날은 손님 1인에 한하여 사용할 것

109 정답 ①

이·미용사 면허증을 부착할 수 없게 하는 봉인은 관계공무원의 조치사항이 아니다.

110 정답 ③

6개월이 아닌 1년 이상 공중위생 행정에 종사한 경력이 있는 사람이 공중위생감시원의 자격에 해당한다.

111 정답 ④

▶ 명예공중위생감시원의 위촉대상자
- 공중위생에 대한 지식과 관심이 있는 자
- 소비자단체, 공중위생관련 협회 또는 단체의 소속직원 중에서 당해 단체 등의 장이 추천하는 자

112 정답 ③

"미용업"이라 함은 손님의 얼굴, 머리, 피부 및 손톱·발톱 등을 손질하여 손님의 외모를 아름답게 꾸미는 영업을 말한다.

113 정답 ③

혼례나 그 밖의 의식에 참여하는 자에 대하여 그 의식 직전에 미용을 하는 경우 영업소 외의 장소에서 이·미용 업무를 행할 수 있다.

114 정답 ②

시 · 도지사는 공중위생영업소의 위생관리수준을 향상시키기 위하여 위생서비스평가계획을 수립하여 시장 · 군수 · 구청장에게 통보하여야 한다.

115 정답 ①

면허가 취소된 후 계속하여 업무를 행한 자에 대한 벌칙은 300만원 이하의 벌금이다.

116 정답 ②

- 1차 위반 : 경고
- 2차 위반 : 영업정지 5일
- 3차 위반 : 영업정지 10일
- 4차 위반 : 영업장 폐쇄명령

117 정답 ②

- 1차 : 영업정지 10일
- 2차 : 영업정지 20일
- 3차 : 영업정지 1개월
- 4차 : 영업장 폐쇄명령

118 정답 ③

단순 지성피부는 일반적으로 외부의 자극에 영향이 적고, 비교적 피부 관리가 용이하다.

119 정답 ①

공중위생영업자는 공중위생영업을 폐업한 날부터 20일 이내에 시장 · 군수 · 구청장에게 신고하여야 한다.

120 정답 ①

위생교육 실시단체의 장은 위생교육을 수료한 자에게 수료증을 교부하고, 교육실시 결과를 교육 후 1개월 이내에 시장 · 군수 · 구청장에게 통보하여야 하며, 수료증 교부대장 등 교육에 관한 기록을 2년 이상 보관 · 관리하여야 한다.

121 정답 ③

오른손잡이를 기준으로 왼쪽 월을 2/3 지점에서 시작하여 왼쪽에서 오른쪽 방향으로 프리에지의 가로 너비 2/3 지점까지 사선을 긋는다.

122 정답 ③

반 재단을 위하여 자연 네일 위에서 오른쪽 부분을 재단할 경우 가위의 방향을 피부 쪽으로 기울면 실크의 폭이 넓어지므로 자연 네일 방향으로 살짝 기울게 하여 재단한다.

123 정답 ④

피부에 넘친 톱젤은 경화하기 전에 오렌지 우드스틱에 탈지면을 감고 젤 클렌저를 묻혀 제거한다.

124 정답 ③

화이트 파우더로 스마일 라인을 만들면서 동시에 프리에지를 연장한다.

125 정답 ①

인조네일은 너무 긴 것보다 프리에지의 형태를 감안하여 적당한 길이로 연장할 때 아름답다.

126 정답 ④

핀칭은 리프팅의 원인이 아니다.

127 정답 ④

네일 팁의 접착 부분이 크다고 좋은 팁이라고 할 수 없다.

128 정답 ②

베이스 젤을 도포한 후 보강 젤을 도포한다.

129 정답 ③

팁 모양을 정리하고 탑젤을 도포한 후 경화한다.

130 정답 ①

모노머와 폴리머를 섞었을 때 일어나는 화학반응을 뜻하는 것은 카탈리스트이다.

131 정답 ②

포인트 형태의 프리에지는 끝이 뾰족하여 잘 부러지고 외부 충격에 약하다.

132 정답 ④

라우린산, 올리브 오일, 올레인산은 여드름을 유발하는 코메도제닉 성분이며, 솔비톨은 여드름을 유발하지 않는다.

133 정답 ③

① 큐티클을 반드시 잘라낼 필요는 없다.
② 네일 푸셔의 각도는 네일 바디와 45°를 유지한다.
④ 푸셔를 가볍게 밀어 큐티클을 제거한다.

134 정답 ①

염소는 강한 냄새가 있다.

135 정답 ③

탈모는 화학물질 노출과 직접적인 관련이 없다.

136 정답 ①

초산에틸은 빨리 건조시키는 역할을 한다.

137 정답 ③

17세기 인도의 상류층 여성들이 문신바늘을 이용해 조모에 색소를 넣어 신분을 표시했다.

138 정답 ②

방취용 화장품은 보습과는 거리가 멀다.

139 정답 ④

멜라닌 색소의 형성에 가장 밀접한 작용을 나타내는 효소는 티로시나아제이다.

140 정답 ①

② 유화물은 다양한 지성물질의 유액으로 피부표면을 매끄럽고 부드럽게 하는 제품이다.
③ 수분에 강한 친화성을 가진 물질은 습윤제이다.
④ 밀폐제는 피부 표면에 불투과성 막을 형성하여 수분 소실을 방지한다.

141 정답 ②

손과 발의 5개로 이루어진 길고 가느다란 뼈는 손바닥뼈와 발허리뼈이다.

142 정답 ②

혐기성 세균에 가장 효과가 큰 소독제는 과산화수소이다.

143 정답 ③

성장기(3~5년) → 퇴화기(약 1개월) → 휴지기(2~3개월)

144 정답 ②

교육부장관이 인정하는 고등기술학교에서 1년 이상 이용 또는 미용에 관한 소정의 과정을 이수한 자가 해당된다.

145 정답 ③

정전기 방지제, 헤어트리트먼트제로 사용되는 계면활성제는 양이온성 계면활성제이다.

146 정답 ②

건전한 영업질서를 위하여 이·미용업영업자가 준수하여야 할 사항을 준수하지 아니한 자에 대한 벌칙은 6월 이하의 징역 또는 500만원 이하의 벌금이다.

147 정답 ③

비타민 C는 아스코르빅 산이라 불린다.

148 정답 ②

개방형 면포, 폐쇄형 면포는 노화와 관련이 없다.

149 정답 ①

산성비의 원인물질은 황산화물, 질소산화물 등이다.

150 정답 ③

발바닥 전체 또는 발가락 사이에 붉은색의 물집(수포)이 생기며 가려움이 수반되는 증상은 발진균증(무좀)이다.

151 정답 ④

손톱의 기능에 용해의 기능은 포함되지 않는다.

152 정답 ③

공공부조란 국가와 지방자치단체의 책임 하에 생활 유지 능력이 없거나 생활이 어려운 국민의 최저생활을 보장하고 자립을 지원하는 제도를 말한다.

153 정답 ④

7일 이내에 신고해야 하는 감염병은 제4급 감염병이며, 연성하감이 이에 속한다.

154 정답 ③

①, ②, ④ 모두 선천적 면역에 대한 설명이다.

155 정답 ③

고급지방산에 고급알코올이 결합된 에스테르 상태로 화장품의 굳기를 증가시켜주는 화장품 성분은 왁스이다.

156 정답 ④

발 전문의사인 시트(Sitts)는 치과에서 사용되던 기구에서 고안한 오렌지우드 스틱을 네일관리에 사용하였다.

157 정답 ④

쐐기뼈(설상골)은 발뼈의 원위족근골에 해당한다.

158 정답 ②

아크릴의 기본 화학성분은 모노머, 폴리머, 카탈리스트이다.

159 정답 ①

이·미용 작업 시 시술자의 손을 70% 농도의 알코올을 적신 솜으로 깨끗이 닦거나 흐르는 물에 비누로 깨끗이 씻으면서 소독한다. 손 소독에는 락스를 사용하지 않도록 한다.

160 정답 ③

탄산나트륨은 자비소독법으로 소독 시 물에 1~2%를 넣어 살균력을 높이기 위해 사용된다.

161 정답 ④

분뇨와 관련된 질병은 콜레라, 장티푸스, 파라티푸스 등이 있다.

162 정답 ③

장티푸스는 세균인 살모넬라균에 의해 일으키는 감염병이다.

163 정답 ①

표피는 피부의 가장 바깥쪽 층으로 각질층, 투명층, 과립층, 유극층, 기저층으로 구성되어 있는데, 각화현상은 기저층에서 생성된 세포가 점차 각질층으로 이동하면서 일어나는 변화이다. 각질층, 투명층, 과립층은 무핵층에 해당하고, 유극층과 기저층은 유핵층에 해당한다.

164 정답 ③

화장수에 가장 널리 배합되는 알코올 성분은 에탄올이다.

165 정답 ②

MMA(Methyl methacrylate)는 아크릴 리퀴드의 성분으로 사용된다.

166 정답 ②

무스카린은 독버섯의 독소이다.

167 정답 ④

α-index는 영아 사망률 / 신생아 사망률로 계산하는데, 1에 가까우면 영아 사망의 대부분이 신생아 사망이고, 신생아 이후의 영아 사망률은 낮다는 것을 의미하므로 그 지역의 건강수준이 높다는 것을 나타낸다.

168 정답 ②

중간쐐기뼈(중간설상골)은 발뼈에 해당한다.

169 정답 ③

손등과 손가락의 엄지 쪽에 분포하여 손등의 감각을 지배하는 신경은 노뼈신경(요골신경)이다.

170 정답 ②

목말뼈(거골)는 발목뼈 중에서 가장 크고 중심에 위치한 뼈로서, 다른 발목뼈들이 이 주요한 뼈를 둘러싸고 있다.

171 정답 ①

모발 표면 보호 및 정전기 방지는 린스가 갖추어야 할 요건에 해당한다.

172 정답 ③

콘케이브(Concave)는 C-형태 곡선의 안쪽 오목한 부분을 나타내며, 콘벡스(Convex)는 C-형태 곡선의 위쪽 볼록한 부분을 나타낸다.

173 정답 ③

디부틸 프탈레이트는 네일 폴리시에서 피막의 유연성을 높여주는 역할을 하여 네일 폴리시가 부드럽고 쉽게 발리며, 갈라지거나 깨지는 것을 방지하는 데 도움을 준다.

174 정답 ④

수분은 리프팅의 원인이 될 수 있으므로 습식보다는 건식 케어를 하는 것이 좋다.

175 정답 ④

UV-C 단파장 자외선은 강력한 살균작용을 하는 자외선으로 젤 램프에는 사용되지 않는다.

| 부록 | 시험에 자주 나오는 쪽집게 150선

시험직전 짜투리 시간에 한번 더 보아야 할 마무리 정리

| 1장 네일 개론 |

01 손톱의 구조

종류	특징
조체 (네일 바디, Nail Body)	• 손톱의 몸체 부분 • 죽은 각질세포로 되어 있어 신경이나 혈관이 없으며, 산소를 필요로 하지 않음 • 역할 : 네일베드를 보호 • 네일 베드와 접해있는 아랫부분은 약하며 위로 갈수록 튼튼함
조근 (네일 루트, Nail Root)	• 손톱의 아랫부분에 묻혀있는 얇고 부드러운 부분 • 새로운 세포가 만들어져 손톱의 성장이 시작되는 곳 • 네일 베드의 모세혈관으로부터 산소를 공급받음
자유연 (프리 에지)	네일 베드와 접착되어 있지 않은 손톱의 끝부분으로 네일의 길이와 모양을 자유롭게 조절할 수 있는 부분
조상 (네일 베드, Nail Bed)	• 네일 바디를 받치고 있는 밑부분 • 모세혈관 및 지각신경 분포 • 역할 : 모세혈관을 통해 손톱의 성장에 필요한 영양과 수분 공급
조모 (네일 매트릭스, Nail Matrix)	• 네일 루트 아래에 위치 • 혈관, 림프관, 신경 분포 • 역할 : 손톱의 각질세포의 생성과 성장을 조절 • 손상 시 손톱이 비정상적으로 자라게 되므로 주의할 것
반월 (루눌라, Lunula)	• 반달 모양의 손톱 아래 부분

02 손톱 주위의 피부

종류	특징
큐티클(조소피)	• 손톱 주위를 덮고 있는 신경이 없는 부분 • 역할 : 병균 및 미생물의 침입으로부터 보호
네일 폴드 (조수름, 네일 맨틀)	• 네일 루트가 묻혀있는 네일의 베이스에 피부가 깊게 접혀 있는 부분
네일 그루브(조구)	• 네일 베드의 양측면에 좁게 패인 부분
네일 월(조벽)	• 네일 그루브 위에 있는 네일의 양쪽 피부
이포니키움 (상조피)	• 표피의 연장으로 네일의 베이스에 있는 피부의 가는 선 • 루눌라의 일부를 덮고 있다.
페리오니키움 (조상연)	• 네일 전체를 에워싼 피부의 가장자리 부분
하이포니키움 (하조피)	• 프리에지 밑부분의 피부(손톱 아래 살과 연결된 끝부분) • 병원균의 침입으로부터 손톱 보호

03 네일의 어원

① Manicure = Manus(hand, 손) + Cura(cure, 관리)
② Pedicure = Pedis(foot, 발) + Cura(cure, 관리)

04 손가락의 성장 속도 순서

중지 > 검지 > 약지 > 엄지 > 소지

05 손톱의 구성성분 : 케라틴이라는 섬유 단백질

06 손톱의 형성

① 임신 8~9주경 : 손톱의 태동
② 임신 10주 : 손가락 끝에 손톱이 형성되어 자라기 시작
③ 임신 12~13주 : 손톱의 성장 부위 완성
④ 임신 14주 : 손톱이 자라는 모습 확인 가능
⑤ 임신 17~20주 : 손톱이 완전히 자라는 시기

07 건강한 네일의 조건

① 반투명의 분홍색을 띠며 윤택이 있을 것
② 둥근 모양의 아치형일 것
③ 갈라짐이 없을 것
④ 네일 바디가 네일 베드에 강하게 부착되어 있을 것
⑤ 단단하고 탄력이 있을 것
⑥ 12~18%의 수분을 함유하고 있을 것
⑦ 세균에 감염되지 않을 것

08 네일의 형태

형태	설명
스퀘어형	많이 사용하거나 손을 많이 쓰는 사람들이 선호하는 형태로, 대회용으로 많이 사용
라운드 스퀘어형	고객이 가장 선호하는 세련된 형태로 스퀘어보다 부드러운 느낌
라운드형	손톱이 짧은 경우나 남성의 경우 가장 선호하며 누구에게나 어울림
오벌형	손이 길고 가늘어 보여 여성적 느낌을 줌
포인트형	손톱의 넓이가 좁은 사람에게 어울림

09 네일숍에서 시술 가능한 장애

• 조갑위축증(오니카트로피아)
• 조갑청맥증(오니코사이아노시스)
• 주름잡힌 네일(코루게이션)
• 거스러미 네일(행네일)
• 표피조막증(테리지움)
• 조갑비대증(오니콕시스)
• 조갑종렬증(오니코렉시스)
• 교조증(오니코파지)
• 멍든 네일
• 조연화증(Onychomalacia)
• 조내성증(오니코크립토시스)
• 백색 반점(루코니키아)
• 스푼형 네일(코일로니키아)
• 피팅

10 네일숍에서 시술 불가능한 질병

• 조갑주위염
• 조갑박리증(오니코리시스)
• 조갑 사상균증
• 조갑구만증(오니코그리포시스)
• 조갑탈락증(오니콥토시스)
• 조갑진균증(오니코미코시스)
• 조갑염(오니키아)

11 주요 네일 도구 및 재료

큐티클 푸셔	큐티클을 밀어올릴 때 사용
큐티클 니퍼	네일 주위의 큐티클(거스러미, 굳은살)을 정리할 때 사용
스파출라	크림 등의 제품을 덜어 낼 때 사용
필러 파우더	랩이나 네일 팁이 갈라졌거나 떨어져나간 부분을 채울 때 또는 익스텐션 작업 시 사용
네일 클리퍼	팁의 길이 조절 시 굽어져 있지 않는 일자 모양이 편리
파일	네일의 길이를 조절하거나 표면을 다듬을 때 사용
오렌지 우드 스틱	큐티클을 밀어올릴 때, 손톱의 이물질을 제거할 때, 네일 주변의 폴리시를 제거할 때 사용
베이스코트	폴리시를 바르기 전에 손톱에 바르는 투명한 액체
탑코트	폴리시를 바른 후 마지막 단계에 네일에 광택을 주고 폴리시를 보호하기 위해 바르는 액체

12 그릿수(grit)에 따른 파일의 분류

① 180~250 : 자연네일
② 120~180 : 인조네일
③ 80~100 : 아크릴릭 네일

13 뼈의 성장

① 길이 성장 : 골단연골(성장판)에서의 활발한 세포분열에 의해 성장
② 부피 성장 : 골아세포와 파골세포의 작용에 의해 성장

14 형태에 따른 뼈의 분류

① 장골(긴뼈) : 상완골, 요골, 척골, 대퇴골, 경골, 비골 등
② 단골(짧은뼈) : 수근골, 족근골
③ 편평골(납작뼈) : 견갑골, 늑골, 두개골
④ 불규칙골 : 척추골, 관골
⑤ 종자골(종강뼈) : 씨앗 모양. 슬개골
⑥ 함기골(공기뼈) : 전두골, 상악골, 사골, 측두골, 접형골

15 뼈의 구조

골막	• 뼈의 바깥 면을 덮고 있는 두꺼운 결합조직층으로 혈관이 많이 분포 • 기능 : 뼈의 보호, 뼈의 영양, 성장 및 재생
골 조직	• 치밀골 : 뼈의 표면 • 해면골 : 뼈의 중심부
골수강	• 치밀골 내부의 골수로 차있는 공간

16 뼈의 개수 : 206개

17 손의 뼈

수근골 (손목뼈)	• 근위부 : 주상골(손배뼈), 월상골(반달뼈), 삼각골(세모뼈), 두상골(콩알뼈) • 원위부 : 대능형골(큰마름뼈), 소능형골(작은마름뼈), 유두골(알머리뼈), 유구골(갈고리뼈)
중수골 (손바닥뼈)	• 손바닥을 구성하는 5개의 뼈(제1 ~ 제5중수골)
수지골 (손가락뼈)	• 엄지손가락 : 기절골과 말절골로 구성 • 나머지 손가락 : 3개씩 기절골(첫마디 손가락뼈), 중절골(중간마디 손가락뼈), 말절골(끝마디 손가락뼈)

18 손의 근육의 대분류

• 신근, 굴근, 외전근, 내전근, 중수근

19 손의 신경

구조	작용
액와신경 (겨드랑이)	• 소원근과 삼각근의 운동 및 삼각근 상부에 있는 피부감각을 지배하는 신경
근피신경 (근육피부)	• 팔의 굴근에 대한 운동지배 및 앞팔의 외측 피부감각을 지배하는 신경
정중신경	• 앞팔의 굴근과 회내근의 운동을 지배하고 무지구근과 2개의 외측충양근의 운동을 지배 • 손바닥 외측 1/2의 피부 감각을 지배하는 신경
요골신경	• 위팔과 앞팔의 신근과 회외근의 운동을 지배하고 팔과 앞팔, 손등의 감각을 지배하는 신경
척골신경	• 앞팔의 척측굴근, 소지굴근, 골간근 및 내측 충양근의 운동을 지배하며, 앞팔 내측피부의 감각을 지배하는 신경

20 발의 신경

구조	작용
대퇴신경	• 요근과 장골근의 사이를 내려와서 서혜인대의 하부를 지나 치골와에서 나옴 • 대퇴의 전내측의 피부에 분포하며, 일부는 복재신경이 됨
복재신경	• 하퇴의 내측부터 무릎 아래까지 분포
경골신경, 비골신경, 외측비복피신경	• 둔부 아래에 위치한 좌골신경이 경골신경과 비골신경이 됨 • 비골신경은 내측발신경과 외측발신경이 되어 발등의 내측면의 피하에 분포

| 2장 피부학 |

21 표피의 구조 및 기능

구조	기능
각질층	• 표피를 구성하는 세포층 중 가장 바깥층
투명층	• 손바닥과 발바닥 등 비교적 피부층이 두터운 부위에 주로 분포
과립층	• 3~5개층의 평평한 케라티노사이트층으로 구성 • 피부의 수분 증발을 방지하는 층(레인방어막)
유극층	• 표피 중 가장 두꺼운 층 • 케라틴의 성장과 분열에 관여
기저층	• 포피의 가장 아래층으로 진피의 유두층으로부터 영양분을 공급받는 층 • 새로운 세포가 형성되는 층

22 표피층을 구성하는 세포

구분	기능
케라티노사이트	• 각질 형성 세포 • 교체 주기 : 4주
멜라노사이트	• 색소 형성 세포 • 대부분 기저층에 위치
랑게르한스 세포	• 피부의 면역기능 담당 • 외부로부터 침입한 이물질을 림프구로 전달
머켈 세포	• 기저층에 위치 • 신경세포와 연결되어 촉각 감지

23 피하조직의 기능

영양분 저장, 지방 합성, 열의 차단, 충격 흡수

24 진피의 구조와 기능

구조	기능
유두층	• 표피의 경계 부위에 유두 모양의 돌기를 형성하고 있는 진피의 상단 부분 • 다량의 수분을 함유하고 있으며, 혈관을 통해 기저층에 영양분 공급
망상층	• 진피의 4/5를 차지하며 유두층의 아래에 위치 • 피하조직과 연결되는 층

25 피부의 기능

① 보호기능
- 피하지방과 모발의 완충작용으로 외부 충격 및 압력 보호
- 열, 추위, 화학작용, 박테리아로부터 보호
- 자외선 차단

② 체온조절기능
③ 비타민 D 합성 기능
④ 분비 · 배설 기능 : 땀 및 피지의 분비
⑤ 호흡작용 : 산소 흡수 및 이산화탄소 방출
⑥ 감각 및 지각 기능

26 pH

- 피부 표면의 pH : 4.5~6.5의 약산성
- 건강한 모발의 pH : 4.5~5.5

27 땀샘

에크린선 (소한선)	• 분포 : 입술과 생식기를 제외한 전신(특히 손바닥, 발바닥, 겨드랑이에 많이 분포) • 기능 : 체온 유지 및 노폐물 배출
아포크린선 (대한선)	• 분포 : 겨드랑이, 눈꺼풀, 유두, 배꼽 주변 등 • 기능 : 모낭에 연결되어 피지선에 땀을 분비, 산성막의 생성에 관여

28 피지선

① 진피의 망상층에 위치
② 손바닥과 발바닥을 제외한 전신에 분포
③ 안드로겐이 피지의 생성 촉진, 에스트로겐이 피지의 분비 억제
④ 피지의 1일 분비량 : 약 1~2g
⑤ 피지의 기능 : 피부의 항상성 유지, 피부보호 기능, 유독물질 배출작용, 살균작용 등

29 건성피부 및 지성피부

비교	건성피부	지성피부
모공	• 모공이 작음	• 모공이 큼
피지와 땀 분비	• 피지와 땀의 분비 저하로 유 · 수분이 불균형	• 피지분비가 왕성하여 피부 번들거림이 심함
피부 상태	• 피부가 얇음 • 피부결이 섬세해 보임 • 탄력이 좋지 못함 • 피부가 손상되기 쉬우며 주름 발생이 쉬움 • 세안 후 이마, 볼 부위가 당김 • 잔주름이 많음	• 정상피부보다 두꺼움 • 여드름, 뾰루지가 잘 남 • 표면이 귤껍질같이 보이기 쉬움(피부결이 곱지 못함) • 블랙헤드가 생성되기 쉬움 • 안드로겐(남성호르몬)이나 인프로게스테론(여성호르몬)의 기능이 활발해져서 생김
화장 상태	• 화장이 잘 들뜸	• 화장이 쉽게 지워짐
기타 사항		• 주로 남성피부에 많음 • 관리 : 피지제거 및 세정을 주목적으로 함

30 멜라닌 : 피부와 모발의 색을 결정하는 색소

31 모발의 생장주기 : 성장기 → 퇴행기 → 휴지기

32 탄수화물 : 신체의 중요한 에너지원

구분	종류
단당류	포도당, 과당, 갈락토오스
이당류	자당, 맥아당, 유당
다당류	전분, 글리코겐, 섬유소

33 단백질의 기능

① 체조직의 구성성분 : 모발, 손톱, 발톱, 근육, 뼈 등
② 효소, 호르몬 및 항체 형성
③ 포도당 생성 및 에너지 공급
④ 혈장 단백질 형성 : 알부민, 글로불린, 피브리노겐
⑤ 체내의 대사과정 조절 : 수분의 균형 조절, 산-염기의 균형 조절

34 아미노산

① 단백질의 기본 구성단위이며, 최종 가수분해 물질
② 필수아미노산 : 발린, 루신, 아이소루이신, 메티오닌, 트레오닌, 라이신, 페닐알라닌, 트립토판, 히스티딘, 아르기닌

35 필수지방산 : 리놀산, 리놀렌산, 아라키돈산

36 비타민 C의 효과

① 모세혈관 강화 → 피부손상 억제, 멜라닌 색소 생성 억제
② 미백작용
③ 기미, 주근깨 등의 치료에 사용
④ 혈색을 좋게 하여 피부에 광택 부여
⑤ 피부 과민증 억제 및 해독작용
⑥ 진피의 결체조직 강화
⑦ 결핍 시 : 기미, 괴혈병 유발, 잇몸 출혈, 빈혈

37 비타민 D

① 자외선에 의해 피부에서 만들어져 흡수
② 칼슘 및 인의 흡수 촉진
③ 혈중 칼슘 농도 및 세포의 증식과 분화 조절
④ 골다공증 예방

38 철(Fe)

① 인체에서 가장 많이 함유하고 있는 무기질
② 혈액 속의 헤모글로빈의 주성분
③ 산소 운반 작용
④ 면역 기능
⑤ 혈색을 좋게 하는 기능
⑥ 결핍 시 : 빈혈, 적혈구 수 감소

39 칼슘

① 뼈 · 치아 형성 및 혈액 응고
② 근육의 이완과 수축 작용
③ 결핍 시 : 구루병, 골다공증, 충치, 신경과민증 등

40 원발진 및 속발진

원발진	반점, 반, 팽진, 구진, 결절, 수포, 농포, 낭종, 판, 면포, 종양
속발진	인설, 가피, 표피박리, 미란, 균열, 궤양, 농양, 변지, 반흔, 위축, 태선화

41 바이러스성 피부질환 : 단순포진, 대상포진, 사마귀, 수두, 홍역, 풍진

42 색소이상 증상

과색소침착	기미, 주근깨, 검버섯, 갈색반점, 오타모반, 릴 흑피증, 벌록 피부염
저색소침착	백반증, 백피증

43 화상

구분	특징
제1도 화상	피부가 붉게 변하면서 국소 열감과 동통 수반
제2도 화상	• 진피층까지 손상되어 수포가 발생 • 기타 증상 : 홍반, 부종, 통증 동반
제3도 화상	• 피부 전층 및 신경이 손상된 상태 • 피부색이 흰색 또는 검은색으로 변함
제4도 화상	• 피부 전층, 근육, 신경 및 뼈 조직 손상

44 자외선이 미치는 영향

긍정적인 효과	부정적인 효과
• 신진대사 촉진 • 살균 및 소독기능 • 노폐물 제거 • 비타민 D 합성	• 일광 화상 • 홍반 반응 및 색소침착 • 광노화 • 피부암

45 피부노화 현상

비교	자연노화	광노화
개요	• 나이가 들면서 피부가 노화되는 현상	• 햇빛, 바람, 추위, 공해 등에 피부가 노화되는 현상
피부 상태	• 표피 및 진피의 두께가 얇아짐 • 각질층의 두께 증가 • 망상층이 얇아짐 • 건조해지고 잔주름이 늘어남	• 진피 내의 모세혈관 확장 • 표피의 두께가 두꺼워짐 • 피부가 건조해지고 거칠어짐 • 주름이 비교적 깊고 굵음
폐해	• 피지선의 크기의 증가 • 피지 생성기능은 감소 • 피하지방세포, 멜라닌 세포, 랑게르한스 세포의 수 감소 • 한선의 수 감소 • 땀의 분비가 감소	• 멜라닌 세포의 수 증가 • 과색소침착증이 나타남 • 섬유아세포 수의 양 감소 • 점다당질 증가 • 콜라겐의 변성 및 파괴가 일어남
기타 사항		• 스트레스, 흡연, 알코올 섭취 등의 영향을 받음

| 3장 화장품학 |

46 화장품의 정의

① 인체를 청결 · 미화하여 매력을 더하고 용모를 밝게 변화시키기 위해 사용하는 물품
② 피부 혹은 모발을 건강하게 유지 또는 증진하기 위한 물품
③ 인체에 바르고 문지르거나 뿌리는 등의 방법으로 사용되는 물품
④ 인체에 사용되는 물품으로 인체에 대한 작용이 경미한 것
⑤ 의약품이 아닐 것

47 기능성 화장품

① 피부의 미백에 도움을 주는 제품
② 피부의 주름개선에 도움을 주는 제품
③ 피부를 곱게 태워주거나 자외선으로부터 피부를 보호하는 데에 도움을 주는 제품
④ 모발의 색상 변화 · 제거 또는 영양공급에 도움을 주는 제품
⑤ 피부나 모발의 기능 약화로 인한 건조함, 갈라짐, 빠짐, 각질화 등을 방지하거나 개선하는 데에 도움을 주는 제품

48 오일의 분류

구분		종류
천연 오일	식물성	올리브유, 피마자유, 야자유, 맥아유 등
	동물성	밍크오일, 난황유등
	광물성	유동파라핀, 바셀린 등
합성 오일		실리콘 오일

49 계면활성제

구분	특징
양이온성	• 살균 및 소독작용이 우수 • 용도 : 헤어린스, 헤어트리트먼트 등
음이온성	• 세정 작용 및 기포 형성 작용이 우수 • 용도 : 비누, 샴푸, 클렌징 폼 등
비이온성	• 피부에 대한 자극이 적음 • 용도 : 화장수의 가용화제, 크림의 유화제, 클렌징 크림의 세정제 등
양쪽성	• 친수기에 양이온과 음이온을 동시에 가짐 • 세정 작용이 우수하고 피부 자극이 적음 • 용도 : 베이비 샴푸 등

50 보습제의 종류

구분	구성 성분
천연보습인자(NMF)	아미노산(40%), 젖산(12%), 요소(7%), 지방산 등
고분자 보습제	가수분해 콜라겐, 히아루론산염 등
폴리올(다가 알코올)	글리세린, 프로필렌글리콜, 부틸렌글리콜 등

51 보습제 및 방부제가 갖추어야 할 조건

① 보습제
- 적절한 보습능력이 있을 것
- 보습력이 환경의 변화에 쉽게 영향을 받지 않을 것
- 피부 친화성이 좋을 것
- 다른 성분과의 혼용성이 좋을 것
- 응고점이 낮을 것
- 휘발성이 없을 것

② 방부제
- pH의 변화에 대해 항균력의 변화가 없을 것
- 다른 성분과 작용하여 변화되지 않을 것
- 무색 · 무취이며, 피부에 안정적일 것

52 화장품에서 요구되는 4대 품질 특성

안전성	피부에 대한 자극, 알레르기, 독성이 없을 것
안정성	변색, 변취, 미생물의 오염이 없을 것
사용성	피부에 사용감이 좋고 잘 스며들 것
유효성	미백, 주름개선, 자외선 차단 등의 효과가 있을 것

53 팩의 분류

구분	특징
필오프 타입 (Peel-off type)	• 팩이 건조된 후 형성된 투명한 피막을 떼어내는 형태 • 노폐물 및 죽은 각질 제거 작용
워시오프 타입 (Wash-off type)	• 팩 도포 후 일정 시간이 지나 미온수로 닦아내는 형태
티슈오프 타입 (Tissue-off type)	• 티슈로 닦아내는 형태 • 피부에 부담이 없어 민감성 피부에 적합
시트 타입 (Sheet type)	시트를 얼굴에 올려놓았다가 제거하는 형태
패치 타입 (Patch type)	패치를 부분적으로 붙인 후 떼어내는 형태

54 향수의 분류

구분(부향률)	지속시간	특징
퍼퓸(15~30%)	6~7시간	향이 오래 지속되며, 가격이 비쌈
오데퍼퓸(9~12%)	5~6시간	퍼퓸보다는 지속성이나 부향률이 떨어지지만 경제적
오데토일렛(6~8%)	3~5시간	일반적으로 가장 많이 사용하는 향수
오데코롱(3~5%)	1~2시간	향수를 처음 사용하는 사람에게 적합
샤워코롱(1~3%)	약 1시간	샤워 후 가볍게 뿌려주는 향수

※부향률 : 향수에 향수의 원액이 포함되어 있는 비율

55 아로마 오일의 사용법

구분	설명
입욕법	전신욕, 반신욕, 좌욕, 수욕, 족욕 등 몸을 담그는 방법
흡입법	손수건, 티슈 등에 1~2방울 떨어뜨리고 심호흡을 하는 방법
확산법	아로마 램프, 스프레이 등을 이용하는 방법
습포법	온수 또는 냉수 1리터 정도에 5~10방울을 넣고, 수건을 담궈 적신 후 피부에 붙이는 방법

| 4장 네일미용기술 |

56 네일미용기술의 종류 및 특징

① **습식 매니큐어** : 가장 기본적인 네일 서비스로, 손을 핑거볼에 담갔다가 큐티클(cuticle)을 정리

② **프렌치 매니큐어** : 프리에지에 다른 색상의 폴리시를 발라줌으로써 색다른 느낌을 표현(자연스러움과 깨끗하고 신선한 이미지 창출)

③ **핫오일 매니큐어** : 선천적으로 건성인 피부나 갈라진 네일, 행네일을 가진 고객에게 적당한 서비스로 큐티클을 유연하고 부드럽게 함

④ **파라핀 매니큐어** : 건조하고 거친 피부를 가진 고객에게 보습 및 영양 공급을 해주는 관리 방법

⑤ **네일팁** : 자연 손톱의 길이 연장 및 보호를 주목적으로 한다. 네일 팁 자체만으로는 약하기 때문에 그 위에 실크, 화이버글라스(Fiberglass), 아크릴릭, 젤 등을 사용하여 보강

⑥ **네일 오버레이** : 자연 손톱이 약한 경우 자연 손톱에 팁을 붙이고 그 위에 덧씌워줌으로써 보수의 기능으로도 사용되며, 부러지거나 손상된 손톱에도 사용

⑦ **익스텐션(실크)** : 인조 팁을 사용하지 않고 실크 · 천에 필러와 글루, 젤을 이용하여 길이를 연장

⑧ **아크릴릭 네일**
- 아크릴릭 액체와 아크릴릭 파우더를 혼합해서 만드는 인조 네일로 두 물질을 혼합하여 쉽게 네일 모양을 만들 수 있을 뿐 아니라 손톱의 두께 조절도 가능
- 단단한 인조 네일을 만들거나 네일의 보강, 연장 및 변형

⑨ **젤네일** : 젤 컬러를 이용하는 인조 네일로, 바르고 말릴 때 자연건조 또는 건조기를 이용한 다른 네일과 달리 LED 혹은 UV램프에 구워 말림

57 파일링

① 주의사항 : 네일의 양쪽 코너 안쪽까지 갈지 않도록 할 것
② 파일링 방향 : 반드시 중앙으로 향하도록 할 것. 한 방향으로 해야 자연 네일이 상하지 않음
③ 표면이 매끄럽지 않을 경우 버퍼나 샌딩블럭을 이용해 정돈

58 큐티클 도구

① 밀어 올리는 도구 : 푸셔
② 큐티클 정리하는 도구 : 니퍼

59 컬러링 순서 : 베이스코트 바르기 → 폴리시 바르기 → 탑코트 바르기

60 컬러링의 종류

종류	특징
전체 바르기 (Full Coat)	손톱 전체를 컬러링하는 방법
프렌치 (French)	프리에지 부분만 컬러링하는 방법
프리에지 (Free Edge)	프리에지 부분은 비워두고 컬러링하는 방법
헤어라인팁 (Hair Line Tip)	전체 바르기 후 손톱 끝 1.5mm 정도를 지워주는 컬러링 방법
슬림라인(프리월) (Slim line or Free wall)	• 손톱의 양쪽 옆면을 1.5mm 정도 남기고 컬러링하는 방법 • 손톱이 가늘고 길어 보이도록 함
반달형(루눌라) (Half Moon or Lunula)	루눌라 부분만 남기고 컬러링하는 방법

61 팁의 방향

① 손가락 끝마디선과 평행이 되게 할 것
② 손가락과 손톱의 방향이 다른 경우 전체 손가락 방향에 맞출 것

62 팁 부착 시 주의점

① 접착제의 양이 너무 적으면 공기가 들어가기 쉽고 너무 많으면 피부 속으로 들어가거나 마르는 시간이 너무 오래 걸릴 수 있다.
② 흰점이나 공기방울이 보일 경우 재작업
③ 팁을 밀착시킨 후 5~10초 정도 누르면서 기다린 후 살짝 핀칭을 준다.
④ 팁의 각도 : 45°(공기가 들어가지 않게 밀착)

63 랩의 종류

① 패브릭 랩(Fabric wrap, 광섬유, 유리섬유)

구분	등급
실크(Silk)	매우 가느다란 명주 소재의 천으로 가볍고 얇으며 투명해서 가장 많이 사용
린넨(Linen)	굵은 소재의 천으로 짜여져 있고 강하고 오래 유지되지만 두껍고 천의 조직이 그대로 보이기 때문에 시술 후 컬러링이 필요
화이버 글라스 (Fiberglass)	매우 가느다란 인조섬유로 짜여져서 글루가 잘 스며들어 자연스러워 보임

② 페이퍼 랩(Paper Wrap) : 얇은 종이 소재의 랩으로 아세톤 및 넌아세톤에 용해되기 쉬워 임시 랩으로만 사용

64 랩 오리기

① 왼쪽은 정리가 된 상태이므로 오른쪽 부분을 재단
② 글루브 부분은 1mm 정도 남기거나 거의 손톱에 맞게 자름
③ 큐티클 부분은 1.5mm 정도 남기고 자름

65 아크릴릭 네일 활용

① 두 물질을 혼합하여 쉽게 네일 모양을 만들 수 있을 뿐만 아니라 손톱의 두께 조절도 가능
② 단단한 인조 네일을 만들거나 네일의 보강, 연장 및 변형

66 아크릴릭 네일의 화학물질

① 모노머(Monomer) : 작은 구슬 형태의 물질로 아크릴릭 시술 시 사용
② 폴리머(Polymer)
  • 구슬들이 길게 체인 모양으로 연결된 형태로 구성
  • 제작이 완료된 아크릴릭을 일컬음(종합체)
③ 카탈리스트(Catalyst)
  • 첨가물질로 아크릴릭을 빨리 굳게 하는 작용
  • 카탈리스트의 양을 조절하여 굳는 속도 조절

67 아크릴릭 네일 볼 올리기

구분	등급
짧은 손톱	㉠ 인조 손톱을 짧게 해서 아크릴릭을 올릴 경우 2~3번에 나누어 올릴 필요가 없다. ㉡ 인조 손톱이 붙은 아랫부분은 팁의 두께가 있으므로 너무 두껍게 만들어줄 필요 없이 스트레스 포인트 부분을 위주로 전체적으로 얇게 올린다. ㉢ 브러시에 리퀴드를 묻혀 파우더에 넣고 볼을 만든다. ㉣ 볼을 반월 약간 아래쪽에 놓고 브러시를 아래쪽으로 내려주면 볼이 타원형이 된다. ㉤ 브러시 끝에 약간의 리퀴드를 묻혀 타월로 살짝 닦아낸 후 큐티클 부위 쪽으로 아크릴을 밀어 올리고 양쪽 사이드 웰 쪽으로 펴준 뒤 전체적으로 쓸어내린다.
긴 손톱	㉠ 첫 번째 볼 올리기 : 리퀴드의 양을 적게 해서 네일 팁의 프리에지 부분에 볼을 놓고 브러시를 눕혀 가볍게 눌러주고 쓸어내린다. ㉡ 두 번째 볼 올리기 : 첫 번째보다 양을 많이 해서 스트레스 부분에 놓고 양쪽 사이드 부분을 브러시로 눌러 펴 바르고 프리에지와 자연스럽게 연결되게 쓸어내린다. ㉢ 세 번째 볼 올리기 • 약간 묽은 아크릴 볼을 만들어 스트레스 포인트 부분에 놓고 저절로 흘러내리도록 둔다. • 큐티클 부분이 피부까지 흘러내리기 전에 브러시로 닦아낸다.

68 프라이머 : 아크릴릭이 자연 네일에 잘 접착될 수 있도록 발라주는 촉매제

69 프라이머 보관 시 주의할 점

① 프라이머는 강한 산이어서 빛에 노출되면 변질될 우려가 있으므로 어두운 색 유리에 보관
② 프라이머에 이물질이 들어가면 오염되어 아크릴릭이 들뜨는 원인이 되므로 큰 용기에 오랫동안 사용하는 것보다 작은 용기에 조금씩 덜어서 사용

70 아크릴릭 네일 들뜸 현상의 원인

① 아크릴릭 리퀴드와 적절하게 혼합되지 않았을 경우(대체적으로 큐티클 아래 부분의 아크릴릭을 묽게 했을 경우 덜 들뜸)
② 자연 손톱의 유분기, 수분기 및 광택이 충분하게 제거되지 않은 경우
③ 큐티클 아래 반월 부분의 아크릴릭을 너무 두껍게 올리고 자연 손톱과의 턱을 충분히 제거하지 않아 그 안으로 습기가 들어갈 경우
④ 불순물이 섞인 아크릴릭 파우더나 리퀴드를 사용했을 때
⑤ 프라이머가 오염되었거나 공기 또는 빛에 노출되어 산이 약화되었을 때
⑥ 바디가 짧은 손톱에 팁을 길고 두껍게 붙였을 때
⑦ 자연 손톱 자체에 유분 또는 수분이 많은 경우

71 아크릴릭 네일의 보수 방법

① 심하게 들뜬 부분은 아크릴릭 니퍼로 제거한다.
② 매끄럽게 들뜬 부분을 최대한 갈아내고 전체 면도 매끄럽게 간다.
③ 불필요한 찌꺼기를 라운드 패드나 더스트 브러시로 털어낸다.
④ 새로 자라난 자연 손톱에 프라이머를 한 번 바른다.
⑤ 첫 번째 바른 프라이머가 하얗게 되면 프라이머를 다시 바른다.
⑥ 아크릴릭 파우더를 준비하고 리퀴드를 필요한 만큼 따라낸다.
⑦ 두 번째 프라이머가 마르기 전에 필요한 양의 아크릴릭 볼을 만들어 네일의 자라난 부분에 올려서 밑으로 잘 쓸어내린다.
⑧ 아크릴릭이 말랐는지 확인하고 전체 턱을 매끄럽게 갈아낸다.
⑨ 모양 정리하기

72 핀칭

① 핀칭 : 아크릴이 굳기 전에 양쪽 엄지 손톱을 이용해 양 사이드 쪽을 꾹 눌러주는 것
② 폼을 제거하기 전에 프리에지(스트레스 포인트) 핀칭을 주면 C커브가 잘 잡힌다.
③ 화이트 파우더 특성상 프리에지가 퍼져 보일 수 있으므로 핀칭에 유의해야 한다.

73 젤 네일의 분류

① 라이트 큐어드 젤 : 특수 광선이나 할로겐 램프의 빛을 이용하여 굳어지게 하는 방법
② 노라이트 큐어드 젤 : 응고제인 글루 드라이를 스프레이 형태로 뿌리거나 브러시로 바르고 굳어지게 하는 방법

74 젤 네일의 특징

① 냄새가 거의 나지 않는다.
② 시술이 용이하여 작업시간 단축이 가능하다.
③ 광택이 오래 지속된다.
④ 네일 아트 작업 시 수정이 용이하다.
⑤ 아세톤에 잘 녹지 않아 제거하는 데 시간이 오래 걸린다.
⑥ 젤 제거 시 손톱에 손상을 줄 수 있다.

75 손톱 상태에 따른 보수

(1) 랩이 너무 들떴거나 팁이 부러졌을 경우
① 리무버에 담가 떼어낸다.
② 들뜬 부분은 자연 손톱이 상하지 않는 한도 내에서 들뜬 부분만 니퍼로 제거한다.
③ 부러지거나 들뜬 부분 없이 깨끗하게 자라 내려온 손톱은 전체 면을 고르게 파일한다.
④ 손톱 위의 불순물을 더스트 브러시나 라운드 패드로 깨끗이 제거한다.
⑤ 글루를 바를 때 큐티클에 닿지 않도록 주의한다.

(2) 들뜸 없이 깨끗하게 내려온 팁이나 젤의 경우
① 새로 자라난 손톱 부위에 젤을 약간 두껍게 올려주고 아래쪽으로 자연스럽게 쓸어내린다.
② 또는 젤을 전체에 얇게 펴바르고, 새로 자라난 손톱 부위에 필러를 뿌려서 글루를 펴 바른다.

76 습식 매니큐어 순서

❶ 시술자 및 고객의 손 소독
❷ 폴리시 제거
❸ 손톱 모양 만들기(파일링, filling)
❹ 표면정리
❺ 거스러미 제거
❻ 핑거볼에 손 불리기
❼ 큐티클 리무버 바르기
❽ 큐티클 오일 바르기
❾ 큐티클 밀어 올리기
❿ 큐티클 정리
⓫ 손 소독
⓬ 유분기 제거
⓭ 베이스코트(Base coat) 바르기
⓮ 폴리시(Polish) 바르기
⓯ 탑코트(Top coat) 바르기
⓰ 폴리시 건조

77 핫오일 매니큐어 순서

❶ 시술자와 고객의 손 소독
❷ 폴리시 제거
❸ 손톱 모양 만들기
❹ 로션 워머에 손 담그기
❺ 표면 정리
❻ 큐티클 정리 및 손 소독
❼ 핫 타월로 닦기
❽ 유분 제거

78 파라핀 매니큐어 순서

❶ 시술자 및 고객의 손 소독
❷ 폴리시 제거
❸ 손톱모양 만들기
❹ 거스러미 제거
❺ 버핑(buffing, 문지르기)하기
❻ 핑거볼에 손 불리기
❼ 큐티클 리무버 바르기 및 큐티클 정리하기
❽ 손 세척 및 소독하기

⑨ 베이스코트 바르기
⑩ 파라핀에 담그기
⑪ 전기장갑 씌우기
⑫ 파라핀 제거 및 마사지
⑬ 핫타월로 닦기
⑭ 유분기 제거 및 프리에지 닦기
⑮ 베이스코트 바르기
⑯ 폴리시 바르기
⑰ 탑코트 바르기

79 팁위드랩 순서

❶ 시술자 및 고객의 손 소독
❷ 폴리시 제거하기
❸ 큐티클 정리하기
❹ 손톱 모양 만들기
❺ 표면 정리하기
❻ 거스러미 제거하기
❼ 먼지 제거하기
❽ 팁 부착
❾ 팁 길이 자르기와 모양 만들기
❿ 턱 제거하기
⓫ 팁 표면 정리 및 먼지 제거
⓬ 글루 도포 및 필러파우더 뿌리기
⓭ 글루 드라이어 뿌리기
⓮ 표면 정리하기
⓯ 실크 랩 붙이기
⓰ 표면 정리하기
⓱ 큐티클 오일 바르기 및 마무리

80 아크릴 스컬프처 순서

❶ 시술자 및 고객의 손 소독
❷ 폴리시 지우기
❸ 큐티클 정리하기
❹ 자연손톱 길이 및 표면 정리
❺ 프라이머 바르기
❻ 네일 폼 끼우기
❼ 아크릴 볼 올리기
❽ 2차 볼 올리기
❾ 3차 볼 올리기
❿ 네일 폼 제거
⓫ 손톱 모양 만들기
⓬ 손톱 표면 정리
⓭ 잔여물 제거
⓮ 마무리 및 도구 정리하기

81 젤 스컬프처 순서

❶ 시술자 및 고객의 손 소독
❷ 폴리시 지우기
❸ 큐티클 정리하기
❹ 파일링 및 표면 정리하기
❺ 베이스 젤 바르기 및 큐어링하기
❻ 네일 폼 끼우기
❼ 클리어 젤 올리기 및 큐어링
❽ 폼 제거하기
❾ 파일링하기
❿ 손톱 표면 정리
⓫ 탑젤 바르기 및 큐어링하기
⓬ 마무리 및 도구 정리하기

82 용제의 분류

분류	종류
지방족 탄화수소계	휘발유, 등유, 노말헥산, 미네랄스피릿
방향족 탄화수소계	벤젠, 톨루엔, 크실렌, 솔벤트나프타
알코올계	메탄올, 에탄올, 부틸알코올, 이소프로필알코올
에테르계	에틸에테르, 디옥산, 셀로솔브, 부틸셀로솔브
에스테르계	초산에틸, 초산메틸, 초산부틸, 초산아밀, 초산이소프로필
케톤계	아세톤, 메틸에틸케톤, 메틸부틸케톤, 메틸이소부틸케톤

83 용제가 갖추어야 할 성상

- 용도에 적합한 비점범위를 가질 것
- 안정성이 있을 것
- 적당한 증발속도와 용해력을 가질 것
- 비중이 적당할 것
- 색상이 맑고 깨끗할 것
- 금속과 접촉 시 부식이 없을 것
- 유황분(Sulfur)이 포함되지 않을 것
- 산성 성분이 없을 것
- 인화점이 높을 것
- 불연성일 것
- 용해가 잘될 것
- 값이 싸고 공급이 안정될 것

84 네일 보강제의 종류

- 프로틴 하드너(Protein Hardener) : 무색 투명의 폴리시와 영양제가 혼합된 제품
- 나일론 섬유 : 무색 폴리시에 나일론 섬유를 혼합한 제품
- 포름 알데히드 보강제 : 약 5% 농도의 포름 알데히드를 함유한 보강제

85 폴리시의 종류와 특성

건성 폴리시	① 파우더나 크림 형태의 폴리시로 손톱에 광택을 내기 위해 샤미버퍼로 연마작업을 할 때 사용 ② 성분 : 산화아연, 활석분, 규토분 등
유색 폴리시	① 색상을 가지면서 광택을 내게 하는 화장제로 휘발성이 있음 ② 니트로셀룰로오스를 휘발성 용해액으로 용해시킨 것 ③ 휘발성을 늦추기 위해 오일을 첨가하기도 함

86 드릴머신의 필요성

① 작업시간의 단축 :아크릴릭 또는 젤 시술이 기본 2시간 기준으로 30~40분 정도의 시간 단축
② 네일리스트의 피로 감소 : 무리한 파일링으로 인한 손목, 목 디스크 등의 질병예방 및 장시간 시술로 인한 피로 완화
③ 파일링보다 세밀한 작업 : 용도에 따라 다양한 비트를 사용함으로써 세밀한 작업 가능
④ 응용시술 및 아트 작업 : 보수 · 수정의 용이함, 아트 응용이 가능, 미세한 부분까지 작업, 리프팅 최소화

87 드릴머신 취급 시 주의사항

① 드릴머신 선택 시 기계와 핸드피스의 케이스가 제대로 밀폐되어 모터나 핸드피스에 먼지가 들어가지 않도록 되어 있는지 확인
② 시술이 끝난 후 비트를 청소를 하면 오래 사용 가능
③ 소독 시 소독액에 너무 오랫동안 담가 두어 녹이 쓰는 일이 없도록 할 것
④ 충전식의 경우 시술 전에 충분히 충전을 해 두어 시술이 늦어지는 일이 없도록 할 것
⑤ 시술 시 항상 손톱 면에 수평을 유지할 것

| 5장 공중위생관리학 |

88 공중보건학의 정의(윈슬로우)

공중보건학이란 조직화된 지역사회의 노력으로 질병을 예방하고 수명을 연장하며 신체적 · 정신적 효율을 증진시키는 기술이며 과학이다.

89 공중보건의 3대 요소

수명연장, 감염병 예방, 건강과 능률의 향상

90 질병 발생의 3가지 요인

① 숙주적 요인

생물학적 요인	선천적	성별, 연령, 유전 등
	후천적	영양상태
사회적 요인	경제적	직업, 거주환경, 작업환경
	생활양식	흡연, 음주, 운동

② 병인적 요인

생물학적 요인	세균, 곰팡이, 기생충, 바이러스 등
물리적 병인	열, 햇빛, 온도 등
화학적 병인	농약, 화학약품 등
정신적 병인	스트레스, 노이로제 등

③ 환경적 요인
기상, 계절, 매개물, 사회환경, 경제적 수준 등

91 인구의 구성 형태

구분	유형	특징
피라미드형	후진국형 (인구증가형)	출생률은 높고 사망률은 낮은 형
종형	이상형 (인구정지형)	출생률과 사망률이 낮은 형 (14세 이하가 65세 이상 인구의 2배 정도)
항아리형	선진국형 (인구감소형)	평균수명이 높고 인구가 감퇴하는 형(14세 이하 인구가 65세 이상 인구의 2배 이하)
별형	도시형 (인구유입형)	생산층 인구가 증가되는 형 (15~49세 인구가 전체 인구의 50% 초과)
기타형	농촌형 (인구유출형)	생산층 인구가 감소하는 형 (15~49세 인구가 전체 인구의 50% 미만)

92 보건지표

① 인구통계

구분	의미
조출생률	• 1년간의 총 출생아수를 당해연도의 총인구로 나눈 수치를 1,000분비로 나타낸 것 • 한 국가의 출생수준을 표시하는 지표
일반출생률	• 15~49세의 가임여성 1,000명당 출생률

② 사망통계

구분	의미
조사망률	• 인구 1,000명당 1년 동안의 사망자 수
영아사망률	• 한 국가의 보건수준을 나타내는 지표 • 생후 1년 안에 사망한 영아의 사망률
신생아사망률	• 생후 28일 미만의 유아의 사망률
비례사망지수	• 한 국가의 건강수준을 나타내는 지표 • 총 사망자 수에 대한 50세 이상의 사망자 수를 백분율로 표시한 지수

93 비교지표

① 한 국가나 지역사회 간의 보건수준을 비교하는 데 사용되는 3대 지표 : 영아사망률, 비례사망지수, 평균수명
② 한 나라의 건강수준을 다른 국가들과 비교할 수 있는 지표로 세계보건기구가 제시한 지표 : 비례사망자수, 조사망률, 평균수명

94 역학의 역할

① 질병의 원인 규명
② 질병의 발생과 유행 감시
③ 지역사회의 질병 규모 파악
④ 질병의 예후 파악
⑤ 질병관리방법의 효과에 대한 평가
⑥ 보건정책 수립의 기초 마련

95 병원체의 종류

① 세균 및 바이러스

구분	세균	바이러스
호흡기계	결핵, 디프테리아, 백일해, 나병, 폐렴, 성홍열, 수막구균성수막염	홍역, 유행성 이하선염, 인플루엔자, 두창
소화기계	콜레라, 장티푸스, 파상열, 파라티푸스, 세균성 이질,	폴리오, 유행성 간염, 소아마비, 브루셀라증
피부점막계	파상풍, 페스트, 매독, 임질	AIDS, 일본뇌염, 공수병, 트라코마, 황열

② 리케차 : 발진티푸스, 발진열, 쯔쯔가무시병, 록키산 홍반열

③ 수인성(물) 감염병 : 콜레라, 장티푸스, 파라티푸스, 이질, 소아마비, A형간염 등

④ 기생충 : 말라리아, 사상충, 아메바성 이질, 회충증, 간흡충증, 폐흡충증, 유구조충증, 무구조충증 등

⑤ 진균 : 백선, 칸디다증 등

⑥ 클라미디아 : 앵무새병, 트라코마 등

⑦ 곰팡이 : 캔디디아시스, 스포로티코시스 등

96 병원소

① 인간 병원소 : 환자, 보균자 등

② 동물 병원소 : 개, 소, 말, 돼지 등

③ 토양 병원소 : 파상풍, 오염된 토양 등

97 후천적 면역

구분		의미
능동면역	자연능동면역	감염병에 감염된 후 형성되는 면역
	인공능동면역	예방접종을 통해 형성되는 면역
수동면역	자연수동면역	모체로부터 태반이나 수유를 통해 형성되는 면역
	인공수동면역	항독소 등 인공제제를 접종하여 형성되는 면역

98 인공능동면역

① 생균백신 : 결핵, 홍역, 폴리오(경구)

② 사균백신 : 장티푸스, 콜레라, 백일해, 폴리오(경피)

③ 순화독소 : 파상풍, 디프테리아

99 검역 감염병 및 감시기간

감염병 종류	감시기간
콜레라	120시간(5일)
페스트	144시간(6일)
황열	144시간(6일)
중증급성호흡기증후군(SARS)	240시간(10일)
조류인플루엔자인체감염증	240시간(10일)
신종인플루엔자	최대 잠복기

100 법정감염병의 분류

분류	종류
제1급 감염병	에볼라바이러스병, 마버그열, 라싸열, 크리미안콩고 출혈열, 남아메리카출혈열, 리프트밸리열, 두창, 페스트, 탄저, 보툴리눔독소증, 야토병, 신종감염병증후군, 중증급성호흡기증후군(SARS), 중동호흡기증후군(MERS), 동물인플루엔자인체감염증, 신종인플루엔자, 디프테리아
제2급 감염병	결핵, 수두, 홍역, 콜레라, 장티푸스, 파라티푸스, 세균성이질, 장출혈성대장균감염증, A형간염, 백일해, 유행성이하선염, 풍진, 폴리오, 수막구균 감염증, b형헤모필루스인플루엔자, 폐렴구균 감염증, 한센병, 성홍열, 반코마이신내성황색포도알균(VRSA)감염증, 카바페넴내성장내세균속균종(CRE)감염증, E형간염
제3급 감염병	파상풍, B형간염, 일본뇌염, C형간염, 말라리아, 레지오넬라증, 비브리오패혈증, 발진티푸스, 발진열, 쯔쯔가무시증, 렙토스피라증, 브루셀라증, 공수병, 신증후군출혈열, 후천성면역결핍증(AIDS), 크로이츠펠트-야콥병(CJD) 및 변종크로이츠펠트-야콥병(vCJD), 황열, 뎅기열, 큐열, 웨스트나일열, 라임병, 진드기매개뇌염, 유비저, 치쿤쿠니야열, 중증열성혈소판감소증후군(SFTS), 지카바이러스감염증, 매독, 엠폭스(MPOX)
제4급 감염병	인플루엔자, 회충증, 편충증, 요충증, 간흡충증, 폐흡충증, 장흡충증, 수족구병, 임질, 클라미디아감염증, 연성하감, 성기단순포진, 첨규콘딜롬, 반코마이신내성장알균(VRE) 감염증, 메티실린내성황색포도알균(MRSA) 감염증, 다제내성녹농균(MRPA) 감염증, 다제내성아시네토박터바우마니균(MRAB) 감염증, 장관감염증, 급성호흡기감염증, 해외유입기생충감염증, 엔테로바이러스감염증, 사람유두종바이러스 감염증, 코로나바이러스감염증-19

101 감염병 신고

① 제1급감염병 : 즉시

② 제2,3급감염병 : 24시간 이내

③ 제4급감염병 : 7일 이내

102 매개체별 감염병의 종류

구분	매개체	종류
곤충	모기	말라리아, 뇌염, 사상충, 황열, 댕기열
	파리	콜레라, 장티푸스, 이질, 파라티푸스
	바퀴벌레	콜레라, 장티푸스, 이질
	진드기	신증후군출혈열, 쯔쯔가무시병
	벼룩	페스트, 발진열, 재귀열
	이	발진티푸스, 재귀열, 참호열
동물	쥐	페스트, 살모넬라증, 발진열, 신증후군출혈열, 쯔쯔가무시병, 발진열, 재귀열, 렙토스피라증
	소	결핵, 탄저, 파상열, 살모넬라증
	돼지	일본뇌염, 탄저, 렙토스피라증, 살모넬라증
	양	큐열, 탄저
	말	탄저, 살모넬라증
	개	공수병, 톡소프라스마증
	고양이	살모넬라증, 톡소프라스마증
	토끼	야토병

103 기후

기후의 3대 요소	기온, 기습, 기류
4대 온열 인자	기온, 기습, 기류, 복사열
인간이 활동하기 좋은 온도와 습도	• 온도 : 18±2℃ • 습도 : 40~70%

104 대기오염현상

기온역전	• 고도가 높은 곳의 기온이 하층부보다 높은 경우 • 바람이 없는 맑은 날, 춥고 긴 겨울밤, 눈이나 얼음으로 덮인 경우 주로 발생 • 태양이 없는 밤에 지표면의 열이 대기 중으로 복사되면서 발생
열섬현상	도심 속의 온도가 대기오염 또는 인공열 등으로 인해 주변지역보다 높게 나타나는 현상
온실효과	복사열이 지구로부터 빠져나가지 못하게 막아 지구가 더워지는 현상
산성비	• 원인 물질 : 아황산가스, 질소산화물, 염화수소 등 • pH 5.6 이하의 비

105 수질오염지표

용존산소	물속에 녹아있는 유리산소량
생물화학적 산소요구량	하수 중의 유기물이 호기성 세균에 의해 산화 · 분해될 때 소비되는 산소량
화학적 산소요구량	물속의 유기물을 화학적으로 산화시킬 때 화학적으로 소모되는 산소의 양을 측정하는 방법

106 음용수의 일반적인 오염지표 : 대장균 수

107 직업병의 종류

발생 요인	종류
고열 · 고온	열경련증, 열허탈증, 열사병, 열쇠약증, 열중증 등
이상저온	전신 저체온, 동상, 참호족, 침수족 등
이상기압	감압병(잠함병), 이상저압
방사선	조혈지능장애, 백혈병, 생식기능장애, 정신장애, 탈모, 피부건조, 수명단축, 백내장 등
진동	레이노병
분진	허파먼지증(진폐증), 규폐증, 석면폐증
불량조명	안정피로, 근시, 안구진탕증

108 식중독의 분류

세균성	감염형	살모넬라균, 장염비브리오균, 병원성대장균
	독소형	포도상구균, 보툴리누스균, 웰치균 등
	기타	장구균, 알레르기성 식중독, 노로 바이러스 등
자연독	식물성	버섯독, 감자 중독, 맥각균 중독, 곰팡이류 중독 등
	동물성	복어 식중독, 조개류 식중독 등
곰팡이독		황변미독, 아플라톡신, 루브라톡신 등
화학물질		불량 첨가물, 유독물질, 유해금속물질

109 자연독

구분	종류	독성물질
식물성	독버섯	무스카린, 팔린, 아마니타톡신
	감자	솔라닌, 셉신
	매실	아미그달린
	목화씨	고시풀
	독미나리	시큐톡신
	맥각	에르고톡신
동물성	복어	테트로도톡신
	섭조개, 대합	색시톡신
	모시조개, 굴, 바지락	베네루핀

110 보건행정

① 보건행정의 특성 : 공공성, 사회성, 교육성, 과학성, 기술성, 봉사성, 조장성 등

② 보건소 : 우리나라 지방보건행정의 최일선 조직으로 보건행정의 말단 행정기관

111 사회보장의 종류

구분	종류
사회보험	• 소득보장 : 국민연금, 고용보험, 산재보험 • 의료보장 : 건강보험, 산재보험
공적부조	최저생활보장, 의료급여
사회복지 서비스	노인복지서비스, 아동복지서비스, 장애인복지서비스, 가정복지서비스
관련복지제도	보건, 주거, 교육, 고용

112 보건행정의 관리 과정

과정	의미
기획	조직의 목표를 설정하고 그 목포에 도달하기 위해 필요한 단계를 구성하고 설정하는 단계
조직	2명 이상이 공동의 목표를 달성하기 위해 노력하는 협동체
인사	직원에 대한 근무평가 및 징계에 대한 공정한 관리
지휘	행정관리에서 명령체계의 일원성을 위해 필요
조정	조직이나 기관의 공동목표 달성을 위한 조직원 또는 부서간 협의, 회의, 토의 등을 통하여 행동통일을 가져오도록 집단적인 노력을 하게 하는 행정 활동
보고	조직의 사업활동을 효율적으로 관리하기 위해 정확하고 성실한 보고가 필요
예산	예산에 대한 계획, 확보 및 효율적 관리가 필요

113 소독 관련 용어

① 소독 : 병원성 미생물의 생활력을 파괴하여 죽이거나 또는 제거하여 감염력을 없애는 것

② 멸균 : 병원성 또는 비병원성 미생물 및 포자를 가진 것을 전부 사멸 또는 제거하는 것(무균 상태)

③ 살균 : 생활력을 가지고 있는 미생물을 여러가지 물리·화학적 작용에 의해 급속히 죽이는 것
④ 방부 : 병원성 미생물의 발육과 그 작용을 제거하거나 정지시켜서 음식물의 부패나 발효를 방지하는 것

114 소독력 비교 : 멸균 〉 살균 〉 소독 〉 방부

115 소독제의 구비조건

① 생물학적 작용을 충분히 발휘할 수 있을 것
② 빨리 효과를 내고 살균 소요시간이 짧을 것
③ 독성이 적으면서 사용자에게도 자극성이 없을 것
④ 원액 혹은 희석된 상태에서 화학적으로 안정할 것
⑤ 살균력이 강할 것
⑥ 용해성이 높을 것
⑦ 경제적이고 사용방법이 간편할 것
⑧ 부식성 및 표백성이 없을 것

116 소독작용에 영향을 미치는 요인

① 온도가 높을수록 소독 효과가 크다.
② 접속시간이 길수록 소독 효과가 크다.
③ 농도가 높을수록 소독 효과가 크다.
④ 유기물질이 많을수록 소독 효과가 작다.

117 소독에 영향을 미치는 인자 : 온도, 수분, 시간

118 살균작용의 기전

① 산화작용
② 균체의 단백질 응고작용
③ 균체의 효소 불활성화 작용
④ 균체의 가수분해작용
⑤ 탈수작용
⑥ 중금속염의 형성
⑦ 핵산에 작용
⑧ 균체의 삼투성 변화작용

119 주요 소독법의 특징

발생 요인	종류
자비(열탕) 소독법	• 100℃의 끓는 물속에서 20~30분간 가열하는 방법 • 아포형성균, B형 간염 바이러스에는 부적합
고압증기 멸균법	• 고압증기 멸균기를 이용하여 소독하는 방법 • 소독 방법 중 완전 멸균으로 가장 빠르고 효과적인 방법 • 포자를 형성하는 세균을 멸균 • 소독 시간 - 10LBs(파운드) : 115℃에서 30분간 - 15LBs(파운드) : 121℃에서 20분간 - 20LBs(파운드) : 126℃에서 15분간
석탄산 (페놀)	• 승홍수 1,000배의 살균력 • 조직에 독성이 있어서 인체에는 잘 사용되지 않고 소독제의 평가기준으로 사용
승홍 (염화제2수은)	• 1,000배(0.1%)의 수용액을 사용 • 조제법 : 승홍(1) : 식염(1) : 물(998) • 용도 : 손 및 피부 소독

120 소독법의 분류

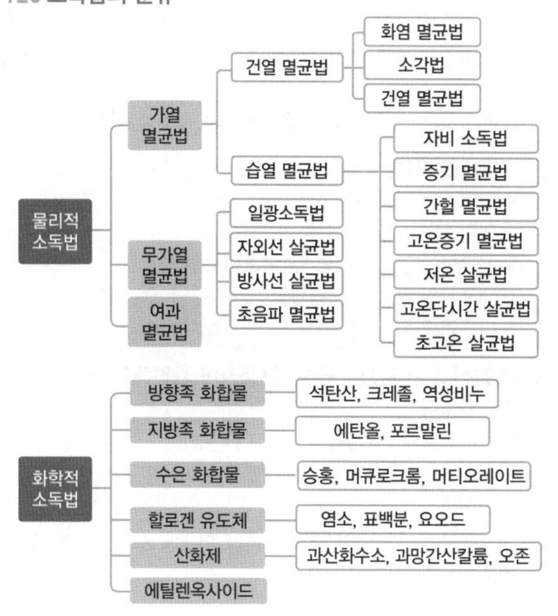

121 대상물에 따른 소독 방법

① 대소변, 배설물, 토사물 : 소각법, 석탄산, 크레졸, 생석회 분말
② 침구류, 모직물, 의류 : 석탄산, 크레졸, 일광소독, 증기소독, 자비소독
③ 초자기구, 목죽제품, 자기류 : 석탄산, 크레졸, 포르말린, 승홍, 증기소독, 자비소독
④ 모피, 칠기, 고무 · 피혁제품 : 석탄산, 크레졸, 포르말린
⑤ 병실 : 석탄산, 크레졸, 포르말린
⑥ 환자 : 석탄산, 크레졸, 승홍, 역성비누

122 세균 증식이 가장 잘되는 pH 범위 : 6.5~7.5(중성)

123 미생물의 생장에 영향을 미치는 요인

온도, 산소, 수소이온농도, 수분, 영양

124 공중위생관리법의 목적

공중이 이용하는 영업의 위생관리 등에 관한 사항을 규정함으로써 위생수준을 향상시켜 국민의 건강증진에 기여

125 용어 정의

① 공중위생영업 : 다수인을 대상으로 위생관리서비스를 제공하는 영업으로서 숙박업 · 목욕장업 · 이용업 · 미용업 · 세탁업 · 건물위생관리업을 말한다.
② 공중이용시설 : 다수인이 이용함으로써 이용자의 건강 및 공중위생에 영향을 미칠 수 있는 건축물 또는 시설로서 대통령령이 정하는 것
③ 이용업 : 손님의 머리카락 또는 수염을 깎거나 다듬는 등의 방법으로 손님의 용모를 단정하게 하는 영업
④ 미용업 : 손님의 얼굴 · 머리 · 피부 및 손톱 · 발톱 등을 손질하여 손님의 외모를 아름답게 꾸미는 영업

126 영업신고

① 공중위생영업의 종류별로 보건복지부령이 정하는 시설 및 설비를 갖추고 시장 · 군수 · 구청장(자치구 구청장에 한함)에게 신고

② 제출서류 : 영업시설 및 설비개요서, 교육수료증

127 변경신고 사항

① 영업소의 명칭 또는 상호

② 영업소의 소재지

③ 신고한 영업장 면적의 3분의 1 이상의 증감

④ 대표자의 성명 및 생년월일

⑤ 미용업 업종 간 변경

128 변경신고 시 시장 · 군수 · 구청장이 확인해야 할 서류

① 건축물대장

② 토지이용계획확인서

③ 전기안전점검확인서(신고인이 동의하지 않는 경우 서류를 첨부)

④ 면허증

129 폐업 신고 : 폐업한 날부터 20일 이내에 시장 · 군수 · 구청장에게 신고

130 영업의 승계가 가능한 사람

① 양수인 : 미용업을 양도한 때

② 상속인 : 미용업 영업자가 사망한 때

③ 법인 : 합병 후 존속하는 법인 또는 합병에 의해 설립되는 법인

④ 경매, 환가, 압류재산의 매각 그 밖에 이에 준하는 절차에 따라 미용업 영업 관련시설 및 설비의 전부를 인수한 자

131 면허 발급 대상자

① 전문대학 또는 이와 동등 이상의 학력이 있다고 교육부장관이 인정하는 학교에서 미용에 관한 학과를 졸업한 자

② 대학 또는 전문대학을 졸업한 자와 동등 이상의 학력이 있는 것으로 인정되어 미용에 관한 학위를 취득한 자

③ 고등학교 또는 이와 동등의 학력이 있다고 교육부장관이 인정하는 학교에서 미용에 관한 학과를 졸업한 자

④ 특성화고등학교, 고등기술학교나 고등학교 또는 고등기술학교에 준하는 각종학교에서 1년 이상 미용에 관한 소정의 과정을 이수한 자

⑤ 국가기술자격법에 의해 미용사의 자격을 취득한 자

132 면허 결격 사유자

① 금치산자

② 정신질환자(전문의가 미용사로서 적합하다고 인정하는 사람은 예외)

③ 공중의 위생에 영향을 미칠 수 있는 감염병환자로서 결핵환자(비감염성 제외)

④ 약물 중독자

⑤ 공중위생관리법의 규정에 의한 명령 위반 또는 면허증 불법대여의 사유로 면허가 취소된 후 1년이 경과되지 않은 자

133 면허증 재교부 신청 요건

① 면허증의 기재사항에 변경이 있는 때

② 면허증을 잃어버린 때

③ 면허증이 헐어 못쓰게 된 때

134 면허 취소 사유

① 금치산자

② 정신질환자(전문의가 미용사로서 적합하다고 인정하는 사람은 예외)

③ 공중의 위생에 영향을 미칠 수 있는 감염병환자로서 결핵환자(비감염성 제외)

④ 약물 중독자

135 미용업 영업자의 준수사항(보건복지부령)

① 의료기구와 의약품을 사용하지 않는 순수한 화장 또는 피부미용을 할 것

② 미용기구는 소독을 한 기구와 소독을 하지 않은 기구로 분리하여 보관할 것

③ 면도기는 1회용 면도날만을 손님 1인에 한하여 사용할 것

④ 영업소 내부에 미용업 신고증 및 개설자의 면허증 원본을 게시할 것

⑤ 피부미용을 위해 의약품 또는 의료기기를 사용하지 말 것

⑥ 점빼기 · 귓볼뚫기 · 쌍꺼풀수술 · 문신 · 박피술 등의 의료행위를 하지 말 것

⑦ 영업장 안의 조명도는 75룩스 이상이 되도록 유지할 것

⑧ 영업소 내부에 최종지불요금표를 게시 또는 부착할 것

136 영업소 내에 게시해야 할 사항

미용업 신고증, 개설자의 면허증 원본, 최종지불요금표

137 이 · 미용기구의 소독기준 및 방법

① 자외선소독 : $1cm^2$당 85㎼ 이상의 자외선을 20분 이상 쬐어준다.

② 건열멸균소독 : 100℃ 이상의 건조한 열에 20분 이상 쐬어준다.

③ 증기소독 : 100℃ 이상의 습한 열에 20분 이상 쐬어준다

④ 열탕소독 : 100℃ 이상의 물속에 10분 이상 끓여준다.

⑤ 석탄산수소독 : 석탄산수(석탄산 3%, 물 97%의 수용액)에 10분 이상 담가둔다.

⑥ 크레졸소독 : 크레졸수(크레졸 3%, 물 97%의 수용액)에 10분 이상 담가둔다.

⑦ 에탄올소독 : 에탄올수용액(에탄올이 70%인 수용액)에 10분 이상 담가두거나 에탄올수용액을 머금은 면 또는 거즈로 기구의 표면을 닦아준다.

138 오염물질의 종류와 오염허용기준(보건복지부령)

오염물질의 종류	오염허용기준
미세먼지(PM-10)	24시간 평균치 150㎍/m^3 이하
일산화탄소(CO)	1시간 평균치 25ppm 이하
이산화탄소(CO_2)	1시간 평균치 1,000ppm 이하
포름알데이드(HCHO)	1시간 평균치 120㎍/m^3 이하

139 미용업의 세분

세분	업무
미용업(일반)	파마, 머리카락 자르기, 머리카락 모양내기, 머리피부 손질, 머리카락 염색, 머리감기, 의료기기나 의약품을 사용하지 않는 눈썹손질을 하는 영업
미용업(피부)	의료기기나 의약품을 사용하지 않는 피부 상태 분석 · 피부관리 · 제모 · 눈썹손질을 행하는 영업
미용업(손톱 · 발톱)	손톱과 발톱을 손질 · 화장하는 영업
미용업(화장 · 분장)	얼굴 등 신체의 화장, 분장 및 의료기기나 의약품을 사용하지 않는 눈썹손질을 하는 영업
미용업(종합)	위의 업무를 모두 하는 영업

140 영업소 외의 장소에서 미용업무를 할 수 있는 경우

① 질병이나 그 밖의 사유로 영업소에 나올 수 없는 자에 대하여 미용을 하는 경우
② 혼례나 그 밖의 의식에 참여하는 자에 대하여 그 의식 직전에 미용을 하는 경우
③ 사회복지시설에서 봉사활동으로 미용을 하는 경우
④ 방송 등의 촬영에 참여하는 사람에 대하여 그 촬영 직전에 이용 또는 미용을 하는 경우
⑤ 기타 특별한 사정이 있다고 시장 · 군수 · 구청장이 인정하는 경우

141 개선명령 대상

① 공중위생영업의 종류별 시설 및 설비기준을 위반한 공중위생영업자
② 위생관리의무 등을 위반한 공중위생영업자
③ 위생관리의무를 위반한 공중위생시설의 소유자 등

142 개선명령 시의 명시사항

시 · 도지사 또는 시장 · 군수 · 구청장은 개선명령 시 다음 사항을 명시해야 한다.

① 위생관리기준 ② 발생된 오염물질의 종류
③ 오염허용기준을 초과한 정도 ④ 개선기간

143 공중위생감시원의 자격

① 위생사 또는 환경기사 2급 이상의 자격증이 있는 자
② 대학에서 화학 · 화공학 · 환경공학 또는 위생학 분야를 전공하고 졸업한 자 또는 이와 동등 이상의 자격이 있는 자
③ 외국에서 위생사 또는 환경기사의 면허를 받은 자
④ 1년 이상 공중위생 행정에 종사한 경력이 있는 자

144 공중위생감시원의 업무범위

① 관련 시설 및 설비의 확인
② 관련 시설 및 설비의 위생상태 확인 · 검사, 공중위생영업자의 위생관리의무 및 영업자준수사항 이행 여부의 확인
③ 공중이용시설의 위생관리상태의 확인 · 검사
④ 위생지도 및 개선명령 이행 여부의 확인
⑤ 공중위생영업소의 영업의 정지, 일부 시설의 사용중지 또는 영업소 폐쇄명령 이행 여부의 확인
⑥ 위생교육 이행 여부의 확인

145 명예공중감시원의 업무

① 공중위생감시원이 행하는 검사대상물의 수거 지원
② 법령 위반행위에 대한 신고 및 자료 제공
③ 그 밖에 공중위생에 관한 홍보 · 계몽 등 공중위생관리업무와 관련하여 시 · 도지사가 따로 정하여 부여하는 업무

146 위생서비스수준의 평가 주기 : 2년마다 실시

147 위생관리등급의 구분(보건복지부령)

① 최우수 업소 : 녹색등급
② 우수 업소 : 황색등급
③ 일반관리대상 업소 : 백색등급

148 위생교육

① 위생교육 횟수 및 시간 : 매년 3시간
② 위생교육의 내용
- 공중위생관리법 및 관련 법규
- 소양교육(친절 및 청결에 관한 사항 포함)
- 기술교육
- 기타 공중위생에 관하여 필요한 내용

149 과징금 납부기간 : 통지를 받은 날부터 20일 이내

150 청문을 실시해야 하는 처분

① 면허취소 · 면허정지
② 공중위생영업의 정지
③ 일부 시설의 사용중지
④ 영업소폐쇄명령
⑤ 공중위생영업 신고사항의 직권말소

Nailist

Nail Technician Certification

(주)에듀웨이는 자격시험 전문출판사입니다.
에듀웨이는 독자 여러분의 자격시험 취득을 위한 교재 발간을 위해 노력하고 있습니다.

2025 기분파 네일미용사 필기

2025년 03월 01일 15판 2쇄 인쇄
2025년 03월 10일 15판 2쇄 발행

지은이 | 권지우 · 에듀웨이 R&D 연구소(미용부문)
펴낸이 | 송우혁

펴낸곳 | (주)에듀웨이
주 소 | 경기도 부천시 소향로13번길 28-14, 8층 808호(상동, 맘모스타워)
대표전화 | 032) 329-8703
팩 스 | 032) 329-8704
등 록 | 제387-2013-000026호
홈페이지 | www.eduway.net

기획,진행 | 에듀웨이 R&D 연구소
북디자인 | 디자인동감
교정교열 | 정상일
인 쇄 | 미래피앤피

책값은 뒤표지에 있습니다.

ISBN 979-11-86179-98-7 (13590)

이 도서의 국립중앙도서관 출판시도서목록(CIP)은 서지정보유통지원시스템 홈페이지(http://seoji.nl.go.kr)와 국가자료공동목록시스템(http://www.nl.go.kr/kolisnet)에서 이용하실 수 있습니다.